普通高等教育“十一五”国家级规划教材教辅系列

大学物理学(第4版)
学习指导与能力训练

主编　陈中华　阎　明

编写　石长光　陈中华　阎　明

　　　孙祖尧　葛　亮　裔国瑜

主审　王少杰

同济大学出版社
TONGJI UNIVERSITY PRESS

内容提要

本书是王少杰、顾牡、王祖源主编的普通高等教育“十一五”国家级规划教材《大学物理学(第4版)》的配套指导和训练用书，由长期从事大学物理学教学的一线教师执笔编写. 全书根据主教材的章节编排，全面而系统地给出每章的基本要求、重点概念及主要公式等学习指导内容，并对常见及疑难问题进行了全面概括和深入剖析，对课堂教学中不易展开的问题及诸多典型题目进行了详细探讨，帮助读者进一步掌握相关的物理概念. 同时，通过解题要点及例题详解，举一反三，拓展读者分析和解决问题的思路，再辅以能力训练，通过适量的习题，帮助读者在解题和思考的过程中对物理概念和规律的认识产生新的飞跃. 书末，附有与主教材上、下册配套的试卷共12份，便于学生在学期末对全书的掌握程度进行自测.

本书知识系统，讲解深入浅出，有“导”能“练”，好学易懂，适应面宽，无论是对教师备课、授课，还是对学生学习、复习和巩固课程的教学效果均大有裨益. 本书适合于大学本科非物理专业的理工科学生使用，也可供相关的专业师生参考.

图书在版编目(CIP)数据

大学物理学(第4版)学习指导与能力训练/陈中华，阎明主编. --上海：同济大学出版社，2014.1(2015.3重印)
ISBN 978-7-5608-5379-6

Ⅰ. ①大… Ⅱ. ①陈…②阎… Ⅲ. ①物理学—高等学校—教学参考资料 Ⅳ. O4

中国版本图书馆CIP数据核字(2013)第288143号

普通高等教育“十一五”国家级规划教材教辅系列
大学物理学(第4版)学习指导与能力训练
主编 陈中华 阎 明
责任编辑 张 莉 责任校对 徐春莲 封面设计 潘向蓁

出版发行 同济大学出版社 www.tongjipress.com.cn
(地址：上海市四平路1239号 邮编：200092 电话：021—65985622)
经 销 全国各地新华书店
印 刷 同济大学印刷厂
开 本 787mm×1092mm 1/16
印 张 20.75
印 数 9201—13300
字 数 517000
版 次 2014年1月第1版 2015年3月第3次印刷
书 号 ISBN 978-7-5608-5379-6

定 价 36.00元

前　言

以物理学基础知识为内容的大学物理学课程，包括经典物理、近代物理和物理学在科学技术中的应用知识等内容. 这些都是非物理学专业的理工科大学生所必须掌握的基本理论和基础知识. 同时，通过本课程的学习，可以培养学生正确地掌握科学的思维方式和研究问题的方法，从而提高科学素养.

随着我国改革开放后国民经济、科学技术迅速的发展，我国的高等教育也得到了十分迅猛的发展，教育的改革步伐一天也没有停止过. 2005 年，国家教育部大学基础物理教学指导委员会根据教学改革的要求和需要，重新制定并颁布了《非物理类理工学科大学物理课程教学基本要求》(以下简称《基本要求》)，这对本课程的建设、发展和高等教育教学质量的提高具有历史性的意义. 然而，在当前形势下如何贯彻《基本要求》，如何学好大学物理，对于许多新入学的大学生而言仍然是一大难题，也是广大从事基础物理教学的教师面对的难题. 虽然造成这个难题的原因十分复杂，需要多方面的努力寻求解决，但其中有一点是显而易见的：传统的应试教育，使得学生的独立性和自学能力明显不足，从中学进入大学后，难以适应大学的学习环境以及角色的变化. 因此，我们必须给学生创造更好的学习条件，设置合理的学习“坡度”和提供更有效的学习途径，使他们能够在掌握知识的同时，不断提高独立自学的能力. 在这一指导思想下，按照新的《基本要求》，我们组织了一批长期从事大学物理学教学的一线教师，根据王少杰、顾牡、王祖源主编的普通高等教育“十一五”国家级规划教材《大学物理学(第 4 版)》的内容和次序，结合多年的教学经验和命题经验，编写了《大学物理学(第 4 版)学习指导与能力训练》一书，目的在于帮助学生在《基本要求》下，更好、更方便地学习大学物理学课程.

本书根据主教材的章节编排，全面而系统地给出每章的基本要求、重点概念及主要公式等学习指导内容，并对常见及疑难问题进行了全面概括和深入的剖析，对课堂教学中不易展开的问题及诸多典型题目进行了详细的探讨，可以帮助广大学生进一步掌握和认识相关的物理概念，同时通过解题要点及例题详解，举一反三，拓展学生分析和解决问题的思路，最后辅以能力训练，通过适量的习题，帮助学生在解题和思考的过程中对物理概念和规律的认识产生新的飞跃. 本书有以下几个主要特点：

(1) 全面地体现《基本要求》，基本涵盖了《基本要求》的内容，同时，本书适用于重点和非重点院校(书中“*”号部分表示非重点高校或少课时对象可以不要求).

(2) 为了方便学生真正理解和掌握所学知识，本书的重点在于对学生的“学习”进行“指导”，为此，基本上在每章都安排了“常见及疑难问题答疑”、“解题要点及例题详解”(第 16，17 章除外)等内容.

(3) 每章的“能力训练”中均配有一定数量的、难易分布合理的选择题、填空题、计算题(第 16，17 章除外)等，并于书末附有参考答案，目的是使学生获得系统的知识能力训练.

(4) 书末，还附有与主教材上、下册配套的三种不同类型的试卷共 12 份，便于学生在学期末对全书的掌握程度进行全面自测、自评。

(5) 为了使学生能方便地查阅相关的物理数据及常数，本书增加了书后附录，内容包括希腊字母表(附读音)，国际单位制中用以表示十进制倍数的词头及符号，国际单位制(SI)基本单位，有关太阳、地球和月亮的数据等.

本书知识系统，行文优美，讲解深入浅出，有“导”能“练”，好学易懂，适应面宽. 无论是对教师备课、授课，还是对学生学习、复习和巩固课程的教学效果等均大有裨益. 尤其适合于大学本科非物理专业的理工科学生使用，也可供相关的专业师生参考.

本书由陈中华、阎明主编，参加编写的人员有上海电力学院石长光（第 14—17 章）、陈中华（第 11—13 章）、葛亮（第 1，2 章）、上海海事大学孙祖尧（第 9，10 章）、阎明（第 6—8 章）、裔国瑜（第 3—5 章）.

在本书的编写过程中，始终得到王少杰教授、顾牡教授和王祖源教授的关心和帮助，并由王少杰教授主审. 王少杰教授在百忙之中多次审读书稿，并时赐教益，多有臂助. 谨此向他们表示衷心的感谢！

由于作者水平与学识有限，加之编写时间紧迫，虽经多次校雠，书中疏漏与错误之处难免，真心希望广大教师和学生不吝赐正并多提宝贵建议，以便我们及时纠正，共同为我国大学物理教学质量的不断提高作出贡献.

编　者

2013 年 10 月

目　录

第 1 章　质点运动学

质点力学是以具有质量而形状和大小可忽略的物理模型 —— 质点为研究对象,并由质点运动学和质点动力学两部分所构成.质点运动学是讨论如何定义和用数学语言描述物体的运动规律.本章从运动的相对性出发,引入位置矢量、位移、速度和加速度等物理量来描述质点在空间的位置及位置变化,内容涉及一般曲线运动和圆周运动,同时阐述了在自然坐标系中法向加速度和切向加速度的物理意义以及相对运动的一般规律.

1.1　基本要求

(1) 理解质点模型及参考系和坐标系的概念;

(2) 掌握位置矢量、运动方程和轨道方程的概念及其计算方法;

(3) 明确位移和路程、速度和速率的区别,掌握位移、速度和加速度等物理量的意义和计算方法;

(4) 掌握圆周运动的角量描述和计算方法;

(5) 掌握法向加速度和切向加速度的概念及计算方法;

(6) 理解运动的相对性原理,能分析简单的质点相对运动问题.

1.2　重点概念及主要公式

1. 运动的一般描述

(1) 质点. 具有质量而形状和大小可忽略的物体,它是一个理想模型.

(2) 参照系. 是为描述物体的运动而选取的标准参照物.

(3) 坐标系. 为定量地描述物体的位置和位置随时间的变化而在参照系中建立的计算系统.

(4) 位置矢量. 是用于描述质点在空间位置的物理量.

在直角坐标系中　$\boldsymbol{r} = x\boldsymbol{i} + y\boldsymbol{j} + z\boldsymbol{k}$.

$\boldsymbol{r}$ 的大小为　$r = |\boldsymbol{r}| = \sqrt{x^2 + y^2 + z^2}$,

其方向一般用方向余弦表示[图 1-1(a)],即

$$\cos\alpha = \frac{x}{r},\quad \cos\beta = \frac{y}{r},\quad \cos\gamma = \frac{z}{r}.$$

质点在 xOy 平面内运动时,$\tan\alpha = \dfrac{y}{x}$,如图 1-1(b) 所示.

位置矢量具有矢量性;在不同时刻,位置矢量一般不相同,因此具有瞬时性;对不同的参照系,同一质点某时刻的位置矢量是不同的,因此具有相对性.

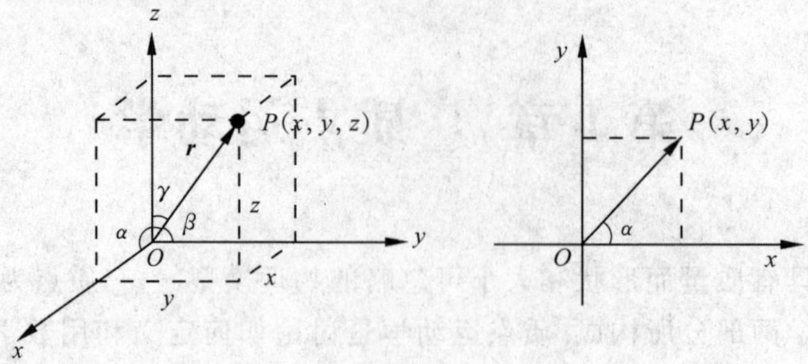

图 1-1

位置矢量的单位为米(m).

(5) 运动方程. $\boldsymbol{r}$ 随时间 t 的变化关系式 $\boldsymbol{r}(t)$ 称为运动方程.

在直角坐标系中表示为

$$\boldsymbol{r}(t) = x(t)\boldsymbol{i} + y(t)\boldsymbol{j} + z(t)\boldsymbol{k},$$

或表示为参数方程

$$\begin{cases} x = x(t), \\ y = y(t), \\ z = z(t). \end{cases}$$

(6) 轨迹方程. 质点运动时,将其在空间所经历的各点所连成的曲线称为轨迹,描述该曲线的方程就是轨迹方程. 从运动方程中消去时间 t,即可求得轨迹方程.

(7) 位移. 表示某段时间内质点位置矢量改变的物理量. 即

$$\Delta\boldsymbol{r} = \boldsymbol{r}_2 - \boldsymbol{r}_1.$$

位移是矢量,具有大小和方向,在直角坐标系中(图 1-2),

$$\begin{aligned} \Delta\boldsymbol{r} &= \boldsymbol{r}_2 - \boldsymbol{r}_1 \\ &= (x_2 - x_1)\boldsymbol{i} + (y_2 - y_1)\boldsymbol{j} + (z_2 - z_1)\boldsymbol{k} \\ &= \Delta x\boldsymbol{i} + \Delta y\boldsymbol{j} + \Delta z\boldsymbol{k}. \end{aligned}$$

(8) 路程. 质点运动时其轨迹的长度. 路程是标量,只有大小,没有方向.

$$\Delta s = \int_{t_1}^{t_2} \sqrt{\left(\frac{\mathrm{d}x}{\mathrm{d}t}\right)^2 + \left(\frac{\mathrm{d}y}{\mathrm{d}t}\right)^2 + \left(\frac{\mathrm{d}z}{\mathrm{d}t}\right)^2}\,\mathrm{d}t.$$

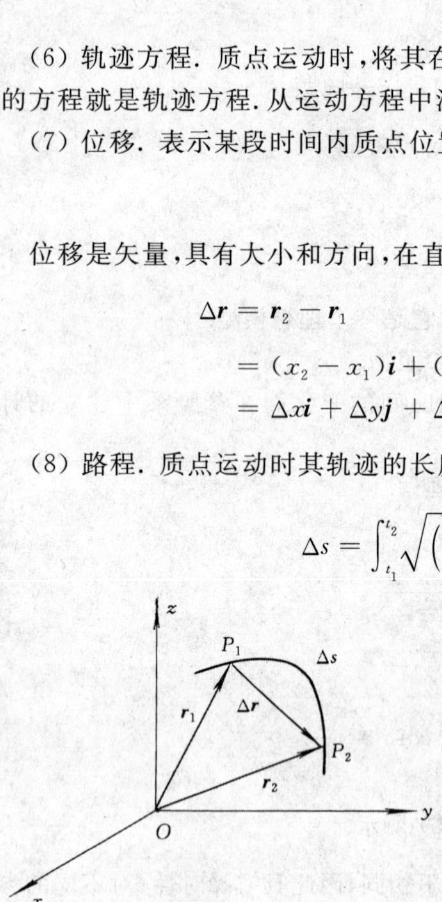

图 1-2

(9) 速度和速率. 描述质点位置改变快慢的物理量.

平均速度. 质点位置变化快慢的粗略描述:

$$\bar{\boldsymbol{v}} = \frac{\Delta\boldsymbol{r}}{\Delta t} = \frac{\Delta x}{\Delta t}\boldsymbol{i} + \frac{\Delta y}{\Delta t}\boldsymbol{j} + \frac{\Delta z}{\Delta t}\boldsymbol{k} = \bar{v}_x\boldsymbol{i} + \bar{v}_y\boldsymbol{j} + \bar{v}_z\boldsymbol{k}.$$

注 平均速度一定要指明是在哪一段时间内的平均速度.

瞬时速度. 质点位置变化快慢的精确描述：

$$\boldsymbol{v}=\lim_{\Delta t\to 0}\frac{\Delta \boldsymbol{r}}{\Delta t}=\frac{\mathrm{d}\boldsymbol{r}}{\mathrm{d}t}=\frac{\mathrm{d}x}{\mathrm{d}t}\boldsymbol{i}+\frac{\mathrm{d}y}{\mathrm{d}t}\boldsymbol{j}+\frac{\mathrm{d}z}{\mathrm{d}t}\boldsymbol{k}=v_x\boldsymbol{i}+v_y\boldsymbol{j}+v_z\boldsymbol{k}.$$

平均速率. 质点路程变化快慢的粗略描述：$\bar{v}=\dfrac{\Delta s}{\Delta t}$.

瞬时速率. 质点路程变化快慢的精确描述：$v=\lim\limits_{\Delta t\to 0}\dfrac{\Delta s}{\Delta t}=\dfrac{\mathrm{d}s}{\mathrm{d}t}$.

速度描述的是质点位移对时间的变化率，是矢量，有大小和方向；速率指质点所经历的路程对时间的变化率，是标量，只有大小，没有方向. 二者意义不同，但它们的瞬时值相同. 某时刻瞬时速率与该时刻瞬时速度的大小相等，即 $v=|\boldsymbol{v}|=\dfrac{\mathrm{d}s}{\mathrm{d}t}=\left|\dfrac{\mathrm{d}\boldsymbol{r}}{\mathrm{d}t}\right|$. 以上有关速度和速率的公式可参见图 1-2.

速度和速率的单位为米·秒$^{-1}$($\mathrm{m\cdot s^{-1}}$).

(10) 加速度. 描述质点速度改变快慢的物理量.

平均加速度. 质点速度改变的粗略描述：

$$\bar{\boldsymbol{a}}=\frac{\boldsymbol{v}_2-\boldsymbol{v}_1}{\Delta t}=\frac{\Delta \boldsymbol{v}}{\Delta t}=\frac{\Delta v_x}{\Delta t}\boldsymbol{i}+\frac{\Delta v_y}{\Delta t}\boldsymbol{j}+\frac{\Delta v_z}{\Delta t}\boldsymbol{k}=\bar{a}_x\boldsymbol{i}+\bar{a}_y\boldsymbol{j}+\bar{a}_z\boldsymbol{k}.$$

瞬时加速度. 质点速度改变的精确描述：

$$\boldsymbol{a}=\lim_{\Delta t\to 0}\frac{\Delta \boldsymbol{v}}{\Delta t}=\frac{\mathrm{d}\boldsymbol{v}}{\mathrm{d}t}=\frac{\mathrm{d}^2\boldsymbol{r}}{\mathrm{d}t^2}.$$

加速度在自然坐标系中可分解为切向加速度和法向加速度.

切向加速度. 加速度沿轨迹切向方向的分量，反映速度大小的变化，其大小为

$$a_\tau=\frac{\mathrm{d}v}{\mathrm{d}t}.$$

法向加速度. 加速度沿轨迹法向方向的分量，反映速度方向的变化，其大小为

$$a_\mathrm{n}=\frac{v^2}{\rho},$$

其中，ρ 为质点运动轨迹的曲率半径；在圆周运动中，ρ 为圆的半径.

2. 圆周运动

(1) 角位置. 质点的位置矢量和参考方向之间的夹角.

(2) 角位移 $\Delta\theta$. 表示某段时间内角位置的改变，并设逆时针方向为正，顺时针方向为负；单位为弧度(rad).

(3) 角速度. 描述质点的角位移随时间变化的物理量. $\omega=\dfrac{\mathrm{d}\theta}{\mathrm{d}t}$.

(4) 角加速度. 描述质点的角速度随时间变化的物理量. $\beta=\dfrac{\mathrm{d}\omega}{\mathrm{d}t}=\dfrac{\mathrm{d}^2\theta}{\mathrm{d}t^2}$.

(5) 角量与线量的关系. $v=\omega R$，$a_\tau=R\beta$，$a_\mathrm{n}=R\omega^2$.

3. 相对运动

设有两个参考系K和K′,K′系相对于K系的速度为$\boldsymbol{v}_{K'K}$,质点A相对于参考系K的速度为$\boldsymbol{v}_{AK}$,相对于K′系的速度为$\boldsymbol{v}_{AK'}$,则有

$$\boldsymbol{v}_{AK}=\boldsymbol{v}_{AK'}+\boldsymbol{v}_{K'K}.$$

$\boldsymbol{v}_{AK}$,$\boldsymbol{v}_{AK'}$,$\boldsymbol{v}_{K'K}$分别称为绝对速度、相对速度、牵连速度.

质点A相对于K系的加速度为$\boldsymbol{a}_{AK}$,相对于K′系的加速度为$\boldsymbol{a}_{AK'}$,K′系相对于K系的加速度为$\boldsymbol{a}_{K'K}$,则有

$$\boldsymbol{a}_{AK}=\boldsymbol{a}_{AK'}+\boldsymbol{a}_{K'K}.$$

$\boldsymbol{a}_{AK}$,$\boldsymbol{a}_{AK'}$,$\boldsymbol{a}_{K'K}$分别称为绝对加速度、相对加速度、牵连加速度.

1.3 常见及疑难问题答疑

问题1 位移、路程有什么异同,在什么情况下它们的大小相等?竖直上抛公式$s=v_0t-\frac{1}{2}gt^2$中s是路程还是位移?

答 这两个量都是描述质点位置变动情况的物理量.

位移描述的是质点在空间位置的变化,指明其位置改变的大小和方向.位移是矢量,大小为初位置到末位置的直线距离,方向从初位置指向末位置.

路程是质点运动路径的长度,是标量,只有大小,没有方向.

当质点作同方向直线运动时,在同一段时间内,二者的量值相等.

竖直上抛公式中的s表示位移的大小.若同时考虑上抛和下抛,则位移和路程两者大小不等.

问题2 位置矢量$\boldsymbol{r}$和位移$\Delta\boldsymbol{r}$有何区别?$|\Delta\boldsymbol{r}|$和$\Delta|\boldsymbol{r}|$意义相同吗?

答 位置矢量$\boldsymbol{r}$是从坐标原点指向质点所在位置的一个有向线段,描述了某时刻质点的位置,而位移$\Delta\boldsymbol{r}$是初位置引向末位置的有向线段,反映了质点位置的变化,二者意义不同.

末位置的位置矢量和初位置的位置矢量之差即为该段时间内的质点的位移,若取初位置为坐标原点,则末位置的位置矢量和位移一致.质点的瞬时速度为该时刻位置矢量对时间的一阶导数,而不是位移对时间的导数.

$|\Delta\boldsymbol{r}|$是矢量增量的模,$\Delta|\boldsymbol{r}|$为矢量模的增量,二者意义不同.$|\Delta\boldsymbol{r}|$表示位移的大小,$\Delta|\boldsymbol{r}|$等于位置矢量大小的改变量.

问题3 质点的运动方程为$x=x(t)$,$y=y(t)$.在计算质点的速度和加速度时,有人先求出$r=\sqrt{x^2+y^2}$,然后根据$v=\frac{\mathrm{d}r}{\mathrm{d}t}$和$a=\frac{\mathrm{d}^2r}{\mathrm{d}t^2}$而求得结果;又有人先求出速度和加速度的分量,再合成求得结果,即$v=\sqrt{\left(\frac{\mathrm{d}x}{\mathrm{d}t}\right)^2+\left(\frac{\mathrm{d}y}{\mathrm{d}t}\right)^2}$及$a=\sqrt{\left(\frac{\mathrm{d}^2x}{\mathrm{d}t^2}\right)^2+\left(\frac{\mathrm{d}^2y}{\mathrm{d}t^2}\right)^2}$.哪一种方法正确,为什么?

答 后一种方法正确.因为速度$\boldsymbol{v}=\frac{\mathrm{d}\boldsymbol{r}}{\mathrm{d}t}$,前一种方法只考虑了位置矢量$\boldsymbol{r}$的量值$r$随时间

t 的变化，没有反映出 $\boldsymbol{r}$ 的方向随时间 t 的变化. 同样可知，对加速度的求法也是后一种方法正确.

问题 4 河中有一条船，岸上有人用绳通过定滑轮拖船，如果拉绳的速率 v 是均匀的，问船运动的速率 u 是否也是均匀的，谁的速率大，为什么？

答 尽管拉绳速率是均匀的，但由于定滑轮后绳上各点同时参与沿 AB 方向的运动和沿 BO 方向的运动，因此，船运动的速率 u 不等于拉绳的速率 v. 船运动过程中，β 随时间是变化的，故不能简单地用 $u = v\cos\beta$ 求船速.

设某时刻 t，船在位置 B 处. 建立坐标系如图 1-3 所示，设船到定滑轮的距离用 l 表示，AO 为 h，BO 为 x，在直角三角形 ABO 中，

$$l^2 = x^2 + h^2,$$

两边同时对时间 t 求导，考虑到 h 是常量，

$$2l\frac{\mathrm{d}l}{\mathrm{d}t} = 2x\frac{\mathrm{d}x}{\mathrm{d}t}.$$

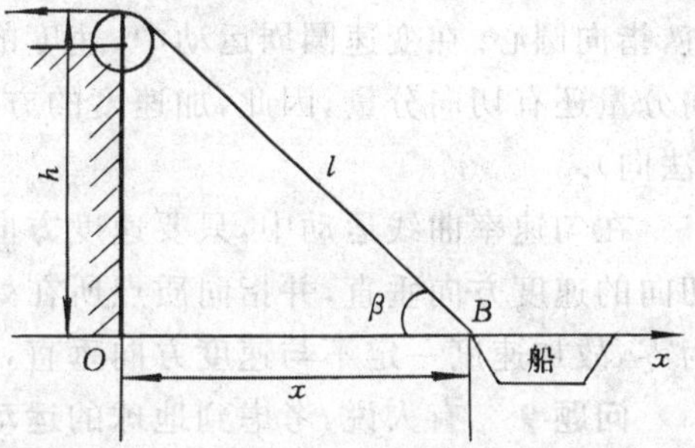

图 1-3

拉绳的速率 $v = \dfrac{\mathrm{d}l}{\mathrm{d}t}.$

船的速率

$$u = \frac{\mathrm{d}x}{\mathrm{d}t} = \frac{l}{x}v = \frac{\sqrt{x^2 + h^2}}{x}v = v\sqrt{1 + \left(\frac{h}{x}\right)^2}.$$

在拉绳过程中，v 不变，距离 x 变小，船速越来越快.

船的加速度 $$a = \frac{\mathrm{d}u}{\mathrm{d}t} = \frac{\mathrm{d}}{\mathrm{d}t}\left[v\frac{\sqrt{x^2 + h^2}}{x}\right] = -\frac{h^2}{x^3}v^2.$$

其中，负号表示加速度的方向与坐标轴的方向相反，船作变加速直线运动.

问题 5 有人用步枪瞄准远处树上的梨，扣动扳机，在子弹出膛时梨恰好脱离树枝而自由下落，问子弹能击中梨吗？为什么？(不计空气阻力.)

答 能击中. 子弹和梨都具有相对地面的重力加速度 g. 但如果以梨为参考系来观察子弹，子弹却是作匀速直线运动，由于梨是在子弹的匀速直线运动的直线上，所以，子弹必能击中梨.

问题 6 物体在某一时刻开始运动，在 Δt 时间后，经任一路径回到出发点，此时速度的大小和开始时相同，但方向一般不同，试问在 Δt 时间内平均速度是否为零？平均加速度是否为零？

答 平均速度是 Δt 时间内物体的位移 $\Delta \boldsymbol{r}$ 与时间 Δt 的比值. 而在这段时间内位移为零，所以平均速度为零.

平均加速度是 Δt 时间内物体速度的增量 $\Delta \boldsymbol{v}$ 与 Δt 的比值，由于初、末速度的方向不同，所以 $\Delta \boldsymbol{v}$ 不为零，平均加速度也不为零.

问题 7 一只兔子向着一棵大白菜跑去，它每秒钟所跑的距离是从它的鼻尖到大白菜的剩余距离之半，问兔子可否到达大白菜？它的平均速度的极限值为多少？

答 设 l 为兔子开始距大白菜的距离，兔子每秒钟跑的距离显然是 $\frac{l}{2}, \frac{l}{4}, \frac{l}{8}, \cdots$，为等比级数衰减，只有 t 趋于无限大时其总和才等于 l，也就是说只有时间为无限大才能跑到大白菜

处，所以兔子是不能跑到大白菜处的.

因为 $\Delta \boldsymbol{r}$ 的极限值为 $\lim\limits_{n\to\infty}\dfrac{l}{2^n}=0$，故兔子的平均速度的极限值为零.

问题 8 圆周运动中质点的加速度是否一定和速度方向垂直？任意曲线运动的加速度是否一定不与速度方向垂直？

答 不管是圆周运动还是任意曲线运动，质点的加速度均为切向加速度和法向加速度的矢量和.

在匀速圆周运动中，速度的大小不变，质点的加速度为法向加速度，其方向与速度方向垂直，指向圆心. 在变速圆周运动中，速度的大小也随时间的变化而变化，质点的加速度不但有法向分量还有切向分量，因此，加速度的方向一般不垂直于速度方向(切向)，也不一定指向圆心(法向).

在匀速率曲线运动中，只要速度方向有变化，加速度必然有法向分量，而且一定与沿曲线切向的速度方向垂直，并指向质点所在处曲线的曲率中心；在变速曲线运动中，切向加速度不为零，故加速度一定不与速度方向垂直，但一定指向轨迹的凹侧.

问题 9 有人说，考虑到地球的运动，一栋楼房的运动速率在夜里比白天大. 这是相对什么参考系说的？

答 在太阳参考系中，地球上的一栋楼房的运动速度是地球绕太阳的公转速度与地球的自转速度之和，即 $\boldsymbol{v}=\boldsymbol{v}_{公}+\boldsymbol{v}_{自}$.

所谓白天就是所研究的物体面向太阳，黑夜就是物体背向太阳. 无论白天还是黑夜，地球的自转速度都是相同的. 由于白天时自转速度与公转速度的方向相反，故楼房的速率低些；黑夜时自转速度与公转速度的方向一致，故楼房的速率高些.

1.4 解题要点及例题详解

1. 已知运动方程，求位置矢量、位移、速度、加速度及轨迹方程等

解题要点 根据运动学中物理量的定义，使用数学知识解题.

例 1-1 一质点做平面曲线运动，已知其运动方程为 $x=3t$(m)，$y=1-t^2$(m). 求

(1) 质点运动的轨迹方程；

(2) $t=3$s 时的位置矢量；

(3) 第 2s 内的位移和平均速度；

(4) 第 2s 内的平均速率；

(5) $t=2$s 时的速度和加速度；

(6) t 时刻的切向加速度和法向加速度；

(7) $t=2$s 时质点所在处轨迹的曲率半径.

解 (1) 从运动方程中消去时间 t，得轨迹方程

$$y=1-\frac{x^2}{9}.$$

(2)
$$\boldsymbol{r}_3=x(3)\boldsymbol{i}+y(3)\boldsymbol{j}=9\boldsymbol{i}-8\boldsymbol{j}\,(\mathrm{m}).$$

大小为
$$|\boldsymbol{r}_3|=\sqrt{81+64}\approx 12(\mathrm{m}),$$

方向由 $\boldsymbol{r}_3$ 与 x 轴正向夹角 $\alpha = \arctan\left[\frac{y(3)}{x(3)}\right] = -41°38'$ 表示.

(3) 第 2s 内的位移为

$$\Delta\boldsymbol{r} = [x(2) - x(1)]\boldsymbol{i} + [y(2) - y(1)]\boldsymbol{j} = 3\boldsymbol{i} - 3\boldsymbol{j}(\mathrm{m}).$$

大小
$$|\Delta\boldsymbol{r}| = \sqrt{9+9} = 3\sqrt{2}(\mathrm{m}),$$

方向与 x 轴正向夹角 $\alpha = \arctan\left(\frac{\Delta y}{\Delta x}\right) = \arctan\left(\frac{-3}{3}\right) = -45°$.

平均速度
$$\bar{\boldsymbol{v}} = \frac{\Delta\boldsymbol{r}}{\Delta t} = \frac{3\boldsymbol{i} - 3\boldsymbol{j}}{2-1} = 3\boldsymbol{i} - 3\boldsymbol{j}(\mathrm{m}\cdot\mathrm{s}^{-1}).$$

大小
$$|\boldsymbol{v}| = \sqrt{9+9} = 3\sqrt{2}(\mathrm{m}\cdot\mathrm{s}^{-1}),$$

方向为
$$\alpha = \arctan\left(\frac{\bar{v}_y}{\bar{v}_x}\right) = \arctan\left(\frac{-3}{3}\right) = -45°.$$

(4) 在第 2s 内质点经历的路程为

$$\Delta s = \int_1^2 \sqrt{\left(\frac{\mathrm{d}x}{\mathrm{d}t}\right)^2 + \left(\frac{\mathrm{d}y}{\mathrm{d}t}\right)^2}\,\mathrm{d}t = \int_1^2 \sqrt{3^2 + 4t^2}\,\mathrm{d}t \approx 4.26(\mathrm{m}).$$

所以在第 2s 内的平均速率为

$$\bar{v} = \frac{\Delta s}{\Delta t} \approx \frac{4.26}{1} = 4.26(\mathrm{m}\cdot\mathrm{s}^{-1}).$$

(5) 由 $\boldsymbol{v} = \frac{\mathrm{d}x}{\mathrm{d}t}\boldsymbol{i} + \frac{\mathrm{d}y}{\mathrm{d}t}\boldsymbol{j} = 3\boldsymbol{i} - 2t\boldsymbol{j}$，当 $t = 2\mathrm{s}$ 时，

$$\boldsymbol{v}_2 = 3\boldsymbol{i} - 4\boldsymbol{j}.$$

$$|\boldsymbol{v}_2| = \sqrt{9+16} = 5(\mathrm{m}\cdot\mathrm{s}^{-1}),$$

方向为
$$\alpha = \arctan\left(\frac{-4}{3}\right) \approx -53°08'.$$

加速度
$$\boldsymbol{a} = \frac{\mathrm{d}\boldsymbol{v}}{\mathrm{d}t} = -2\boldsymbol{j}(\mathrm{m}\cdot\mathrm{s}^{-2}),$$

即 $\boldsymbol{a}$ 为恒矢量，其大小为 $2\mathrm{m}\cdot\mathrm{s}^{-2}$，方向沿 y 轴负向.

(6) 由质点在 t 时刻的速率 $v = \sqrt{\left(\frac{\mathrm{d}x}{\mathrm{d}t}\right)^2 + \left(\frac{\mathrm{d}y}{\mathrm{d}t}\right)^2} = \sqrt{9+4t^2}$ 得

切向加速度
$$a_\tau = \frac{\mathrm{d}v}{\mathrm{d}t} = \frac{4t}{\sqrt{9+4t^2}},$$

法向加速度
$$a_\mathrm{n} = \sqrt{a^2 - a_\tau^2} = \frac{6}{\sqrt{9+4t^2}}.$$

(7) $t = 2\mathrm{s}$ 时刻的 $v_2 = 5\mathrm{m}\cdot\mathrm{s}^{-1}$，$a_\mathrm{n} = \frac{6}{\sqrt{9+16}} = 1.2\mathrm{m}\cdot\mathrm{s}^{-2}$，由 $a_\mathrm{n} = \frac{v^2}{\rho}$ 得 $t = 2\mathrm{s}$ 时的

ρ 为

$$\rho = \frac{v_2^2}{a_n} = \frac{25}{1.2} \approx 20.8(\mathrm{m}).$$

例 1-2 一直尺 AB，其端点 A 与 B 沿直线导槽 Ox 和 Oy 滑动，B 端以匀速 c 向下运动，求直尺上 M 点的速度和加速度(图 1-4)。设 $\overline{MA} = a$，$\overline{MB} = b$，$\angle OBA = \theta$.

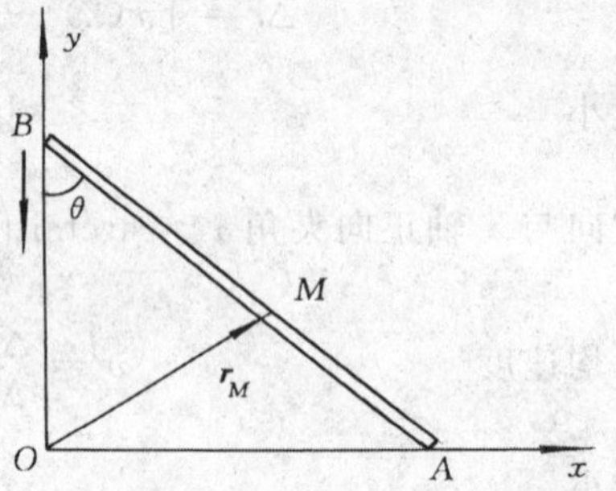

图 1-4

解 由图分析，得 B 和 M 的位置矢量

$$\boldsymbol{r}_B = y_B\boldsymbol{j} = (a+b)\cos\theta\boldsymbol{j}, \quad ①$$

$$\boldsymbol{r}_M = x\boldsymbol{i} + y\boldsymbol{j} = b\sin\theta\boldsymbol{i} + a\cos\theta\boldsymbol{j}. \quad ②$$

由式 ① 得

$$\boldsymbol{v}_B = \frac{\mathrm{d}\boldsymbol{r}_B}{\mathrm{d}t} = \frac{\mathrm{d}y_B}{\mathrm{d}t}\boldsymbol{j} = -(a+b)\sin\theta\frac{\mathrm{d}\theta}{\mathrm{d}t}\boldsymbol{j} = -c\boldsymbol{j},$$

可得

$$\frac{\mathrm{d}\theta}{\mathrm{d}t} = \frac{c}{(a+b)\sin\theta}. \quad ③$$

由式 ② 得

$$\boldsymbol{v}_M = \frac{\mathrm{d}\boldsymbol{r}_M}{\mathrm{d}t} = b\cos\theta\frac{\mathrm{d}\theta}{\mathrm{d}t}\boldsymbol{i} - a\sin\theta\frac{\mathrm{d}\theta}{\mathrm{d}t}\boldsymbol{j}.$$

代入式 ③ 可得

$$\boldsymbol{v}_M = \frac{bc\cot\theta}{a+b}\boldsymbol{i} - \frac{ac}{a+b}\boldsymbol{j}.$$

$$\boldsymbol{a}_M = \frac{\mathrm{d}\boldsymbol{v}_M}{\mathrm{d}t} = \frac{bc}{a+b}\left(-\csc^2\theta\frac{\mathrm{d}\theta}{\mathrm{d}t}\right)\boldsymbol{i} = \frac{-bc^2}{(a+b)^2\sin^3\theta}\boldsymbol{i}.$$

***例 1-3** 细杆绕端点 O 在水平面内作匀角速旋转，角速度为 ω. 杆上一小环(可视为质点)相对杆作匀速运动，相对速度为 v. 设 $t=0$ 时刻小环位于杆的端点 O. (1) 证明小环的运动轨迹为阿基米德螺线；(2) 试求小环在任意时刻的速度和加速度.

解 (1) 本题采用平面极坐标较为方便.

因 v 和 ω 为常量，故小环的运动方程为

$$\begin{cases} r = vt, \\ \theta = \omega t. \end{cases}$$

消去 t，得小环运动的轨迹方程为

$$r = \frac{v}{\omega}\theta,$$

式中，$\frac{v}{\omega}$ 为常量，r 与 θ 成正比，此即阿基米德螺线的极坐标方程.

(2) 在平面极坐标中，小环速度的两分量为

径向速度 $$v_r = \frac{\mathrm{d}r}{\mathrm{d}t} = v,$$

横向速度 $$v_\theta = r\frac{\mathrm{d}\theta}{\mathrm{d}t} = \frac{v}{\omega}\theta\frac{\mathrm{d}\theta}{\mathrm{d}t} = \frac{v}{\omega}\theta\omega = v\theta = v\omega t,$$

所以 t 时刻的速度 $\boldsymbol{v}$ 为

$$\boldsymbol{v} = v\boldsymbol{e}_\mathrm{r} + v\omega t\boldsymbol{e}_\theta,$$

其大小为 $$|\boldsymbol{v}| = \sqrt{v_\mathrm{r}^2 + v_\theta^2} = v\sqrt{1+\omega^2t^2}.$$

速度方向指向轨迹(阿基米德螺线)的切线方向.

在平面极坐标系中,小环加速度的两个分量为

径向加速度 $$a_\mathrm{r} = \frac{\mathrm{d}^2r}{\mathrm{d}t^2} - r\left(\frac{\mathrm{d}\theta}{\mathrm{d}t}\right)^2 = 0 - \frac{v}{\omega}\theta\omega^2 = -v\omega^2t,$$

横向加速度 $$a_\theta = r\frac{\mathrm{d}^2\theta}{\mathrm{d}t^2} + 2\left(\frac{\mathrm{d}r}{\mathrm{d}t}\right)\left(\frac{\mathrm{d}\theta}{\mathrm{d}t}\right) = 2v\omega,$$

所以 t 时刻的加速度为

$$\boldsymbol{a} = -v\omega^2t\boldsymbol{e}_\mathrm{r} + 2v\omega\boldsymbol{e}_\theta,$$

其大小为 $$|\boldsymbol{a}| = \sqrt{a_\mathrm{r}^2 + a_\theta^2} = v\omega\sqrt{4+\omega^2t^2}.$$

2. 已知加速度和初始条件,求运动方程和速度

解题要点 根据加速度和速度的定义,利用积分学知识解题.

例 1-4 一质点沿 x 轴方向运动,其加速度和时间的关系为 $a=-6t$,设 $t=0$ 时刻,质点在坐标原点以初速度为 $12\mathrm{m}\cdot\mathrm{s}^{-1}$ 向 x 轴正方向运动(图 1-5),求

(1) 任意时刻质点的位置和速度;

(2) 沿 x 轴正方向质点最多走多远?何时又回到出发点?

(3) 在 1 ~ 3s 内质点的位移和路程.

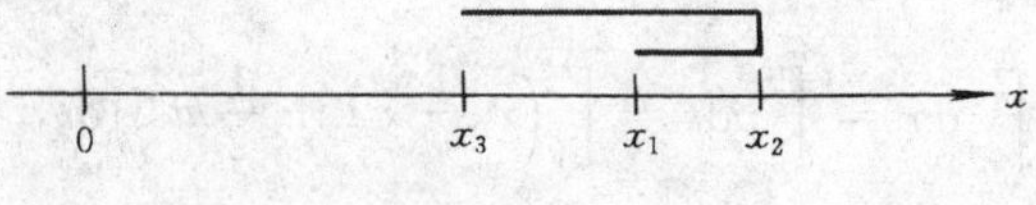

图 1-5

解 (1) 质点的加速度 $$a=-6t,$$

上式可变为 $$\frac{\mathrm{d}v}{\mathrm{d}t} = -6t,$$

左右两边同时积分,利用初始条件 $t=0$ 时,$v=12$,得 $\int_{12}^{v}\mathrm{d}v = -\int_0^t 6t\mathrm{d}t$,

解出 $$v = 12-3t^2,$$

由上式得 $$\frac{\mathrm{d}x}{\mathrm{d}t} = 12-3t^2,$$

$$\int_0^x \mathrm{d}x = \int_0^t (12-3t^2)\mathrm{d}t,$$

$$x = 12t - t^3.$$

(2) 当质点的速度为零时，质点开始返回，即 $v = 12 - 3t^2 = 0$，

解得 $$t = 2\text{(负根舍去)}.$$

当 $t = 2$ 时， $x_2 = 16$，即质点运动到 x 轴正方向的最远处时，$x = 16(\mathrm{m})$.

再次回到出发点时，有 $x = 12t - t^3 = 0$，

解得 $$t = 3.46(\mathrm{s}).$$

(3) $1 \sim 3\mathrm{s}$ 内质点的位移 $\Delta \boldsymbol{r} = \boldsymbol{r}_3 - \boldsymbol{r}_1 = 9\boldsymbol{i} - 11\boldsymbol{i} = -2\boldsymbol{i}(\mathrm{m})$，考虑到 $t = 2\mathrm{s}$ 时质点返回，则 $1 \sim 3\mathrm{s}$ 内质点的路程为

$$\Delta s = |x_3 - x_2| + |x_2 - x_1| = 12(\mathrm{m}).$$

例 1-5 一质点沿 x 轴作加速运动，在 $t = 0$ 时刻，其位置和初速度分别为 x_0 和 v_0，求

(1) 当 $a = kt + c$，t 时刻的速度及运动方程；

(2) 当 $a = kv$，t 时刻的速度及运动方程；

(3) 当 $a = kx$，t 时刻的速度及运动方程.

解 (1) 由 $a = \dfrac{\mathrm{d}v}{\mathrm{d}t}$ 得 $\mathrm{d}v = a\mathrm{d}t$，

积分 $$\int_{v_0}^{v} \mathrm{d}v = \int_0^t a\mathrm{d}t = \int_0^t (kt + c)\mathrm{d}t,$$

$$v - v_0 = \frac{1}{2}kt^2 + ct,$$

$$v = v_0 + ct + \frac{1}{2}kt^2.$$

而 $$v = \frac{\mathrm{d}x}{\mathrm{d}t}, \quad \mathrm{d}x = v\mathrm{d}t,$$

积分 $$\int_{x_0}^{x} \mathrm{d}x = \int_0^t v\mathrm{d}t = \int_0^t \left(v_0 + ct + \frac{1}{2}kt^2\right)\mathrm{d}t,$$

$$x - x_0 = v_0 t + \frac{1}{2}ct^2 + \frac{1}{6}kt^3,$$

运动方程 $$x = x_0 + v_0 t + \frac{1}{2}ct^2 + \frac{1}{6}kt^3.$$

(2) 由 $a = \dfrac{\mathrm{d}v}{\mathrm{d}t} = kv$ 得 $\dfrac{\mathrm{d}v}{v} = k\mathrm{d}t$，

积分 $$\int_{v_0}^{v} \frac{\mathrm{d}v}{v} = \int_0^t k\mathrm{d}t,$$

$$\ln\frac{v}{v_0} = kt,$$

$$v = v_0 \mathrm{e}^{kt}.$$

再由 $v=\frac{dx}{dt}$ 得
$$dx=v dt=v_0 e^{kt} dt,$$

积分
$$\int_{x_0}^{x} dx=\int_0^t v_0 e^{kt} dt,$$

$$x-x_0=\frac{v_0}{k}(e^{kt}-1),$$

运动方程
$$x=x_0+\frac{v_0}{k}(e^{kt}-1).$$

(3) 由 $a=\frac{dv}{dt}=\frac{dv}{dx}\frac{dx}{dt}=v\frac{dv}{dx}$ 得

$$v dv=a dx=kx dx,$$

积分
$$\int_{v_0}^{v} v dv=\int_{x_0}^{x} kx dx,$$

$$\frac{1}{2}v^2-\frac{1}{2}v_0^2=\frac{1}{2}kx^2-\frac{1}{2}kx_0^2,$$

所以
$$v=\sqrt{v_0^2+k(x^2-x_0^2)}.$$

此式的 v 不是 t 的函数，我们要求 $v=v(t)$. 现把上式改写为

$$v=\sqrt{(v_0^2-kx_0^2)+kx^2}.$$

令 $m^2=v_0^2-kx_0^2, y=\sqrt{k}x$ 得

$$v=\sqrt{m^2+y^2}.$$

由 $v=\frac{dx}{dt}=\frac{dy}{\sqrt{k}dt}=\sqrt{m^2+y^2}$ 可得

$$\frac{dy}{\sqrt{m^2+y^2}}=\sqrt{k}dt,$$

积分
$$\int_{y_0}^{y}\frac{dy}{\sqrt{m^2+y^2}}=\int_0^t\sqrt{k}dt,$$

$$\ln\frac{y+\sqrt{m^2+y^2}}{y_0+\sqrt{m^2+y_0^2}}=\sqrt{k}t,$$

$$y+\sqrt{m^2+y^2}=(y_0+\sqrt{m^2+y_0^2})e^{\sqrt{k}t},$$

$$\sqrt{m^2+y^2}=(y_0+\sqrt{m^2+y_0^2})e^{\sqrt{k}t}-y.$$

把上式的两边平方后，经整理，并把 $m^2=v_0^2-kx_0^2, y=\sqrt{k}x$ 及 $y_0=\sqrt{k}x_0$ 代入，可得

$$x=\frac{1}{2\sqrt{x}}[(v_0+\sqrt{k}x_0)e^{\sqrt{k}t}-(v_0+\sqrt{k}x_0)e^{-\sqrt{k}t}],$$

此式即为运动方程.

由 $v=\dfrac{dx}{dt}$ 可得 t 时刻的 v 为

$$v=\frac{1}{2}[(v_0+\sqrt{k}x_0)e^{\sqrt{k}t}+(v_0+\sqrt{k}x_0)e^{-\sqrt{k}t}].$$

3. 圆周运动

解题要点 根据运动学中物理量的定义,选择角坐标或自然坐标解题.

例 1-6 一质点从静止出发沿半径为 $R=3\text{m}$ 的圆周运动,切向加速度 $a_\tau=3\text{m}\cdot\text{s}^{-2}$(图 1-6),求

(1) 经多少时间它的总加速度的方向与半径成 45°;

(2) 在上述时间内,质点所经过的路程及角位移各为多少?

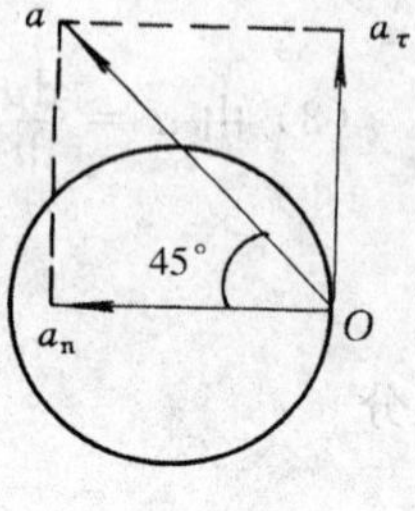

图 1-6

解 (1) 总加速度的方向与半径成 45° 时,有

$$a_n=a_\tau=3,$$

所以
$$\frac{v^2}{R}=\frac{dv}{dt}=3,$$

将 $R=3$ 代入,得 $v=3$.

又
$$\int_0^3 dv=\int_0^t 3dt,$$

解得 $t=1(\text{s})$.

(2) 路程
$$s=\frac{1}{2}a_\tau t^2=1.5(\text{m}),$$

角位移
$$\Delta\theta=\frac{s}{R}=0.5(\text{rad}).$$

例 1-7 一质点 A 沿半径 $R=1\text{m}$ 的圆周运动,其角坐标 θ 与 t 的关系为 $\theta=\dfrac{\pi}{2}(8t^2-4t+1)$,式中的 θ 以 rad 计,t 以 s 计,ω 正向规定及 x,y 坐标正向按通常约定.求

(1) 第 1s 内的平均速度;

(2) $t_0=0\text{s}$ 及 $t_1=1\text{s}$ 时刻的瞬时速度 $\boldsymbol{v}_0$ 及 $\boldsymbol{v}_1$;

(3) 第 1s 内的平均加速度.

解 (1) $t_0=0\text{s}$ 时,$\theta_0=\dfrac{\pi}{2}$,于是 $\boldsymbol{r}_0=R\boldsymbol{j}(\text{m})=1\boldsymbol{j}(\text{m})$.

当 $t_1=1\text{s}$ 时,$\theta_1=\dfrac{5\pi}{2}$, 则 $\boldsymbol{r}_1=\boldsymbol{j}(\text{m})$.

所以在第 1s 质点的位移 $\Delta\boldsymbol{r}$ 为

$$\Delta\boldsymbol{r}=\boldsymbol{r}_1-\boldsymbol{r}_0=\boldsymbol{0},$$

则在第 1s 的平均速度

$$\bar{\boldsymbol{v}}=\frac{\Delta\boldsymbol{r}}{\Delta t}=\boldsymbol{0}.$$

(2) $$\omega = \frac{d\theta}{dt} = \frac{\pi}{2}(16t - 4) = 2\pi(4t - 1).$$

从上式可知：当 $0 \leqslant t < \frac{1}{4}$ s 时，$\omega < 0$；$t = \frac{1}{4}$ s 时，$\omega = 0$；$t > \frac{1}{4}$ s 时，$\omega > 0$.

$\omega > 0$ 时，质点作逆时针方向运动；$\omega < 0$ 时，质点作顺时针方向运动.

$t_0 = 0$s 时， $\omega_0 = -2\pi(\mathrm{s}^{-1})$， $\boldsymbol{v}_0 = R\omega_0 \boldsymbol{i} = 2\pi\boldsymbol{i}(\mathrm{m\cdot s^{-1}})$；

$t_1 = 1$s 时， $\omega_1 = 6\pi(\mathrm{s}^{-1})$， $\boldsymbol{v}_1 = R\omega_1 \boldsymbol{i} = -6\pi\boldsymbol{i}(\mathrm{m\cdot s^{-1}})$.

(3) $$\bar{\boldsymbol{a}} = \frac{\boldsymbol{v}_1 - \boldsymbol{v}_0}{\Delta t} = \frac{-6\pi\boldsymbol{i} - 2\pi\boldsymbol{i}}{1-0} = -8\pi\boldsymbol{i}(\mathrm{m\cdot s^{-2}}).$$

4. 相对运动

解题要点 根据题意合理选择两个相对运动的坐标系，用矢量表示出质点对应坐标系中的速度（绝对速度、相对速度、牵连速度）或加速度（绝对加速度、相对加速度、牵连加速度）.

例 1-8 罗盘显示飞机头指向正东，空气流速表的读数为 215km·h^{-1}，此时风向正南，风速为 65km·h^{-1}. 求(1) 飞机相对地的速度；(2) 若飞行员想朝正东飞行，机头应指向什么方向？

解 这是一个相对运动的问题. 选地为 K 系，空气为 K′ 系，空气相对地流动的速度就是风速，飞机为质点 A. 由题意可知 $\boldsymbol{v}_{K'K} = 65\boldsymbol{j}(\mathrm{km\cdot h^{-1}})$，$\boldsymbol{v}_{AK'} = 215\boldsymbol{i}(\mathrm{km\cdot h^{-1}})$.

(1) 现要求 $\boldsymbol{v}_{AK}$，根据 $\boldsymbol{v}_{AK} = \boldsymbol{v}_{AK'} + \boldsymbol{v}_{K'K}$，画速度矢量图，如图 1-7(a) 所示.

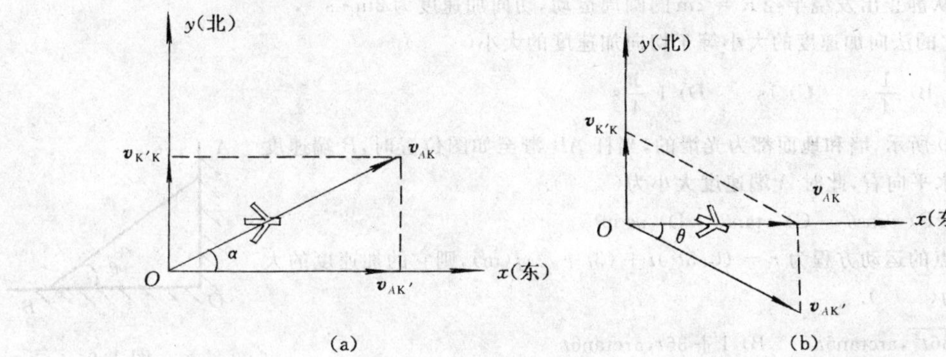

图 1-7

$$|\boldsymbol{v}_{AK}| = \sqrt{|\boldsymbol{v}_{AK'}|^2 + |\boldsymbol{v}_{K'K}|^2} = \sqrt{215^2 + 65^2} = 225(\mathrm{km\cdot h^{-1}}),$$

$$\alpha = \arctan\left(\frac{65}{215}\right) \approx 16.8°.$$

飞机对地的速度大小为 225km·h^{-1}，方向东偏北 16.8°.

(2) 由题意可画速度矢量图，如图 1-7(b) 所示，机头的方向为

$$\theta = \arcsin\left(\frac{65}{215}\right) = 17.6°.$$

1.5　能力训练

能力训练(1)

一、选择题

1. 下列说法正确的是(　　).

A) 加速度恒定不变时，质点的运动方向也不变

B) 平均速率等于平均速度的大小

C) 当质点的速度为零时，其加速度必为零

D) 质点作曲线运动时，质点速度大小的变化是因为有切向加速度，速度方向的变化是因为有法向加速度

2. 质点作曲线运动，某时刻的速度为 $\boldsymbol{v}$，切向加速度的大小是(　　).

A) $\dfrac{\mathrm{d}r}{\mathrm{d}t}$　B) $\dfrac{\mathrm{d}\boldsymbol{v}}{\mathrm{d}t}$　C) $\left|\dfrac{\mathrm{d}\boldsymbol{v}}{\mathrm{d}t}\right|$　D) $\dfrac{\mathrm{d}v}{\mathrm{d}t}$

3. 有质点 A 和 B 沿 x 轴作直线运动，图 1-8 所示为两质点的 x-t 图，图中曲线为抛物线，下列说法中，正确的是(　　).

A) $a_A > a_B, v_A > v_B$　B) $a_A > a_B, v_A < v_B$

C) $a_A < a_B, v_A > v_B$　D) $a_A < a_B, v_A < v_B$

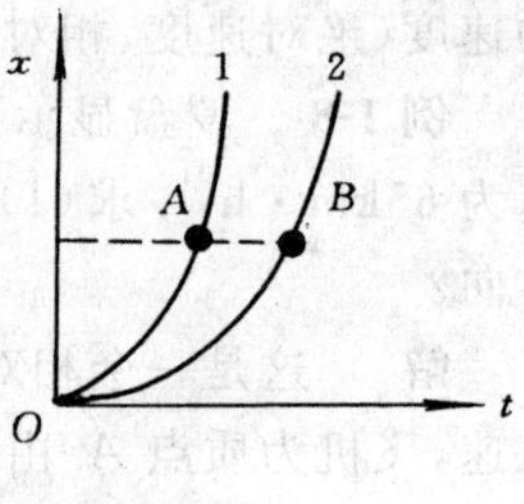

图 1-8

4. 一质点从静止出发绕半径 R 的圆周作匀变速圆周运动，角加速度为 β，当该质点走完一周回到出发点，所经历的时间为(　　).

A) $\dfrac{1}{2}\beta^2 R$　B) $\sqrt{\dfrac{4\pi}{\beta}}$　C) $\dfrac{2\pi}{\beta}$　D) 条件不够不能确定

5. 一质点从静止出发绕半径 $R = 2\mathrm{m}$ 的圆周运动，切向加速度为 $2\mathrm{m}\cdot\mathrm{s}^{-1}$，经过多长时间它的法向加速度的大小等于切向加速度的大小(　　).

A) $\dfrac{1}{2}\mathrm{s}$　B) $\dfrac{1}{4}\mathrm{s}$　C) 1s　D) $1\dfrac{1}{4}\mathrm{s}$

6. 如图 1-9 所示，墙和地面都为光滑的，当杆 AB 滑至如图位置时，B 端速度大小为 v，方向水平向右，此时 A 端速度大小为(　　).

A) $v\sin\theta$　B) $v\cos\theta$　C) $v\tan\theta$　D) $v\cot\theta$

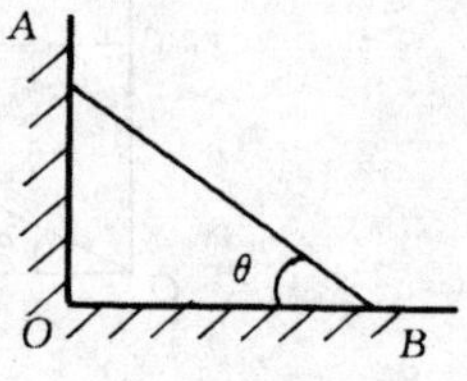

图 1-9

7. 已知质点的运动方程为 $\boldsymbol{r} = (0.5t^2)\boldsymbol{i} + (3t + t^3)\boldsymbol{j}(\mathrm{m})$，则它的加速度的大小和方向分别为(　　).

A) $\sqrt{1+36t^2}$，arctan$6t$　B) $1+36t$，arctan$6t$

C) $\sqrt{1+36t^2}$，arctan$3t$　C) $1+36t$，arctan$3t$

8. 一质点在平面上作曲线运动，设 t 时刻的瞬时速度为 $\boldsymbol{v}$，瞬时速率为 v，在 $0 \sim t$ 这段时间内的平均速度为 $\bar{\boldsymbol{v}}$，平均速率为 $\bar{v}$，它们之间的关系是(　　).

A) $|\boldsymbol{v}| = v, |\bar{\boldsymbol{v}}| = \bar{v}$　B) $|\boldsymbol{v}| \neq v, |\bar{\boldsymbol{v}}| = \bar{v}$

C) $|\boldsymbol{v}| = v, |\bar{\boldsymbol{v}}| \neq \bar{v}$　D) $|\boldsymbol{v}| \neq v, |\bar{\boldsymbol{v}}| \neq \bar{v}$

二、填空题

1. 质点以初速度 $4\mathrm{m}\cdot\mathrm{s}^{-1}$ 沿 x 方向作直线运动，其加速度和时间的关系为 $a = 3 + 4t$，则 $t = 3\mathrm{s}$ 时的速度大小为________.

2. 一质点作斜抛运动，初速度的大小为 v_0，与水平方向成 θ 角，忽略空气阻力，在最高点 A 处的速度大小 $|\boldsymbol{v}| =$ ______，加速度大小 $|\bar{\boldsymbol{a}}| =$ ______；法向加速度大小 $a_n =$ ______，切向加速度大小 $a_\tau =$ ______.

3. 质点在 xOy 平面内运动，任意时刻的位置矢量为 $\boldsymbol{r} = 3\sin\omega t\boldsymbol{i} + 4\cos\omega t\boldsymbol{j}$，其中，$\omega$ 是正常数. 速度 = ____________，速率 = ____________，运动轨迹方程为____________.

4. 一质点在某一时刻的位置矢量为 $\boldsymbol{r}_0$，速度为 $\boldsymbol{v}_0$，在 Δt 时间内，经任一路径回到出发点，此时的速度为 $\boldsymbol{v}_1$，其大小与 $\boldsymbol{v}_0$ 相同，方向相反，则在 Δt 时间内的位移 $\Delta \boldsymbol{r}=$ ______，平均速度 $\bar{\boldsymbol{v}}=$ ______，平均加速度 $\bar{\boldsymbol{a}}=$ ______.

5. 一质点在平面内运动，其中 $|\boldsymbol{r}|=c_1$，$\dfrac{\mathrm{d}v}{\mathrm{d}t}=c_2$；$c_1$，$c_2$ 为大于零的常数，则该质点所作的运动是__________.

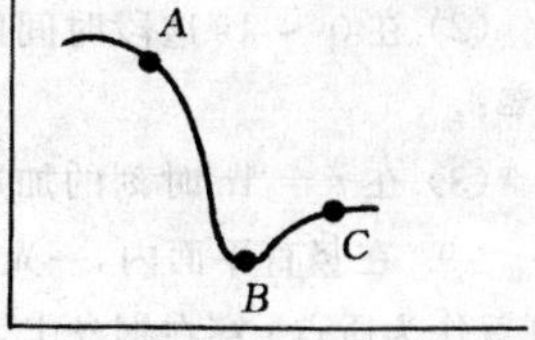

图 1-10

6. 一质点在水平面上作匀速率曲线运动，其轨迹如图 1-10 所示，则该质点在______点的加速度值最大，在该点的切向加速度的值为______.

7. 质点沿 x 轴作直线运动，其运动方程为 $x=3+5t+6t^2-t^3$(SI)，则质点在 $t=0$ 时刻的速度 $v_0=$ ________，加速度为零时，该质点的速度 $v=$ ________.

8. 设 a_τ 和 a_n 分别表示质点的切向加速度和法向加速度，如果出现下述情况，质点在作何种运动（$v\neq 0$）.

(1) $a_\tau=0, a_n\neq 0$，____；

(2) $a_\tau\neq 0$，$a_n=0$，____.

三、计算题

1. 一质点在平面内运动，其运动方程为

$$\begin{cases} x=2t, \\ y=4t^2+4t+1, \end{cases}$$

式中，x，y 以 m 计，t 以 s 计. 求

(1) 以 t 为变量，写出质点位置矢量的表达式；

(2) 轨迹方程；

(3) 在 $t_1=1\mathrm{s}$ 及 $t_2=2\mathrm{s}$ 时刻的位置矢量；计算在 1 ～ 2s 这段时间内质点的位移、平均速度、平均速率；

(4) t 时刻的速度表达式；

(5) 计算在 1 ～ 2s 这段时间内质点的平均加速度；在 $t_1=1\mathrm{s}$ 及 $t_2=2\mathrm{s}$ 时刻的瞬时加速度.

2. 质点的位置矢量 $\boldsymbol{r}=R\cos\omega t\boldsymbol{i}+R\sin\omega t\boldsymbol{j}+\dfrac{h}{2\pi}\omega t\boldsymbol{k}$，其中，$R$，$\omega$，$h$ 均为正常数. 求

(1) 质点任意时刻的速度和加速度；

(2) 质点任意时刻的切向加速度、法向加速度和当前位置的轨道曲率半径；

(3) 简要描述质点的运动.

3. 质点作斜抛运动，不计空气阻力，求在 t 时刻的法向加速度 a_n 及切向加速度 a_τ.

4. 一质点在平面内运动，其运动方程为

$$\begin{cases} x=t-8, \\ y=t^2-6t-16, \end{cases}$$

式中，x，y 以 m 计，t 以 s 计. 问在何时刻质点的切向加速度 a_τ 为零，且此时的法向加速度 a_n 为多少？

5. 某质点在 x 轴方向上作变速直线运动，初时从坐标原点出发，其初速度为 $v_0=2\pi$，加速度按 $a=-\pi^2\sin\dfrac{\pi}{2}t$ 规律变化，求该质点的运动方程。

6. 质点沿 x 轴运动，已知其加速度为 $a=-kv^2$，式中，k 为大于零的常数. 在 $t=0$ 时刻质点的坐标为 x_0，初速度为 v_0，求质点的速度公式及运动方程.

7. 质点作半径为 R 的圆周运动，其经过的路程 s 和时间 t 的关系为 $s=bt+\dfrac{1}{2}ct^2$，其中 b 和 c 是大于零的常数，求从 $t=0$ 开始到切向加速度和法向加速度大小相等时所经历的时间.

8. 一质点沿半径为 $R=1.0\mathrm{m}$ 的圆周作逆时针方向的圆周运动，在 $t=0$ 时刻质点处在 A 点，如图 1-11 所

示，质点在 $0 \sim t$ 这段时间内所经过的路程为 $s=\frac{\pi t}{2}+\frac{\pi t^2}{4}$，式中，$s$ 以 m 计，t 以 s 计，求

(1) 在 t 时刻质点的角速度及角加速度；

(2) 在 $0 \sim 1\text{s}$ 这段时间内，质点的位移、平均速度、平均加速度、平均速率；

(3) 在 $t=1\text{s}$ 时刻的加速度.

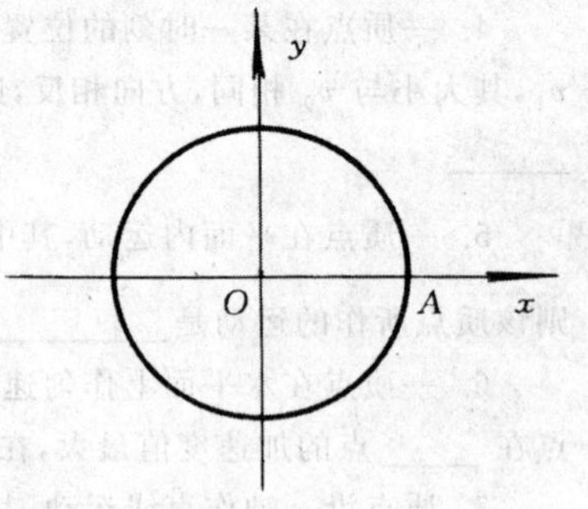

图 1-11

*9. 在竖直平面内，一光滑铜丝被弯成如图 1-12 所示的曲线. 一小球(可看作为质点)穿在铜丝上，可沿它无摩擦地滑动. 已知其切向加速度为 $-g\sin\theta$，θ 是曲线的切向方向与水平方向的夹角，证明质点在各处的速率与其纵坐标 y 有如下的关系：$v^2-v_0^2=2g(y_0-y)$，式中，v_0 和 y_0 分别为初速度大小和初位置.

*10. 某质点以速率 v 在 xOy 平面内运动，其轨迹方程为 $y^2-2ax-bx^2=0$，设 a，b 和 v 都为常量，求当质点运动到任意位置 (x,y) 时，速度沿 x 和 y 方向的分量。

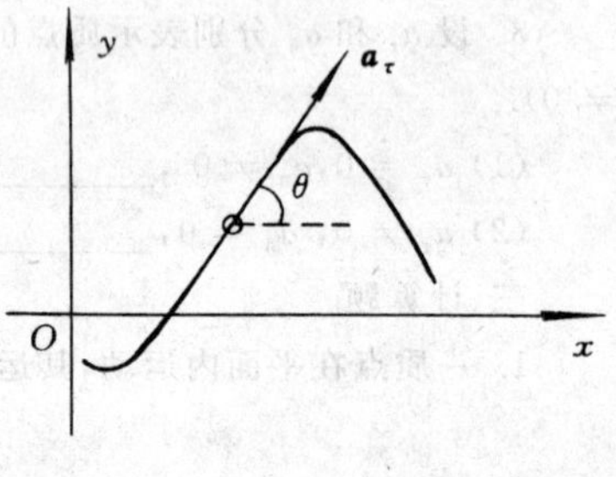

图 1-12

能力训练(2)

一、选择题

1. 一质点作定向直线运动，下列说法中，正确的是(　　).

A) 质点位置矢量的方向一定恒定，位移方向一定恒定

B) 质点位置矢量的方向不一定恒定，位移方向一定恒定

C) 质点位置矢量的方向一定恒定，位移方向不一定恒定

D) 质点位置矢量的方向不一定恒定，位移方向不一定恒定

2. 质点沿轨道 AB 作曲线运动，速率逐渐减小，如图 1-13 所示，表示了在 C 处加速度的图是(　　).

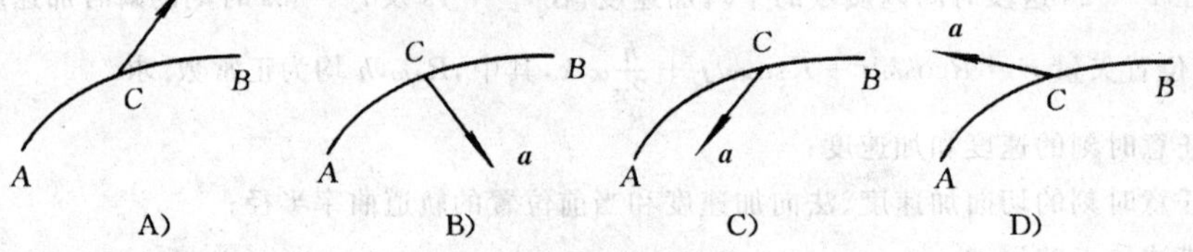

图 1-13

3. 如图 1-14 所示为质点沿直线运动的 a-t 图，且已知 $t=0$ 时，$v_0=0$，则直线下部分的面积表示(　　).

A) $0 \sim t_1$ 这段时间内质点所通过的路程

B) $0 \sim t_1$ 这段时间内质点所通过的位移

C) t_1 时刻质点的速度大小

D) $0 \sim t_1$ 这段时间内质点的平均速度大小

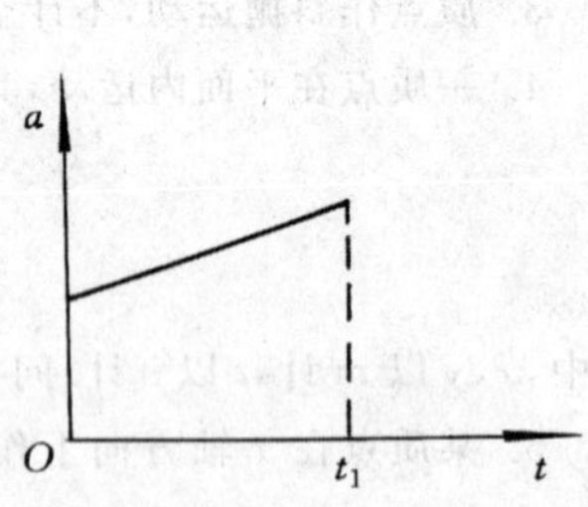

图 1-14

4. 一质点作直线运动，其运动方程为 $x=t^2-4t+2$(SI 制)，则质点在前 5s 内通过的路程和平均速度大小分别为(　　).

A) 13 m，$1\text{m}\cdot\text{s}^{-1}$　　B) 13 m，$3\text{m}\cdot\text{s}^{-1}$　　C) 5m，$1\text{m}\cdot\text{s}^{-1}$　　D) 5m，$3\text{m}\cdot\text{s}^{-1}$

5. 已知质点沿半径为 $R=1\text{m}$ 的圆作圆周运动，其角位置 $\theta=2t+4t^2$(rad)，则在 $t=2\text{s}$ 时它的速度的大小为(　　).

A) $20\text{m}\cdot\text{s}^{-1}$　　B) $18\text{m}\cdot\text{s}^{-1}$　　C) $9\text{m}\cdot\text{s}^{-1}$　　D) $12\text{m}\cdot\text{s}^{-1}$

6. 一物体从某一确定高度以初速率 v_0 被水平抛出，不计空气阻力，当它落地时的速率为 v，则它在空中

运动的时间为（　　）.

A) $\frac{v-v_0}{g}$　　B) $\frac{v-v_0}{2g}$　　C) $\frac{\sqrt{v^2-v_0^2}}{g}$　　D) $\frac{v^2-v_0^2}{g}$

7. 一质点在 xOy 平面内作匀速率正弦曲线运动，如图 1-15 所示，在如下的说法中正确的是（　　）.

A) 质点在 a,c 处的加速度的值为零

B) 质点在各处的加速度大小都相等

C) 质点在 b,d 处的加速度的值最大

D) 质点在 b,d 处的加速度的值为零

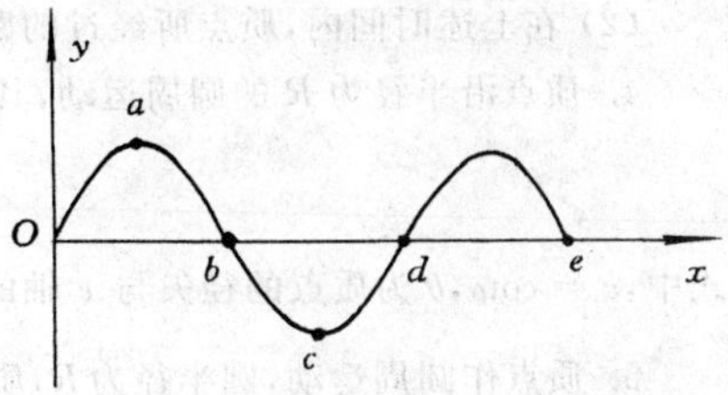

图 1-15

*8. 某人骑自行车以速率 v 向西行驶，今有风以相同速率从北偏东 30° 吹来，则人感到风从（　　）方向吹来.

A) 北偏东 30°　　B) 南偏东 30°　　C) 北偏西 30°　　D) 西偏南 30°

二、填空题

1. 有人骑自行车沿笔直的公路行驶，其 v-t 图如图 1-16 所示，其中，△OAB 的面积等于 △CDE 的面积 S，则自行车所经历的路程 Δs = ＿＿＿＿，自行车的位移 Δx = ＿＿＿＿.

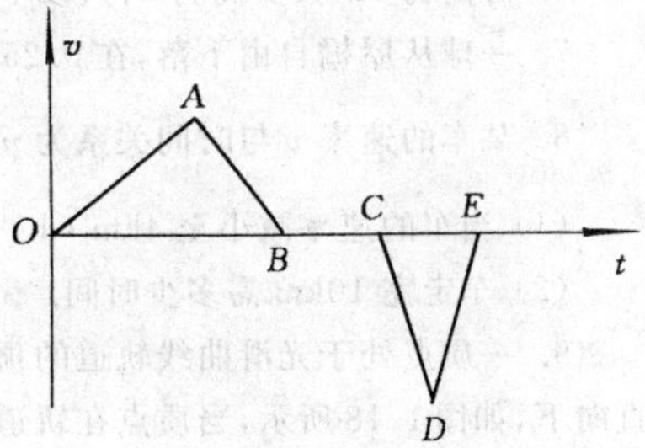

图 1-16

2. 质点沿 x 轴作直线运动，其加速度 $a = 4t\,\mathrm{m\cdot s^{-2}}$，在 $t=0$ 时刻，$v_0=0$，$x_0=10\mathrm{m}$，则该质点的运动方程为 x = ＿＿＿＿.

3. 小球以初速度 v_0 与水平方向成 α 角度抛出，在点 M 处其速度与水平方向成 β 角，忽略空气阻力，则小球在 M 处的速度大小为＿＿＿＿，切向加速度大小等于＿＿＿＿，法向加速度大小等于＿＿＿＿.

4. 质点沿半径为 r 的圆周运动，速率 $v = ct^2$，c 为常数，则质点走过的路程 s 与时间的关系为＿＿＿＿，t 时刻的法向加速度 = ＿＿＿＿，切向加速度 = ＿＿＿＿.

5. 质点沿 x 轴作直线运动，其加速度 $a = 4t+3(\mathrm{m\cdot s^{-2}})$，在 $t=0$ 时刻，$v_0 = 3\mathrm{m\cdot s^{-1}}$，则该质点在 t 时刻的速度为 v = ＿＿＿＿.

6. 一小艇原以速度 v_0 行驶，在某时刻关闭发动机，其加速度大小与速率 v 成正比，但方向相反，即 $a = -kv$，k 为正值常数，则小艇从关闭发动机到静止这段时间内，它所经过的路程 Δs = ＿＿＿＿，在这段时间内其速率 v 与时间 t 的关系为 v = ＿＿＿＿（设关闭发动机的时刻为计时零点）.

7. 一质点作如图 1-17 所示的抛体运动，忽略空气阻力，则该质点在运动过程中 $\frac{\mathrm{d}v}{\mathrm{d}t}$ 是否变化：＿＿＿＿；$\frac{\mathrm{d}\boldsymbol{v}}{\mathrm{d}t}$ 是否变化：＿＿＿＿；法向加速度是否变化：＿＿＿＿.

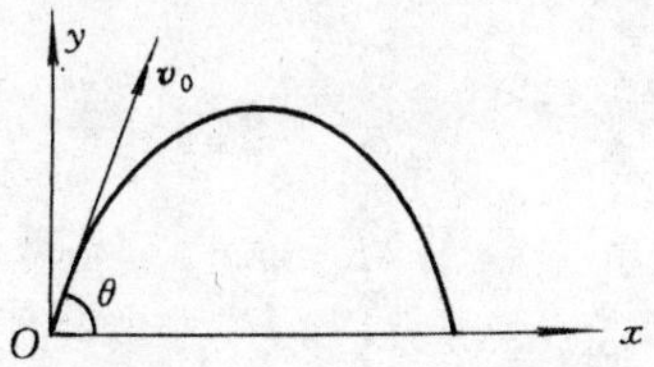

图 1-17

8. 一列车以 v_0 的速度沿 x 轴正方向运动，某旅客从车厢上观察一个站在站台上的小孩竖直向上抛出的小球，相对于站台上的坐标系来说小球的运动方程为 $x=0$；$y = v_0t-\frac{1}{2}gt^2$. 如车厢上的旅客用随车一起运动的坐标系 $x'O'y'$ 来描述小球的运动，则在此坐标系中，小球运动的轨迹方程为＿＿＿＿. 车上旅客观察到小球的加速度大小为＿＿＿＿，方向为＿＿＿＿（设 $t=0$ 时刻，坐标系 xOy 与 $x'O'y'$ 重合）.

三、计算题

1. 质点作半径 $R=2\mathrm{m}$ 的圆周运动，转动角速度 $\omega = kt^2$（k 为常数），已知 $t=2\mathrm{s}$ 时，质点速度为 $32\mathrm{m\cdot s^{-1}}$，求 $t=1\mathrm{s}$ 时质点的速度大小和加速度大小.

2. 一汽车在半径 $R=400\mathrm{m}$ 的圆弧弯道上减速行驶. 设在某时刻，汽车的速率为 $v=10\,\mathrm{m\cdot s^{-1}}$，切向加速

度的大小为 $a_\tau = 0.2\text{m}\cdot\text{s}^{-2}$. 求汽车的法向加速度和总加速度的大小和方向?

3. 一质点从静止出发沿半径为 $R = 3\text{m}$ 的圆周运动,切向加速度 $a_\tau = 3\text{m}\cdot\text{s}^{-2}$,求

(1) 经多少时间它的总加速度的方向与半径成 45°;

(2) 在上述时间内,质点所经过的路程及角位移各为多少?

4. 质点沿半径为 R 的圆周运动,其速度矢量与加速度矢量的夹角 α 保持不变,证明质点的速率可表示为

$$v = v_0 e^{c(\theta-\theta_0)},$$

式中,$c = \cot\alpha$,θ 为质点的径矢与 x 轴的夹角. 当 $t = 0$ 时,$\theta = \theta_0$,$v = v_0$.

5. 质点作圆周运动,圆半径为 R,质点行走的路径 s 与时间的关系为 $s = v_0 t - \frac{1}{2}bt^2$,其中,$v_0$ 和 b 为常数,求

(1) 总加速度大小和时间的关系;

(2) 当总加速度大小等于量值 b 时,质点沿圆周运动的圈数?

6. 灯高为 H,人身高为 h,人以 v 的速率作直线运动,求人头顶影子移动的速率.

7. 一球从屋檐自由下落,在 0.25s 的时间内经过一个 2.0m 高的窗子. 问屋檐离窗顶多高?

8. 某车的速率 v 与时间关系为 $v = \frac{20}{1+t}\text{km}\cdot\text{h}^{-1}$,$t$ 的单位为 h. 求

(1) 当车的速率减小至 $4\text{km}\cdot\text{h}^{-1}$ 的时间内,车走了多少路程;

(2) 车走完 10km 需多少时间.

9. 一质点处于光滑曲线轨道的顶部,曲线轨道的方程为 $y = x^2/4$,y 轴正向垂直向下,如图 1-18 所示,当质点在轨道上滑动时,求它在图示位置时的切向加速度大小.

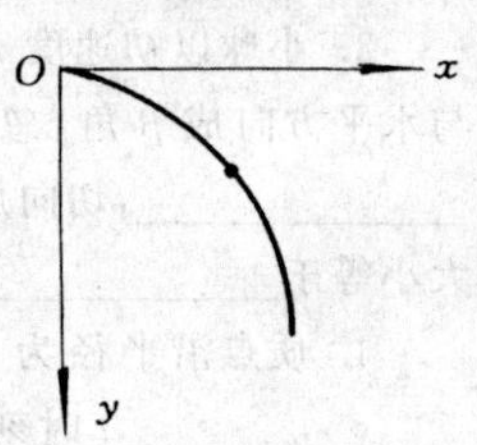

图 1-18

*10. 有一根直线轨道,轨道上有两辆车 A 和 B 同方向运动,A 车在 B 车的前面,A 车速度为 v_1,B 车速度为 v_2,并且 $v_2 > v_1$,当两车的距离为 d 时,B 车以加速度 a 开始作匀减速运动,问两车不会相撞的最小距离 d 是多少?

第2章　质点动力学

质点动力学是研究质点的运动状态变化与质点间相互作用的关系及其规律的分支学科，是整个物理学的基础.本章将以牛顿三大运动定律为基础，导出一些重要的物理规律：动能定理、功能原理、机械能守恒定律和能量守恒定律及动量定理、角动量定理、动量守恒定律和角动量守恒定律.

2.1　基本要求

(1) 理解动量的概念和力的定义式，理解牛顿运动三定律及其应用条件；

(2) 能熟练分析物体的受力情况，掌握用牛顿定律解题的基本思路和方法；

(3) 明确惯性系和非惯性系的区别，了解用惯性力处理非惯性系中质点动力学问题的方法；

(4) 理解功的概念，掌握变力作功的计算方法；

(5) 理解冲量的概念，掌握质点和质点系的动量定理及其应用；

(6) 掌握动量守恒定律及其适用条件，并熟练地运用该定律分析解决动力学问题；

(7) 理解角动量、力矩的概念，掌握质点的角动量定理及其应用，理解角动量守恒定律；

(8) 了解质心的概念和质心运动定理；

(9) 掌握动能定理、功能原理及机械能守恒定律，熟练运用它们分析解决基本的动力学问题.

2.2　重点概念及主要公式

1. 动量和力的定义式

动量.描述物体运动状态的物理量.

(1) 质点的动量.质点的质量和速度的乘积.

$$\boldsymbol{P} = m\boldsymbol{v}.$$

(2) 质点系的动量.系统内所有质点的动量之和.

$$\boldsymbol{P} = \sum_{i=1}^{n} m_i \boldsymbol{v}_i.$$

力是物体之间的相互作用，使物体的运动状态发生变化或物体发生形变.

力是质点动量变化率的量度.

$$\boldsymbol{F} = \frac{\mathrm{d}\boldsymbol{P}}{\mathrm{d}t} = \frac{\mathrm{d}(m\boldsymbol{v})}{\mathrm{d}t},$$

其中，$\boldsymbol{P} = m\boldsymbol{v}$ 为物体的动量.

当物体运动速度 $v \ll c$，且物体的质量在运动过程中保持不变，上式可写为 $\boldsymbol{F} = m\boldsymbol{a}$.

2. 牛顿运动定律

(1) 牛顿第一定律. 任何物体都保持静止或匀速直线运动，直到其他物体的作用迫使它改变这种运动状态为止.

任何物体都具有保持其原有运动状态不变的性质，这是物体的固有属性，称为惯性，质量是物体惯性大小的量度.

(2) 牛顿第二定律. 物体的动量对时间的变化率同该物体所受的力成正比，并和力的方向相同.

(3) 牛顿第三定律. 两个物体相互作用时，作用力和反作用力的大小相等，方向相反，分别作用在两个不同的物体上，力的作用线在同一条直线上.

3. 非惯性系和惯性力

牛顿运动定律成立的参考系称为惯性参考系.

相对于惯性系作变速运动的参考系称为非惯性系. 在非惯性系中，牛顿运动定律不成立.

在非惯性系中，为了要在形式上应用牛顿定律，除了物体受到的实际作用力外，还须引入一个由于非惯性系相对于惯性系的变速运动所引起的力，这个力称为惯性力.

惯性力是假想力，没有施力物体，无反作用力.

(1) 平动非惯性系中的惯性力 $\boldsymbol{F}=-m\boldsymbol{a}$.

(2) 静止于匀速转动的非惯性系中物体所受的惯性力为 $\boldsymbol{F}=-mR\omega^2\boldsymbol{n}$.

此惯性力也称惯性离心力.

(3) 相对转动非惯性系运动的物体所受的惯性力——科里奥利力为 $\boldsymbol{F}=-2m\boldsymbol{\omega}\times\boldsymbol{v}$.

4. 质心和质心定理

(1) 质心. 质量分布的中心.

质点系的质心位置 $\boldsymbol{r}_C=\dfrac{\sum m_i\boldsymbol{r}_i}{M}=x_C\boldsymbol{i}+y_C\boldsymbol{j}+z_C\boldsymbol{k}$.

其中，$x_C=\dfrac{\sum m_ix_i}{M}$，$y_C=\dfrac{\sum m_iy_i}{M}$，$z_C=\dfrac{\sum m_iz_i}{M}$，$M=\sum m_i$ 为物体的总质量.

质量连续分布的物体的质心位置 $\boldsymbol{r}_C=\dfrac{\int\boldsymbol{r}\mathrm{d}m}{M}=x_C\boldsymbol{i}+y_C\boldsymbol{j}+z_C\boldsymbol{k}$.

其中，$x_C=\dfrac{\int x\mathrm{d}m}{M}$，$y_C=\dfrac{\int y\mathrm{d}m}{M}$，$z_C=\dfrac{\int z\mathrm{d}m}{M}$.

质心的速度 $\boldsymbol{v}_C=\dfrac{\mathrm{d}\boldsymbol{r}_C}{\mathrm{d}t}=\dfrac{1}{M}\sum m_i\boldsymbol{v}_i$.

质心加速度 $\boldsymbol{a}_C=\dfrac{\mathrm{d}\boldsymbol{v}_C}{\mathrm{d}t}=\dfrac{\mathrm{d}^2\boldsymbol{r}_C}{\mathrm{d}t^2}$.

质点系的总动量等于质心的动量(质点系总质量与质心速度之乘积)：

$$\boldsymbol{P}_C=M\boldsymbol{v}_C=\sum m_i\boldsymbol{v}_i.$$

（2）质心运动定理. 作用于质点系上外力的矢量和等于质点系总质量与质心加速度之乘积，即

$$\sum \boldsymbol{F}_e = M\boldsymbol{a}_C.$$

此式表明一个质点系的质心运动，相当于一个集中了质点系总质量的质点的运动，而该质点所受的力就是质点系所受外力的矢量和.

5. 冲　　量

冲量的定义
$$\boldsymbol{I} = \int_{t_1}^{t_2} \boldsymbol{F}\mathrm{d}t = \bar{\boldsymbol{F}}(t_2 - t_1),$$

式中，$\bar{\boldsymbol{F}}$ 为变力在 $t_1 \sim t_2$ 这段时间内的平均力 $\bar{\boldsymbol{F}} = \dfrac{\int_{t_1}^{t_2} \boldsymbol{F}\mathrm{d}t}{t_2 - t_1}$.

6. 动量定理

某段时间内作用在系统（质点或质点系）上的合外力的冲量，等于该段时间内系统动量的增量，即

$$\int_{t_1}^{t_2} \left(\sum \boldsymbol{F}_i\right)\mathrm{d}t = \sum m_i \boldsymbol{v}_{i2} - \sum m_i \boldsymbol{v}_{i1}.$$

7. 动量守恒定律

当系统不受外力作用或所受合外力为零时，则该系统的总动量保持不变.

应用动量守恒定律时要注意：

（1）守恒条件是系统所受的合外力为零.

（2）在如碰撞、打击、爆炸等实际问题中，虽然质点系所受外力的矢量和不为零，但它远小于质点系的内力，这时亦可近似地看作质点系的动量守恒.

（3）如果系统的合外力不为零，但其沿某一方向上的分量为零，则系统在该方向上的动量守恒.

8. 角动量和力矩

（1）质点的角动量. 在某时刻，设一质量为 m 的质点相对于给定参考点的位置矢量为 $\boldsymbol{r}$，速度为 $\boldsymbol{v}$，其动量 $\boldsymbol{p} = m\boldsymbol{v}$，则质点对该定点的角动量为

$$\boldsymbol{L} = \boldsymbol{r} \times \boldsymbol{p} = \boldsymbol{r} \times m\boldsymbol{v}.$$

角动量的大小
$$L = rp\sin\varphi = rmv\sin\varphi,$$

式中，φ 为 $\boldsymbol{r}$ 与 $\boldsymbol{p}$ 之间小于 180° 的夹角.

角动量的方向. 垂直于位置矢量 $\boldsymbol{r}$ 与动量 $\boldsymbol{p}$ 所构成的平面，按右手螺旋法则确定指向.

（2）力矩. 设力 $\boldsymbol{F}$ 的作用点为 P，P 点相对于空间某参考点 O 的位置矢量为 $\boldsymbol{r}$，则力 $\boldsymbol{F}$ 对 O 点的力矩 $\boldsymbol{M}$ 定义为

$$\boldsymbol{M} = \boldsymbol{r} \times \boldsymbol{F}.$$

力矩的大小
$$M = rF\sin\varphi,$$

式中，φ 为 $\boldsymbol{r}$ 与 $\boldsymbol{p}$ 之间小于 180° 的夹角.

力矩的方向. 垂直于位置矢量 $\boldsymbol{r}$ 与力 $\boldsymbol{F}$ 所构成的平面，按右手螺旋法则确定指向.

冲量矩. 合外力对某点的力矩对时间的累积称为冲量矩 $\int_{t_1}^{t_2} \boldsymbol{M}\mathrm{d}t$.

9. 质点的角动量定理

质点或质点系对某固定点（或固定轴）转动时，其所受的合外力对参考点（或对轴线）的冲量矩，等于它的角动量增量.

$$\int_{t_1}^{t_2} \boldsymbol{M}\mathrm{d}t = \boldsymbol{L}_2 - \boldsymbol{L}_1.$$

角动量定理也可表示为 $\boldsymbol{M} = \dfrac{\mathrm{d}\boldsymbol{L}}{\mathrm{d}t}$.

质点或质点系对某参考点的角动量的变化率等于它所受的合外力对同一参考点的力矩.

10. 角动量守恒定律

如果作用在质点或质点系上的外力对某给定点的力矩为零，则质点或质点系对该给定点的角动量在运动过程中保持不变. 即

如果 $\qquad \boldsymbol{M} = 0,$

则 $\qquad \boldsymbol{L} = \text{常矢量}.$

11. 功和能

(1) 功. 功是力对空间的累积，是能量转换和传递的量度 $A = \int_a^b \boldsymbol{F} \cdot \mathrm{d}\boldsymbol{r}$.

① 功是标量，有正负，其正负决定于力和位移方向的夹角.

② 功的大小与物体的初末位置和运动过程有关，功是一个过程量.

③ 参考系选择的不同，功的大小也不同.

(2) 功率. 功对时间的变化率：

平均功率 $\qquad \overline{P} = \dfrac{\Delta A}{\Delta t}.$

瞬时功率 $\qquad P = \dfrac{\mathrm{d}A}{\mathrm{d}t} = \dfrac{\boldsymbol{F} \cdot \mathrm{d}\boldsymbol{r}}{\mathrm{d}t} = \boldsymbol{F} \cdot \boldsymbol{v}.$

某种力对质点作的功，只与质点的初末位置有关，而与运动路径无关，这种力就称为保守力. 如果功的大小与运动过程有关，该种力为非保守力.

对保守力作功有 $\qquad \oint \boldsymbol{F}_C \cdot \mathrm{d}\boldsymbol{r} = 0.$

(3) 几种常见保守力的功：

重力的功 $\qquad A = -mg(y_b - y_a).$

万有引力的功 $\qquad A = Gm_1 m_2 \left(\dfrac{1}{r_a} - \dfrac{1}{r_b}\right).$

弹性力的功 $$A=-\left(\frac{1}{2}kx_b^2-\frac{1}{2}kx_a^2\right).$$
其中，a，b 分别代表质点的始末位置.

（4）动能. 质点因为运动而具有的能量 $E_k=\frac{1}{2}mv^2$.

（5）势能. 质点系在保守力场中因相互作用而具有的与相对位置有关的能量.

① 势能不属于个别物体，而是属于相互作用的物体系统的.

② 势能值具有相对性：零势能位置选择得不同，势能值也不同，势能零点的选择是任意的. 有时也可共同约定一个常用的势能零点位置. 如万有引力势能常取无穷远处势能为零.

③ 保守力作功等于系统势能减少.

（6）常见的几种势能：

重力势能 $$E_p=mgh.$$

引力势能 $$E_p=-G\frac{m_1m_2}{r}.$$

弹性势能 $$E_p=\frac{1}{2}kx^2.$$

（7）保守力与势能的微分关系为

$$\boldsymbol{F}=-\mathbf{grad}E_p=-\frac{\partial E_p}{\partial x}\boldsymbol{i}-\frac{\partial E_p}{\partial y}\boldsymbol{j}-\frac{\partial E_p}{\partial z}\boldsymbol{k}.$$

功和能的单位为焦耳(J).

12. 质点的动能定理

合外力对质点所作的功等于质点动能的增量，即

$$A=\int_a^b\boldsymbol{F}\cdot\mathrm{d}\boldsymbol{r}=E_{kb}-E_{ka}=\frac{1}{2}mv_b^2-\frac{1}{2}mv_a^2.$$

质点系的动能定理. 系统外力和内力所作功的总和等于质点系动能的增量，即

$$A_{外}+A_{内}=E_{kb}-E_{ka}=\sum\frac{1}{2}m_iv_{ib}^2-\sum\frac{1}{2}m_iv_{ia}^2.$$

13. 功能原理

外力的功和非保守内力的功之和等于系统机械能的增量.

$$A_{外}+A_{非保守}=\Delta E=\Delta E_k+\Delta E_p.$$

14. 机械能守恒定律

在只有保守力作功的条件下，系统动能和势能可以互相转换，但其机械能总和保持不变.

2.3 常见及疑难问题答疑

问题 1 关于惯性质量与引力质量相等的问题. 教科书上都谈到了反映物体惯性的质量称为惯性质量，而反映两物体间引力属性的质量称为引力质量. 同一物体的这两种质量有何差

别，其量值是否相等呢？

答　现用 m_a 表示物体的引力质量，用 m_i 表示物体的惯性质量，则按万有引力定律和牛顿运动定律，应有

$$G\frac{m_a M}{R^2}=m_i g,$$

$$\frac{m_i}{m_a}=\frac{GM}{gR^2},$$

式中，G 是引力常数，R 是地球半径，M 是地球质量.

实验证明，对于在实验室测试的物体，惯性质量和引力质量成比例的精度达 10^{-12}. 这就从实验上向人们揭示：惯性质量精确地等于引力质量.

两种概念所定义的质量如此精确地相等，难道是偶然的？不会. 爱因斯坦在他的广义相对论中提出的等效原理，就是以惯性质量和引力质量相等这一前提为依据的. 因此，一切与广义相对论有关的观察和实验的精确结果都可作为这两种质量相等的证明.

所以，惯性质量和引力质量是表征物体内在性质的同一物理量 —— 质量的不同表现.

问题 2　“相互作用的两个质点的作用力和反作用力等值反向，因此，这两个力作的功一定等量异号”这种说法对吗？

答　一般情况下是不对的.

如果这两个质点保持相对静止或它们之间距离始终不变，则作用力的功和反作用力的功等量异号.

但在一般情况下，考虑到两个质点的位移是不同的，因此，虽然它们的作用力和反作用力是等量反向的，但它们所作的功不一定数值相等而符号相反.

问题 3　如图 2-1 所示，两根同样的线 1 和线 2，线 1 上端固定，下端连重物 m，若重物下连线 2，并在线 2 上施以作用力 $\boldsymbol{F}$. 如果力 $\boldsymbol{F}$ 慢慢增加，问线 1 和 2 谁先断？若改为突然加大力 $\boldsymbol{F}$ 并往下拉线 2，则谁先断？

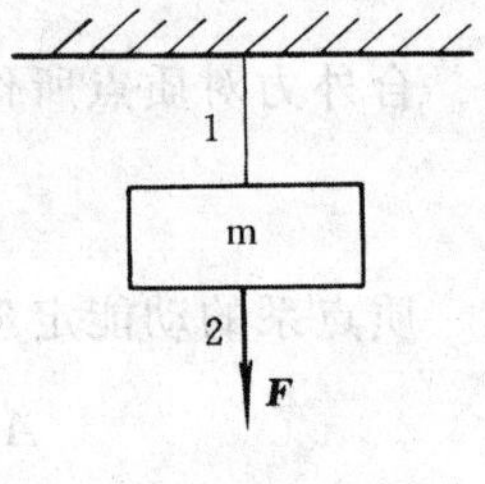

图 2-1

答　第一种情况，慢慢增加 $\boldsymbol{F}$，作用力 $\boldsymbol{F}$ 传递到线 1，线 1 除受到传递上来的 $\boldsymbol{F}$ 作用外，还受到重物 m 的作用，因此，线 1 先断.

第二种情况，突然加大力 $\boldsymbol{F}$ 往下拉线 2，力 $\boldsymbol{F}$ 很大，足够拉断线 2. 但由于力 $\boldsymbol{F}$ 的作用时间短，并且，物体重惯性大，物体 m 在此瞬间还来不及运动，因此，瞬间 $\boldsymbol{F}$ 传递不到线 1，因此线 1 只受到重物的作用，线 1 不会断.

问题 4　有人说：“人推动了车子是因为推车的力大于车反推人的力.”这句话对吗，为什么？

答　此话不对.

前半句“人推动了车子”说的是车的状态发生了改变，车沿着人推车的方向从静止加速运动. 根据牛顿第二定律，车由静止向前了，表明车受到的合外力向前，即人推车的力大于车受到的摩擦阻力.

后半句“推车的力大于车反推人的力”说的是作用力与反作用力的问题，该结论显然违反了牛顿第三定律. 车反推人的力作用于人体上，与车的运动毫不相干.

问题 5　摩擦力是否一定阻碍物体的运动？

答 摩擦力可以是阻力，也可以是动力.

摩擦力是指相对运动或有相对运动趋势的物体之间存在的阻碍相对运动或抵抗相对运动趋势的力.

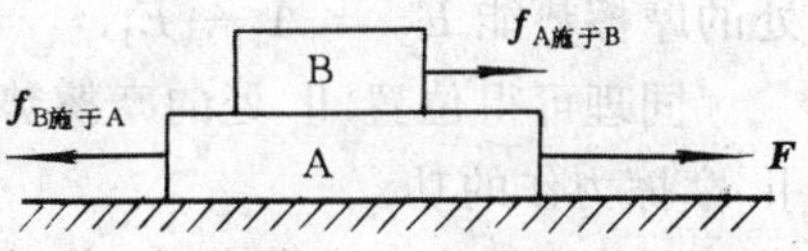

图 2-2

如图 2-2 所示，施外力于物体 A，物体 B 随物体 A 一起做加速直线运动. 两物体之间没有相对运动但存在相对运动趋势，它们之间的摩擦力属于静摩擦力.

设 A 施于 B 的静摩擦力是 $\boldsymbol{f}_{A施于B}$，B 施于 A 的静摩擦力是 $\boldsymbol{f}_{B施于A}$，则

$$\boldsymbol{f}_{A施于B}=-\boldsymbol{f}_{B施于A}.$$

物体 B 施于物体 A 的摩擦力方向与 A 相对 B 的运动趋势相反(趋势向前，摩擦力向后)，它阻碍物体 A 的运动；而物体 A 施于物体 B 的摩擦力方向与 B 相对 A 的运动趋势相反(趋势向后，摩擦力向前)，它却是使物体 B 加速运动的力.

可见，虽然摩擦力的方向始终与相对运动的方向或相对运动趋势的方向相反，但相对运动的趋势并不等同于物体实际运动的方向，因而并不一定阻碍物体的运动.

问题 6 动量的大小和方向与参考系有关吗？冲量的大小和方向与参考系有关吗？

答 物体的质量与速度的乘积为某时刻物体的动量，因速度与参考系的选取有关，所以动量的大小和方向与参考系的选取有关.

冲量是描述力对时间累积的物理量，物体间相互作用力和作用时间与参考系的选取无关，因此冲量的大小和方向与参考系的选取无关.

问题 7 动量定理的数学表达式是 $\int_{t_1}^{t_2}\left(\sum \boldsymbol{F}_i\right)\mathrm{d}t=\sum m_i\boldsymbol{v}_{i2}-\sum m_i\boldsymbol{v}_{i1}$，如果 $\int_{t_1}^{t_2}\left(\sum \boldsymbol{F}_i\right)\mathrm{d}t=\boldsymbol{0}$，则 $\sum m_i\boldsymbol{v}_{i2}=\sum m_i\boldsymbol{v}_{i1}$，为什么守恒条件是 $\sum \boldsymbol{F}_i=\boldsymbol{0}$，而不是 $\int_{t_1}^{t_2}\left(\sum \boldsymbol{F}_i\right)\mathrm{d}t=\boldsymbol{0}$？

答 动量守恒是指系统在运动过程中的每一时刻，系统内各质点动量的矢量和不变. 如果 $\int_{t_1}^{t_2}\left(\sum \boldsymbol{F}_i\right)\mathrm{d}t=\boldsymbol{0}$，系统在整个运动过程的冲量为零，只能说明系统初末两个状态的动量相等，但不能保证系统在这段时间内的任一时刻的总动量都恒定不变，因此，这不是动量守恒的条件.

我们知道，$\sum \boldsymbol{F}_i=\dfrac{\mathrm{d}\left(\sum m_i\boldsymbol{v}_i\right)}{\mathrm{d}t}$，如果 $\sum \boldsymbol{F}_i=\boldsymbol{0}$，则 $\dfrac{\mathrm{d}\left(\sum m_i\boldsymbol{v}_i\right)}{\mathrm{d}t}=\boldsymbol{0}$.

此式表示系统总动量不随时间的变化而变化，保持一恒矢量(守恒)，因此系统动量守恒的条件是外力的矢量和为零，即 $\sum \boldsymbol{F}_i=\boldsymbol{0}$.

问题 8 为什么非保守力中不能引入势能？

答 保守力的特点：只要作功的起点和终点确定，无论作功路径如何，保守力的功的大小是不变的. 引入势能后，因势能是空间坐标的函数，通过始末位置的势能值就可求得保守力的功的量值.

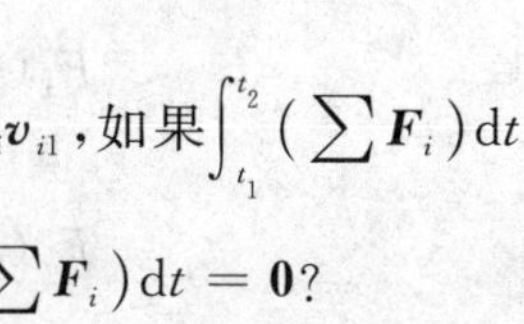

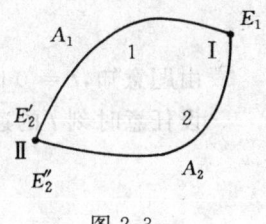

图 2-3

如图 2-3 所示，现设物体 m 在位置 Ⅰ 处，受非保守摩擦力的作用，运动到位置 Ⅱ. 假设我们定义一个"摩擦势能"E，位置 Ⅰ 处的摩擦势能用 E_1 表示.

从位置 Ⅰ 按路径 1 运动到位置 Ⅱ，摩擦力作的功用 A_1 表示，根据功能原理，得到位置 Ⅱ

处的摩擦势能 $E_2' = A_1 - E_1$.

同理可得位置 Ⅱ 处的摩擦势能 $E_2'' = A_2 - E_1$，其中 A_2 为从位置 Ⅰ 按路径 2 运动到位置 Ⅱ 摩擦力作的功.

因为摩擦力是非保守力，作功和路径有关，有 $A_1 \neq A_2$，所以 $E_2'' \neq E_2'$.

位置 Ⅱ 处的摩擦势能不是单一值. 势能，只有当其是空间坐标的单值函数时才有意义，因此，非保守力场中不能引入势能.

2.4 解题要点及例题详解

1. 牛顿定律的运用

一般可分为两类题目：

(1) 已知或通过受力分析得出力的函数 $\boldsymbol{F} = \boldsymbol{F}(t)$，$\boldsymbol{F} = \boldsymbol{F}(\boldsymbol{v})$，$\boldsymbol{F} = \boldsymbol{F}(\boldsymbol{r})$，根据牛顿第二定律建立运动微分方程解题.

解题要点 $F_x(t) = m\dfrac{\mathrm{d}v_x}{\mathrm{d}t} \rightarrow \int F_x \cdot \mathrm{d}t = \int m \cdot \mathrm{d}v_x$，

$$F_x(v_x) = m\frac{\mathrm{d}v_x}{\mathrm{d}t} \rightarrow \int \mathrm{d}t = \int \frac{m}{F_x}\mathrm{d}v_x,$$

$$F_x(v_x) = m\frac{\mathrm{d}v_x}{\mathrm{d}x} \cdot \frac{\mathrm{d}x}{\mathrm{d}t} = mv_x\frac{\mathrm{d}v_x}{\mathrm{d}x} \rightarrow \int \mathrm{d}x = \int \frac{mv_x}{F_x}\mathrm{d}v_x,$$

$$F_x(x) = m\frac{\mathrm{d}v_x}{\mathrm{d}x} \cdot \frac{\mathrm{d}x}{\mathrm{d}t} = mv_x\frac{\mathrm{d}v_x}{\mathrm{d}x} \rightarrow \int F_x \cdot \mathrm{d}x = \int mv_x \cdot \mathrm{d}v_x.$$

(2) 求解系统中各物体之间的相互作用力及物体的加速度.

解题要点 ① 画隔离图受力分析；② 根据牛顿第二定律分别列出各物体的牛顿运动方程(一般为矢量式)；③ 建立坐标系，列出牛顿运动方程的分量式 —— 方程组，解方程组求得力和加速度.

例 2-1 质量为 0.25kg 的质点，受力 $\boldsymbol{F} = (t+2)\boldsymbol{i}$ 作用，在 xOy 平面内运动，设 $t = 0$ 时，质点以速度 $\boldsymbol{v} = 3\boldsymbol{j}$ 通过坐标原点，求该质点任意时刻的速度和位置矢量.

解 根据牛顿第二定律 $\boldsymbol{F} = m\boldsymbol{a}$，

得
$$(t+2)\boldsymbol{i} = \frac{1}{4}\frac{\mathrm{d}\boldsymbol{v}}{\mathrm{d}t},$$

$$\mathrm{d}\boldsymbol{v} = 4(t+2)\boldsymbol{i}\mathrm{d}t.$$

由题意知，$t = 0$ 时，$\boldsymbol{v}_0 = 3\boldsymbol{j}$.

设任意时刻 t 的速度为 $\boldsymbol{v}$，则

$$\int_{\boldsymbol{v}_0}^{\boldsymbol{v}} \mathrm{d}\boldsymbol{v} = \int_0^t 4(t+2)\boldsymbol{i}\mathrm{d}t,$$

由上式求得速度 $\boldsymbol{v} = (2t^2 + 8t)\boldsymbol{i} + 3\boldsymbol{j}$.

根据速度 $\boldsymbol{v} = \dfrac{\mathrm{d}\boldsymbol{r}}{\mathrm{d}t}$，利用条件 $t = 0$ 时，$\boldsymbol{r}_0 = 0$，

得 $$\int_0^r \mathrm{d}\boldsymbol{r} = \int_0^t [(2t^2+8t)\boldsymbol{i}+3\boldsymbol{j}]\mathrm{d}t.$$

质点在任意时刻的位置矢量 $\boldsymbol{r} = \left(\frac{2}{3}t^3+4t^2\right)\boldsymbol{i}+3t\boldsymbol{j}$.

例 2-2 光滑水平桌面上放有一质量为 M 的楔块，楔块光滑的斜面上有一质量为 m 的滑块自由滑下，斜面与水平面成 θ 角，如图 2-4(a) 所示. 试求

(1) 楔块在水平桌面上的加速度 $\boldsymbol{a}_M$；

(2) 滑块相对于桌面的加速度 $\boldsymbol{a}_m$；

(3) 滑块与楔块之间的正压力大小.

解 以桌子为参考系，建立直角坐标系，滑块相对于楔块有相对加速度 $\boldsymbol{a}_{mM}$，各物体的受力图及各加速度关系如图 2-4(b) 所示.

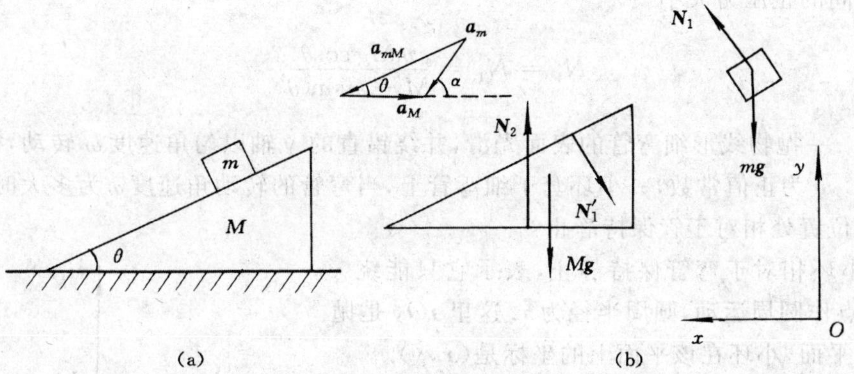

图 2-4

对滑块 m 有 $$\boldsymbol{N}_1+m\boldsymbol{g}=m\boldsymbol{a}_m,$$

分量式为 $$\begin{cases} x\text{ 方向} & N_1\sin\theta = ma_m\cos\alpha, \\ y\text{ 方向} & N_1\cos\theta - mg = -ma_m\sin\alpha. \end{cases}$$

同理对楔块 M 有 $$\boldsymbol{N}_1'+\boldsymbol{N}_2+M\boldsymbol{g}=M\boldsymbol{a}_M,$$

x 方向 $$-N_1'\sin\theta = -Ma_M,$$

$$N_1 = N_1'.$$

由加速度关系式 $$\boldsymbol{a}_m = \boldsymbol{a}_{mM}+\boldsymbol{a}_M,$$

y 方向 $$-a_m\sin\alpha = -a_{mM}\sin\theta,$$

x 方向 $$a_m\cos\alpha = a_{mM}\cos\theta - a_M.$$

联立解得

$$a_{mM} = \frac{g(M+m)\sin\theta}{M+m\sin^2\theta},\quad a_M = \frac{mg\sin\theta\cos\theta}{M+m\sin^2\theta},$$

$$N_1 = N_1' = \frac{mMg\cos\theta}{M+m\sin^2\theta},$$

$$a_{mx} = a_m \cos\alpha = a_{mM}\cos\theta - a_M = \frac{Mg\sin\theta\cos\theta}{M + m\sin^2\theta},$$

$$a_{my} = -a_m \sin\alpha = -a_{mM}\sin\theta = -\frac{(M+m)g\sin^2\theta}{M + m\sin^2\theta}.$$

因此，楔块加速度

$$\boldsymbol{a}_M = \frac{-mg\sin\theta\cos\theta}{M + m\sin^2\theta}\boldsymbol{i}.$$

滑块加速度

$$\boldsymbol{a}_m = a_{mx}\boldsymbol{i} + a_{my}\boldsymbol{j} = \frac{Mg\sin\theta\cos\theta}{M + m\sin^2\theta}\boldsymbol{i} - \frac{(M+m)g\sin^2\theta}{M + m\sin^2\theta}\boldsymbol{j}.$$

二者之间的正压力大小

$$N_1 = N_1' = \frac{mMg\cos\theta}{M + m\sin^2\theta}.$$

例 2-3 一抛物线形细弯管的表面光滑，并绕铅直的 y 轴以匀角速度 ω 转动，抛物线的方程为 $y = ax^2$，a 为正值常数，一小环套于细弯管上，当弯管的转动角速度 ω 为多大时，小环可以在管上任意位置处相对于管保持静止？

解 小环相对于弯管保持静止，表示它只能绕 y 轴上 $(0,y)$ 点作圆周运动，圆周半径为 x. 这里 xOy 是抛物线所在的平面，小环在该平面上的坐标是 (x,y).

小环所受的力有重力 $m\boldsymbol{g}$ 和细弯管对它的正压力 $\boldsymbol{N}$，方向如图 2-5 所示. 对小环列牛顿方程为 $\boldsymbol{N} + m\boldsymbol{g} = m\boldsymbol{a}$.

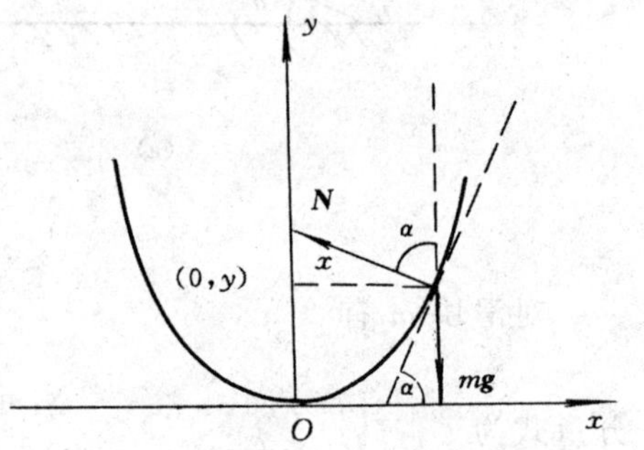

图 2-5

小环作圆周运动，法线方向

$$N\sin\alpha = mx\omega^2,$$

$$y\text{ 方向}\quad N\cos\alpha - mg = 0,$$

式中，α 是小环所在位置处抛物线的切线与 x 轴正向的夹角，它满足方程

$$\tan\alpha = \frac{dy}{dx} = 2ax.$$

结合上述三式可得

$$\omega = \sqrt{2ag}.$$

***例 2-4** 物体 A 和 B 的质量分别为 $m_A = 2\text{kg}$，$m_B = 3\text{kg}$，放在水平桌面上的物体 A 与桌面间的滑动摩擦系数 $\mu = 0.25$，B 与 A 用细绳跨过一定滑轮相连着，细绳、滑轮质量和滑轮与轴之间的摩擦力均忽略不计. 桌子及物体放在一个装置内，当该装置以 $a_0 = 2\text{m}\cdot\text{s}^{-2}$ 的加速度水平向左运动时，如图 2-6(a) 所示，求绳子的张力.

解 取装置为参照系，由于装置以 $a_0 = 2\text{m}\cdot\text{s}^{-2}$ 相对地水平向左加速运动，所以它是一个非惯性系.

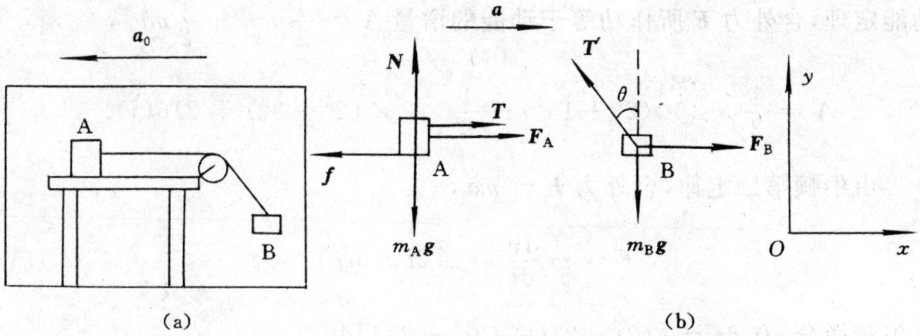

图 2-6

由图 2-6(b) 所示，物体 A 除受重力 $m_A\boldsymbol{g}$、桌子对它的支持力 $\boldsymbol{N}$ 及摩擦力 $\boldsymbol{f}$、绳子拉力 $\boldsymbol{T}$ 外，还受一惯性力 $\boldsymbol{F}_A = -m_A\boldsymbol{a}_0$.

物体 B 除受到重力 $m_B\boldsymbol{g}$、绳子拉力 $\boldsymbol{T}'$ 外，还受惯性力 $\boldsymbol{F}_B = -m_B\boldsymbol{a}_0$ 的作用.

如图 2-6(b) 建立直角坐标系：

对物体 A $\qquad \boldsymbol{T} + \boldsymbol{N} + \boldsymbol{f} + m_A\boldsymbol{g} + \boldsymbol{F}_A = m_A\boldsymbol{a}$,

即 $\begin{cases} x \text{ 方向} & T + m_A a_0 - \mu N = m_A a, \\ y \text{ 方向} & N - m_A g = 0. \end{cases}$

对物体 B $\qquad \boldsymbol{T}' + m_B\boldsymbol{g} + \boldsymbol{F}_B = m_B\boldsymbol{a}'$,

即 $\begin{cases} x \text{ 方向} & m_B a_0 - T'\sin\theta = m_B a'\sin\theta, \\ y \text{ 方向} & T\cos\theta - m_B g = -m_B a'\cos\theta. \end{cases}$

又 $\qquad T' = T, \quad a' = a.$

联立求解，可得

$$T = \frac{m_A m_B(\sqrt{a_0^2 + g^2} + \mu g - a_0)}{m_A + m_B}$$

$$= \frac{2 \times 3(\sqrt{2^2 + 9.8^2} + 0.25 \times 9.8 - 2)}{2 + 3}$$

$$= 12.5(\text{N}).$$

2. 功、能及功能关系

解题要点 在分析题意的基础上，根据研究对象是单个质点还是系统，然后对单个质点使用动能定理，对系统使用功能原理. 当系统符合机械能守恒条件时，则使用机械能守恒定律.

例 2-5 质量为 2kg 的物体在合外力 $\boldsymbol{F}$ 作用下在 xOy 平面内运动，其运动方程为 $x = t^2 - 2t, y = t^3 + 3t$，求从 $t = 0$ 到 $t = 2$s 内合外力 $\boldsymbol{F}$ 所作的功?

解法 1 物体的位置矢量 $\boldsymbol{r} = (t^2 - 2t)\boldsymbol{i} + (t^3 + 3t)\boldsymbol{j}$.

物体的速度 $\boldsymbol{v} = \frac{d\boldsymbol{r}}{dt} = (2t - 2)\boldsymbol{i} + (3t^2 + 3)\boldsymbol{j}$.

物体在 $t = 0$ 和 $t = 2$s 时的速度，$\boldsymbol{v}_0 = -2\boldsymbol{i} + 3\boldsymbol{j}$，$\boldsymbol{v}_2 = 2\boldsymbol{i} + 15\boldsymbol{j}$.

根据动能定理，合外力 $\boldsymbol{F}$ 所作功等于动能的增量 $A=\frac{1}{2}mv_2^2-\frac{1}{2}mv_0^2$，

得
$$A=\frac{1}{2}\times 2\times(2^2+15^2)-\frac{1}{2}\times 2\times(2^2+3^2)=216(\mathrm{J}).$$

解法 2　由牛顿第二定律，合外力 $\boldsymbol{F}=m\boldsymbol{a}$，

得
$$\boldsymbol{F}=m\frac{\mathrm{d}\boldsymbol{v}}{\mathrm{d}t}=2(2\boldsymbol{i}+6t\boldsymbol{j}).$$

对位置矢量微分，有 $\mathrm{d}\boldsymbol{r}=[(2t-2)\boldsymbol{i}+(3t^2+3)\boldsymbol{j}]\mathrm{d}t$.

元功 $\mathrm{d}A=\boldsymbol{F}\cdot\mathrm{d}\boldsymbol{r}=[8(t-1)+36t(t^2+1)]\mathrm{d}t=(36t^3+44t-8)\mathrm{d}t$.

在 0 ~ 2s 内合外力作的功 $A=\int\boldsymbol{F}\cdot\mathrm{d}\boldsymbol{r}=\int_0^2(36t^3+44t-8)\mathrm{d}t=216(\mathrm{J})$.

例 2-6　如图 2-7 所示的装置中，一绳索跨过光滑轻质的定滑轮，一端与一放在水平桌面上的物体相连，另一端受恒力 $\boldsymbol{F}$ 的作用. 今将物体从位置 Ⅰ 移到位置 Ⅱ，求作用在物体上的绳子拉力所作的功.

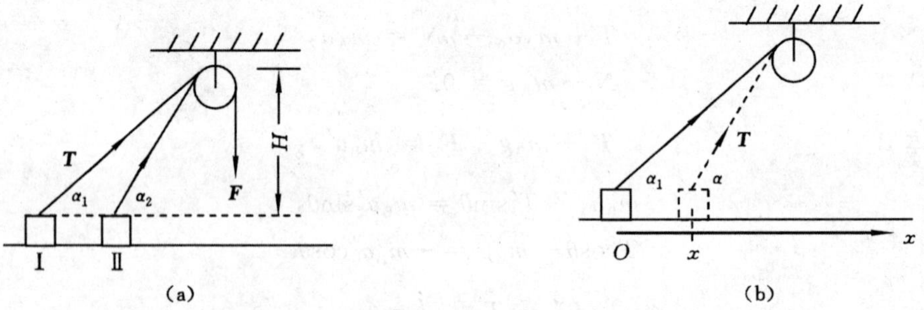

图 2-7

解　题中 $\boldsymbol{T}$ 大小为 $|\boldsymbol{F}|$（不变），但方向在变，所以 $\boldsymbol{T}$ 是个变力，因此该题是求变力作的功. 在任一位置，力 $\boldsymbol{T}$ 与水平成 α 角，经位移 $\mathrm{d}x$，力 $\boldsymbol{T}$ 所作的功为

$$\mathrm{d}A=\boldsymbol{T}\cdot\mathrm{d}\boldsymbol{r}=T\cos\alpha\mathrm{d}x.$$

由于 $x=H\cot\alpha_1-H\cot\alpha$，$\mathrm{d}x=H\csc^2\alpha\mathrm{d}\alpha$，代入并积分

$$A=\int\mathrm{d}A=\int_{\alpha_1}^{\alpha_2}TH\cos\alpha\csc^2\alpha\mathrm{d}\alpha$$
$$=TH\left(\frac{1}{\sin\alpha_1}-\frac{1}{\sin\alpha_2}\right)$$
$$=FH\left(\frac{1}{\sin\alpha_1}-\frac{1}{\sin\alpha_2}\right).$$

此功即为力 $\boldsymbol{F}$ 所作的功.

例 2-7　一质量为 m 的物体在力 $\boldsymbol{F}$ 的作用下，缓慢匀速率地从山坡底部沿山坡运动到山顶. 山坡的截面尺寸如图 2-8 所示. 力 $\boldsymbol{F}$ 的方向始终与物体的速度方向相同，且物体与坡面的滑动摩擦系数 μ 为常量. 求物体从山坡底部运动到山顶的过程中，力 $\boldsymbol{F}$ 所作功为多少?

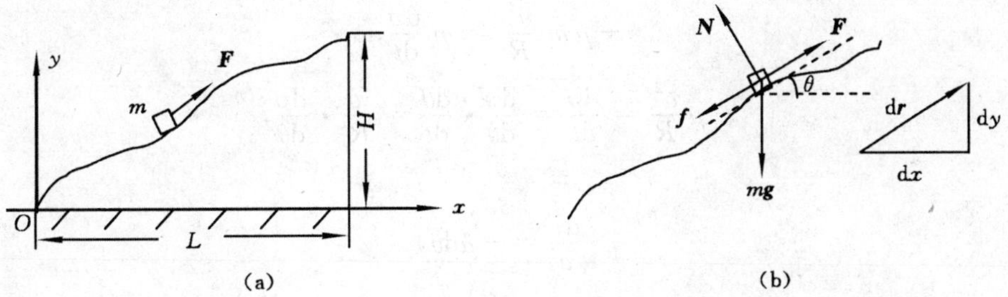

图 2-8

解 画出 m 在山坡任一位置处的受力图，由于 m 的缓慢匀速率运动，所以 m 在任一处所受合力为零，因此可得

$$F - f - mg\sin\theta = 0,$$

$$f = \mu N = \mu mg\cos\theta,$$

由上述两式得 $$F = \mu mg\cos\theta + mg\sin\theta.$$

F 的元功

$$\mathrm{d}A_F = \boldsymbol{F} \cdot \mathrm{d}\boldsymbol{r} = |\boldsymbol{F}| \cos\theta |\mathrm{d}\boldsymbol{r}|$$

$$= \mu mg\cos\theta |\mathrm{d}\boldsymbol{r}| + mg\sin\theta |\mathrm{d}\boldsymbol{r}| = \mu mg\,\mathrm{d}x + mg\,\mathrm{d}y,$$

两边积分，得力 **F** 的功为

$$A_F = \int \mathrm{d}A_F = \int_0^L \mu mg\,\mathrm{d}x + \int_0^H mg\,\mathrm{d}y$$

$$= \mu mgL + mgH.$$

例 2-8 在一光滑水平桌面上，水平放置一固定半圆形屏障，有一质量为 m 的滑块以初速度 v_0 沿切线方向进入屏障一端，如图 2-9(a) 所示，设滑块与屏障间的摩擦系数为 μ，滑块从另一端滑出，求滑块从滑进屏障到滑出屏障这一段过程中，摩擦力对其所作之功有多少？

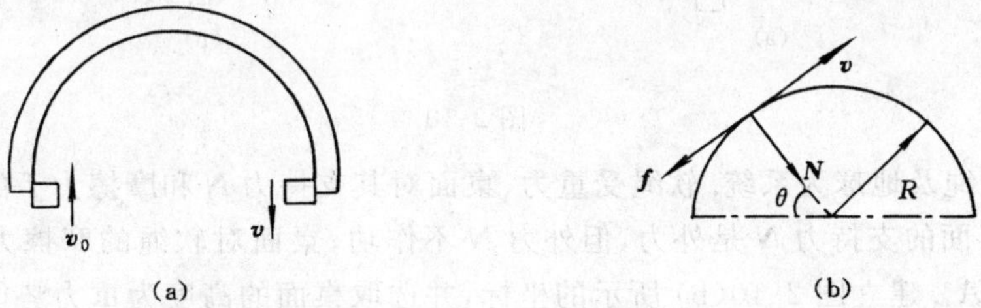

图 2-9

解 取自然坐标系，如图 2-9(b) 所示，m 在任一位置处有

法向 $$N = m\frac{v^2}{R},$$

切向 $$f = \mu N = m\frac{\mathrm{d}v}{\mathrm{d}t}.$$

摩擦力 **f** 方向和速度方向相反，由上述两式可得

$$-\mu m\frac{v^2}{R}=m\frac{\mathrm{d}v}{\mathrm{d}t},$$

即

$$-\mu\frac{v^2}{R}=\frac{\mathrm{d}v}{\mathrm{d}t}=\frac{\mathrm{d}v}{\mathrm{d}\theta}\cdot\frac{\mathrm{d}\theta}{\mathrm{d}t}=\frac{v}{R}\cdot\frac{\mathrm{d}v}{\mathrm{d}\theta},$$

即可得

$$\frac{\mathrm{d}v}{v}=-\mu\mathrm{d}\theta,$$

经积分可有

$$\int_{v_0}^{v}\frac{\mathrm{d}v}{v}=-\int_0^{\pi}\mu\mathrm{d}\theta,$$

$$v=v_0\mathrm{e}^{-\mu\pi}.$$

m 在运动过程中只有摩擦力对其作功，因此，应用动能定理得

$$A_f=\frac{1}{2}mv^2-\frac{1}{2}mv_0^2=\frac{1}{2}mv_0^2(\mathrm{e}^{-2\mu\pi}-1).$$

上式即为摩擦力对 m 作的功.

*例 2-9　如图 2-10(a) 所示，一匀质细软绳长为 L，质量为 m，放在摩擦系数为 μ 的水平桌面上，其一端下垂，长度为 $\frac{L}{3}$. 若软绳在重力作用下由静止开始下滑，则软绳刚脱离台面时速度大小 v 等于多少？

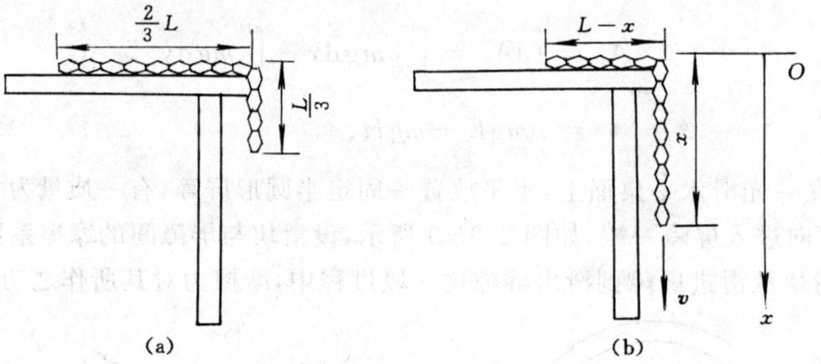

图 2-10

解　以软绳及地球为系统. 软绳受重力、桌面对其支持力 $\boldsymbol{N}$ 和摩擦力 $\boldsymbol{f}$ 的作用，其中重力为保守内力. 桌面的支持力 $\boldsymbol{N}$ 是外力，但外力 $\boldsymbol{N}$ 不作功；桌面对软绳的摩擦力也是外力，该力对软绳要作功 A_f. 建立图 2-10(b) 所示的坐标，并选取桌面的高度为重力势能零点位置（即 $x=0$ 为零势能位置）.

软绳在离开台面前摩擦力所作的功为

$$A_f=\int_{\frac{L}{3}}^{L}-\mu(L-x)\frac{mg}{L}\mathrm{d}x=-\frac{2}{9}\mu mgL.$$

软绳的机械能的变化为

$$E_2-E_1=\left(-mg\frac{L}{2}+\frac{1}{2}mv^2\right)-\left(-\frac{mg}{3}\times\frac{1}{2}\times\frac{L}{3}\right).$$

由功能原理

$$A_f + A_{非} = E_2 - E_1,$$

由于在所取的系统内，除重力外，没有其他非保守内力，所以 $A_{非} = 0$，因此有

$$A_f = E_2 - E_1,$$

即

$$-\frac{2}{9}\mu mgL = \left(-mg\frac{L}{2}+\frac{1}{2}mv^2\right)-\left(-\frac{mgL}{18}\right),$$

于是有

$$v = \frac{2}{3}\sqrt{(2-\mu)gL}.$$

该题也可取软绳为研究对象，应用动能定理解之，请读者自行思考.

3. 动量定理和动量守恒定律

解题要点 动量定理仅适用于单个物体. 当系统所受合外力为零，或系统在某一方向上的合外力的分力为零时，应用动量守恒定律.

例 2-10 一质量为 $m = 4\text{kg}$ 的物体在力 $\boldsymbol{F} = 4t\boldsymbol{i}(\text{N})$ 作用下由原点从静止开始运动，试求 (1) 前 2s 内 $\boldsymbol{F}$ 的冲量；(2) 第 2s 末物体的速度.

解 (1) 由冲量的定义可得

$$\boldsymbol{I} = \int \boldsymbol{F}\mathrm{d}t = \boldsymbol{i}\int_0^2 (4t\mathrm{d}t) = 8\boldsymbol{i}(\text{N}\cdot\text{s}),$$

即前 2s 内该力的冲量大小为 $8\text{N}\cdot\text{s}$，方向沿 x 轴正方向.

(2) 由质点的动量定理得

$$\boldsymbol{I} = m\boldsymbol{v}_2 - m\boldsymbol{v}_0 = m\boldsymbol{v}_2,$$

于是

$$\boldsymbol{v}_2 = \frac{\boldsymbol{I}}{m} = \frac{8\boldsymbol{i}}{4} = 2\boldsymbol{i}(\text{m}\cdot\text{s}^{-1}),$$

即第 2s 末物体速度大小为 $2\text{m}\cdot\text{s}^{-1}$，方向沿 x 轴正方向.

例 2-11 如图 2-11 所示，质量分别为 m_A 和 m_B 两木块并排静止于光滑的水平面上，现有一子弹水平穿过两木块，所用时间分别为 t_1 和 t_2，设每木块对子弹的阻力 F 相同，求子弹穿过后两木块的速度大小.

图 2-11

解 由题意知子弹没进入木块 B 前，两木块将以相同速度共同前进.

设刚离开木块 A 时的速度为 v_A，取两木块为系统，由动量定理得

$$Ft_1 = (m_A + m_B)v_A,$$

则木块 A 的速度 $v_A = \dfrac{Ft_1}{m_A + m_B}$.

子弹进入 B 后，两木块将分离，设木块 B 速度为 v_B. 取木块 B 为研究对象，应用动量定理：

$$Ft_2 = m_B v_B - m_B v_A,$$

得木块 B 的速度 $v_B = \dfrac{Ft_2}{m_B} + \dfrac{Ft_1}{m_A + m_B}$.

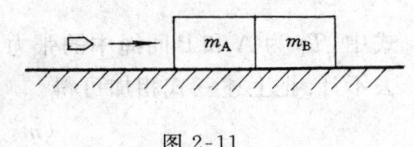

例 2-12 三个物体 A,B 和 C,质量都是 m,而 B 和 C 放在光滑的水平桌面上,两者用一段 $l = 0.4\mathrm{m}$ 的细绳相连,绳原先是放松着的. B 的另一侧用一跨过桌边的定滑轮的细绳与 A 相连,如图 2-12 所示. 滑轮和绳子的质量以及轮轴上的摩擦不计. 求(1) A,B 启动后,经多长时间物体 C 也开始运动;(2) 物体 C 开始运动时的速度大小是多少?

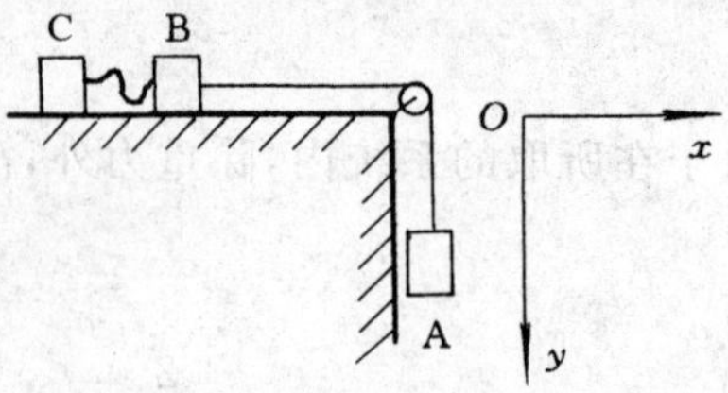

图 2-12

解 过程分析:先是物体 A 和 B 作加速运动,当物体 B 和 C 之间的绳子拉直时,三个物体才一起运动,它们具有共同的速度大小. 绳子在拉直瞬间,由于作用时间很短,所以绳子中的张力可看做冲力. 这样可对每个物体运用动量定理来求解速度大小.

设物体 A,B 间的张力为 T,加速度为 a. 对物体 A,B 运用牛顿第二定律有

$$m_A g - T = m_A a,$$
$$T = m_B a,$$

由此可得

$$a = \frac{m_A g}{m_A + m_B} = \frac{1}{2}g.$$

(1) 当物体 B 运动了时间 t 后,将绳子拉紧使物体 C 开始运动,则

$$t = \sqrt{\frac{2l}{a}} = \sqrt{\frac{4l}{g}} = 0.4(\mathrm{s}).$$

(2) 当物体 B 和 C 之间的绳子刚拉直时,物体 A 和 B 所达到的速率

$$v = at = \frac{1}{2}g \times 0.4 = 2.0(\mathrm{m \cdot s^{-1}}).$$

设物体 C 开始运动时,三者的共同速度大小为 v_1,对每个物体应用质点的动量定理,可列出下面三式

$$m_A v_1 - m_A v = (m_A g - T_1)\Delta t,$$
$$m_B v_1 - m_B v = (T_1 - T_2)\Delta t,$$
$$m_C v_1 - 0 = T_2 \Delta t,$$

式中,T_1 为 A 和 B 间绳中的张力,T_2 为 B 和 C 间绳中的张力,由于 $m_A g \ll T_1$,所以 $m_A g$ 可略去不计. 把上述三式相加可得

$$(m_A + m_B + m_C)v_1 = (m_A + m_B)v,$$
$$v_1 = \frac{(m_A + m_B)v}{m_A + m_B + m_C} = \frac{2}{3}v = 1.33(\mathrm{m \cdot s^{-1}}).$$

***例 2-13** 如图 2-13 所示,把质量为 M 长为 L 的匀质链条提起来,其底端正好与地面相接触,今松手释放链条,让其落在地面上,求链条下落 x 时,地面所受链条作用力的大小.

解 设释放链条时为 $t = 0$. 在 t 时刻,落到地上的一部分链条的质量为 $\frac{M}{L}x$,落到地上后这部分链条的动量为零,在随后的 $\mathrm{d}t$ 时间内,有质量为 $\mathrm{d}m = \frac{M}{L}\mathrm{d}x$ 的链条落到地上,其动量由 $\mathrm{d}mv$ 变为零. 在 $t \sim t + \mathrm{d}t$ 这段时间内,取质量为 $\frac{M}{L}x$ 及 $\mathrm{d}m = \frac{M}{L}\mathrm{d}x$ 这两部分链条为系统.

由系统的动量定理可得

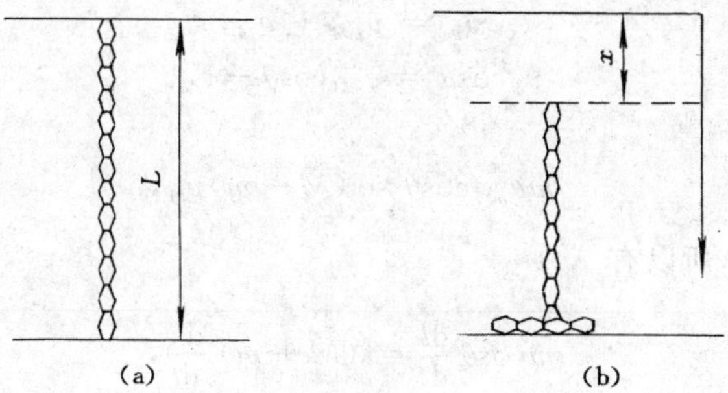

图 2-13

$$0-\mathrm{d}mv=\left(\frac{M}{L}xg+\mathrm{d}mg-\overline{N}\right)\mathrm{d}t,$$

式中，$\frac{M}{L}xg$ 及 $\mathrm{d}mg$ 为作用在两部分链条上的重力，$\overline{N}$ 为地面作用于链条上的平均作用力. $\mathrm{d}mg \ll \frac{M}{L}xg$ 及 $\overline{N}$，可略去不计.

由上式可得

$$\begin{aligned}\overline{N}&=\frac{M}{L}xg+\frac{\mathrm{d}mv}{\mathrm{d}t}=\frac{M}{L}xg+\frac{M}{L}\frac{\mathrm{d}x}{\mathrm{d}t}v\\&=\frac{M}{L}xg+\frac{M}{L}v^2=\frac{M}{L}xg+\frac{M}{L}(\sqrt{2gx})^2\\&=3\frac{M}{L}xg,\end{aligned}$$

由牛顿第二定律可知，链条对地面的平均作用力大小为 $3\frac{M}{L}xg$.

* **例 2-14** 光滑水平面上放有一质量为 M 的三棱柱体，其上又放一质量为 m 的小三棱柱体. 它们的横截面都是直角三角形，M 的水平直角边边长为 a，m 的水平直角边的边长为 b. 两者的接触面(倾角为 θ) 亦为光滑. 如图 2-14(a) 所示，设它们由静止开始滑动，求当 m 的下边缘滑到水平面时，M 在水平面上滑动的距离.

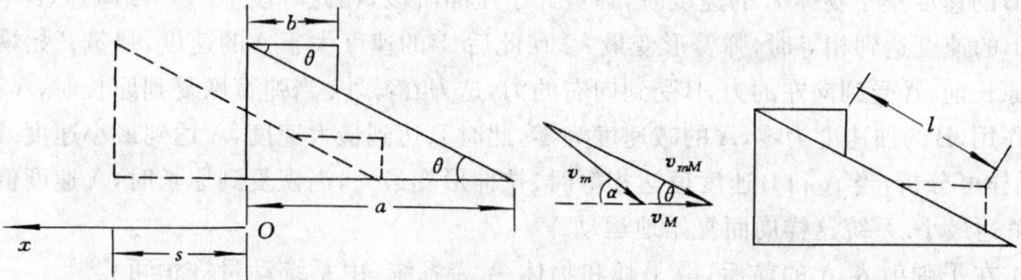

图 2-14

解 取 m 和 M 为系统，系统在水平方向不受外力作用，则系统运动过程中，水平方向的动量守恒，即

$$0=Mv_M-mv_m\cos\alpha, \qquad ①$$

式中，设 M 对水平面的速度为 $\boldsymbol{v}_M$，m 对水平面的速度为 $\boldsymbol{v}_m$，m 相对于 M 的速度为 $\boldsymbol{v}_{mM}$.

由图 2-14(b) 可知三个速度之间的关系满足

$$\boldsymbol{v}_m = \boldsymbol{v}_{mM} + \boldsymbol{v}_M,$$

在水平方向有

$$v_m \cos\alpha = v_{mM}\cos\theta - v_M. \quad ②$$

由方程 ① 及方程 ② 可得

$$mv_{mM}\cos\theta = (M+m)v_M,$$

又 $v_{mM} = \frac{\mathrm{d}l}{\mathrm{d}t}, v_M = \frac{\mathrm{d}x}{\mathrm{d}t}$,所以有

$$m\cos\theta\frac{\mathrm{d}l}{\mathrm{d}t} = (M+m)\frac{\mathrm{d}x}{\mathrm{d}t},$$

$$m\cos\theta\mathrm{d}l = (M+m)\mathrm{d}x,$$

$$m\cos\theta\int_0^{\frac{a-b}{\cos\theta}}\mathrm{d}l = (M+m)\int_0^s \mathrm{d}x,$$

$$s = \frac{m}{(M+m)}(a-b),$$

s 即为 M 在水平面上滑动的距离.

4. 综　合

解题要点　仔细分析物理过程的每一步的受力情况及状态条件,根据题目的需要选择合适的力学定律(定理).

例 2-15　质量分别为 m_A 和 m_B 的两个物体 A 和 B,用劲度系数为 K 的弹簧相连,静止放置在光滑水平面上. 质量为 m 的子弹以水平速度 v_0 射入物体 A(图 2-15),设子弹射入时间极短. 试求(1) 物体 B 的最大速度;(2) 弹簧的最大形变.

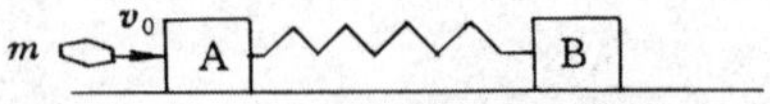

图 2-15

解　在子弹射入物体 A 的过程中,由于水平面是光滑的,子弹和物体 A 组成的系统没有受外力作用,系统动量守恒. 子弹射入 A 后,物体 A(含子弹)、物体 B 以及弹簧组成的系统,不受外力作用,系统动量守恒,机械能守恒.

现分析子弹射入 A 后,物体 A,B 的运动情况. 开始时,物体 A 有速度,所以压缩弹簧,从而弹簧对 A 施加向左的作用力,使其减速;而对 B 施加向右的作用力,使其从静止开始向右加速运动. 当物体 B 的速度小于物体 A 的速度时,弹簧处于压缩阶段,在此阶段中 A 不断减速,B 不断加速. 当 A 和 B 的速度达到相等时,弹簧形变最大. 在此后,B 的速度大于 A 的速度,弹簧开始恢复. 但在恢复到原长前,A 受到向左的力,B 受到向右的力,这力在减小. 当弹簧恢复到原长时,A 和 B 不受弹性力作用,B 的加速度为零,A 的减速度为零,此时 B 达到最大速度,A 达到最小速度. 以后弹簧伸长,同样可分析,当 A 和 B 速度值达相等时,拉伸形变最大,当恢复到原长时,A 速度值达最大,B 速度值达最小. 系统这样周而复始地运动.

(1) 在子弹射入 A 的前后,取子弹和物体 A 为系统,由系统动量守恒可得

$$mv_0 = (m+m_A)v_{A0}.$$

取物体 A(含子弹)、物体 B 及弹簧为系统,由系统的动量守恒及机械能守恒定律可得

$$(m+m_A)v_{A0} = (m+m_A)v_A + m_B v_{B\max},$$

$$\frac{1}{2}(m+m_A)v_{A0}^2 = \frac{1}{2}(m+m_A)v_A^2 + \frac{1}{2}m_B v_{B\max}^2.$$

由上述三式可得

$$v_{\text{Bmax}} = \frac{2mv_0}{m + m_A + m_B}.$$

(2) 子弹射入A后，取物体A(含子弹)、物体B及弹簧为系统，由系统的动量定理及机械能守恒定律可得

$$(m + m_A)v_{A0} = (m + m_A + m_B)v,$$

$$\frac{1}{2}(m + m_A)v_{A0}^2 = \frac{1}{2}(m + m_A + m_B)v^2 + \frac{1}{2}k\Delta x_{\max}^2,$$

且
$$v_{A0} = \frac{mv_0}{m + m_A}.$$

由上述三式可得

$$\Delta x_{\max} = mv_0\sqrt{\frac{m_B}{k(m + m_A)(m + m_A + m_B)}}.$$

2.5 能力训练

能力训练(1)

一、选择题

1. 关于牛顿第一定律，以下说法中，错误的是(　　).

A) 它定义了惯性和力，是整个牛顿力学的基础

B) 它是对大量实验现象的概括和抽象

C) 它提供了惯性系这样一个理想模型

D) 它适用于宏观物体也适用于微观粒子

2. 物体A，B质量相同，两者用轻弹簧连接后，再用细绳悬挂，如图2-16所示. 当系统平衡后，将细绳突然剪断，则剪断的瞬间有(　　).

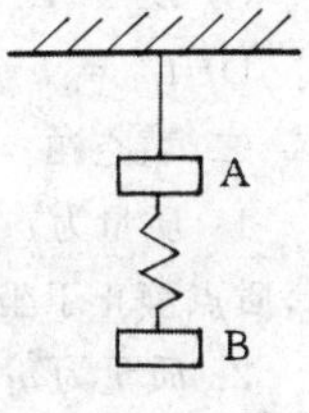

图 2-16

A) A，B的加速度均为 g

B) A，B的加速度均为零

C) A的加速度为零，B的加速度为 $2g$

D) A的加速度为 $2g$，B的加速度为零

3. 如图2-17所示，车在光滑的水平面上运动，已知物体A与车的摩擦系数为 μ，车与物体A的质量分别为 M 与 m，要使物体不落下，车的水平加速度的大小至少为(　　).

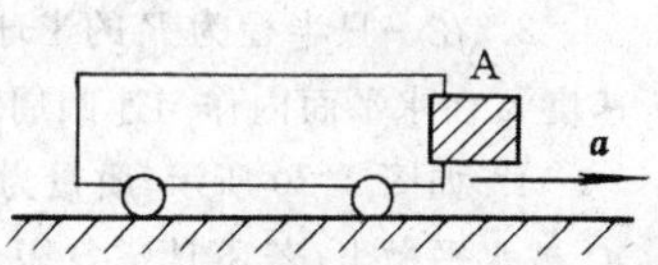

图 2-17

A) $g\mu$　　B) $\frac{1}{2}g\mu$　　C) $\frac{M}{m}g\mu$　　D) $\frac{g}{\mu}$

4. 如图2-18所示，水平转台可绕着中心轴竖直面内以 ω 转动，转台上放置一质量为 m 的物体，它与平台之间的摩擦系数为 μ，如果物体 m 在距转轴为 R 处不动，则水平转台的转速 ω 应满足的条件是(　　).

A) $\omega \leqslant \frac{1}{2}\sqrt{\frac{R}{\mu g}}$　　B) $\omega \leqslant \sqrt{\frac{R}{\mu g}}$

C) $\omega \leqslant 2\sqrt{\frac{\mu g}{R}}$　　D) $\omega \leqslant \sqrt{\frac{\mu g}{R}}$

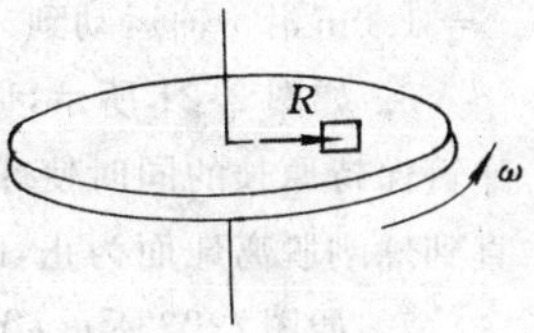

图 2-18

5. 一质点在外力作用下运动时，下述说法中，正确的是(　　).

A) 质点动量改变时，质点的动能也一定改变

B) 质点动能不变时，质点的动量也一定不变

C) 外力的冲量为零,外力的功一定为零

D) 外力的功为零,外力的冲量一定为零

6. 机关枪每分钟可射出质量20g的子弹900颗,子弹射出速度为$800 m\cdot s^{-1}$,则射击时的平均反冲力为(　　).

A) 0.267N　　B) 16N　　C) 240N　　D) 14400N

7. 对质点系有以下说法,正确的是(　　).

(1) 质点系总动量的改变与内力无关;

(2) 质点系总动能的改变与内力无关;

(3) 质点系机械能的改变与保守内力无关.

A) 只有(1)是正确的　B) (1),(3)正确　C) (1),(2)正确　D) (2),(3)正确

8. 若一质点系动量守恒,则下面说法中,正确的是(　　).

A) 系统中某些质点的速度值增加,必然有另一些质点的速度值减少

B) 系统沿任一方向的动量都守恒

C) 系统可能沿某一特定的方向动量不守恒

D) 系统中每一质点的动量一定都保持不变

9. 一粒子在力场$\boldsymbol{F}=r^2\boldsymbol{r}$中运动,其中$\boldsymbol{r}$是粒子的位置矢量.如果没有其他的力,下列量中,哪些量是守恒量?(1) 机械能;(2) 动量;(3) 对原点的角动量(　　).

A) 只有(1)　　B) 只有(3)　　C) (1)和(2)　　D) (1)和(3)

10. 如图2-19所示,人造地球卫星绕地球运动,卫星到地球中心的最大距离分别用R_A和R_B表示,其对应的角动量分别为L_A和L_B,对应的动能分别为E_{kA}和E_{kB},则应有(　　).

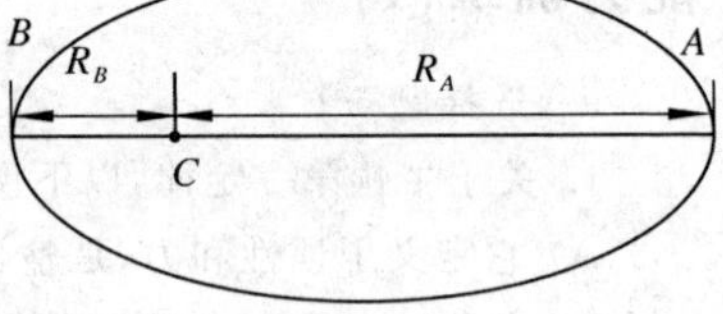

图 2-19

A) $L_B > L_A, E_{kB} > E_{kA}$

B) $L_B < L_A, E_{kB} = E_{kA}$

C) $L_B = L_A, E_{kB} = E_{kA}$

D) $L_B = L_A, E_{kB} > E_{kA}$

二、填空题

1. 质量为m的质点在力$\boldsymbol{F}=F_0\cos\omega t\boldsymbol{i}$作用下沿$x$轴方向运动.$t=0$时刻,质点静止于坐标$b$,质点任意时刻的坐标$x=$________.

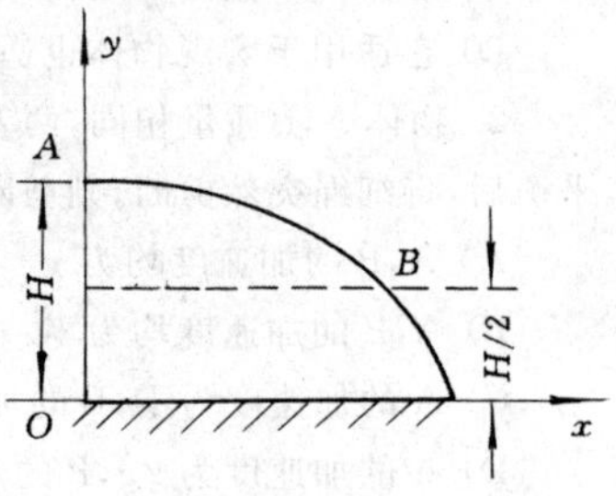

图 2-20

2. 质量为m的物体沿x轴正方向运动,在坐标x处的速度大小为kx(k为正常数),则此时物体所受力的大小为$F=$________;物体从$x=x_1$运动到$x=x_2$所需的时间为________.

3. 在一只半径为R的半球形碗内,有一质量为m的小球.当小球以角速度ω在水平面内作匀速圆周运动时,它距碗底的高度$H=$________.

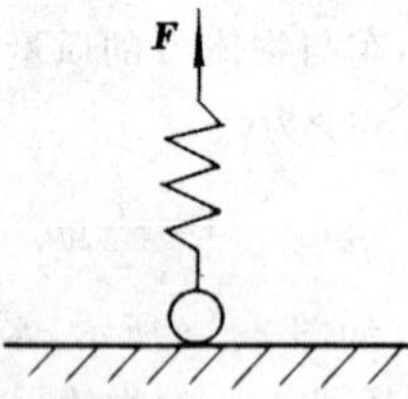

图 2-21

4. 如图2-20所示,质量为m的小球,在离地H的高度A处,以初速度$\boldsymbol{v}_0$被水平抛出,若不计空气阻力,当小球运动到B处,则有$m\boldsymbol{v}_B-m\boldsymbol{v}_0=$________,当小球运动到$C$处,则有$m\boldsymbol{v}_C-m\boldsymbol{v}_B=$________.

5. 一质点受力$F=-6x^2$的作用,式中,x以m计,F以N计,则质点从$x=1.0$m沿x轴运动到$x=2.0$m时,该力对质点所作功$A=$________.

6. 如图2-21所示,倔强系数为k的轻质弹簧下挂质量为m的球,现使弹簧保持原长的同时使球与地接触,弹簧上端在外力$\boldsymbol{F}$作用下慢慢被提起,直到球刚脱离地面为止,此过程中外力$\boldsymbol{F}$作功为________.

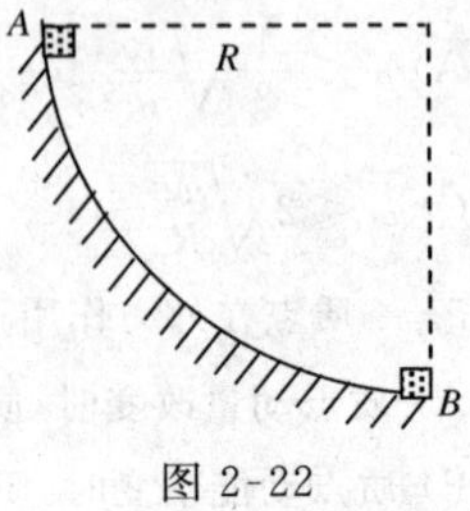

图 2-22

7. 如图2-22所示,AB是一个1/4圆弧,质量2kg的物体静止于A处,开始滑动,到达B位置的速度大小为$6 m\cdot s^{-1}$,已知圆弧的半径为4m,则物体从A到B过程中摩擦力对它所作功的大小为________.

8. 质量为 m 的物体以与地面夹角 30° 的初速 $\boldsymbol{v}_0$ 抛出，不计空气阻力，物体从被抛出到回到地面的整个过程中，其动量增量的大小____________，动量增量的方向____________.

9. 质量为 m 的物体静止于坐标原点，物体受到外力 F 的作用，沿 x 轴作直线运动，力与 x 坐标的关系为 $F = kx$，当物体从坐标原点运动到位置时，其所受到的外力冲量为____________.

10. 如图 2-23 所示，一质量 $m = 1.0\text{kg}$ 的质点绕半径为 $R = 1.0\text{m}$ 的圆周作逆时针方向的圆周运动. 在 $t = 0$ 时刻，质点处在 A 处，质点所经历的路程与时间的关系为 $s = \left(\frac{\pi}{4}t^2 + \frac{\pi}{4}t^4\right)\text{m}$，$t$ 以 s 计. 则在 0 ～ 1s 的时间内，质点的动量变化 $\Delta \boldsymbol{P} =$ __________，位移 $\Delta \boldsymbol{r} =$ __________，在这段时间内质点所受的平均合外力 $\bar{\boldsymbol{F}} =$ __________.

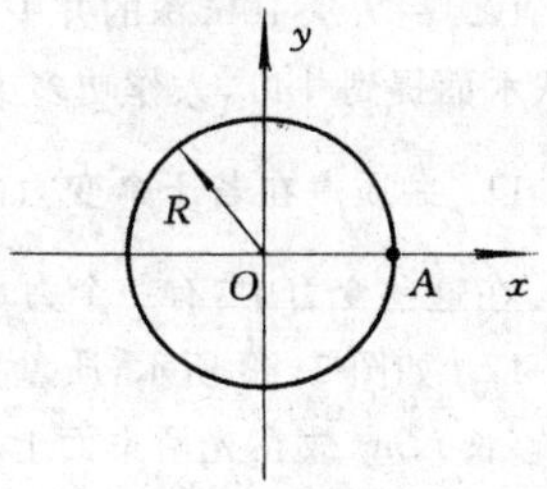

图 2-23

三、计算题

1. 将质量为 10kg 的小球挂在倾角 $\alpha = 30^\circ$ 的光滑斜面上，如图 2-24 所示，求(1) 当斜面以加速度 $a = \frac{1}{3}g$，沿如图所示水平方向运动时，求绳中的张力及小球对斜面的正压力；(2) 当斜面的加速度至少多大时，小球对斜面的正压力为零？

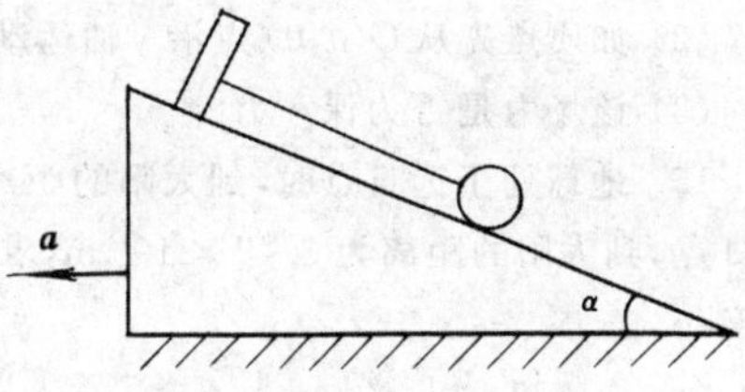

图 2-24

2. 摩托快艇以速率 v_0 行驶，它受到的摩擦阻力与速度平方成正比，若设比例系数为常数 k，即可表示为 $F = -kv^2$. 设快艇的质量为 m，当快艇发动机关闭后，(1) 求速度对时间的变化规律；(2) 求路程对时间的变化规律；(3) 证明速度 v 与路程 x 之间有如下关系 $v = v_0 e^{-k'x}$，式中的 $k' = \frac{k}{m}$；(4) 如果 $v_0 = 20\text{m} \cdot \text{s}^{-1}$，经 15s 后，速度降为 $v_t = 10\text{m} \cdot \text{s}^{-1}$，求 k'.

*3. 质量为 m，长为 l 的细绳索，在光滑水平面上以角速度 ω 绕其一端匀速旋转，在其自由端系有一质量为 M 的小球. 求绳中各点的张力.

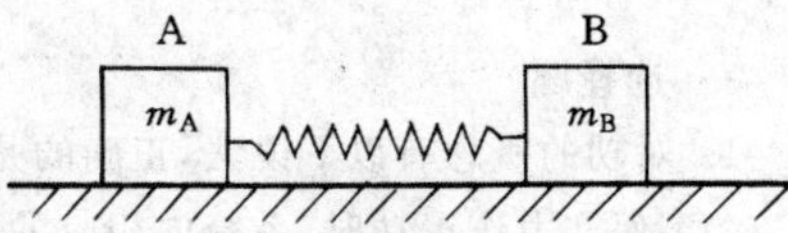

图 2-25

4. 如图 2-25 所示，A，B 两木块，质量各为 m_A 与 m_B，由弹簧连接，开始静止于水平光滑的桌面上，现将两木块拉开（弹簧被拉长），然后由静止释放，求两木块的动能之比.

5. 质点按规律 $x = ct^2$ 作直线运动，式中 c 为常数，t 为时间. 设质点所受的阻力正比于速度的平方，阻力系数为 k. 试求当物体从 $x = 0$ 运动到 $x = 1$，阻力所作的功.

6. 劲度系数为 k 的弹簧，一端固定在 A 点，另一端连接质量为 m 的物体，并靠在光滑的半径为 a 的圆柱体表面上，弹簧原长为 AB，如图 2-26 所示. 在变力 $\boldsymbol{F}$ 作用下，物体极缓慢地沿表面从位置 B 移至 C，求力 $\boldsymbol{F}$ 所作的功.

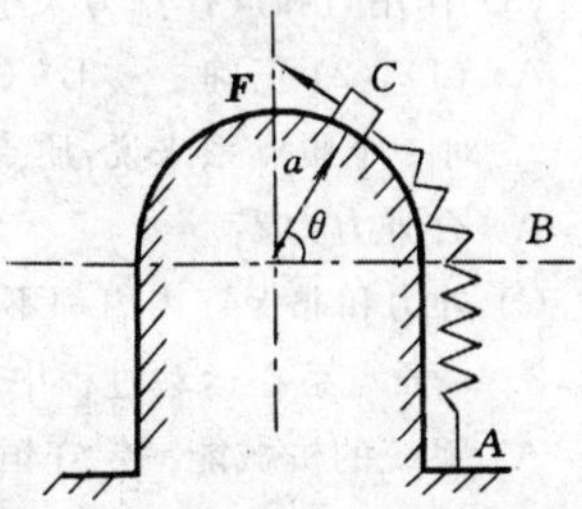

图 2-26

7. 质量 10kg 的物体静止于坐标原点，受到 x 方向力 F 的作用开始运动，问

(1) 在力 $F = 3 + 4t(\text{N})$ 作用下运动 3s，其速度和加速度各为多少？

(2) 在力 $F = 3 + 4x(\text{N})$ 作用下移动 3m，其速度和加速度各为多少？

8. 一个沿 x 轴正向以 $5\text{m} \cdot \text{s}^{-1}$ 的速度匀速运动的质点，在 $x = 0 \sim 10\text{m}$ 间受到一个如图 2-27 所示的 y 方向的力的作用. 质点的质量 $m = 1\text{kg}$，则该质点到达 $x = 10\text{m}$ 处的速率多少？

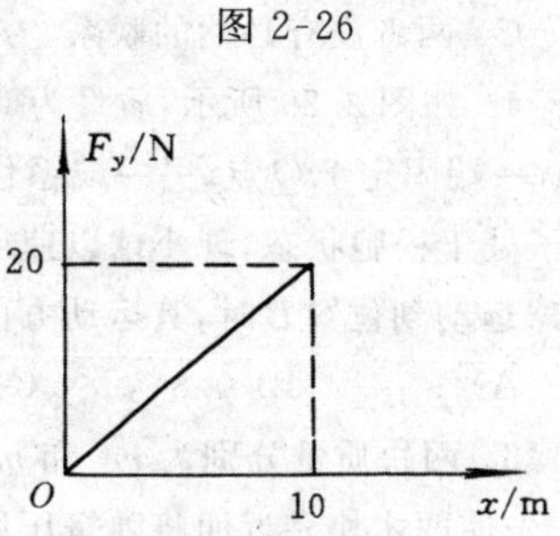

图 2-27

9. 力 $\boldsymbol{F} = (30 + 4t)\boldsymbol{i}(\text{N})$ 作用于质量为 $m = 10\text{kg}$ 的物体上. (1) 在开

始 2s 内，此力的冲量是多少？(2) 如果物体的初速度是 $\boldsymbol{v}_0 = 10\boldsymbol{i}(\mathrm{m \cdot s^{-1}})$，若物体受到 $\boldsymbol{I} = 300\boldsymbol{i}(\mathrm{N \cdot s})$ 的冲量后，物体速度达多少？

10. 一人从 10m 深的井中把 10kg 的水提上来，由于水桶漏水，每升高 1m 要漏去 0.2kg 水. 问要把水匀速地从水面提到井口，人作功多少？

11. 一质点在若干个变力的作用下，沿曲线轨迹运动，质点的运动方程为 $\boldsymbol{r} = \left(2t\boldsymbol{i} + t^2\boldsymbol{j} + \frac{t^3}{3}\boldsymbol{k}\right)(\mathrm{m})$，$t$ 以 s 计. 在这些变力中，有一个力可表达为 $\boldsymbol{F} = (6t\boldsymbol{i} + 4t^2\boldsymbol{j})(\mathrm{N})$，问此力在 0 ～ 2s 这段时间内作功多少？

12. 如图 2-28 所示，质量为 m_1 的滑块放在质量为 m_2 的长滑块上(足够长)，m_2 放在光滑桌面上，m_1 与 m_2 之间的滑动摩擦系数为 μ，现给 m_1 一初速度 v_0，则 m_1 在 m_2 上滑动. 求当 m_1 相对于 m_2 静止时，m_1 在 m_2 上滑动的距离是多少？

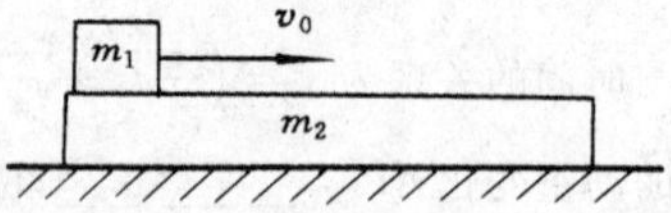

图 2-28

13. 有一保守力 $\boldsymbol{F} = (-Ax + Bx^2)\boldsymbol{i}$ 沿 x 轴作用于质点上，式中，A，B 为常量，x 以 m 计，$\boldsymbol{F}$ 以 N 计. (1) 取 $x = 0$ 时的 $E_\mathrm{p} = 0$，试计算与此力相应的势能；(2) 求质点从 $x = 2\mathrm{m}$ 运动到 $x = 3\mathrm{m}$ 时势能的变化.

14. 作用于质点的场力 $\boldsymbol{F}$ 与该质点的直角坐标的关系是 $\boldsymbol{F} = xy\boldsymbol{i} + (x+y)\boldsymbol{j}$. 式中，$F$ 以 N 计，x，y 以 m 计，试求

(1) 如质点先从 $O(0,0)$ 点沿 x 轴运动到 $A(1,0)$ 点，然后再沿直线运动到 $C(1,1)$ 点，则该场力作功多少？

(2) 如质点先从 $O(0,0)$ 点沿 y 轴运动到 $B(0,1)$ 点，然后再沿直线运动到 $C(1,1)$ 点，则该场力作功多少？

(3) 该场力是否为保守力？

15. 地球处于远日点时，到太阳的距离为 $1.52 \times 10^{11}\mathrm{m}$，轨道速度为 $2.93 \times 10^4\mathrm{m \cdot s^{-1}}$. 半年后，地球处于近日点，到太阳的距离为 $1.47 \times 10^{11}\mathrm{m}$，求(1) 地球在近日点时的轨道速度；(2) 两种情况下，地球公转的角速度.

能力训练(2)

一、选择题

1. 对功的概念有以下说法，正确的是(　　).

(1) 保守力作正功时，系统内相应的势能增加；

(2) 质点沿任一闭合路径运动一周，保守力对质点作功为零；

(3) 作用力和反作用力大小相等、方向相反，所以两者所作功的代数和必为零.

A) (1)，(2) 正确　　B) (2)，(3) 正确　　C) (2) 正确　　D) (3) 正确

2. 对一个质点系来说，质点系的机械能守恒条件为(　　).

A) 合外力为零　　B) 合外力不作功

C) 外力和非保守内力都不作功　　D) 外力和保守内力都不作功

3. 一质点系在运动过程中，系统的动量守恒，则在此过程中有(　　).

A) 系统的机械能一定守恒

B) 系统的机械能一定不守恒

C) 两者没有必然的联系

4. 如图 2-29 所示，质量为 0.5kg 的小球在光滑的水平面上运动，绳子长 2m，一端固定于 O 点，另一端系住该小球. 初始，小球在位置 A，OA 间距 0.5m，绳子处于松弛状态，现小球以速度 $4\mathrm{m \cdot s^{-1}}$ 开始运动，速度方向垂直于 OA，当小球运动到位置 B 时，其运动方向与绳垂直，小球速度的大小为(　　)$\mathrm{m \cdot s^{-1}}$.

A) 1　　B) 0.8　　C) 0.6　　D) 0.25

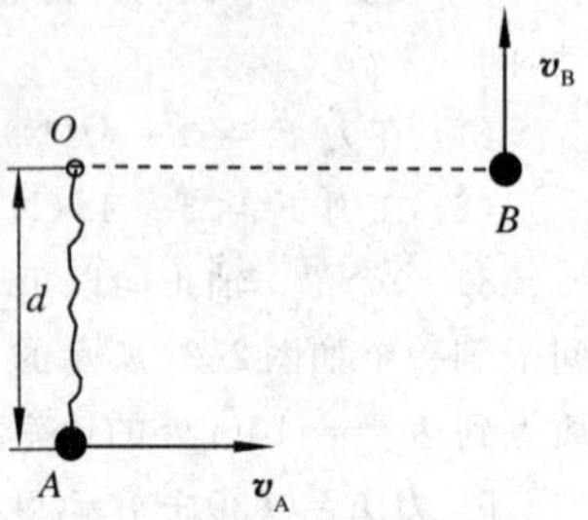

图 2-29

5. 两块质量分别为 m_1 和 m_2 的木块，由一轻弹簧连接，放在光滑水平面上. 先使两木块靠近而将弹簧压缩，然后由静止释放，若在弹簧伸长到原长时 m_1 的速率为 v_1，则弹簧在原来压缩时所具有的势能为(　　).

A) $\frac{1}{2}m_1v_1^2$　　B) $\frac{1}{2}m_2\frac{m_1+m_2}{m_1}v_1^2$

C) $\frac{1}{2}(m_1+m_2)v_1^2$　　D) $\frac{1}{2}m_1\frac{m_1+m_2}{m_2}v_1^2$

6. 双原子分子的势能与原子间距的关系式为 $E_p(x)=\frac{A}{x^{12}}-\frac{B}{x^6}$，式中，$A$，$B$ 为恒量，x 为原子间距. 那么，原子之间的平衡距离为（　　）.

A) $\left(\frac{2A}{B}\right)^{\frac{1}{6}}$　　B) $\left(\frac{A}{2B}\right)^{\frac{1}{6}}$　　C) $\left(\frac{2A}{B}\right)^{\frac{1}{12}}$　　D) $\left(\frac{A}{B}\right)^{\frac{1}{6}}$

7. 竖直悬挂的轻弹簧下挂一个质量为 m 的物体，现用手托住物体缓慢地放下到达平衡位置，在此过程中，下面说法正确的是（　　）.

A) 减少的重力势能值大于增加的弹性势能值

B) 减少的重力势能值等于增加的弹性势能值

C) 减少的重力势能值小于增加的弹性势能值

D) 无法判断减少的重力势能值与增加的弹性势能值的关系

8. 如图 2-30 所示，光滑水平面上有一静止的质量为 M 的车，车上有长为 L 的绳系一质量 m 的小球. 开始，绳处于水平位置，小球静止于 A 位置，放手后，当小球运动到竖直位置时，其相对地面的速度大小为（　　）.

A) 0　　B) $\sqrt{2gL}$

C) $\sqrt{2gL\Big/\left(1+\frac{m}{M}\right)}$　　D) $\sqrt{2gL\Big/\left(1+\frac{M}{m}\right)}$

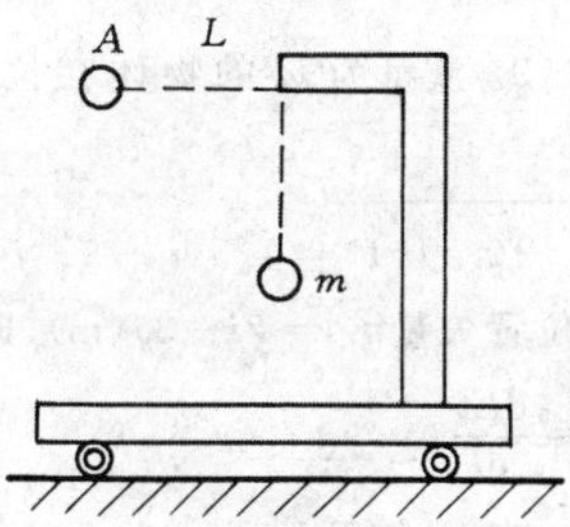

图 2-30

*9. 质量为 m 和 M 的两个质点间存在万有引力. 初始时两质点处于静止状态，且彼此相距无穷远，然后两质点沿连线相向运动，当它们的距离为 r 时，它们彼此接近的相对速度的大小为（　　）.

A) $\sqrt{\frac{2G(M+m)}{r}}$　　B) $\sqrt{\frac{GM^2}{(M+m)r}}$　　C) $\sqrt{\frac{GM^2}{(M-m)r}}$　　D) $\sqrt{\frac{G(M+m)}{r}}$

10. 地球的质量为 m，太阳的质量为 M，地心与日心的距离为 R，引力常数为 G，则地球绕太阳作圆周运动的轨道角动量为（　　）.

A) $m\sqrt{GMR}$　　B) $\sqrt{\frac{GMm}{R}}$　　C) $Mm\sqrt{\frac{G}{R}}$　　D) $\sqrt{\frac{GMm}{2R}}$

二、填空题

1. 一质量为 $m=2\text{kg}$ 的质点在力 $\boldsymbol{F}=4t\boldsymbol{i}+(2+3t)\boldsymbol{j}(\text{N})$ 作用下以初速度 $\boldsymbol{v}_0=1\boldsymbol{j}\ (\text{m}\cdot\text{s}^{-1})$ 运动，若此力作用在质点上的时间为 2s，则该力在这 2s 内的冲量 $\boldsymbol{I}=$ ________；质点在第 2s 末的动量 $\boldsymbol{P}=$ ________.

2. 质量为 m 的小球从高为 H 处自由下落，与地碰撞后回跳到 $\frac{3}{4}H$ 高度处，则地面给予小球的冲量大小为________________.

3. 质量为 m 的质点沿 x 轴方向运动，在位置 x 处的速度为 kx，其中，k 为正常数，则此时作用于该质点上的力 $F=$ __________，该质点从 $x=x_0$ 运动到 $x=x_1$ 处所经历的时间 $\Delta t=$ __________.

4. 粒子 B 的质量是粒子 A 的 4 倍，开始时粒子 A 的速度为 $(3\boldsymbol{i}+4\boldsymbol{j})\ (\text{m}\cdot\text{s}^{-1})$，粒子 B 的速度为 $(2\boldsymbol{i}-7\boldsymbol{j})\ (\text{m}\cdot\text{s}^{-1})$. 由于两者相互碰撞，粒子 A 的速度变为 $(7\boldsymbol{i}-4\boldsymbol{j})(\text{m}\cdot\text{s}^{-1})$，则粒子 B 的速度在碰撞后变为________.

5. 一质量为 5kg 的物体，它受到 x 轴方向的力的作用，该力随时间的变化关系如图 2-31 所示. 若物体从静止开始运动，则在第 20s 末物体运动的速度 $v=$ ________.

6. 质量为 10kg 的物体静止于地面上，受 x 轴方向水平拉力 F 的作用，沿 x 轴方向作直线运动，力 F 与时

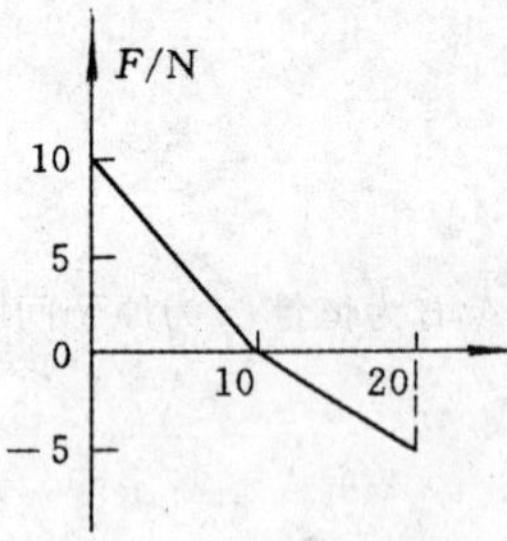

图 2-31

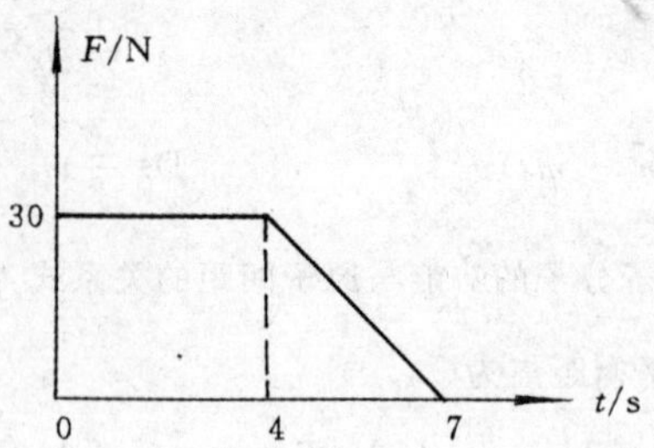

图 2-32

间的关系如图 2-32 所示，设物体与地面的摩擦系数为 0.2. 在 $t=4\text{s}$ 时的速度大小________，在 $t=7\text{s}$ 时的速度大小________.

7. 一质点在几个力的同时作用下的位移为 $\Delta \boldsymbol{r}=(4\boldsymbol{i}-5\boldsymbol{j})(\text{m})$，其中一个力为恒力，其表达式为 $\boldsymbol{F}=(-3\boldsymbol{i}-5\boldsymbol{j})(\text{N})$，则该恒力在这过程中所作的功 $A=$________.

8. 质量 0.5kg 的质点，在 xOy 平面内运动，其运动方程为 $x=5t$，$y=0.5t^2$(SI)，在 $t=2\text{s}$ 到 $t=4\text{s}$ 这段时间内，外力对质点作的功为________.

9. 质量为 m 的物体在位置 x 处的势能为 $E_{\text{p}}=-mgx+\dfrac{kx^2}{2}$，则该物体在 x 处所受到的力 $F(x)=$________.

10. 力 $\boldsymbol{F}=1.5y\boldsymbol{i}+3x^2\boldsymbol{j}-0.2(x^2+y^2)\boldsymbol{k}(\text{N})$，作用在质量为 $m=1.0\text{kg}$ 的质点上. 在 $t=0$ 时刻，质点的位置矢量 $\boldsymbol{r}_0=2\boldsymbol{i}+3\boldsymbol{j}(\text{m})$，速度 $\boldsymbol{v}_0=2\boldsymbol{j}+\boldsymbol{k}(\text{m}\cdot\text{s}^{-1})$，则在此时刻质点的 $E_{\text{k}}=$______，其动能对时间的变化率 $\dfrac{\text{d}E_{\text{k}}}{\text{d}t}=$______.

三、计算题

*1. 如图 2-33 所示，一条长为 L 的柔软链条，开始时静止放在一光滑表面 ABC 上，其一端 D 至 B 的距离为 $L-a$，求当 D 滑到 B 点时的链条速率.

2. 如图 2-34 所示，在光滑的水平面上，物体 m_1 与劲度系数为 k 的轻质弹簧相连，物体 m_2 相靠 m_1 而压缩弹簧，压缩量为 b，整个系统静止. 现突然放手，弹簧推动两物体运动，到达某位置时，m_1，m_2 分离，求(1) 两物体分离时的速度；(2) 分开后，m_1 向前运动的最大距离.

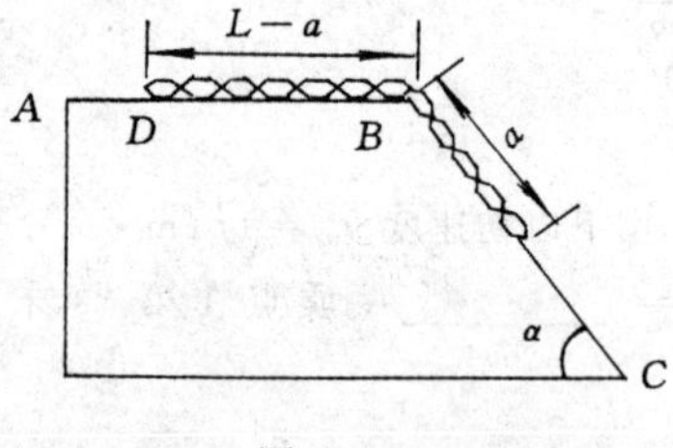

图 2-33

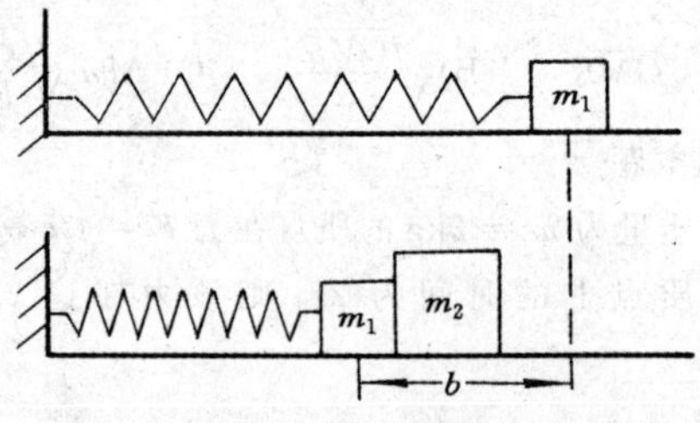

图 2-34

*3. 一质点沿 x 轴运动，势能表示为 $E_{\text{p}}(x)$，且总能量 E 恒定不变，开始时静止于原点，试证明质点到达坐标 x 处所经历的时间为

$$t=\int_0^x \frac{\text{d}x}{\sqrt{\dfrac{2}{m}(E-E_{\text{p}}(x))}}.$$

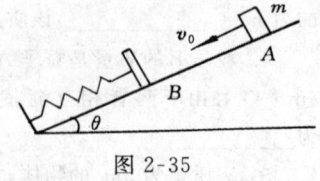

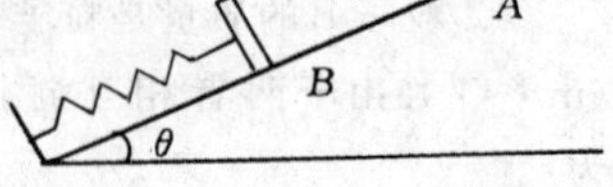

图 2-35

4. 如图 2-35 所示，质量为 m 的物体以 v_0 从 A 点沿斜面下滑，它与斜面间的滑动摩擦系数为 μ. 到达 B 点后压缩弹簧，压缩了 x_0 后又被弹出. 试求(1) 弹簧的倔强系数；(2) 物体最后又沿斜面弹回多远(设 A，B 间的距离为 s，斜面倾角为 θ)？

5. 如图 2-36 所示，小球质量 m，轻绳长 L，静止于垂直位置. 现在水平变力 $\boldsymbol{F}$ 作用下，小球缓慢地运动到绳与垂直线成β角.设整个运动过程中基本保持力的平衡,求变力$\boldsymbol{F}$共作功多少?

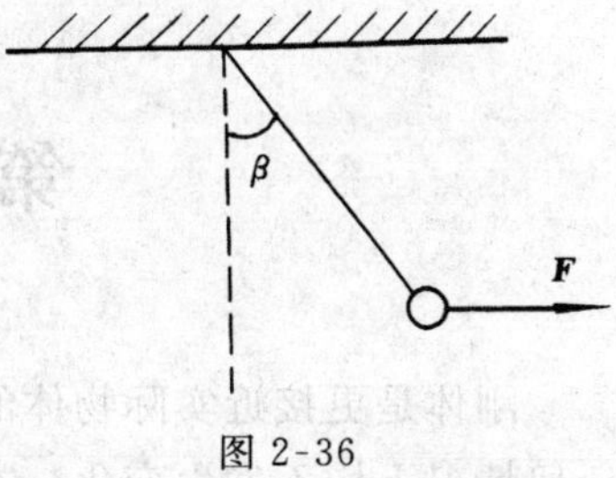

图 2-36

6. 子弹在枪筒里所受合力$F=400-\frac{4\times10^5}{3}t$(SI),子弹出枪口的速率为$300\text{m}\cdot\text{s}^{-1}$,并且合力$F$恰好为零.求(1) 子弹在枪筒内的时间;(2) 子弹在枪筒内的冲量大小;(3) 子弹的质量.

7. 质量为m的物体在$0\sim\tau$这段时间内受到若干个力的作用,其中有$\boldsymbol{F}=F_0\left[1-4\left(t-\frac{\tau}{2}\right)^2\Big/\tau^2\right]\boldsymbol{i}$的作用,其中,$F_0$和$\tau$均为常数.已知该物体在$t=0$时的速度是$\boldsymbol{v}_0=v\boldsymbol{j}$,$t=\tau$时的速度为$\boldsymbol{v}_\tau=v\boldsymbol{i}$.求(1) 这段时间内力$\boldsymbol{F}$的冲量和该力平均值的大小;(2) 其他力在这段时间内的冲量;(3) 合外力对该物体所作的功.

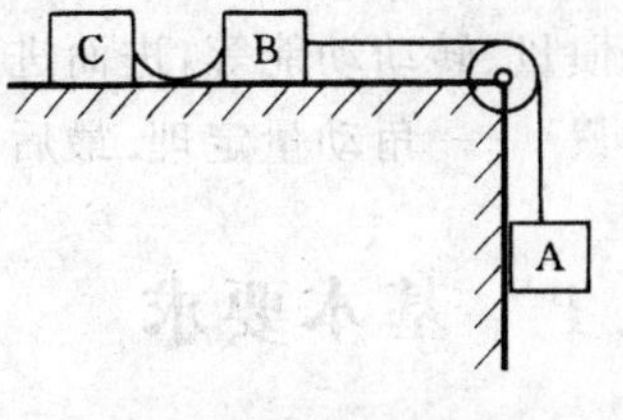

图 2-37

8. 三个物体A,B,C,每个质量都为M. B,C靠在一起,放在光滑的水平桌面上,两者之间由宽松的细绳相连.B的另一侧则由另一细绳跨过桌边定滑轮与A相连,如图2-37所示.若滑轮和绳子的质量不计,滑轮轴上的摩擦也可忽略.当A下落h高度时,C开始运动,问C开始运动时速度多大?

9. 角动量为L,质量为m的人造卫星,在半径为r的圆轨道上运行,求它的动能、势能和总能量.

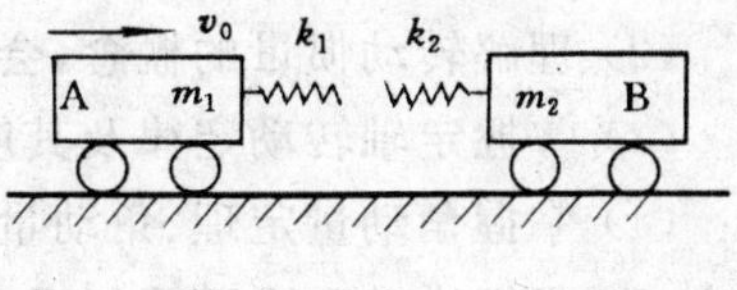

图 2-38

10. 一炮弹,竖直向上发射,初速度为v_0,在发射后经t秒在空中自动爆炸,假定分成质量相同的A,B,C三块碎片,其中,A块速度为零;B,C两块速度大小相同,且B块速度方向与水平成α角,求B,C两碎块的速度大小与方向.

11. 一静止小船质量为100kg,船头到船尾共3.6m.现有一质量为50kg的人从船尾走到船头时,船头将移动多少距离(设船和水之间的摩擦可忽略不计)?

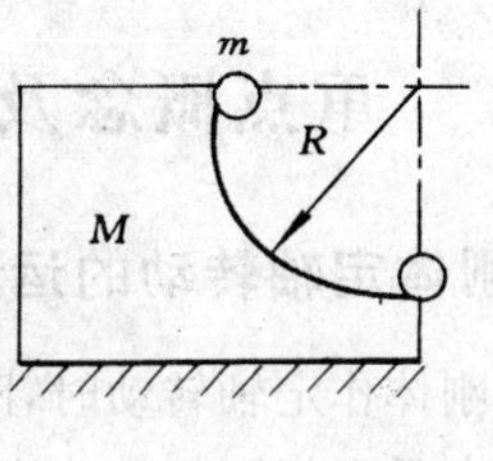

图 2-39

12. 三艘质量相等的小船鱼贯而行,速度均为$\boldsymbol{v}$.如果从中间船上同时以速度$\boldsymbol{u}$把两个质量均为m的物体抛到前后两船上,速度$\boldsymbol{u}$的方向与$\boldsymbol{v}$在同一直线上.问抛掷物体后,这三艘船的速度如何变化?

13. 如图2-38所示,两个带理想弹簧缓冲器的小车A和B,质量分别为m_1和m_2,B不动,A以速度$\boldsymbol{v}_0$与B碰撞,如已知两车的缓冲弹簧的倔强系数分别为k_1和k_2,在不计摩擦的情况下,求两车相对静止时,其间的作用力为多大(弹簧质量忽略不计)?

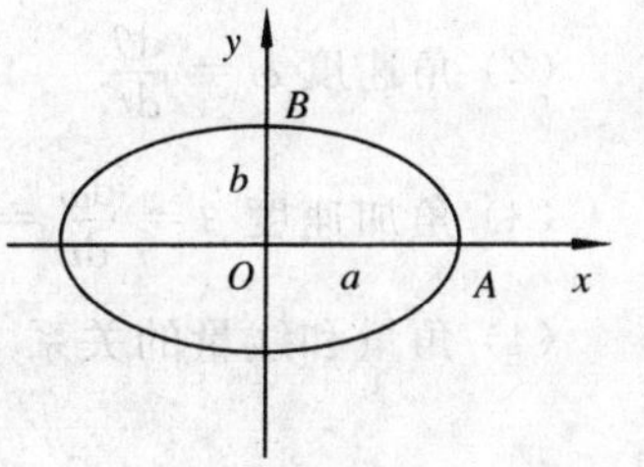

图 2-40

14. 一质量为m的球,从质量为M的圆弧形槽中自静止滑下,设圆弧形槽的半径为R,如图2-39所示.若所有摩擦都可忽略,求小球刚离开圆弧形槽时,小球和木块的速度各是多少?

15. 图2-40所示,质量为m的质点在xOy平面内运动,其坐标与时间的关系为$x=a\cos\omega t$,$y=b\sin\omega t$,a,b,ω为大于零的常数,且$a>b$.问(1) 质点在位置A和B的动能;(2) 质点从位置A运动到位置B时,所受外力的功;(3) 物体对O的角动量;(4) 角动量守恒吗?为什么?

第 3 章　刚体力学基础

刚体是更接近实际物体的一种理想模型，可视为大量质点的集合（质点之间的相对位置在任何情况下均不发生变化）. 本章主要研究刚体的转动，从最基本的刚体定轴转动入手，利用类比法，从牛顿力学定律导出刚体的定轴转动定律，并引入描述刚体运动的物理量 —— 力矩、转动惯量、转动动能等，进而进一步讨论力矩的空间积累 —— 力矩作功、动能定理. 力矩的时间积累 —— 角动量定理. 最后引入刚体的机械能守恒定律和角动量守恒定律.

3.1　基本要求

(1) 掌握描述刚体转动的基本物理量：角位移、角速度、角加速度以及与之对应的线量关系；

(2) 理解转动惯量的概念，会计算简单几何形状的刚体的转动惯量；

(3) 掌握定轴转动定律及其应用，会计算对定轴的力矩及力矩作功；

(4) 掌握角动量定理、角动量守恒定律和机械能守恒定律；

* (5) 了解进动和平面平行运动.

3.2　重点概念及主要公式

1. 刚体定轴转动的运动学描述

刚体作定轴转动时，刚体内每个质点都在与转轴垂直的平面（称为转动平面）内运动；所有质点具有相同的角速度和角加速度；但各质点的线速度和线加速度是不同的.

(1) 角位移 $\Delta\theta$.

(2) 角速度 $\omega = \dfrac{d\theta}{dt}$.

(3) 角加速度 $\beta = \dfrac{d\omega}{dt} = \dfrac{d^2\theta}{d^2 t}$.

(4) 角量和线量的关系

$$\boldsymbol{a} = \boldsymbol{\beta} \times \boldsymbol{r} + \boldsymbol{\omega} \times \boldsymbol{v},$$

其中，

$$\boldsymbol{v} = \boldsymbol{r} \times \boldsymbol{\omega},\quad a_\tau = r\beta,\quad a_n = r\omega^2.$$

2. 定轴转动定律及转动惯量

(1) 刚体的转动定律：

$$\boldsymbol{M} = J\boldsymbol{\beta}.$$

式中　$\boldsymbol{M} = \sum \boldsymbol{M}_i = \sum \boldsymbol{r}_i \times \boldsymbol{f}_i$—— 刚体所受合外力矩；

$J=\sum m_i r^2$——刚体的转动惯量.

(2) 刚体的转动惯量:

① 转动惯量的物理意义. 刚体的转动惯量是刚体转动中转动惯性大小的量度,对应于质点运动中的质量 m.

② 转动惯量的表达式为

$$J=\sum m_i r^2,$$

当质量连续分布时为
$$J=\int r^2\,\mathrm{d}m=\begin{cases}\int_L r^2\lambda\,\mathrm{d}l & (\lambda\text{ 为质量线密度}),\\ \int_S r^2\sigma\,\mathrm{d}S & (\sigma\text{ 为质量面密度}),\\ \int_V r^2\rho\,\mathrm{d}V & (\rho\text{ 为质量体密度}).\end{cases}$$

③ 平行轴定理

$$J=J_C+md^2.$$

④ 正交轴定理

$$J_z=J_x+J_y.$$

3. 角动量定理及角动量守恒定律

(1) 刚体定轴转动的角动量

$$\boldsymbol{L}=J\boldsymbol{\omega}.$$

在定轴转动中,其方向沿转轴并同刚体转动方向成右手螺旋关系. 单位 $\mathrm{kg\cdot m^2\cdot s^{-1}}$ 或 $\mathrm{N\cdot m\cdot s}$.

单个质点的角动量 $\boldsymbol{L}=m\boldsymbol{r}\times\boldsymbol{v}$.

(2) 角动量定理. 作用于系统的合外力矩的冲量矩等于系统对轴的角动量的增量,即

$$\int_{t_1}^{t_2}\boldsymbol{M}\,\mathrm{d}t=J_2\boldsymbol{\omega}_2-J_1\boldsymbol{\omega}_1.$$

在定轴转动中
$$\int_{t_1}^{t_2}M\,\mathrm{d}t=J_2\omega_2-J_1\omega_1.$$

(3) 角动量守恒定律. 若刚体所受合外力矩为零时,刚体的角动量守恒,即

$$\sum\boldsymbol{M}_i=\boldsymbol{0}\text{ 时},\quad \sum J_i\boldsymbol{\omega}_i=\boldsymbol{C}.$$

4. 刚体定轴转动的动能定理和机械能守恒定律

(1) 转动动能

$$E_{\mathrm{k}}=\frac{1}{2}J\omega^2.$$

刚体势能

$$E_{\mathrm{p}}=mgh_C\quad(h_C\text{ 为刚体质心高度}).$$

(2) 刚体定轴转动的动能定理. 合外力矩对刚体所作的功等于刚体转动动能的增量，即

$$A=\int_{\theta_1}^{\theta_2}M\mathrm{d}\theta=\frac{1}{2}J\omega_2^2-\frac{1}{2}J\omega_1^2,$$

式中　$A=\int_{\theta_1}^{\theta_2}M\mathrm{d}\theta$—— 力矩的功；$E_k=\frac{1}{2}J\omega^2$—— 转动动能.

(3) 刚体定轴转动的功能原理. 作用于系统的外力矩的功和非保守内力矩的功之代数和等于系统机械能的增量

$$A=\int_{\theta_1}^{\theta_2}(M_{外}+M_{重}+M_{非保内})\mathrm{d}\theta=\frac{1}{2}J\omega_2^2-\frac{1}{2}J\omega_1^2,$$

而

$$\int_{\theta_1}^{\theta_2}M_{重}\,\mathrm{d}\theta=mgh_{C_2}-mgh_{C_1},$$

则

$$A=\int_{\theta_1}^{\theta_2}(M_{外}+M_{非保内})\mathrm{d}\theta=\left(\frac{1}{2}J\omega_2^2+mgh_{C_2}\right)-\left(\frac{1}{2}J\omega_1^2+mgh_{C_1}\right).$$

(4) 机械能守恒定律. 如果外力矩和非保守内力矩不作功，则刚体机械能守恒.

即

$$\frac{1}{2}J\omega^2+mgh_C=常量.$$

*5. 刚体的平面平行运动

(1) 刚体平面平行运动的描述

如果刚体上任一质元的运动轨迹都平行于某一固定平面，这种运动称为刚体平面平行运动.

刚体上任一点的速度和加速度为

$$\boldsymbol{v}=\boldsymbol{v}+\boldsymbol{\omega}\times\boldsymbol{r},$$

$$\boldsymbol{a}=\boldsymbol{a}_C+\boldsymbol{a}_{转}.$$

(2) 刚体平面平行运动的动力学规律

质心运动定理　$$\sum_i\boldsymbol{F}_i=m\boldsymbol{a}_C.$$

转动定律　$$M_C=J_C\beta.$$

动能　$$E_k=\frac{1}{2}mv_C^2+\frac{1}{2}J_C\omega^2.$$

3.3　常见及疑难问题答疑

问题 1　转动惯量的物理意义是什么，大小和什么有关？

答　转动惯量的物理意义是：描述刚体作转动时保持其原运动状态的性质 —— 转动惯性，转动惯量的大小不仅与刚体的质量有关，也与转轴的位置有关，也就是说与刚体的总质量和相对于转轴的分布有关.

问题 2　转动动能和线动能是两个不同的物理量吗？

答　刚体是质点的组合，刚体的转动动能就是组成刚体的所有质点的线动能之和，是物理意义相同的物理量.

问题 3　为什么在研究刚体运动时，要研究力矩的作用？力矩和哪些因素有关？

答　一个静止的刚体能够获得平动加速度的原因是：相对它的质心而言所受的合外力不为零．一个静止的刚体相对某一转轴，能够获得角加速度的原因是：刚体所受到的相对转轴的合外力矩不为零．因此，刚体的转动是与其受到的相对转轴的合外力矩密切相关的．

取 z 轴为刚体转动的固定轴时，对转动有贡献的合外力矩是 $M_z = \sum M_{iz}$，其中 $M_{iz} = F_i r_i \sin\theta_i$，$F_i$ 是作用在刚体上的第 i 个外力在转动平面内的分量，而 r_i 是转轴（z 轴）到 F_i 作用点的距离，θ_i 是 r_i 与 F_i 间由右手定则决定的夹角．所以，对 z 轴的力矩不但与各外力在转动平面内分量的大小 F_i 有关，还与 F_i 的作用线和 z 轴的垂直距离（力臂）$d_i = r_i \sin\theta_i$ 的值有关．

问题 4　刚体作定轴转动时，若它的角速度很大，那么作用于它上面的力是否一定很大？作用于它上面的力矩是否一定很大？

答　作用于它上面的力不一定大．改变刚体转动状态的原因是力矩，而不是力．角速度很大时，若它作匀速转动，则可以没有力的作用．反之，力很大时，刚体可以不转动，如在力的方向与转轴平行或力通过转轴的情况下就是如此．作用于它上面的力矩也不一定很大，作用在刚体上的力矩直接决定了刚体转动的角加速度大小．角速度很大，但角加速度可以为零，即此时作用于刚体的力矩为零，角速度为零时，角加速度可以很大，即力矩很大．

问题 5　将一个生鸡蛋和一个熟鸡蛋放在桌上分别使其旋转，如何判断鸡蛋的生与熟？

答　可根据鸡蛋的旋转情况的不同加以判断．

熟鸡蛋内部已凝结成固态，可近似为刚体，使它旋转起来后，对过质心的转轴的转动惯量可以认为是不变的常量，鸡蛋内各部分相对转轴有相同的角速度，鸡蛋与桌面近似为点接触，摩擦力矩很小，从而熟鸡蛋转动起来后，其角速度的减小很慢，可以稳定地旋转相当一段时间．

生鸡蛋内部可近似为非均匀分布的流体．当其旋转时，内部各部分质量分布将变化并偏离转轴，使转动惯量增大，由 $L = J\omega$，J 增大，ω 必然减小，以致转动很快停止．

问题 6　刚体作定轴转动，只要定轴不变，刚体的转动惯量也不变？

答　错．刚体的定轴转动，如果刚体的质量分布发生变化，则刚体的转动惯量也发生变化．

问题 7　在一个系统中，如果该系统的角动量守恒，动量是否一定守恒？反之，如果该系统的动量守恒，角动量是否一定守恒？

答　作用于一个系统的合外力矩为零时，合外力（即外力的矢量和）不一定为零，所以该系统的角动量守恒时，动量不一定守恒．同理，对一个系统作用的合外力为零时（即外力的矢量和），合外力矩不一定为零，所以该系统的动量守恒时，角动量也不一定守恒．

3.4　解题要点及例题详解

1. 质量连续分布刚体的转动惯量的计算

解题要点　明确叠加原理的思想，将刚体视为许许多多的质量元．

解题方法　微元法．在质量连续分布的刚体上，任取质量元 $\mathrm{d}m$，确定质量元 $\mathrm{d}m$ 的转动半径 r，代入转动惯量的定义式 $\mathrm{d}J = r^2\mathrm{d}m$，建立坐标系后积分求解．

例 3-1　求圆盘对于通过中心并与圆盘面垂直的转轴的转动惯量．已知盘的半径为 R，质量为 M（质量均匀分布）．

解　圆盘的质量面密度为 $\sigma = \dfrac{M}{\pi R^2}$．

微元法. 如图 3-1 所示，取一半径为 r，宽度为 $\mathrm{d}r$ 的圆环，环的面积为 $\mathrm{d}S = 2\pi r\mathrm{d}r$.（思考：为何这样取微元？）

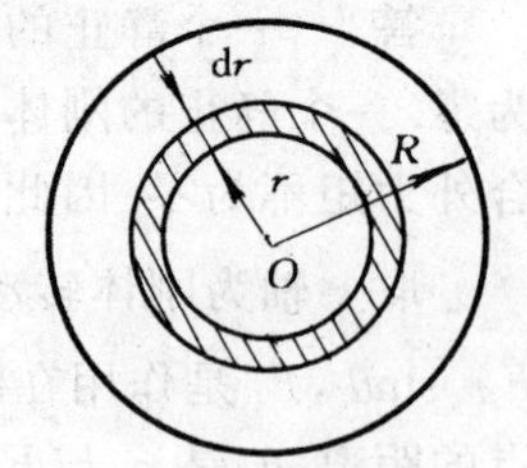

图 3-1

则
$$\mathrm{d}J = r^2\mathrm{d}m = r^2\sigma\mathrm{d}S = 2\pi\sigma r^3\mathrm{d}r,$$

$$J = \int \mathrm{d}J = \int_0^R 2\pi\sigma r^3\mathrm{d}r = \frac{\pi\sigma r^4}{2} = \frac{1}{2}MR^2.$$

例 3-2 一半圆形匀质薄板的质量为 m，半径为 R. 当它绕着直径边转动时，转动惯量为多少？

解法 1（微元法） 取质量元 $\mathrm{d}m = \sigma\mathrm{d}S$，在极坐标中 $\mathrm{d}S = r\mathrm{d}r\mathrm{d}\theta$，如图 3-2 所示. 由转动惯量定义式得

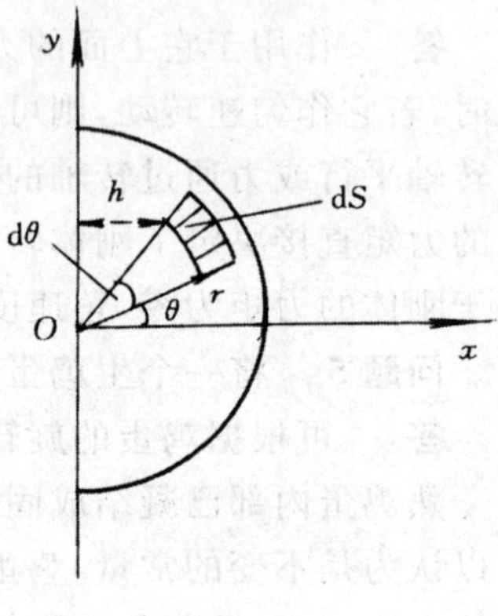

图 3-2

$$J = \int h^2\mathrm{d}m = \int (r\cos\theta)^2 r\mathrm{d}r\mathrm{d}\theta$$

$$= \sigma\int_0^R r^2\mathrm{d}r\int_{-\frac{\pi}{2}}^{\frac{\pi}{2}}\cos^2\theta\mathrm{d}\theta = \frac{2m}{\pi R^2}\cdot\frac{R^4}{4}\cdot\frac{\pi}{2} = \frac{mR^2}{4}.$$

解法 2（正交轴定理） 以完全相同的半平圆板补在左边，得一匀质量薄圆板，其质量为 $2m$，半径为 R. 已知此圆板绕过 O 且垂直于板面的轴（z 轴）的转动惯量为 $J_z = \frac{2mR^2}{2}$（例 3-1 结果），由正交轴定理可知，整个圆板绕 y 轴转动时的转动惯量为

$$J_y = \frac{J_z}{2} = \frac{mR^2}{2}.$$

根据叠加原理的思想，一半圆板绕 y 轴转动的转动惯量为

$$J = \frac{J_y}{2} = \frac{mR^2}{4}.$$

例 3-3 求质量为 m，半径为 R 的球体，绕直径转动时的转动惯量.

解（微元法） 把球体看为许多圆盘的叠加.

先按图 3-3 选取坐标，设球绕 Oz 轴转动. 以圆盘为积分元

$$\mathrm{d}m = \rho\mathrm{d}V = \frac{m}{\frac{4}{3}\pi R^3}\pi r^2\mathrm{d}z.$$

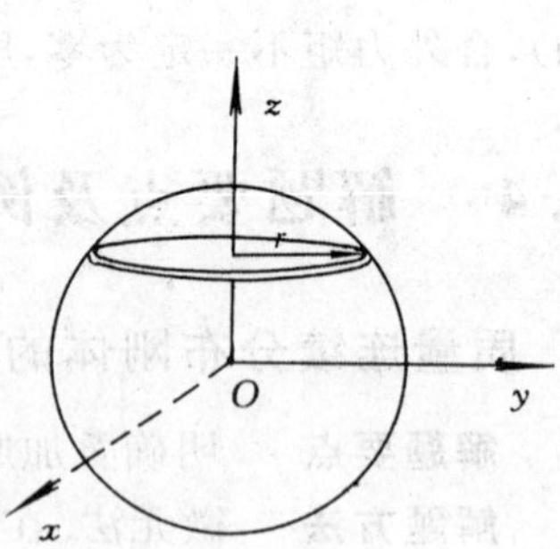

图 3-3

每个小圆盘绕 Oz 轴的转动惯量为

$$\mathrm{d}J = \frac{1}{2}(\mathrm{d}m)r^2 = \frac{3}{8}\frac{m}{R^3}r^4\mathrm{d}z$$

$$= \frac{3}{8}\frac{m}{R^3}(R^2 - Z^2)^2\mathrm{d}z.$$

整个球体绕 Oz 轴的转动惯量为

$$J = \int\mathrm{d}J = \int_{-R}^{R}\frac{3}{8}\frac{m}{R^3}(R^2 - z^2)^2\mathrm{d}z = \frac{2}{5}mR^2.$$

* **例 3-4** 一长为 L，截面半径为 R，质量为 m 的匀质圆柱体，如图 3-4(a) 所示，当它绕通

过中心与几何轴线垂直的转轴转动时，其转动惯量为多少？

解　如图 3-4(b) 所示，取转轴为 z 轴，几何轴线为 x 轴.

在 x 处取厚为 $\mathrm{d}x$ 的薄片，其质量为 $\mathrm{d}m$，此薄片对 $O'z'$ 的转动惯量 $\mathrm{d}J_{O'z'} = \dfrac{R^2\,\mathrm{d}m}{4}$，由平行轴定理，可得该薄片对于 Oz 轴的转动惯量为

$$\begin{aligned}\mathrm{d}J_{Oz} &= x^2\,\mathrm{d}m + \mathrm{d}J_{O'z'}\\ &= x^2\rho\pi R^2\,\mathrm{d}x + \frac{\rho\pi R^2\,\mathrm{d}x R^2}{4}\\ &= \rho\pi R^2 x^2\,\mathrm{d}x + \frac{\rho\pi R^4\,\mathrm{d}x}{4}.\end{aligned}$$

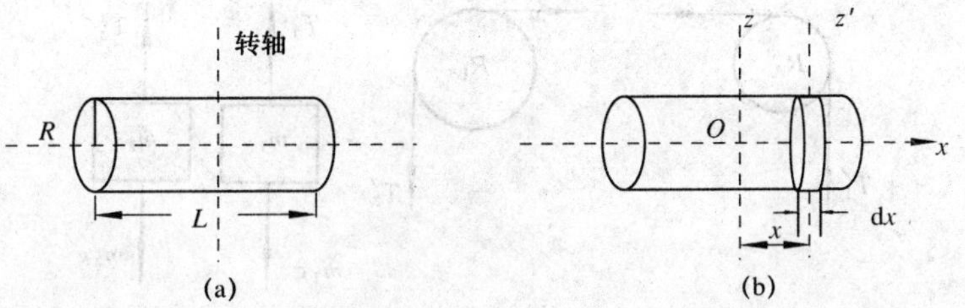

图 3-4

因此该圆柱体对 Oz 轴的转动惯量为

$$\begin{aligned}J_{Oz} &= \int \mathrm{d}J_{Oz} = \int_{-\frac{L}{2}}^{\frac{L}{2}} \rho\pi R^2 x^2\,\mathrm{d}x + \int_{-\frac{L}{2}}^{\frac{L}{2}} \frac{\rho\pi R^4\,\mathrm{d}x}{4}\\ &= \frac{\rho\pi R^2 L^3}{12} + \frac{\rho\pi R^4 L}{4}\\ &= \frac{mL^2}{12} + \frac{mR^2}{4}.\end{aligned}$$

2. 刚体转动定律的应用

刚体转动定律的应用一般有两种情况：

(1) 由受力分析直接应用转动定律. 对研究刚体进行受力分析，用隔离图法对产生力矩的力分别求出力矩. 分别对每一个刚体应用转动定律，若系统中还有质点，则对质点应用牛顿第二定律.

解题方法　① 画隔离图，受力分析；② 根据 $\boldsymbol{M} = J\boldsymbol{\beta}$ 和 $\boldsymbol{F} = m\boldsymbol{a}\,(a = r\beta)$，对每一个刚体和质点分别列出运动微分方程；③ 一般情况下须建立坐标，写出运动微分方程的分量式后解方程.

(2) 运用数学技巧求解. 已知作定轴转动的刚体受合外力矩 $M = M(t) = M(\omega) = M(\theta)$ 及初始条件，求 $\omega = \omega(t)$，$\theta = \theta(t)$.

解题方法　根据转动定律 $\boldsymbol{M} = J\boldsymbol{\beta}$，有 $M(t) = J\dfrac{\mathrm{d}\omega}{\mathrm{d}t}$ 或 $M(\omega) = J\dfrac{\mathrm{d}\omega}{\mathrm{d}t}\dfrac{\mathrm{d}\theta}{\mathrm{d}\theta} = J\omega\dfrac{\mathrm{d}\omega}{\mathrm{d}\theta}$，$M(\theta) = J\dfrac{\mathrm{d}\omega}{\mathrm{d}t}\dfrac{\mathrm{d}\theta}{\mathrm{d}\theta} = J\omega\dfrac{\mathrm{d}\omega}{\mathrm{d}\theta}$，分离变量后积分求解.

例 3-5 如图 3-5(a) 所示，物体的质量为 m_1 和 m_2，定滑轮的质量 m_A 和 m_B，半径 R_A 和 R_B 均为已知，且 $m_1 > m_2$. 设绳子的长度不变，并忽略其质量. 绳子和滑轮间不打滑，滑轮视为圆盘，求物体 m_1 和 m_2 的加速度.

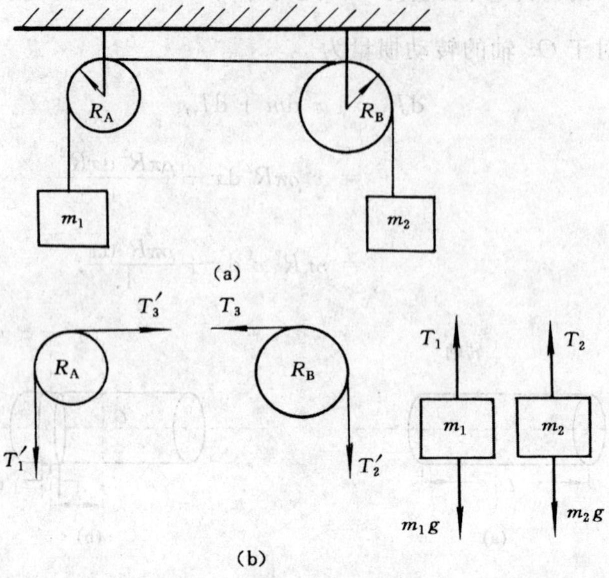

图 3-5

解 先用隔离法将各物体隔离，画出受力图如图 3-5(b) 所示.

由牛顿第三定律可知，$T_1 = T_1'$，$T_2 = T_2'$，$T_3 = T_3'$，m_1 和 m_2 的加速度大小相同.

由牛顿第二定律

$$m_1 g - T_1 = m_1 a,$$

$$T_2 - m_2 g = m_2 a.$$

由转动定律

$$T_1 R_A - T_3 R_A = \frac{1}{2} m_A R_A^2 \beta_1,$$

$$T_3 R_B - T_2 R_B = \frac{1}{2} m_B R_B^2 \beta_2,$$

又

$$\beta_1 R_A = \beta_2 R_B = a.$$

得

$$a = \frac{(m_1 - m_2) g}{m_1 + m_2 + \frac{1}{2} m_A + \frac{1}{2} m_B}.$$

例 3-6 一定轴转动的飞轮正以角速度 ω_0 转动，此时作用于飞轮的外力矩为 M，设 $t = 0$ 时，外力矩开始作用，飞轮的转动惯量为 J. 求

(1) 若 $M = -2t$(SI)，使飞轮停止转动需用时多少？

(2) 若 $M = -2\omega$(SI)，飞轮停止转动前转过的圈数.

(3) 若 $M = -2\theta$(SI)，飞轮转动任意角度 θ 时，飞轮的角速度.

解 (1) 根据转动定律 $M(t)=J\dfrac{d\omega}{dt}$,得

$$-2t=J\frac{d\omega}{dt}.$$

分离变量得

$$-2t\mathrm{d}t=J\mathrm{d}\omega,$$

$$\int_0^t -2t\mathrm{d}t=\int_{\omega_0}^0 J\mathrm{d}\omega,$$

$$-t^2\Big|_0^t=J\omega\Big|_{\omega_0}^0,$$

$$t=\sqrt{J\omega}.$$

(2) 根据转动定律 $M(\omega)=J\omega\dfrac{d\omega}{d\theta}$ 有

$$-2\omega=J\omega\frac{d\omega}{d\theta},$$

则

$$-2=J\frac{d\omega}{d\theta}.$$

分离变量积分

$$\int_0^\theta -2\mathrm{d}\theta=\int_{\omega_0}^0 J\mathrm{d}\omega,$$

$$\theta=\frac{1}{2}J\omega_0.$$

(3) 根据转动定律 $M(\theta)=J\omega\dfrac{d\omega}{d\theta}$ 得

$$-2\theta=J\omega\frac{d\omega}{d\theta}.$$

分离变量积分

$$\int_0^\theta -2\theta\mathrm{d}\theta=\int_{\omega_0}^\omega J\omega\mathrm{d}\omega,$$

$$-\theta^2\Big|_0^\theta=\frac{1}{2}J\omega^2\Big|_{\omega_0}^\omega,$$

$$\omega=\sqrt{\omega_0^2-\frac{2\theta^2}{J}}.$$

3. 转动动能定理及机械能守恒定律的应用

解题要点 根据题意选取初末状态,分析在初末状态过程中有哪些力矩作功. 代入动能定理列出方程并求解;如果在过程中,除了重力矩或弹簧的弹力矩作功外,没有其他外力矩作

功,则机械能守恒.

例 3-7 均质细棒长 L,质量为 m,可绕通过 O 点与棒垂直的水平轴在竖直平面内转动,如图 3-6 所示. 在棒 A 端作用一水平恒力 $F = 2mg$, $\overline{AO} = \frac{L}{3}$. 棒在 $\boldsymbol{F}$ 的作用下,从静止转过角度 $\theta(\theta = 30^\circ)$ 后静止. 求(1) $\boldsymbol{F}$ 力作的功;(2) 若此时撤去 $\boldsymbol{F}$ 力,则细棒回到平衡位置时的角速度.

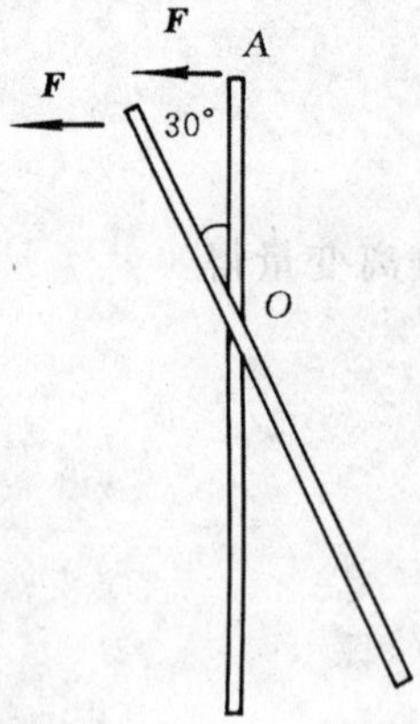

图 3-6

解 由平行轴定理,棒绕 O 点的转动惯量

$$J = \frac{1}{9}mL^2.$$

(1) 力 $\boldsymbol{F}$ 对 O 点定轴的力矩为 $M = F\frac{L}{3}\cos\theta$,

则
$$A = \int M\mathrm{d}\theta = \int_0^{\frac{\pi}{6}} F\frac{L}{3}\cos\theta\mathrm{d}\theta = \frac{1}{3}mgL.$$

(2) 将棒与地球看成一系统,在从 $\theta = 30^\circ$ 位置又回到平衡位置的过程中机械能守恒. 在初位置(30° 位置)棒的角速度 $\omega_0 = 0$,在末位置(竖直位置)棒的角速度为 ω. 而重力势能的变化量 ΔE_p 即为 A 的量值. 由机械能守恒有

$$\Delta E_\mathrm{p} = A = \frac{1}{2}J\omega^2 - \frac{1}{2}J\omega_0^2,$$

得
$$\omega = \sqrt{\frac{6g}{L}}.$$

例 3-8 匀质矩形薄板绕其竖直边转动,初角速度为 ω_0,转动时受到空气阻力,阻力垂直于板面,每一小面积所受的阻力大小正比于该块面积与速度平方的乘积,比例常数为 K. 问经多少时间,角速度减为初角速度的一半?设板的质量为 m,竖直边长为 b,水平边长为 a.

解 取如图 3-7 所示的转轴(z 轴)正向,面元 $\mathrm{d}S = b\mathrm{d}x$. 当板以 ω 角速度转动时,面元所受空气阻力大小 $\mathrm{d}f = Kv^2\mathrm{d}S = Kx^2\omega^2 b\mathrm{d}x$,该面元所受的空气阻力矩

$$\mathrm{d}M = -x\mathrm{d}f = -Kx^3\omega^2 b\mathrm{d}x.$$

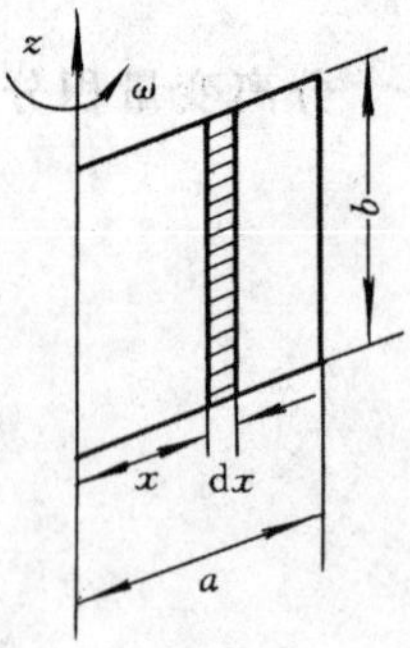

图 3-7

整个板所受的空气阻力矩为

$$M = \int\mathrm{d}M = -K\omega^2 b\int_0^a x^3\mathrm{d}x = \frac{-Ka^4b\omega^2}{4}.$$

又
$$M = J\alpha = \frac{ma^2}{3}\frac{\mathrm{d}\omega}{\mathrm{d}t},$$

所以
$$\frac{-Ka^4b\omega^2}{4} = \frac{ma^2}{3}\frac{\mathrm{d}\omega}{\mathrm{d}t},$$

$$\mathrm{d}t = -\frac{4m}{3Ka^2b}\frac{\mathrm{d}\omega}{\omega^2}.$$

两边积分

$$\int_0^t dt = -\frac{4m}{3Ka^2b}\int_{\omega_0}^{\frac{\omega_0}{2}}\frac{d\omega}{\omega^2},$$

得

$$t = \frac{4m}{3Ka^2b\omega_0}.$$

4. 角动量守恒定律的应用

解题要点 必须选取系统为研究对象，分清问题中包含哪些过程. 并根据各过程的特点，选用适当的守恒定律来求解.

例 3-9 如图 3-8 所示，一质量为 M，长为 L 的均匀细杆. 以 O 点为轴，从静止在与竖直方向成 θ_0 角处自由下摆，到竖直位置时，与光滑桌面上一质量为 m 的静止物体(可视为质点)发生弹性碰撞. 求碰撞后 M 的角速度 ω_M 和 m 的线速度 v_m.

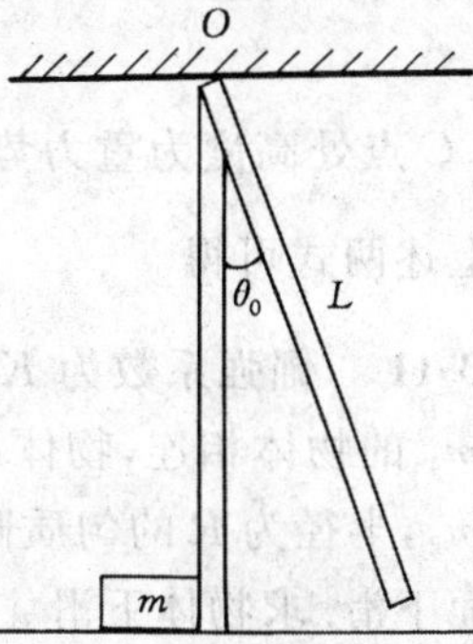

图 3-8

解 在此题中有两个过程：过程一，均匀细杆从 θ_0 角自由下摆到竖直位置，此过程机械能守恒. 过程二，M 与 m 发生碰撞，角动量守恒. 由于碰撞是完全弹性碰撞，机械能亦守恒.

过程一：

机械能守恒 $$\frac{1}{2}J\omega^2 = mg\frac{L}{2}(1-\cos\theta_0),$$

又有 $$J = \frac{1}{3}mL^2,$$

得 $$\omega = \sqrt{\frac{3g}{L}(1-\cos\theta_0)}.$$

过程二：

角动量守恒 $$J\omega = J\omega_M + mLv_m, \qquad ①$$

机械能守恒 $$\frac{1}{2}J\omega^2 = \frac{1}{2}J\omega_M^2 + \frac{1}{2}mv_m^2. \qquad ②$$

联立式①，式②解得 $$v_m = \frac{2M}{M+3m}\sqrt{3gL(1-\cos\theta_0)},$$

$$\omega_M = \frac{M-3m}{M+3m}\sqrt{\frac{3g}{L}(1-\cos\theta_0)}.$$

例 3-10 一长为 l，质量为 m 的匀质细杆，可绕通过其一端的光滑水平轴在竖直平面中转动. 初始时，细杆竖直悬挂，现有一质量也为 m 的子弹以某一水平速度 v_0 射入杆的中点，已知子弹穿出杆后的速度为 v，杆受子弹打击后恰好上升到水平位置，如图 3-9 所示，求子弹初速度 v_0.

解 取子弹和杆为系统. 在碰撞过程中，杆受重力和轴对它的冲力，但这两力对水平轴的力矩都为零；子弹受重力作用，但其对轴的力矩也为零. 故在碰撞过程中系统所受的合外力距为零，系统对轴的角动量守恒.

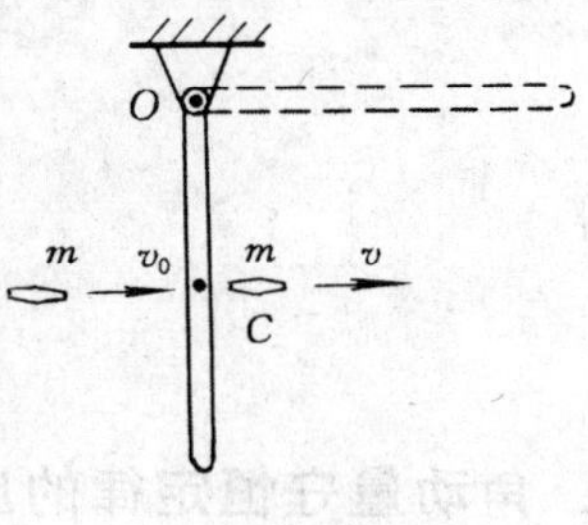

图 3-9

碰撞后，杆获得角速度，向上转动，取杆和地球为系统，系统不受外力矩作用，因此就没有外力矩对杆作功，所以，系统的机械能守恒.

以角动量沿转轴并向外为正，按上述分析列式为

$$mv_0\,\frac{l}{2}=mv\,\frac{l}{2}+\left(\frac{1}{3}ml^2\right)\omega,$$

$$mg\,\frac{l}{2}=\frac{1}{2}\left(\frac{1}{3}ml^2\right)\omega^2.$$

式中，取 C 点处高度为重力势能零值位置.

由上述两式可得 $$v_0=v+\frac{2}{3}\sqrt{3gl}.$$

例 3-11 倔强系数为 K 的轻弹簧，一端固定，另一端通过一条细绳绕过一定滑轮和一个质量为 m_1 的物体相连，物体放在倾角为 θ 的光滑斜面上，如图 3-10(a) 所示. 如把定滑轮看作质量为 m_2，半径为 R 的匀质圆盘，开始时用手固定物体，使弹簧处于自然长度，然后放手，使物体沿斜面下滑. 求物体下滑 x 时的速度有多大(忽略滑轮轴上的摩擦且绳在滑轮边缘上不打滑)?

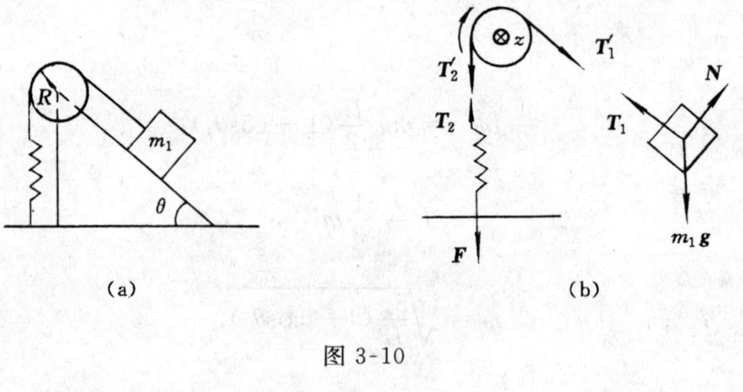

图 3-10

解 运用系统的机械能守恒定律求解.

画出系统的受力图，如图 3-10(b) 所示. 取物体、滑轮和地球及弹簧为系统，弹性力和重力为系统的保守内力，系统所受的外力有斜面对物体的正压力 $\boldsymbol{N}$，地面对弹簧的拉力，绳对物体及弹簧的拉力 $\boldsymbol{T}_1$ 及 $\boldsymbol{T}_2$，绳对滑轮的作用力 $\boldsymbol{T}_1'$ 及 $\boldsymbol{T}_2'$. 当物体滑下 $\mathrm{d}x$，$\boldsymbol{T}_1$ 对物体作功 $\mathrm{d}A_1=-T_1\mathrm{d}x$；$\boldsymbol{T}_1'$ 的力矩对滑轮作功 $\mathrm{d}A_2=T_1'R\mathrm{d}\theta=T_1\mathrm{d}x$；$\boldsymbol{T}_2'$ 的力矩对滑轮作功 $\mathrm{d}A_3=-T_2'R\mathrm{d}\theta=-T_2\mathrm{d}x$；$\boldsymbol{T}_2$ 对弹簧作功 $\mathrm{d}A_4=T_2\mathrm{d}x$；$\boldsymbol{F}$ 对弹簧作功 $\mathrm{d}A_5=0$，所以在任一元过程中，外力作功为

$$\begin{aligned}\mathrm{d}A_e&=\mathrm{d}A_1+\mathrm{d}A_2+\mathrm{d}A_3+\mathrm{d}A_4+\mathrm{d}A_5\\&=-T_1\mathrm{d}x+T_1\mathrm{d}x-T_2\mathrm{d}x+T_2\mathrm{d}x+0=0,\end{aligned}$$

因此满足机械能守恒条件，系统的机械能守恒. 当设 m_1 处在初始位置为重力势能零点后，由此可得

$$\begin{cases}\dfrac{1}{2}Kx^2+\dfrac{1}{2}J\omega^2+\dfrac{1}{2}m_1v^2-m_1gx\sin\theta=0,\\ v=\omega R,\\ J=\dfrac{m_2R^2}{2}.\end{cases}$$

可得

$$v=\sqrt{\frac{2(2m_1gx\sin\theta-Kx^2)}{2m_1+m_2}}.$$

3.5 能力训练

一、选择题

1. 飞轮绕定轴作匀速转动时，飞轮边缘上任一点满足(　　).

A) 切向加速度为零，法向加速度不为零

B) 切向加速度不为零，法向加速度为零

C) 切向、法向加速度均为零

D) 切向、法向加速度均不为零

2. 一轻绳绕在具有水平轴的定滑轮上，绳下悬挂质量为 m 的物体，此时滑轮的角加速度为 β，若将物体卸掉，而用大小等于 mg，方向向下的力拉绳子，则滑轮的角加速度将(　　).

A) 不变　B) 变大　C) 变小　D) 无法判定

3. 绕定轴转动的刚体转动时，如果它的角加速度很大，则(　　).

A) 作用在刚体上的力一定很大

B) 作用在刚体上的外力矩一定很大

C) 刚体的转动角速度一定很大

D) 难以判断

4. 一滑冰者，开始自转时其角速度为 ω_0，转动惯量为 J_0，当他将手臂收缩时，其转动惯量减少为 $\frac{1}{3}J_0$，则他的角速度将变为(　　).

A) $\frac{1}{3}\omega_0$　B) $\frac{1}{\sqrt{3}}\omega_0$　C) $3\omega_0$　D) ω_0

5. 一半径为 R，质量为 m 的圆形平板在粗糙的水平面上，绕其垂直于平板的轴 OO' 转动，摩擦力对 OO' 轴之力矩为

A) $\frac{2}{3}\mu mgR$　B) μmgR　C) $\frac{1}{2}\mu mgR$　D) 0

6. 如图 3-11，一长为 L 的均匀细棒，可绕其一端 O 在竖直平面内无摩擦转动，设棒在水平位置时所受的重力矩为 M，当此棒被截去 $\frac{2}{3}$ 长度后，剩余部分在水平位置所受的重力矩为(　　).

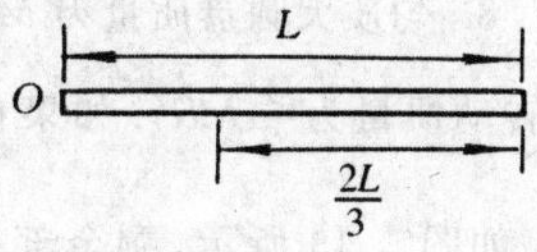

图 3-11

A) $\frac{1}{3}M$　B) $\frac{1}{6}M$　C) $\frac{1}{9}M$　D) $\frac{1}{18}M$

7. 将唱片放在绕定轴转动的电唱机转盘上时，若忽略转轴摩擦，则以唱片和转盘为体系，满足(　　).

A) 总动能守恒　B) 角动量守恒

C) 总动能和角动量都守恒　D) 总动能和角动量都不守恒

8. 在外力矩为零的情况下，将一绕定轴转动的刚体的转动惯量减少一半，则刚体的(　　).

A) 角速度将增大一倍　B) 角速度不变，转动动量增加二倍

C) 转动动能增大二倍　D) 转动动能不变，角速度增大二倍

9. 一根长为 L，质量为 m 的均匀直棒在地上竖立着，如果让竖立着的棒，以下端与地面接触处为轴倒下，当上端到达地面时，速率应为(　　).

A) $\sqrt{6gL}$　B) $\sqrt{3gL}$　C) $\sqrt{2gL}$　D) $\sqrt{\frac{3g}{2L}}$

10. 一质量为 m_0，长为 l 的棒能绕通过 O 点的水平轴自由转动(图 3-12)，一质量为 m，速率为 v_0 的子弹从水平方向飞来，击中棒的中点且留在棒内，则棒中点的速度为(　　).

A) $\dfrac{mv_0}{m+m_0}$　B) $\dfrac{3mv_0}{3m+4m_0}$　C) $\dfrac{3mv_0}{2m_0}$　D) $\dfrac{3mv_0}{4m_0}$

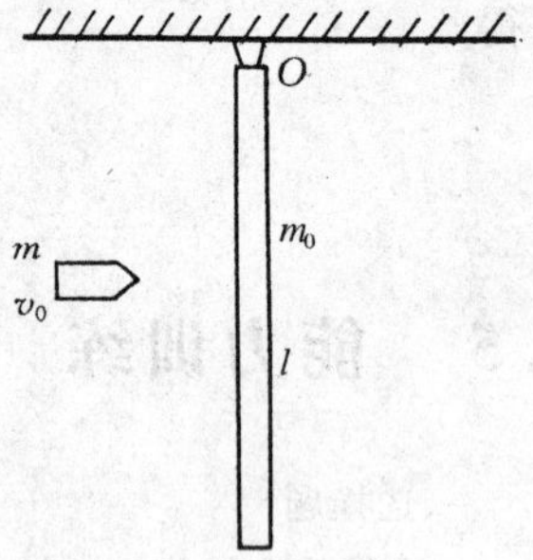

图 3-12

二、填空题

1. 一飞轮转动惯量为 J，在 $t=0$ 时角速度为 ω_0，此后飞轮经历制动过程，阻力矩 M 的大小与角速度 ω 的平方成正比，比例系数为 k(k 为大于零的常数). 当 $\omega=\dfrac{1}{3}\omega_0$ 时，飞轮的角加速度 $\beta=$ ________，从开始制动到 $\omega=\dfrac{1}{3}\omega_0$，所经历的时间 $t=$ ________.

2. 一长为 L 的轻质细杆，两端分别固定质量为 m 和 $2m$ 的小球，此系统在竖直平面内可绕过中点 O 且与杆垂直的水平固定轴转动. 开始时杆与水平成 $60°$ 角，处于静止状态，无初速地释放后，杆球系统绕 O 转动. 杆与两小球作为一个刚体，绕 O 轴的转动惯量 $J=$ ________. 释放后当杆转到水平位置时，刚体受到的合外力矩 $M=$ ________，角加速度 $\beta=$ ________.

3. 质量分别为 m 和 $2m$ 的两物体(都可视为质点)，用一长为 L 的轻质细杆相连，系统绕通过杆与杆垂直的轴 O 转动. 已知 O 轴离质量为 $2m$ 的质点的距离为 $\dfrac{1}{3}L$，而质量为 m 的质点的线速率为 v 且与杆垂直，则该系统对转轴的角动量大小为________.

4. 半径为 $r=1.5\text{m}$ 的飞轮，初角速度 $\omega_0=10\text{rad}\cdot\text{s}^{-1}$，角加速度 $\beta=-5\text{rad}\cdot\text{s}^{-2}$，若初始时刻角位移为零，则在 $t=$ ________时角位移再次为零，而此时边缘上点的线速度 $v=$ ________.

5. 一飞轮作匀减速运动，在 5s 内角速度由 $40\pi\text{rad}\cdot\text{s}^{-1}$ 减到 $10\pi\text{rad}\cdot\text{s}^{-1}$，则飞轮在这 5s 内总共转过了________圈，飞轮再经________的时间才能停止转动.

6. 一根匀质细杆质量为 m，长度为 l，可绕过其端点的水平轴在竖直平面内转动. 则它在水平位置时所受的重力矩为________，若将此杆截取 $\dfrac{2}{3}$，则剩下 $\dfrac{1}{3}$ 在上述同样位置时所受的重力矩为________.

7. 长为 l 的匀质细杆，可绕过其端点的水平轴在竖直平面内自由转动. 如果将细杆置于水平位置，然后让其由静止开始自由下摆，则开始转动的瞬间，细杆的角加速度为________，细杆转动到竖直位置时角速度为________.

8. 匀质大圆盘质量为 M，半径为 R，对于过圆心 O 点且垂直于盘面转轴的转动惯量为 $\dfrac{1}{2}MR^2$. 如果在大圆盘的右半圆上挖去一个小圆盘，半径为 $\dfrac{R}{2}$. 如图 3-13 所示，剩余部分对于过 O 点且垂直于盘面转轴的转动惯量为________.

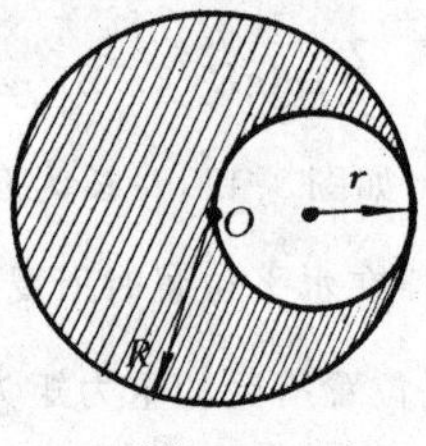

图 3-13

三、计算题

1. 有一个长为 L 的均匀细杆，质量为 m. 求绕通过距其一端 $\dfrac{1}{4}L$ 处、并与杆相垂直的定轴的转动惯量.

2. 如图 3-14 所示，一根长为 a，质量为 m 的均匀细杆可绕通过其一端的光滑水平轴 O 转动，另一端接有一质量为 m 的质点. 现让该杆和质点系统从水平位置由静止开始自由下落，试用刚体定轴转动的理论，求任意位置 θ 处杆和质点系统的角速度和角动量.

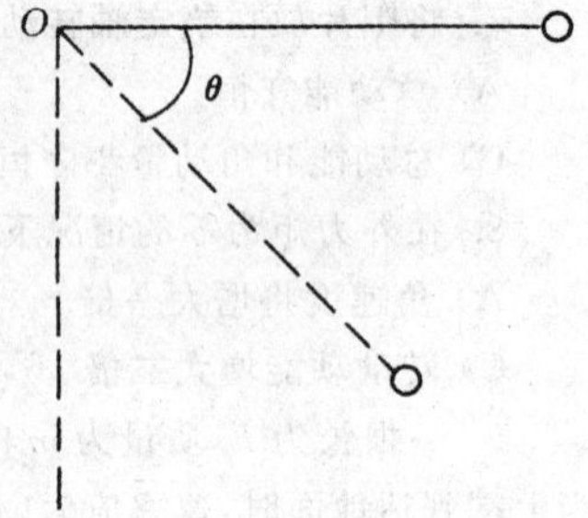

图 3-14

3. 如图 3-15 所示，一根细绳绕过两个定滑轮 A 和 B，在绳的两端分别系两个物体 $m_1=3\text{kg}$ 和 $m_2=1\text{kg}$. 若定滑轮 A 的质量 $M_A=2\text{kg}$，$R_A=0.2\text{m}$；

定滑轮B的质量 $M_B = 1\text{kg}$，$R_B = 0.1\text{m}$. 求两个滑轮之间绳中的张力和物体的加速度大小.

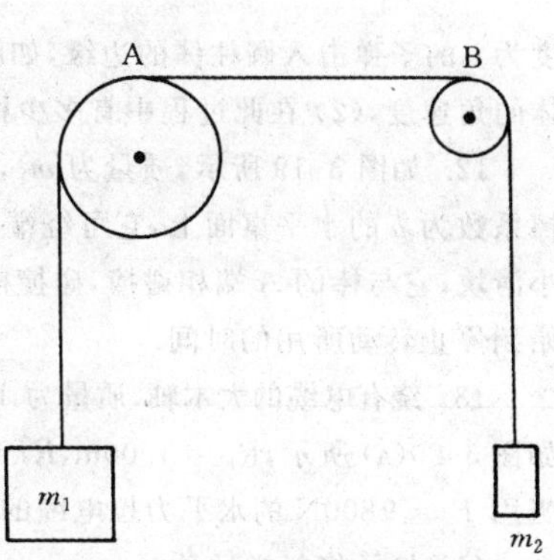

图 3-15

4. 一刚体绕 Oz 轴作定轴转动. 在转轴以外的地方，此刚体在某一时刻受到以下三个外力的作用：$\boldsymbol{F}_1 = (2\boldsymbol{i} - 3\boldsymbol{j})$(N) 作用于点(0.5, −0.1, 0)(m) 处；$\boldsymbol{F}_2 = (-7\boldsymbol{i} + 8\boldsymbol{k})$(N) 作用于(−0.1, −0.3, 0.8)(m) 处；$\boldsymbol{F}_3 = -4\boldsymbol{j}$(N) 作用于(−0.3, 0.4, −0.8)(m) 处. 若刚体对 Oz 轴的转动惯量为 $20\text{kg}\cdot\text{m}^2$，求刚体在该时刻的角加速度.

5. 一圆盘半径为 R，装在桌子边上，可绕一水平的中心轴转动. 圆盘上绕着细线，细线的一端系一个质量为 m 的重物，m 距地面 h，从静止开始下落到地面，需时间为 t，如图 3-16(a) 所示. 用这样一个实验装置测定圆盘的转动惯量 J，测得当 $m = m_1$ 时，$t = t_1$；$m = m_2$ 时，$t = t_2$，证明

$$J = \frac{\left[(m - m_2)g - 2h\left(\frac{m_1}{t_1^2} - \frac{m_2}{t_2^2}\right)\right]R^2}{2h\left(\frac{1}{t_1^2} - \frac{2}{t_2^2}\right)}.$$

假设在实验过程中，圆盘与转轴之间的摩擦力矩大小 M_f 维持不变，绳子质量可忽略，其长度不变.

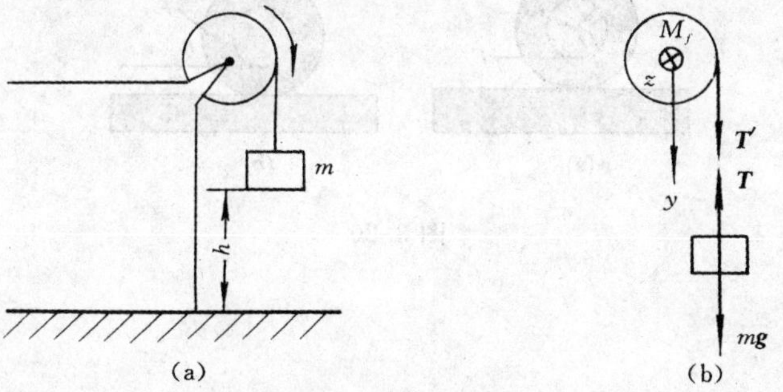

图 3-16

6. 如图 3-17 所示，长为 L，质量为 M 的均匀细棒可绕通过其上端的水平光滑固定轴 O 转动. 开始时杆静止于竖直位置，一质量为 m 的子弹以速度 v 水平射入杆的正中部与杆一起运动，求杆产生的最大偏角 θ(假设 $\theta < 90°$).

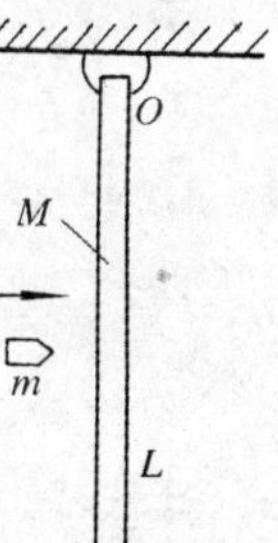

图 3-17

7. 一长为 1m 的均匀直棒可绕其一端与棒垂直的水平光滑固定轴转动. 抬起另一端使向上与水平面成 60°，然后无初速地将棒释放. 已知棒对轴的转动惯量为 $\frac{1}{3}mL^2$，其中 m 和 L 分别为棒的质量和长度. 求(1) 放手时棒的角加速度；(2) 棒转到水平位置时的角加速度.

8. 有一半径为 R 的圆形平板平放在水平桌面上，平板与水平桌面的摩擦系数为 μ，若平板绕通过其中心且垂直板面的固定轴以角速度 ω_0 开始旋转，它将旋转几圈停止？

9. 有一半径为 R 的均匀球体，绕通过其一直径的光滑轴匀速转动. 如它的半径由 R 自动收缩为 $\frac{1}{2}R$，求转动周期的变化(球体对于通过直径的轴的转动惯量为 $J = \frac{2}{5}mR^2$，式中 m 和 R 分别为球体的质量和半径).

10. 一质量为 M、长为 L 的均匀直杆，可绕通过其中心 O 且与杆垂直的光滑水平固定轴在竖直平面内转动. 当杆停止于竖直位置时，质量为 m 的子弹沿水平方向射入杆的下端且留在杆内，并使杆摆动，若摆动的最大角为 θ_0，试求(1) 子弹入射前的速率 v_0；(2) 在最大偏角 θ 时，杆摆动的角加速度.

11. 设圆柱体的质量为 M、半径为 R，可绕固定的水平轴转动，原来处于静止状态. 现有一颗质量为 m、速

度为 v 的子弹击入圆柱体的边缘，如图 3-18 所示. 求(1) 子弹嵌入圆柱体后圆柱体的角速度，(2) 在此过程中有多少机械能转化为热能.

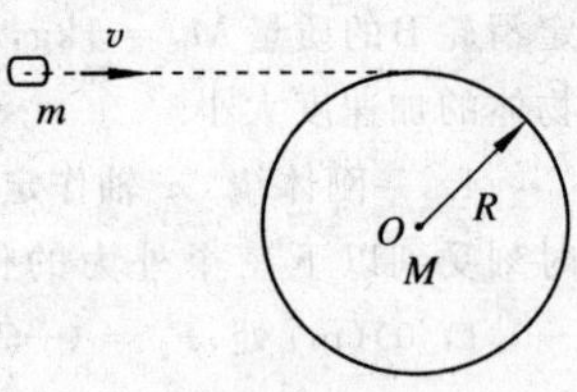

图 3-18

12. 如图 3-19 所示，质量为 m_1，长度为 L 的均匀细棒，静止平放在滑动摩擦系数为 μ 的水平桌面上，它可绕端点 O 转动. 另有一水平运动的质量为 m_2 的小滑块，它与棒的 A 端相碰撞，碰撞前后的速度分别为 v_1 和 v_2，求棒从碰撞开始到停止转动所用的时间.

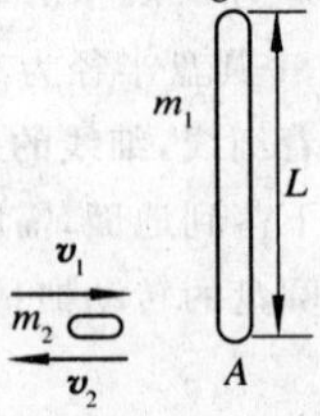

图 3-19

13. 绕有电缆的大木轴，质量为 1000kg，绕中心轴 O 的转动惯量为300kg·m². 如图 3-20(a) 所示，$R_1 = 1.00\text{m}$，$R_2 = 0.40\text{m}$. 假定大木轴与地面间无相对滑动，当用 $F = 9800\text{N}$ 的水平力拉电缆的一端时，问

(1) 轮子将怎样运动?

(2) 轴心 O 的加速度是多大?

(3) 摩擦力是多大?

(4) 摩擦系数至少为多大时才能保证无相对滑动?

(5) 如果力 F 与水平方向夹角为 $\theta\ (<\frac{\pi}{2})$，见图 3-20(b)，而仍要使木轴向前加速且与地面无相对滑动，问 θ 最大不能超过多少?

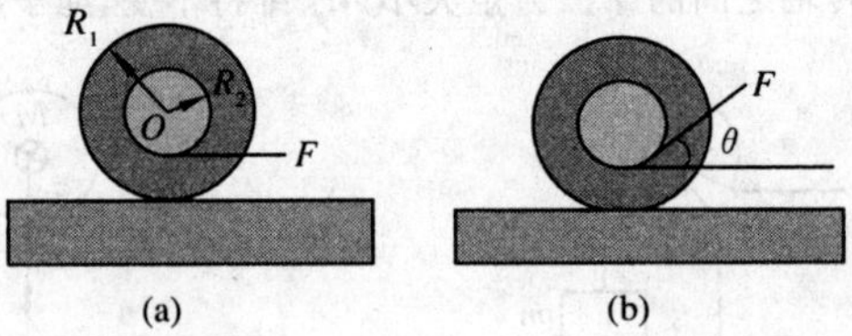

图 3-20

第 4 章　流体力学简介

气体和液体统称为流体．本章主要介绍流体动力学，从理想流体入手通过对流线和流管的讨论，引入连续性方程和伯努利方程，介绍了湍流的概念，并讨论斯托克斯定律和泊肃叶定律．

4.1　基本要求

(1) 理解理想流体模型，理解流体连续性方程和伯努利方程；

(2) 了解实际流体定常流动的伯努利方程；

(3) 了解湍流、斯托克斯定律和泊肃叶定律．

4.2　重点概念及主要公式

1. 理想流体的特征和连续原理

2. 理想流体的伯努利方程

$$\frac{1}{2}\rho v^2 + \rho g h + p = 常量.$$

3. 流体定常流动的伯努利方程

$$\frac{p_1}{\rho g} + \frac{v_1^2}{2g} + h_1 = \frac{p_2}{\rho g} + \frac{v_2^2}{2g} + h_2 + h_{损}.$$

4. 斯托克斯定律

$$f = 6\pi \eta r v.$$

5. 泊肃叶定律

$$Q_V = \frac{\pi}{8}\frac{p_1 - p_2}{l} \cdot \frac{r^4}{\eta}.$$

4.3　常见及疑难问题答疑

问题 1　流体的基本特征是什么？

答　平常所说的流体(包括液体和气体)具有一个共同的性质，即流动性．流体没有一定的形状，其形状完全取决于容器的形状．气体会充满容器的全部空间，具有很大的可压缩性，液体的可压缩性一般说来是很小．比如水，其压力增加一个大气压时，体积只改变原来的$\frac{5}{100\,000}$．在绝大多数情况下，都可以以足够高的近似程度把液体看成是不可压缩的．

问题 2　什么是理想流体？

答　理想流体是流体的理想模型.在研究流体运动时我们观察到，当某些层对于另外一些层的流体有相对运动时，层与层之间都有摩擦力发生.运动较快的一层将有力作用于运动较慢的一层并使它加速运动；相反，运动较慢的一层同时也有反作用力作用于运动较快的一层上，并对它的运动起阻碍作用.这种作用力称为“内摩擦力”或“黏滞阻力”，其方向沿着层面的切向.内摩擦力的存在，对流体运动问题的研究带来很大的复杂性.如果能够忽略内摩擦力的存在，就可以使问题大为简化.我们通常把没有内摩擦力，即没有黏滞性的流体称为理想流体.

问题 3　什么是流体连续稳定流动？

答　流体连续稳定流动是指流体在流动时，流体质点连续地充满其所在空间，流体在任一截面上流动的流速、压强和密度等物理量不随时间的变化而变化.

问题 4　流体黏度的意义是什么？流体黏度对流体流动有什么影响？

答　流体的黏度是衡量流体黏性大小的物理量，它的意义是相邻流体层在单位接触面积上，速度梯度为 1 时，内摩擦力的大小.

流体的黏度愈大，所产生的黏性也愈大，液体阻力也愈大.

问题 5　何谓层流流动，何谓湍流流动？用什么量来区分它们？

答　层流.流体质点沿管轴作平行直线运动，无返混，在管中的流速分布为抛物线，平均流速是最大流速的 0.5 倍.

湍流.流体质点有返混和径向流动，平均流速约为最大流速的 0.8 倍.

以雷诺数 Re 来区分，$Re \leqslant 2000$ 为层流，$Re \geqslant 4000$ 为湍流.

问题 6　什么是连续性假定？

答　假定流体是由许多质点组成的，彼此间没有间隙，完全充满所占有空间的连续的介质，这一假定称为连续性假定.

问题 7　流体流动的连续性方程的意义如何？

答　流体流动的连续性方程是流体流动过程的基本规律，它是根据质量守恒定律建立起来的，连续性方程可以解决流体的流速、管径的计算选择及其控制.

4.4　解题要点及例题详解

解题要点　应用伯努利方程时分别写出液体两个表面的$\frac{1}{2}\rho v^2 + \rho g h + p =$ 常量，或$\frac{p_1}{\rho g} + \frac{v_1^2}{2g} + h_1 = \frac{p_2}{\rho g} + \frac{v_2^2}{2g} + h_2 + h_{损}$，其中，流速 v 确定比较关键.

例 4-1　如图 4-1 所示，利用压缩空气把水从一密封的大筒内通过一管子以 $1.2\text{m}\cdot\text{s}^{-1}$ 的流速压出.当管子的出口处高于筒内液面 60cm 时，问筒内空气的计示压强多大？

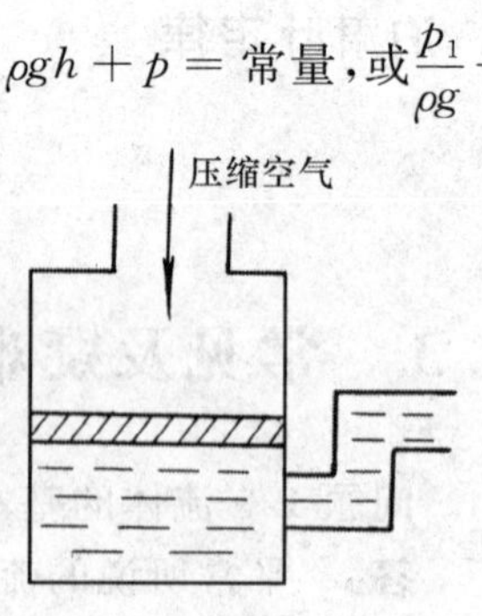

图 4-1

解　当水从细管流出时，大筒水面下降很慢，可设其流速为零，故对筒内液面处及管子出口处列出伯努利方程.

$$p = p_0 + \frac{1}{2}\rho v^2 + \rho g h,$$

得 $p - p_0 = \frac{1}{2}\rho v^2 + \rho g h = \frac{1}{2} \times 10^3 \times 1.2^2 + 10^3 \times 9.8 \times 0.6 = 6600(\mathrm{N \cdot m^{-2}})$.

例 4-2 有一水平放置的汾丘里管,它的粗和细两部分的直径分别为 8cm 和 4cm. 当水在管中流动时,连接在粗细两部分的 U 形管中水银柱的高度差为 4.1cm. 试计算水在细部分的流速和体积流量.

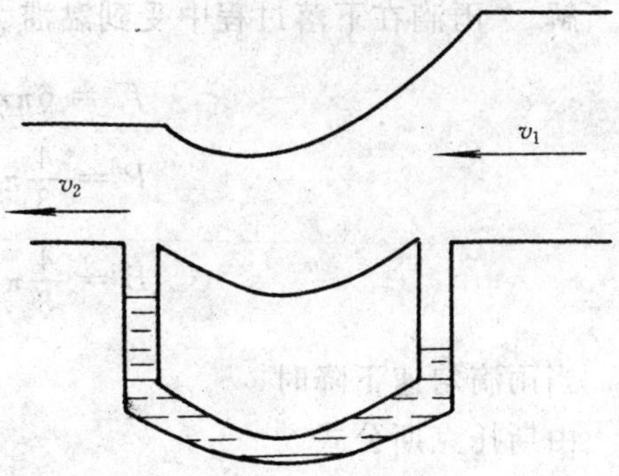

图 4-2

解 由图 4-2,连续性方程和伯努利方程

$$v_1 \frac{\pi D_1^2}{4} = v_2 \frac{\pi D_2^2}{4},$$

$$p_1 + \frac{1}{2}\rho v_1^2 = p_2 + \frac{1}{2}\rho v_2^2.$$

可得

$$p_1 - p_2 = (\rho_{\mathrm{Hg}} - \rho_{\mathrm{w}}) g \times 4.1 = (13.6 - 1) \times 980 \times 4.1 \times 10^{-5}$$
$$= 50626.8 \times 10^{-5} (\mathrm{N \cdot cm^{-2}}),$$

$$v_1 = \sqrt{\frac{2(p_1 - p_2)}{15\rho}} = \sqrt{\frac{2 \times 50626.8}{15 \times 1}} = 82(\mathrm{cm \cdot s^{-1}}),$$

$$v_2 = 4v_1 = 328(\mathrm{cm \cdot s^{-1}}),$$

流量 $$Q = v_1 \frac{\pi D_1^2}{4} = 82 \times \frac{\pi}{4} \times 64 = 4122(\mathrm{cm^3 \cdot s^{-1}}).$$

例 4-3 某输水管路如图 4-3 所示,水箱液面保持恒定. 当阀门 A 全关闭时,压力表读数为 $177\mathrm{kN \cdot m^{-2}}$,阀门全开时,压力表读数为 $100\mathrm{kN \cdot m^{-2}}$. 已知管路采用 $\phi 108 \times 4\mathrm{mm}$ 钢管($D = 0.1\mathrm{m}$),当阀门全开后,测得由水箱至压力表处的阻力损失为 $7.5\mathrm{mH_2O}$(73.55kPa). 问:全开阀 A 时水的流量为多少($\rho_{\mathrm{w}} = 1000\mathrm{kg \cdot m^{-3}}$, $p_{\mathrm{atm}} = 98.1\mathrm{kN \cdot m^{-2}}$)?

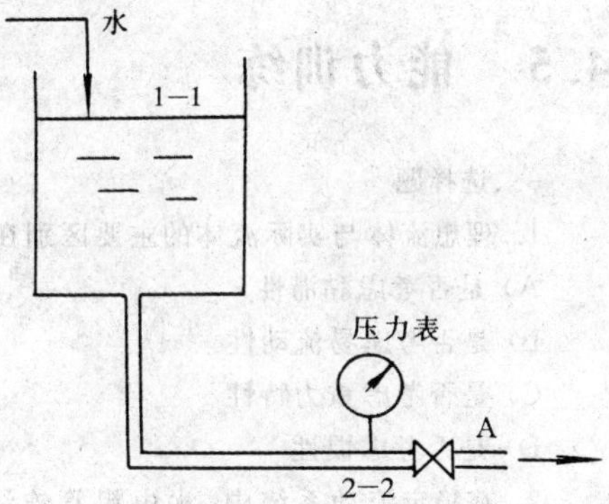

图 4-3

解 设定水箱液面为1—1,压力表处为2—2,根据实际流体定常流动的伯努利方程

$$\frac{p_1}{\rho g} + \frac{v_1^2}{2g} + h_1 = \frac{p_2}{\rho g} + \frac{v_2^2}{2g} + h_2 + h_{损},$$

因为 $h_1 = \frac{p}{\rho g} = 177 \times 10^3 / (1000 \times 9.807) = 18(\mathrm{m})$,又 $h_2 = 0$, $h_{损} = 7.5$,

所以有 $$0 + 0 + 18 = 100 \times 10^3 / (1000 \times 9.807) + v_2^2 / (2g) + 0 + 7.5,$$

得 $$v_2 = 2.43(\mathrm{m \cdot s^{-1}}),$$

流量 $$Q = v_2 \frac{\pi D_1^2}{4} = 2.43 \times \frac{\pi}{4} \times 0.1^2 \times 3600 = 68.67(\mathrm{m^3 \cdot h^{-1}}).$$

例 4-4　分别计算半径为 0.001mm 和 0.05mm 的雨滴落下时的恒定速度. 已知空气的黏滞系数为 $181\mu P$, 密度为 $1.3\times10^{-3}\,g\cdot cm^{-3}$.

解　雨滴在下落过程中受到黏滞力 f_r, 重力 P 及空气浮力 B 的作用. 它们分别等于

$$f_r = 6\pi\eta v R,$$

$$P = \frac{4}{3}\pi R^3 \rho g \quad (\rho \text{ 为水的密度}),$$

$$B = \frac{4}{3}\pi R^3 \rho_0 g \quad (\rho_0 \text{ 为空气的密度}).$$

当雨滴匀速下降时

$$f_r + B = P.$$

由斯托克斯公式

$$f_r = 6\pi\eta v R,$$

因而

$$6\pi\eta v R = \frac{4}{3}\pi R^3(\rho - \rho_0)g,$$

得

$$v = \frac{2}{9\eta}R^2(\rho - \rho_0)g.$$

半径为 0.001mm 的雨滴下落速度为

$$v = \frac{2\times(0.0001)^2\times(1-1.3\times10^{-3})\times980}{9\times181\times10^{-6}} = 1.16\times10^{-2}(cm\cdot s^{-1}).$$

半径为 0.05mm 的雨滴下落速度为

$$v = \frac{2\times(0.005)^2\times(1-1.3\times10^{-3})\times980}{9\times181\times10^{-6}} = 29(cm\cdot s^{-1}).$$

4.5　能力训练

一、选择题

1. 理想流体与实际流体的主要区别在于(　　).

A) 是否考虑黏滞性

B) 是否考虑易流动性

C) 是否考虑重力特性

D) 是否考虑惯性

2. 在稳定流动系统中, 水由粗管连续地流入细管, 若粗管直径是细管的 2 倍, 则细管流速是粗管的(　　)倍.

A) 2　　B) 8　　C) 4　　D) 6

3. 层流与湍流的本质区别是(　　).

A) 湍流流速 > 层流流速

B) 流道截面大的为湍流, 截面小的为层流

C) 层流的雷诺数 < 湍流的雷诺数

D) 层流无径向脉动, 而湍流有径向脉动

4. 流体在管路中作稳态流动时, 具有(　　)的特点.

A) 呈平缓的滞流

B) 呈匀速运动

C) 在任何截面处流速、流量、压强等物理参数都相等

D) 任一截面处的流速、流量、压强等物理参数不随时间而变化

5. 流体流动时产生摩擦阻力的根本原因是(　　).

A) 流动速度大于零

B) 管边不够光滑

C) 流体具有黏性

二、填空题

1. 理想流体是指________;而实际流体是指________.

2. 当流体的体积流量一定时,流动截面扩大,则流速________,动压头________,静压头________.

3. 流体的黏度指________.黏度随温度变化而变化,液体的黏度随温度升高而________;气体的黏度则随温度升高而________.

4. 应用伯努利方程所选取的截面所必须具备的条件是________,________,________.

5. 流体流动时产生摩擦阻力的根本原因是________.

三、计算题

1. 水平通风管道某处的直径自 300mm 渐缩到 200mm,为了粗略估计其中的流量,在锥形接头两端各引出一个测压口与 U 形压差计相连,用水作指示液读数 R 为 40mm,设空气流过锥形接头的阻力可忽略,求空气的体积流量.

2. 如图 4-4 所示,一倒置 U 形管,上部为密度为 $800\text{kg}\cdot\text{m}^{-3}$ 的油,用来测定水管中的点流速,若读数 $\Delta h = 200\text{mm}$,水的密度为 $1000\text{kg}\cdot\text{m}^3$,求管中流速 u.

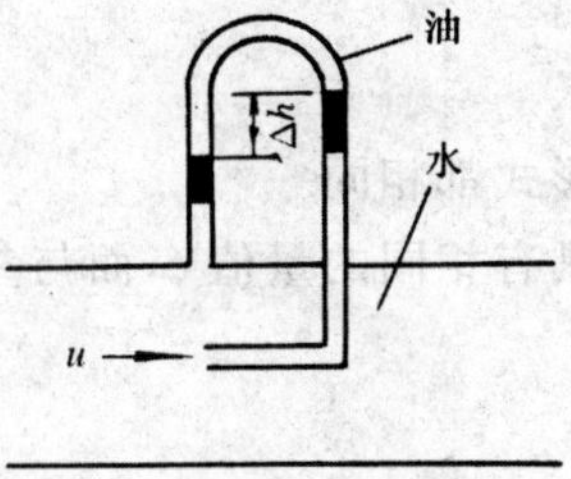

图 4-4

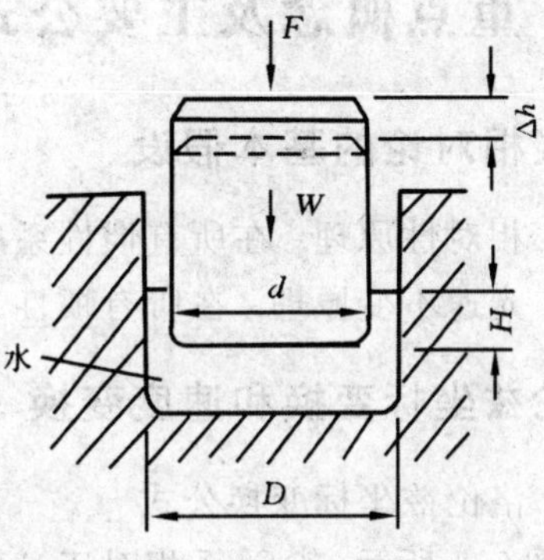

图 4-5

3. 如图 4-5 所示的地秤装置,在直径 $D = 3.6\text{m}$ 的水池中盛水,地秤的浮筒直径 $d = 3.2\text{m}$,自重 $W = 3\times10^5\text{N}$,淹深为 H,当加负载 $F = 10^5\text{N}$ 于浮筒后,求浮筒的下降距离 Δh.

4. 不可压缩黏性流体在圆管中作定常流动,圆管截面上的速度分布为 $u = 10\left(1-\frac{r^2}{R^2}\right)\text{cm}\cdot\text{s}^{-1}$,圆管半径 $R = 2\text{cm}$,试求截面上的体积流量 Q,平均速度 v 和最大速度 u_m.

第 5 章　狭义相对论

经典力学只在低速、宏观条件下成立. 当物体的运动速度接近光速时，经典力学不再适用. 爱因斯坦总结了新的实验事实，从而创立了适用于高速运动的理论 —— 狭义相对论. 本章将通过洛伦兹变换，引入了惯性系中的速度变换公式，建立了新的时空观 —— 长度收缩、时间膨胀和同时性问题. 并讨论了质量和能量的内在联系.

5.1　基本要求

(1) 掌握狭义相对论的基本假设；

(2) 掌握洛伦兹变换及其适用的条件；

(3) 熟练掌握长度收缩、时间膨胀和同时的相对性问题，掌握它们的适用条件；

(4) 理解并掌握质速公式、相对论条件下的动能；

(5) 了解相对论条件下的能量和动量的关系.

5.2　重点概念及主要公式

1. 狭义相对论的基本假设

(1) 相对性原理. 在所有惯性系中，物理定律的表达形式都相同.

(2) 光速不变原理. 在所有惯性系中，真空中的光速具有相同的量值 c，而与参考系无关.

2. 洛伦兹坐标变换和速度变换

(1) 洛伦兹坐标变换公式

如图 5-1 所示，若 S′ 系相对于 S 系沿 x 轴正向以速率 v 作匀速直线运动，则两系中的时空坐标变换关系为

$$\begin{cases} x' = \dfrac{x - vt}{\sqrt{1-\left(\dfrac{v}{c}\right)^2}}, \\ y' = y, \\ z' = z, \\ t' = \dfrac{t - \dfrac{vx}{c^2}}{\sqrt{1-\left(\dfrac{v}{c}\right)^2}}, \end{cases} \quad \text{或} \quad \begin{cases} x = \dfrac{x' + vt'}{\sqrt{1-\left(\dfrac{v}{c}\right)^2}}, \\ y = y', \\ z = z', \\ t = \dfrac{t' + \dfrac{vx'}{c^2}}{\sqrt{1-\left(\dfrac{v}{c}\right)^2}}. \end{cases}$$

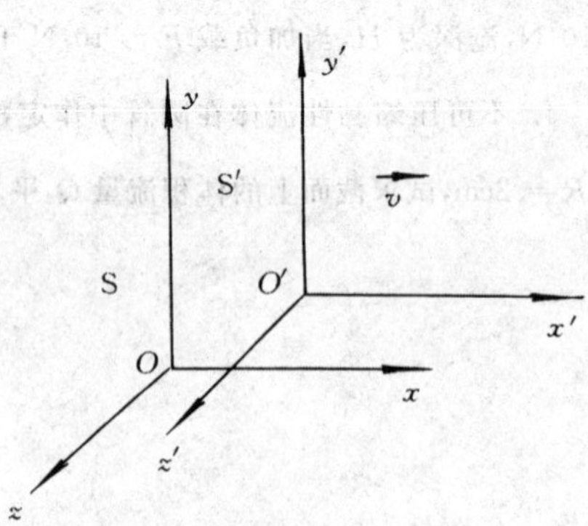

图 5-1

(2) 速度变换公式

$$\begin{cases} u_x' = \dfrac{u_x - v}{1 - vu_x/c^2}, \\ u_y' = \dfrac{u_y\sqrt{1-\left(\dfrac{v}{c}\right)^2}}{1 - vu_x/c^2}, \\ u_z' = \dfrac{u_z\sqrt{1-\left(\dfrac{v}{c}\right)^2}}{1 - vu_x/c^2}, \end{cases} \quad \text{或} \quad \begin{cases} u_x = \dfrac{u_x' + v}{1 + vu_x'/c^2}, \\ u_y = \dfrac{u_y'\sqrt{1-\left(\dfrac{v}{c}\right)^2}}{1 + vu_x'/c^2}, \\ u_z = \dfrac{u_z'\sqrt{1-\left(\dfrac{v}{c}\right)^2}}{1 + vu_x'/c^2}. \end{cases}$$

3. 狭义相对论时空观

(1) 同时的相对性. 同时发生在 S′ 系中的两异地事件,在 S 系中测量却不是同时的. 只有当 S′ 系中的两同地事件同时发生时,在 S 系中测量才是同时发生的,反之亦然.

(2) 时间膨胀

$$\Delta t = \frac{\tau_0}{\sqrt{1-\left(\dfrac{v}{c}\right)^2}}.$$

τ_0 称为原时(指在某一惯性系中同一地点先后发生的两件事的时间间隔),Δt 称为运动时间.

(3) 长度收缩

$$l = l_0\sqrt{1-\left(\frac{v}{c}\right)^2}.$$

l_0 称为固有长度(指测量者与被测量物体之间没有相对运动),l 称为运动长度.

4. 相对论动力学基础

(1) 相对论的质速关系 $m = \dfrac{m_0}{\sqrt{1-\dfrac{v^2}{c^2}}}$.

(2) 相对论动力学的基本方程 $\boldsymbol{F} = \dfrac{\mathrm{d}\boldsymbol{p}}{\mathrm{d}t} = \dfrac{\mathrm{d}}{\mathrm{d}t}\left(\dfrac{m_0\boldsymbol{v}}{\sqrt{1-\dfrac{v^2}{c^2}}}\right)$.

(3) 相对论动能 $E_k = mc^2 - m_0c^2$.

其中,$E = mc^2$ 称为总能量,$E_0 = m_0c^2$ 称为静能量.

(4) 能量和动量的关系 $E^2 = p^2c^2 + m_0^2c^4$.

5.3 常见及疑难问题答疑

问题 1 “固有长度”与“空间间隔”等价吗?

答 不一定. 如果物体相对于参照系 K 是静止的,它的长度就是该物体两端点在 K 系中的坐标之差.由于物体不是运动的,坐标测量可以在任何时刻进行.这样测得的长度称为静止长度,或称为物体的固有长度.但是,当物体相对于K′系运动时,问题就没有那么简单了.我们必须同时测量物体两端在K′系的空间坐标,这两个坐标之差定义为在K′系测得的该物体的长度——运动长度.

空间间隔分两种情况:① 同时发生的两件事的空间间隔(可定义为长度);② 非同时发生的两件事的空间间隔.因此,我们必须严格区分"长度"与"空间坐标间隔".第一种情况可以用长度收缩公式,第二种情况是非同时发生的两个事件的空间间隔,那么必须用洛伦兹变换来解决,而不能误用长度收缩公式(详见例5-3).

问题2 关于时间膨胀.

答 对于K系来说,如果两个事件A和B在同一地点发生,则只需要用一个时钟就可以测得事件A与事件B之间的时间间隔 $t_B - t_A = \tau_0$,而 τ_0 可称为两事件之间的固有时间间隔.

而对于相对于K系以 v 速度沿 x 轴方向作匀速直线运动的K′系,A及B两事件发生在不同地点.由洛伦兹变换

$$t_A' = \frac{t_A - \frac{v}{c^2}x_A}{\sqrt{1-\left(\frac{v}{c}\right)^2}}, \quad t_B' = \frac{t_B - \frac{v}{c^2}x_B}{\sqrt{1-\left(\frac{v}{c}\right)^2}},$$

从而(记住必须 $x_B = x_A$)

$$\tau = t_B' - t_A' = \frac{t_B - t_A - \frac{v}{c^2}(x_B - x_A)}{\sqrt{1-\left(\frac{v}{c}\right)^2}} = \frac{\tau_0}{\sqrt{1-\left(\frac{v}{c}\right)^2}},$$

这就是时间膨胀之由来.

我们必须区分两事件的"时间间隔"与"固有时间间隔"的差别.如果在K系中 τ_0 为固有时间间隔,那么对于K′系来说时间间隔 τ 有时间膨胀效应.若A,B两事件在K系中不同的地点发生,那么K系测得这两事件间的时间间隔与K′系测得的时间间隔之间不能简单地乘以(或除以) $\sqrt{1-\left(\frac{v}{c}\right)^2}$,即不能套用时间膨胀公式,而要用洛伦兹变换加以计算(详见例5-2).

问题3 相对论的时间和空间概念与牛顿力学的有何不同?

答 牛顿时空的基本观点是"长度和时间的测量与运动(或参考系)无关";而相对论时空观的基本观点是"长度和时间的测量与运动有关".

牛顿时空概念是相对论时空在低速(即运动速度远远小于光速)时的近似.

牛顿时空的基本原理是力学相对性原理,由力学基本原理得到的两个惯性系的运动量间的关系是伽利略变换.

问题4 在一个惯性系中同时发生的两件事,在另一惯性系来看也一定同时发生?

答 不对.在一个惯性系中同地同时发生的两件事,在另一惯性系观测才是同时的.

问题5 牛顿力学中的变质量问题(如火箭的推进)和相对论中的质量变化有何不同?

答 相对论中的质量变化是指物体质量的测量与物体的运动速度有关.物体静止时测量的质量是 m_0(称为静止质量),当其运动速度为 v 时,质量为

$$m = \frac{m_0}{\sqrt{1 - \frac{v^2}{c^2}}}.$$

牛顿力学中所说的变质量是指所研究的物体——质点系在整个过程中总质量的减少或增加，其实就是所研究的质点系的物质的量的不断变化，并不是指每个质点的质量和运动速度的关系. 因为在牛顿力学中，质点质量的测量与质点的运动速度无关，即质量为 m 的质点无论是处在静止状态还是以速度 v 运动，其质量均为 m.

问题 6 在相对论中，对动量定义 $\boldsymbol{p} = m\boldsymbol{v}$ 和公式 $\boldsymbol{F} = \frac{\mathrm{d}\boldsymbol{p}}{\mathrm{d}t}$ 的理解与牛顿力学中的有何不同？在相对论中，$\boldsymbol{F} = m\boldsymbol{a}$ 一般是否成立？为什么？

答 在相对论中，粒子相对惯性系 K 的动量定义为 $\boldsymbol{p} = m\boldsymbol{v}$，形式上与牛顿力学中的定义相同，但因物体的质量随运动速度变化，当粒子运动速度为 v 时，运动质量为 $m = \frac{m_0}{\sqrt{1 - \frac{v^2}{c^2}}}$，因此，K 系中的动量为 $\boldsymbol{p} = m\boldsymbol{v} = \frac{m_0 \boldsymbol{v}}{\sqrt{1 - \frac{v^2}{c^2}}}$.

牛顿力学中，认为物体的质量与运动无关，在任何惯性系中的动量均为 $\boldsymbol{p} = m_0 \boldsymbol{v}$.

在相对论中，粒子在惯性系 K 中所受的力定义为动量对时间的变化率，即 $\boldsymbol{F} = \frac{\mathrm{d}\boldsymbol{p}}{\mathrm{d}t}$. 由相对论的动量，得

$$\boldsymbol{F} = \frac{\mathrm{d}\boldsymbol{p}}{\mathrm{d}t} = \frac{\mathrm{d}}{\mathrm{d}t}\left[\frac{m_0 \boldsymbol{v}}{\sqrt{1 - \frac{v^2}{c^2}}}\right],$$

相对论中的力与物体运动速度的变化率不成简单的正比关系.

在 $v \ll c$ 时，上述相对论的力的表达式过渡为经典力学的牛顿第二定律

$$\boldsymbol{F} = \frac{\mathrm{d}\boldsymbol{p}}{\mathrm{d}t} = m_0 \boldsymbol{a}.$$

在牛顿力学中，因质量与运动无关，故力与物体运动速度的变化率成正比关系.

此外，相对论否定超距作用，同时性又是相对的. 因此，牛顿力学中关于作用与反作用的论断在相对论中不成立.

由上讨论可知，$\boldsymbol{F} = m\boldsymbol{a}$ 在相对论中不成立.

问题 7 光子是以光速运动的，在质速公式中，运动光子的质量是否为无限大？

答 不对. 因为光子的静止质量为零.

5.4 解题要点及例题详解

1. 速度变换

解题要点 速度变换是指两个惯性系（S 系和 S′ 系）之间的速度变换，所以一般涉及三个

物体. 根据题意先选定其中两个物体为 S 和 S′ 系，确定速度变换公式中的 v，u 和 u'，再代入公式计算.

例 5-1 有两飞船 A 和 B，A 相对于地球的速度为 v_A，B 相对地球的速度为 v_B，两者方向相同. 按相对论观点计算飞船 B 对于飞船 A 的相对速度.

解 求解此题的关键是先确定 S 系和 S′ 系. 因为是计算飞船 B 对飞船 A 的相对速度，可以假设观察者在飞船 A 中，由此可确定地球为 S 系，飞船 A 为 S′ 系，则飞船 B 对地球的速度 $u_x = v_B$，飞船 A 相对地球的速度为 $v = v_A$，则飞船 B 相对于飞船 A 的速度为 u_x'，即为题所求.

$$u_x' = \frac{u_x - v}{1 - \frac{vu_x}{c^2}} = \frac{v_A - v_A}{1 - \frac{v_B v_A}{c^2}}.$$

2. 相对论时空观 —— 长度收缩、时间膨胀和同时性问题

解题要点 根据题意判断是否能用长度收缩和时间膨胀公式. 如果不存在固有长度和原时，则不能套用长度收缩和时间膨胀公式，而应用反映时空联系的洛伦兹变换公式.

例 5-2 静止长度为 l_0 的车厢，若以接近光速 c 的速度 v 相对地面行驶. 从车厢后壁以速度 u_0（相对车）向前射出一粒子，如图 5-2 所示. 试求地面上观察者测得粒子从车后壁到前壁的运动时间.

解 此题不能用时间膨胀公式. 设车厢为 S′ 系，地面为 S 系. 则在 S′ 系中，粒子从后壁到前壁的飞行时间 $\Delta t' = \frac{l_0}{u_0}$ 不是固有时，因为它们发生在 S′ 系中不同地点.

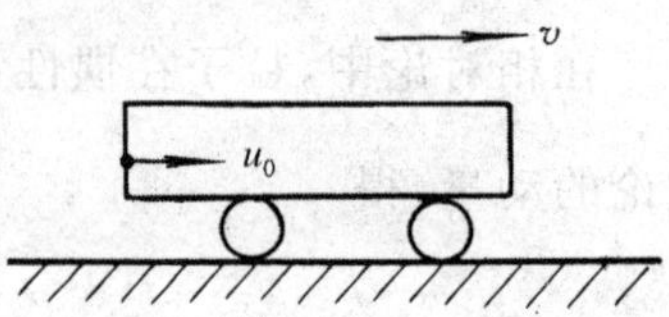

图 5-2

用洛伦兹变换

$$t_2 - t_1 = \frac{t_2' - t_1' + \frac{v}{c^2}(x_2' - x_1')}{\sqrt{1 - \frac{v^2}{c^2}}},$$

式中，$t_2' - t_1' = \Delta t' = \frac{l_0}{u_0}$，$x_2' - x_1' = l_0$，

所以

$$t_2 - t_1 = \frac{\frac{l_0}{u_0} + \frac{v}{c^2} l_0}{\sqrt{1 - \frac{v^2}{c^2}}}.$$

例 5-3 在上题中，求地面观测者测得粒子从后壁射向前壁的距离.

解 此题不能用长度收缩，因为不存在固有长度，而应用洛伦兹变换.

$$x_2 - x_1 = \frac{x_2' - x_1' + v(t_2' - t_1')}{\sqrt{1 - \frac{v^2}{c^2}}},$$

式中，$x_2' - x_1' = l_0$，$t_2' - t_1' = \frac{l_0}{u_0}$，

所以
$$x_2 - x_1 = \frac{l_0 + \frac{vl_0}{u_0}}{\sqrt{1-\frac{v^2}{c^2}}}.$$

例 5-4 假设宇宙飞船从地球射出，沿直线到达月球，距离是 3.84×10^8 m，它的速率在地球上被量得为 $0.30c$。根据地球上的时钟，这次旅行花多长时间？根据宇宙飞船所做的测量，地球和月球的距离是多少？怎样根据这个算得的距离，求出宇宙飞船上时钟所读出的旅行时间？

解 设地球至月球的距离为 H_0，飞船的速度为 v，地球上的观察者测得飞船从地球到月球的时间为 Δt .

$$\Delta t = \frac{H_0}{v} = \frac{3.84\times10^8}{0.3\times3.0\times10^8} = 4.27(\mathrm{s}).$$

在飞船上测量，地球到月球的距离 H 为

$$H = H_0\sqrt{1-\frac{v^2}{c^2}} = 3.84\times10^2\sqrt{1-0.3^2} = 3.67\times10^8(\mathrm{m}).$$

在飞船上测量，飞船的旅行时间为

$$\Delta t' = \frac{H}{v} = \frac{3.67\times10^8}{0.3\times3.0\times10^8} = 4.08(\mathrm{s}).$$

飞船的飞行时间也可以这样求得：对于飞船上的观察者来说，从地球出发及到达月球这两事件都发生在飞船上，他所测得的时间为固有时间 τ_0 由时间膨胀公式可得

$$\tau_0 = \Delta t\sqrt{1-\frac{v^2}{c^2}} = 4.27\sqrt{1-0.3^2} = 4.08(\mathrm{s}).$$

3. 相对论动力学问题

例 5-5 一质子（静止质量为 $1840m_e$）以 $\frac{1}{20}c$ 的速率运动，问一电子（静止质量为 m_e）在多大速率时才具有该质子同样多的动能？

解 设 m_p 表示质子的静止质量，用 m 表示质子的速度为 $v=\frac{1}{20}c$ 时的质量，则当 $v=\frac{1}{20}c$ 时，质子的动能为

$$E_k = (m-m_p)c^2 = m_pc^2\left[\frac{1}{\sqrt{1-\left(\frac{v}{c}\right)^2}}-1\right] = 2.30m_ec^2,$$

当电子动能 $E_k = 2.30m_ec^2$ 时，由 $(m-m_e)c^2 = 2.30m_ec^2$ 可得电子的运动质量为 $m = 3.30m_e$.

设这电子速率为 v，则

$$\frac{v}{c} = \sqrt{1-\left(\frac{m_e}{m}\right)^2} = \sqrt{1-\left(\frac{1}{3.30}\right)^2} = 0.953,$$

于是有 $v = 0.953c = 2.86\times10^8(\mathrm{m\cdot s^{-1}})$.

例 5-6 在实验室中测得电子的运动速度为 $0.6c$，设一观测者沿与电子运动相同的方向，以相对实验室 $0.8c$ 的速度运动. 求该观测者测得电子的动能和动量（电子的静止质量 m_e =

9.11×10^{-31} kg）为多少？

解 设实验室为 K 系，观测者为 K′ 系，电子为运动物体，运动方向沿 x 轴正向，则 $v=0.8c$，$u_x=0.6c$. 根据洛伦兹速度变换公式，在 K′ 系中测得电子速度为

$$u_x'=\frac{u_x-v}{1-\frac{vu_x}{c^2}}=-0.385c,$$

K′ 系中电子质量为 $$m=\frac{m_e}{\sqrt{1-(u_x'/c)^2}},$$

动能 $$E_{k'}=mc^2-m_ec^2=m_ec^2\left(\frac{1}{\sqrt{1-(u_x'/c)^2}}-1\right)=6.85\times10^{-15}(\mathrm{J}),$$

动量 $$p'=mu_x'=\frac{m_eu_x'}{\sqrt{1-(u_x'/c)^2}}=-1.235\times10^{-22}(\mathrm{kg\cdot m\cdot s^{-1}}).$$

负号表示动量 p' 与观察者运动方向相反.

5.5 能力训练

一、选择题

1. 宇宙飞船相对于地面以 u 作匀速直线飞行，某一时刻飞船头部的宇航员向船尾部发出一光讯号，经过 Δt（飞船上的钟）时间后，被尾部的接收器收到，由此可知飞船的固有长度为（　　）.

A) $c\Delta t$　　B) $u\Delta t$　　C) $\dfrac{c\Delta t}{\sqrt{1-\left(\frac{u}{c}\right)^2}}$　　D) $c\Delta t\sqrt{1-\left(\frac{u}{c}\right)^2}$

2. 一火箭的固有长度为 L，相对于地面作匀速直线运动的速度为 u_1，火箭上有一个人从火箭的后端向火箭前端上的靶子发射一颗相对于火箭的速度为 u_2 的子弹，在火箭上测得子弹从射出到击中靶子的时间间隔为（　　）.

A) $\dfrac{L}{u_1+u_2}$　　B) $\dfrac{L}{u_2}$　　C) $\dfrac{L}{u_2-u_1}$　　D) $\dfrac{L}{u_1\sqrt{1-\left(\frac{u_1}{c}\right)^2}}$

3. 关于同时性有人提出以下结论，其中正确的是（　　）.

A) 在同一惯性系统同时发生的两个事件，在另一个惯性系一定不同时发生

B) 在同一惯性系统不同地点发生的两个事件，在另一个惯性系一定同时发生

C) 在同一惯性系统同一地点同时发生的两个事件，在另一个惯性系一定同时发生

D) 在同一惯性系统不同地点不同时发生的两个事件，在另一个惯性系一定不同时发生

4. 在 O 点的观测者观测到飞船 A 和 B 从相反方向飞向他，每个飞船相对于 O 点的速度大小都为 $0.9c$，则飞船 B 中的观测者观测到 O 点相对于飞船 B 的速度为（　　）.

A) $0.81c$　　B) $0.65c$　　C) $0.9c$　　D) $0.95c$　　E) $1.8c$

5. 在上题中飞船 B 中观测者观测到飞船 A 相对于 B 的速度为（　　）.

A) $0.81c$　　B) $0.9c$　　C) $0.994c$　　D) $0.95c$　　E) $1.8c$

6. 一均匀细棒的固有长度为 L_0，静止质量为 m_0，棒沿长度方向以 u 相对于一观测者运动，则该观测者测得该棒的线密度为（　　）.

A) $\frac{m_0}{L_0}$　　B) $\left(1-\frac{u^2}{c^2}\right)\frac{m_0}{L_0}$　　C) $\frac{m_0/L_0}{\sqrt{1-\frac{u^2}{c^2}}}$

D) $\sqrt{1-\frac{u^2}{c^2}}\,\frac{m_0}{L_0}$　　E) $\frac{m_0/L_0}{1-\frac{u^2}{c^2}}$

7. 已知电子的静能为0.511MeV,若电子的动能为0.25MeV,则它所增加的质量Δm与静止质量m_0的比值近似为(　　).

A) 0.1　B) 0.2　C) 0.5　D) 0.9

8. 质子在加速器中被加速,当其动能为静能的4倍时,其质量为静止质量的(　　).

A) 5倍　B) 6倍　C) 4倍　D) 8倍

9. 一静止的物体自发地分成两部分,静质量分别为m_0及$\frac{3\sqrt{3}}{4}m_0$,已知前一部分的速度为$0.6c$,则分裂前原物体的静质量为(　　).

A) $2.75m_0$　B) $1.175m_0$　C) $1.375m_0$　D) $\left(1+\frac{3\sqrt{3}}{4}\right)m_0$

10. 边长为a的正方形游泳池静止于K系,当惯性系K′沿池一边以$0.6c$的速度相对K系运动,在K′系中测得游泳池的面积为(　　).

A) a^2　B) $0.6a^2$　C) $0.8a^2$　D) $a^2/0.8$

二、填空题

1. 真空中的光速c是一切运动物体的________速度,静止质量________(填为零或不为零)的粒子,其速度不可能达到光速.

2. 根据天体物理学的观测和推算,宇宙正在膨胀,太空中的天体都离开我们的星球而去. 假定在地球上测得一颗脉冲星(发出周期性脉冲无线电波的星,即中子星)的脉冲周期为0.50s,且这颗星正沿观察方向以运行速度$0.8c$(c为真空中光速)离我们而去,那么这颗星的固有脉冲周期应是________________.

3. 静止时边长为50cm的立方体,当它沿与一边平行的方向相对观察者以速度$2.4\times10^8\,\mathrm{m\cdot s^{-1}}$运动时,观察者测得它的体积为__________.

4. 一宇宙飞船以$\frac{c}{2}$的速度相对于地面运动,飞船中的人又以相对飞船为$\frac{c}{2}$的速度向前发射一枚火箭,则地面上的观察者测得火箭速度为__________.

5. 静止长度为l_0的车厢,以速度$v=\frac{\sqrt{3}}{2}c$相对地面行驶,一粒子以$u=\frac{\sqrt{3}}{2}c$的速度(相对于车)沿车前进方向从后壁射向前壁,则地面上观察者测得粒子通过的距离为__________.

6. 一宇宙飞船以$0.8c$的速度离开地球. 当飞船上的钟的秒针转过一圈时,地球上的观测者测得的时间为__________.

7. π^+介子是一不稳定粒子,平均寿命是2.6×10^{-8}s(在它自己参考系中测得). 如果此粒子相对于实验室以$0.8c$的速度运动,那么实验室坐标系中测量的π^+介子寿命为__________.

8. 按相对论,若一粒子的静止质量为m_0,速度为v,则该粒子的动能E_k为__________.

9. 如一观察者测出电子质量为$2m_0$,m_0为电子的静止质量,则电子速度为__________.

10. 某人测得一静止棒长为l,质量为m,于是求得此棒线密度为$\rho=\frac{m}{l}$. 假定此棒以速度v在棒长方向上运动,此人再测棒的线密度应为__________;若棒在垂直长度方向上运动,它的线密度为__________.

三、计算题

1. 一列长0.5km(按列车上的观察者测量)的高速火车,假定以$100\,\mathrm{km\cdot h^{-1}}$的速度行驶,按地面上的观察者测定,两个闪电同时击中火车的前后两端. 问:按火车上的观察者测定,这两个闪电之间的时间间隔是多少？

2. 在 S 系中，测得两个事件的时间间隔和空间间隔为 8×10^{-7} s 和 600m. 为了使这两个事件对 S′ 系来说是同时的，问 S′ 应以多大的速率相对 S 系运动？

3. 在惯性系 S′ 中，有两个事件同时发生在 x' 轴上相距 1000m 的两个地点，若 $v=0.9c$，求惯性系 S 中的观测者测得这两个事件发生的时间间隔和它们之间的距离是多少？

4. 有一艘宇宙飞船相对于地球以 $v=0.8c$ 的速度向太空飞去，飞船上的宇航员记录的飞行时间为 18h，问地球上的观测者记录的该飞船的飞行时间是多少？

5. π^+ 介子是一不稳定粒子，平均寿命是 2.6×10^{-8} s(在它自己参考系中测得).

(1) 如果此粒子相对于实验室以 $0.8c$ 的速度运动，那么实验室坐标系中测量的 π^+ 介子寿命为多长？

(2) π^+ 介子在衰变前运动了多长距离？

6. 对 S 系中的观察者来说，相隔 600km 的两个事件同时发生，在 S′ 系中，测得它们的空间间隔是 1200km. 问：在 S′ 系中测得两个事件的时间间隔是多少？

7. 有两艘宇宙飞船均相对于地球系以 $0.9c$ 的速度相向飞行. 问飞船上的宇航员观测到的两艘飞船的相对速度是多少？

8. 电子的静止质量是 $m_0=9.1\times10^{-31}$ kg，在电子加速器中电子的速度可加速到 $v=0.9999c$. 求这时电子的质量、动能、动量.

9. 若一运动粒子质量为其静质量 m_0 的 k 倍，求该粒子的总能量、动能和动量.

10. 粒子 A，B 静止质量均为 m_0，两者均以速率 v 相向运动，碰撞后合成一静止质量为 M_0 的粒子，且无能量释放. 试求 M_0.

11. 设有一静止质量为 m_0、带电荷量为 q 的粒子，其初速为零，在均匀电场 E 中加速，在时刻 t 时它所获得的速度是多少？如果不考虑相对论效应，它的速度又是多少？这两个速度间有什么关系？讨论之.

第 6 章　电荷与电场

本章第一部分以库仑定律和静电力的叠加为研究问题的理论基础，通过电荷在电场中受力和静电场力对电荷作功这两方面对静电场进行研究，从而得出反映静电场性质和基本规律的高斯定理和环路定理；第二部分主要研究电场与导体及电介质相互作用达到平衡的特点.

6.1　基本要求

(1) 掌握描述静电场的两个基本物理量，即电场强度和电势的概念；正确理解反映静电场性质的两个基本定理，即高斯定理和环路定理的重要意义；

(2) 掌握用电场强度的叠加原理和高斯定理求解带电系统电场强度的方法；

(3) 掌握用点电荷电势、叠加原理以及电势的定义式求解带电系统电势的方法，理解电势梯度及其与电场强度的关系；

(4) 掌握静电场中导体的静电平衡条件及其应用，理解处于静电平衡时导体的带电性质，了解静电屏蔽等现象；

(5) 理解电容的定义，并能计算简单几何形状电容器的电容；

(6) 了解电介质的极化，理解在各向同性均匀电介质中电场强度与电位移矢量的关系. 掌握电介质中高斯定理的应用；

(7) 掌握电场的能量及其计算方法.

6.2　重点概念及主要公式

1. 库仑定律与电场强度

(1) 库仑定律. 真空中两个静止点电荷 q_1，q_2 相距 $\boldsymbol{r}$，它们之间的相互作用力方向沿着这两个点电荷的连线方向，同号电荷相斥，异号电荷相吸. 其矢量形式为

$$\boldsymbol{F} = \frac{1}{4\pi\varepsilon_0}\frac{q_1 q_2}{r^3}\boldsymbol{r}.$$

式中，$\varepsilon_0 = 8.85\times10^{-12}\,\mathrm{C^2\cdot N^{-1}\cdot m^{-2}}$.

库仑定律只适用于两个静止点电荷间的相互作用力.

(2) 电场强度. 是描述电场性质的物理量，其定义为电场中某点的电场强度等于单位正电荷在该点所受的电场力，即

$$\boldsymbol{E} = \frac{\boldsymbol{F}}{q_0}.$$

点电荷的场强　$$\boldsymbol{E} = \frac{q}{4\pi\varepsilon_0 r^2}\boldsymbol{e}_\mathrm{r}.$$

式中，$\boldsymbol{e}_r$ 是从场源电荷 q 指向场点 q_0 处的径向单位矢量.

点电荷系的场强 $$\boldsymbol{E}=\sum_{i=1}^{n}\frac{q_i}{4\pi\varepsilon_0 r_i^2}\boldsymbol{e}_r.$$

电荷连续分布带电体的场强 $$\boldsymbol{E}=\int\frac{\mathrm{d}q}{4\pi\varepsilon_0 r^2}\boldsymbol{e}_r.$$

式中，$\mathrm{d}q=\begin{cases}\lambda\mathrm{d}l, & \lambda\text{ 是线电荷密度,}\\ \sigma\mathrm{d}S, & \sigma\text{ 是面电荷密度,}\\ \rho\mathrm{d}V, & \rho\text{ 是体电荷密度.}\end{cases}$

2. 电通量与高斯定理

(1) 电通量

若用电场线作形象描述，电通量是穿过某曲面的电场线条数.

通过不闭合曲面 S 的电通量为 $$\Phi_e=\int_S\boldsymbol{E}\cdot\mathrm{d}\boldsymbol{S}.$$

通过闭合曲面 S 的电通量为 $$\Phi_e=\oint_S\boldsymbol{E}\cdot\mathrm{d}\boldsymbol{S}.$$

对不闭合曲面，应明确面积元的正法线方向；对闭合曲面，通常规定自闭合曲面内指向外的方向为面积元的正法线方向.

(2) 高斯定理

真空中静电场内通过任意闭合曲面的电通量，等于该闭合曲面所包围电荷电量的代数和除以 ε_0. 其数学表达式为

$$\oint_S\boldsymbol{E}\cdot\mathrm{d}\boldsymbol{S}=\frac{1}{\varepsilon_0}\sum_{i=1}^{n}q_i.$$

① 高斯定理说明了电场线始于正电荷，止于负电荷，即静电场是有源场.

② 通过闭合曲面的电通量只决定于该闭合曲面内的电荷，与闭合曲面外的电荷无关. 但任一点的场强是由空间所有电荷激发的.

③ 对于某些对称分布的电场，如均匀带电球的电场、无限大均匀带电平面的电场以及无限长均匀带电圆柱的电场，可直接用高斯定理计算它们的电场强度.

(3) 几种常见的例子

① 均匀带电球面

球面内 $E=0$，

球面外 $\boldsymbol{E}=\dfrac{q}{4\pi\varepsilon_0 r^2}\boldsymbol{e}_r$.

② 均匀带电球体

球体内 $\boldsymbol{E}=\dfrac{rq}{4\pi\varepsilon_0 R^3}\boldsymbol{e}_r$，

球体外 $\boldsymbol{E}=\dfrac{q}{4\pi\varepsilon_0 r^2}\boldsymbol{e}_r$.

③ 均匀带电无限长直线

$E=\dfrac{\lambda}{2\pi\varepsilon_0 r}$， 方向为垂直带电直线指向外(设 λ 为正).

④ 均匀带电无限长圆柱面

圆柱面内　$E = 0$，

圆柱面外　$E = \dfrac{\lambda}{2\pi\varepsilon_0 r}$，方向沿径向.

⑤ 均匀带电无限大平面

$E = \dfrac{\sigma}{2\varepsilon_0}$，　方向为垂直平面指向外(设 σ 为正).

3. 静电场的环路定理与电势

(1) 静电场的环路定理

静电场中，场强沿任意闭合路径的线积分等于零，即

$$\oint_L \boldsymbol{E} \cdot \mathrm{d}\boldsymbol{l} = 0.$$

静电场是保守力场，可以引入电势和电势能的概念. 电荷在电场中任意位置所具有的势能称为电势能. 在静电场中，试验电荷 q_0 从 a 点移到 b 点，电场力所作的功等于电势能的减少，即

$$W_a - W_b = A_{ab} = q_0 \int_a^b \boldsymbol{E} \cdot \mathrm{d}\boldsymbol{l}.$$

电势能是相对量，一般规定无限远处的电势能为零，则

$$W_a = A_{a\infty} = q_0 \int_a^\infty \boldsymbol{E} \cdot \mathrm{d}\boldsymbol{l}.$$

(2) 电势

场中 a 点电势为试验电荷 q_0 在电场中 a 点的电势能和电荷量 q_0 的比值，即

$$U_a = \frac{W_a}{q_0} = \frac{A_{a\infty}}{q_0} = \int_a^\infty \boldsymbol{E} \cdot \mathrm{d}\boldsymbol{l}.$$

电势是标量，但有正或负的量值. 对有限带电体，通常取无穷远处为电势零点.

任意两点的电势差为　$U_a - U_b = \displaystyle\int_a^b \boldsymbol{E} \cdot \mathrm{d}\boldsymbol{l}.$

点电荷的电势　$U = \dfrac{q}{4\pi\varepsilon_0 r}.$

点电荷系的电势　$U = \displaystyle\sum_{i=1}^{n} \frac{q_i}{4\pi\varepsilon_0 r_i}.$

电荷连续分布带电体的电势　$U = \displaystyle\int \frac{\mathrm{d}q}{4\pi\varepsilon_0 r}.$

电场力的功与电势差的关系为　$A_{ab} = q_0(U_a - U_b)$.

(3) 电势梯度

电势梯度的大小等于电势在该点的最大空间变化率，方向沿等势面法向，指向电势增加方向，即

$$\mathbf{grad}U = \frac{\mathrm{d}U}{\mathrm{d}n}\boldsymbol{e}_\mathrm{n} = \left(\frac{\partial U}{\partial x}\boldsymbol{i} + \frac{\partial U}{\partial y}\boldsymbol{j} + \frac{\partial U}{\partial z}\boldsymbol{k}\right).$$

电场强度和电势梯度的关系为

$$\boldsymbol{E}=-\,\mathbf{grad}U=-\left(\frac{\partial U}{\partial x}\boldsymbol{i}+\frac{\partial U}{\partial y}\boldsymbol{j}+\frac{\partial U}{\partial z}\boldsymbol{k}\right).$$

4. 静电场中导体

(1) 导体的静电平衡性质

① 导体内部场强处处为零,导体表面场强垂直于导体表面;

② 导体是等势体,其表面是等势面;

③ 导体上的电荷分布. 导体内部没有任何净电荷,电荷只能分布于导体外表面,表面附近的场强为 $\boldsymbol{E}=\frac{\sigma}{\varepsilon_0}\boldsymbol{e}_n$($\boldsymbol{e}_n$ 表示面积元矢量的单位法向矢量).

(2) 空腔导体和静电屏蔽

静电平衡时,若空腔导体内无带电体,则腔内场强为零,整个腔体是一等势体,电荷只分布于空腔导体外表面,内表面无电荷;若腔内有带电体,则导体中场强为零,空腔内表面所带电荷与腔内带电体所带电荷等量异号.

静电屏蔽是指在静电平衡状态下,导体壳的内部电场不受壳外电荷的影响,接地导体壳的外部电场不受壳内电荷的影响.

(3) 电容和电容器

电容是表征导体或导体组储电能力的物理量,只与导体本身的几何形状、大小、相对位置以及周围的介质有关,而与它是否带电无关.

孤立导体的电容 $$C=\frac{Q}{U}.$$

电容器的电容 $$C=\frac{Q}{U_A-U_B}.$$

几种常见电容器的电容:

① 平行板电容器 $$C=\frac{\varepsilon_0 S}{d}.$$

② 球形电容器 $$C=\frac{4\pi\varepsilon_0 R_A R_B}{R_B-R_A}.$$

③ 圆柱形电容器 $$C=\frac{2\pi\varepsilon_0 l}{\ln\frac{R_B}{R_A}}.$$

电容器的串并联:

串联 $$\frac{1}{C}=\frac{1}{C_1}+\frac{1}{C_2}+\cdots+\frac{1}{C_n}=\sum_{i=1}^{n}\frac{1}{C_i},$$

并联 $$C=C_1+C_2+\cdots+C_n=\sum_{i=1}^{n}C_i.$$

5. 静电场中的电介质　电介质中高斯定理

(1) 电介质及其极化

一般情形下,未经电场作用的电介质内部的正负束缚电荷处处抵消,宏观上并不显示电性.在外电场的作用下,束缚电荷的局部移动导致宏观上显示出电性,在电介质的表面和内部不均匀的地方出现电荷,这种现象称为极化,出现的电荷称为极化电荷.

电极化强度矢量 $\boldsymbol{P}$ 是描述电介质中某处极化强度的物理量.电介质中任一点的电极化强度等于单位体积中所有分子电偶极矩的矢量和,即

$$\boldsymbol{P} = \frac{\sum \boldsymbol{P}_e}{\Delta V}.$$

实验表明,当外电场不太强时,各向同性电介质中的电极化强度矢量 $\boldsymbol{P}$ 可表示为

$$\boldsymbol{P} = \chi_e \varepsilon_0 \boldsymbol{E},$$

式中,χ_e 为电介质的电极化率,在均匀各向同性电介质中是一个无单位的纯数,$\boldsymbol{E}$ 是总电场强度,包括自由电荷和极化电荷的场强.

(2) 电介质中的高斯定理

电位移矢量 $\boldsymbol{D} = \boldsymbol{P} + \varepsilon_0 \boldsymbol{E}$,

在各向均匀同性电介质中 $\boldsymbol{D} = \varepsilon \boldsymbol{E} = \varepsilon_r \varepsilon_0 \boldsymbol{E}$,

式中,$\varepsilon = \varepsilon_r \varepsilon_0$,$\varepsilon$ 称为电介质的介电常数,ε_r 称为相对介电常数.

电介质中的高斯定理.通过电介质中任意闭合曲面的电位移通量等于该曲面所包围的自由电荷的代数和,即

$$\oint_S \boldsymbol{D} \cdot \mathrm{d}\boldsymbol{S} = \sum_{S内} q_0.$$

有电介质存在时,当自由电荷分布具有一定对称性,运用介质中的高斯定理可以避开极化电荷和附加电场的计算,先求出空间 $\boldsymbol{D}$ 的分布,再由 $\boldsymbol{D} = \varepsilon \boldsymbol{E}$ 求得空间场强 $\boldsymbol{E}$ 的分布.

6. 静电场的能量

电容器的能量 $W_e = \dfrac{1}{2}\dfrac{Q^2}{C} = \dfrac{1}{2}QU = \dfrac{1}{2}CU^2$.

电场的能量密度 $w_e = \dfrac{1}{2}DE = \dfrac{1}{2}\varepsilon E^2 = \dfrac{1}{2}\dfrac{D^2}{\varepsilon}$.

电场能量 $W_e = \displaystyle\int_V w_e \mathrm{d}V = \int_V \frac{1}{2}\varepsilon E^2 \mathrm{d}V$,

式中,积分区域遍及电场存在的空间.

6.3 常见及疑难问题答疑

问题 1 根据库仑定律,两点电荷间的作用力 $\boldsymbol{F}$ 与它们所带电荷量的乘积成正比,与它们之间距离 r 的平方成反比.当 $r \to 0$ 时,$\boldsymbol{F} \to \infty$,对吗?为什么?

答 不对.当两电荷靠得非常近时,库仑定律不能直接应用.因为此时的带电体不再可以看作点电荷.

点电荷是一个理想化的模型,一个带电体能否被看作点电荷是有条件的,即带电体的形状和大小与其作用距离相比可以忽略不计.当考虑带电体的大小和电荷分布时,可用积分法计算相互靠得很近的带电体之间的作用力.当然 $r \to 0$ 时,场强也不会无穷大.

问题 2　电场强度的定义为$\boldsymbol{E}=\dfrac{\boldsymbol{F}}{q_0}$，是否可以这样认为：电场中某点的电场强度与试验电荷q_0在电场中所受的电场力$\boldsymbol{F}$成正比，与试验电荷量成反比，为什么？

答　不对. 电场是客观存在的，电场强度是反映电场性质的物理量，与试验电荷是否存在无关. ① 电场强度表达了电场对场内的电荷具有作用力的属性，试验电荷的引入将这种属性显示出来，试验电荷不存在，这种属性依然存在；② 试验电荷量的增大，所受的电场力相应也增大，但比值$\dfrac{\boldsymbol{F}}{q_0}$不变，比值反映了电场的客观性质；③ 如果试验电荷带负电，$\boldsymbol{E}=-\dfrac{\boldsymbol{F}}{|q_0|}$，负号只不过表示电场强度的方向和试验电荷的受力方向相反，但不改变电场强度的方向.

问题 3　如果高斯面上场强$\boldsymbol{E}$处处不为零，则能否肯定高斯面内一定有电荷？

答　不能肯定. 因为当高斯面S上各点的场强$\boldsymbol{E}$都不为零时，通过高斯面S的电通量可以为零，即$\oint_S \boldsymbol{E}\cdot d\boldsymbol{S}=0$.

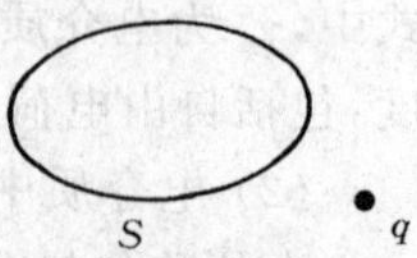

图 6-1

只要高斯面上穿入和穿出的电场线数相等，上式就可得到保证，所以高斯面内可以无电荷. 如图 6-1 所示，电荷q在高斯面S外，这时高斯面S上各处$\boldsymbol{E}$均不为零，但高斯面内无电荷.

问题 4　如高斯面内有净电荷，能否肯定高斯面上各点的场强都不为零？

答　不能肯定. 高斯面S内有净电荷只能说明$\oint_S \boldsymbol{E}\cdot d\boldsymbol{S}\neq 0$，但不能保证高斯面上各点的$\boldsymbol{E}$均不为零. 因为高斯面外也可以有电荷. 高斯面上各点的$\boldsymbol{E}$应由面内、外的电荷共同决定.

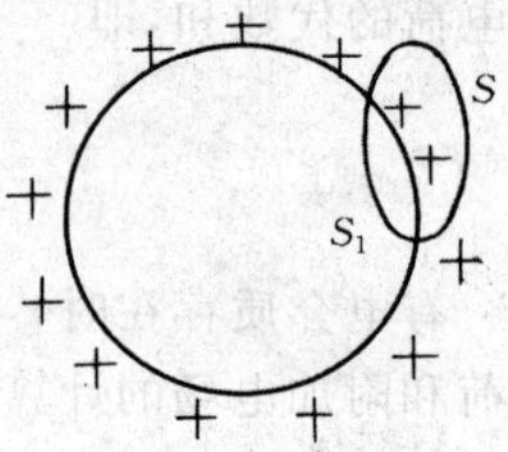

图 6-2

如图 6-2 所示，一个均匀带电的球面和高斯面S相交. 这时高斯面S内有净电荷，但高斯面S处于均匀带电球面内的部分S_1上各点的场强却均为零. 这说明高斯面S内有净电荷，但高斯面上各点的场强并非都不为零.

通过上面两问题的讨论，应该明确场强和电通量是两个不同的概念. 通过高斯面S的电通量$\oint_S \boldsymbol{E}\cdot d\boldsymbol{S}$仅由高斯面内的电荷决定，而高斯面上各点的场强$\boldsymbol{E}$应由空间所有电荷共同决定.

问题 5　一均匀带电薄圆环，内半径为R_1，外半径为R_2，电荷面密度为σ（带负电），如图 6-3 所示. 在环轴线上一点P的电势与挖孔以前（半径为R_2的圆盘）相比，该点的电势是增加了，还是减少了？

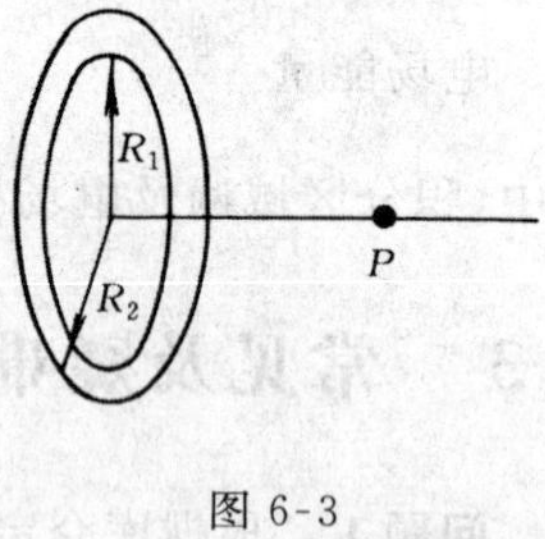

图 6-3

答　带电圆盘在P点产生的电势应为圆盘上所有电荷在P点产生的电势的叠加. 在挖了半径为R_1的圆孔后，在P点产生电势的电荷减少了，P点电势的绝对值也应减少. 但因圆环是带负电，其电势为负值，当绝对值降低时，相对无穷远的电势零点电势反而增加. 所以P点的电势与挖孔前相比是增加了.

问题 6　用高斯定理求场强时，选择高斯面的原则是什么？

答　用高斯定理求场强时，选择高斯面的原则是：① 高斯面必须通过待求场强的那一点；② 高斯面上各处的法线必须与$\boldsymbol{E}$平行或垂直；③ 法线与$\boldsymbol{E}$平行部分的高斯面上各点的场强大小必须相等.

问题 7 有一半径为 R,电荷线密度为 λ 的均匀带电半圆环. 一位同学先用积分求得圆心 O 处的电场强度 $E_0 = \dfrac{\lambda}{2\pi\varepsilon_0 R}$,再用电势的定义式求出 O 点的电势 $U_0 = \int \boldsymbol{E} \cdot d\boldsymbol{l} = \int_0^{\pi R} \dfrac{\lambda}{2\pi\varepsilon_0 R} dl = \dfrac{\lambda}{2\pi\varepsilon_0 R} \cdot \pi R = \dfrac{\lambda}{2\varepsilon_0}$. 试指出这种做法错在哪里?应该怎样做?

答 对有限大小的带电体在空间某点 P 产生的电势的定义式为 $U_P = \int_P^{\infty} \boldsymbol{E} \cdot d\boldsymbol{l}$,其意义为把单位正电荷从 P 点移至无穷远处时电场力所作的功. 式中,积分区域为从 P 点到无穷远(电势零点)处任一路径,而 $\boldsymbol{E}$ 为沿积分路径的空间函数.

上面解法的错误:其一,是把电势的定义式中的 $\boldsymbol{E}$ 错误地理解为一特殊点 O 的场强值;其二,是把积分路径误认为沿半圆环的. 他所写的求电势的积分公式与电势定义完全不符合.

对这题目,用电势定义式解是很麻烦的. 因为对这种问题,除圆心 O 外,其他点的场强是不容易求得的,但用电势叠加法 $U = \int dU$ 来求 O 点的电势却很方便. 在半圆环上任一点附近取一电荷元 dq,dq 在圆心 O 处产生的电势为

$$dU = \frac{dq}{4\pi\varepsilon_0 R},$$

用叠加原理得

$$U = \int dU = \int_0^q \frac{dq}{4\pi\varepsilon_0 R} = \frac{q}{4\pi\varepsilon_0 R},$$

又因 $q = \lambda\pi R$,所以得

$$U = \frac{\lambda}{4\varepsilon_0}.$$

问题 8 在真空中有 A,B 两平行板,相距为 d(很小),板面积为 S(很大),其带电量分别为 $+q$ 和 $-q$. 有位同学认为 A,B 板间距小、面积大,可视为两无限大的平行带电平面,其间的电场是均匀场,电场强度 $E = \dfrac{q}{\varepsilon_0 S}$,因此,得出 A 板对 B 板的相互作用力为 $F = qE = \dfrac{q^2}{\varepsilon_0 S}$. 试分析他的想法错在哪里,应该怎样求 A 板对 B 板的作用力?

答 这种想法不对,因为场强 $E = \dfrac{q}{\varepsilon_0 S}$ 是 A 板和 B 板共同产生的,而求 A 板对 B 板的作用力时,首先要用的场只能是 A 板产生的,不应该包括 B 板本身产生的场强. 然后,公式 $F = qE$ 中 q 应该是点电荷(试验电荷). 因此,A 板对 B 板的相互作用力为

$$F_{AB} = \int_{q_B} E_A dq_B = \int_{q_B} \frac{\sigma}{2\varepsilon_0} dq_B = q \cdot \frac{q}{2\varepsilon_0 S} = \frac{q^2}{2\varepsilon_0 S}.$$

问题 9 电势零点的选择是任意的吗?

答 从电势的定义可知,电势大小因电势零点选择不同而不同,而电势零点的选择是任意的. 一般情况下,在有限带电体时,总是以无穷远处为电势零点. 但在某些特殊情况下,如无限大均匀带电平面,设其电荷面密度为 σ,空间某点 P 的电势为

$$U_P = \int_P^{\infty} \boldsymbol{E} \cdot d\boldsymbol{l} = \int_P^{\infty} \frac{\sigma}{2\varepsilon_0} dl \to \infty,$$

这时电势便发散而无意义. 同样无限长均匀带电直导线,也不能选无穷远处为电势零点. 即如果电荷分布在无限范围,便不能选无穷远为电势零点,而应选择空间某一点为电势零点. 从而

使电势表达式更为简单.

所以,电势零点的确定应根据问题的不同而作出不同的选择.

问题10 一带电量为q的导体靠近一带电量为Q的导体球,达到静电平衡后,如图6-4所示.问(1)q在导体球内会激发场强吗?导体球内场强多大?(2)随着q移近导体球,导体球上的电荷分布是否会发生变化?(3)导体球附近一点P的场强$E_P=\frac{\sigma}{\varepsilon_0}$还成立吗,为什么?

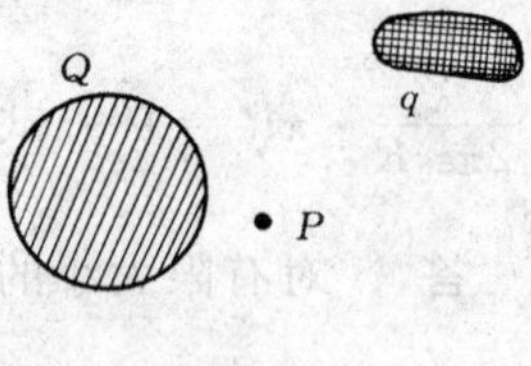

图 6-4

答 (1) q在导体内激发电场,导体球内场强为零.

(2) 随着q移近导体球,导体球上的电荷分布也会发生相应的变化,以保证导体球内场强为零.

(3) 场强形式$E_P=\frac{\sigma}{\varepsilon_0}$仍然成立,只不过$E_P$通过$\sigma$的变化而有相应的改变.即由于$q$接近导体球,使其上电荷分布变化而引起$P$点场强的改变,通过电荷面密度$\sigma$的变化而在公式$E_P=\frac{\sigma}{\varepsilon_0}$中体现出来.

问题11 (1)有两个靠得较近的均匀带电球,其上电荷分布保持不变,能否用高斯定理求空间场强分布?(2)如果靠得较近的是一个带电绝缘导体球和一个不带电绝缘导体球,是否能用高斯定理求空间场强分布,为什么?

答 (1)由于两球上电荷分布均匀且不变,因此,可先分别用高斯定理求出每个球的场强,然后用场强叠加原理得出空间场强分布.

(2)静电感应使导体球上电荷分布发生变化而不再均匀了,故场强分布也不对称,无法用高斯定理求出空间的场强分布.

问题12 “一个电容器,带电量多时电容大,带电量少时电容小”,这种说法对不对,为什么?

答 不对.电容器的电容是反映其本身性质的物理量,表示电容器储存电荷或电能多少的本领,其大小决定于两极板的几何形状、大小、相对位置以及周围的介质,与电容器是否带电及带电多少无关.

问题13 研究有介质存在的电场时,为什么要引入$\boldsymbol{D}$矢量?

答 电场中的介质极化产生极化电荷Q',极化电荷产生的附加场$\boldsymbol{E}'$又要改变原来的电场分布,而改变了电场又会影响极化和极化电荷的分布情况.也就是说,极化电荷、附加电场和总电场$\boldsymbol{E}$是彼此依赖、相互制约的.例如,包括极化电荷在内的高斯定理应为

$$\oint_S \boldsymbol{E}\cdot \mathrm{d}\boldsymbol{S}=\frac{1}{\varepsilon_0}(Q+Q').$$

由于Q',$\boldsymbol{E}(=\boldsymbol{E}_0+\boldsymbol{E}')$相互依赖,由已知场源电荷$Q$及介质分布求$\boldsymbol{E}$十分困难.引入$\boldsymbol{D}$矢量,就是为了巧妙地避开未知的极化电荷$Q'$,同时又要在宏观上等效地体现介质的存在和影响.引入$\boldsymbol{D}$矢量后,高斯定理就演变为只与作为最初场源的自由电荷有关的形式

$$\oint_S \boldsymbol{D}\cdot \mathrm{d}\boldsymbol{S}=Q,$$

这在理论上和实际问题中都有重要的意义.

6.4 解题要点及例题详解

1. 电场强度的计算

解题要点 电场强度的计算方法主要有三种：积分法求场强、应用高斯定理求场强及应用电场强度和电势的关系求场强.

用积分法求场强的基本思想是把带电体看作电荷元的集合（电荷元可以是线元、面元或体元）. 在电场中某点的场强即为各电荷元在该点产生的场强的矢量和.

用高斯定理求场强必须根据电场的对称性，选择适当的高斯面使场强 $\boldsymbol{E}$ 能提到积分号外. 这种方法往往比积分法简单，但只能求电荷分布具有某种对称性的电场强度.

用电场和电势的关系求场强是对不能用高斯定理求场强的题目，在已知电荷分布时，用积分求电势比用积分求场强更为方便.

解题方法

(1) 积分法的计算步骤

① 在带电体上任取一电荷元，计算此电荷元在场点处的电场强度 $\mathrm{d}\boldsymbol{E}=\dfrac{\mathrm{d}q}{4\pi\varepsilon_0 r^2}\boldsymbol{e}_r$，并确定方向.

② 选取适当坐标系，将 $\mathrm{d}\boldsymbol{E}$ 用分量表示 $\mathrm{d}E_x$，$\mathrm{d}E_y$. 考察各分量是否具有某种对称性. 对于有某种对称性的分量，可推知该分量积分结果为零而不必积分.

③ 对于无对称性的分量，写出其表达式 $E_x=\int \mathrm{d}E_x$，$E_y=\int \mathrm{d}E_y$. 统一积分变量，确定积分上下限，得出积分结果.

④ 将所得各分量的积分结果合成，即得所求 $\boldsymbol{E}$.

例 6-1 半径为 R 的细半圆环，上半部均匀分布 $+Q$ 的电荷，下半部均匀分布 $-Q$ 的电荷，求半圆环圆心 O 处的场强.

解 建立坐标如图 6-5 所示，根据对称性，整个圆环在圆心 O 处场强方向沿 y 轴负方向.

首先求圆环上半部分电荷在圆心 O 处的场强，电荷线密度为

$$\lambda=\frac{Q}{\pi R/2}=\frac{2Q}{\pi R},$$

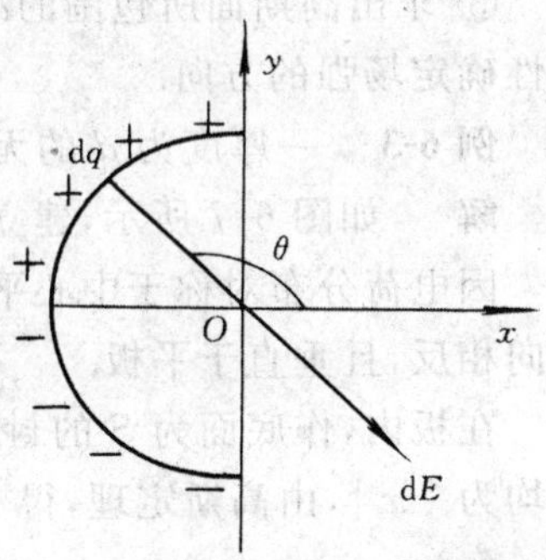

图 6-5

元线段 $\mathrm{d}l$ 的电量 $\mathrm{d}q=\lambda \mathrm{d}l$，它在圆心处的场强为

$$\mathrm{d}E_{+}=\frac{\lambda \mathrm{d}l}{4\pi\varepsilon_0 R^2}=\frac{Q\mathrm{d}\theta}{2\pi^2\varepsilon_0 R^2},$$

式中，$\mathrm{d}l=R\mathrm{d}Q$. 积分得

$$E_{+y}=\int \mathrm{d}E_{+}\cos\left(\theta-\frac{\pi}{2}\right)=-\int_{\frac{\pi}{2}}^{\pi}\frac{Q\cos\theta \mathrm{d}\theta}{2\pi^2\varepsilon_0 R^2}=\frac{Q}{2\pi^2\varepsilon_0 R^2}.$$

同理 $E_{-y}=\dfrac{Q}{2\pi^2\varepsilon_0 R^2}$.

整个圆环圆心 O 处的场强 $E = E_{+y} + E_{-y} = \dfrac{Q}{\pi^2 \varepsilon_0 R^2}$，方向沿 y 轴负方向.

例 6-2 如图 6-6 所示，一无限大平面中有个半径为 b 的圆孔，该平面均匀带电，电荷面密度为 σ，求过圆孔圆心垂直平面的轴线上离圆孔圆心为 x 的 P 点的场强.

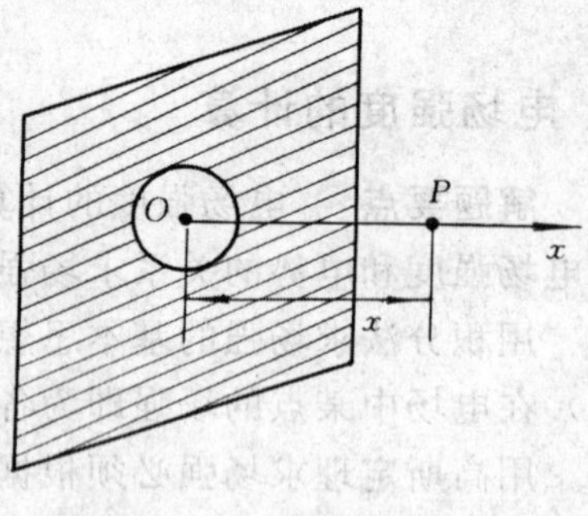

图 6-6

解 平面上以圆孔的圆心为圆心，取半径为 r，宽度为 dr 的圆环，圆环上所带电量

$$dq = \sigma 2\pi r dr.$$

圆环在 P 点的场强为

$$dE = \frac{1}{4\pi\varepsilon_0}\frac{x dq}{(r^2+x^2)^{3/2}} = \frac{\sigma x}{2\varepsilon_0}\frac{r dr}{(r^2+x^2)^{3/2}}.$$

整个带电平面在 P 点的场强 $E = \int dE$，即

$$E = \int dE = \int_b^{\infty}\frac{\sigma x}{2\varepsilon_0}\frac{r dr}{(r^2+x^2)^{3/2}} = \frac{\sigma}{2\varepsilon_0}\frac{x}{\sqrt{b^2+x^2}}.$$

场强方向沿轴线方向.

(2) 应用高斯定理求场强的计算步骤

① 分析给定问题中电场的对称性，如电场强度分布具有球对称性、平面对称性以及轴对称性时能用高斯定理求解.

② 选择适当的高斯面，使场强 E 能提到积分号外面. 如电场具有球对称性时，高斯面选择与带电球同心的球面；当电场具有轴对称性时，高斯面选择同轴的柱面；电场具有平面对称性时，高斯面选择轴垂直于该平面并与平面对称有圆柱面(或长方形六面体).

③ 求出高斯面所包围的净电荷 q，代入高斯定理的表达式，求出场强的大小. 由场强的对称性确定场强的方向.

例 6-3 一厚度为 d 的无限大均匀带电平板，电荷体密度为 ρ. 试求板内、外的场强分布.

解 如图 6-7 所示，建立坐标系，设原点在带电平板的中央平面上，Ox 轴垂直于平板. 因电荷分布对称于中心平面，故在中心平面两侧离中心平面相同距离处场强大小相等而方向相反，且垂直于平板.

在板内，作底面为 S 的封闭高斯圆柱面，两底面距中心平面均为 $|x|$，由高斯定理，得

$$E_1 \cdot 2S = \frac{\rho \cdot 2|x|S}{\varepsilon_0},$$

所以

$$E_1 = \frac{\rho|x|}{\varepsilon_0},$$

$$E_{1x} = \frac{\rho x}{\varepsilon_0} \quad \left(-\frac{1}{2}d \leqslant x \leqslant \frac{1}{2}d\right).$$

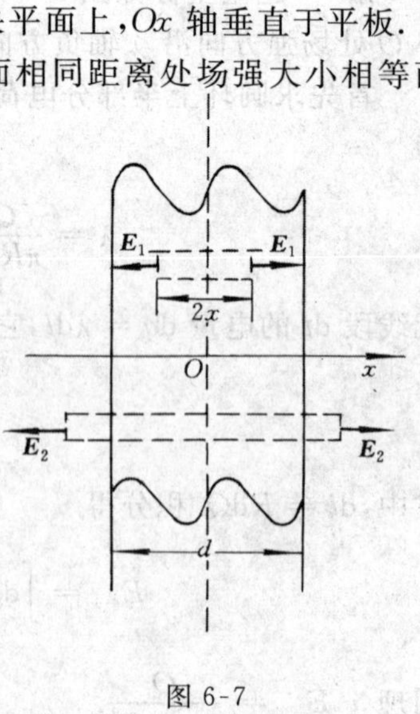

图 6-7

同理，在板外有

$$E_2 \cdot 2S = \frac{\rho S d}{\varepsilon_0},$$

所以

$$E_2 = \frac{\rho d}{2\varepsilon_0},$$

故 $x > \frac{1}{2}d$ 时，$$E_{2x} = \frac{\rho d}{2\varepsilon_0},$$

$x < -\frac{1}{2}d$ 时，$$E_{2x} = -\frac{\rho d}{2\varepsilon_0}.$$

例 6-4 半径为 R 的球体内有按 $\rho = Ar$ 规律分布的电荷，其中，A 是常量，r 是离开球心的距离. 求空间场强分布.

解 电荷密度只与 r 有关，因此，电荷分布具有球对称性，电场强度分布也具有球对称性.

球内($r < R$)：

以球体的球心为圆心作半径为 r 的高斯面，由高斯定理 $\oint_S \boldsymbol{E} \cdot \mathrm{d}\boldsymbol{S} = \frac{1}{\varepsilon_0}\sum_{i=1}^{n} q_i$ 得

$$\oint_S \boldsymbol{E} \cdot \mathrm{d}\boldsymbol{S} = \oint_S E\,\mathrm{d}S\cos 0° = E 4\pi r^2,$$

又 $$\sum_{i=1}^{n} q_i = \iiint \rho \mathrm{d}V = \int_0^r (Ar) 4\pi r^2 \mathrm{d}r = A\pi r^4,$$

得 $$E = \frac{A}{4\varepsilon_0} r^2,$$

场强方向沿径向.

球外($r > R$)：

以球体的球心为圆心作半径为 r 的高斯面内的电荷量为

$$\sum_{i=1}^{n} q_i = \iiint \rho \mathrm{d}V = \int_0^R (Ar) 4\pi r^2 \mathrm{d}r = A\pi R^4,$$

得 $$E = \frac{AR^4}{4\varepsilon_0 r^2},$$

场强方向沿径向.

(3) 用电场和电势的关系求场强的计算步骤

对不能用高斯定理求场强的情况，可以先求电势的函数式，再用 $\boldsymbol{E} = -\,\mathbf{grad}U$ 求电场强度. 因为电势是标量，当已知电荷分布时，用积分求电势往往比用积分求场强更为方便. 可避开矢量积分.

例 6-5 如图 6-8 所示，一平面圆环，内、外半径分别为 R_1 和 R_2，其上均匀带电且电荷面密度为 $+\sigma$. 求圆环轴线上离环心 O 为 x 处的 P 点的电势和场强.

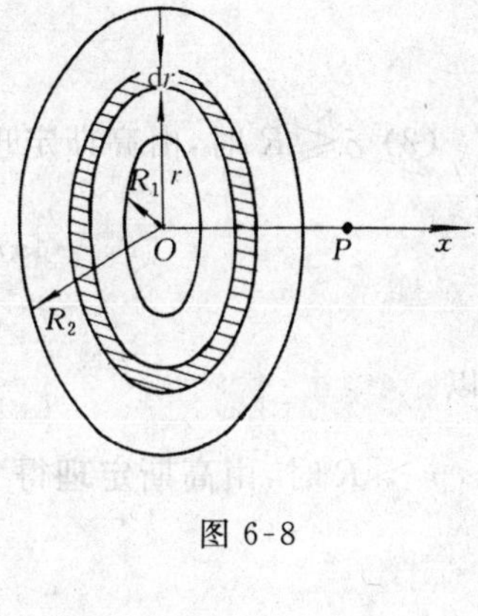

图 6-8

解 把圆环分成许多小圆环，取任一小圆环半径为 r，宽为 $\mathrm{d}r$，其电量为 $\mathrm{d}q = \sigma \mathrm{d}S = \sigma 2\pi r \mathrm{d}r$，该小圆环上的电荷在 P 点产生的电势为

$$\mathrm{d}U = \frac{1}{4\pi\varepsilon_0}\frac{\mathrm{d}q}{\sqrt{x^2 + r^2}} = \frac{\sigma}{2\varepsilon_0}\frac{r\mathrm{d}r}{\sqrt{x^2 + r^2}},$$

所以整个圆环上的电荷在 P 点产生的电势为

$$U_P = \int_{R_1}^{R_2} \mathrm{d}U = \int_{R_1}^{R_2} \frac{\sigma}{2\varepsilon_0} \frac{r\mathrm{d}r}{\sqrt{x^2 + r^2}} = \frac{\sigma}{2\varepsilon_0}(\sqrt{x^2 + R_2^2} - \sqrt{x^2 + R_1^2}).$$

由 $\boldsymbol{E} = -\nabla U$ 可得

$$E_x = -\frac{\partial U}{\partial x} = -\frac{\sigma x}{2\varepsilon_0}\left(\frac{1}{\sqrt{x^2 + R_1^2}} - \frac{1}{\sqrt{x^2 + R_2^2}}\right),$$

方向沿 x 正向远离圆环.

2. 电势的计算

解题要点 电势的计算方法主要有两种:用电势的定义式计算和用积分法计算.用电势的定义式 $U_P = \int_P^\infty \boldsymbol{E} \cdot \mathrm{d}\boldsymbol{l}$ 计算时,一般是在已知场强 $\boldsymbol{E}$ 或能用高斯定理求出场强的情况下计算电势;而用积分法 $U = \int \frac{\mathrm{d}q}{4\pi\varepsilon_0 r}$ 计算,通常是通过取电荷元进行积分计算电势.

解题方法

(1) 用电势的定义式计算

通过用高斯定理求出场强分布,再应用电势的定义式 $U_P = \int_P^\infty \boldsymbol{E} \cdot \mathrm{d}\boldsymbol{l}$ 求电势.用上式求电势时应注意:① 对有限大小的带电体,通常选"无限远"为电势零点;② 对于在积分路径上不同区域内场强的函数形式不同的情况,积分必须分段进行.

例 6-6 半径为 R 的带电球体,其电荷体密度为

$$\rho = \begin{cases} \frac{qr}{\pi R^4} & (r \leqslant R), \\ 0 & (r > R). \end{cases}$$

求(1) 带电体的总电量;(2) 球内、外的电场强度;(3) 球内、外电势.

解 (1) 在球体内取半径为 r,厚度为 $\mathrm{d}r$ 的薄壳层,该壳层内的电量为

$$\mathrm{d}q = \rho \mathrm{d}V = \frac{qr}{\pi R^4} \cdot 4\pi r^2 \mathrm{d}r = \frac{4q}{R^4} r^3 \cdot \mathrm{d}r,$$

积分得球体的总电量为

$$Q = \int_V \rho \mathrm{d}V = \frac{4q}{R^4}\int_0^R r^3 \mathrm{d}r = q.$$

(2) $r \leqslant R$ 时,由高斯定理得

$$4\pi r^2 \cdot E_1 = \frac{1}{\varepsilon_0}\int_0^r \frac{qr}{\pi R^4} \cdot 4\pi r^2 \mathrm{d}r = \frac{qr^4}{\varepsilon_0 R^4},$$

所以
$$E_1 = \frac{qr^2}{4\pi\varepsilon_0 R^4}.$$

$r > R$ 时,由高斯定理得

$$4\pi r^2 E_2 = \frac{q}{\varepsilon_0},$$

所以 $$E_2 = \frac{q}{4\pi\varepsilon_0 r^2}.$$

(3) 球内电势为

$$U_1 = \int_r^R E_1 \mathrm{d}r + \int_R^\infty E_2 \mathrm{d}r = \int_r^R \frac{qr^2}{4\pi\varepsilon_0 R^4}\mathrm{d}r + \int_R^\infty \frac{q}{4\pi\varepsilon_0 r^2}\mathrm{d}r = \frac{q}{12\pi\varepsilon_0 R}\left(4 - \frac{r^3}{R^3}\right).$$

球外电势为

$$U_2 = \int_r^\infty E_2 \mathrm{d}r = \int_r^\infty \frac{q}{4\pi\varepsilon_0 r^2}\mathrm{d}r = \frac{q}{4\pi\varepsilon_0 r}.$$

(2) 用积分法计算

把带电体看作由许多电荷元组成，带电体在电场中某点产生的电势为各电荷元(点电荷)在该点产生的电势的叠加，即

$$U = \int \mathrm{d}U = \int \frac{\mathrm{d}q}{4\pi\varepsilon_0 r}.$$

用积分求电势的步骤和用积分求场强相同，只是求电势的积分是一个标量积分，不用取分量式.

例 6-7 一半径为 R 的圆盘，其上均匀带有面密度为 σ 的电荷.求轴线上任一点的电势(用该点与盘心的距离 x 来表示).

解 如图 6-9 所示，取圆盘的中心为原点，它的轴线为 x 轴.在圆盘上作半径为 r，宽为 $\mathrm{d}r$ 的圆环，环上长为 $\mathrm{d}l$ 的一段上电荷量 $\mathrm{d}q = \sigma \mathrm{d}l\mathrm{d}r$.此电荷在轴线上点 P 处产生的电势为

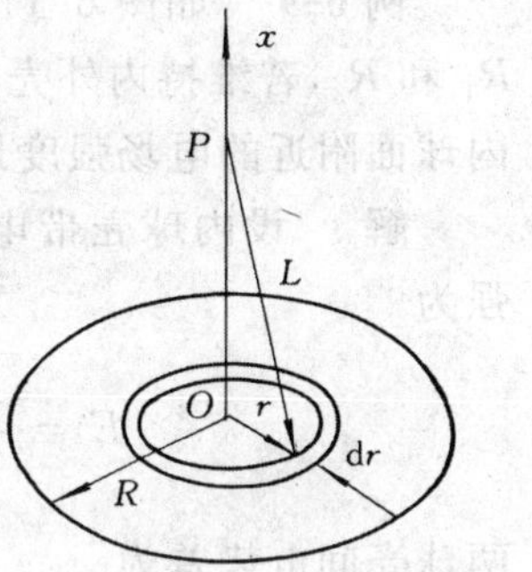

图 6-9

$$\mathrm{d}U = \frac{\mathrm{d}q}{4\pi\varepsilon_0 L} = \frac{\sigma \mathrm{d}l\mathrm{d}r}{4\pi\varepsilon_0\sqrt{x^2 + r^2}},$$

故点 P 处电势为

$$U = \int \mathrm{d}U = \int_0^R \mathrm{d}r \int_0^{2\pi r} \frac{\sigma \mathrm{d}l}{4\pi\varepsilon_0\sqrt{x^2 + r^2}} = \int_0^R \frac{\sigma r\,\mathrm{d}r}{2\varepsilon_0\sqrt{x^2 + r^2}} = \frac{\sigma}{2\varepsilon_0}(\sqrt{x^2 + R^2} - x).$$

3. 静电场中有导体存在时场强和电势的计算

解题要点 在静电场中放入导体后，会在导体中产生感应电荷，这些电荷也会产生电场而改变原来电场的分布.所以在计算有导体存在的场强和电势分布时，应根据静电平衡的性质分析导体的电荷分布，然后根据场强和电势的基本公式进行计算.

解题方法 求场强的方法有应用高斯定理求场强和积分法求场强；求电势的方法则有用电势的定义式求解及积分法求解.

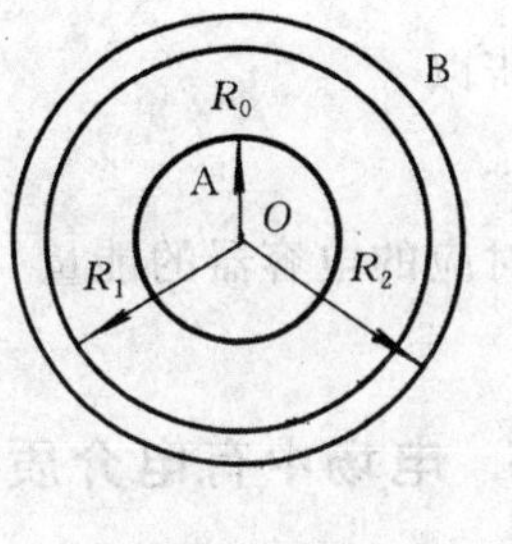

图 6-10

例 6-8 如图 6-10 所示，金属球 A 和金属球壳 B 同心设置，它们原先都不带电.设球 A 的半径为 R_0，球壳 B 的内、外半径分别为 R_1 和 R_2.求在下列情况下 A，B 的电势差.(1) 使 B 带 $+q$；(2) 使 A 带 $+q$；(3) 使 A 带 $+q$，使 B 带 $-q$；(4) 使 A 带 $-q$，将 B 的外表面接地.

解 由题意可设金属球 A 和球壳 B 间的空间场强为 $\boldsymbol{E}$，于是有

(1) $r < R_2, E = 0, U_A - U_B = 0$;

(2) $r > R_0$, $E = \dfrac{q}{4\pi\varepsilon_0 r^2}$, $U_A - U_B = \int_{R_0}^{R_1} \boldsymbol{E} \cdot d\boldsymbol{l} = \dfrac{q(R_1 - R_0)}{4\pi\varepsilon_0 R_0 R_1}$;

(3) $R_0 < r < R_1$, $E = \dfrac{q}{4\pi\varepsilon_0 r^2}$, $U_A - U_B = \int_{R_0}^{R_1} \boldsymbol{E} \cdot d\boldsymbol{l} = \dfrac{q(R_1 - R_0)}{4\pi\varepsilon_0 R_0 R_1}$;

(4) $R_0 < r < R_1, E = \dfrac{q}{4\pi\varepsilon_0 r^2}$, $U_A - U_B = \int_{R_0}^{R_1} \boldsymbol{E} \cdot d\boldsymbol{l} = -\dfrac{q(R_1 - R_0)}{4\pi\varepsilon_0 R_0 R_1}$.

4. 电容的计算

解题方法 求电容的计算步骤一般分三步:

(1) 确定电容器两极板间的场强分布;

(2) 由 $U_{ab} = \int_a^b \boldsymbol{E} \cdot d\boldsymbol{l}$ 求两极板间的电势差;

(3) 由电容器电容的定义式 $C = \dfrac{q}{U_{ab}}$ 求电容器的电容值.

例 6-9 如图 6-11 所示的球形电容器,内外球壳半径分别为 R_1 和 R_2,若维持内外壳上的电压 U 不变,内球壳的半径取多大时,内球面附近的电场强度最小?此时,对应的电容器能量多少?

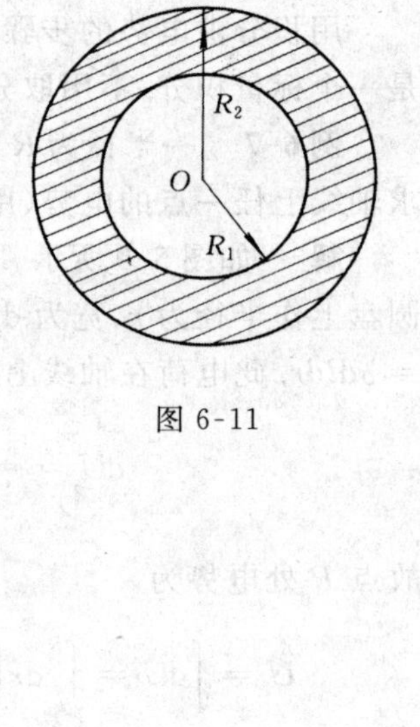

图 6-11

解 设内球壳带电 $+Q$,外球壳带电 $-Q$,则内外球壳间场强为

$$E = \frac{Q}{4\pi\varepsilon_0 r^2} \quad (R_1 < r < R_2),$$

两球壳间电势差为

$$U = \int_{R_1}^{R_2} \boldsymbol{E} \cdot d\boldsymbol{r} = \frac{Q}{4\pi\varepsilon_0}\left(\frac{1}{R_1} - \frac{1}{R_2}\right),$$

由上式可得内球壳表面附近场强 $E = \dfrac{\sigma}{\varepsilon_0} = \dfrac{R_2}{R_1(R_2 - R_1)}U$,

场强取最小值时,由 $\dfrac{dE}{dR_1} = 0$ 得 $R_1 = \dfrac{R_2}{2}$,

所以
$$E_{\min} = \frac{4}{R_2}U.$$

对应的电容器的能量
$$W = \frac{1}{2}CU^2 = 2\pi\varepsilon_0 R_2 U^2.$$

5. 电场中有电介质存在时场强和电势的计算

解题要点 在静电场中放入电介质后,会在电场中产生极化电荷,即 $\boldsymbol{E} = \boldsymbol{E}_0 + \boldsymbol{E}'$($\boldsymbol{E}_0$ 为自由电荷产生的场强,$\boldsymbol{E}'$ 为极化电荷产生的场强). 求 $\boldsymbol{E}$ 的难点在于 $\boldsymbol{E}'$ 不容易求得,因为它与极化电荷的分布有关,而求极化电荷的分布是比较困难的. 用介质中的高斯定理 $\oint_S \boldsymbol{D} \cdot d\boldsymbol{S} =$

$\sum q_0$，先求 $\boldsymbol{D}$，再用 $\boldsymbol{E}=\dfrac{\boldsymbol{D}}{\varepsilon}$ 求出 $\boldsymbol{E}$. 这种方法计算中可以不用考虑极化电荷，因此计算方便，但电场分布须具有一定对称性.

同样，有介质存在时，计算极化电荷不方便，所以求电势一般不用积分法，常用电势的定义 $U=\int \boldsymbol{E}\cdot \mathrm{d}\boldsymbol{l}$ 来计算.

例 6-10 如图 6-12 所示，有一平板电容器，板间充满两种介电常数分别为 ε_1 和 ε_2 的各向均匀电介质，它们的厚度分别为 d_1 和 d_2，板面积已知为 S. 求(1) 平板电容器的电容；(2) 若电容器两端加上电压 U，介质分界面上出现的极化电荷面密度.

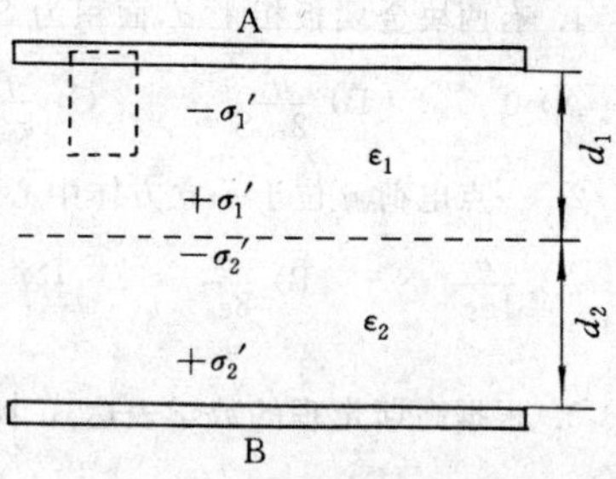

图 6-12

解 设电容器两板分别带电 $+Q$ 和 $-Q$，板上电荷面密度 $\pm\sigma$，介质内电场强度分别为 E_1 和 E_2，且都垂直于平板.

(1) 作圆柱形高斯面，上底在 A 板内，下底在介质 1 中，侧面垂直于平板，由介质中高斯定理 $\oint_S \boldsymbol{D}\cdot \mathrm{d}\boldsymbol{S}=\sum q_0$ 得

$$\oint_S \boldsymbol{D}\cdot \mathrm{d}\boldsymbol{S}=\int_{\text{上底}} \boldsymbol{D}\cdot \mathrm{d}\boldsymbol{S}+\int_{\text{下底}} \boldsymbol{D}\cdot \mathrm{d}\boldsymbol{S}+\int_{\text{侧面}} \boldsymbol{D}\cdot \mathrm{d}\boldsymbol{S}=0+D_1 S+0,$$

又有

$$\sum q_0=\sigma S,$$

得

$$D_1=\sigma_0,\quad E_1=\frac{D_1}{\varepsilon_1}=\frac{Q}{\varepsilon_1 S}.$$

同理，$D_2=\sigma_0$， $E_2=\dfrac{D_2}{\varepsilon_2}=\dfrac{Q}{\varepsilon_2 S}$.

两极板间电势差为

$$U=E_1 d_1+E_2 d_2=\left(\frac{d_1}{\varepsilon_1}+\frac{d_2}{\varepsilon_2}\right)\frac{Q}{S},$$

所以

$$C=\frac{Q}{U}=\frac{S}{\left(\dfrac{d_1}{\varepsilon_1}+\dfrac{d_2}{\varepsilon_2}\right)}.$$

(2) 现电容器两端加上电压 U，则极板上电量 $Q=CU=\dfrac{SU}{\left(\dfrac{d_1}{\varepsilon_1}+\dfrac{d_2}{\varepsilon_2}\right)}$，

极板上自由电荷面密度为

$$\sigma_0=\frac{Q}{S}=\frac{\varepsilon_1\varepsilon_2 U}{(d_1\varepsilon_2+d_2\varepsilon_1)}.$$

介质 1 表面上的极化电荷面密度

$$\sigma_1'=-\frac{\varepsilon_1-\varepsilon_0}{\varepsilon_1}\sigma_0=-\frac{\varepsilon_2(\varepsilon_1-\varepsilon_0)U}{d_1\varepsilon_2+d_2\varepsilon_1},$$

介质 2 表面上的极化电荷面密度

$$\sigma_2'=-\frac{\varepsilon_2-\varepsilon_0}{\varepsilon_2}\sigma_0=\frac{\varepsilon_1(\varepsilon_2-\varepsilon_0)U}{d_1\varepsilon_2+d_2\varepsilon_1}.$$

所以两介质分界面上的极化电荷面密度为

$$\sigma=\sigma_1'-\sigma_2'=\frac{(\varepsilon_1-\varepsilon_2)\varepsilon_0 U}{d_1\varepsilon_2+d_2\varepsilon_1}.$$

6.5 能力训练

能力训练(1)

一、选择题

1. 有两块金属板相距 d，面积为 S，分别带有电量为 $+q$ 和 $-q$，则两板之间的作用力 F 为(　　).

A) 0　　B) $\dfrac{q^2}{2\varepsilon_0 S}$　　C) $\dfrac{q^2}{\varepsilon_0 S}$　　D) $\dfrac{q^2}{4\pi\varepsilon_0 d^2}$

2. 一点电荷 q 位于一立方体中心，通过每个表面的电通量是(　　).

A) $\dfrac{q}{16\varepsilon_0}$　　B) $\dfrac{q}{8\varepsilon_0}$　　C) $\dfrac{q}{4\varepsilon_0}$　　D) $\dfrac{q}{6\varepsilon_0}$

3. 根据高斯定理的数学表达式 $\oint_S \boldsymbol{E}\cdot \mathrm{d}\boldsymbol{S} = \dfrac{\sum q_i}{\varepsilon_0}$，可知下述各种说法中正确的是(　　).

A) 闭合曲面内的电荷代数和为零时，闭合曲面上各点场强一定为零

B) 闭合曲面内的电荷代数和不为零时，闭合曲面上各点场强一定处处不为零

C) 闭合曲面内的电荷代数和为零时，闭合曲面上各点场强不一定处处为零

D) 闭合曲面上各点场强为零时，闭合曲面内一定处处无电荷

4. 关于静电场中某点电势的正负，下列说法中，正确的是(　　).

A) 电势值的正负取决于置于该点的试验电荷的正负

B) 电势值的正负取决于电场力对试验电荷作功的正负

C) 电势值的正负取决于电势零值位置的选取

D) 电势值的正负取决于产生电场的电荷的正负

5. 在静电场中，电场线为均匀分布的平行直线的区域内，在一电场线上任意两点的电场强度 $\boldsymbol{E}$ 和电势 U 相比较有(　　).

A) $\boldsymbol{E}$ 相同，U 不同　　B) $\boldsymbol{E}$ 不同，U 相同

C) $\boldsymbol{E}$ 不同，U 不同　　D) $\boldsymbol{E}$ 相同，U 相同

6. 在静电场中，下列说法正确的是(　　).

A) 带正电的带电体，其电势一定是正值

B) 等势面上各点的场强一定相等

C) 场强为零，电势也一定为零

D) 场强相等处，电势梯度矢量一定相等

7. 在一个点电荷 $+Q$ 的电场中，一个试验电荷 $+q_0$ 从 A 点分别移到 B, C, D 点，B, C, D 在以 $+Q$ 为圆心的圆周上，如图 6-13 所示，则电场力作功是(　　).

A) A 到 B 电场力作功最大

B) A 到 C 电场力作功最大

C) 从 A 到 D 电场力作功最大

D) 电场力作功一样大

8. 关于静电场中电位移线，正确的说法是(　　).

A) 电位移线起自于正电荷，止于负电荷，不形成闭合线，不中断

B) 任何两条电位移线互相平行

C) 电位移线起自于正自由电荷，止于负自由电荷，任何两条电位移线在无自由电荷的空间不相交

D) 电位移线只出现在有电介质的空间

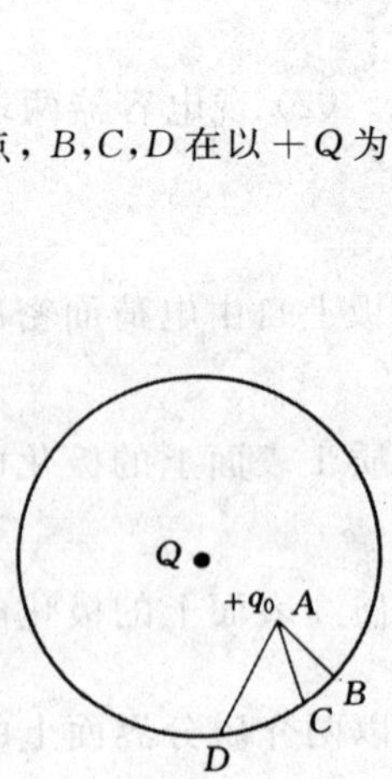

图 6-13

9. 点电荷 Q 被闭合曲面 S 所包围，从无穷远处引入另一电荷 q 至曲面外一点，则引入前后(　　).

A) $\oint_S \boldsymbol{E} \cdot \mathrm{d}\boldsymbol{S}$ 不变，曲面上各点场强不变

B) $\oint_S \boldsymbol{E} \cdot \mathrm{d}\boldsymbol{S}$ 变化，曲面上各点场强不变

C) $\oint_S \boldsymbol{E} \cdot \mathrm{d}\boldsymbol{S}$ 变化，曲面上各点场强变化

D) $\oint_S \boldsymbol{E} \cdot \mathrm{d}\boldsymbol{S}$ 不变，曲面上各点场强变化

10. 在边长为 a 的等边三角形的三个顶点上分别放置着电荷量为 q，$2q$，$3q$ 的三个正的点电荷. 若将另一正的点电荷 Q 从无限远处移到等边三角形的中心，则外力作功为(　　).

A) $\dfrac{\sqrt{3}qQ}{4\pi\varepsilon_0 a}$　B) $\dfrac{3\sqrt{3}qQ}{4\pi\varepsilon_0 a}$　C) $\dfrac{6\sqrt{3}qQ}{4\pi\varepsilon_0 a}$　D) $\dfrac{9\sqrt{3}qQ}{4\pi\varepsilon_0 a}$

二、填空题

1. 如图 6-14 所示，有两根均匀带等量异号电荷的长直线，其电荷线密度分别为 $+\lambda$，$-\lambda$，相距 R，O 点为带电直线的垂线的中点. 则通过以 O 为圆心，R 为半径的高斯面的电通量为________，球面上 A 点的电场强度的大小为________，方向为________.

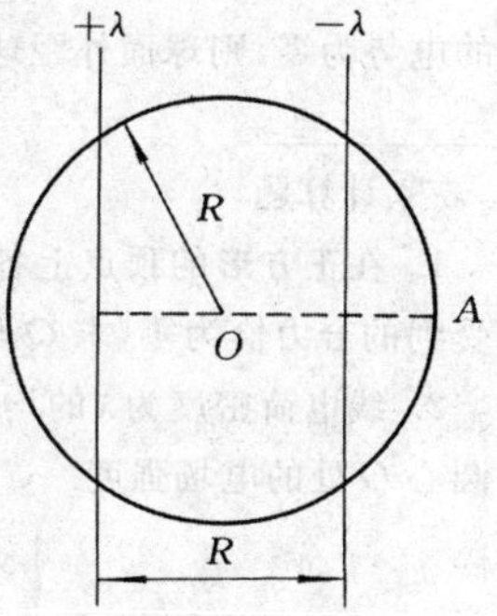

图 6-14

2. 线电荷密度为 λ 的均匀带电导线弯成图 6-15 中的图(a) 和图(b) 的形状，则在两图中 O 点的电场强度分别为 $\boldsymbol{E}_{O\text{a}}=$______，$\boldsymbol{E}_{O\text{b}}=$______.

3. 两无限大平行平面均匀带电，面电荷密度均为 σ，则在两平面之间任一点的电场强度的大小为________，在两平面同一侧的任一点的电场强度的大小为________.

4. 半径为 R_1 的球面，均匀带电为 q，其外有一个同心的半径 R_2 的球面，均匀带电 Q，则内外球面之间的电势差为 $\Delta U=$________.

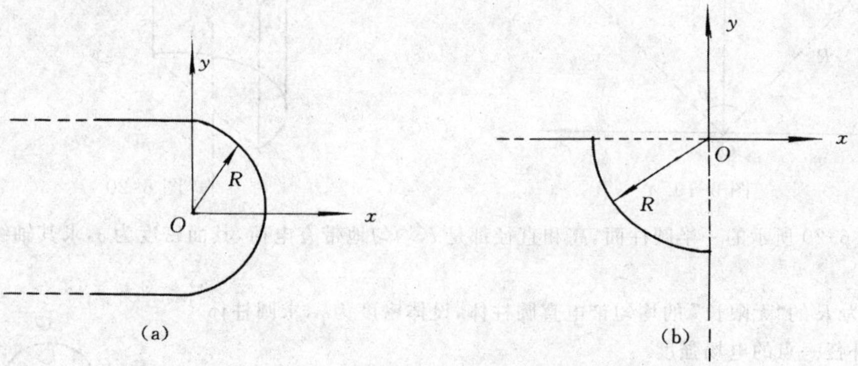

图 6-15

5. 一均匀静电场，电场强度 $\boldsymbol{E}=(400\boldsymbol{i}+600\boldsymbol{j})\mathrm{V}\cdot\mathrm{m}^{-1}$，点 $a(3,2)$ 和 $b(1,0)$ 之间的电势差 $U_{ab}=$________(x，y 以 m 计).

6. 一质量为 m，电量为 q 的小球，在电场力的作用下，从电势为 U 的 a 点移动到电势为零的 b 点. 若已知小球在 b 点的速率为 v_b，则小球在 a 点的速率 $v_a=$________.

7. 如图 6-16 所示，真空中有半径为 R 的细半圆环，电量为 Q，设无穷远处为电势零点，则此半圆环圆心处的电势为________，若将一带电荷量为 q 的点电荷从无穷远处移到圆心处，则外力所作的功为________.

8. 如图 6-17 所示，在均匀场 $\boldsymbol{E}_0$ 中，有一正点电荷 q，将试验电荷 q_0 从 A 点沿以 q 为圆心、a 为半径的半圆弧移到 B 点($\overline{AB}\parallel\boldsymbol{E}_0$)，电场力作功为________，将试验电荷 q_0 从 A 点沿 $AA'B'B$ 路径移到 B，电场力作

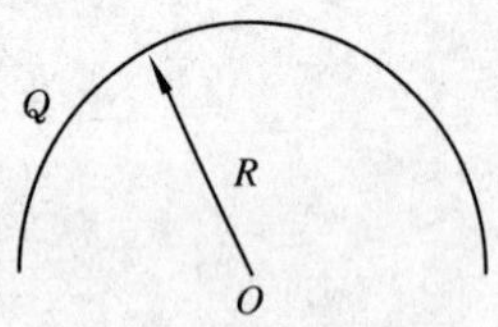

图 6-16

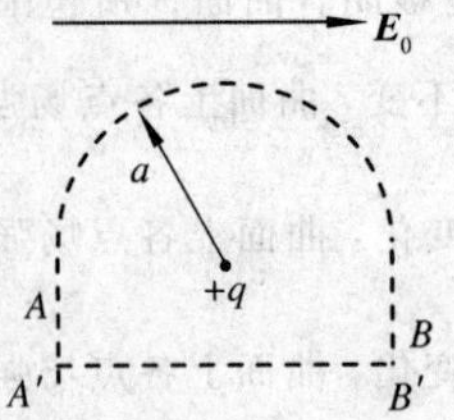

图 6-17

功为__________.

9. 如图 6-18 所示，电荷 Q 均匀分布在半径为 R，长为 L 的圆弧上，圆弧的两端有一小空隙，空隙的长为 $\Delta L(\Delta L \ll R)$，则圆弧中心 O 的电场强度 $\boldsymbol{E}_O=$ ________，电势 $U=$ ________，电势梯度矢量 $\mathbf{grad}U=$ ________.

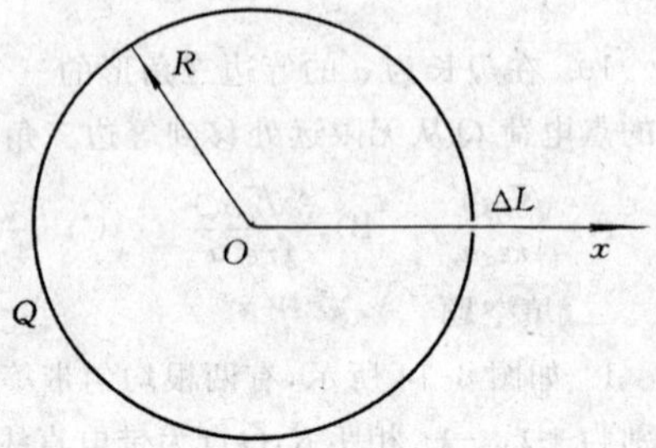

图 6-18

10. 一半径为 R 的均匀带电球面，带电量为 Q，若规定该球面上的电势为零，则球面外距球心 r 处的电势 $U=$ ________，$\mathbf{grad}U$ $=$ ________.

三、计算题

1. 在正方形的顶点上各放一电量相等的同性点电荷 q. 若在正方形中心放一点电荷 Q，使顶点上每个电荷受到的合力恰为零，求 Q 与 q 的关系.

2. 线电荷密度为 λ 的均匀带电细棒 AB 被弯成半径为 R 的圆弧状，它所对的圆心角为 2θ，如图 6-19 所示，求圆心 O 处的电场强度.

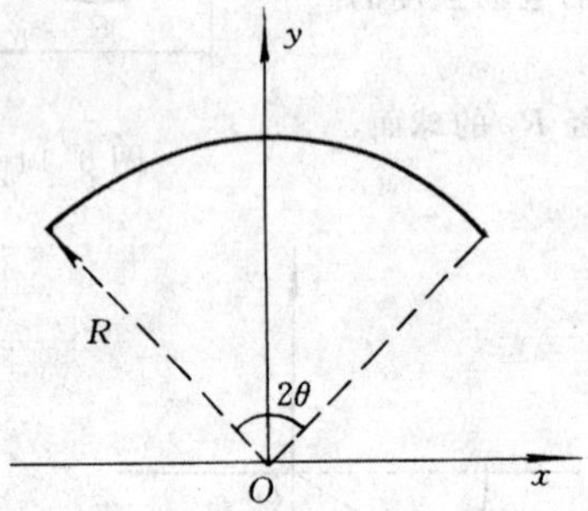

图 6-19

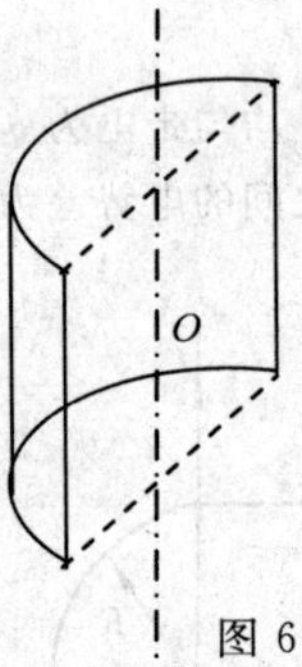

图 6-20

3. 如图 6-20 所示的一半圆柱面，高和直径都是 l，均匀地带有电荷，其面密度为 σ，求其轴线中点 O 处的电场强度.

4. 半径为 R 的"无限长"的均匀带电直圆柱体，设体密度为 ρ，求圆柱体内和圆柱体外任一点的电场强度.

5. 一半径为 R 的球体内，分布着体电荷密度 $\rho=kr$，式中 r 是径向距离，k 是常量. 求空间的场强分布.

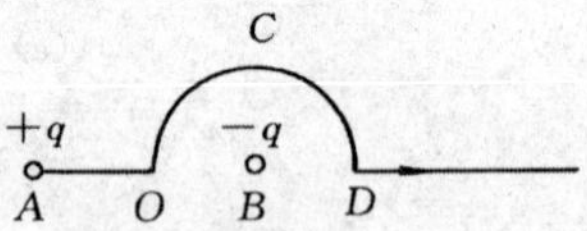

图 6-21

6. 如图 6-21 所示，$AB=2R$，R 为半圆的半径. A 点有正电荷 $+q$，B 点有负电荷 $-q$. 求

(1) 把试验电荷 q_0 从 O 点沿 OCD 移到 D 点，电场力对它作了多少功?

(2) 把 q_0 从 D 点沿 AD 的延长线移到无穷远处去，电场力对它作功多少?

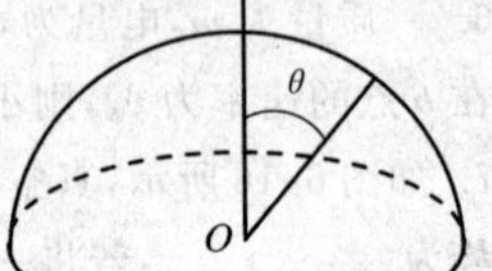

图 6-22

7. 有一半径为 a 的非均匀带电半球面，如图 6-22 所示，电荷面密度为 $\sigma=\sigma_0\cos\theta$，$\sigma_0$ 为恒量. 试求球心处 O 点的电势.

8. 在 x-y 平面上，各点电势满足下式：

$$U = \frac{ax}{x^2+y^2} + \frac{b}{(x^2+y^2)^{\frac{1}{2}}}.$$

式中，x 和 y 为任一点的坐标，a 和 b 为常量. 求任一点电场强度的 E_x 和 E_y 这两个分量.

能力训练(2)

一、选择题

1. 一电荷 q 旁有一金属导体 A，且 A 处于静电平衡，则(　　).

A) 导体内 $E_I = 0$，q 不在导体内产生场强

B) 导体内 $E_I \neq 0$，q 在导体内产生场强

C) 导体内 $E_I = 0$，q 在导体内产生场强

D) 导体内 $E_I \neq 0$，q 不在导体内产生场强

2. 半径为 R_1 的金属球带电量为 Q，把它同心地放在内外半径分别为 R_2 及 R_3 的金属球壳之中，此时设球壳的电势为 U_1. 现若在球和球壳之间充满相对介电系数为 ε_r 的介质，其他条件不变，此时球壳的电势为 U_2，则有(　　).

A) $\frac{U_2}{U_1} = \varepsilon_r$　　B) $\frac{U_2}{U_1} = \frac{1}{\varepsilon_r}$　　C) $\frac{U_2}{U_1} = 1$

D) $\frac{U_2}{U_1} = \varepsilon_r + 1$　　E) $\frac{U_2}{U_1} = \frac{1}{\varepsilon_r} + 1$

3. 两个半径不同带电量相同的导体球，相距很远，今用一细长的导线将它们连接起来，则(　　).

A) 球所带电量不变　　B) 半径大的球带电量多

C) 半径大的球带电量少　　D) 无法确定哪个球带电量多

4. B 是面电荷密度为 σ_1 的均匀带电无限大平面，A 为一无限大的带电导体平板，A 和 B 平行放置. 静电平衡后，A 板两面的电荷密度分别为 σ_2 和 σ_3，如图 6-23 所示. 则靠近 A 板右侧面的一点 P 处的场强大小为(　　)。

A) $\frac{\sigma_2}{2\varepsilon_0} + \frac{\sigma_1}{2\varepsilon_0}$　　B) $\frac{\sigma_2}{2\varepsilon_0}$　　C) $\frac{\sigma_2}{2\varepsilon_0} - \frac{\sigma_1}{2\varepsilon_0}$　　D) $\frac{\sigma_2}{\varepsilon_0}$

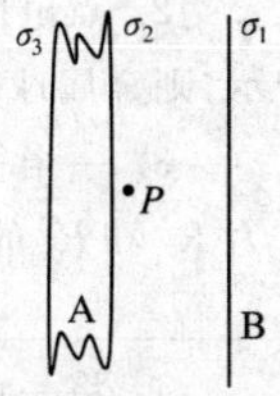

图 6-23

5. 一孤立金属球壳的内外半径分别为 R_1 及 R_2，其电容设为 C_1，现在球腔内充满相对介电系数为 ε_r 的介质，设此时它的电容为 C_2，则有(　　).

A) $\frac{C_2}{C_1} = \varepsilon_r$　　B) $\frac{C_2}{C_1} = \frac{1}{\varepsilon_r}$　　C) $\frac{C_2}{C_1} = 1$

D) $\frac{C_2}{C_1} = \frac{R_2}{R_1}$　　E) $\frac{C_2}{C_1} = \frac{R_1}{R_2}$

6. 在半径为 R、带电量为 q 的金属球壳内充有相对介电常数为 ε_{r1} 的介质，在球壳外充满相对介电常数为 ε_{r2} 的介质，则球壳内的一点 A(离球心为 r) 处的电势为(　　).

A) $\frac{q}{4\pi\varepsilon_0\varepsilon_{r2}R}$　　B) $\frac{q}{4\pi\varepsilon_0\varepsilon_{r1}R}$　　C) $\frac{q}{4\pi\varepsilon_0\varepsilon_{r2}r}$　　D) $\frac{q}{4\pi\varepsilon_0\varepsilon_{r2}}\left(\frac{1}{R} - \frac{1}{r}\right)$

7. 一球型导体，带电量 q，置于一任意形状的空腔导体中，当用导线将两者连接后，则与未连接前相比静电能将(　　).

A) 增大　　B) 减小　　C) 不变　　D) 无法确定

8. 如图 6-24 所示，C_1 和 C_2 两空气平板电容器并联起来并接上电源充电，然后将电源断开，再把一电介质插入 C_1 中，则(　　).

A) C_1 和 C_2 极板上电量都不变　　B) C_1 板上电量增大，C_2 板上电量不变

C) C_1 板上电量增大，C_2 板上电量减少　　D) C_1 板上电量减少，C_2 板上电量增大

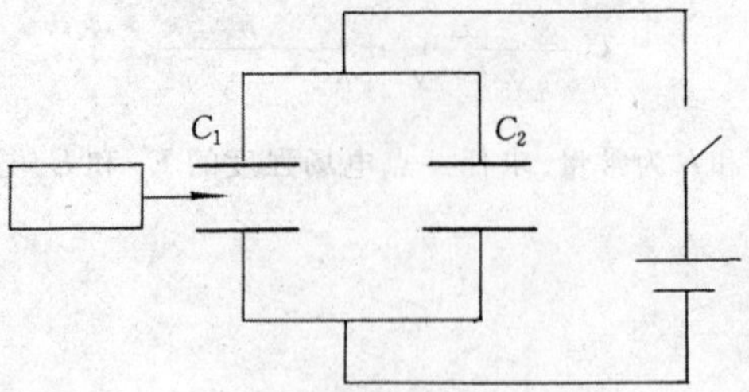

图 6-24

9. 真空中有一带电球体和一均匀带电球面，如果它们的半径和所带的电量都相等，则它们的静电能之间的关系是（　　）.

A）球体的静电能等于球面的静电能

B）球体的静电能大于球面的静电能

C）球体的静电能小于球面的静电能

D）球体内的静电能大于球面内的静电能，球体外的静电能小于球面外的静电能

10. 极板面积为 S,间距为 d 的平行板电容器,接入电源保持电压 U 恒定。此时,若把间距拉开为 $2d$,则电容器中的静电能的改变量为（　　）.

A）$\frac{\varepsilon_0 S}{2d}U^2$　　B）$\frac{\varepsilon_0 S}{4d}U^2$　　C）$-\frac{\varepsilon_0 S}{4d}U^2$　　D）$-\frac{\varepsilon_0 S}{2d}U^2$

二、填空题

1. 两个半径分别为 R_1 和 R_2 的导体球，带电量都为 Q，相距很远，今用一细长导线将它们相连，则两球上的带电量 $Q_1=$ ________，$Q_2=$ ________.

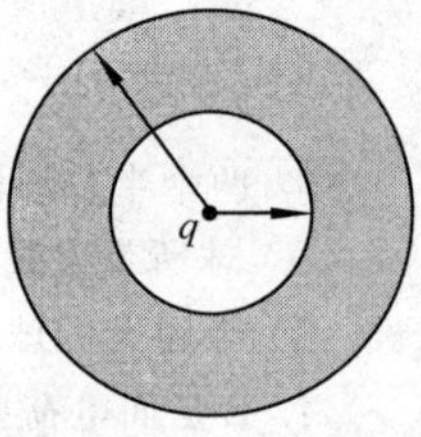

图 6-25

2. 点电荷带电 q,位于一个内外半径分别为 R_1、R_2 的金属球壳的球心,如图 6-25 所示,则金属球壳的电势为________.

3. 一半径为 R_1 的导体球 A，带有电量 Q，它被放在内外半径分别为 R_2 和 R_3 的导体球壳 B 内，A 和 B 不同心，则图 6-26 中 P 点的 $E=$ ________，$U=$ ________.

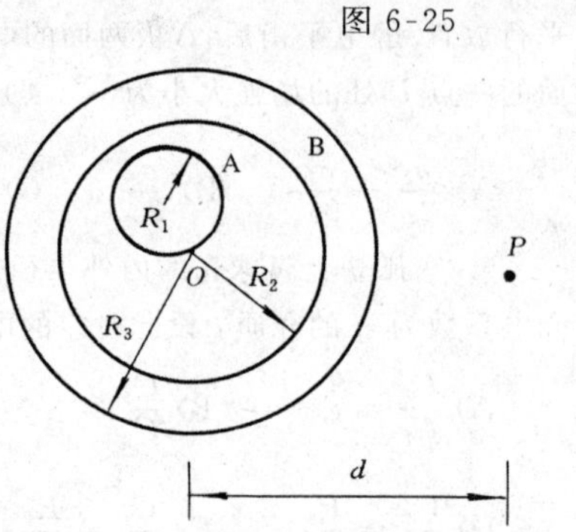

图 6-26

4. 将一负电荷从无穷远处移到一个不带电的导体附近，则导体内的电场强度________，导体的电势________（填增大、减小或不变）.

5. 有两个形状大小都相同的平板电容器，一个电容器两板之间是空气，另一个两板之间充有相对介电系数为 ε_r 的油. 两电容器所带电量相同，则有 $\frac{D_{油}}{D_{空}}=$ ________，$\frac{E_{油}}{E_{空}}=$ ________，$\frac{\Delta U_{油}}{\Delta U_{空}}=$ ________，$\frac{C_{油}}{C_{空}}=$ ________，$\frac{W_{油}}{W_{空}}=$ ________.

6. 一平板电容器两极板间电压为 U，其间充满相对介电系数为 ε_r 的各向同性电介质，其厚度为 d，则电介质中电场能量密度 $w_e=$ ________.

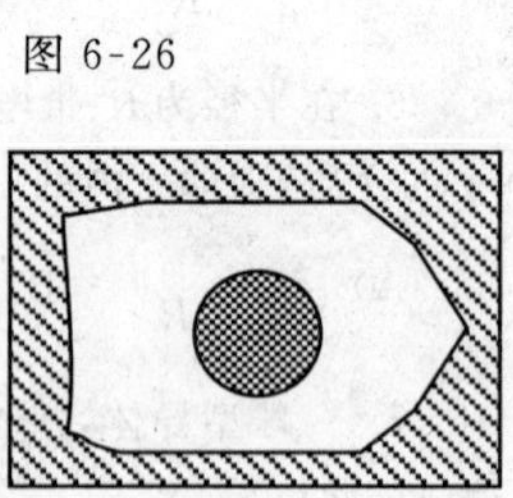

图 6-27

7. 一球形导体,带电量 q,置于一任意形状的空腔导体内,如图 6-27. 当用导线将两者连接后,则与连接前相比系统静电场能将________（增大、减小、无法确定）.

8. 一空气平行板电容器,两极板间距为 d,极板所带电荷量分别为 $+q$,$-q$,板间电势差为 U,在忽略边缘效应的情况下,板间场强大小为________,若在两板间平行地插入一厚度为 $t(t<d)$ 的金属板,则板间电势差变为________,此时电容值等于________.

三、计算题

1. 在一接地的导体球附近,有一个电量为 q 的点电荷,已知球的的半径为 R,点电荷与球心的距离为 $2R$,

如图 6-28 所示. 求(1) 导体球表面的感应电荷;(2) 感应电荷在球心处产生的场强.

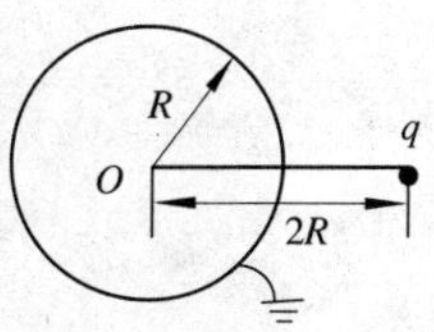

图 6-28

2. 平板电容器的板面积为 S，两板间距为 d，两板之间充满相对介电常数为 ε_r 的各向同性的均匀介质，接上电源充电使板上的面电荷密度为 σ. 求下列情况下外力所作功各为多少？

(1) 切断电源，维持板上的电量不变，把介质抽出；

(2) 与电源连接维持两板电压不变，再把介质抽出(不计介质与板之间的摩擦).

3. 一个半径为 R_1 的导体球位于导体球壳中心，球壳内半径为 R_2，外半径为 R_3，如果整个内球带有 $+Q$ 电荷，整个外球壳上带有 $-Q$ 电荷，求(1) 球壳内外表面各分布多少电荷?(2) 空间电势的分布.

4. 半径为 R_1 的导体球被同心的导体球壳包围，球壳的内外半径分别为 R_2 和 R_3. 若已知外球壳带总电量为 Q，内球电势为 U，试求内球所带的电量.

5. 在半径为 R_1，长为 L 的均匀带电金属棒外，同轴地包围一层内、外半径分别为 R_2、R_3 的圆柱形均匀电介质壳层，其相对介电常数为 ε_r，金属棒上轴向沿单位长度电荷为 λ，如图 6-29 所示. 求

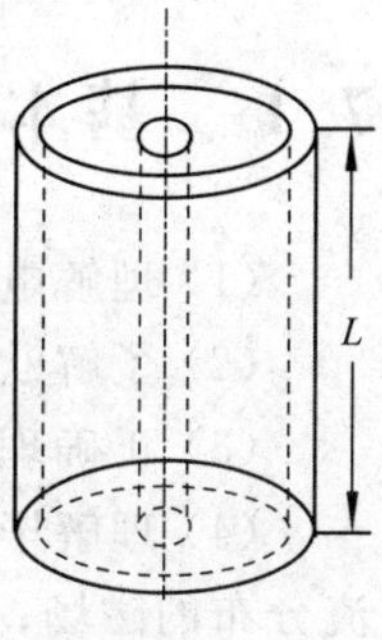

图 6-29

(1) 电场强度的分布；

(2) 若规定金属棒的电势为零，求电介质外表面的电势；

(3) 电介质内的电场能量.

6. 互相远离的两个导体，其电容分别为 C_1 和 C_2，因带电，电势分别为 U_1 和 U_2(无限远处电势为零). 今用导线连接此两导体，求静电平衡后导体的电势.

7. 如图 6-30 所示，一平板电容器的两极板间距为 d，板面积为 S，两板间放有一厚为 t 的电介质，其相对介电常数 ε_r，介质两边都是空气，求(1) 该电容器的电容;(2) 若两板极间的电势差为 U，则介质层内所具有的电场能量为多少？

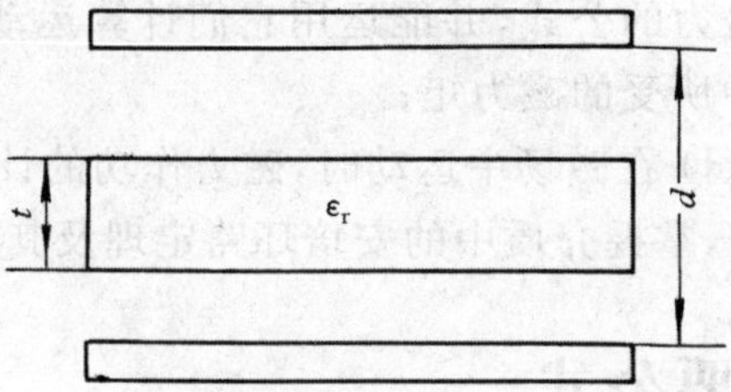

图 6-30

第 7 章　电流与磁场

本章的主要内容分为两部分：一是电流激发磁场；二是磁场对电流的作用. 学习本章时可与静电场进行对比，找出它们的相似点和不同点. 通过本章的学习，需要掌握的是计算磁感应强度的方法、高斯定理和安培环路定理的意义、磁场对运动电荷和载流导线及线圈作用的规律.

7.1　基本要求

（1）理解电流密度的概念以及与电流的关系，了解恒定电流和恒定电场的意义；

（2）了解欧姆定律的微分形式和焦耳-楞次定律的微分形式. 熟悉电动势的概念；

（3）正确理解磁感应强度、磁感应通量等的概念；

（4）理解毕奥-萨伐尔定律的内容和物理意义，并能利用毕奥-萨伐尔定律计算有规则电流分布的磁场；

（5）掌握反映恒定电流磁场的两个基本定理：磁场的高斯定理和安培环路定理，并能熟练运用安培环路定理计算在某些特定条件下的磁场分布；

（6）理解洛伦兹力和安培力的公式，并能运用它们计算运动电荷和载流导线在磁场中所受的力以及载流线圈在磁场中所受的磁力矩；

（7）掌握载流导线（或线圈）在磁场中运动时，磁力作功的计算方法；

（8）理解磁场强度的定义，掌握介质中的安培环路定理及其应用.

7.2　重点概念及主要公式

1. 恒定电流和恒定电场　电动势

（1）恒定电流和恒定电场

电荷的宏观定向运动称为电流. 电流强度是描写电流强弱的物理量，是标量. 表示为

$$I = \frac{dq}{dt}.$$

电流密度是描述导体内各点电流分布的物理量，是矢量. 表示为

$$\boldsymbol{\delta} = \frac{dI}{dS}\boldsymbol{e}_n,$$

方向为正电荷流动的方向.

通过任意面积的电流强度　　$I = \int_S \boldsymbol{\delta} \cdot d\boldsymbol{S}.$

电流恒定的条件为　　$\oint_S \boldsymbol{\delta} \cdot d\boldsymbol{S} = 0.$

(2) 欧姆定律和焦耳-楞次定律的微分形式

欧姆定律的微分形式为 $\boldsymbol{\delta} = \gamma \boldsymbol{E}$，

式中，γ 为电导率，$\gamma = \dfrac{1}{\rho}$.

焦耳-楞次定律的微分形式为 $w = \gamma E^2$，

式中，w 为热功率密度.

(3) 电源电动势

电源是能够提供非静电力以把其他形式的能量转变为电能的装置. 电源电动势是电源将单位正电荷从负极经电源内部移至正极时非静电力所作的功.

$$\mathscr{E} = \frac{A}{q} = \oint_L \boldsymbol{E}_{\mathrm{K}} \cdot \mathrm{d}\boldsymbol{l},$$

式中，$\boldsymbol{E}_{\mathrm{K}}$ 为非静电场的场强，等于单位正电荷所受的非静电力.

2. 恒定磁场和磁感应强度

磁场是物质的一种形态，其基本特性是对置于其中的运动电荷或电流施加作用力. 描述磁场强弱与方向的物理量是磁感应强度.

磁感应强度是矢量，定义磁感应强度的大小为

$$B = \frac{F_{\max}}{qv},$$

磁感应强度 $\boldsymbol{B}$ 的方向可用矢量的叉积 $\boldsymbol{F}_{\max} \times \boldsymbol{v}$ 的方向来确定.

3. 毕奥-萨伐尔定律

(1) 毕奥-萨伐尔定律. 在真空中载流导线上任一电流元 $I\mathrm{d}\boldsymbol{l}$ 在空间某点 P 处产生的磁感应强度 $\mathrm{d}\boldsymbol{B}$ 为

$$\mathrm{d}\boldsymbol{B} = \frac{\mu_0}{4\pi} \cdot \frac{I\mathrm{d}\boldsymbol{l} \times \boldsymbol{r}}{r^3} = \frac{\mu_0}{4\pi} \cdot \frac{I\mathrm{d}\boldsymbol{l} \times \boldsymbol{e}_{\mathrm{r}}}{r^2},$$

式中，$\mu_0 = 4\pi \times 10^{-7}\,\mathrm{T \cdot m \cdot A^{-1}}$

磁场叠加原理. 导线 L 中的电流在空间某点的磁感应强度等于各电流元单独存在时在该点产生的磁感应强度的矢量和，即

$$\boldsymbol{B} = \int_L \frac{\mu_0}{4\pi} \cdot \frac{I\mathrm{d}\boldsymbol{l} \times \boldsymbol{e}_{\mathrm{r}}}{r^2}.$$

几种特殊形状载流导线的磁场：

① 有限长载流直导线的磁场 $B = \dfrac{\mu_0 I}{4\pi a}(\cos\theta_1 - \cos\theta_2)$，

② 无限长载流直导线的磁场 $B = \dfrac{\mu_0 I}{2\pi a}$，

③ 载流圆线圈轴线上任一点的磁场 $B = \dfrac{\mu_0 I}{2} \cdot \dfrac{R^2}{(x^2 + R^2)^{\frac{3}{2}}}$，

④ 载流圆线圈圆心处的磁场　$B=\dfrac{\mu_0 I}{2R}$,

⑤"无限长"载流密绕直螺线管内的磁场　$B=\mu_0 nI$.

(2) 匀速运动电荷的磁场　$\boldsymbol{B}=\dfrac{\mu_0}{4\pi}\cdot\dfrac{q\boldsymbol{v}\times\boldsymbol{e}_r}{r^2}$.

4. 磁场中的高斯定理

磁感应线用于形象描述磁场的分布,其上各点的切线方向表示该点磁感应强度的方向,其疏密程度反映磁感应强度的大小.磁感应线是围绕电流的无头无尾的闭合曲线.

穿过任意曲面 S 的磁通量为　$\Phi_m=\int_S \boldsymbol{B}\cdot d\boldsymbol{S}$.

磁场中的高斯定理.通过磁场中任一闭合面的磁通量等于零,即

$$\Phi_m=\oint_S \boldsymbol{B}\cdot d\boldsymbol{S}=0,$$

这表明磁场是无源场.

5. 安培环路定理

安培环路定理.在真空的恒定磁场中,磁感应强度沿任何闭合路径的线积分等于闭合路径内所包围并穿过的电流代数和的 μ_0 倍.即

$$\oint_L \boldsymbol{B}\cdot d\boldsymbol{l}=\mu_0\sum_i I_i,$$

这表明磁场是非保守场.

6. 磁场对运动电荷和载流导线的作用

(1) 洛伦兹力

洛伦兹力.电量为 q 的带电粒子在磁场 $\boldsymbol{B}$ 中,以速度 $\boldsymbol{v}$ 运动时受到的磁场力.即

$$\boldsymbol{F}=q\boldsymbol{v}\times\boldsymbol{B}.$$

① 初速度平行磁场,带电粒子作匀速运动.

② 初速度垂直磁场,带电粒子作匀速率圆周运动.

轨道半径　$R=\dfrac{mv_0}{qB}$,

周期　$T=\dfrac{2\pi m}{qB}$.

③ 初速度与磁场方向成 θ 角,带电粒子作等螺距的螺旋运动.

螺旋线半径　$R=\dfrac{mv_0\sin\theta}{qB}$,

螺距　$h=\dfrac{2\pi m}{qB}v_0\cos\theta$.

(2) 霍尔效应

霍尔效应. 在磁场中载流导体上出现横向电势差的现象.

霍尔电压 $\Delta U = \dfrac{1}{nq}\dfrac{IB}{h}$， 霍尔系数 $R_{\mathrm{H}} = \dfrac{1}{nq}$.

式中，h 是霍尔片沿磁场 $\boldsymbol{B}$ 方向的厚度；n 是载流子数密度.

P 型半导体 $R_{\mathrm{H}} > 0$；N 型半导体 $R_{\mathrm{H}} < 0$.

(3) 安培力

安培定律. 电流元 $I\mathrm{d}\boldsymbol{l}$ 在磁场 $\boldsymbol{B}$ 中所受磁力. 即安培力为

$$\mathrm{d}\boldsymbol{F} = I\mathrm{d}\boldsymbol{l} \times \boldsymbol{B}.$$

任意形状的载流导线在磁场中所受到的安培力为

$$\boldsymbol{F} = \int \mathrm{d}\boldsymbol{F} = \int I\mathrm{d}\boldsymbol{l} \times \boldsymbol{B}.$$

(4) 磁矩和磁力矩

载流线圈的磁矩 $\boldsymbol{P}_{\mathrm{m}} = NIS\boldsymbol{e}_{\mathrm{n}}$.

载流线圈在磁场中受到的磁力矩 $\boldsymbol{M} = \boldsymbol{P}_{\mathrm{m}} \times \boldsymbol{B}$.

7. 磁力的功

(1) 磁力对运动载流导线的功 $A = I\Delta\Phi_{\mathrm{m}}$.

(2) 磁力矩对转动载流线圈的功 $A = \displaystyle\int_{\Phi_{\mathrm{m1}}}^{\Phi_{\mathrm{m2}}} I\mathrm{d}\Phi_{\mathrm{m}}$，

当电流 I 不变时，$A = I\Delta\Phi_{\mathrm{m}}$.

8. 磁介质中的恒定磁场

(1) 磁介质及其磁化

磁介质中的磁场为外磁场的 μ_{r} 倍，即 $\boldsymbol{B} = \mu_{\mathrm{r}}\boldsymbol{B}_0$，$\mu_{\mathrm{r}}$ 为磁介质的相对磁导率.

磁介质按相对磁导率可分为三类：$\mu_{\mathrm{r}} < 1$，是抗磁质；$\mu_{\mathrm{r}} > 1$ 且接近 1，是顺磁质；$\mu_{\mathrm{r}} \gg 1$ 且不是常数，是铁磁质.

磁化强度矢量是磁介质磁化时定量描述磁化强弱和方向的物理量，表示为

$$\boldsymbol{M} = \frac{\sum \boldsymbol{P}_{\mathrm{m}}}{\Delta V}.$$

顺磁质：磁化强度方向与外磁场方向一致；抗磁质：磁化强度方向与外磁场方向相反.

(2) 磁介质中的高斯定理和安培环路定理

有磁介质时的高斯定理 $\displaystyle\oint_S \boldsymbol{B} \cdot \mathrm{d}\boldsymbol{S} = 0$.

式中，$\boldsymbol{B} = \boldsymbol{B}_0 + \boldsymbol{B}'$，$\boldsymbol{B}$ 为外磁场 $\boldsymbol{B}_0$ 和磁化电流产生的附加磁场 $\boldsymbol{B}'$ 的合磁场.

有磁介质时的安培环路定理 $\displaystyle\oint_C \boldsymbol{H} \cdot \mathrm{d}\boldsymbol{l} = \sum I$.

磁感应强度和磁场强度的关系为 $\boldsymbol{B} = \mu_0\mu_{\mathrm{r}}\boldsymbol{H} = \mu\boldsymbol{H}$(仅适用均匀各向同性介质).

7.3 常见及疑难问题答疑

问题1 为什么不把运动电荷受的磁力方向定义为磁感应强度 $\boldsymbol{B}$ 的方向?

答 为反映磁场具有对运动电荷(电流)的磁力作用的性质,我们引入了磁感应强度 $\boldsymbol{B}$,它是描述磁场本身性质的物理量,与激发磁场的电流分布有关.某点的 $\boldsymbol{B}$ 的大小和方向应与该点试验电荷的电量及运动方向无关,或者说,与该点是否存在试验电荷无关.而试验电荷在该点所受到的磁力的方向不仅和该点磁场的性质有关,还和电荷的运动方向有关,电荷的运动方向不同,所受磁力的方向不同(大小也不同),所以运动电荷受的磁力方向不是磁场本身特有的,不能把它定义为 $\boldsymbol{B}$ 的方向.

问题2 用小线圈检测空间是否存在磁场.如果把小线圈静放在空间 P 处,线圈不动,是否可断定 P 处一定无磁场存在?

答 不一定.线圈的运动,主要表现为平动和转动.因线圈是静止放在 P 处,无平动,只能说明线圈所受合力为零,不能判定一定是由于无磁场使磁场力为零造成的.另外线圈无转动,线圈受到力矩为零,磁力矩大小 $M = P_{\mathrm{m}}B\sin\theta$,从上面表达式可知,如果线圈磁矩与磁场平行,磁力矩也可能为零.即,P 处不一定无磁场.

问题3 一个点电荷能够在其周围空间中任一点激发电场而不为零,那么,一个电流元是否也能在周围空间任一点激发磁场?

答 不一定.根据毕奥-萨伐尔定律,电流元 $I\mathrm{d}\boldsymbol{l}$ 在空间激发的磁感应强度为 $\boldsymbol{B} = \int_L \frac{\mu_0}{4\pi} \cdot \frac{I\mathrm{d}\boldsymbol{l} \times \boldsymbol{e}_{\mathrm{r}}}{r^2}$.从上式可知,在电流元的延长线上,磁感应强度为零,但在空间其他位置,有不为零的磁场产生.

问题4 从毕奥-萨伐尔定律能得出,无限长直电流在周围空间激发磁场的磁感应强度大小为 $B = \frac{\mu_0 I}{2\pi r}$.现在,让考察点无限接近导线时,磁感应强度 $B \to \infty$,对不对,为什么?

答 $B = \frac{\mu_0 I}{2\pi r}$ 只适用于线电流.当考察点无限接近长直导线时,导线截面大小就必须考虑了,不能再将导线作为线电流,当然,此时 $B = \frac{\mu_0 I}{2\pi r}$ 不适用.而且,在毕奥-萨伐尔定律中,考察点和电流元之间的距离 x 必须远远大于 $\mathrm{d}l\,(x \gg \mathrm{d}l)$,当 $x \to 0$,毕奥-萨伐尔定律本身就已不成立.

问题5 按毕奥-萨伐尔定律可求得真空中一有限载流直导线 AB 在空间 P 点产生的磁感应强度大小为

$$B = \frac{\mu_0 I}{4\pi a}(\cos\theta_1 - \cos\theta_2),$$

方向垂直于 OP,今沿图 7-1 中圆形环路 C 做 $\boldsymbol{B}$ 的线积分,得到

$$\oint_C \boldsymbol{B} \cdot \mathrm{d}\boldsymbol{r} = \frac{\mu_0 I}{2}(\cos\theta_1 - \cos\theta_2),$$

此结果与安培环路定理不一致,这是为什么?

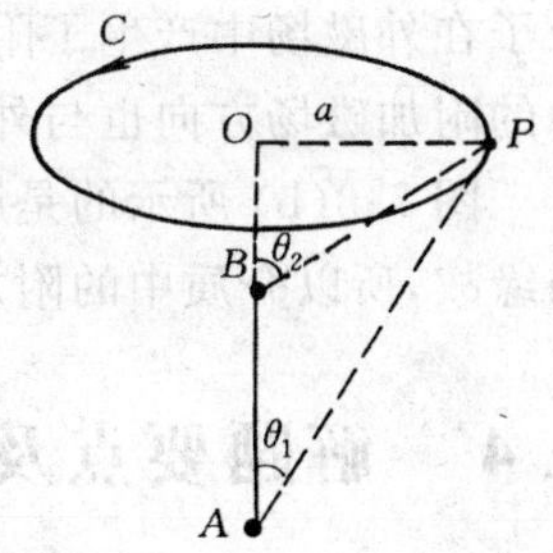

图 7-1

答 安培环路定理只适用于恒定电流，而恒定电流必定是闭合的. 若 AB 中电流是恒定的，则上面计算的磁场只是闭合电流磁场的一部分. 而安培环路定理中的 $\boldsymbol{B}$ 所表达的是闭合电流磁场的全部，故两者不相一致.

问题 6 能否用安培环路定理求有限长载流导线周围的磁场?

答 不能. 安培环路定律只对恒定电流才成立，并且，恒定电流必须是闭合的. 对一段载有恒定电流的有限长导线来讲，因恒定电流必定是闭合的，该段有限长导线必定是某一闭合回路的一部分. 对载流有限长直导线而言，既不满足安培环路定理应用条件，空间磁场分布又不具有对称性，显然不能用安培环路定律求解磁场分布.

无限长载流导线在无穷远处闭合，空间磁场分布具有对称性，当然可应用安培环路定律求出磁场分布.

问题 7 如图 7-2 所示，在一圆形电流 I 所在的平面内，选取一个同心圆形闭合环路 L，有人做这样的推导：

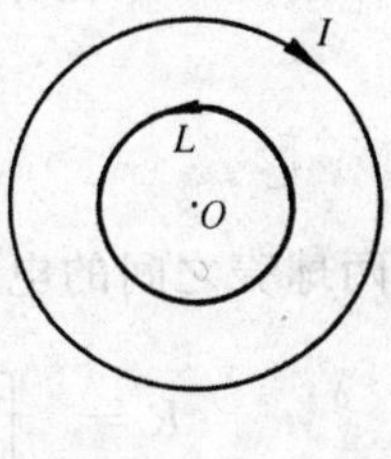

图 7-2

因为 $$\oint_L \boldsymbol{B}\cdot \mathrm{d}\boldsymbol{l}=\oint_L B\cdot \mathrm{d}l = B\oint_L \mathrm{d}l = B\cdot 2\pi r,$$

又 $$\oint_L \boldsymbol{B}\cdot \mathrm{d}\boldsymbol{l}=\mu_0\sum I_i = 0,$$

所以 $$B=0.$$

由此得出 L 回路上的 B 为零的结论，试分析其错误所在.

答 显然这种推导是错误的，载流圆线圈在其周围各处都会激发出磁场. 该错误是没有注意到在回路上，$\mathrm{d}\boldsymbol{l}$ 处处与 $\boldsymbol{B}$ 垂直，就简单地把 $\boldsymbol{B}$ 提到积分号外而产生的. 实际上，$\oint_L \boldsymbol{B}\cdot \mathrm{d}\boldsymbol{l} = \oint_L B\cos\frac{\pi}{2}\mathrm{d}l = 0$，而 B 是不为零的.

问题 8 带电粒子在空间某区域运动时不偏转，能否确定该区域无磁场? 如果发生偏转，能否断定该区域有磁场?

答 带电粒子在电磁场中运动时，$\boldsymbol{F}=q\boldsymbol{E}+q\boldsymbol{v}\times\boldsymbol{B}$，带电粒子运动时无偏转，则有可能：

(1) 受力方向平行速度方向，磁场不一定为零；

(2) $\boldsymbol{F}=\boldsymbol{0}$，可能有三种情况出现：

① 无电场和磁场，

② $q\boldsymbol{E}=-q\boldsymbol{v}\times\boldsymbol{B}$，

③ 无磁场，但粒子初速度方向平行电场方向.

由此可见，该区域不一定无磁场.

同理，带电粒子运动时发生偏转，不一定该区域肯定有磁场存在.

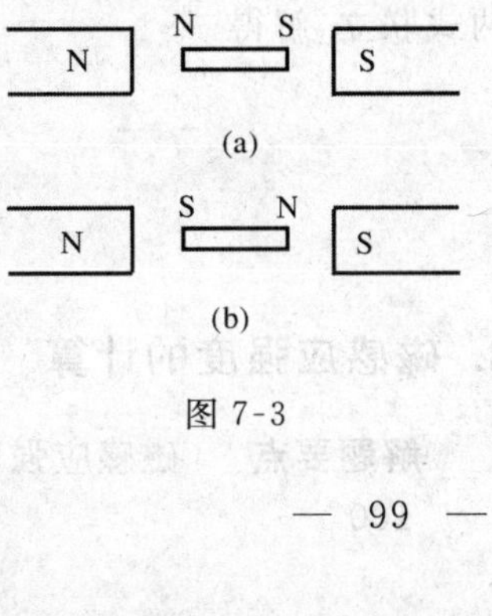

图 7-3

问题 9 把两种不同的磁介质放在磁铁的两个不同名磁极之间，磁化后也成为磁体，但两极位置不同，如图 7-3 所示. 试指出哪一种是顺磁质，哪一种是抗磁质?

答 图 7-3(a) 所示的是抗磁质. 因为抗磁质的磁化是由于

分子在外磁场中产生了附加磁矩的缘故，而附加磁矩的方向与外磁场的方向相反，所以在介质中的附加磁场方向也与外磁场相反.

图 7-3(b) 所示的是顺磁质. 因为顺磁质的磁化是由于分子磁矩在外磁场中取向于外磁场的缘故，所以介质中的附加磁场方向和外磁场相同.

7.4 解题要点及例题详解

1. 恒定电流和恒定电场的计算

例 7-1 如图 7-4 所示，半径为 R_1 和 R_2 的同心导体球壳之间充满电阻率为 ρ 的介质. (1) 计算两球壳之间的电阻；(2) 设两球壳之间电势差为 U，求在任意半径 r 处的电流密度.

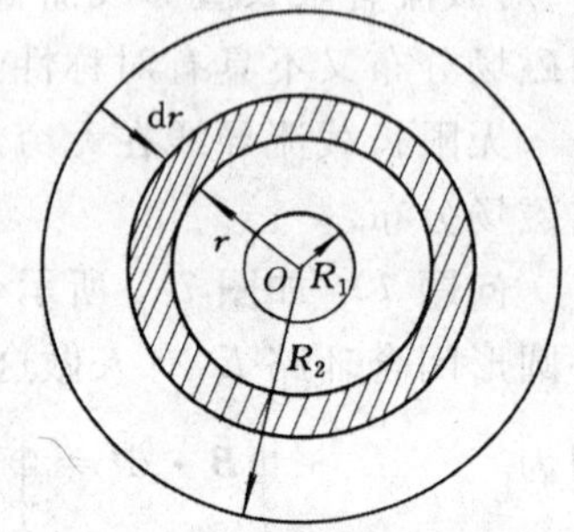

图 7-4

解 (1) 在介质中取半径为 r，厚为 $\mathrm{d}r$ 的薄球壳，其电阻为

$$\mathrm{d}R = \rho \frac{\mathrm{d}r}{4\pi r^2},$$

则两球壳之间的电阻为

$$R = \int_{\text{球壳间}} \mathrm{d}R = \int_{R_1}^{R_2} \rho \frac{\mathrm{d}r}{4\pi r^2} = \rho \frac{(R_2 - R_1)}{4\pi R_1 R_2}.$$

(2) 由欧姆定律

$$I = \frac{U}{R} = \frac{4\pi R_1 R_2 U}{\rho(R_2 - R_1)},$$

在半径为 r 的球面上，电流所通过的横截面 $S = 4\pi r^2$，故该处电流密度为

$$J = \frac{I}{S} = \frac{R_1 R_2 U}{\rho(R_2 - R_1) r^2}.$$

例 7-2 当对某个蓄电池充电时，充电电流为 20A，测得蓄电池两极间的电势差为 6.6V；当该蓄电池放电时，放电电流为 3.0A，测得蓄电池两极间的电势差为 5.1V. 求该蓄电池的电动势和内阻.

解 设蓄电池的电动势为 $\mathscr{E}$，内阻为 r，电流为 $I_1 = 2.0\mathrm{A}$，两端电压为 $U_1 = 6.6\mathrm{V}$，所以

$$U_1 = \mathscr{E} + I_1 r,$$

放电时，电流为 $I_2 = 3.0\mathrm{A}$，两端电压为 $U_2 = 5.1\mathrm{V}$，所以

$$U_2 = \mathscr{E} - I_2 r,$$

两式联立，解得

$$r = \frac{U_1 - U_2}{I_1 + I_2} = 0.30(\Omega),$$

$$\mathscr{E} = U_1 - I_1 r = 6.0(\mathrm{V}).$$

2. 磁感应强度的计算

解题要点 磁感应强度的计算方法主要有两种：应用毕奥 - 萨伐尔定律和应用安培环路

定理进行计算.用毕奥－萨伐尔定律求磁感应强度的解题思路是:先将载流导线分割成电流元,然后写出任一电流元在空间某点产生的磁感应强度 $d\boldsymbol{B}$,然后根据场的叠加原理求出整个载流导线产生的磁感应强度 $\boldsymbol{B}=\int d\boldsymbol{B}$.

用安培环路定理求磁感应强度分布,要对磁场的对称性进行分析,选择适当的闭合回路,使磁感应强度 $\boldsymbol{B}$ 能从积分号中提出.对具有一定对称性磁场的计算,用这种方法较为简单.

解题方法

(1) 毕奥－萨伐尔定律的解题步骤

① 由毕奥－萨伐尔定律写出导线上任一电流元在空间某点的磁感应强度 $d\boldsymbol{B}=\frac{\mu_0}{4\pi}\cdot\frac{Id\boldsymbol{l}\times\boldsymbol{e}_r}{r^2}$,并确定其方向;

② 选取适当的坐标系,把 $d\boldsymbol{B}$ 化为分量式;

③ 由场的叠加原理得出导线在空间某点产生的磁感应强度为

$$\boldsymbol{B}=\int_L\frac{\mu_0}{4\pi}\cdot\frac{Id\boldsymbol{l}\times\boldsymbol{e}_r}{r^2}.$$

如各电流元在所求点产生的 $d\boldsymbol{B}$ 方向都相同,则矢量积分可写成标量积分

$$B=\int dB.$$

例 7-3 在图 7-5 所示回路中,O 是圆弧导线 ACB 的圆心,AB 是直导线,AO 垂直 BO,回路中通电流 I,求 O 点的磁感应强度.

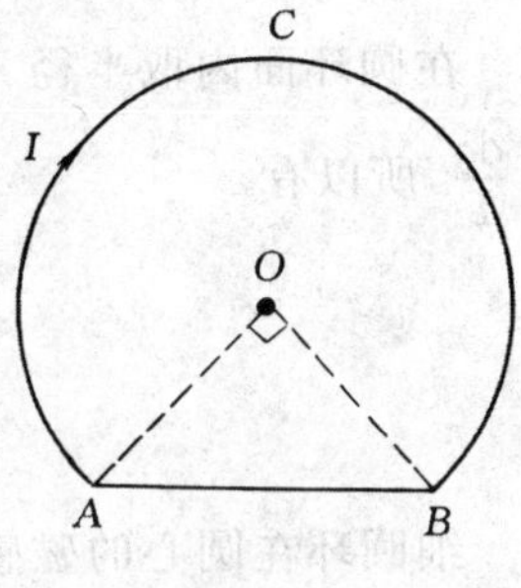

图 7-5

解 O 点磁场由圆弧 ACB 和直线 BA 中电流共同激发产生.

圆弧 ACB 在 O 点的磁感应强度为

$$B_1=\frac{\mu_0 I}{2R}\widehat{ACB}=\frac{\mu_0 I}{2R}\cdot\frac{3}{4},$$

场强方向垂直纸面向里.

直导线 AB 在 O 点的磁感应强度为

$$B_2=\frac{\mu_0 I}{4\pi R}(\cos45^\circ-\cos135^\circ)=\frac{\mu_0 I}{2\pi R},$$

场强方向垂直纸面向里.

整个导线在 O 点的磁感应强度

$$B=B_1+B_2=\left(\frac{3}{8}+\frac{1}{2\pi}\right)\frac{\mu_0 I}{R},$$

场强方向垂直纸面向里.

例 7-4 在顶角为 2θ 的圆锥台上,密绕线圈共 N 匝,每匝通电流 I,圆锥台上、下底半径分别为 r 和 R.求圆锥台顶点处的磁感应强度.

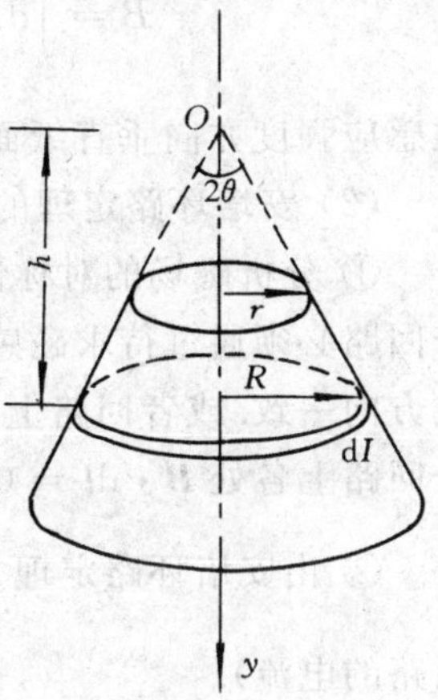

图 7-6

解 把这通电线圈绕成的圆锥台看为许多圆电流的组合.

如图 7-6 所示取坐标系,以圆锥台顶点为原点,坐标轴 y 竖直

向下.

取圆电流为积分元,距顶点为 y 处一圆电流(通电流为 $\mathrm{d}I$),在 O 处产生的磁感应强度

$$\mathrm{d}B=\frac{\mu_0 \mathrm{d}I y^2 \tan^2\theta}{2(y^2\tan^2\theta+y^2)^{3/2}}=\frac{\mu_0 \mathrm{d}I}{2y}\sin^2\theta\cos\theta,$$

式中,$\mathrm{d}I=\dfrac{NI\mathrm{d}y}{(R-r)\cot\theta}$,所以有

$$\mathrm{d}B=\frac{\mu_0 NI}{2(R-r)}\sin^3\theta\frac{\mathrm{d}y}{y}.$$

因为各圆电流在 O 点产生的磁感应强度方向相同(都沿 y 轴),所以 O 点的磁感应强度为

$$B=\int \mathrm{d}B=\int_{r\cot\theta}^{R\cot\theta}\frac{\mu_0 NI}{2(R-r)}\sin^3\theta\frac{\mathrm{d}y}{y}=\frac{\mu_0 NI}{2(R-r)}\sin^3\theta\ln\frac{R}{r}.$$

例 7-5 如图 7-7 所示,内外半径分别为 R_1 和 R_2 的平面圆环,均匀带电 $+Q$,圆环绕通过圆心且垂直圆环平面的轴线以角速度 ω 匀速转动,求圆心的磁感应强度.

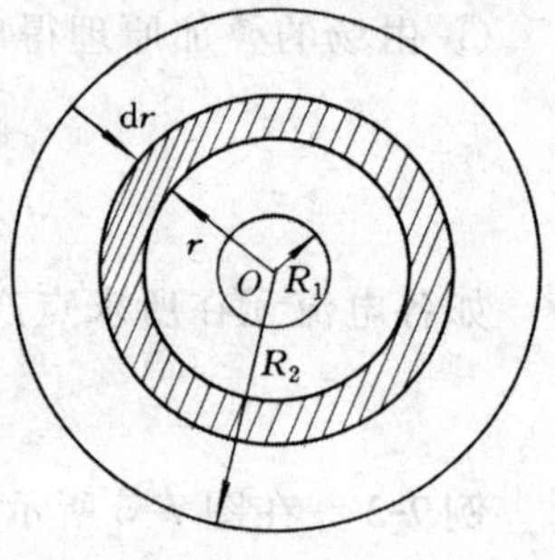

图 7-7

解 圆环旋转时,其上电荷绕轴转动形成电流,在空间激发磁场.

圆环电荷面密度 $\sigma=\dfrac{Q}{\pi(R_2^2-R_1^2)}$.

在圆环面内取半径 r、宽度 $\mathrm{d}r$ 的细圆环,细圆环上的电流 $\mathrm{d}I=\dfrac{\mathrm{d}q}{T}$,所以有

$$\mathrm{d}I=\frac{\sigma 2\pi r\mathrm{d}r}{2\pi/\omega}=\sigma\omega r\mathrm{d}r.$$

细圆环在圆心的磁感应强度 $\mathrm{d}B=\dfrac{\mu_0 \mathrm{d}I}{2r}=\dfrac{\mu_0\omega\sigma\mathrm{d}r}{2}$,

所有细圆环在圆心处的磁感应强度方向都相同,得

$$B=\int \mathrm{d}B=\int_{R_1}^{R_2}\frac{\mu_0\omega\sigma\mathrm{d}r}{2}=\frac{\mu_0\omega\sigma}{2}(R_2-R_1)=\frac{\mu_0\omega Q}{2\pi(R_1+R_2)}.$$

磁感应强度方向垂直纸面朝外.

(2) 安培环路定理的解题步骤

① 分析磁场的对称性,选择适当的闭合回路. 所选的闭合回路必须满足下列两个条件:闭合回路必须通过待求磁感应强度的那一点;回路上各点 $\boldsymbol{B}$ 的大小相等,方向与回路上该点的切线方向一致. 或者回路上一部分满足上述条件,而其他部分的 $\boldsymbol{B}$ 等于零或与回路垂直,使这部分回路上各处 $\boldsymbol{B}\cdot\mathrm{d}\boldsymbol{l}=0$.

② 由安培环路定理 $\oint_L \boldsymbol{B}\cdot\mathrm{d}\boldsymbol{l}=\mu_0\sum_i I_i$,求出磁感应强度的分布(注意:$\sum_i I_i$ 是指穿过闭合回路的电流).

例 7-6 在半径为 R 的长直金属圆柱体内部挖去一个半径为 r 的长直圆柱体,两圆柱体轴

线平行，其间距为 a，如图 7-8 所示. 如果导体上通有电流 I，且电流在截面上均匀分布，求空心部分轴线上的磁感应强度大小.

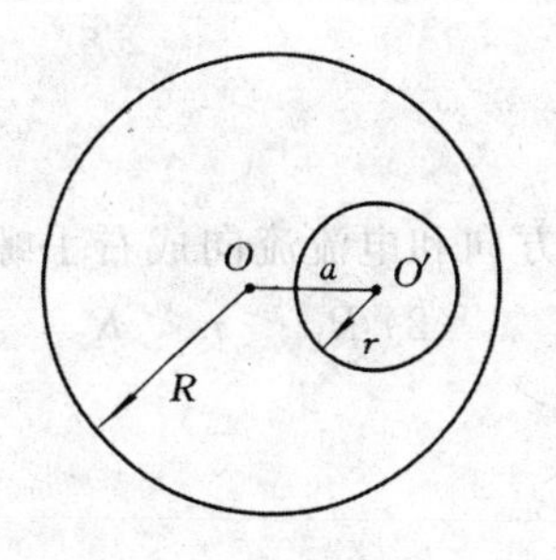

图 7-8

解　分析知，首先半径为 R 的导体均匀流过的电流密度为 $\dfrac{I}{\pi(R^2-r^2)}$，再假设在挖空的那部分还存在电流密度为 $-\dfrac{I}{\pi(R^2-r^2)}$ 的电流. 于是，空心部分轴线上磁感应强度便可以看成是电流密度为 $\dfrac{I}{\pi(R^2-r^2)}$ 的实心圆柱体在该处的磁感应强度和占据空心部分的电流密度为 $-\dfrac{I}{\pi(R^2-r^2)}$ 的圆柱体在该处磁感应强度的矢量和.

空心圆柱导体的电流密度为

$$j=\frac{I}{\pi(R^2-r^2)}.$$

设想电流密度为上述值的实心导体在其内部产生的磁场应为以其轴线对称分布的. 所以以其轴线为圆心，以 a 为半径，在实心圆柱体内作一垂直于圆柱的闭合回路，应用安培环路定理，有

$$\oint_L \boldsymbol{B}\cdot \mathrm{d}\boldsymbol{l}=\mu_0 j\pi a^2,$$

解得

$$B=\frac{\mu_0 ja}{2}.$$

根据叠加原理，空心部分轴线上的磁感应强度为大圆柱在该点的磁场与小圆柱在该点的磁场的叠加，即

$$B_0=B_{大}+B_{小}=\frac{\mu_0 ja}{2}+0=\frac{\mu_0 Ia}{2\pi(R^2-r^2)},$$

方向与电流 I 满足右手定则.

例 7-7　如图 7-9 所示，一根很长的同轴电缆，由半径为 R_1 的圆柱形导体和内外半径分别为 R_2 和 R_3 同轴圆筒状导体组成，两导体中载有大小相等、方向相反的电流 I，电流均匀分布在各导体的截面上. 求磁感应强度.

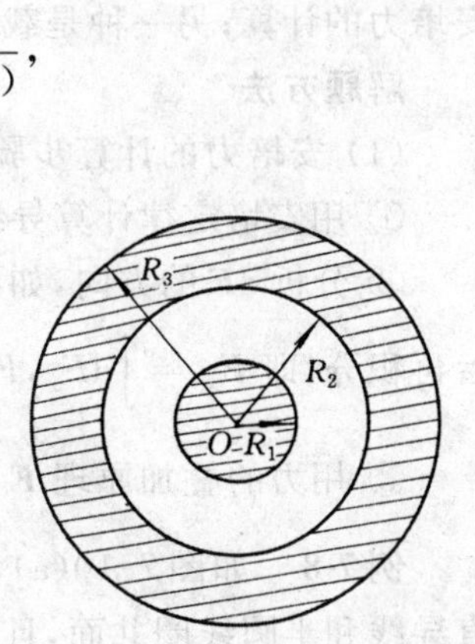

图 7-9

解　由分析知，磁场线是圆心在电缆轴线上的同心圆，圆上各点的磁感应强度大小相等.

由安培环路定理 $\oint_C \boldsymbol{B}\cdot \mathrm{d}\boldsymbol{l}=\mu_0\sum I_i$，有

(1) $r<R_1$

$$\oint_C \boldsymbol{B}\cdot \mathrm{d}\boldsymbol{l}=\oint_C B\,\mathrm{d}l\cos 0^\circ=B\cdot 2\pi r,$$

$$\sum I_i=\frac{I}{\pi R_1^2}\pi r^2,$$

$$B=\frac{\mu_0}{2\pi r}\sum I_i=\frac{\mu_0 I}{2\pi R_1^2}r,$$

方向和电流流向成右手螺旋关系.

(2) $R_1<r<R_2$

$$\sum I_i=I,$$

$$B=\frac{\mu_0}{2\pi r}\sum I_i=\frac{\mu_0 I}{2\pi r},$$

方向和电流流向成右手螺旋关系.

(3) $R_2<r<R_3$

$$\sum I_i=I-\frac{\pi(r^2-R_2^2)}{\pi(R_3^2-R_2^2)}I=\frac{R_3^2-r^2}{R_3^2-R_2^2}I,$$

$$B=\frac{\mu_0}{2\pi r}\sum I_i=\frac{\mu_0 I}{2\pi r}\cdot\frac{(R_3^2-r^2)}{(R_3^2-R_2^2)},$$

方向和电流流向成右手螺旋关系.

(4) $r>R_3$

$$\sum I_i=0,$$

$$B=0.$$

3. 磁场对电流的作用的计算

解题要点　磁场对电流的作用有两种类型的计算题,一种是磁场对载流导线的作用,即安培力的计算;另一种是载流线圈在均匀磁场中所受力矩的计算.

解题方法

(1) 安培力的计算步骤

① 用安培定律计算导线上任一电流元所受的作用力 $\mathrm{d}\boldsymbol{F}=I\mathrm{d}\boldsymbol{l}\times\boldsymbol{B}$;

② 分析 $\mathrm{d}\boldsymbol{F}$ 的方向,如各电流元所受的力 $\mathrm{d}\boldsymbol{F}$ 的方向不同,应选取适当的坐标系把 $\mathrm{d}\boldsymbol{F}$ 分解后再积分,即 $F_x=\int\mathrm{d}F_x$,$F_y=\int\mathrm{d}F_y$,$F_z=\int\mathrm{d}F_z$;

③ 用力的叠加原理 $\boldsymbol{F}=\int\mathrm{d}\boldsymbol{F}$ 求得整个导线所受的力.

例 7-8　如图 7-10(a) 所示,无限长直导线中通电流 I_1,半径为 R 的半圆线圈中通电流 I_2,直导线和半圆线圈共面,且半圆直径重合于长直导线,求半圆线圈在电流 I_1 激发的磁场中的磁场力.

解　以圆心为坐标原点,建立坐标系.根据对称性,线圈受力沿 x 轴.

在半圆线圈上取电流元 $I\mathrm{d}\boldsymbol{l}$,方向如图 7-10(b),电流元处磁感应强度为

$$B=\frac{\mu_0 I_1}{2\pi x},$$

式中
$$x=R\cos\theta.$$

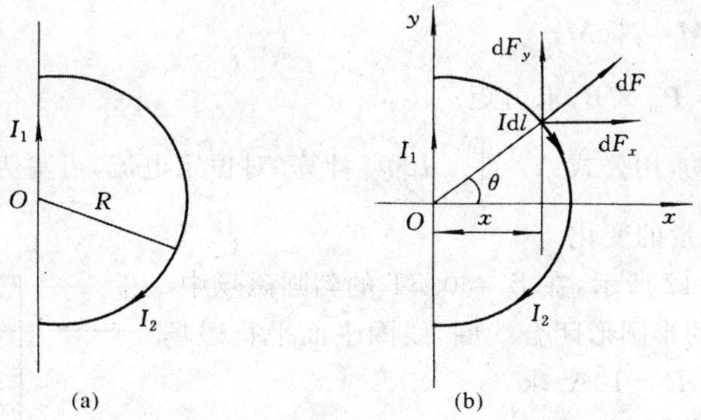

图 7-10

电流元所受的安培力 $\mathrm{d}F = BI_2\mathrm{d}l$，方向沿径向．所以有

$$\mathrm{d}F_x = \mathrm{d}F\cos\theta = BI_2\mathrm{d}l\cos\theta,$$

所以
$$\mathrm{d}F_x = \frac{\mu_0 I_1 I_2 \cos\theta}{2\pi R\cos\theta}R\mathrm{d}\theta = \frac{\mu_0 I_1 I_2}{2\pi}\mathrm{d}\theta,$$

得
$$F = \int \mathrm{d}F_x = \int_0^{\pi} \frac{\mu_0 I_1 I_2}{2\pi}\mathrm{d}\theta = \frac{\mu_0 I_1 I_2}{2},$$

线圈所受力方向水平向右．

例 7-9　如图 7-11(a) 所示，均匀磁场 $\boldsymbol{B}$ 中有一根任意形状的导线 AB，导线所在平面垂直磁场，已知导线两端点 AB 之间的距离为 L．求弯曲导线 AB 所受的力．

解　建立坐标系如图 7-11(b) 所示，在导线 AB 上取元线段 $I\mathrm{d}\boldsymbol{l}$，元线段所受力为

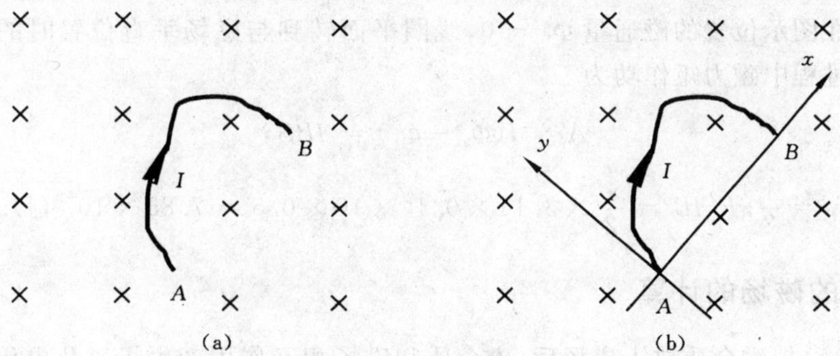

图 7-11

$$\mathrm{d}\boldsymbol{F} = I\mathrm{d}\boldsymbol{l}\times\boldsymbol{B} = I(\mathrm{d}x\boldsymbol{i} + \mathrm{d}y\boldsymbol{j})\times(-B\boldsymbol{k})$$
$$= IB(\mathrm{d}x\boldsymbol{j} - \mathrm{d}y\boldsymbol{i}),$$

所以
$$\boldsymbol{F} = \int \mathrm{d}\boldsymbol{F} = \int_0^L IB\boldsymbol{j}\,\mathrm{d}x - \int_0^0 IB\boldsymbol{i}\,\mathrm{d}y = IBL\boldsymbol{j}.$$

(2) 载流线圈在均匀磁场中转动所受力矩　磁力或磁力矩的功的计算

此类计算题可有两种计算方法：

① 先求出各电流元受力 $\mathrm{d}\boldsymbol{F}$，由力矩的定义得电流元所受力矩 $\mathrm{d}\boldsymbol{M} = \boldsymbol{r}\times\boldsymbol{F}$，再用积分求出

整个线圈所受的力矩 $\boldsymbol{M}=\int \mathrm{d}\boldsymbol{M}$；

② 利用公式 $\boldsymbol{M}=\boldsymbol{P}_{\mathrm{m}}\times\boldsymbol{B}$，求力矩.

磁力或磁力矩的功，用公式 $A=\int_{\Phi_{\mathrm{m1}}}^{\Phi_{\mathrm{m2}}} I\mathrm{d}\Phi_{\mathrm{m}}$ 计算. 对恒定电流，可写为 $A=I\Delta\Phi_{\mathrm{m}}$. 所以磁力的功，可归结为求磁通量的变化.

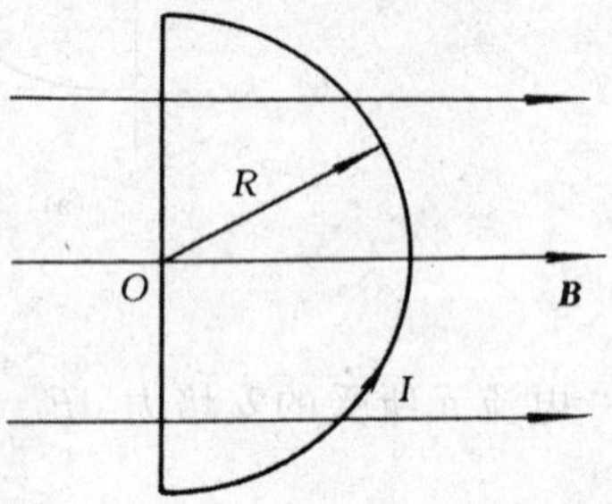

图 7-12

例 7-10 如图 7-12 所示，在 $B=0.5\mathrm{T}$ 的匀强磁场中，有一半径 $R=0.1\mathrm{m}$ 的半圆形闭合线圈，线圈平面平行磁场方向，且线圈中通电流 $I=10\mathrm{A}$. 求

(1) 在图示位置时线圈的磁矩；

(2) 以线圈的直径为转轴，线圈受到的力矩；

(3) 当线圈平面从图示位置转到与磁场垂直的位置时，磁力矩作功多少？

解 (1) 由线圈的磁矩 $\boldsymbol{P}_{\mathrm{m}}=NIS\boldsymbol{e}_{\mathrm{n}}$，得

$$P_{\mathrm{m}}=\frac{1}{2}\pi R^2 I=\frac{1}{2}\times 3.14\times 0.1^2\times 10=0.157\quad(\mathrm{A}\cdot\mathrm{m}^2),$$

方向垂直纸面向上.

(2) 由线圈受到的力矩公式 $\boldsymbol{M}=\boldsymbol{P}_{\mathrm{m}}\times\boldsymbol{B}$，得

$$M=P_{\mathrm{m}}B\sin\varphi=\frac{1}{2}\pi R^2 IB\sin 90^\circ$$

$$=\frac{1}{2}\times 3.14\times 0.1^2\times 10\times 0.5=7.85\times 10^{-2}(\mathrm{N}\cdot\mathrm{m}).$$

(3) 线圈在图示位置的磁通量 $\Phi_1=0$，线圈平面转到与磁场垂直位置时的磁通量 $\Phi_2=BS$，所以转动过程中磁力矩作功为

$$A=I(\Phi_2-\Phi_1)=IBS,$$

即
$$A=\frac{1}{2}\pi R^2 IB=\frac{1}{2}\times 3.14\times 0.1^2\times 10\times 0.5=7.85\times 10^{-2}(\mathrm{J}).$$

4. 磁介质中的磁场的计算

解题要点 把磁介质放入磁场后，磁介质和磁场相互作用产生了磁化电流. 因此空间任一点的磁场应是外磁场 $\boldsymbol{B}_0$ 和磁化电流产生的附加磁场 $\boldsymbol{B}'$ 的矢量和，即 $\boldsymbol{B}=\boldsymbol{B}_0+\boldsymbol{B}'$. 真空中磁场的两个基本方程：高斯定理和安培环路定理对合磁场 $\boldsymbol{B}$ 依然成立.

解题方法 用介质中的安培环路定理求磁感应强度的步骤与真空中的安培环路定理相同. 只是直接用介质中的安培环路定理求出的物理量是磁场强度 $\boldsymbol{H}$. 当介质为均匀各向同性时，可用公式 $\boldsymbol{B}=\mu\boldsymbol{H}$ 求 $\boldsymbol{B}$. 再由公式 $\boldsymbol{M}=\frac{\boldsymbol{B}}{\mu_0}-\boldsymbol{H}$ 可求出磁化强度 $\boldsymbol{M}$. 磁化电流面密度的大小可用 $i_S=M$ 求出.

例 7-11 一铁制的螺绕环平均周长 30cm，截面积为 $1\mathrm{cm}^2$，在环上均匀绕 300 匝导线，但绕组内的电流为 0.032A 时，环内的磁通量为 $2\times 10^{-6}\mathrm{Wb}$，试计算

(1) 环内的磁感应强度大小；

(2) 磁场强度大小；

(3) 磁化面电流；

(4) 环内材料的磁导率、相对磁导率及磁化率；

(5) 环芯内的磁化强度大小.

解 (1) 环内的磁感应强度 $B=\dfrac{\Phi}{S}=\dfrac{2\times 10^{-6}}{1\times 10^{-4}}=0.02\ (\mathrm{T})$.

(2) 由 $\oint_C \boldsymbol{H}\cdot \mathrm{d}\boldsymbol{l}=\sum_i I_i$,

得

$$H\cdot 2\pi r=NI,$$

所以

$$H=\frac{NI}{2\pi r}=\frac{300\times 0.032}{0.3}=32(\mathrm{A\cdot m^{-1}}).$$

(3) 磁化面电流线密度

$$j_s=M=\frac{B}{\mu_0}-H,$$

磁化面电流

$$I_s=lj_s=l\left(\frac{B}{\mu_0}-H\right),$$

每匝导线中的磁化面电流为

$$i_s=\frac{I_s}{N}=\frac{l}{N}\left(\frac{B}{\mu_0}-H\right)$$

$$=\frac{0.3}{300}\times\left(\frac{0.02}{4\times 3.14\times 10^{-7}}-32\right)=15.89(\mathrm{A}).$$

(4) 环内材料的磁导率 $\mu=\dfrac{B}{H}=\dfrac{0.02}{32}=6.25\times 10^{-4}$,

相对磁导率

$$\mu_{\mathrm{r}}=\frac{\mu}{\mu_0}=\frac{6.25\times 10^{-4}}{4\times 3.14\times 10^{-7}}=498,$$

磁化率

$$\chi_{\mathrm{m}}=\mu_{\mathrm{r}}-1=497.$$

(5) 环内磁化强度 $M=\dfrac{B}{\mu_0}-H$,

得

$$M=\frac{0.02}{4\times 3.14\times 10^{-7}}-0.02=1.59\times 10^4(\mathrm{A\cdot m^{-1}}).$$

7.5 能力训练

能力训练(1)

一、选择题

1. 关于电动势的概念，下列说法中正确的是(　　).

A) 电动势是电源对外作功的本领

B) 电动势是电场力将单位正电荷从负极经电源内部运送到正极所作的功

C) 电动势是正负两极间的电势差

D) 电动势是非静电力将单位正电荷绕闭合回路移动一周所作的功

2. 一均匀的导线，截面积为 S，单位体积内有 n 个原子，每个原子有 2 个自由电子，当导体两端加一电势差后，自由电子的漂移速度为 v，则导体中的电流为(   ).

A) $nevS$　　B) $2nevS$　　C) $\frac{nvS}{e}$　　D) $\frac{nvS}{2e}$

3. 一电流元 $I\mathrm{d}\boldsymbol{l}$ 位于直角坐标的原点，电流沿 z 轴正向，空间点(x,y,z)的磁感应强度 $\mathrm{d}\boldsymbol{B}$ 沿 x 轴的分量为(   ).

A) $-\frac{\mu_0}{4\pi}\cdot\frac{Ix\mathrm{d}l}{(x^2+y^2+z^2)^{3/2}}$　　B) $-\frac{\mu_0}{4\pi}\cdot\frac{Iy\mathrm{d}l}{(x^2+y^2+z^2)^{3/2}}$

C) $-\frac{\mu_0}{4\pi}\cdot\frac{Iz\mathrm{d}l}{(x^2+y^2+z^2)^{3/2}}$　　D) 0

4. 在两条相距为 a 的长直载流导线之间有一点 P，P 点与两导线的距离相等，均为 $\frac{a}{2}$. 若两导线均通有相同方向的电流 I，则 P 点的磁感应强度的大小为(   ).

A) $\frac{\mu_0 I}{\pi a}$　　B) $\frac{\mu_0 I}{2\pi a}$　　C) $\frac{2\mu_0 I}{\pi a}$　　D) 0

5. 如图 7-13 所示，载流圆线圈半径为 R，通有电流 I，在线圈轴线上有两点 A 和 A'，两点到圆线圈圆心 O 的距离相等，则(   ).

A) A 和 A' 的 $\boldsymbol{B}$ 的大小相等，方向相同　　B) A 和 A' 的 $\boldsymbol{B}$ 的大小相等，方向相反

C) A 和 A' 的 $\boldsymbol{B}$ 的大小不等，方向相同　　D) A 和 A' 的 $\boldsymbol{B}$ 的大小不等，方向相反

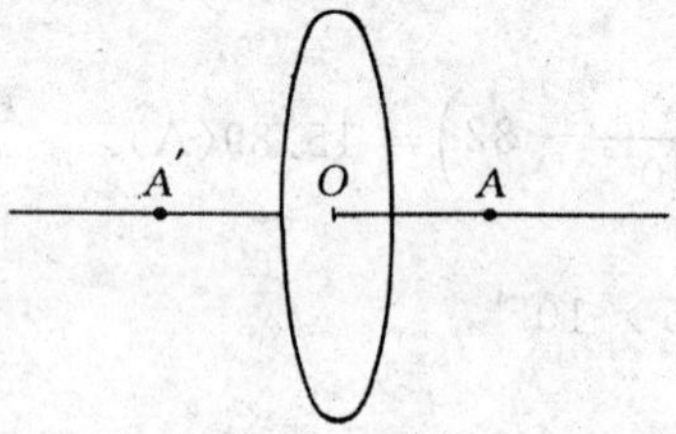

图 7-13

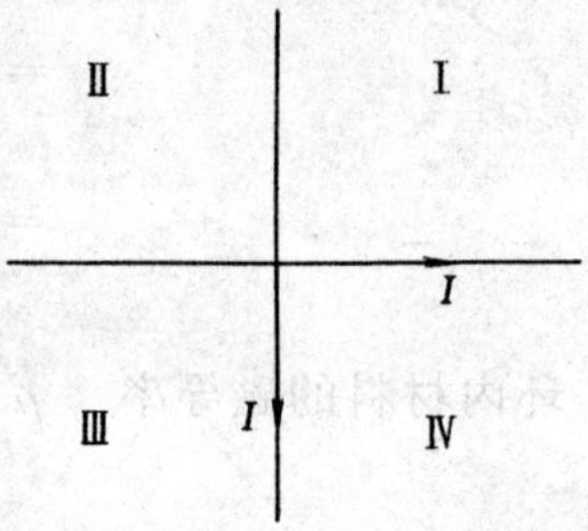

图 7-14

6. 如图 7-14 所示，有两条垂直交叉并互为绝缘的长直导线，均通有电流 I，则磁感应强度为零的区域可能(   ).

A) 仅在第 Ⅰ 象限　　B) 仅在第 Ⅱ 象限

C) 仅在第 Ⅰ，Ⅳ 象限　　D) 仅在第 Ⅰ，Ⅲ 象限

E) 仅在第 Ⅱ，Ⅳ 象限

7. 如图 7-15 所示，有一均匀磁场，磁感应强度 $\boldsymbol{B}$ 与半径为 R 的半球面的轴线平行，则通过此半球面的磁通量为(   ).

A) $4\pi R^2 B$　　B) $2\pi R^2 B$

C) $\pi R^2 B$　　D) 0

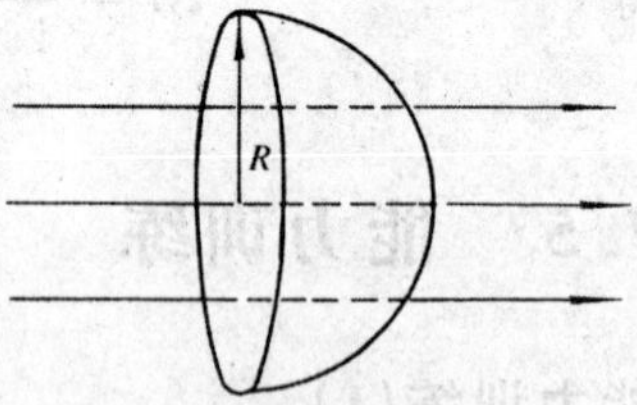

图 7-15

8. 如图 7-16 所示，在图(a)和图(b)中各有一半径相同的圆形回路 L_1 和 L_2，圆周内有电流 I_1 和 I_2，其在 L_1 的 L_2 内的位置分布相同，且均在真空中，但在图(b)中回路 L_2 外还有电流 I_3. P_1，P_2 为两圆形回路上的对应点，则(   ).

A) $\oint_{L_1}\boldsymbol{B}\cdot\mathrm{d}\boldsymbol{l}=\oint_{L_2}\boldsymbol{B}\cdot\mathrm{d}\boldsymbol{l},\quad B_{P_1}=B_{P_2}$　　B) $\oint_{L_1}\boldsymbol{B}\cdot\mathrm{d}\boldsymbol{l}\neq\oint_{L_2}\boldsymbol{B}\cdot\mathrm{d}\boldsymbol{l},\quad B_{P_1}=B_{P_2}$

C) $\oint_{L_1}\boldsymbol{B}\cdot\mathrm{d}\boldsymbol{l}=\oint_{L_2}\boldsymbol{B}\cdot\mathrm{d}\boldsymbol{l},\quad B_{P_1}\neq B_{P_2}$　　D) $\oint_{L_1}\boldsymbol{B}\cdot\mathrm{d}\boldsymbol{l}\neq\oint_{L_2}\boldsymbol{B}\cdot\mathrm{d}\boldsymbol{l},\quad B_{P_1}\neq B_{P_2}$

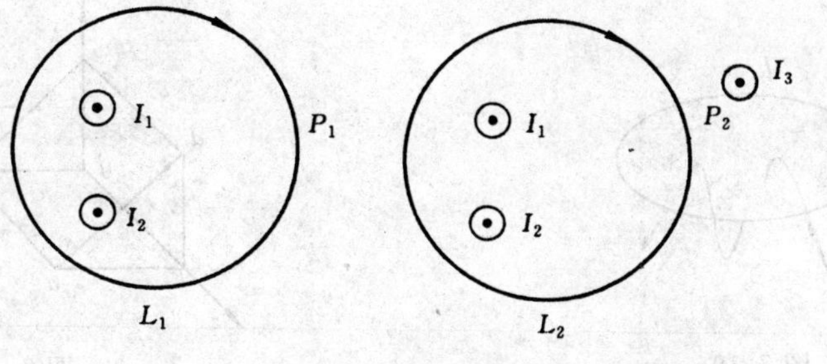

图 7-16

二、填空题

1. 求图 7-17 中各载流导线在 O 点产生的磁感应强度的大小和方向：

(1) 图(a)，$B_0=$ ______________，方向 ______________；

(2) 图(b)，$B_0=$ ______________，方向 ______________；

(3) 图(c)，$B_0=$ ______________，方向 ______________；

(4) 图(d)，$B_0=$ ______________，方向 ______________；

(5) 图(e)，$B_0=$ ______________，方向 ______________。

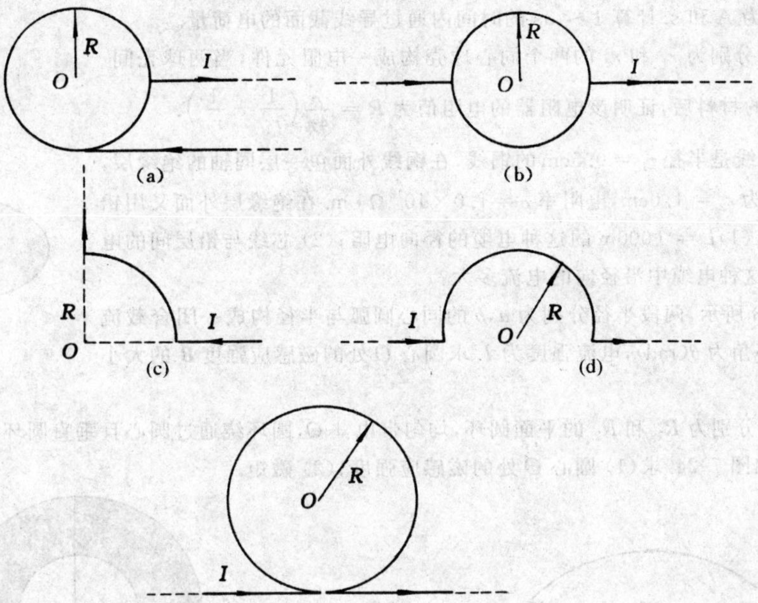

图 7-17

2. 磁场高斯定理的表达式为 ______________；它表明磁场的磁感应线是 ______________ 的。

3. 如图 7-18 所示，ab 棒均匀带电 Q，绕 O 轴以角速度 ω 转动，则 O 点磁感应强度的大小 $B=$ ______________。

4. 如图 7-19 所示，写出环绕闭合曲线 l 的安培环路定理 ______________。

5. 如图 7-20 所示，$abcdef$ 为一闭合面，其中 $abfe$ 和 $cdef$ 为边长为 L 的正方形，均匀磁场 $\boldsymbol{B}$ 沿 x 轴正向。则穿过 $abfe$ 面的磁通量为 ________；穿过 ade 和 bcf 面的磁通量为 ________；穿过 $abcd$ 面的磁通量为 ________；穿过 $cdef$ 面的磁通量为 ________。

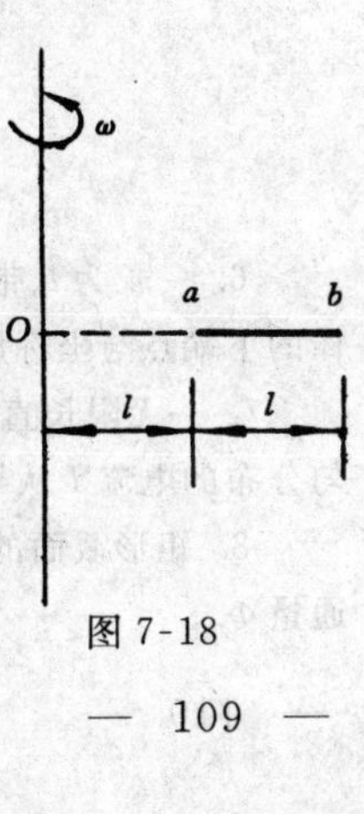

图 7-18

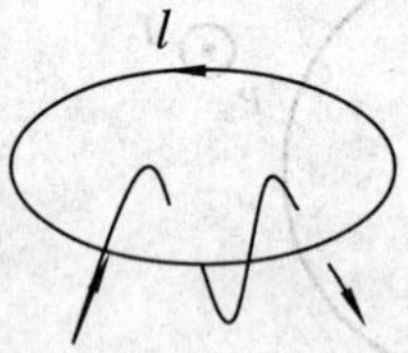

图 7-19

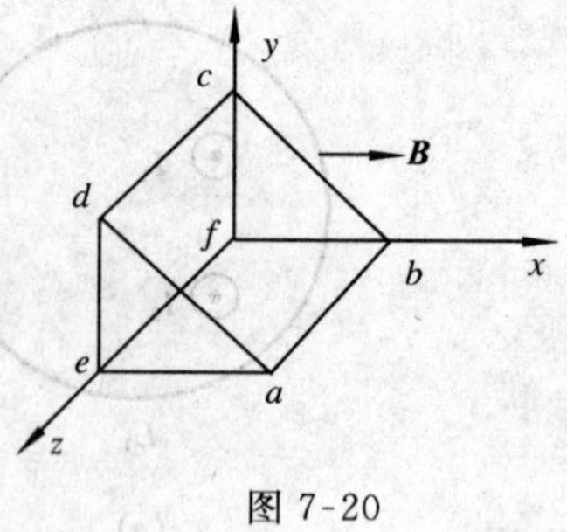

图 7-20

6. 一半径为 a 的无限长载流直导线，沿轴向均匀地通有电流 I。若作一半径为 $5a$，高为 l 的柱形曲面，已知此柱形曲面的轴线与载流直导线平行，且相距为 $3a$，如图 7-21 所示，则通过圆柱侧面 S 的磁通量 Φ_m 为________.

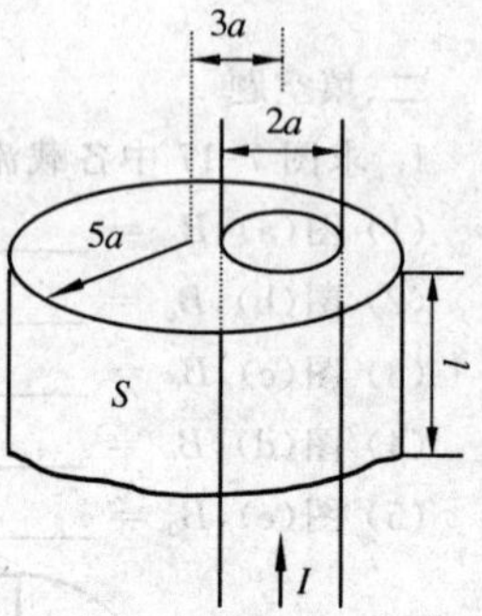

图 7-21

7. 一半径 R 的圆盘，其上均匀带有面密度为 σ 的电荷，如图 7-22 所示。若圆盘以角速度 ω 绕通过盘心垂直于盘面的轴转动，则其磁矩的大小为________.

三、计算题

1. 已知导线中的电流按 $I = t^2 - 0.5t + 6$ 的规律随时间 t 变化，式中电流和时间的单位分别为 A 和 s. 计算 1 ～ 3s 的时间内通过导线截面的电荷量.

2. 内外半径分别为 r_1 和 r_2 的两个同心球壳构成一电阻元件，当两球壳间填满电阻率为 ρ 的材料后，证明该电阻器的电阻值为 $R = \frac{\rho}{4\pi}\left(\frac{1}{r_1} - \frac{1}{r_2}\right)$.

3. 电缆的芯线是半径 $r_1 = 0.5\text{cm}$ 的铜线，在铜线外面包一层同轴的绝缘层，绝缘层的外半径为 $r_2 = 1.0\text{cm}$，电阻率 $\rho = 1.0 \times 10^{12}\,\Omega\cdot\text{m}$. 在绝缘层外面又用铅层保护起来. 试求(1) $L = 1000\text{m}$ 的这种电缆的径向电阻；(2) 芯线与铅层间的电势差为 100V，在这种电缆中沿径向的电流多大?

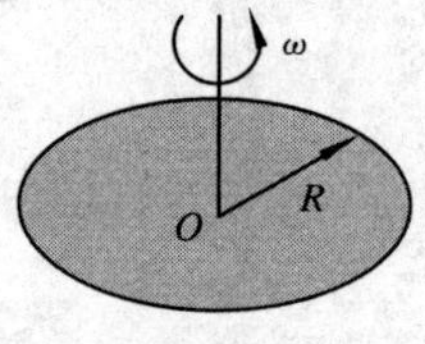

图 7-22

4. 如图 7-23 所示，两段半径分别为 a，b 的同心圆弧与半径构成一闭合载流回路，对应的圆心角为 θ(rad)，电流强度为 I. 求圆心 O 处的磁感应强度 $\boldsymbol{B}$ 的大小和方向.

5. 内外半径分别为 R_1 和 R_2 的平面圆环，均匀带电 $+Q$，圆环绕通过圆心且垂直圆环平面的轴线以角速度 ω 匀速转动，如图 7-24. 求(1) 圆心 O 处的磁感应强度；(2) 磁矩.

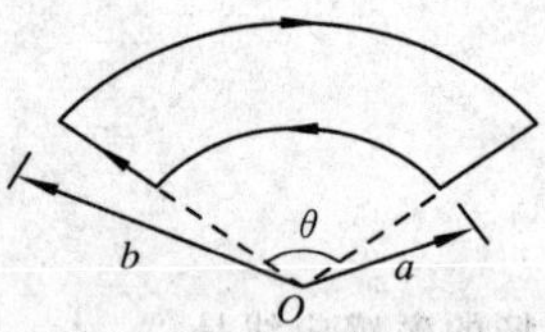

图 7-23

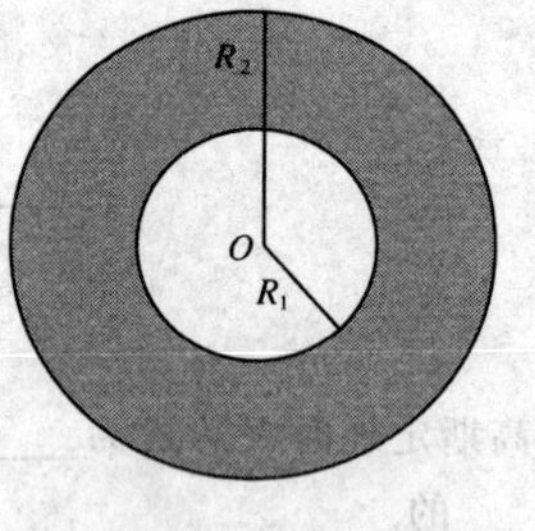

图 7-24

6. 一长为 l、带电量为 q 的均匀细棒，以速率 v 沿 x 轴正方向运动. 当细棒运动到与 u 轴重合的位置时，细棒的下端点与坐标原点 O 的距离为 a，如图 7-25 所示. 求此时 O 点的磁感应强度.

7. 一无限长直同轴电缆，里面导线的半径为 a，外面是半径为 b 的导体薄圆管，其厚度可以略去不计，均匀分布的电流 I 从导线流去，从圆管流回. 求离轴线为 r 处的磁感应强度大小.

8. 矩形截面的螺绕环总匝数为 N，尺寸如图 7-26 所示，求螺绕环内的磁感应强度 $\boldsymbol{B}$ 和通过环截面的磁通量 Φ_m.

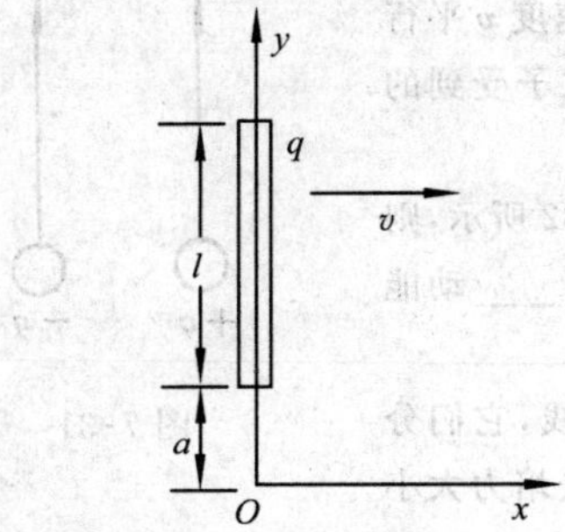

图 7-25

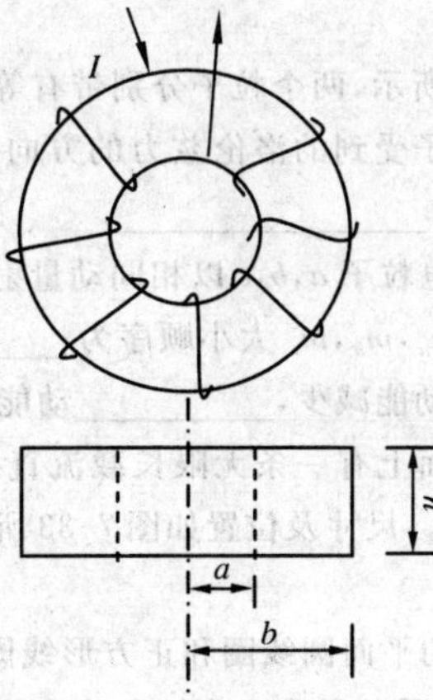

图 7-26

能力训练(2)

一、选择题

1. 三条无限长直导线等距地并排安放,导线 Ⅰ、Ⅱ、Ⅲ 分别载有 1A,2A,3A 同方向的电流,由于磁相互作用的结果,导线 Ⅰ,Ⅱ,Ⅲ 单位长度上分别受力 F_1,F_2,F_3,如图 7-27 所示. 则这三个力的比值是(　　).

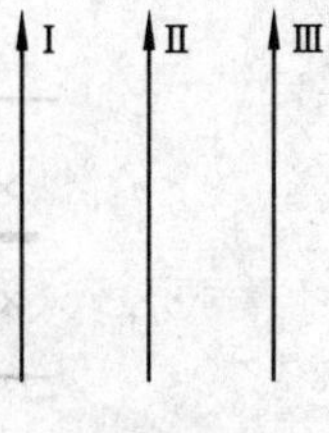

图 7-27

A) 5 : 4 : 6　　B) 7 : 8 : 15　　C) 7 : 6 : 13　　D) 5 : 8 : 6

2. 两相同的电流元如图 7-28 所示放置,此两电流元的相互作用力为(　　).

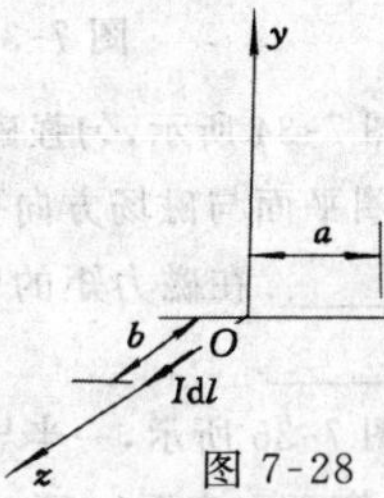

图 7-28

A) 大小相等,方向相反　　B) 大小不等,方向相反

C) 大小相等,方向互相垂直　　D) 大小不等,方向互相垂直

3. 从电子枪同时射出两个电子,初速度分别为 v 和 $2v$,经垂直磁场偏转后(　　).

A) 初速度为 v 的电子先回到出发点

B) 初速度为 $2v$ 的电子先回到出发点

C) 同时回到出发点　　D) 不能回到出发点

4. 如图 7-29 所示,有一半径为 R 的圆线圈通有电流 I_1,在圆线圈的轴线上有一长直导线通有电流 I_2,则圆形电流受到的作用力为(　　).

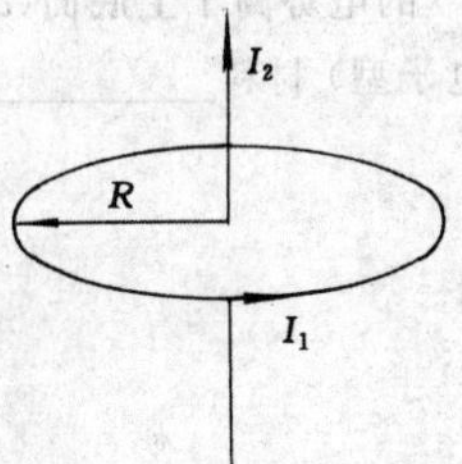

图 7-29

A) 沿半径方向向外　　B) 沿半径方向向里

C) 沿 I_1 的方向　　D) 沿 I_2 的方向

E) 无作用力

5. 如图 7-30 所示,在一无限长载流为 I 的直导线产生的磁场中,把两根载有相同电流的直导线(长短相同)分别由 a 和 b 处移到 c 处. 在移动过程中两直导线保持平行. 此过程中磁力对两直导线作的功分别为 A_{ac},A_{bc},则(　　).

A) $A_{ac} > A_{bc}$　　B) $A_{ac} < A_{bc}$

C) $A_{ac} = A_{bc} = 0$　　D) $A_{ac} = A_{bc} \neq 0$

6. 用细导线均匀密绕成长为 l,半径为 $a(l \ll a)$,总匝数为 N 的螺线管,通以稳恒电流 I,当管内充满相对磁导率为 μ_r 的均匀介质后,管中任一点的磁感应强度为(　　).

A) $\mu_0 \mu_r NI$　　B) $\dfrac{\mu_r NI}{l}$　　C) $\dfrac{\mu_0 NI}{l}$　　D) $\dfrac{NI}{l}$

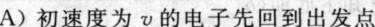

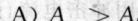

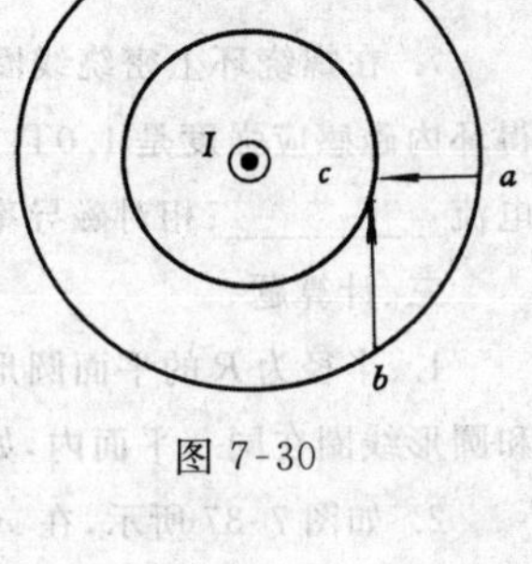

图 7-30

二、填空题

1. 如图 7-31 所示，两个粒子分别带有等量异号电荷. 现以相同的速度 $\boldsymbol{v}$ 平行运动，则带正电粒子受到的洛伦兹力的方向为__________，带负电粒子受到的洛伦兹力的方向为__________.

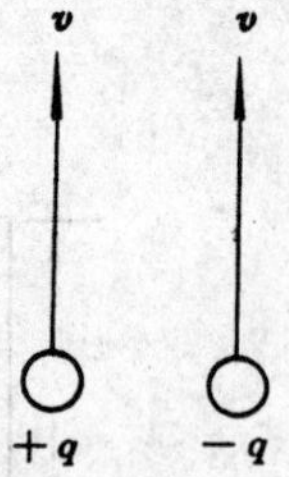

图 7-31

2. 三个带正电粒子 a,b,c 以相同动量射入正交电磁场中，如图 7-32 所示，则可知它们的质量 m_a, m_b, m_c 大小顺序为__________，三个粒子中__________动能增加，__________动能减少，__________动能不变.

3. 在同一平面上有一条无限长载流直导线和一有限长载流直导线，它们分别通有电流 I_1 及 I_2，尺寸及位置如图 7-33 所示. 则有限长导线所受的安培力大小为__________.

4. 周长相等的平面圆线圈和正方形线圈，载有相同的电流，现把两个线圈放入同一均匀磁场中，则圆线圈与正方形线圈所受的最大磁力矩之比为________.

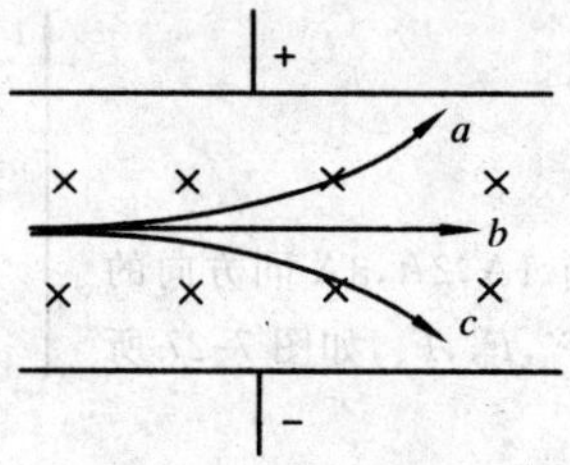

图 7-32

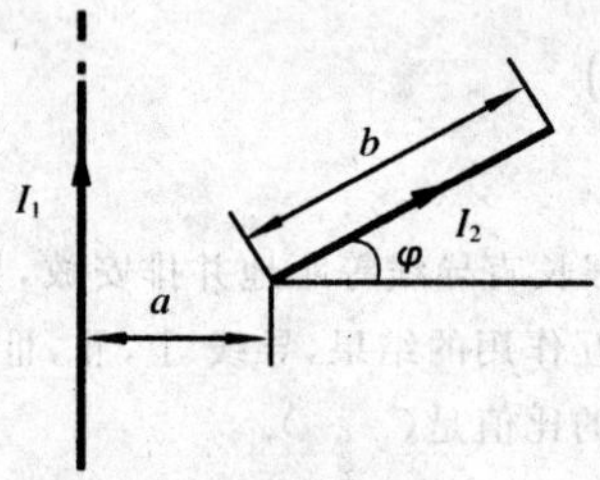

图 7-33

5. 如图 7-34 所示，匀强磁场 $\boldsymbol{B}$ 中，有一边长为 a 的正方形通电线圈，电流强度为 I，线圈平面与磁场方向平行，则该线圈受到的磁力矩大小 $M=$__________，方向为________. 在磁力矩的作用下，线圈转动了 20 圈，则在此过程中磁力矩作功 A 为________.

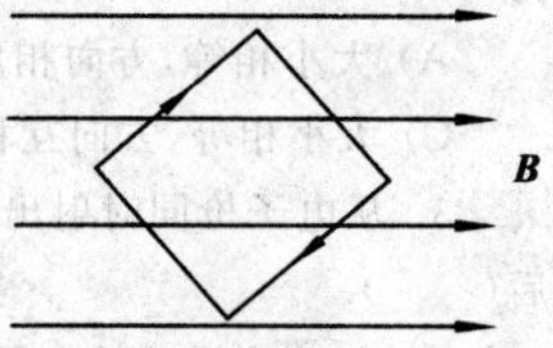

图 7-34

6. 如图 7-35 所示，一半导体材料，通有电流 I，置于磁场 $\boldsymbol{B}$ 中，已知下底面（b 面）的电势高于上底面（a 面）的电势，则该半导体材料是 P 型（空穴型）还是 N 型（电子型）材料__________？

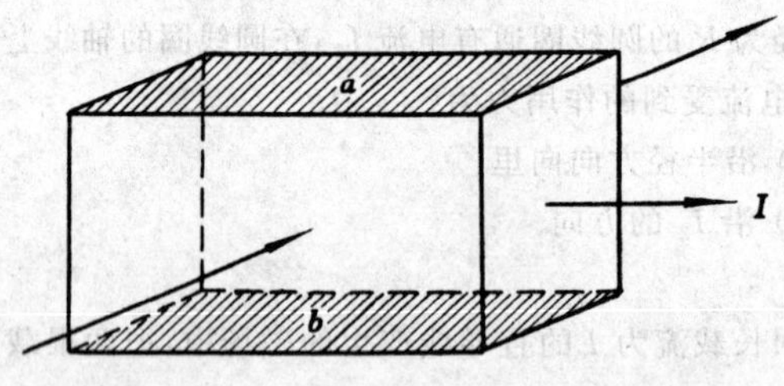

图 7-35

7. 在螺绕环上密绕线圈共 400 匝，环的平均周长是 40cm，当导线内通有电流 20A 时，利用冲击电流计测得环内磁感应强度是 1.0T. 则环内的磁场强度__________；磁化强度__________；磁化率__________；磁化面电流__________；相对磁导率__________.

三、计算题

1. 半径为 R 的平面圆形线，圈中载有电流 I_2，另一无限长直导线 AB 中载有电流 I_1，设 AB 通过圆心，并和圆形线圈在同一平面内，如图 7-36. 求圆形线圈所受磁力的大小和方向.

2. 如图 7-37 所示，在 xOy 平面内有四分之一圆弧形状的导线，半径为 R，通以电流 I，处于磁感应强度为

$\boldsymbol{B} = a\boldsymbol{i} + b\boldsymbol{j}$ 的均匀磁场中，a，b 均为正常数，求圆弧状导线所受的安培力.

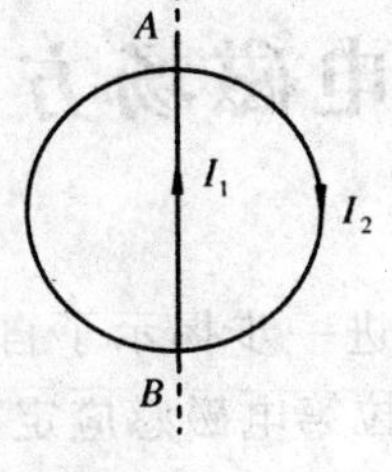

图 7-36

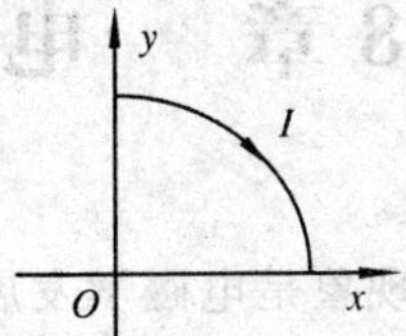

图 7-37

3. 有一根长为 l 的直导线，质量为 m，用细线平挂在外磁场 $\boldsymbol{B}$ 中，导线中载有电流 I，I 的方向与 $\boldsymbol{B}$ 垂直，如图 7-38 所示. 求(1) 线中张力为零时的电流 I；(2) 当 $l = 50\text{cm}$，$m = 10\text{g}$，$B = 1\text{T}$ 时，I 在什么条件下导线会向上运动？

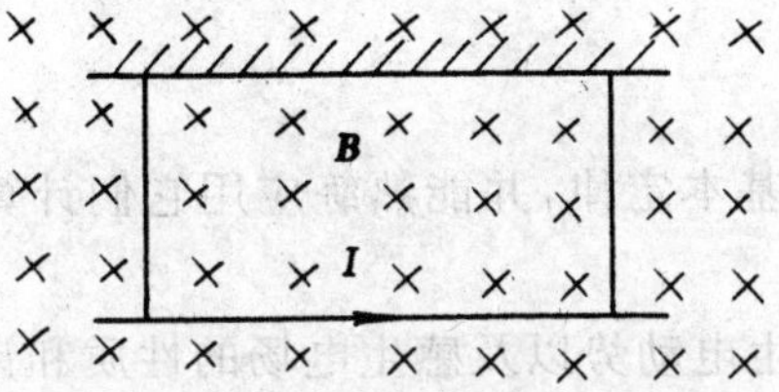

图 7-38

4. 正方形线圈可绕 y 轴转动，边长为 l，通有电流 I. 今将线圈放置在方向平行于 x 轴的均匀磁场 $\boldsymbol{B}$ 中，如图 7-39 所示. 求(1) 线圈各边所受的作用力；(2) 要维持线圈在图示位置所需的外力矩.

5. 如图 7-40 所示，一载流直导线 MN 放在一无限长直导线旁，且二者共面. 长直导线中通有电流 I_1，MN 中通有电流 I_2，求(1) 直导线 MN 受到的磁力的大小和方向；(2) 直导线 MN 受到的磁力相对于 O 点的力矩.

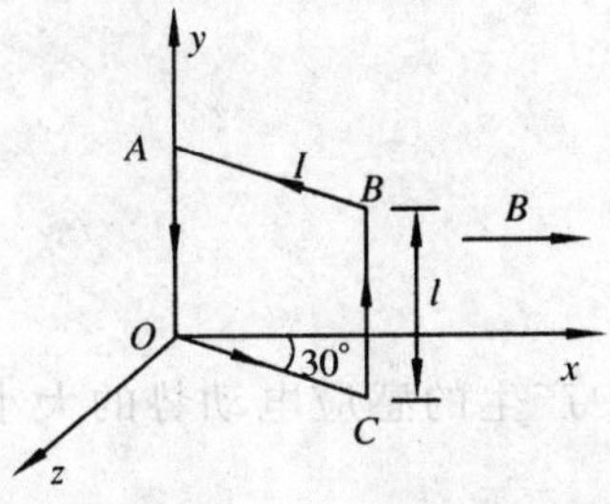

图 7-39

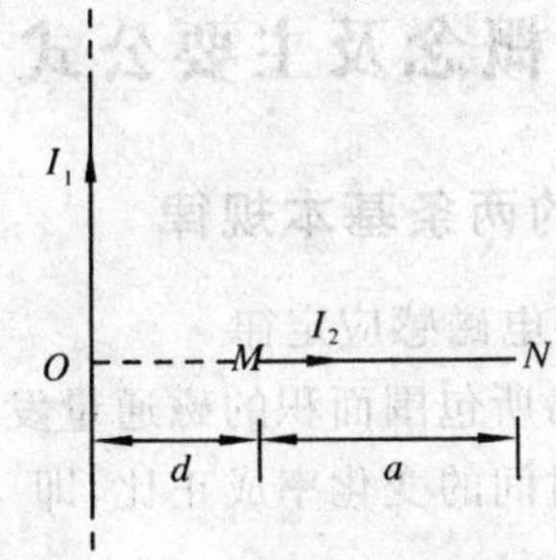

图 7-40

6. 一电子在 $B = 70\text{Gs}$ 的匀强磁场中作圆周运动，圆的半径为 $r = 3\text{cm}$. 已知电子电荷 $e = -1.6 \times 10^{-19}\text{C}$，质量 $m = 9.1 \times 10^{-31}\text{kg}$，$\boldsymbol{B}$ 垂直于纸面向外，电子的圆轨道在纸面内. 设电子某时刻在 A 点，它的速度 $\boldsymbol{v}$ 的方向向上. 求(1) 电子速度大小；(2) 电子的动能.

7. 在一个电视显像管里，电子沿水平方向从南到北运动，动能是 $1.2 \times 10^4\text{eV}$. 该处地球磁场在竖直方向上的分量向下，B 的大小是 0.55Gs. 已知电子电荷 $e = -1.6 \times 10^{-19}\text{C}$，质量 $m = 9.1 \times 10^{-31}\text{kg}$.

(1) 电子受地磁的影响往哪个方向偏转？

(2) 电子的加速度有多大？

(3) 电子在电视管内走 20cm 时，偏转有多大？

(4) 地磁对于看电视有没有影响？

8. 一无限长螺线管，其中充满磁导率 μ 的各向同性均匀非铁磁介质. 如果螺线管单位长度的线圈匝数为 n，所通电流为 I. 求管内介质中的磁场强度 H，磁感应强度 B 和磁化强度 M.

第8章　电磁场与麦克斯韦电磁场方程组

电磁感应现象是电磁学发展史上最重大的发现之一，它进一步揭示了自然界中的电现象和磁现象之间的相互联系和转化的关系. 本章第一部分在法拉第电磁感应定律的基础上，重点讨论动生电动势和感生电动势的产生机理以及自感、互感、磁场的能量等问题. 第二部分介绍感生电场和位移电流的概念，从而对静电场和稳恒电流磁场的方程进行了补充和推广，得出了电磁场所满足的基本方程 —— 麦克斯韦方程组，由此建立了系统的完整的电磁场理论.

8.1　基本要求

(1) 掌握电磁感应的两条基本定律，并能熟练应用它们计算和判断感应电动势的大小和方向；

(2) 掌握动生电动势和感生电动势以及感生电场的性质和计算方法；

(3) 理解自感和互感现象，能计算简单回路的自感系数、自感电动势、互感系数和互感电动势；

(4) 理解磁场能量的概念，并能计算磁场分布较简单情况下的磁场能量；

(5) 理解位移电流的概念和全电流定律的意义；

(6) 掌握麦克斯韦方程组的积分形式及其物理意义.

8.2　重点概念及主要公式

1. 电磁感应的两条基本规律

(1) 法拉第电磁感应定律

当穿过回路所包围面积的磁通量发生变化时，回路中产生的感应电动势的大小与穿过回路的磁通量对时间的变化率成正比，即

$$\mathscr{E}_i = -\frac{\mathrm{d}\Phi}{\mathrm{d}t}.$$

(2) 楞次定律

感应电动势产生的感应电流的方向，总是使感应电流的磁场通过回路的磁通量阻碍原磁通量的变化.

2. 动生电动势和感生电动势

(1) 动生电动势

导体在磁场中运动时，导体中的自由电子要受到洛伦兹力的作用，这种非静电力使运动的导体中产生的感应电动势称为动生电动势. 其数学表达式为

$$\mathscr{E}_i = \int_L (\boldsymbol{v} \times \boldsymbol{B}) \cdot \mathrm{d}\boldsymbol{l}.$$

方向为 $\boldsymbol{v} \times \boldsymbol{B}$ 在导体上的投影方向.

(2) 感生电动势

当闭合导线回路或一段导体静止地处于随时间而变化的磁场 $\boldsymbol{B}(t)$ 中,回路或导体中产生的感应电动势为感生电动势,由变化的磁场激发的非静电场为感生电场.其数学表达式为

$$\mathscr{E}_i = \oint_L \boldsymbol{E}_{感} \cdot \mathrm{d}\boldsymbol{l} = -\int_S \frac{\partial \boldsymbol{B}}{\partial t} \cdot \mathrm{d}\boldsymbol{S}.$$

方向一般可由楞次定律判断.

3. 自感与互感

由电流的变化而产生的电磁感应现象,不外乎两种原因,一是由于回路本身电流发生变化而引起回路自身磁通量的改变,称为自感现象;二是由于邻近回路中电流发生变化而引起回路磁通量的改变,称为互感现象.

(1) 自感系数 $\Psi = LI.$

(2) 自感电动势 $\mathscr{E}_L = -L\dfrac{\mathrm{d}I}{\mathrm{d}t}.$

(3) 互感系数 $\Psi_{21} = MI_1,\quad \Psi_{12} = MI_2.$

(4) 互感电动势 $\mathscr{E}_{21} = -M\dfrac{\mathrm{d}I_1}{\mathrm{d}t},\quad \mathscr{E}_{12} = -M\dfrac{\mathrm{d}I_2}{\mathrm{d}t}.$

4. 磁场能量

(1) 自感磁能 $W_m = \dfrac{1}{2}LI^2.$

(2) 磁场能量密度 $w_m = \dfrac{B^2}{2\mu} = \dfrac{1}{2}BH = \dfrac{1}{2}\mu H^2.$

(3) 磁场能量 $W_m = \displaystyle\int_V w_m \mathrm{d}V = \int_V \frac{B^2}{2\mu}\mathrm{d}V.$

*5. RL 电路、RC 电路的暂态过程

(1) RL 电路

电流增长规律 $I = \dfrac{\varepsilon}{R}(1 - \mathrm{e}^{-\frac{R}{L}t}),$

电流衰变规律 $I = \dfrac{\varepsilon}{R}\mathrm{e}^{-\frac{R}{L}t}.$

(2) RC 电路

电容器充电过程 $q = C\varepsilon(1 - \mathrm{e}^{-\frac{t}{RC}}),$

$I = \dfrac{\varepsilon}{R}\mathrm{e}^{-\frac{t}{RC}};$

电容器放电过程 $q = C\varepsilon\mathrm{e}^{-\frac{t}{RC}},$

$$I=\frac{\varepsilon}{R}\mathrm{e}^{-\frac{t}{RC}}.$$

6. 全电流定律

传导电流存在于导体中，而位移电流可存在于真空、介质和导体中。在任何空间，变化的电场都可表示为相应的位移电流。

(1) 位移电流 $$I_{\mathrm{d}}=\frac{\mathrm{d}\Phi_{\mathrm{D}}}{\mathrm{d}t}.$$

(2) 位移电流密度 $$\boldsymbol{\delta}_{\mathrm{d}}=\frac{\mathrm{d}\boldsymbol{D}}{\mathrm{d}t}.$$

(3) 全电流定律 $\oint_L \boldsymbol{H}\cdot\mathrm{d}\boldsymbol{l}=I_0+I_{\mathrm{d}}$（$I_0$ 为传导电流，I_{d} 为位移电流）.

全电流定律揭示了变化的电场激发磁场的规律.

7. 麦克斯韦方程组

麦克斯韦方程组是描述电磁场基本性质和规律的一组方程.

(1) 积分形式

$$\oint_S \boldsymbol{D}\cdot\mathrm{d}\boldsymbol{S}=\sum_{S内}q=\int_V\rho\,\mathrm{d}V.$$

$$\oint_S \boldsymbol{B}\cdot\mathrm{d}\boldsymbol{S}=0.$$

$$\oint_L \boldsymbol{E}\cdot\mathrm{d}\boldsymbol{l}=-\frac{\mathrm{d}\Phi}{\mathrm{d}t}=-\int_S\frac{\partial\boldsymbol{B}}{\partial t}\cdot\mathrm{d}\boldsymbol{S}.$$

$$\oint_L \boldsymbol{H}\cdot\mathrm{d}\boldsymbol{l}=I_0+I_{\mathrm{d}}=\int_S\boldsymbol{\delta}\cdot\mathrm{d}\boldsymbol{S}+\int_S\frac{\partial\boldsymbol{D}}{\partial t}\cdot\mathrm{d}\boldsymbol{S}.$$

麦克斯韦方程组的积分形式适用于一定范围内的电磁场.

(2) 微分形式

$$\nabla\cdot\boldsymbol{D}=\rho.$$
$$\nabla\cdot\boldsymbol{B}=0.$$
$$\nabla\times\boldsymbol{E}=-\frac{\partial\boldsymbol{B}}{\partial t}.$$
$$\nabla\times\boldsymbol{H}=\delta+\frac{\partial\boldsymbol{D}}{\partial t}.$$

麦克斯韦方程组的微分形式描述的是空间任一点处电磁场的规律，比积分形式具有更深刻的物理意义.

8.3 常见及疑难问题答疑

问题 1 有两个尺寸完全一样的环，一个是铜环，一个是木环. 现在用两个完全相同的条形磁铁的同一磁极以相同的速度分别同时插入两环中，问环内有无感生电场，有无感生电流？

答 两环内均有感生电场，因为感生电场是由变化的磁场产生的，与闭合回路是否由导体构成无关；但是木环内不能形成电流.

问题 2 如图 8-1 所示，设有一导体薄片位于与磁场垂直的平面上.(1) 如果 $\boldsymbol{B}$ 突然改变，$\boldsymbol{B}$ 的改变在 P 点附近不是立即查得出来的，试解释之；(2) 如果导体薄片的电阻率为零，这个改变在 P 点是始终检查不出来的，试解释之.

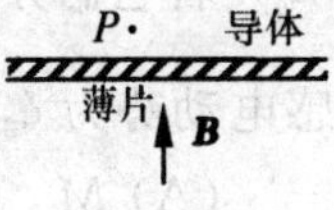

图 8-1

答 (1) $\boldsymbol{B}$ 的变化使导体薄片出现涡流. 根据楞次定律，涡流所产生的磁场总是阻碍原磁场的变化，即涡流产生的磁场 $\boldsymbol{B}'$ 与 $\boldsymbol{B}$ 的变化相反. P 点的磁场的变化由 $\mathrm{d}\boldsymbol{B}_P = \mathrm{d}\boldsymbol{B} + \boldsymbol{B}'$ 决定，因此 $\boldsymbol{B}_P$ 的改变小于 $\boldsymbol{B}$ 的改变，则 $\boldsymbol{B}$ 的改变在 P 点附近不是立即查得出来的.

(2) 当导体片电阻率为零时，涡流不再损耗能量，它产生的磁场能量将与引起涡流的那部分磁场能量相同，因此 $\boldsymbol{B}'$ 与 $\boldsymbol{B}$ 的变化相抵消，所以 P 点将始终检查不出 $\boldsymbol{B}$ 的变化.

问题 3 感生电场与静电场有哪些异同？

答 (1) 相同点. 感生电场与静电场都具有电能，对带电粒子都有作用力.

(2) 不同点. 首先，静电场与感生电场产生的原因不同，静电场是由静止电荷激发的，而感生电场是由变化的磁场激发的；其次，感生电场与静电场的场性质也不同，静电场的场性质有 $\oint_S \boldsymbol{D}\cdot\mathrm{d}\boldsymbol{S} = \sum_{S内} q = \int_V \rho\mathrm{d}\boldsymbol{V}$(有源场)，$\oint_L \boldsymbol{E}\cdot\mathrm{d}\boldsymbol{l} = 0$(无旋场、保守场)，感生电场的场性质有 $\oint_S \boldsymbol{D}\cdot\mathrm{d}\boldsymbol{S} = 0$(无源场)，$\oint_L \boldsymbol{E}\cdot\mathrm{d}\boldsymbol{l} = -\int_S \frac{\partial \boldsymbol{B}}{\partial t}\cdot\mathrm{d}\boldsymbol{S}$(有旋场、非保守场).

问题 4 均匀磁场 $\boldsymbol{B}$ 充满在截面半径为 R 的圆柱形体积内. 两根长为 $2R$ 的导体细棒 AB 与 CD 如图 8-2 所示放置. AB 在圆柱体直径位置上，另一根在圆柱体外，两导体棒分别与电流计相连，当磁场变化时，讨论 AB，CD 中的电动势及各回路中的电流.

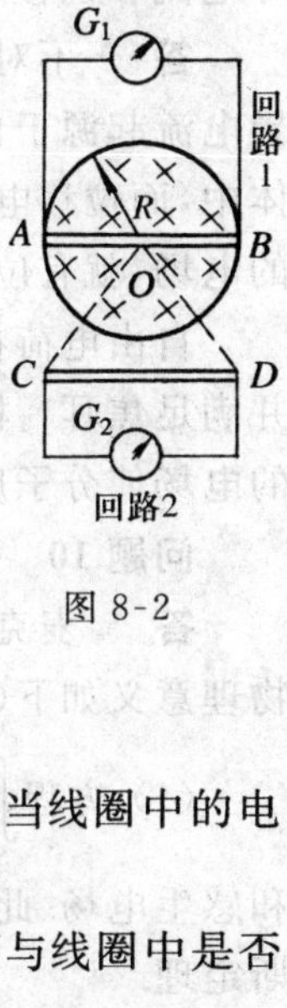

图 8-2

答 根据磁场对称性可知，空间的感生电场也是对称的，感生电场线是一系列以 O 为圆心的同心圆. 由于感生电场的方向与 AB 垂直，故在 AB 中没有感生电动势，但是由于穿过回路 1 的磁通量发生了变化，所以，回路 1 中会有感应电流，G_1 的指针会偏转. 由于穿过 $\triangle OCD$ 的磁通量发生了变化，故在 $\triangle OCD$ 内有感应电动势，而 OC，OD 均与感生电场垂直，所以 $\triangle OCD$ 内的电动势存在于 CD 上，所以 CD 上有感应电动势. 但是由于穿过回路 2 磁通量始终为 0，所以回路 2 中没有感应电流.

问题 5 对于一个无铁芯的线圈，是否可由自感系数的定义 $\Psi = LI$ 得到"当线圈中的电流越小时，线圈的自感系数愈大"的结论？

答 自感系数取决于线圈的形状、大小、匝数和周围的磁介质及其分布，而与线圈中是否有电流以及电流的大小无关，故该结论是不正确的.

问题 6 两个线圈长度相同，半径接近相同，在下列三种情况下，哪种情况下的互感系数最大，哪种情况下的互感系数最小？(1) 两个线圈轴线在同一直线上，且相距很近；(2) 两个线圈相距很近，但轴互相垂直；(3) 一个线圈套在另一个线圈外面，两者共面.

答 由于两个线圈长度相同，半径接近相同，对于情况(3)，若外线圈通电，则该电流的磁场通过外线圈自身的全磁通几乎全部通过内线圈，耦合系数趋近于 1，可见情况(3) 的互感系数最大；对于情况(2)，由于轴互相垂直，当一个线圈通有电流，该电流的磁场几乎不穿过另一个线圈，所以情况(2) 的互感系数最小.

问题 7 有两个线圈，线圈 1 对线圈 2 的互感系数为 M_{21}，而线圈 2 对线圈 1 的互感系数为 M_{12}. 若它们分别流过 i_1 和 i_2 的变化电流且 $\left|\frac{\mathrm{d}i_1}{\mathrm{d}t}\right| < \left|\frac{\mathrm{d}i_2}{\mathrm{d}t}\right|$，并设由 i_1 变化在线圈 2 中产生的互感电动势为 $\mathscr{E}_{21}$，由 i_2 变化在线圈 1 中产生的互感电动势为 $\mathscr{E}_{12}$，则下述说法哪个正确？

(A) $M_{12} = M_{21}, \mathscr{E}_{21} = \mathscr{E}_{12}$ (B) $M_{12} \neq M_{21}, \mathscr{E}_{21} \neq \mathscr{E}_{12}$

(C) $M_{12} = M_{21}, \mathscr{E}_{21} > \mathscr{E}_{12}$ (D) $M_{12} = M_{21}, \mathscr{E}_{21} < \mathscr{E}_{12}$

答 教材中已经证明了 $M_{12} = M_{21}$，根据互感电动势公式可知，互感电动势的大小分别为 $\mathscr{E}_{12} = M_{12}\left|\frac{\mathrm{d}i_2}{\mathrm{d}t}\right|, \mathscr{E}_{21} = M_{21}\left|\frac{\mathrm{d}i_1}{\mathrm{d}t}\right|$，而 $\left|\frac{\mathrm{d}i_1}{\mathrm{d}t}\right| < \left|\frac{\mathrm{d}i_2}{\mathrm{d}t}\right|$，所以(D) 正确.

问题 8 两任意形状的导体回路 1 与 2，通有相同的恒定电流，若以 Φ_{12} 表示回路 2 中的电流产生的磁场穿过回路 1 的磁通量，以 Φ_{21} 表示回路 1 中的电流产生的磁场穿过回路 2 的磁通量. 则下列结论哪个正确？

(A) $|\Phi_{12}| < |\Phi_{21}|$ (B) $|\Phi_{12}| > |\Phi_{21}|$ (C) $|\Phi_{12}| = |\Phi_{21}|$

(D) 因两回路的形状、大小为具体给定，故无法比较 $|\Phi_{12}|$，$|\Phi_{21}|$ 的大小

答 根据互感系数的定义：$\Phi_{21} = MI_1, \Phi_{12} = MI_2$，又由于两回路中的电流相同，则 $|\Phi_{12}| = |\Phi_{21}|$，所以(C) 正确.

问题 9 传导电流能在周围空间激发磁场，位移电流也能在周围空间激发磁场，因此，传导电流和位移电流是性质相同的物理量. 这种说法对吗，为什么？

答 不对，虽然传导电流和位移电流在激发磁场方面是等效的，但两者本质是不同的. 传导电流起源于自由电荷的定向运动，而位移电流则来源于变化的电场. 传导电流只能存在于导体中，而位移电流不仅可产生于导体和电介质中，甚至还可存在于真空中，只要空间中有变化的电场，就有位移电流.

自由电荷在导体内的定向运动过程中，不断与导体中离子碰撞，电能转化为热运动能量，并满足焦耳－楞次定律. 位移电流无电荷的定向运动，一般无焦耳热，但在电介质中，由于变化的电场使分子反复极化而热运动加剧，产生的热量不遵守焦耳－楞次规律.

问题 10 麦克斯韦方程组中各方程的物理意义是什么？

答 麦克斯韦方程组中各方程分别是关于电场、磁场的高斯定理和环路定理的方程，其物理意义如下(以真空的方程为例).

(1) 方程 $\oint_S \boldsymbol{E}\cdot \mathrm{d}\boldsymbol{S} = \frac{q_0}{\varepsilon_0} = \frac{1}{\varepsilon_0}\int_V \rho \mathrm{d}V$，是关于电场的高斯定理方程，式中的电场 $\boldsymbol{E}$ 包括静电场和感生电场. 此方程反映了即使在包含感生电场的情形下，电场 $\boldsymbol{E}$ 和源电荷 q 的关系仍满足高斯定理.

(2) 方程 $\oint_S \boldsymbol{B}\cdot \mathrm{d}\boldsymbol{S} = 0$，是关于磁场的高斯定律方程(也称磁通连续定理的方程)，式中的磁场包括传导电流的磁场和位移电流的磁场. 此方程说明传导电流和位移电流所产生的磁场的磁感应线都是闭合的曲线，也说明现有的电磁场理论不认为自然界有单一的"磁荷"(磁单极子)存在.

(3) 方程 $\oint_l \boldsymbol{E}\cdot \mathrm{d}\boldsymbol{l} = -\frac{\mathrm{d}\Phi}{\mathrm{d}t} = -\int_S \frac{\partial \boldsymbol{B}}{\partial t}\cdot \mathrm{d}\boldsymbol{S}$，是关于电场的环路定理方程，式中的电场同样包括静电场和感生电场. 此方程反映了变化的磁场和电场的联系，这是麦克斯韦的重要假设之

一. 我们知道，静电场的环流是等于零的，而此方程中的环流 $\oint_l \boldsymbol{E}\cdot \mathrm{d}\boldsymbol{l}$ 不为零完全是由于感生电场的环流不等于零而引起的，这说明感生电场不是保守场.

(4) 方程 $\oint_l \boldsymbol{H}\cdot \mathrm{d}\boldsymbol{l} = I_0 + I_d = \int_S \boldsymbol{\delta}\cdot \mathrm{d}\boldsymbol{S} + \int_S \frac{\partial \boldsymbol{D}}{\partial t}\cdot \mathrm{d}\boldsymbol{S}$，是关于磁场的环路定理方程，式中的磁场 $\boldsymbol{H}$ 同样包括传导电流的磁场和位移电流的磁场. 此方程反映了变化的电场可以产生磁场，这是麦克斯韦的又一重要假设.

8.4 解题要点及例题详解

1. 动生电动势的计算

解题要点 动生电动势的求解一般有两种方法. 一种可以用法拉第电磁感应定律求解，用此方法的关键在于求解出任意时刻 t 通过闭合回路的磁通量；另一种可以用动生电动势的公式求解，用该种方法求解时应注意导体上任意导线元 $\mathrm{d}\boldsymbol{l}$ 与对应的 $\boldsymbol{v}$，$\boldsymbol{B}$ 的方向.

例 8-1 如图 8-3 所示，匀强磁场 $\boldsymbol{B}$ 中，长为 L 的直导线 AC 绕竖直轴 AO 以角速度 ω 转动，已知 AC 与 AO 夹角为 θ，求 AC 中的动生电动势.

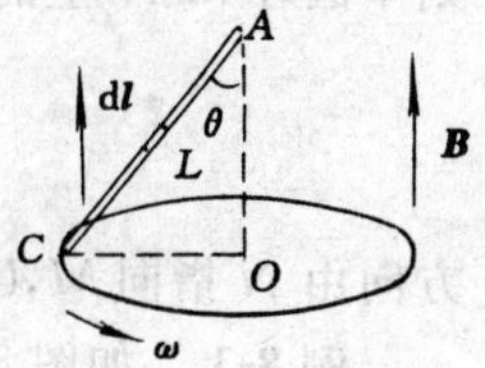

图 8-3

解 根据动生电动势的公式 $\mathscr{E}_i = \int_L (\boldsymbol{v}\times \boldsymbol{B})\cdot \mathrm{d}\boldsymbol{l}$ 进行计算. 在 AC 上距离 A 点为 l 处选取导线元 $\mathrm{d}\boldsymbol{l}$，其中，$\boldsymbol{v}\perp \boldsymbol{B}$，$\mathrm{d}\boldsymbol{l}$ 与 $(\boldsymbol{v}\times\boldsymbol{B})$ 的夹角为 $\frac{\pi}{2}-\theta$，代入可得

$$\mathscr{E}_i = \int_A^C Bv\cdot \mathrm{d}l\sin\theta = \int_0^L B\cdot \omega l\sin\theta\cdot \mathrm{d}l\sin\theta = \frac{1}{2}B\omega L^2\sin^2\theta.$$

例 8-2 如图 8-4(a) 所示，载有电流 I 的长直导线附近，放一导体半圆环 MeN 与长直导线共面，且端点 MN 的连线与长直导线垂直. 半圆环的半径为 b，环心 O 与导线相距 a. 设半圆环以速度 $\boldsymbol{v}$ 平行导线平移，求半圆环内感应电动势的大小和方向以及 MN 两端的电势差 $U_M - U_N$.

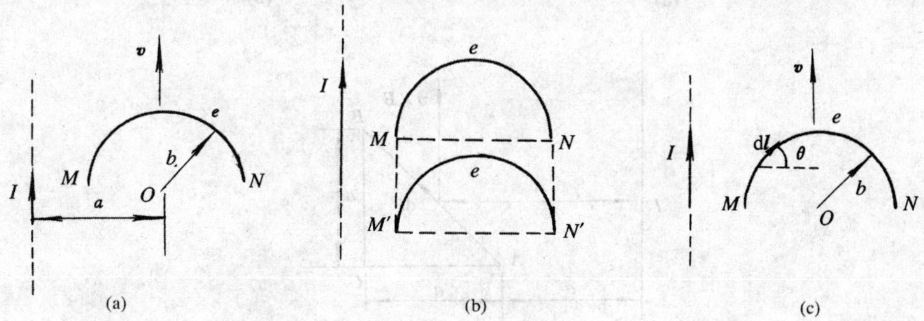

图 8-4

解法 1 法拉第电磁感应定律.

设半圆环初始位置在 $M'N'$ 处，如图 8-4(b) 所示，此时通过 $M'e'N'$ 回路的磁通量记为

Φ_0. 当 t 时刻，半圆环运动到 MN 处时，通过回路 $M'eN'$ 的磁通量为

$$\Phi = \Phi_0 + \Phi_1.$$

其中 Φ_1 为通过回路 $M'N'NM$ 的磁通量，其值为

$$\Phi_1 = \int_S \boldsymbol{B} \cdot \mathrm{d}\boldsymbol{S} = \int_{a-b}^{a+b} \frac{\mu_0 I \cdot vt}{2\pi r} \mathrm{d}r = \frac{\mu_0 I v t}{2\pi} \ln \frac{a+b}{a-b}.$$

由于 Φ_0 为常量，所以半圆环 MeN 上的电动势的大小为

$$\mathscr{E}_i = \frac{\mathrm{d}\Phi}{\mathrm{d}t} = \frac{\mathrm{d}\Phi_1}{\mathrm{d}t} = \frac{\mu_0 I v}{2\pi} \ln \frac{a+b}{a-b},$$

方向由 N 指向 M，$U_M - U_N = \mathscr{E}_i$

解法 2 动生电动势公式.

如图 8-4(c) 所示，在半圆环上取导线元 $\mathrm{d}\boldsymbol{l}$，导线元上的电动势为

$$\mathrm{d}\mathscr{E}_i = (\boldsymbol{v} \times \boldsymbol{B}) \cdot \mathrm{d}\boldsymbol{l} = Bv \cdot \mathrm{d}l \cos\theta = Bv\mathrm{d}r,$$

则半圆环 MeN 上的电动势的大小为

$$\mathscr{E}_i = \int_{a-b}^{a+b} Bv\mathrm{d}r = \int_{a-b}^{a+b} \frac{\mu_0 I}{2\pi r} v \mathrm{d}r = \frac{\mu_0 I v}{2\pi} \ln \frac{a+b}{a-b},$$

方向由 N 指向 M，$U_M - U_N = \mathscr{E}_i$

例 8-3 如图 8-5(a) 所示，一条长直导线通有电流 I，其附近有与之共面的直角三角形单匝线圈，以匀速 $\boldsymbol{v}$ 向右垂直于长直导线运动. 求图示位置处线圈中的感应电动势.

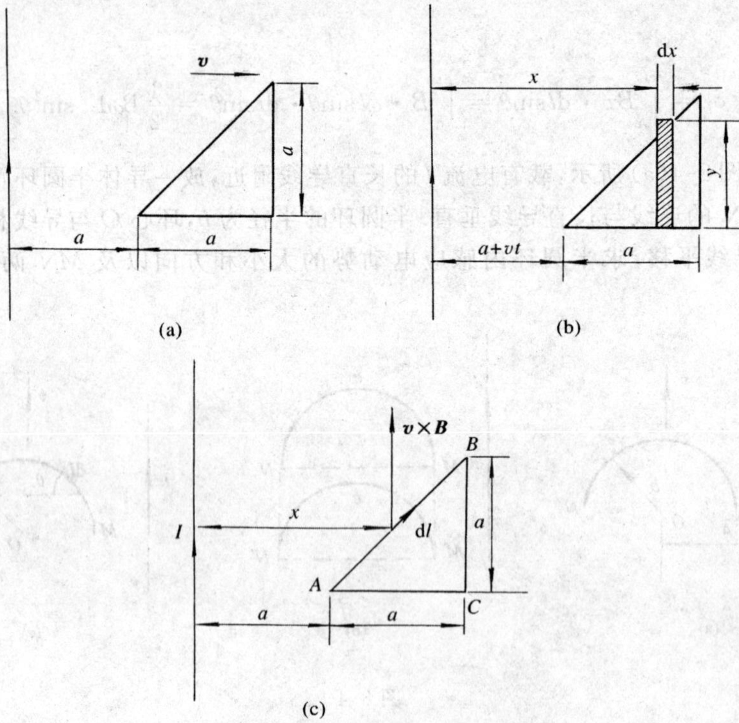

图 8-5

解法 1　法拉第电磁感应定律.

线圈在平动过程中，通过它的磁通量随时间变化，设图 8-5(a) 所示位置为 $t=0$ 时刻线圈所在处，则 t 时刻位置如图 8-5(b) 所示，取长为 y，宽为 $\mathrm{d}x$ 的矩形，通过该矩形面积的磁通量为

$$\mathrm{d}\Phi=\boldsymbol{B}\cdot\mathrm{d}\boldsymbol{S}=\frac{\mu_0 I}{2\pi x}\cdot y\mathrm{d}x=\frac{\mu_0 I}{2\pi x}(x-a-vt)\mathrm{d}x,$$

通过线圈的磁通量为

$$\Phi=\int_S\boldsymbol{B}\cdot\mathrm{d}\boldsymbol{S}=\int_{a+vt}^{2a+vt}\frac{\mu_0 I}{2\pi x}(x-a-vt)\mathrm{d}x=\frac{\mu_0 Ia}{2\pi}-\frac{\mu_0 I}{2\pi}(a+vt)\ln\frac{2a+vt}{a+vt}.$$

线圈中的感应电动势为

$$\begin{aligned}\mathscr{E}_i&=-\frac{\mathrm{d}\Phi}{\mathrm{d}t}\\&=\frac{\mu_0 I}{2\pi}\left[v\ln\frac{2a+vt}{a+vt}+(a+vt)\left(\frac{v}{2a+vt}-\frac{v}{a+vt}\right)\right].\end{aligned}$$

令 $t=0$，得

$$\mathscr{E}_i=\frac{\mu_0 I}{2\pi}v\left(\ln2-\frac{1}{2}\right),$$

根据楞次定律，电动势的方向为顺时针.

解法 2　动生电动势公式.

如图 8-5(c)，线圈中总感应电动势为 $\mathscr{E}_i=\mathscr{E}_{AB}+\mathscr{E}_{BC}+\mathscr{E}_{CD}$，显然，$CA$ 段不切割磁感应线，有 $\mathscr{E}_{CA}=0$.

在 AB 上任取 $\mathrm{d}\boldsymbol{l}$，如图(c) 所示，根据动生电动势的公式

$$\begin{aligned}\mathscr{E}_{AB}&=\int_A^B(\boldsymbol{v}\times\boldsymbol{B})\cdot\mathrm{d}\boldsymbol{l}=\int_a^{2a}v\frac{\mu_0 I}{2\pi x}\cdot\cos45°\cdot\mathrm{d}l\\&=\int_a^{2a}\frac{\mu_0 I}{2\pi x}v\cdot\mathrm{d}x=\frac{\mu_0 I}{2\pi}v\ln2,\end{aligned}$$

方向由 A 指向 B.

分析 BC 段，段上各点的速度及所在处 $\boldsymbol{B}$ 均相等，故

$$\begin{aligned}\mathscr{E}_{BC}&=\int_B^C(\boldsymbol{v}\times\boldsymbol{B})\cdot\mathrm{d}\boldsymbol{l}=(\boldsymbol{v}\times\boldsymbol{B})\cdot\boldsymbol{L}\\&=v\cdot\frac{\mu_0 I}{2\pi(2a)}\cdot a=\frac{\mu_0 I}{4\pi}v,\end{aligned}$$

方向由 C 指向 B，在线圈中同 $\mathscr{E}_{AB}$ 方向相反.

则线圈中的总电动势为

$$\mathscr{E}_i=\mathscr{E}_{AD}+\mathscr{E}_{BC}+\mathscr{E}_{CA}=\frac{\mu_0 I}{2\pi}v\ln2-\frac{\mu_0 I}{4\pi}v=\frac{\mu_0 I}{2\pi}v\left(\ln2-\frac{1}{2}\right).$$

2. 感生电动势的计算

解题要点　感生电动势的求解一般也有两种方法. 一种可以用法拉第电磁感应定律求

解,用此方法的关键在于求解出任意时刻 t 通过闭合回路的磁通量;另一种可以用感生电动势的公式求解,用该种方法求解时应先求出感生电场.此类问题一般采用法拉第电磁感应定律较为简单.

例 8-4 如图 8-6(a) 所示,在半径为 R 的圆柱形空间有垂直于纸面向内的变化的均匀磁场 $\boldsymbol{B}\left(\frac{\mathrm{d}\boldsymbol{B}}{\mathrm{d}t}>0\right)$,直导线 $ab=bc=R$.求导线 ac 上的感应电动势.

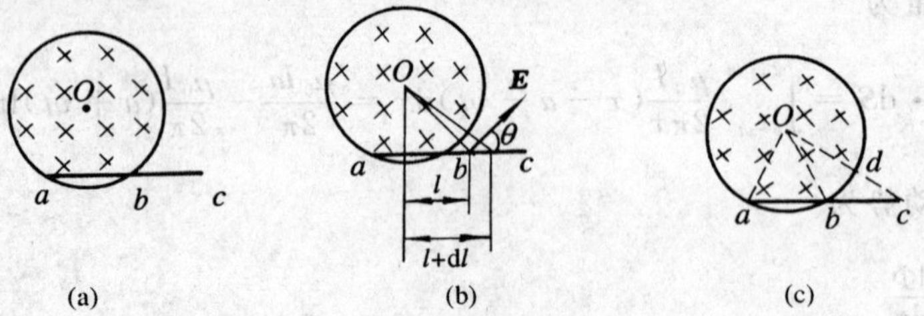

图 8-6

解法 1 感生电动势公式.

由于磁场分布具有对称性,因此感生电场线都是以圆柱轴线上的某点为圆心的同心圆环,且同一圆环上各点 $\boldsymbol{E}$ 的大小相等.以圆柱轴线上的任一点为圆心,在垂直于圆柱轴线的平面内,取一半径为 r 的圆形闭合路径,按逆时针方向进行积分.根据

$$\mathscr{E}_i=\oint_L \boldsymbol{E}\cdot\mathrm{d}\boldsymbol{l}=-\int_S\frac{\partial\boldsymbol{B}}{\partial t}\cdot\mathrm{d}\boldsymbol{S},$$

当 $r<R$ 时,

$$E\cdot 2\pi r=\frac{\mathrm{d}B}{\mathrm{d}t}\pi r^2,$$

得

$$E=\frac{r}{2}\frac{\mathrm{d}B}{\mathrm{d}t}.$$

当 $r>R$ 时,

$$E\cdot 2\pi r=\frac{\mathrm{d}B}{\mathrm{d}t}\pi R^2,$$

得

$$E=\frac{R^2}{2r}\frac{\mathrm{d}B}{\mathrm{d}t}.$$

所以,导线 ac 上的感生电动势为

$$\begin{aligned}\mathscr{E}_{ac}&=\int_a^c\boldsymbol{E}\cdot\mathrm{d}\boldsymbol{l}=\int_a^b\boldsymbol{E}\cdot\mathrm{d}\boldsymbol{l}+\int_b^c\boldsymbol{E}\cdot\mathrm{d}\boldsymbol{l}\\&=\int_a^b E\cdot\mathrm{d}l\cos\theta+\int_b^c E\cdot\mathrm{d}l\cos\theta\\&=\int_a^b\frac{r}{2}\frac{\mathrm{d}B}{\mathrm{d}t}\cdot\frac{\sqrt{3}R}{2r}\mathrm{d}l+\int_b^c\frac{R^2}{2r}\frac{\mathrm{d}B}{\mathrm{d}t}\cdot\frac{\sqrt{3}R}{2r}\mathrm{d}l\\&=\int_{-\frac{R}{2}}^{\frac{R}{2}}\frac{\mathrm{d}B}{\mathrm{d}t}\cdot\frac{\sqrt{3}R}{4}\mathrm{d}l+\int_{\frac{R}{2}}^{\frac{3R}{2}}\frac{\mathrm{d}B}{\mathrm{d}t}\cdot\frac{\sqrt{3}R^3}{4\left(\frac{3}{4}R^2+l^2\right)}\mathrm{d}l\\&=\frac{\mathrm{d}B}{\mathrm{d}t}\cdot\frac{\sqrt{3}R^2}{4}+\frac{\mathrm{d}B}{\mathrm{d}t}\cdot\frac{\pi R^2}{12}=\frac{(3\sqrt{3}+\pi)R^2}{12}\frac{\mathrm{d}B}{\mathrm{d}t}.\end{aligned}$$

解法 2 法拉第电磁感应定律.

由于磁场分布具有对称性，因此，感生电场线都是以圆柱轴线上某点为圆心的同心圆环. 如图 8-6(c) 所示，取闭合回路 $OabcdO$，其中 Oa，Oc 均沿半径方向，与感生电场的方向始终垂直，所以 $\mathscr{E}_{Oa}=\mathscr{E}_{Oc}=0$. 由法拉第电磁感应定律可知

$$\mathscr{E}_{OabcdO}=\mathscr{E}_{ac}=-\frac{d\Phi}{dt}=-\frac{dB}{dt}(S_{Oab}+S_{Obd})$$

$$=-\frac{dB}{dt}\left(\frac{\sqrt{3}R^2}{4}+\frac{\pi R^2}{12}\right)=-\frac{(3\sqrt{3}+\pi)R^2}{12}\frac{dB}{dt}.$$

方向由 a 指向 c.

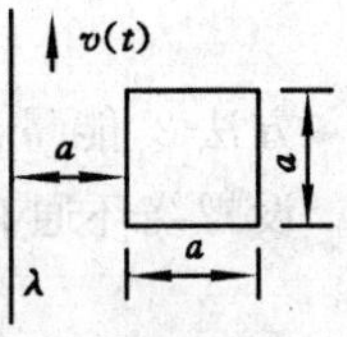

图 8-7

例 8-5 如图 8-7 所示，一电荷线密度为 λ 的长直带电线(与一正方形线圈共面并与其一对边平行)以变速率 $v=v(t)$ 沿着其长度方向运动，正方形线圈中的总电阻为 R，求 t 时刻正方形线圈中感应电流 $i(t)$ 的大小(不计线圈自身的自感).

解 利用法拉第电磁感应定律求解. 长直带电线运动相当于电流 $I=v(t)\cdot\lambda$，其产生的磁场通过正方形线圈内的磁通量为

$$d\Phi=\frac{\mu_0}{2\pi}\cdot\frac{I}{r}a\,dr,$$

积分得
$$\Phi=\frac{\mu_0}{2\pi}Ia\int_a^{2a}\frac{dr}{r}=\frac{\mu_0 Ia}{2\pi}\ln 2.$$

则线圈内的感应电动势的大小为

$$|\mathscr{E}_i|=\left|-\frac{d\Phi}{dt}\right|=\frac{\mu_0 a}{2\pi}\left|\frac{dI}{dt}\right|\ln 2=\frac{\mu_0}{2\pi}\lambda a\left|\frac{dv(t)}{dt}\right|\ln 2.$$

t 时刻方形线圈中感应电流 $i(t)$ 的大小为

$$|i(t)|=\frac{|\mathscr{E}_i|}{R}=\frac{\mu_0}{2\pi R}\lambda a\left|\frac{dv(t)}{dt}\right|\ln 2.$$

3. 自感系数、自感电动势和磁场能量的求解

解题要点 自感系数的求解一般也有两种方法. 一种可以用自感系数的定义 $\Psi=LI$ 求解，用此方法的关键在于求解出电流的磁场通过自身回路的全磁通；另一种可以用能量法求解，用该种方法要先求出回路中的磁场能量，然后利用 $W_m=\frac{1}{2}LI^2$ 求出自感系数. 此类问题一般采用法拉第电磁感应定律较为简单.

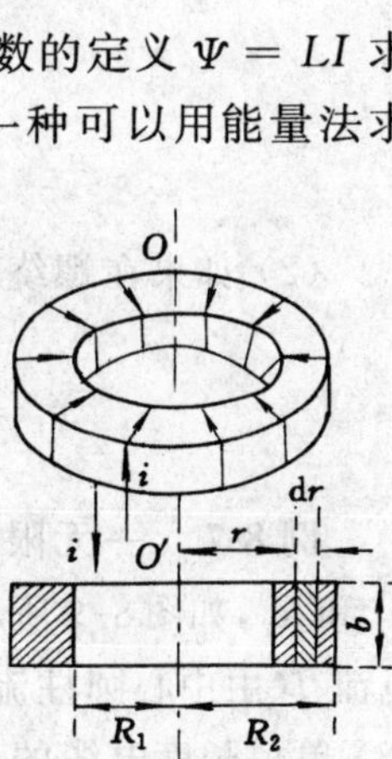

图 8-8

例 8-6 一矩形截面螺绕环($\mu_r=1$)，由细导线均匀密绕而成，内半径为 R_1，外半径为 R_2，高为 b，共 N 匝，如图 8-8 所示. (1) 求此螺绕环的自感系数；(2) 如果在螺绕环内通以交变电流 $i=I_0\cos\omega t$，求感应电动势.

解 (1) 方法 1，定义法.

设螺绕环通有电流 I，由安培环路定理可知在螺绕环内距离其中心为 r 处的磁感应强度为

$$B=\frac{\mu_0 NI}{2\pi r}.$$

通过螺绕环截面的磁通量为

$$\Phi=\int_S \boldsymbol{B}\cdot \mathrm{d}\boldsymbol{S}=\int_{R_1}^{R_2}\frac{\mu_0 NI}{2\pi r}b\,\mathrm{d}r=\frac{\mu_0 NIb}{2\pi}\ln\frac{R_2}{R_1}.$$

故自感系数为

$$L=\frac{\Psi}{I}=\frac{N\Phi}{I}=\frac{\mu_0 N^2 b}{2\pi}\ln\frac{R_2}{R_1}.$$

方法 2,能量法.

设螺绕环通有电流 I,由安培环路定理可知在螺绕环内距离其中心为 r 处的磁感应强度为

$$B=\frac{\mu_0 NI}{2\pi r}.$$

则该处的磁场能量密度为

$$w_{\mathrm{m}}=\frac{B^2}{2\mu_0}=\frac{\mu_0 N^2 I^2}{8\pi^2 r^2}.$$

可以看出 w_{m} 只与 r 有关,因此在半径为 r,厚度为 $\mathrm{d}r$,高度为 b 的薄圆筒体积内 w_{m} 处处相等,在此薄层内的能量为

$$\mathrm{d}W_{\mathrm{m}}=w_{\mathrm{m}}\mathrm{d}V=\frac{\mu_0 N^2 I^2}{8\pi^2 r^2}2\pi rb\,\mathrm{d}r=\frac{\mu_0 N^2 I^2 b}{4\pi r}\mathrm{d}r,$$

则螺绕环内的磁场能量为

$$W_{\mathrm{m}}=\int_V w_{\mathrm{m}}\mathrm{d}V=\int_{R_1}^{R_2}\frac{\mu_0 N^2 I^2 b}{4\pi r}\mathrm{d}r=\frac{\mu_0 N^2 I^2 b}{4\pi}\ln\frac{R_2}{R_1}.$$

由 $W_{\mathrm{m}}=\frac{1}{2}LI^2$ 可知

$$L=\frac{2W_{\mathrm{m}}}{I^2}=\frac{\mu_0 N^2 b}{2\pi}\ln\frac{R_2}{R_1}.$$

(2) 如果在螺绕环内通以交变电流 $i=I_0\cos\omega t$,则根据自感电动势公式可得

$$\mathscr{E}_L=-L\frac{\mathrm{d}i}{\mathrm{d}t}=-\left(\frac{\mu_0 N^2 b}{2\pi}\ln\frac{R_2}{R_1}\right)\frac{\mathrm{d}i}{\mathrm{d}t}=\frac{\mu_0 N^2 bI_0\omega\sin\omega t}{2\pi}\ln\frac{R_2}{R_1}.$$

例 8-7 一无限长的同轴电缆由中心导体圆柱和外层导体薄圆筒组成,二者半径分别为 R_1 和 R_2,如图 8-9 所示. 筒与圆柱之间充以电介质,电介质与导体的 μ_r 均可取作 1,求电缆通过电流 I(由中心圆柱流出,由圆筒流回,电流均匀分布)时,求(1) 单位长度电缆内储存的磁能;(2) 单位长度电缆的自感系数.

解 (1) 由安培环路定理可求得磁感应强度的大小分布为

$$B=\begin{cases}\dfrac{\mu_0 Ir}{2\pi R_1^2}, & 0<r<R_1,\\ \dfrac{\mu_0 I}{2\pi r}, & R_1<r<R_2,\\ 0, & r>R_2.\end{cases}$$

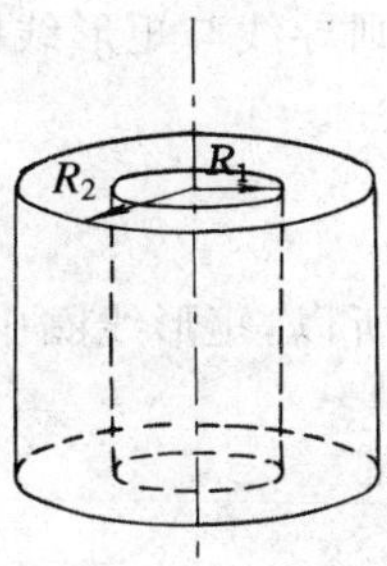

图 8-9

由磁场分布的特点可以看出，在距离轴线为 r 处的磁场大小相同，因而磁能密度也相同. 所以在电缆内取半径为 r，厚度为 $\mathrm{d}r$，高度为 1m 薄圆筒作为体积元，则单位长度的电缆内所储存的能量为

$$\begin{aligned}W_{\mathrm{m}}&=\int_0^{R_1}w_{\mathrm{m}1}2\pi r\mathrm{d}r+\int_{R_1}^{R_2}w_{\mathrm{m}2}2\pi r\mathrm{d}r\\&=\int_{R_1}^{R_2}\frac{\mu_0 I^2 r^3}{4\pi R^4}\mathrm{d}r+\int_{R_1}^{R_2}\frac{\mu_0 I^2}{4\pi r}\mathrm{d}r\\&=\frac{\mu_0 I^2}{16\pi}+\frac{\mu_0 I^2}{4\pi}\ln\frac{R_2}{R_1}.\end{aligned}$$

(2) 由 $W_{\mathrm{m}}=\dfrac{1}{2}LI^2$ 可知

$$L=\frac{2W_{\mathrm{m}}}{I^2}=\frac{\mu_0}{8\pi}+\frac{\mu_0}{2\pi}\ln\frac{R_2}{R_1}.$$

4. 互感系数和互感电动势的求解

解题要点 互感系数的求解既可以设回路 1 中通有电流 I_1，穿过回路 2 的全磁通为 Ψ_{21}，则互感 $M=\dfrac{\Psi_{21}}{I_1}$；也可以设回路 2 中通有电流 I_2，穿过回路 1 的全磁通为 Ψ_{12}，则互感 $M=\dfrac{\Psi_{12}}{I_2}$. 虽然两种途径所得结果相同，但在很多情况下，不同途径所涉及的计算难易程度会有很大的不同.

***例 8-8** 如图 8-10 所示，有一无限长直导线，与一边长分别为 b 和 l 的矩形线圈在同一平面内，矩形线圈中通有电流 $I=kt(k>0)$，求长直导线中的感应电动势的大小.

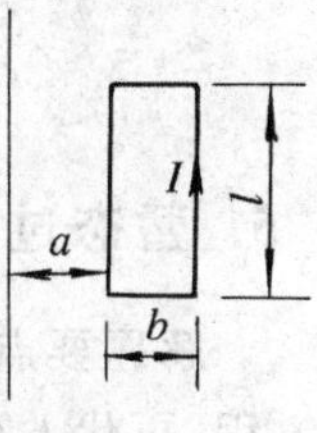

图 8-10

分析 此题若直接以矩形线圈中电流为场源，计算通过长直导线回路的磁通量，显然十分困难，故可采取以长直导线(假设)通有电流，先计算出互感系数，再由互感电动势公式计算长直导线中的感应电动势.

解 设长直导线中通有电流 i，它在距离直导线为 r 处产生的磁感应强度为

$$B=\frac{\mu_0 i}{2\pi r},$$

穿过矩形线圈的磁通量为

$$\Phi=\int_S \boldsymbol{B}\cdot\mathrm{d}\boldsymbol{S}=\int_a^{a+b}\frac{\mu_0 i}{2\pi r}l\,\mathrm{d}r=\frac{\mu_0 il}{2\pi}\ln\frac{a+b}{a}.$$

则导线与矩形线圈的互感为

$$M=\frac{\Phi}{i}=\frac{\mu_0 l}{2\pi}\ln\frac{a+b}{a},$$

所以,矩形线圈中通有电流 $I=kt(k>0)$ 时,长直导线中的感应电动势的大小为

$$\mathscr{E}=M\frac{\mathrm{d}I}{\mathrm{d}t}=\frac{\mu_0 lk}{2\pi}\ln\frac{a+b}{a}.$$

例 8-9 有一无限长直导线通以电流 $I=I_0\cos\omega t$,紧靠直导线有一矩形线圈,线圈与直导线共面,如图 8-11 所示. 试求(1) 直导线与线圈的互感系数;(2) 线圈中的互感电动势.

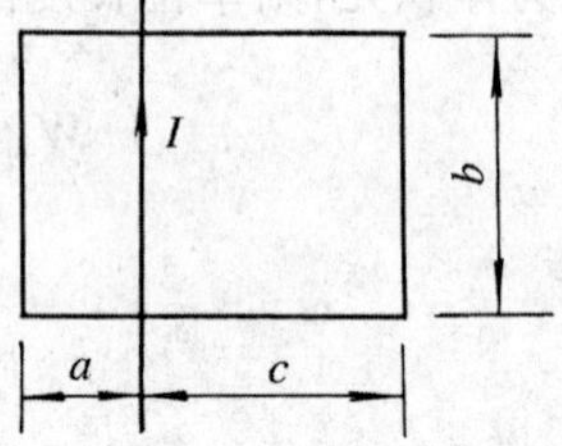

图 8-11

解 (1) 由图 8-11 可知,如果当导线右侧的磁通量为正时,则左侧的磁通量为负. 由于载流直导线的磁场的对称性,故在距直导线左右侧为 a 的范围内磁通量等值反号,因此载流直导线通过矩形线圈的总磁通量为导线右侧从 a 到 c 内的磁通量.

长直导线在距离它为 r 处所产生的磁场为

$$B=\frac{\mu_0 I}{2\pi r},$$

穿过矩形线圈的磁通量为

$$\Phi=\int_S \boldsymbol{B}\cdot\mathrm{d}\boldsymbol{S}=\int_a^{c-a}\frac{\mu_0 I}{2\pi r}b\cdot\mathrm{d}r=\frac{\mu_0 Ib}{2\pi}\ln\frac{c-a}{a},$$

则导线与矩形线圈的互感为

$$M=\frac{\Phi}{I}=\frac{\mu_0 b}{2\pi}\ln\frac{c-a}{a}.$$

(2) 线圈中的互感电动势为

$$\mathscr{E}=-M\frac{\mathrm{d}I}{\mathrm{d}t}=-\left(\frac{\mu_0 b}{2\pi}\ln\frac{c-a}{a}\right)\frac{\mathrm{d}I}{\mathrm{d}t}=\frac{\mu_0 bI_0\omega\sin\omega t}{2\pi}\ln\frac{c-a}{a}.$$

*5. 暂态过程

解题要点 对 RC 电路或 RL 电路的暂态过程的问题,可以先根据基尔霍夫定律列出微分方程,再代入初始条件求解,进而可求出其他各量.

例 8-10 如图 8-12 所示,电容器已充电,端电压为 V,当开关 K 接通时,(1) 证明电容器中贮存的能量完全转变为电阻中的焦耳热;(2) 说明时间常数 $\tau=RC$ 的物理意义.

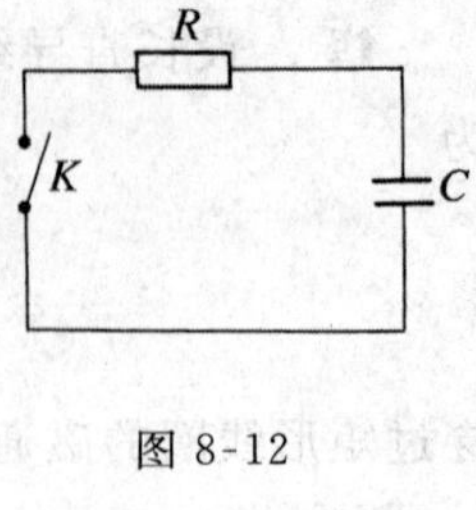

图 8-12

解 (1) 开关接通,电容器经 R 放电,由基尔霍夫定律知

$$IR+\frac{q}{C}=0,$$

即
$$R\frac{\mathrm{d}I}{\mathrm{d}t}+\frac{1}{C}\frac{\mathrm{d}q}{\mathrm{d}t}=0,$$

或

$$\frac{\mathrm{d}I}{\mathrm{d}t}=-\frac{R}{C}I.$$

解微分方程，代入初始条件 $t=0, I=\frac{V}{R}$，得

$$I=\frac{V}{R}\mathrm{e}^{-\frac{t}{RC}}.$$

在 $\mathrm{d}t$ 时间内，电阻的焦耳热为

$$\mathrm{d}Q=I^2R\mathrm{d}t=\frac{V^2}{R}\mathrm{e}^{-\frac{2t}{RC}}\mathrm{d}t,$$

电容器放电完毕后，电阻上的总焦耳热为

$$Q=\int_0^{\infty}\frac{V^2}{R}\mathrm{e}^{-\frac{2t}{RC}}\mathrm{d}t=-\frac{1}{2}CV^2\mathrm{e}^{-\frac{2t}{RC}}\bigg|_0^{\infty}=\frac{1}{2}CV^2.$$

可见，放电时电容器中所贮存的能量 $\frac{1}{2}CV^2$ 完全转变成了电阻的焦耳热.

(2) 由于 $I(t)=\frac{V}{R}\mathrm{e}^{-\frac{t}{RC}}=\frac{V}{R}\mathrm{e}^{-\frac{t}{\tau}}$，则

$$I(t+\tau)=\frac{V}{R}\mathrm{e}^{-\frac{t+\tau}{\tau}}=\frac{V}{R}\mathrm{e}^{-\frac{t}{\tau}}\cdot\mathrm{e}^{-1}=0.386\frac{V}{R}\mathrm{e}^{-\frac{t}{\tau}}=0.386I(t),$$

所以，时间常数 $\tau=RC$ 是电容器放电时，电路中电流(或电容器端电压)衰减为原来值的 38.6% 所需要的时间.

例 8-11 如图 8-13 所示，电阻为 R，自感为 L 的自感线圈与电阻 r 串联接到恒定电源上，电源的端电压为 V. 求(1) K_2 断开，K_1 闭合后任一时刻自感线圈上电压的表达式；(2) 电流稳定后再将 K_2 闭合，经 $\frac{L}{R}$ s 时通过 K_2 的电流的大小和方向.

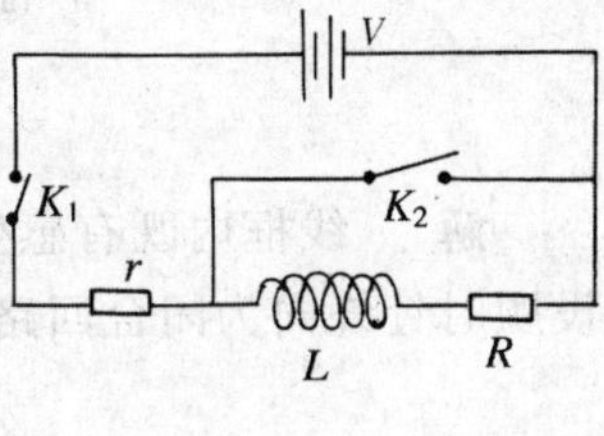

图 8-13

解 (1) K_2 断开，K_1 闭合后，电路中的总电阻为 $r+R$，I 与 t 的关系为

$$I=\frac{V}{R+r}\left(1-\mathrm{e}^{-\frac{R+r}{L}t}\right).$$

自感线圈上的电压为

$$U=V-Ir=V-\frac{Vr}{R+r}\left(1-\mathrm{e}^{-\frac{R+r}{L}t}\right)=\frac{V}{R+r}\left(R+r\mathrm{e}^{-\frac{R+r}{L}t}\right).$$

(2) K_2 闭合后，一方面是端电压 V 只经过 r，通过 K_2 的电流为 $I_1=\frac{V}{r}$；另一方面是自感线圈 R, L 的放电电流 I_2 也要经过 K_2，二者在 K_2 上的方向相反，有

$$I'=I_1-I_2=\frac{V}{r}-\frac{V}{r+R}\mathrm{e}^{-\frac{R}{L}t},$$

当 $t=L/R$ 时，得

$$I' = \frac{V}{r} - \frac{V}{r+R}\mathrm{e}^{-1}.$$

因前者总比后者大，所以通过 K_2 的电流的方向总与 I_1 的方向相同，即经过 K_2 的电流为自左向右.

*6. 电磁感应综合问题

解题要点　电磁感应问题通常综合运用安培力、楞次定律、法拉第电磁感应定律和全电路欧姆定律的知识；而求解物体运动速度时，又要运用牛顿运动定律及解微分方程.

例 8-12　如图 8-14(a) 所示，真空中一长直导线通有电流 $I(t) = I_0 \mathrm{e}^{-\lambda t}$（式中，$I_0$，$\lambda$ 为常量，t 为时间），有一带滑动边的矩形导线框与长直导线平行共面，二者相距 a. 矩形线框的滑动边 CD 与长直导线垂直，它的长度为 b，并且以匀速（方向平行长直导线）滑动. 若忽略线框中的自感电动势，并设开始时滑动边与对边重合，试求任意时刻 t 在矩形线框内的感应电动势 $\mathscr{E}_i$，并讨论 $\mathscr{E}_i$ 方向.

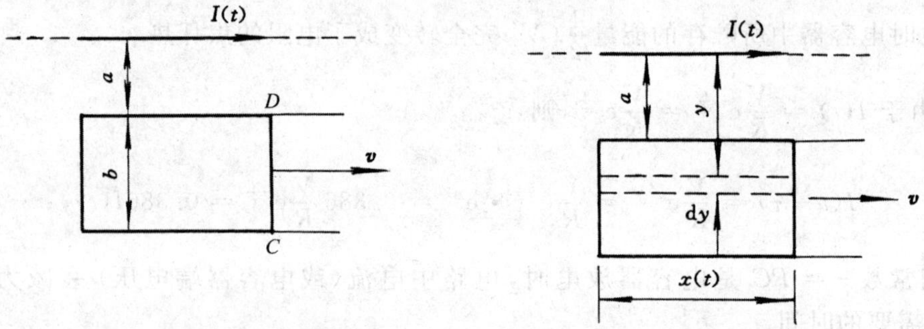

(a)　　(b)

图 8-14

解　线框内既有感生又有动生电动势，可直接由法拉第电磁感应出发求解感应电动势. 设顺时针绕向为闭合回路的正方向，先求任意时刻 t 的磁通量 $\Phi(t)$，为

$$\Phi(t) = \int_S \boldsymbol{B} \cdot \mathrm{d}\boldsymbol{S} = \int_a^{a+b} \frac{\mu_0 I(t)}{2\pi y} x(t) \mathrm{d}y = \frac{\mu_0}{2\pi} I(t) x(t) \ln \frac{a+b}{a}.$$

再由法拉第电磁感应定律，可得

$$\mathscr{E}_i = -\frac{\mathrm{d}\Phi(t)}{\mathrm{d}t} = -\frac{\mu_0}{2\pi}\left(\ln \frac{a+b}{b}\right)\left(\frac{\mathrm{d}I}{\mathrm{d}t}x + I\frac{\mathrm{d}x}{\mathrm{d}t}\right),$$

其中 $x = vt$，$I(t) = I_0 \mathrm{e}^{-\lambda t}$，代入可得

$$\mathscr{E}_i = -\frac{\mu_0}{2\pi}\left(\ln \frac{a+b}{b}\right)\left(\frac{\mathrm{d}I}{\mathrm{d}t}vt + I\frac{\mathrm{d}(vt)}{\mathrm{d}t}\right) = \frac{\mu_0}{2\pi} v I_0 \mathrm{e}^{-\lambda t}(\lambda t - 1)\ln \frac{a+b}{a}.$$

$\mathscr{E}_i$ 的方向为：$t < \frac{1}{\lambda}$ 时，$\mathscr{E}_i < 0$，逆时针；$t > \frac{1}{\lambda}$ 时，$\mathscr{E}_i > 0$，顺时针.

例 8-13　有一很长的长方形的 U 形导轨，与水平面成 θ 角，裸导线 ab 可在导轨上无摩擦地下滑，导轨位于磁感强度 $\boldsymbol{B}$ 竖直向上的均匀磁场中，如图 8-15 所示. 设导线 ab 的质量为 m，电阻为 R，长度为 l，导轨的电阻略去不计，$abcd$ 形成电路，$t = 0$ 时，$v = 0$，试求导线 ab 下滑的

速度 v 与时间 t 的函数关系.

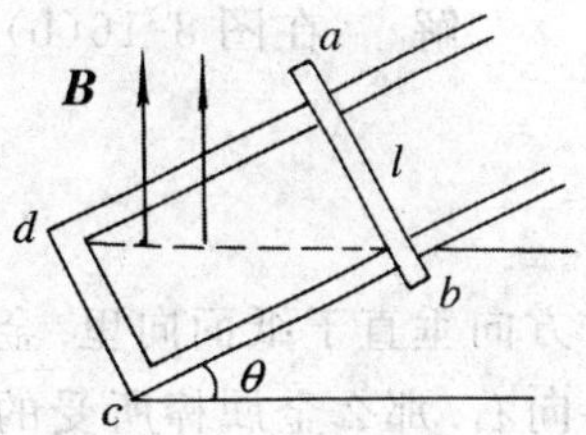

图 8-15

解 ab 导线在磁场中运动产生的感应电动势

$$\mathscr{E}_i = Blv\cos\theta,$$

$abcd$ 回路中流过的电流

$$I_i = \frac{\mathscr{E}_i}{R} = \frac{Blv}{R}\cos\theta,$$

ab 载流导线在磁场中受到的安培力沿导轨方向上的分力为

$$F = I_i Bl\cos\theta = \frac{Blv\cos\theta}{R}Bl\cos\theta.$$

由牛顿第二定律可知

$$mg\sin\theta - \frac{Blv\cos\theta}{R}Bl\cos\theta = m\frac{\mathrm{d}v}{\mathrm{d}t},$$

所以
$$\mathrm{d}t = \frac{\mathrm{d}v}{g\sin\theta - \dfrac{B^2l^2v\cos^2\theta}{mR}}.$$

令
$$A = g\sin\theta, c = B^2l^2\cos^2\theta/(mR),$$

则
$$\mathrm{d}t = \frac{\mathrm{d}v}{A - cv}.$$

利用 $t = 0, v = 0$ 有

$$\int_0^t \mathrm{d}t = \int_0^v \frac{\mathrm{d}v}{A - cv} = -\frac{1}{c}\int_0^v \frac{\mathrm{d}(A - cv)}{A - cv},$$

则
$$t = -\frac{1}{c}\ln\frac{A - cv}{A},$$

所以
$$v = \frac{A}{c}(1 - \mathrm{e}^{-ct}) = \frac{mgR\sin\theta}{B^2l^2\cos^2\theta}(1 - \mathrm{e}^{-ct}).$$

例 8-14 如图 8-16(a) 所示,在两载流均匀为 I 的长直导线中间放一固定倒 U 型支架,支架由导线和电阻 R 串联成. 另一质量为 m,长为 L 的金属棒,可在支架上无摩擦滑动,现静止释放,求能达到的最大速度.

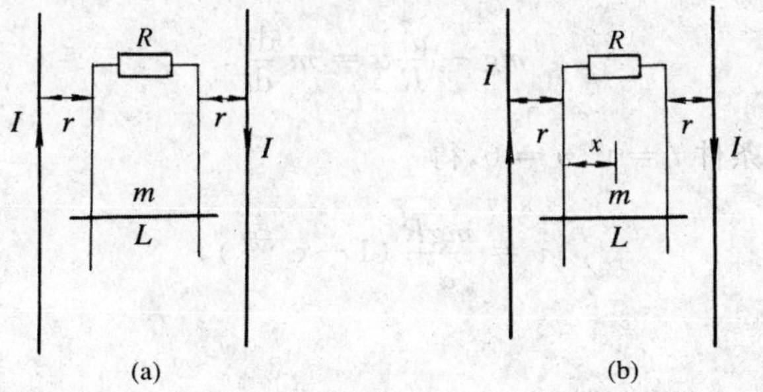

图 8-16

解 在图 8-16(b) 所示的 x 位置处的磁感应强度的大小为

$$B=\frac{\mu_0 I}{2\pi(r+x)}+\frac{\mu_0 I}{2\pi(r+L-x)},$$

方向垂直于纸面向里. 金属棒向下滑动切割磁感应线而产生感应电流 i,根据楞次定律,其方向向右. 那么金属棒所受的安培力方向向上,大小为

$$F=\int_0^L Bi\,\mathrm{d}x=\int_0^L\left[\frac{\mu_0 I}{2\pi(r+x)}+\frac{\mu_0 I}{2\pi(r+L-x)}\right]i\mathrm{d}x$$

$$=\frac{\mu_0 I_i}{2\pi}\int_0^L\left(\frac{1}{r+x}+\frac{1}{r+L-x}\right)\mathrm{d}x$$

$$=\frac{\mu_0 I_i}{\pi}\ln\frac{L+r}{r}=\alpha i,$$

式中,$\alpha=\frac{\mu_0 I}{\pi}\ln\frac{L+r}{r}$. 由牛顿第二定律可得

$$mg-\alpha i=m\frac{\mathrm{d}v}{\mathrm{d}t}.$$

设金属棒下滑 y 时,通过回路的磁通量为

$$\Phi(t)=\int_S \boldsymbol{B}\cdot\mathrm{d}\boldsymbol{S}=\int_0^L\left[\frac{\mu_0 I}{2\pi(r+x)}+\frac{\mu_0 I}{2\pi(r+L-x)}\right]y(t)\mathrm{d}x$$

$$=\frac{\mu_0}{\pi}Iy(t)\ln\frac{r+L}{r}=\alpha y(t).$$

则回路中感应电动势的大小为

$$\mathscr{E}_i=\frac{\mathrm{d}\Phi(t)}{\mathrm{d}t}=\alpha\frac{\mathrm{d}y(t)}{\mathrm{d}t}=\alpha v,$$

感应电流的大小为

$$i=\frac{\mathscr{E}_i}{R}=\frac{\alpha}{R}v.$$

将 i 代入微分方程,得

$$mg-\frac{\alpha^2}{R}v=m\frac{\mathrm{d}v}{\mathrm{d}t},$$

解微分方程,代入初始条件 $t=0, v=0$,得

$$v=\frac{mgR}{\alpha^2}\left(1-\mathrm{e}^{-\frac{\alpha^2}{mR}t}\right),$$

其极限速度为

$$\lim_{t\to 0}v=\frac{mgR}{\alpha^2}.$$

7. 位移电流的计算

例 8-15 一内导体半径为 R_1、外导体半径为 R_2 的球形电容器，两球间充有相对介电常数为 ε_r 的介质. 在电容器上加电压，内球对外球的电压为 $U=U_0\sin\omega t$. 假设 ω 不太大，以致电容器电场分布与静态场情形近似相同，求(1) 介质中各处的位移电流密度；(2) 通过半径为 $r(R_1<r<R_2)$ 的球面的总位移电流.

解 设内导体球带电 $q(t)$，则

$$\boldsymbol{E}=\frac{q}{4\pi\varepsilon_0 r^2}\boldsymbol{e}_r,$$

$$U=\int_{R_1}^{R_2}\boldsymbol{E}\cdot d\boldsymbol{r}=\int_{R_1}^{R_2}\frac{q}{4\pi\varepsilon_0\varepsilon_r r^2}dr=\frac{q(R_2-R_1)}{4\pi\varepsilon_0\varepsilon_r R_1R_2},$$

故
$$\boldsymbol{E}=\frac{R_1R_2U}{(R_2-R_1)r^2}\boldsymbol{e}_r=\frac{R_1R_2}{(R_2-R_1)r^2}U_0\sin\omega t\cdot\boldsymbol{e}_r.$$

位移电流密度
$$\boldsymbol{\delta}=\frac{\partial\boldsymbol{D}}{\partial t}=\varepsilon_0\varepsilon_r\frac{\partial\boldsymbol{E}}{\partial t}=\frac{\varepsilon_0\varepsilon_r R_1R_2}{(R_2-R_1)r^2}U_0\omega\cos(\omega t)\boldsymbol{e}_r.$$

通过半径为 r 的球面的总位移电流

$$I_d=\int\boldsymbol{\delta}\cdot d\boldsymbol{S}=\frac{\varepsilon_0\varepsilon_r R_1R_2}{(R_2-R_1)r^2}U_0\omega\cos\omega t\cdot 4\pi r^2=\frac{4\pi\varepsilon_0\varepsilon_r R_1R_2\omega}{R_2-R_1}U_0\cos\omega t.$$

8.5 能力训练

一、选择题

1. 一个导体圆线圈在均匀磁场中运动，能使线圈中产生感应电流的一种情况是( ).

A) 线圈绕自身直径轴转动，轴与磁场方向平行

B) 线圈绕自身直径轴转动，轴与磁场方向垂直

C) 线圈平面垂直于磁场并沿垂直磁场方向平移

D) 线圈平面平行于磁场并沿垂直磁场方向平移

2. 在无限长的载流直导线附近放置一矩形闭合线圈，开始时线圈与导线共面，且线圈中两条边与导线平行. 当线圈以相同的速度作如图 8-17 所示的三种不同方向的平动时，则线圈中的感应电流( ).

A) 以情况 Ⅰ 中为最大　　B) 以情况 Ⅱ 中为最大

C) 以情况 Ⅲ 中为最大　　D) 在情况 Ⅰ 和 Ⅱ 中相同

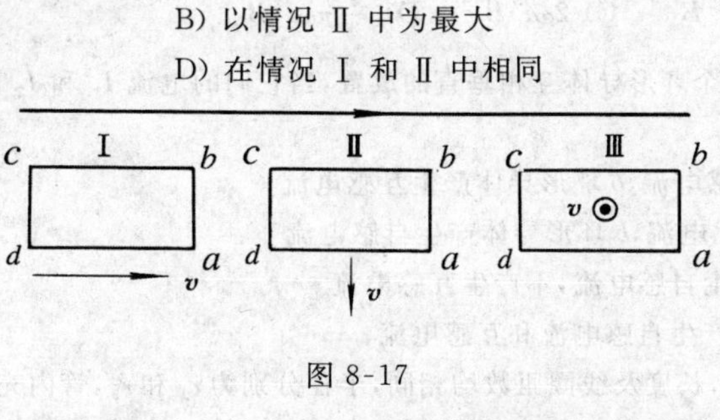

图 8-17

3. 半径为 a 的圆线圈置于磁感强度为 $\boldsymbol{B}$ 的均匀磁场中，线圈平面与磁场方向垂直，线圈电阻为 R；当把线圈转动使其法向与 $\boldsymbol{B}$ 的夹角为 $\alpha=60°$ 时，线圈中通过的电荷与线圈面积及转动所用的时间的关系是( ).

A) 与线圈面积成正比，与时间无关　　B) 与线圈面积成正比，与时间成正比

C) 与线圈面积成反比,与时间成正比　　D) 与线圈面积成反比,与时间无关

4. 如图 8-18 所示,M,N 为水平面内两根平行金属导轨,ab 与 cd 为垂直于导轨并可在其上自由滑动的两根直裸导线,外磁场垂直水平面向上. 当外力使 ab 向右平移时,cd 将(　　).

A) 不动　　B) 转动

C) 向左移动　　D) 向右移动

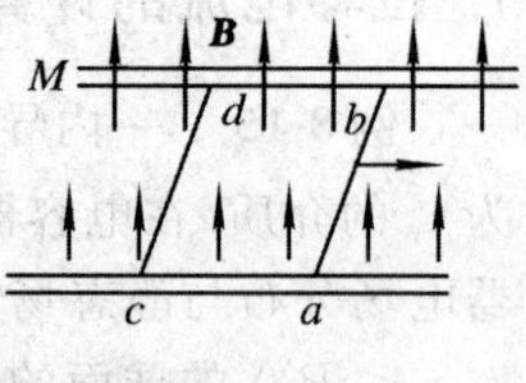

图 8-18

5. 在长直导线附近有一块长方形薄金属片 A,其重量很轻,A 与直导线共面,如图 8-19 所示,当长直导线突然通以大电流 I 时,由于电磁感应,薄金属片 A 中将产生涡电流,在开始瞬间 A 片将(　　).

A) 向左运动　　B) 向右运动

C) 只作转动　　D) 不动

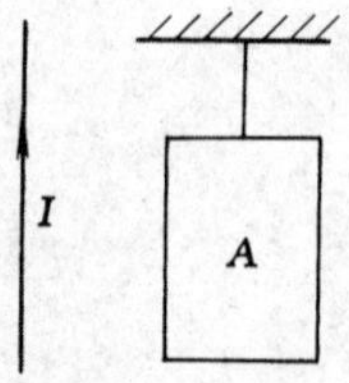

图 8-19

6. 如图 8-20 所示,导体 AB 在均匀磁场 $\boldsymbol{B}$ 中绕通过点 C 的垂直于 AB 且沿磁场方向的轴 OO' 转动(角速度 $\boldsymbol{\omega}$ 与 $\boldsymbol{B}$ 同方向),BC 的长度为 AB 的 $\frac{1}{3}$,则(　　).

A) 点 A 电势比点 B 电势低

B) 点 A 电势与点 B 电势相等

C) 点 A 电势比点 B 电势高

D) 有稳恒电流从点 A 流向点 B

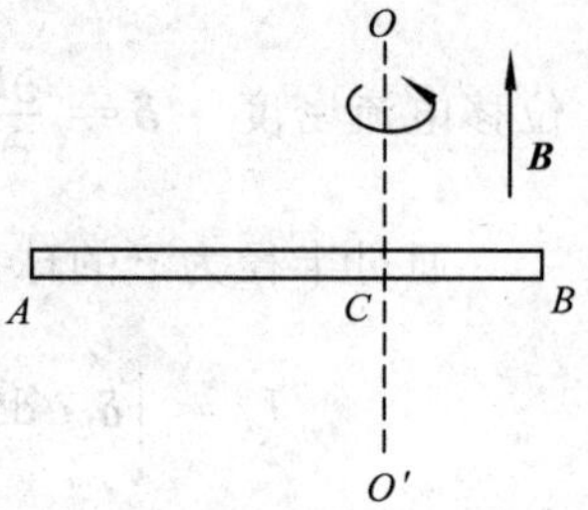

图 8-20

7. 对于单匝线圈取自感系数的定义式为 $L=\frac{\Phi}{I}$. 当线圈的几何形状、大小及周围磁介质分布不变,且无铁磁性物质时,若线圈中的电流强度变小,则线圈的自感系数 L 将(　　).

A) 变大,与电流成反比关系　　B) 变小

C) 不变　　D) 变大,但与电流不成反比关系

8. 有两个线圈,线圈 1 对线圈 2 的互感系数为 M_{21},而线圈 2 对线圈 1 的互感系数为 M_{12}. 若它们分别流过 i_1 和 i_2 的变化电流且 $\left|\frac{\mathrm{d}i_1}{\mathrm{d}t}\right|>\left|\frac{\mathrm{d}i_2}{\mathrm{d}t}\right|$,并设由 i_2 变化在线圈 1 中产生的互感电动势为 $\mathscr{E}_{12}$,由 i_1 变化在线圈 2 中产生的互感电动势为 $\mathscr{E}_{21}$,下述论断正确的是(　　).

A) $M_{12}=M_{21}$,$\mathscr{E}_{21}=\mathscr{E}_{12}$　　B) $M_{12}\neq M_{21}$,$\mathscr{E}_{21}\neq\mathscr{E}_{12}$

C) $M_{12}=M_{21}$,$\mathscr{E}_{21}>\mathscr{E}_{12}$　　D) $M_{12}=M_{21}$,$\mathscr{E}_{21}<\mathscr{E}_{12}$

9. 一细导线弯成直径为 $2a$ 的半圆形,如图 8-21 所示. 均匀磁场的磁感应强度 $\boldsymbol{B}$ 垂直于导线所在平面,方向向里. 当导线绕垂直于半圆面且通过 M 点的轴以匀角速度 ω 逆时针转动时,导线两端的电动势 ε_{MN}(　　).

A) ωa^2B　　B) $\frac{1}{2}\pi\omega a^2B$　　C) $2\omega a^2B$　　D) $\frac{1}{4}\pi\omega a^2B$

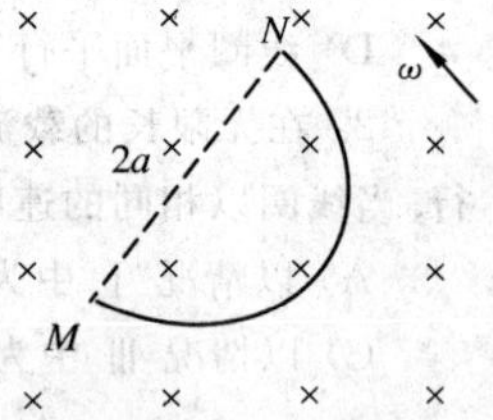

图 8-21

10. 如图 8-22 所示,两个环形导体互相垂直的放置,当它们的电流 I_1 和 I_2 同时发生变化时,则(　　).

A) a 环形导体产生自感电流,b 环形导体产生互感电流

B) a 环形导体产生互感电流,b 环形导体产生自感电流

C) 两个环形导体只产生自感电流,不产生互感电流

D) 两个环形导体同时产生自感电流和互感电流

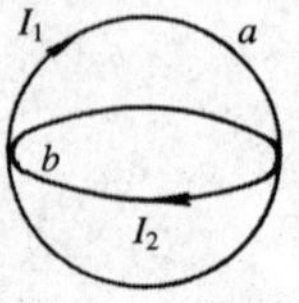

图 8-22

11. 有两个长直密绕管,长度及线圈匝数均相同,半径分别为 r_1 和 r_2,管内充满均匀介质,其磁导率分别为 μ_1 和 μ_2. 设 $r_1:r_2=1:2$,$\mu_1:\mu_2=2:1$,当将两只螺线管串联在电路中通电稳定后,其自感系数之比 $L_1:L_2$ 与磁能之比 $W_{m1}:W_{m2}$ 分别为(　　).

A) $L_1:L_2=1:1$,$W_{m1}:W_{m2}=1:1$　B) $L_1:L_2=1:2$,$W_{m1}:W_{m2}=1:1$

C) $L_1 : L_2 = 1 : 2$, $W_{m1} : W_{m2} = 1 : 2$　　D) $L_1 : L_2 = 2 : 1$, $W_{m1} : W_{m2} = 2 : 1$

12. 对位移电流，有下述四种说法，说法正确的是(　　).

A) 位移电流是指变化电场

B) 位移电流是由线性变化磁场产生的

C) 位移电流的热效应服从焦耳-楞次定律

D) 位移电流的磁效应不服从安培环路定理

二、填空题

1. 一半径 $r = 10\text{cm}$ 的圆形闭合导线回路置于均匀磁场 $\boldsymbol{B}$($B = 0.80\text{T}$) 中，$\boldsymbol{B}$ 与回路平面正交. 若圆形回路的半径从 $t = 0$ 开始以恒定的速率 $\frac{\mathrm{d}r}{\mathrm{d}t} = -80\text{cm}\cdot\text{s}^{-1}$ 收缩，则在这 $t = 0$ 时刻，闭合回路中的感应电动势大小为__________；如要求感应电动势保持这一数值，则闭合回路面积应以 $\frac{\mathrm{d}S}{\mathrm{d}t} =$ __________的恒定速率收缩.

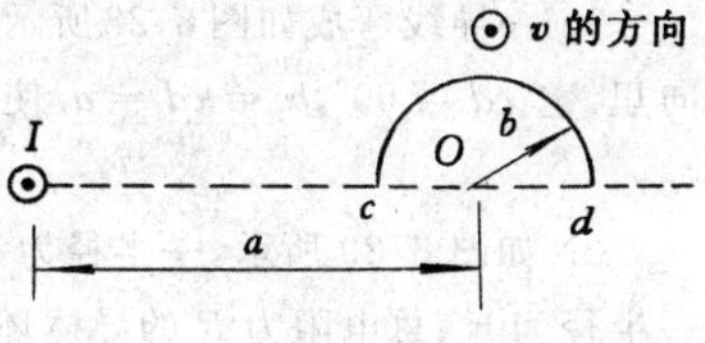

图 8-23

2. 载有恒定电流 I 的长直导线旁有一半圆环导线 cd，半圆环半径为 b，环面与直导线垂直，且半圆环两端点连线的延长线与直导线相交，如图 8-23 所示. 当半圆环以速度 $\boldsymbol{v}$ 沿平行于直导线的方向平移时，半圆环上的感应电动势的大小是__________.

3. 如图 8-24 所示，直角三角形金属框架 abc 放在均匀磁场中，磁场 $\boldsymbol{B}$ 平行于 ab 边，bc 的长度为 l. 当金属框架绕 ab 边以匀角速度 ω 转动时(ω 的方向为 $\boldsymbol{B}$ 的方向)，abc 回路中的感应电动势 $\mathscr{E} =$ __________；a，c 两点之间的电势差 $U_a - U_c =$ __________.

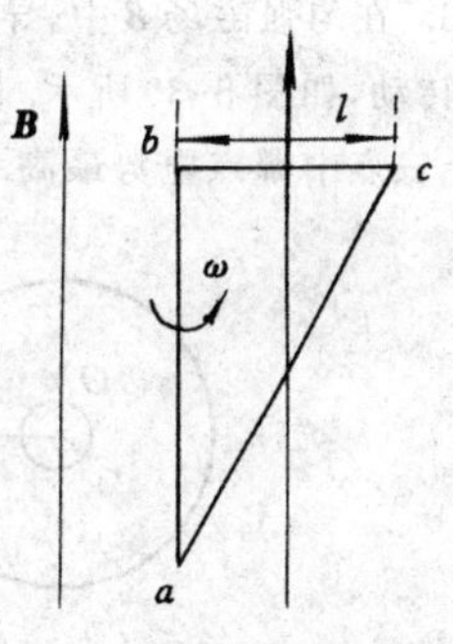

图 8-24

4. 如图 8-25 所示，一半径为 r 的很小的金属圆环，在初始时刻与一半径为 $a(a \gg r)$ 的大金属圆环共面且同心. 在大圆环中通以恒定的电流 I，方向如图，如果小圆环以角速度 ω 绕其任一方向的直径转动，并设小圆环的电阻为 R，则任一时刻 t 通过小圆环的磁通量 $\Phi =$ __________；小圆环中的感应电流 $i =$ __________.

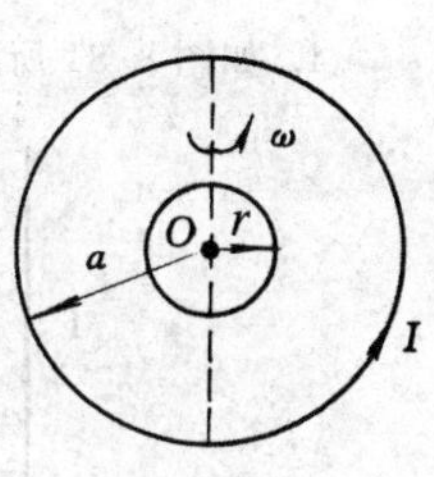

图 8-25

5. 在感应电场中，电磁感应定律可以写成 $\oint \boldsymbol{E}\cdot \mathrm{d}\boldsymbol{l} = -\frac{\mathrm{d}\Phi}{\mathrm{d}t} = -\iint \frac{\partial \boldsymbol{B}}{\partial t}\cdot \mathrm{d}\boldsymbol{S}$. 此式表明在感应电场中不能象对静电场那样引入__________.

6. 一半径为 R 的圆柱形区域存在均匀磁场，并以恒定速率增大($\frac{\mathrm{d}B}{\mathrm{d}t} > 0$). 一根导线折成 $60°$ 角($ab = bc$)，放在图 8-26 中所示位置，则 a，b，c 三点电势最高的点是__________，a，b，c 三点感生电场最大的点是__________.

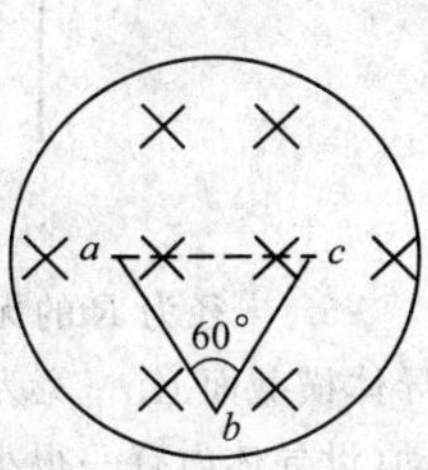

图 8-26

7. 已知变化的电场 $\frac{\partial \boldsymbol{E}}{\partial t}$ 和变化的磁场 $\frac{\partial \boldsymbol{B}}{\partial t}$ 的方向都竖直向上，如图 8-27. 则产生的磁场 $\boldsymbol{B}$ 和电场 $\boldsymbol{E}$ 的方向分别为__________方向和__________方向.

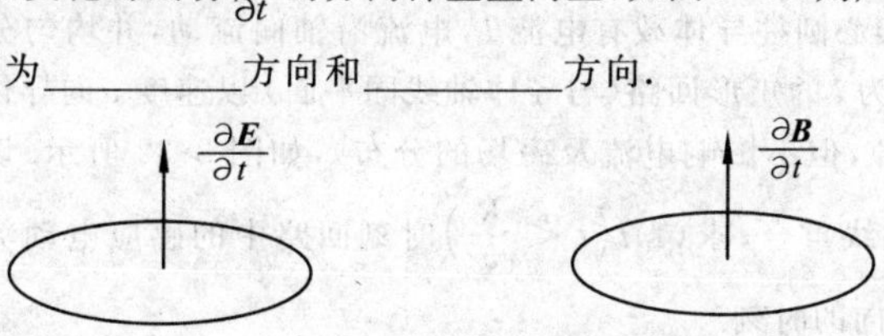

图 8-27

8. 充了电的由半径为 r 的两块圆板组成的平行板电容器，在放电时两板间的电场强度的大小为 $E = E_0 \mathrm{e}^{-\frac{t}{RC}}$，式中 E_0，R，C 均为常数. 则两板间的位移电流的大小为__________；其方向与场强方向__________.

9. 试相应地写出哪一个麦克斯韦方程相当于或包括下列事实：

(1) 传导电流和变化的电场伴随有磁场，方程是__________；

(2) 变化的磁场伴随有电场，方程是__________；

(3) 磁感应线是闭合曲线，方程是__________；

(4) 在静电平衡条件下，导体内部不可能有电荷分布，方程是__________.

10. 麦克斯韦关于电磁场理论提出的两个基本观点，即两个基本假设是__________，__________.

三、计算题

1. 一导线弯成如图 8-28 所示形状，放在均匀磁场 $\boldsymbol{B}$ 中，$\boldsymbol{B}$ 的方向垂直图面向里. $\angle bcd = 60°$，$bc = cd = a$. 使导线绕轴 OO' 旋转，转速为每分钟 n 转. 计算 $\mathscr{E}_{OO'}$.

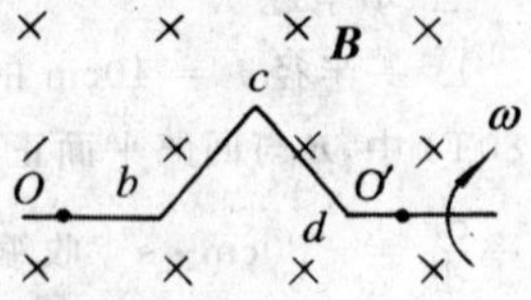

图 8-28

2. 如图 8-29 所示，一半径为 r_2、电荷线密度为 λ 的均匀带电圆环，里边有一半径为 r_1、总电阻为 R 的导体环，两环共面同心（$r_2 \gg r_1$）. 当大环以变角速度 $\omega = \omega(t)$ 绕垂直于环面的中心轴旋转时，求小环中的感应电流及其方向.

3. 在匀强磁场 $\boldsymbol{B}$ 中，导线 $\overline{OM} = \overline{MN} = a$，$\angle OMN = 120°$，$OMN$ 整体可绕 O 点在垂直于磁场的平面内逆时针转动，如图 8-30 所示. 若转动角速度为 ω，(1) 求 OM 间电势差 U_{OM}；(2) 求 ON 间电势差 U_{ON}；(3) 指出 O，M，N 三点中哪点电势最高.

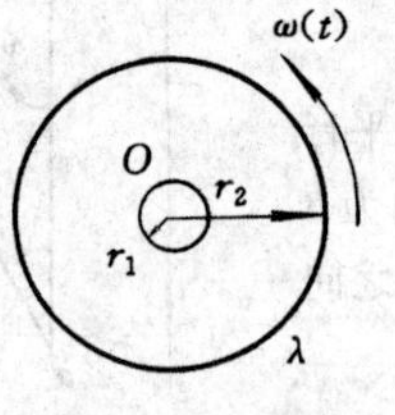

图 8-29

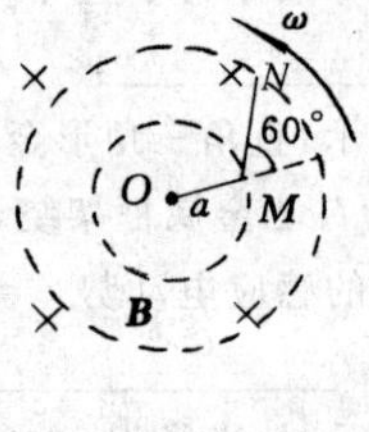

图 8-30

4. 如图 8-31 所示，金属棒以 ω 角速度绕 O 点匀角速转动，求金属棒在位置 ① 和 ② 处的动生电动势.

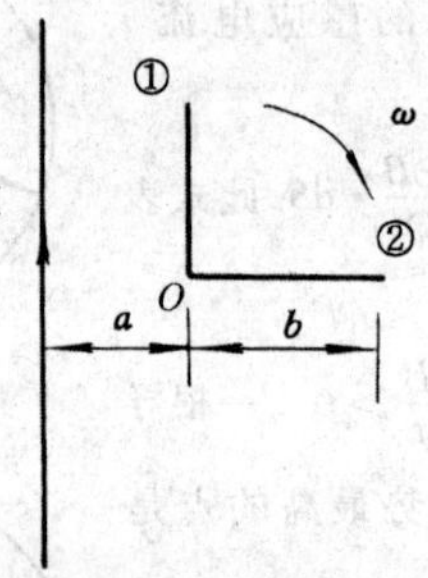

图 8-31

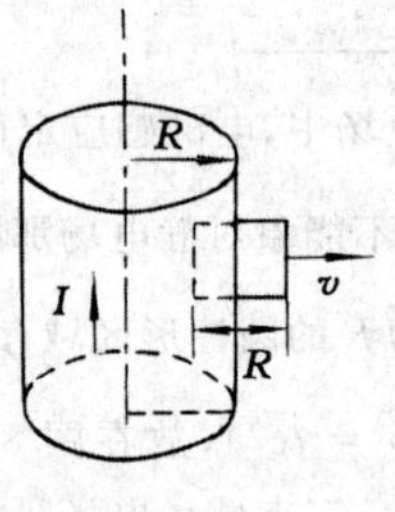

图 8-32

5. 半径为 R 的无限长实心圆柱导体载有电流 I，电流沿轴向流动，并均匀分布在导体横截面上. 一宽为 R，长为 l 的矩形回路（与导体轴线同平面）以速度 v 向导体外运动（设导体内有一很小的缝隙，但不影响电流及磁场的分布），如图 8-32 所示. 设初始时刻矩形回路一边与导体轴线重合，求(1) $t\left(t < \dfrac{R}{v}\right)$ 时刻回路中的感应电动势；(2) 回路中的感应电动势改变方向的时刻.

6. 在半径为 R 的无限长螺线管内的磁场 $\boldsymbol{B}$ 随时间的变化 $\dfrac{\mathrm{d}B}{\mathrm{d}t}$ 常量 > 0. 求管内外的感生电场？

7. 如图 8-33 所示，一无限长直导线垂直地穿过均匀密绕的螺绕环中心. 螺绕环的截面为矩形，内、外半径分别为 R_1 和 R_2，高为 h，共有 N 匝. 求(1) 螺绕环的互感系数；

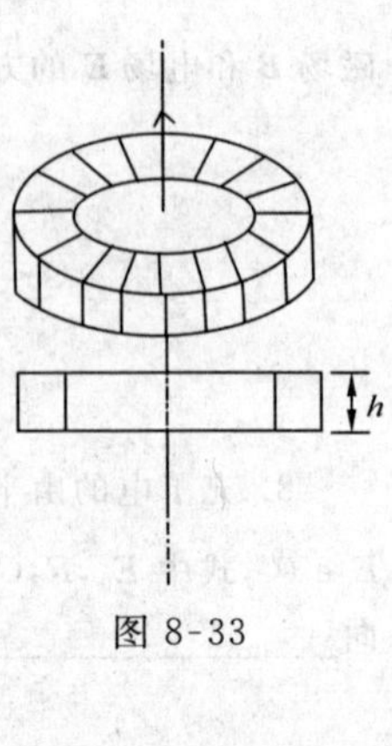

图 8-33

(2) 当螺绕环中通以 $I = I_0 \sin\omega t$ 的交变电流时，长直导线中的感应电动势.

8. 如图 8-34 所示，截面积为 S，单位长度上匝数为 n 的螺绕环上套一边长为 a 的正方形线圈. 现在正方形线圈中通以交变的电流 $I = I_0 \sin\omega t$，螺绕环两端为开路，试求螺绕环两端的互感电动势.

9. 如图 8-35 所示，一矩形线框通以电流 $I = I_0 \sin\omega t$，一无限长直导线与此矩形线框在同一平面内. 矩形线框的短边与直导线平行且 $\frac{b}{c} = 3$，求直导线中的互感电动势.

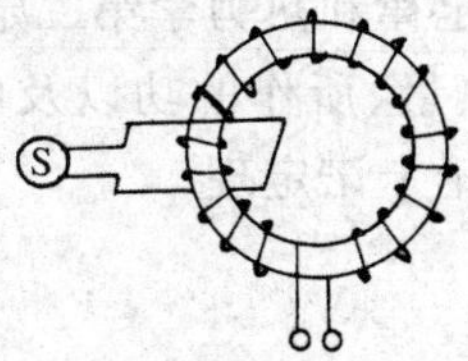

图 8-34

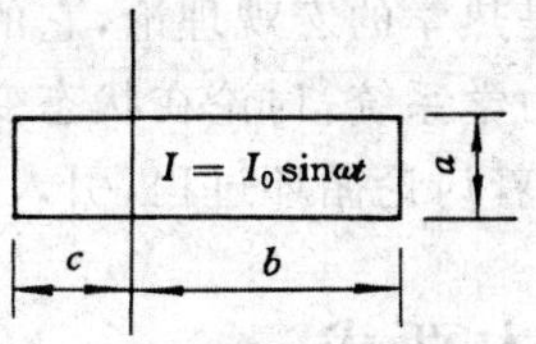

图 8-35

10. 一根长直导线，其 $\mu \approx \mu_0$，载有电流 I，已知电流均匀分布在导线的横截面上. 试计算导线内单位长度上所储存的磁能.

11. 如图 8-36 所示，导线 ab 在另一个导线轨道上以速度 $\boldsymbol{v}$ 向右滑动，已知 ab 在导线轨道间的长度为 50cm，$v = 4\text{m}\cdot\text{s}^{-1}$，$R = 0.2\Omega$，均匀磁场 $\boldsymbol{B}$ 与回路平面垂直，$\boldsymbol{B}$ 指向纸面内，$B = 0.5\text{T}$，求(1) ab 运动所产生的感应电动势大小；(2) 电阻 R 消耗的功率；(3) 磁场作用在 ab 上的力.

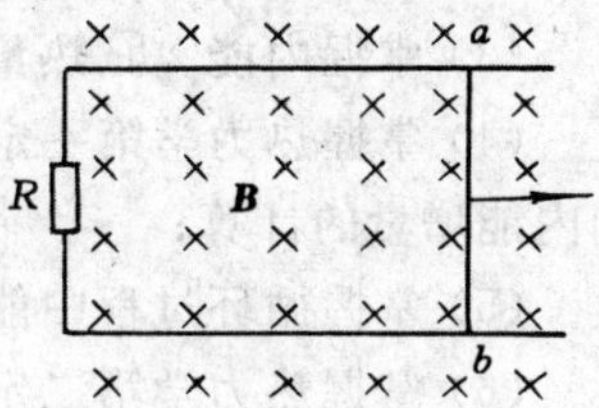

图 8-36

12. 一平行板电容器，极板是半径为 R 的两圆形金属板，极间为空气. 此电容器与交变电源相连，极板上带电量随时间变化的关系为 $q = q_0 \sin\omega t$（ω 为常量），忽略边缘效应，求

(1) 电容器极板间位移电流及位移电流密度；

(2) 两极板间离中心轴线距离为 r（$r < R$）处的 b 点的磁场强度的大小；

(3) 当 $\omega t = \frac{\pi}{4}$ 时，b 点的电磁场能量密度（即电场能量密度与磁场能量密度之和）.

第9章　热力学基础

热力学是热学的宏观理论，它的理论基础是热力学第一定律和热力学第二定律. 本章以理想气体为热力学系统，讨论在状态变化过程中，系统吸收的热量、所作的功以及内能的增量之间的关系. 接着讨论循环过程，引入热力学第二定律，最后讨论卡诺定理.

9.1　基本要求

（1）掌握气体系统的状态参量，理解平衡态、准静态过程的概念；

（2）熟练掌握理想气体状态方程；

（3）掌握内能、功、热量和摩尔热容的概念；

（4）掌握热力学第一定律，熟练掌握理想气体在等体、等压、等温和绝热过程中的功、热量和内能增量的计算；

（5）掌握循环过程中能量转换关系，掌握卡诺循环和其他简单循环的效率的计算；

（6）掌握热力学第二定律及其物理意义；

（7）了解可逆和不可逆过程，了解卡诺定理.

9.2　重点概念及主要公式

1. 平衡态　准静态过程

平衡态. 在不受外界影响（即系统与外界没有物质和能量的交换）的条件下，无论初始状态如何，系统的宏观性质在经充分长时间后不再发生变化的状态称为平衡态.

准静态过程（平衡过程）. 在过程中的任意时刻（或过程中的每一步）系统的状态都无限接近于平衡态，这样的过程称为准静态过程。系统在经历一个准静态过程时，其间任一时刻的状态都可以当作平衡态来处理.

2. 理想气体的状态方程

理想气体的状态方程为

$$pV = \frac{m}{M}RT.$$

式中，$R = 8.31\,\mathrm{J\cdot mol^{-1}\cdot K^{-1}}$ 为普适气体常量，m 为气体的质量，M 为该气体的摩尔质量.

3. 热力学第一定律

数学表达式为

$$Q = \Delta E + W.$$

微分形式为

$$\mathrm{d}Q = \mathrm{d}E + \mathrm{d}W.$$

规定：系统吸热 $Q > 0$，系统放热 $Q < 0$；系统内能增加 $\Delta E > 0$，系统内能减少 $\Delta E < 0$；系统压力对外界作功 $W > 0$，外界对系统作功 $W < 0$. 系统的内能是系统状态的函数，是状态量（对一定量的理想气体而言，只与温度有关）. 功和热量是过程量，它们的大小与系统所经历的

过程有关.

准静态过程中，系统压力对外界作的微功为 $dW = p dV$，在数值上等于 p-V 图上过程曲线下小长方形的面积；系统从状态 Ⅰ 到状态 Ⅱ 所作的总功在数值上等于整个过程曲线下的面积.

4. 热量和热容量

(1) 热容量 $C = \dfrac{dQ}{dT}$.

(2) 比热 $c = \dfrac{1}{m}\dfrac{dQ}{dT}$.

(3) 定压摩尔热容 $C_{p,m} = \left(\dfrac{dQ}{dT}\right)_p$.

(4) 定体摩尔热容 $C_{V,m} = \left(\dfrac{dQ}{dT}\right)_V$.

(5) 理想气体的摩尔热容 $C_{p,m} = \dfrac{i+2}{2}R$，$C_{V,m} = \dfrac{i}{2}R$.

(6) 迈耶公式 $C_{p,m} = C_{V,m} + R$.

(7) 比热容比 $\gamma = \dfrac{C_{p,m}}{C_{V,m}} = \dfrac{i+2}{i}$.

5. 热力学第一定律的应用

表 9-1　　热力学第一定律在理想气体几个重要过程中的应用

过程	等体	等压	等温	绝热	*多方
特征	$V=$ 常量	$p=$ 常量	$T=$ 常量	$Q=0$	多方指数 n 可取任意实数
过程方程	$\dfrac{P}{T}=$ 常量	$\dfrac{V}{T}=$ 常量	$pV=$ 常量	$pV^{\gamma}=$ 常量 $V^{\gamma-1}T=$ 常量 $p^{\gamma-1}T^{-\gamma}=$ 常量	$pV^{n}=$ 常量 $V^{n-1}T=$ 常量 $p^{n-1}T^{-n}=$ 常量
吸收热量 Q	$\dfrac{m}{M}C_{V,m}(T_2-T_1)$	$\dfrac{m}{M}C_{p,m}(T_2-T_1)$	$\dfrac{m}{M}RT\ln\dfrac{V_2}{V_1}$ 或 $\dfrac{m}{M}RT\ln\dfrac{p_1}{p_2}$	0	$\dfrac{m}{M}C_{m}(T_2-T_1)$
对外作功 W	0	$p(V_2-V_1)$ 或 $\dfrac{m}{M}R(T_2-T_1)$	$\dfrac{m}{M}RT\ln\dfrac{V_2}{V_1}$ 或 $\dfrac{m}{M}RT\ln\dfrac{p_1}{p_2}$	$-\dfrac{m}{M}C_{V,m}(T_2-T_1)$ 或 $\dfrac{p_1V_1-p_2V_2}{\gamma-1}$	$\dfrac{p_1V_1-p_2V_2}{n-1}$
内能增量 ΔE	$\dfrac{m}{M}C_{V,m}(T_2-T_1)$	$\dfrac{m}{M}C_{V,m}(T_2-T_1)$	0	$\dfrac{m}{M}C_{V,m}(T_2-T_1)$	$\dfrac{m}{M}C_{V,m}(T_2-T_1)$
摩尔热容 C	$C_{V,m}=\dfrac{i}{2}R$	$C_{p,m}=\dfrac{i+2}{2}R$	∞	0	$C_m=\dfrac{\gamma-n}{1-n}C_{V,m}$

6. 循环过程

一个系统由某一状态出发，经过一系列过程又回到原来的状态，这样的过程称为热力学循环.

循环过程在 p-V 图上表示为一封闭曲线，曲线所围面积即为循环过程中的净功. 系统经历一个循环过程后，其内能变化 $\Delta E = 0$.

(1) 正循环(热循环). 在 p-V 图上是按顺时针方向进行循环的. 系统从高温热源吸热 $Q_1 = \sum Q_{吸}$，对外作净功 W，同时向低温热源放热 $Q_2 = |\sum Q_{放}|$. 热机中工作物质进行的是正循环，热机效率为

$$\eta = \frac{W}{Q_1} = 1 - \frac{Q_2}{Q_1}.$$

(2) 逆循环(致冷循环). 在 p-V 图上是按逆时针方向进行循环的. 接受外界的功 W，从低温热源吸热 $Q_2 = \sum Q_{吸}$，然后向高温热源放热 $Q_1 = |\sum Q_{放}|$，制(或致) 冷机中工作物质进行的是逆循环，致冷系数为

$$\varepsilon = \frac{Q_2}{W} = \frac{Q_2}{Q_1 - Q_2}.$$

(3) 卡诺循环. 系统只和两个恒温热源进行热交换的准静态循环过程，由两个等温过程和两个绝热过程组成.

理想气体准静态过程卡诺循环的效率

$$\eta = 1 - \frac{T_2}{T_1}.$$

理想气体准静态过程逆向卡诺循环的致冷系数

$$\varepsilon = \frac{T_2}{T_1 - T_2}.$$

7. 热力学第二定律的两种表述

开尔文表述：不可能制成一种循环动作的热机，只从单一热源吸取热量使之完全变为有用功而不产生任何其他影响.

克劳修斯表述：不可能把热量从低温物体传到高温物体而不引起其他任何变化.

8. 可逆和不可逆过程

一个系统从状态 A，经历一过程 $A \rightarrow B$ 达到另一状态 B，如果系统从状态 B 回复到状态 A 时，外界也同时恢复到原状，则称 $A \rightarrow B$ 过程为可逆过程. 如果用任何方法都不可能使系统和外界完全恢复原状，那么 $A \rightarrow B$ 过程称为不可逆过程.

一切实际宏观过程都是不可逆过程，只有十分缓慢的、无摩擦和能耗的准静态过程，才可近似作为可逆过程.

9. 卡诺定理

(1) 在相同的高温热源(温度为 T_1) 与相同的低温热源(温度为 T_2) 之间工作的一切可逆

热机，其效率都相等，而与工作物质无关，即 $\eta_{可} = 1 - \frac{T_2}{T_1}$.

(2) 在相同的高温热源（温度为 T_1）与相同的低温热源（温度为 T_2）之间工作的一切不可逆热机，其效率不可能大于可逆机的效率，即 $\eta_{不可} \leqslant 1 - \frac{T_2}{T_1}$.

9.3 常见及疑难问题答疑

问题 1 如何认识内能、功、热量？

答 系统的内能是指与系统热现象有关的那部分能量，系统处在某一平衡态，就有一确定的内能，内能是系统状态的单值函数，是状态量. 对一定量的理想气体而言，内能只与温度有关，是温度 T 的单值函数.

作功是系统内分子的无规则运动能量和外界分子有规则运动能量交换的过程，交换能量的多少就等于功的大小. 功是过程量.

热量是系统内分子和外界分子通过分子间无规则碰撞而交换能量的多少的量度，热量的传递与过程有关，是过程量.

问题 2 在 p-V 图上用一条曲线表示的过程是否一定是准静态过程?理想气体经过自由膨胀由状态(p_1, V_1) 改变到状态(p_2, V_2)，这一过程能否用一条等温曲线表示？

答 准静态过程是由一系列平衡态组成的过程. 准静态过程中的每一步都是平衡态. 只有在平衡态，系统的体积、压强等宏观参量才有确定的值，才能在p-V 图上表示出来，因而，在 p-V 图上用一条曲线表示的过程一定是准静态过程.

理想气体在向真空自由膨胀的过程中，任意一个中间状态都不是平衡态，因为过程中每一状态都不能用确定的参量表示；并且在自由膨胀的过程中，气体的温度并不总保持恒定，仅仅有初始状态和末状态温度相等，因而不能用一条等温线表示理想气体向真空的自由膨胀过程.

问题 3 理想气体的内能是状态的单值函数，对理想气体内能作下面的几种理解是否正确？

(1) 气体处在一定的状态，就具有一定的内能.

(2) 对应于某一状态的内能是可以直接测定的.

(3) 对应于某一状态，内能只有一个数值，不可能有两个或两个以上的值.

(4) 当理想气体的状态改变时，内能一定跟着变化.

答 (1) 正确. 气体处于一定的状态，它具有确定的温度，因此，对给定的气体就具有一定的内能.

(2) 对应于某一状态的内能是不可以直接测定的. 我们用绝热的方法可以测定两个状态下的能量差，但不能测定某一状态下的内能值. 我们通常确定的内能是与绝对零度的内能差，显然绝对零度时系统的零点能无法直接测定.

(3) 正确. 对应于某一平衡状态，有确定的温度，因而给定系统有确定的内能，不可能有两个或两个以上的值.

(4) 不一定. 如理想气体作等温变化，压强和体积变化了，但温度不变，所以内能也不变.

问题 4 如何判别过程是吸热还是放热?如图 9-1 所示，过程 $a \to b$ 是绝热过程，则过程 acb 和过程 adb 是吸热还是放热？

答　判别某过程是吸热还是放热，可根据热力学第一定律 $Q = \Delta E + W$，先判别 ΔE 的正负（由 ΔT 决定，温度升高则 $\Delta T > 0$，$\Delta E > 0$），再判别 W 的正负（由 ΔV 决定，体积膨胀则 $\Delta V > 0$，$W > 0$），最后由 $\Delta E + W$，确定 Q 的正负，从而确定过程是吸热还是放热.

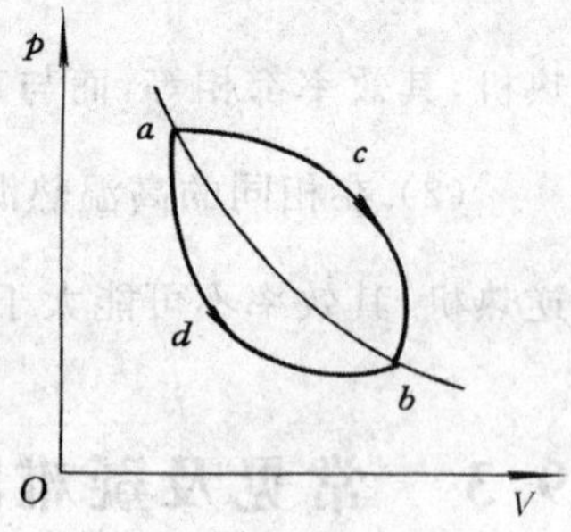

图 9-1

对于图 9-1 所示的过程 acb 和 adb 是吸热还是放热，除用公式 $Q = \Delta E + W$ 来判别外，更方便的可用循环过程来判别. 把过程 acb 和过程 ba 构成一循环过程，该循环过程 $acba$ 是正循环过程，一定是吸热. 又因 ba 是绝热过程，故过程 acb 一定是吸热过程. 把过程 adb 和过程 ba 构成循环过程，该循环过程 $adba$ 是逆循环过程，一定是放热. 又因 ba 是绝热过程，故过程 adb 一定是放热的.

问题 5　理想气体的 $C_{p,\mathrm{m}} > C_{V,\mathrm{m}}$ 的物理意义怎样？等压过程中内能变化能否用 $\mathrm{d}E = \frac{m}{M}C_{p,\mathrm{m}}\mathrm{d}T$ 来计算？

答　理想气体的定压摩尔热容量 $C_{p,\mathrm{m}} = C_{V,\mathrm{m}} + R$ 表示在等压过程中，一摩尔气体温度升高一度时，多吸收 8.31J 的热量用来反抗外力而对外作功.

等压过程中，气体吸收的热量一部分用来对外作功，一部分变为气体内能的增量. 即

$$\mathrm{d}Q = \mathrm{d}E + \mathrm{d}W = \frac{m}{M}C_{p,\mathrm{m}}\mathrm{d}T,$$

其中
$$\mathrm{d}W = p\mathrm{d}V = \frac{m}{M}R\,\mathrm{d}T,$$

所以
$$\mathrm{d}E = \mathrm{d}Q - \mathrm{d}W = \frac{m}{M}(C_{p,\mathrm{m}} - R)\mathrm{d}T = \frac{m}{M}C_{V,\mathrm{m}}\mathrm{d}T.$$

因此，只能用 $\mathrm{d}E = \frac{m}{M}C_{V,\mathrm{m}}\mathrm{d}T$ 来计算等压过程中内能的变化，不能用 $\mathrm{d}E = \frac{m}{M}C_{p,\mathrm{m}}\mathrm{d}T$ 来计算内能的变化.

问题 6　气体由一定的初状态绝热压缩至一定体积，一次缓缓地压缩，另一次很快地压缩，如果其他条件都相同，问温度变化是否相同？

答　绝热过程中，外界对系统作功使系统内能增加，即温度升高. 当缓缓压缩时，各处气体的密度可以认为是均匀的，而很快压缩时，靠近活塞处气体的密度大，压强也大，所以压缩至同样体积的过程中，快速压缩时外界对系统作的功多，系统的内能增加的也就多，系统温度的变化也就大.

问题 7　为什么说卡诺循环是最简单的循环过程？任意可逆循环过程需要多少个不同温度的热源？

答　卡诺循环过程只有两个热源，其过程是平衡过程，所以它是理想的可逆过程，最简单.

任意一个循环，要做到过程可逆，系统经过的中间状态必须无限缓慢，才能接近平衡态. 因此，要做到这一点，需要有无限多个温差微小的恒温热源.

问题 8　一条等温线与一条绝热线能否有两个交点，为什么？

答　一条等温线与一条绝热线不能有两个交点. 若一条等温线与一条绝热线可以两次相

交,则可以构成一个循环过程.在此循环中,形成从单一热源吸取热量,使之完全变为有用的功,而其他物体不发生任何变化,这违反了热力学第二定律.

问题 9　如图 9-2 所示,理想气体经历两个循环过程,$a \to b$ 是等温过程,$b \to c$ 为绝热过程,$c \to d$ 为等压过程,$d \to a$ 和 $b \to e$ 为等体过程,问循环过程 $abcda$ 和 $abeda$ 哪个效率高?

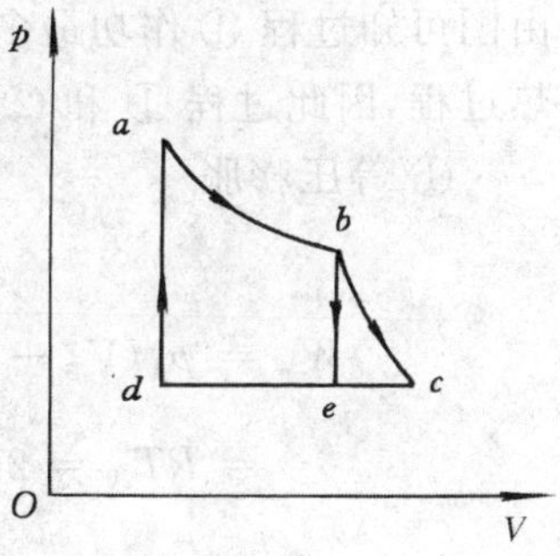

图 9-2

答　循环过程的效率 $\eta = \dfrac{W}{Q_1}$,其中 W 为循环过程的净功,其大小等于 p-V 图中循环曲线包围的面积;Q_1 为循环过程中吸收的热量.对循环过程 $abcda$ 和 $abeda$ 都只有等温过程 $a \to b$ 和等体过程 $d \to a$ 吸热,因此两个循环过程中吸收的热量 Q_1 相等.但循环过程 $abcda$ 对外所作的净功比循环过程 $abeda$ 大,所以循环过程 $abcda$ 的效率比循环过程 $abeda$ 高.

问题 10　可逆过程是否一定是准静态过程,准静态过程是否一定是可逆过程?有人说"凡有热接触的物体,它们之间进行热交换的过程都是不可逆过程."这种说法对吗?

答　可逆过程的定义是:无摩擦和能耗的准静态过程.显然,准静态过程是可逆过程的必要条件而非充分条件.可逆过程一定是准静态过程;反过来讲,准静态过程不一定是可逆过程,因为有可能伴随摩擦.摩擦一定会引起能耗,凡是涉及能耗的过程一定是不可逆的.

若两物体之间有热交换时,可逆过程要求:两物体之间的温差是无限小.所以有接触的物体,如果它们之间的温差是有限的,热交换过程就是不可逆的;如果它们之间的温差无限小,则热交换的过程是可逆的.

9.4　解题要点及例题详解

1. 热力学第一定律的应用

解题要点　应用热力学第一定律时,要先仔细分析所考虑的过程是什么过程,然后再计算过程中 $Q, W, \Delta E$ 各量的量值.

例 9-1　两个相同的刚性容器,一个盛有氢气,一个盛氦气(均视为刚性分子理想气体).开始时它们的压强和温度都相同,现将 3J 热量传给氦气,使之升高到一定的温度.若使氢气也升高同样的温度,则应向氢气传递多少热量?

解　刚性容器,体积不变,为等体过程.根据热力学第一定律,有 $Q = \Delta E$.又根据理想气体内能公式 $\Delta E = \dfrac{m}{M}\dfrac{i}{2}R\Delta T$,可知欲使氢气和氦气升高相同温度,则传递的热量为 $Q_{H_2} : Q_{He} = \left(\dfrac{m_{H_2}}{M_{H_2}} i_{H_2}\right) \Big/ \left(\dfrac{m_{He}}{M_{He}} i_{He}\right)$.再由理想气体状态方程 $PV = \dfrac{m}{M}RT$ 可知,开始时,由于氢气和氦气具有相同的压强、体积和温度,因而可判断它们的摩尔数相同,则 $Q_{H_2} : Q_{He} = i_{H_2} : i_{He} = \dfrac{5}{3}$,所以 $Q_{H_2} = \dfrac{5}{3} Q_{He} = \dfrac{5}{3} \times 3 = 5\text{J}$.

例 9-2　1mol 氢气在温度为 300K,体积为 0.025m^3 的状态下,经过 ① 等压膨胀,② 等温膨胀,③ 绝热膨胀.气体的体积都变为原来的两倍.试分别计算这三种过程中氢气对外作的功以及吸收的热量.

解 这三个过程在 p-V 图上的过程曲线如图 9-3 所示. 由图可知过程 ① 作功最多,温度 $T_B > T_C > T_D$,过程 ③ 是绝热过程,因此过程 ① 和 ② 均吸热,且过程 ① 吸热多.

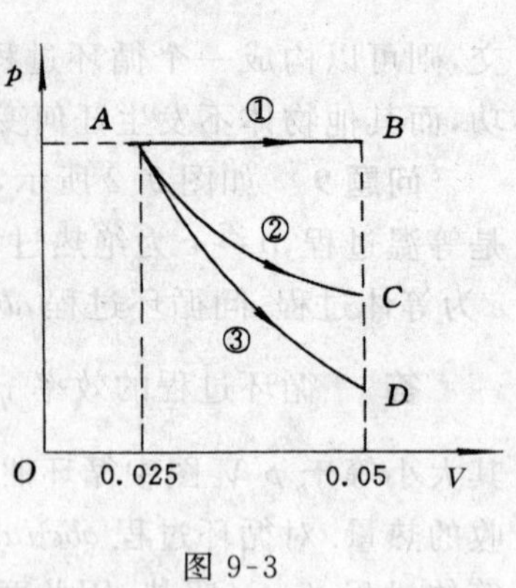

图 9-3

① 等压膨胀

$$W_p = p_A(V_B - V_A) = \frac{\frac{m}{M}RT_A}{V_A}(V_B - V_A)$$

$$= RT_A = 2.49 \times 10^3 (\text{J}).$$

$$Q_P = \Delta E + W_p = \frac{m}{M}C_{p,\text{m}}\Delta T = \frac{m}{M}C_{p,\text{m}}(T_B - T_A)$$

$$= \frac{m}{M}C_{p,\text{m}}T_A = \frac{7R}{2}T_A = 8.73 \times 10^3 (\text{J}).$$

② 等温膨胀

$$W_T = \frac{m}{M}RT\ln\frac{V_C}{V_A} = RT_A\ln 2 = 1.73 \times 10^3 (\text{J}).$$

$$Q_T = W_T = 1.73 \times 10^3 (\text{J}).$$

③ 绝热膨胀

$$T_Q = T_A(V_A/V_D)^{\gamma-1} = 300 \times 0.5^{0.4} = 227.4 (\text{K}).$$

对绝热过程, $$Q_Q = 0,$$

所以 $W_Q = -\Delta E = \frac{m}{M}C_{V,\text{m}}(T_A - T_D) = \frac{5R}{2}(T_A - T_D) = 1.51 \times 10^3 (\text{J}).$

例 9-3 如图 9-4(a),侧面绝热的气缸内贮有 1mol 单原子理想气体,温度为 $T_1 = 273\text{K}$,活塞外的大气压 $P_0 = 1.013 \times 10^5 \text{Pa}$. 活塞面积为 $S = 0.02\text{m}^2$,活塞质量 $m = 102\text{kg}$. 假定活塞绝热,不漏气并且与汽缸壁间的摩擦可以忽略不计. 由于汽缸内小突出物的阻碍,活塞起初停在距汽缸底部 $l_1 = 1\text{m}$ 处,今从汽缸底部缓慢加热,最后活塞停在原位置上部 $l_2 = 0.5\text{m}$ 处. 试作出此过程的 p-V 图线,求整个过程中气体吸收的热量与内能增量.

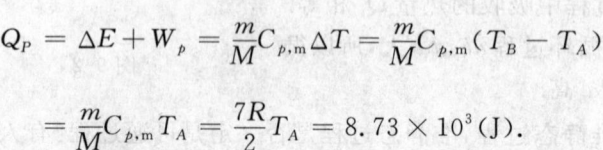

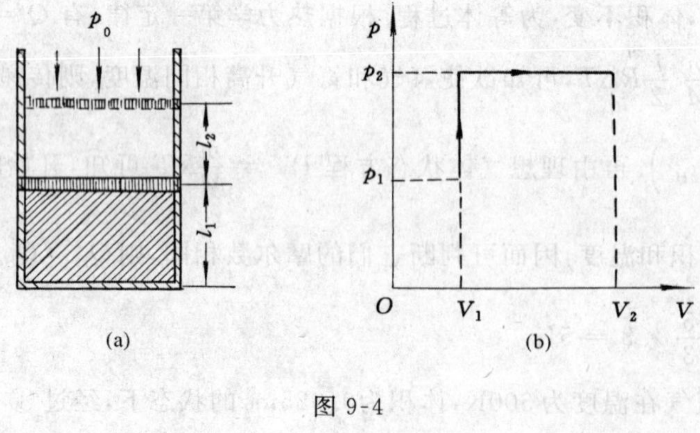

图 9-4

解 分析题意,可知整个过程可分为两步.第一步,活塞不动,气体经历一等体吸热过程,压强随着增大;第二步,汽缸内气体压强足够大时,将推动活塞向上运动,为保持和外界大气压平衡,故将经历一等压膨胀过程.

(1) 等体吸热过程

设气体原来压强为 p_1,后来压强为 p_2,温度为 T_2,显然 $p_2 = p_0 + \frac{mg}{S}$.

由理想气体状态方程 $pV = \frac{m}{M}RT$,得

$$p_1 = \frac{\frac{m}{M}RT_1}{V_1} = \frac{1 \times 8.31 \times 273}{0.02 \times 1} = 1.134 \times 10^5 (\text{Pa}).$$

由等体过程方程 $\frac{T_2}{T_1} = \frac{p_2}{p_1}$,得

$$T_2 = \frac{p_2}{p_1}T_1 = \frac{p_0 + \frac{mg}{S}}{p_1}T_1 = \frac{1.013 \times 10^5 + 102 \times 9.8/0.02}{1.134 \times 10^5} \times 273 = 364(\text{K}).$$

吸收的热量为

$$Q_V = \Delta E = \frac{m}{M}C_{V,\text{m}}(T_2 - T_1) = 1 \times \frac{3}{2} \times 8.31 \times (364 - 273) = 1134(\text{J}).$$

(2) 等压膨胀过程

设气体的体积由 V_1 变为 V_2,温度由 T_2 变为 T_3.由等压过程方程,得

$$T_3 = \frac{V_2}{V_1}T_2 = \frac{S(l_1 + l_2)}{Sl_1}T_2 = 1.5 \times 364 = 546(\text{K}),$$

$$\Delta E_p = \frac{m}{M}C_{V,\text{m}}(T_3 - T_2) = 1 \times \frac{3}{2} \times 8.31 \times (546 - 364) = 2269(\text{J}),$$

$$Q_p = \frac{m}{M}C_{p,\text{m}}(T_3 - T_2) = 1 \times \frac{5}{2} \times 8.31 \times 182 = 3781(\text{J}).$$

整个过程吸收的热量为

$$Q = Q_V + Q_p = 1134 + 3781 = 4915(\text{J}),$$

内能的增量为

$$\Delta E = \Delta E_V + \Delta E_p = 1134 + 2269 = 3403(\text{J}),$$

过程的 p-V 图线如图 9-4(b) 所示.

2. 循环及循环效率的计算

解题要点 (1) 计算有关循环问题时,要掌握系统经历一个循环,内能变化为零,根据热力学第一定律,系统对外作的净功(如果是正循环的话)或外界对系统作的净功(如果是逆循环的话)等于系统吸收或者放出的热量,在数值上等于 p-V 图循环曲线所围的面积.

(2) 计算循环效率,可用两种方法,$\eta=\frac{W}{Q_1}$ 或 $\eta=1-\frac{Q_2}{Q_1}$. 如果循环过程中净功 W 的计算较为方便,则采用前一公式,否则采用第二个公式. 注意 Q_1 是循环吸收的总热量,计算 Q_1 时要仔细分析是什么过程.

***例 9-4** 如图 9-5 所示,一定量的理想气体经历 ACB 过程时吸热 700J,则经历 $ACBDA$ 过程时吸热多少?

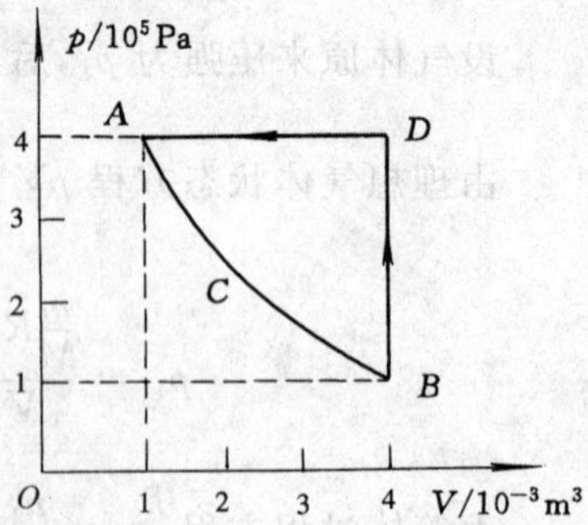

图 9-5

解 从图中可见 $ACBDA$ 过程是一个逆循环过程. 由于理想气体系统经历一个循环内能变化为零,所以系统吸热或放热即为外界对系统所作的净功. 其中,BD 和 DA 分别为等体和等压过程,过程中所作的功按公式很容易求得,ACB 过程所作的功可利用热力学第一定律去求.

由图中数据可得 $p_AV_A=p_BV_B$,则 $T_A=T_B$,所以 $\Delta E_{ACB}=0$,由热力学第一定律可得 ACB 过程系统对外作功为

$$W_{ACB}=Q_{ACB}-\Delta E_{AB}=Q_{ACB}=700(\text{J}).$$

等体过程 BD 作功 $$W_{BD}=\int p\mathrm{d}V=0,$$

等压过程 DA 作功 $W_{DA}=p_A(V_A-V_D)=-1200(\text{J})$,

循环过程 $ACBDA$ 中系统所作的总功为

$$W=W_{ACB}+W_{BD}+W_{DA}=700+0-1200=-500(\text{J}),$$

负号表示外界对系统作功. 由热力学第一定律可得,系统在循环中吸收的总热量为

$$Q=W=-500(\text{J}),$$

负号表示此循环中,热量传递的总效果为放热.

例 9-5 一定量的双原子分子理想气体,经历如图 9-6 所示的循环过程,其中 $a\to b$ 为等体过程,$b\to c$ 为绝热过程,$c\to a$ 为等压过程. 状态参量 p_1,p_2,V_1,V_2 为已知,求此循环的效率.

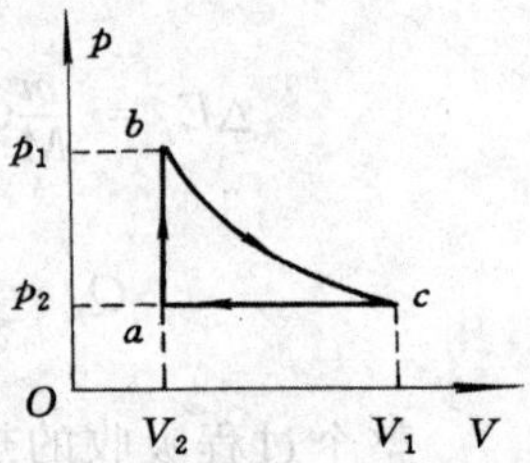

图 9-6

解 因为循环过程中,只有 ab 过程为吸热过程,ca 为放热过程,所以用公式 $\eta=1-\frac{Q_2}{Q_1}$ 求效率较方便.

$a\to b$ 为等体过程,吸收的热量为

$$Q_1=\frac{m}{M}C_{V,\text{m}}(T_\text{b}-T_\text{a})=\frac{m}{M}\frac{5}{2}R(T_\text{b}-T_\text{a})=\frac{5}{2}(p_1-p_2)V_2,$$

$c\to a$ 为等压过程,放出的热量为

$$Q_2=\frac{m}{M}C_{p,\text{m}}(T_\text{c}-T_\text{a})=\frac{m}{M}\frac{7}{2}R(T_\text{c}-T_\text{a})=\frac{7}{2}p_2(V_1-V_2),$$

所以,得到循环过程的效率为

$$\eta=1-\frac{Q_2}{Q_1}=1-\frac{7}{5}\frac{p_2(V_1-V_2)}{V_2(p_1-p_2)}.$$

例 9-6 一定量的单原子理想气体，从初始状态 a 出发经一循环过程又回到状态 a，如图 9-7 所示. 其中，过程 ab 是直线，$b \to c$ 为等体过程，$c \to a$ 为等压过程. 求此循环过程的效率.

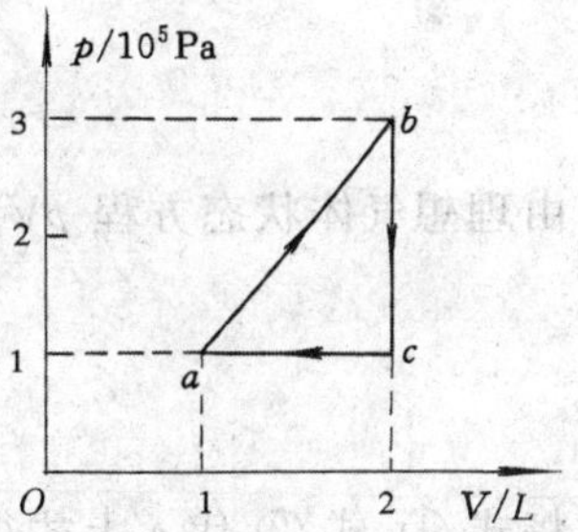

图 9-7

解 因为循环过程中，只有 ab 过程为吸热过程，循环过程的净功可通过三角形的面积计算. 所以用公式 $\eta = \frac{A}{Q_1}$ 求效率比较方便. 由图可知，循环过程的净功为

$$W = \frac{1}{2}(p_b - p_c)(V_c - V_a) = \frac{1}{2} \times 2 \times 10^5 \times 10^{-3} = 10^2 (\mathrm{J}).$$

循环过程总吸热

$$Q_1 = Q_{ab} = \Delta E + W_{ab} = \frac{m}{M}C_{V,m}(T_b - T_a) + \frac{1}{2}(p_a + p_b)(V_b - V_a)$$

$$= \frac{3}{2}(p_bV_b - p_aV_a) + \frac{1}{2}(p_a + p_b)(V_b - V_a) = 9.5 \times 10^2 (\mathrm{J}).$$

循环效率 $$\eta = \frac{W}{Q_1} = \frac{100}{950} = 10.5\%.$$

通过上面两个计算循环效率的例子，可得出如下结论：

(1) 对包含绝热过程的循环过程，用公式 $\eta = 1 - \frac{Q_2}{Q_1}$ 求循环效率是比较方便的. 用该公式时，应注意 Q_2 是系统放出的热量的总和，Q_1 是系统吸收热量的总和. 在计算时，Q_2 必须取正值.

(2) 对于 p-V 图上表示为三角形、矩形或其他容易计算面积的形状的循环过程，用公式 $\eta = \frac{W}{Q_1}$ 求循环效率时是比较方便的. 用该公式时，应注意 W 是循环过程对外所作的净功，Q_1 是系统吸收热量的总和.

***例 9-7** 一定量的双原子理想气体，经历如图 9-8 所示的循环过程，$a \to b \to c \to a$，ab，bc，ca 在 p-V 图上均为直线，求循环效率.

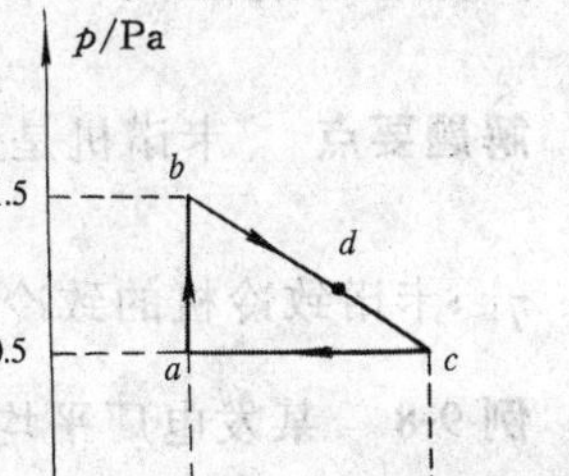

图 9-8

解 由题意，该循环在 p-V 图上为三角形，所以用公式 $\eta = \frac{W}{Q_1}$ 来计算循环效率. 循环对外所作净功 W 在数值上等于三角形面积，$W = \frac{1}{2}(V_c - V_a)(p_b - p_a) = 1\mathrm{J}$. 再计算循环过程中吸收的总热量 Q_1. 过程 ca 为等压压缩过程，放热；过程 ab 为等体升压过程，吸热. 吸收的热量为

$$Q_{ab} = \frac{m}{M}C_{V,\mathrm{m}}(T_b - T_a) = \frac{m}{M}\frac{5}{2}R(T_b - T_a) = \frac{5}{2}(p_bV_b - p_aV_a) = 2.5(\mathrm{J}).$$

分析 bc 过程，它是具有负斜率的直线方程，所以不是单一的吸热或放热过程，是部分吸热、部分放热的过程. 为此要找出 bc 点上一点 d，d 点为吸放热的分界点.

很容易写出 bc 的直线方程为

$$p = 2 - 0.5V, \quad ①$$

$$\mathrm{d}p = -0.5\mathrm{d}V, \quad ②$$

由理想气体状态方程 $pV = \frac{m}{M}RT$ 得

$$p\mathrm{d}V + V\mathrm{d}p = \frac{m}{M}R\mathrm{d}T,$$

将式 ①,式 ② 代入上式得

$$(2 - V)\mathrm{d}V = \frac{m}{M}R\mathrm{d}T.$$

由热力学第一定律 $\mathrm{d}Q = \mathrm{d}E + \mathrm{d}W$ 得

$$\begin{aligned}\mathrm{d}Q &= \frac{m}{M}\frac{5}{2}R\mathrm{d}T + p\mathrm{d}V = \frac{5}{2}(2 - V)\mathrm{d}V + (2 - 0.5V)\mathrm{d}V \\ &= (7 - 3V)\mathrm{d}V.\end{aligned}$$

由上式可知,当 $V = \frac{7}{3}$ 时,$\mathrm{d}Q = 0$,即 d 点的 $V = \frac{7}{3}$. 在 $1.0 < V < \frac{7}{3}$ 的 bd 段 $\mathrm{d}Q > 0$,吸热;在 $\frac{7}{3} < V < 3.0$ 的 dc 段 $\mathrm{d}Q < 0$,放热.

$$Q_{bd} = \int_{1.0}^{\frac{7}{3}}(7 - 3V)\mathrm{d}V = 2.67(\mathrm{J}),$$

所以

$$Q_1 = Q_{ab} + Q_{bd} = 5.17(\mathrm{J}),$$

$$\eta = \frac{W}{Q_1} = \frac{1}{5.17} = 19.34\%.$$

3. 卡诺定理的应用

解题要点 卡诺机是效率最高的机器. 卡诺热机的效率为 $\eta_{卡} = 1 - \frac{T_2}{T_1}$,实际热机的效率 $\eta < \eta_{卡}$;卡诺致冷机的致冷系数 $\varepsilon_{卡} = \frac{T_2}{T_1 - T_2}$,实际致冷机的致冷系数 $\varepsilon < \varepsilon_{卡}$.

例 9-8 某发电厂平均输出功率为 50MW,在 $T_{高} = 1000\mathrm{K}$ 和 $T_{低} = 300\mathrm{K}$ 下工作,试求(1) 理论上最高效率为多少;(2) 如这个厂只能达到理想效率的 70%,则每秒钟需要提供多少热量?

解 (1) 理论上最高效率为卡诺循环的效率

$$\eta = 1 - \frac{T_2}{T_1} = 1 - \frac{300}{1000} = 70\%.$$

(2) 实际热效率

$$\eta' = 70\%\eta = 49\%,$$

每秒钟需要提供的热量

$$\frac{Q}{t}=\frac{P}{\eta}=\frac{50\times10^6}{0.49}=1.02\times10^8(\mathrm{W}).$$

例 9-9 用空调机使在室外气温为38°C时，维持室内气温25°C，已知漏入室内热量的速率是 $3.8\times10^4\,\mathrm{kJ\cdot h^{-1}}$，求所用空调机需要的最小机械功率是多少？

解 由致冷机致冷系数的定义 $\varepsilon=\dfrac{Q_2}{W}$，得空调机每小时需要的功为

$$W=\frac{Q_2}{\varepsilon}>\frac{Q_2}{\varepsilon_{卡}}=\frac{Q_2(T_1-T_2)}{T_2}=\frac{3.8\times10^4\times(311-298)}{298}$$

$$=1.66\times10^3(\mathrm{kJ}),$$

所需要最小功率为

$$P_{\min}=\frac{W}{t}=\frac{1.66\times10^3}{3600}=0.46(\mathrm{kW}).$$

9.5 能力训练

一、选择题

1. 单原子分子组成的理想气体自平衡态 A 变化到平衡态 B，变化过程不知道，但 A，B 两点的压强、体积和温度都已确定，则可求出(　　).

A) 气体膨胀所作的功

B) 气体内能变化

C) 气体传递的热量

D) 气体分子的质量

2. 一定量某种理想气体若按 $pV^3=$ 恒量的规律被压缩，则压缩后该理想气体的温度将(　　).

A) 升高　　B) 降低　　C) 不变　　D) 不能确定

3. $m$kg 的理想气体，其温度变化为 ΔT 时，有(　　).

A) 只有等温过程的内能变化才为 $\dfrac{m}{M}C_{V,\mathrm{m}}\Delta T$

B) 等压过程的内能变化为 $\dfrac{m}{M}C_{p,\mathrm{m}}\Delta T$

C) 任意过程的内能变化均为 $\dfrac{m}{M}C_{V,\mathrm{m}}\Delta T$

4. 一理想气体经过一循环过程 $ABCA$，如图 9-9 所示，AB 为等温过程，BC 是等体过程，CA 是绝热过程，则该循环效率可用下列面积之比来表示(　　).

A) $\eta=\dfrac{面积(1)}{面积(2)}$

B) $\eta=\dfrac{面积(1)}{面积(1)+面积(2)}$

C) $\eta=\dfrac{面积(1)}{面积(1)-面积(2)}$

D) 不能用面积来表示

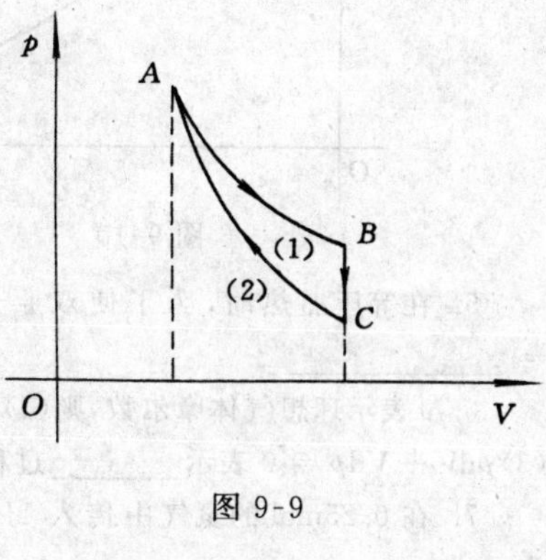

图 9-9

5. 同一种气体的定压摩尔热容 $C_{p,\mathrm{m}}$ 大于定体摩尔热容 $C_{V,\mathrm{m}}$，其主要原因是(　　).

A）膨胀系数不同　　　　　　　　B）温度不同

C）气体膨胀需作功　　　　　　　D）分子引力不同

6. 压强、体积和温度都相同（常温条件）的氧气和氦气分别在等压过程中吸收了相等的热量，它们对外作的功之比为（　　）.

A）1∶1　　B）5∶9　　C）5∶7　　D）9∶5

7. 以下说法正确的是（　　）.

A）等压过程的内能变化为$\frac{m}{M}C_{p,m}\Delta T$

B）理想气体绝热压缩温度升高是由于单位体积内分子数变多，造成单位体积内分子的总动能增加

C）理想气体绝热压缩时，温度升高是由于外界对它所作的功全部用于增加气体的内能

8. 在327°C的高温热源和27°C的低温热源间工作的热机，理论上的最大效率是（　　）.

A）100%　　B）92%　　C）50%　　D）10%　　E）25%

9. 在功与热的转变过程中，下面的叙述不正确的是（　　）.

A）不可能制成一种循环动作的热机，只从一个热源吸收热量，使之完全变为有用的功，而其他物体不发生任何变化

B）可逆卡诺循环的效率最高，但恒小于1

C）功可以全部变为热量，而热量不能完全转化为功

D）绝热过程对外作正功，则系统的内能必减少

10. 对一定量的理想气体，下述几个过程中不可能发生的是（　　）.

A）从外界吸收热量温度降低　　　　B）从外界吸热同时对外界作功

C）吸收热量同时体积被压缩　　　　D）等温下的绝热膨胀

二、填空题

1. 理想气体经过________过程，气体吸收的热量也可以在p-V图上表示.

2. 有1mol单原子分子的理想气体由初态（p_1，V_1）变化到终态（p_2，V_2），则气体内能的增量ΔE =________.

3. 在图9-10中，1,2,3,4,5是五个准静态过程，其中，过程2,4分别为等温过程和绝热过程. 则在这五个过程中，________过程升温，________过程降温，________过程吸热，________过程放热.

4. 在图9-11中，某理想气体经过图中的$a\rightarrow b$直线，此过程中气体放出的热量为________J.

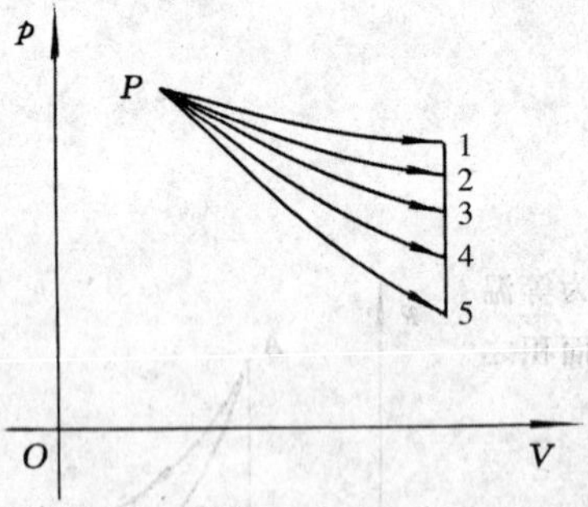

图 9-10

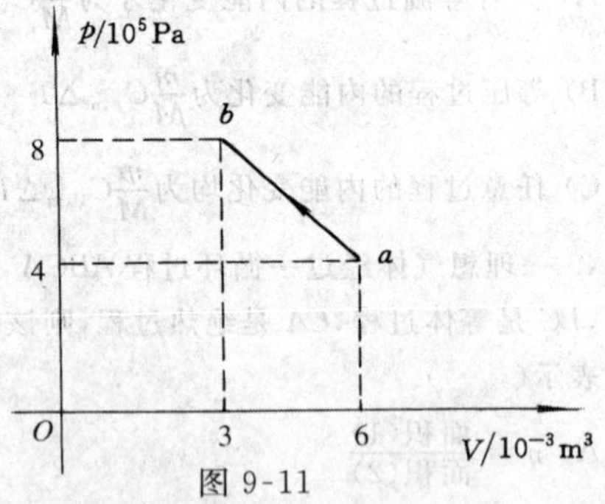

图 9-11

5. 在等压加热时，为了使双原子分子理想气体对外界作功$W=2.0$J，必须给气体传递的热量Q =________.

6. ν表示理想气体摩尔数，则(1) $p\mathrm{d}V=\nu R\mathrm{d}T$表示________过程；(2)$V\mathrm{d}p=\nu R\mathrm{d}T$表示________过程；(3)$p\mathrm{d}V+V\mathrm{d}p=0$表示________过程；(4)$\nu C_{V,m}\mathrm{d}T+p\mathrm{d}V=0$表示________过程.

7. 在0.25mol的氦气中传入1J的热量，若氦气压强不变，它的初始温度为200K，则它的最终温度为________.

8. 某理想气体等温压缩到给定体积时外界对气体作功$|W_1|$，又经绝热膨胀返回原来体积时气体对外

作功 $|W_2|$，则整个过程中气体从外界吸收的热量 $Q=$ ________，内能增量 $\Delta E=$ ________.

9. 一气缸内有 2mol 的单原子分子理想气体，在压缩气体过程中外界作功 150J，气体温度升高 1°C，此过程中气体内能增量 $\Delta E=$ ________，气体从外界吸热 $Q=$ ________.

10. 3mol 的理想气体开始时处在压强 $p_1=6\times1.01\times10^5\,\mathrm{Pa}$，温度 $T_1=500\mathrm{K}$ 的平衡态，经过一个等温过程，压强变为 $p_2=3\times1.01\times10^5\,\mathrm{Pa}$，则该气体在等温过程中吸收的热量 $Q=$ ________.

11. 一卡诺热机在每次循环中都要从温度为 400K 的高温热源吸热 418J，向低温热源放热 334.4J，低温热源温度为________.

三、计算题

1. 一定量的刚性双原子分子理想气体，开始时处于压强为 $p_0=1.0\times10^5\,\mathrm{Pa}$，体积为 $V_0=4\times10^{-3}\,\mathrm{m}^3$，温度为 $T_0=300\mathrm{K}$ 的初态，经过等压膨胀过程后温度上升到 $T_1=450\mathrm{K}$，再经绝热过程使温度降回到 $T_2=300\mathrm{K}$，问气体在整个过程中吸热多少，内能变化多少，对外作功多少？

2. 1mol 单原子理想气体，初始的压强和体积分别为 p_0 和 V_0，先将此气体等压加热使其体积增加一倍，然后再等体积加热，使压强也增加一倍，最后绝热膨胀，直至温度恢复为初始温度为止. 求全过程中气体对外界作的功.

3. 单原子分子理想气体，初态 $p_0=1.0\times10^5\,\mathrm{Pa}$，$V_0=1\times10^{-3}\,\mathrm{m}^3$，历经如下循环：先等体变化到 $p_1=3.2\times10^5\,\mathrm{Pa}$，再绝热膨胀到 $p_2=1.0\times10^5\,\mathrm{Pa}$，最后等压变化到初态. 求(1) 在 p-V 图上表示这个循环；(2) 计算该循环的效率.

4. 一单原子分子的理想气体，做如图 9-12 所示的正循环. 图中，ab，cd 为等温过程，温度分别为 $T_1=400\mathrm{K}$，$T_2=300\mathrm{K}$，$V_2=2V_1$，求循环的效率.

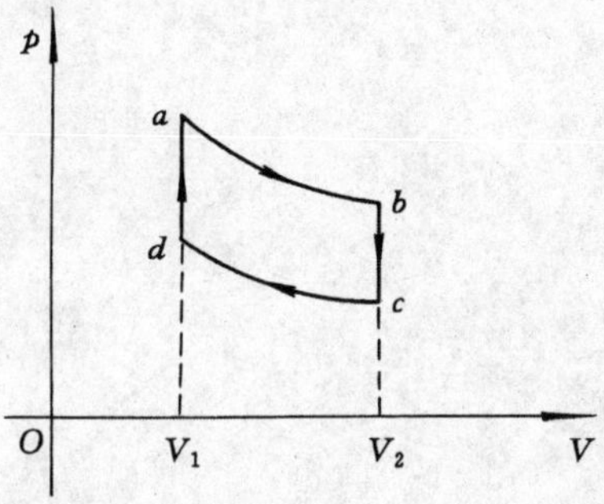

图 9-12

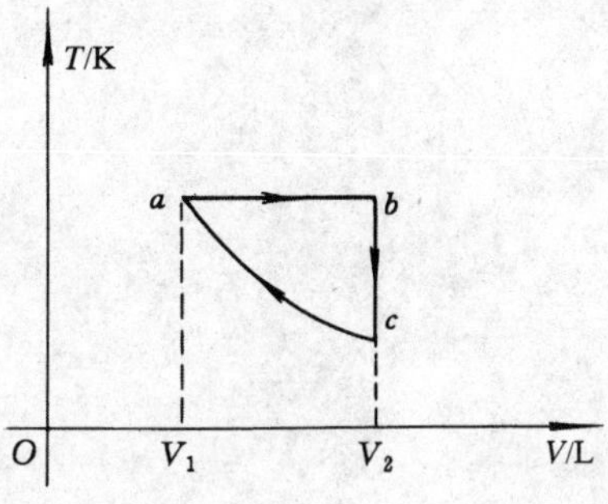

图 9-13

5. 1mol 双原子分子的理想气体经历了 $abca$ 的循环过程，T-V 图如图 9-13 所示，其中 ca 为绝热过程，$T_a=400\mathrm{K}$，$V_a=V_1=20\mathrm{L}$，$V_b=V_2=60\mathrm{L}$. 求循环效率.

6. 单原子分子的理想气体做如图 9-14 所示的正循环，图中 ab 是等温过程，且 $V_2=2V_1$，求循环效率.

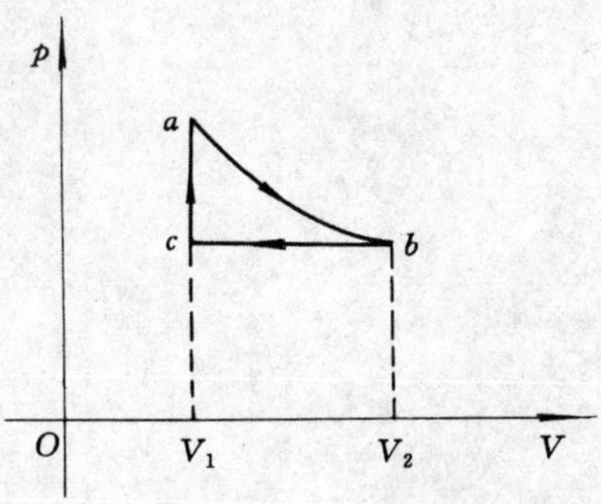

图 9-14

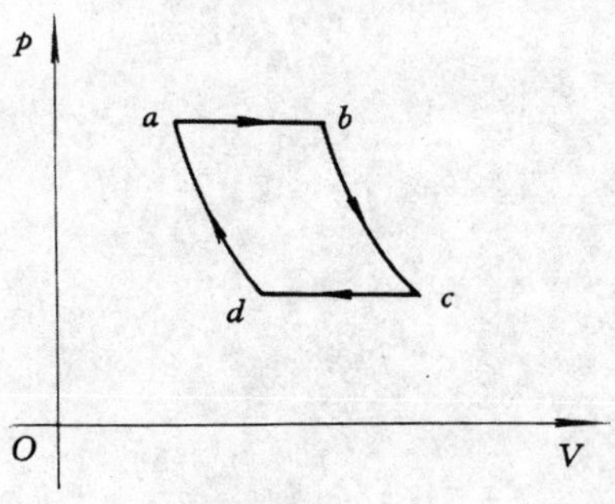

图 9-15

7. 在图 9-15 中，理想气体经历 $abcda$ 的正循环过程，ab 和 cd 为等压过程，bc 和 da 为绝热过程，已知 b 点和 c 点的温度分别为 T_2 和 T_3，求循环效率.

8. 用一卡诺循环的制冷机从 7°C 的热源中提取 1000J 的热量传向 27°C 的热源，需要作功多少？

9. 一氮气泡自深为 h 的海底缓慢上浮至海面，若海水温度 T 与深度 H 的关系为 $T=T_0-\dfrac{a}{h}H$. 已知在海面上气泡体积为 V_0，压强为 p_0，海水密度为 ρ，求气泡上浮过程中对外作的功及吸收的热量.

*10. 理想气体的定体摩尔热容 $C_{V,\mathrm{m}}$ 为常数，体积由 V_0 膨胀到 $4V_0$，膨胀过程压强和体积满足 $pV^2=C$(常数)，试求 1mol 理想气体在上述过程中对外界所作的功和内能的增量.

第 10 章　气体动理论

气体动理论是研究热现象的一个微观理论，认为系统的宏观性质是大量微观粒子运动的统计平均结果. 本章主要讨论理想气体的压强、温度及其微观本质；讨论能量均分定理和麦克斯韦速率分布律；进一步给出热力学第二定律的统计解释，并引入熵的概念.

10.1　基本要求

(1) 理解麦克斯韦速率分布律、速率分布函数和速率分布曲线的物理意义，了解三种统计速率；

(2) 了解玻耳兹曼分布律；

(3) 理解理想气体压强公式和温度公式的微观本质；

(4) 理解自由度的概念，理解能量均分定理，掌握理想气体的内能公式；

(5) 了解真实气体的范德瓦耳斯方程；

(6) 了解气体分子平均碰撞次数和平均自由程；

(7) 理解热力学第二定律的统计意义，了解熵的概念和熵增加原理.

10.2　重点概念及主要公式

1. 平衡态下气体分子的统计分布

(1) 分子速率分布

气体分子在不断地作无规则热运动，对个别分子来说，在某一时刻其速率大小是完全偶然的，但大量分子的速率分布却遵循一定的统计规律. 我们研究分子的速率分布，就是研究在平衡态下，处在 $v \sim v+\Delta v$ 速率区间内的分子数 ΔN 占总分子数 N_0 的百分比$\frac{\Delta N}{N_0}$. 当 $\Delta v \to 0$ 时，可将其写成微分 $\mathrm{d}v$，则有关系

$$\frac{\mathrm{d}N}{N_0} = f(v)\mathrm{d}v,$$

或

$$f(v) = \frac{\mathrm{d}N}{N_0 \mathrm{d}v},$$

$f(v)$ 称为速率分布函数，物理意义是：速率在 v 附近单位速率区间内的分子数占总分子数的百分比.

麦克斯韦从理论上推导出速率分布函数为

$$f(v) = 4\pi\left(\frac{\mu}{2\pi kT}\right)^{\frac{3}{2}} \mathrm{e}^{-\frac{\mu v^2}{2kT}} v^2.$$

上式即为麦克斯韦速率分布函数，它只适用于平衡态理想气体，并忽略了外场(重力场、电

磁场等）对气体分子产生的影响。其中，$k=1.38\times10^{-23}\,\mathrm{J/K}$，为玻尔兹曼常量，$\mu$ 是分子的质量。

把 $f(v)$-v 曲线，称为麦克斯韦速率分布曲线.

$f(v)$ 必须满足归一化条件 $\int_0^\infty f(v)\mathrm{d}v=1$.

由 $f(v)$ 可得三个统计速率：

① 最概然速率 v_{P}. 速率分布函数取极大值时所对应的速率，表示分子的速率在 v_{P} 附近的概率最大.

$$v_{\mathrm{P}}=\sqrt{\frac{2kT}{\mu}}=\sqrt{\frac{2RT}{M}}\approx1.41\sqrt{\frac{RT}{M}}.$$

② 平均速率 $\bar{v}$. 分子速率的统计平均值.

$$\bar{v}=\sqrt{\frac{8kT}{\pi\mu}}=\sqrt{\frac{8RT}{\pi M}}\approx1.60\sqrt{\frac{RT}{M}}.$$

③ 方均根速率. 气体分子速率的平方的平均值.

$$\sqrt{\overline{v^2}}=\sqrt{\frac{3kT}{\mu}}=\sqrt{\frac{3RT}{M}}\approx1.73\sqrt{\frac{RT}{M}}.$$

（2）分子按能量分布的统计规律

① 玻耳兹曼能量分布律

$$\mathrm{d}N=n_0\left(\frac{\mu}{2\pi kT}\right)^{\frac{3}{2}}\mathrm{e}^{-\frac{\varepsilon_{\mathrm{k}}+\varepsilon_{\mathrm{P}}}{kT}}\mathrm{d}v_x\mathrm{d}v_y\mathrm{d}v_z\mathrm{d}x\mathrm{d}y\mathrm{d}z.$$

上式是在麦克斯韦速率分布律的基础上考虑了气体处在保守外场的影响下得到的.

② 重力场中气压公式

$$p=p_0\mathrm{e}^{-\frac{\mu gz}{kT}},$$

式中，p_0 为 $z=0$ 处的压强.

2. 气体动理论的基本假设

（1）分子热运动的基本特征

① 宏观物体（热力学系统）是由大量分子组成的；

② 所有的分子都在不停地作无规则运动；

③ 分子间有相互作用力.

（2）理想气体的微观模型

① 分子本身线度与分子间的距离相比较，可以忽略不计；

② 除碰撞一瞬间外，可以认为分子间及分子与容器壁之间无相互作用；

③ 分子间及分子与容器壁之间的碰撞是完全弹性的，碰撞前后气体分子的动量守恒、动能守恒.

3. 压强和温度的统计意义

压强公式
$$p=\frac{2}{3}n\bar{\varepsilon}_{\mathrm{kt}},$$

式中，n 表示分子数密度，$\bar{\varepsilon}_{kt}=\frac{1}{2}\mu\overline{v^2}$ 为气体分子平均平动动能.

温度公式 $$\bar{\varepsilon}_{kt}=\frac{3}{2}kT,$$

式中，$k=1.38\times10^{-23}\,\mathrm{J\cdot K^{-1}}$ 为玻耳兹曼常量.

压强公式和温度公式给出了宏观量和微观量的统计平均值之间的关系，它们都是大量分子热运动的集体表现.

4. 能量均分定理　理想气体内能

(1) 自由度

确定一个物体在空间的位置所需要的独立坐标数目称为该物体的自由度. 对气体分子，单原子分子 $i=3$；双原子分子 $i=5$；多原子分子 $i=6$.

(2) 能量均分定理

在温度为 T 的平衡态下，物质分子的每一个自由度都具有相同的平均动能，其大小都等于 $\frac{1}{2}kT$，这就是能量按自由度均分定理，简称能量均分定理.

如果分子的自由度为 i，则分子的平均动能为 $\bar{\varepsilon}_k=\frac{i}{2}kT$.

(3) 理想气体的内能

1mol 理想气体的内能为 $$E_0=\frac{i}{2}RT.$$

质量为 m 的理想气体的内能为 $$E=\frac{m}{M}\frac{i}{2}RT.$$

5. 真实气体的范德瓦耳斯方程

1mol 气体的范德瓦耳斯方程为

$$\left(p+\frac{a}{V_{mol}^2}\right)(V_{mol}-b)=RT.$$

式中，V_{mol} 是 1mol 气体的体积；a 是反映分子间引力的一个常量，其值由气体的性质决定；b 是改正量，其值约等于 1mol 气体分子本身体积的 4 倍.

对于质量为 m 的真实气体，其体积 $V=\frac{m}{M}V_{mol}$，则

$$\left(p+\frac{m^2}{M^2}\frac{a}{V^2}\right)\left(V-\frac{m}{M}b\right)=\frac{m}{M}RT.$$

6. 碰撞频率和平均自由程

(1) 碰撞频率. 单位时间内一个分子与其他分子碰撞的平均次数，用 $\bar{Z}$ 表示，则

$$\bar{Z}=\sqrt{2}\pi d^2 n\bar{v}.$$

式中，d 为分子的有效直径，$\bar{v}$ 为气体分子的平均速率.

(2) 平均自由程. 分子在连续两次碰撞之间所通过的自由路程的平均值，用 $\bar{\lambda}$ 表示，则

$$\bar{\lambda}=\frac{\bar{v}}{\bar{Z}}=\frac{1}{\sqrt{2}\pi d^2 n}=\frac{kT}{\sqrt{2}\pi d^2 p}.$$

*7. 气体内的输运过程

(1) 黏滞现象

当气体中各气层的流速不均匀时，各气层间出现相互作用力，称为黏滞力，这种现象称为黏滞现象.

牛顿黏滞定律 $$\mathrm{d}f=\eta\left(\frac{\mathrm{d}u}{\mathrm{d}z}\right)_{z_0}\mathrm{d}S.$$

黏滞系数 $$\eta=\frac{1}{3}\rho\bar{v}\bar{\lambda}.$$

(2) 热传导

当气体内各处温度不均匀时，就会有热量从温度较高处传递到温度较低处，这种现象称为热传导.

傅里叶定律 $$\mathrm{d}Q=-K\left(\frac{\mathrm{d}T}{\mathrm{d}z}\right)_{z_0}\mathrm{d}S\mathrm{d}t.$$

热导率 $$K=\frac{1}{3}\rho\bar{v}\bar{\lambda}\frac{C_{V,\mathrm{m}}}{M}.$$

(3) 扩散现象

当气体内各处密度不均匀时，就会有质量从密度较大处传输到密度较小处，这种现象称扩散现象.

斐克定律 $$\mathrm{d}m=-D\left(\frac{\mathrm{d}\rho}{\mathrm{d}z}\right)_{z_0}\mathrm{d}S\mathrm{d}t.$$

扩散系数 $$D=\frac{1}{3}\bar{v}\bar{\lambda}.$$

8. 熵　熵增加原理

(1) 熵 S

熵是组成系统的微观粒子的无序性(混乱度)的量度，是系统状态的单值函数. 若系统从状态 1 经历一个可逆过程变化到状态 2，其熵的变化为

$$\Delta S=S_2-S_1=\int_1^2\frac{\mathrm{d}Q}{T}\quad(\text{可逆过程}).$$

(2) 熵增加原理

孤立系统内所发生的任何不可逆过程，都将导致熵的增加，而在孤立系统中发生的一切可逆过程，其熵不会改变. 这一结论称为熵增加原理，在数学上可表示为 $\mathrm{d}S\geqslant 0$.

9. 热力学第二定律的统计意义

(1) 热力学概率

与某一宏观态相对应的微观态数目，称为该宏观态的热力学概率，用 Ω 表示，$\Omega\geqslant 1$.

(2) 自然过程的方向性

自然过程总是沿着Ω增大的方向进行，这就是热力学第二定律的统计意义. 平衡态相应于一定宏观条件下Ω最大的状态.

(3) 熵与热力学概率的关系

玻耳兹曼熵公式　　　　　　$S = k\ln\Omega$.

(4) 克劳修斯熵公式

对于任何系统的任何过程，有

$$\mathrm{d}S \geqslant \frac{\mathrm{d}Q}{T}, \qquad \Delta S \geqslant \int_1^2 \frac{\mathrm{d}Q}{T},$$

式中，等号用于可逆过程.

10.3 常见及疑难问题答疑

问题 1　最概然速率和平均速率的物理意义是什么?

答　最概然速率的物理意义是指如果把整个速率范围分成许多相等的小区间，则分布在最概然速率所在区间的分子数占总分子数的百分比最大. "最概然"的意思是指发生的概率最大. 不能把最概然速率v_P理解为分子的最大速率. 平均速率是所有气体分子速率的算术平均值. 它和最概然速率的应用领域不同，在讨论分子碰撞和分子平均自由程时，要用到平均速率；在讨论分子速率分布时，就要用到最概然速率.

问题 2　能否把$\int_{v_1}^{v_2} vf(v)\mathrm{d}v$理解为在速率区间$v_1 \sim v_2$内分子的平均速率.

答　不能. 由平均速率的计算公式，在$v_1 \sim v_2$速率区间内分子的平均速率为

$$\bar{v}_{v_1 \sim v_2} = \frac{v_1 \sim v_2\ \text{区间内分子的速率之和}}{v_1 \sim v_2\ \text{区间内分子数}} = \frac{\int_{v_1}^{v_2} Nvf(v)\mathrm{d}v}{\int_{v_1}^{v_2} Nf(v)\mathrm{d}v} = \frac{\int_{v_1}^{v_2} vf(v)\mathrm{d}v}{\int_{v_1}^{v_2} f(v)\mathrm{d}v}.$$

问题 3　如何理解$\int_{v_1}^{v_2} \frac{1}{2}\mu v^2 Nf(v)\mathrm{d}v$的意义?

答　$f(v)\mathrm{d}v$表示在速率v附近单位速率区间内的分子数占总分子数的百分比，$Nf(v)\mathrm{d}v = \mathrm{d}N$表示在$v \sim v+\mathrm{d}v$速率区间内的分子数. $\frac{1}{2}\mu v^2$表示速率为v的一个分子的平动动能，则$\frac{1}{2}\mu v^2 Nf(v)\mathrm{d}v$表示在$v \sim v+\mathrm{d}v$速率区间内的分子的动能，$\int_{v_1}^{v_2} \frac{1}{2}\mu v^2 Nf(v)\mathrm{d}v$表示在速率区间$v_1 \sim v_2$内的分子的平动动能之和.

问题 4　何谓起伏现象?

答　起伏也称"涨落"，指系统处于热动平衡状态时，测得的某一宏观量的数值在某平均值附近作无规则的微小变动的现象. 我们把由于系统内的大量粒子的热运动而引起的涨落现象称热力学涨落.

从统计的意义看，系统所处的宏观平衡状态所对应的微观状态的是包含微观状态数目最多的一种分布. 这种分布出现的概率最大. 故平衡状态所对应的分布也称为最概然分布. 起伏

现象就是对这种分布的偏离，它的大小是随机的，服从一定的概率分布.

问题5 对一定量的理想气体来说，当温度不变时，气体压强将随体积减小而增大；另外当体积不变时，压强又随温度的升高而增大，这两种变化同样使压强增大，从微观来看它们有何区别？

答 一定量的理想气体，当温度 T 不变时，由于体积减小，单位体积内的分子数 n 增大，结果单位时间内与器壁碰撞的分子数增多，所以压强增大，公式 $p = nkT$ 定量地反映了这一事实.

当体积 V 不变时，由于温度 T 升高，分子运动加剧，这就带来了两方面的后果：一方面，单位时间内分子碰撞器壁的次数增多，致使压强增大；另一方面，分子的平均平动动能 $\bar{\varepsilon}_{kt}$ 增大，分子每次碰撞器壁时施于器壁的平均冲量增大，也将导致压强增大. 公式 $p = \frac{2}{3}n\bar{\varepsilon}_{kt}$ 概括了这两方面的原因.

问题6 指出下列各式所表示的物理意义：(1) $\frac{1}{2}kT$；(2) $\frac{3}{2}kT$；(3) $\frac{i}{2}kT$；(4) $\frac{i}{2}RT$；(5) $\frac{i}{2}\frac{m}{M}RT$.

答 (1) $\frac{1}{2}kT$ 表示理想气体分子每一自由度所具有的平均动量.

(2) $\frac{3}{2}kT$ 表示单原子分子的平均动能或分子的平均平动动能.

(3) $\frac{i}{2}kT$ 表示自由度为 i 的分子的平均动能.

(4) $\frac{i}{2}RT$ 表示分子自由度为 i 的 1mol 理想气体的内能.

(5) $\frac{i}{2}\frac{m}{M}RT$ 表示质量为 m，摩尔质量为 M 的理想气体的内能.

问题7 一定质量的理想气体保持容积不变. 当温度升高时分子运动得更剧烈，因而碰撞次数增多，平均自由程是否也因此而减小，为什么？

答 根据平均自由程计算公式

$$\bar{\lambda} = \frac{1}{\sqrt{2}\pi d^2 n},$$

由题意可知，一定质量的理想气体，保持容积不变，n 就不变，故平均自由程不变.

从微观的观点看，温度升高时，平均碰撞次数会增加，连续两次碰撞之间平均所经历时间缩短，由公式 $\bar{\lambda} = \bar{v}\bar{t}$ 可知，如果算术平均速率不变，平均自由程将因此而减小. 但根据条件，算数平均速率将随温度而增大，$\bar{v} \approx 1.60\sqrt{\frac{RT}{M}}$，$\bar{t} = \frac{1}{\bar{z}} = \frac{1}{1.60\sqrt{2}\pi d^2 n}\sqrt{\frac{M}{RT}}$ 可知温度升高时，平均时间缩小为多少倍，平均速率就增加多少倍. 因此，平均自由程不因温度升高而减小，其值保持不变.

问题8 一杯热水置于空气中，它总是会冷却到与周围环境相同的温度. 在这一自然过程中，水的熵减少了，这与熵增加原理矛盾吗？

答 与熵增加原理并不矛盾，因为熵增加原理是针对孤立系统而言的. 在本例中，应该把水与周围环境合起来看成一个孤立系统.系统的总熵变 $\Delta S_{总}$ 是水的熵变 $\Delta S_{水}$ 和环境的熵变 $\Delta S_{环境}$ 两部分之和,即

$$\Delta S_{总} = \Delta S_{水} + \Delta S_{环境}.$$

在这个孤立系统中,虽然水的这一部分的熵减小了,即 $\Delta S_{水} < 0$,但周围环境那一部分的熵增加了,即 $\Delta S_{环境} > 0$,所以总的熵是增加的,即 $\Delta S_{总} > 0$,因而不违反熵增加原理.

问题 9 一定量的气体经历绝热自由膨胀.既然是绝热的,即 $\mathrm{d}Q = 0$,那么熵变也应该为零,对吗,为什么?

答 不对.因为熵的微观本质是与系统的微观状态数有关的,气体绝热自由膨胀过程中,虽然是绝热的,但由于体积的增大,微观状态数增加了,所以熵是增加的.绝热自由膨胀是不可逆过程,不可逆过程熵一定增加.

只有在可逆绝热过程中,熵变才为零.

10.4 解题要点及例题详解

1. 气体分子速率分布函数的应用

解题要点 应用分子速率分布函数时,要理解 $f(v)$ 的意义;计算速率的统计平均值时,注意公式的成立条件、适用对象及物理实质.

例 10-1 试求温度为 T,分子质量为 μ 的气体中分子速率倒数的平均值 $\overline{\left(\frac{1}{v}\right)}$.

解

$$\overline{\left(\frac{1}{v}\right)} = \int_0^\infty \frac{1}{v} f(v)\mathrm{d}v = \int_0^\infty \frac{1}{v} 4\pi\left(\frac{\mu}{2\pi kT}\right)^{\frac{3}{2}} \mathrm{e}^{-\frac{\mu v^2}{2kT}} v^2 \mathrm{d}v$$

$$= 4\pi\left(\frac{\mu}{2\pi kT}\right)^{\frac{3}{2}} \int_0^\infty v \mathrm{e}^{-\frac{\mu v^2}{2kT}} \mathrm{d}v$$

$$= 4\pi\left(\frac{\mu}{2\pi kT}\right)^{\frac{3}{2}} \frac{1}{2\cdot\frac{\mu}{2kT}} = \frac{4}{\pi}\frac{1}{\sqrt{\frac{8kT}{\pi\mu}}} = \frac{4}{\pi}\frac{1}{\bar{v}}.$$

显然 $\overline{\left(\frac{1}{v}\right)} \neq \frac{1}{\bar{v}}$.

例 10-2 有 N 个分子,其速率分布如图 10-1 所示,$v > 5v_0$ 时分子数为 0.(1) 由 N 和 v_0 求常数 a;(2) 求速率在 $2v_0 \sim 3v_0$ 之间的分子数;(3) 求 N 个分子的平均速率;(4) 求 $v_0 \sim 4v_0$ 区间内分子的平均速率.

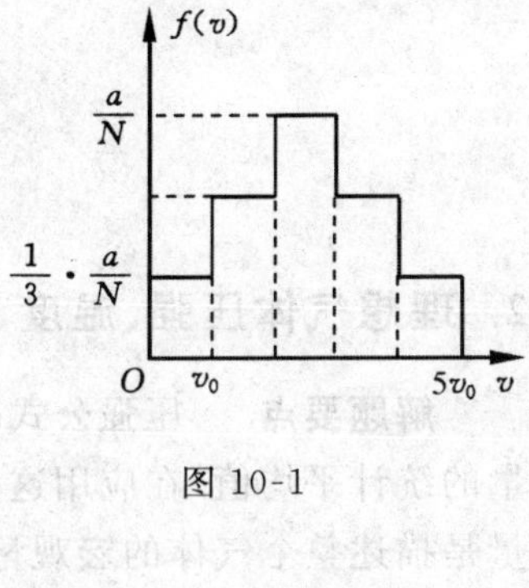

图 10-1

解 (1) 由分布函数的归一化条件 $\int_0^\infty f(v)\mathrm{d}v = 1$ 有

$$N\int_0^\infty f(v)\mathrm{d}v = N,$$

$$\int_0^\infty [Nf(v)]\mathrm{d}v = N.$$

根据图 10-1，有

$$\int_0^{\infty}[Nf(v)]\mathrm{d}v=\int_0^{v_0}[Nf(v)]\mathrm{d}v+\int_{v_0}^{2v_0}[Nf(v)]\mathrm{d}v$$

$$+\int_{2v_0}^{3v_0}[Nf(v)]\mathrm{d}v+\int_{3v_0}^{4v_0}[Nf(v)]\mathrm{d}v+\int_{4v_0}^{5v_0}[Nf(v)]\mathrm{d}v+\int_{5v_0}^{\infty}[Nf(v)]\mathrm{d}v$$

$$=\frac{a}{3}(v_0-0)+\frac{2a}{3}(2v_0-v_0)+a(3v_0-2v_0)+\frac{2a}{3}(4v_0-3v_0)$$

$$+\frac{a}{3}(5v_0-4v_0)+0$$

$$=3av_0=N,$$

得

$$a=\frac{N}{3v_0}.$$

(2) 速率在 $2v_0\sim 3v_0$ 之间的分子数为

$$\Delta N_{2v_0\sim 3v_0}=\int_{2v_0}^{3v_0}Nf(v)\mathrm{d}v=\int_{2v_0}^{3v_0}a\mathrm{d}v=av_0.$$

(3) N 个分子的平均速率为

$$\bar{v}=\int_0^{\infty}vf(v)\mathrm{d}v=\int_0^{v_0}vf(v)\mathrm{d}v+\int_{v_0}^{2v_0}vf(v)\mathrm{d}v$$

$$+\int_{2v_0}^{3v_0}vf(v)\mathrm{d}v+\int_{3v_0}^{4v_0}vf(v)\mathrm{d}v+\int_{4v_0}^{5v_0}vf(v)\mathrm{d}v+\int_{5v_0}^{\infty}vf(v)\mathrm{d}v$$

$$=\int_0^{v_0}\frac{1}{9v_0}v\mathrm{d}v+\int_{v_0}^{2v_0}\frac{2}{9v_0}v\mathrm{d}v+\int_{2v_0}^{3v_0}\frac{3}{9v_0}v\mathrm{d}v+\int_{4v_0}^{5v_0}\frac{1}{9v_0}v\mathrm{d}v+0$$

$$=\frac{1}{9v_0}\frac{v_0^2}{2}+\frac{1}{9v_0}\frac{3v_0^2}{2}+\frac{1}{3v_0}\frac{5v_0^2}{2}+\frac{2}{9v_0}\frac{7v_0^2}{2}+\frac{1}{9v_0}\frac{9v_0^2}{2}$$

$$=\frac{5}{2}v_0.$$

(4) $v_0\sim 4v_0$ 区间内分子的平均速率为

$$\bar{v}_{v_0\sim 4v_0}=\frac{\int_{v_0}^{4v_0}vf(v)\mathrm{d}v}{\int_{v_0}^{4v_0}f(v)\mathrm{d}v}=\frac{\frac{35}{18}v_0}{\frac{7}{9}}=\frac{5}{2}v_0.$$

2. 理想气体压强、温度、内能公式的应用

解题要点 压强公式和温度公式建立了宏观量和微观量之间的关系，说明宏观量是微观量的统计平均值. 在应用这两个公式时，要正确把握每个物理量的物理意义，明确其所求物理量是描述整个气体的宏观量，还是单个分子的微观量，还是对大量分子的统计平均值. 在有关理想气体的内能的计算时，要理解能量均分定理是一条统计规律. 气体内能是大量分子作无规

则热运动所具有的能量,有别于物体作定向运动的机械能.

例 10-3 一容器内储有氧气,其压强为 $1.01\times10^5\,\text{Pa}$,温度为 27℃,求(1) 气体分子数密度;(2) 氧气的密度;(3) 氧分子的质量;(4) 分子平均平动动能;(5) 分子间的平均距离(设分子是均匀等距排列的).

解 (1) 由理想气体状态方程 $p = nkT$,得单位体积内的分子数为

$$n = \frac{p}{kT} = \frac{1.01\times10^5}{1.38\times10^{-23}\times(27+273)} = 2.44\times10^{25}(\text{m}^{-3}).$$

(2) 由理想气体状态方程 $pV = \frac{m}{M}RT$,得氧气的密度为

$$\rho = \frac{m}{V} = \frac{pM}{RT} = \frac{1.01\times10^5\times0.032}{8.31\times300} = 1.30(\text{kg}\cdot\text{m}^{-3}).$$

(3) 氧分子的质量为

$$\mu = \frac{M}{N_A} = \frac{0.032}{6.02\times10^{23}} = 5.3\times10^{-26}(\text{kg}).$$

(4) 分子平均平动动能为

$$\bar{\varepsilon}_{kt} = \frac{3}{2}kT = \frac{3}{2}\times1.38\times10^{-23}\times300 = 6.21\times10^{-21}(\text{J}).$$

(5) 设分子间的平均距离为 $\bar{d}$,由于可将分子看成是均匀等距排列的,故每个分子占有的体积为 $V_0 = (\bar{d})^3$. 由分子数密度的含义可知 $V_0 = \frac{1}{n}$,得分子间的平均距离为

$$\bar{d} = \sqrt[3]{\frac{1}{n}} = \sqrt[3]{\frac{1}{2.44\times10^{25}}} = 3.45\times10^{-9}(\text{m}).$$

通过对本题的求解,我们可以对通常状态下理想气体的分子数密度、平均平动动能、分子间平均距离等物理量的数量级有所了解,也进一步看到了宏观量是微观量的统计平均值.

例 10-4 温度为 27℃ 的 2mol 氦气,以 $10\,\text{m}\cdot\text{s}^{-1}$ 的定向速度注入体积为 15L 的真空容器中,容器四周绝热. 求平衡后气体的压强.

解 初始温度 T_0 时,气体的内能 E_0 为

$$E_0 = \frac{m}{M}\frac{3}{2}RT = 2\times\frac{3}{2}\times8.31\times300 = 7.5\times10^3(\text{J}).$$

氦气的质量为 $m = 2\times4\times10^{-3} = 8\times10^{-3}(\text{kg}).$

氦气定向运动动能转化为热运动内能后,气体内能增量 ΔE 应为气体分子定向运动的动能

$$\Delta E = \frac{1}{2}mv^2 = \frac{1}{2}\times8\times10^{-3}\times10^2 = 0.4(\text{J}).$$

平衡后气体的总内能 $E = \Delta E + E_0$,温度 $T = \Delta T + T_0$. 理想气体的内能是温度的单值函数,由于 ΔE 远小于初始内能 E_0,必有 ΔT 远小于 T_0,因此前后的温度几乎相等. 因而平衡后气体的压强为

$$p=\frac{m}{M}\frac{RT_0}{V}=2\times\frac{8.31\times300}{15\times10^{-3}}=3.3\times10^5(\text{Pa}).$$

*例 10-5 容器内有 11kg 二氧化碳和 2kg 氢气(两种气体均视为刚性分子的理想气体),已知混合气体的内能是 8.1×10^6J. 求(1) 混合气体的温度;(2) 两种气体分子的平均动能.

解 (1) 混合气体的内能为

$$E=E_{CO_2}+E_{H_2}=\frac{m_{CO_2}}{M_{CO_2}}\frac{i_{CO_2}}{2}\cdot RT+\frac{m_{H_2}}{M_{H_2}}\frac{i_{H_2}}{2}RT,$$

则

$$T=\frac{2E}{\left(\frac{m_{CO_2}}{M_{CO_2}}i_{CO_2}+\frac{m_{H_2}}{M_{H_2}}i_{H_2}\right)R}=\frac{2\times8.1\times10^5}{\left(\frac{11}{44\times10^{-3}}\times6+\frac{2}{2\times10^{-2}}\times5\right)\times8.31}$$

$$=300(\text{K}).$$

(2) 分子平均动能分别为

$$\bar{\varepsilon}_{kCO_2}=\frac{i_{CO_2}}{2}kT=\frac{6}{2}kT=\frac{6}{2}\times1.38\times10^{-23}\times300=1.24\times10^{-20}(\text{J}),$$

$$\bar{\varepsilon}_{kH_2}=\frac{i_{H_2}}{2}kT=\frac{5}{2}kT=\frac{5}{2}\times1.38\times10^{-23}\times300=1.04\times10^{-20}(\text{J}).$$

3. 平均自由程和碰撞频率的规律的应用

例 10-6 目前试验室获得的极限真空约为 1.33×10^{-11}Pa,这与距地球表面 1.0×10^4km 处的压强大致相等. 而电视机显像管的真空度为 1.33×10^{-3}Pa,试求在 27°C 时这两种不同压强下单位体积中的分子数及分子的平均自由程(设气体分子的有效直径 $d=3.0\times10^{-8}$cm).

解 压强为 1.33×10^{-11}Pa 时,

分子数密度 $$n=\frac{p}{kt}=\frac{1.33\times10^{-11}}{1.38\times10^{-23}\times300}=3.21\times10^9(\text{m}^{-3}),$$

平均自由程

$$\bar{\lambda}=\frac{kT}{\sqrt{2}\pi d^2p}=\frac{1.38\times10^{-23}\times300}{\sqrt{2}\times3.14\times(3.0\times10^{-10})^2\times1.33\times10^{-11}}=7.79\times10^8(\text{m}),$$

由 $\bar{\lambda}$ 的值可见分子几乎不发生碰撞.

压强为 1.33×10^{-3}Pa 时,

$$n=\frac{p}{kt}=\frac{1.33\times10^{-3}}{1.38\times10^{-23}\times300}=3.21\times10^{17}(\text{m}^{-3}),$$

$$\bar{\lambda}=\frac{1}{\sqrt{2}\pi d^2n}=\frac{1}{\sqrt{2}\times3.14\times(3.0\times10^{-10})^2\times(3.21\times10^{17})}=7.79(\text{m}),$$

此时分子的平均自由程变小,碰撞几率变大. 但相对显像管的尺寸而言,分子除与管壁碰撞外,在管中飞行时几乎都是自由的,很少和其他分子碰撞.

例 10-7 在加速器中,要使质子在真空室内在 10^5km 的路径上不和空气分子相碰,真空室内的压强应为多大?设室温为 300K,质子的有效直径比空气分子的有效直径小得多,可以忽略不计,并假设空气分子静止不动,空气分子的有效直径 $d=3.0\times10^{-10}$m.

解 因为质子的直径远小于空气分子的有效直径,故质子可以看作质点. 教材中推得的气体分子的平均自由程和碰撞频率的公式不能直接加以应用,我们可以用类似的方法来推导.

以质子运动轨迹为轴,以空气分子的有效直径 d 为直径做曲折圆柱体,凡中心在这个圆柱体内的空气分子都可以与质子相碰.如果质子运动平均速度为 $\bar{v}$,单位体积的分子数 n,则单位时间内碰撞次数,即碰撞频率为

$$\bar{Z} = \pi\left(\frac{d}{2}\right)^2 n\bar{v} = \frac{\pi}{4}d^2 n\bar{v}.$$

由于空气分子被认为静止不动,于是质子的平均自由程 $\bar{\lambda} = \frac{\bar{v}}{\bar{Z}} = \frac{4}{\pi d^2 n}$,将 $p = nkT$ 代入,得

$$\bar{\lambda} = \frac{4kT}{\pi d^2 P} \quad 或 \quad p = \frac{4kT}{\pi d^2 \bar{\lambda}},$$

代入数值,得

$$p = \frac{4 \times 1.38 \times 10^{-23} \times 300}{\pi \times (3.0 \times 10^{-10})^2 \times 10^5 \times 10^3} = 5.86 \times 10^{-10}(\text{Pa}).$$

*4. 气体内输运过程公式的应用

解题要点 在处理热传导问题时,要注意在常压下,热导率 K 与压强无关.当气体的压强很低时,分子的平均自由程 $\bar{\lambda}$ 大于容器的线度,K 与 P 成正比.P 越小,K 越小,空气的导热能力就较小,起到隔热作用.

例 10-8 试求标准状态下空气的黏滞系数、热导率、扩散系数.假定空气的密度 $\rho = 1.29\text{kg}\cdot\text{m}^{-3}$,分子平均速率 $\bar{v} = 460\text{m}\cdot\text{s}^{-1}$,平均自由程 $\bar{\lambda} = 6.4\times 10^{-8}\text{m}$,空气视为双原子理想气体.

解 (1) 黏滞系数

$$\eta = \frac{1}{3}\rho\bar{v}\,\bar{\lambda} = \frac{1}{3} \times 1.29 \times 460 \times 6.4 \times 10^{-8} = 1.26 \times 10^{-5}(\text{Pa}\cdot\text{s}).$$

(2) 热导率

$$K = \frac{1}{3}n\bar{v}\bar{\lambda}\,\frac{i}{2}k = \frac{1}{3}\,\frac{p}{kT}\bar{v}\,\bar{\lambda}\,\frac{i}{2}k = \frac{1}{6}\,\frac{p}{T}\bar{v}\,\bar{\lambda}i$$

$$= \frac{1}{6} \times \frac{1.013 \times 10^5}{273} \times 460 \times 6.4 \times 10^{-8} \times 5$$

$$= 9.1 \times 10^{-3}(\text{W}\cdot\text{m}^{-1}\cdot\text{K}^{-1}).$$

(2) 扩散系数

$$D = \frac{1}{3}\bar{v}\,\bar{\lambda} = \frac{1}{3} \times 460 \times 6.4 \times 10^{-8} = 9.8 \times 10^{-6}(\text{m}^2\cdot\text{s}^{-1}).$$

例 10-9 环保节能型建筑目前普遍采用所谓“中空玻璃”作为窗玻璃.由于生产成本和工艺的原因,实际上它是在两块玻璃中间封以常压下的空气,但其隔音隔热效果要比单层玻璃好得多.理论上,两块玻璃之间空气的压强降到足够低,可以起到更好的保温隔热作用.先假设两块玻璃之间的距离为 $l = 5\text{mm}$,空气温度为 $t = 27°\text{C}$,理论上两玻璃间空气压强降到何值以下时,中空玻璃才能真正起到保温作用(设空气分子的有效直径为 $3.0 \times 10^{-10}\text{m}$).

解 由题意,必须是两块玻璃间空气压强降低到使空气分子平均自由程 $\bar{\lambda} \geqslant l$,才能使空气的热导率 K 降低.

由
$$l = \bar{\lambda} = \frac{kT}{\sqrt{2}\pi d^2 p},$$

得
$$p = \frac{kT}{\sqrt{2}\pi d^2 l} = \frac{1.38 \times 10^{-23} \times 300}{\sqrt{2}\pi \times (3.0 \times 10^{-10})^2 \times 5 \times 10^{-3}} = 2.07(\text{Pa}).$$

* 5. 熵变的计算

解题要点　熵是系统的状态函数，是状态量，与过程无关. 对可逆过程，初终两状态的熵差由公式 $S_2 - S_1 = \int_1^2 \frac{\mathrm{d}Q}{T}$ 来计算. 对于不可逆过程，由于熵是态函数与过程无关，可以设一个初终状态与前者相同的可逆过程来计算熵差.

有关过程中的熵变如表 10-1 所示.

表 10-1　　有关过程中的熵变

过　程	分　类	熵变 ΔS
不可逆	有限温差热传导	$\lvert Q \rvert \left(\frac{1}{T_B} - \frac{1}{T_A}\right)(T_A > T_B)$
	绝热自由膨胀	$\frac{m}{M} R \ln \frac{V_2}{V_1}$
可逆	等体	$\frac{m}{M} C_{V,\mathrm{m}} \ln \frac{p_2}{p_1}$ 或 $\frac{m}{M} C_{V,\mathrm{m}} \ln \frac{T_2}{T_1}$
	等压	$\frac{m}{M} C_{p,\mathrm{m}} \ln \frac{T_2}{T_1}$ 或 $\frac{m}{M} C_{p,\mathrm{m}} \ln \frac{V_2}{V_1}$
	等温	$\frac{m}{M} R \ln \frac{V_2}{V_1}$ 或 $\frac{m}{M} R \ln \frac{p_1}{p_2}$
	绝热	0
某相中或相变中	某相中	$mc \ln \frac{T_2}{T_1}$
	相变中	$\frac{ml}{T}$，l 为相变潜热

例 10-10　你一天大约向周围环境散发 8.6×10^6J 的热量，试估算你一天产生多少熵？忽略你进食时带进体内的熵，环境温度按 273K 计算.

解　设人体温度为 $T_1 = 36°\mathrm{C} = 309\mathrm{K}$，环境温度为 $T_2 = 273\mathrm{K}$. 一天产生的熵即人和环境熵的增量之和为

$$\Delta S = \Delta S_1 + \Delta S_2 = \frac{-Q}{T_1} + \frac{Q}{T_2} = 8 \times 10^6 \times \left(\frac{-1}{309} + \frac{1}{273}\right)$$
$$= 3.4 \times 10^3 (\mathrm{J \cdot K^{-1}}).$$

本例题也可以直接利用表 10-1 不可逆过程中有限温差热传导过程的熵变公式.

例 10-11　1kg0°C 的水放到 100°C 的恒温热库上，最后达到平衡，求这一过程引起的水和恒温热库所组成的系统的熵变，是增加还是减少？已知水的比热 $c = 4.2\mathrm{J \cdot g^{-1} \cdot K^{-1}}$.

解　水的熵变为

$$\Delta S_1 = \int_{T_1}^{T_2} \frac{cm\,\mathrm{d}T}{T} = cm \ln \frac{T_2}{T_1} = 4.2 \times 10^3 \times 1 \times \ln \frac{373}{273} = 1311(\mathrm{J \cdot K^{-1}}),$$

$$\Delta S_2 = \frac{Q}{T_2} = \frac{-cm(T_2 - T_1)}{T_2} = \frac{-4.2 \times 10^3 \times 1 \times (373 - 273)}{373}$$
$$= -1126(\mathrm{J \cdot K^{-1}}),$$

所以，系统的熵变为

$$\Delta S = \Delta S_1 + \Delta S_2 = 1311 - 1126 = 185(\mathrm{J \cdot K^{-1}}) > 0,$$

系统的熵增加了.

例 10-12 10.6mol 理想气体在等温过程中，体积膨胀到原来的 2 倍，求熵变.

解 将等温膨胀过程视为可逆过程，熵变为

$$\Delta S = \int_V^{2V} \frac{\mathrm{d}Q}{T} = \int_V^{2V} \frac{p\,\mathrm{d}V}{T} = \int_V^{2V} \frac{mR}{M}\frac{\mathrm{d}V}{V} = \frac{m}{M}R\ln 2$$

$$= 10.6 \times 8.31 \times \ln 2 = 61.1(\mathrm{J \cdot K^{-1}}).$$

10.5 能力训练

一、选择题

1. 两种不同的理想气体，它们的压强相等、温度相同、体积不同，则它们(　　).

A) 单位体积内的分子数相等　　B) 单位体积内的分子总平均动能不相同

C) 单位体积内气体分子的内能一定相同　　D) 两种气体分子的平均动能一定相等

2. 一瓶氢气和一瓶氦气，若它们的体积相同、温度相同、压强相同，则(　　).

A) 它们的分子数相同，内能相同　　B) 它们的分子数相同，内能不同

C) 它们的分子数不同，内能相同　　D) 它们的分子数不同，内能不同

3. 氧分子的平均动能为(　　).

A) $\dfrac{1}{2kT}$　　B) $\dfrac{3}{2}kT$　　C) $\dfrac{5}{2}kT$　　D) $\dfrac{3}{2}RT$　　E) $\dfrac{5}{2}RT$

4. 两个容器，分别盛有氧气和氢气，如这两种气体分子的方均根速率相等，则(　　).

A) 氧气的温度比氢气的高　　B) 两种气体的温度相同

C) 两种气体分子的平均动能相等　　D) 两种气体的内能相等

5. 在麦克斯韦速率分布中，对最概然速率的概念的理解，正确的是(　　).

A) 最概然速率是大部分气体分子所具有的速率

B) 最概然速率是气体速率分布中速率的最大值

C) 最概然速率是在麦克斯韦速率分布函数中的极大值

D) 气体分子的速率在最概然速率附近的相对分子数最大

6. 一定量的理想气体，当温度升高时，则有(　　).

A) 每一个分子的速率增大

B) 任意单位速率区间内的分子数增多

C) 最概然速率附近单位速率区间内的分子数减少

D) 最概然速率附近单位速率区间内的分子数增多

7. 一定量的理想气体，当温度上升、体积不变时，由于分子的激烈运动，则有(　　).

A) 分子平均自由程不变，分子平均碰撞频率增加

B) 分子平均自由程不变，分子平均碰撞频率不变

C) 分子平均自由程减少，分子平均碰撞频率增加

D) 分子平均自由程增加，分子平均碰撞频率增加

8. 若 $f(v)$ 为气体分子速率分布函数，N_0 为气体分子总数，μ 为分子质量，则 $\int_{v_1}^{v_2} \frac{1}{2}\mu v^2 N_0 f(v)\mathrm{d}v$ 的物理意义为(　　).

A) 速率为 v_2 的各分子的总平动动能与速率为 v_1 的各分子的总平动动能之差

B) 速率为 v_2 的各分子的总平动动能与速率为 v_1 的各分子的总平动动能之和

C) 速率处在速率间隔 $v_1 \sim v_2$ 之内的分子平均平动动能

D) 速率处在速率间隔 $v_1 \sim v_2$ 之内的分子平动动能之和

9. 根据气体动理论,单原子理想气体的温度是正比于(　　).

A) 气体的体积　　　　B) 气体分子的平均自由程

C) 气体分子的平均动量　　　　D) 气体分子的平均平动动能

10. 某种气体由 N 个粒子组成,试比较这些粒子的方均根速率与算术平均速率(　　).

A) 不论这些粒子的速率如何分布,$\sqrt{\overline{v^2}} > \bar{v}$

B) 不论这些粒子的速率如何分布,$\sqrt{\overline{v^2}} < \bar{v}$

C) 不论这些粒子的速率如何分布,$\sqrt{\overline{v^2}} = \bar{v}$

D) 当所有粒子的速率相同时,$\sqrt{\overline{v^2}} = \bar{v}$

二、填空题

1. 一瓶氧气和一瓶氦气,它们的压强相等,温度相同,氧气的体积是氦气的 2 倍,则单位体积内氧分子数是氦分子的______倍,单位体积内的氧原子数是氦原子数的______倍,单位体积内氧气质量是氦气质量的______倍,单位体积内氧气的内能是氦气的______倍.

2. 麦克斯韦速率分布率中,$\int_{v_1}^{v_2} f(v)\mathrm{d}v$ 的物理意义是____.

$\int_{v_1}^{v_2} Nf(v)\mathrm{d}v$ 的物理意义是____.

3. 一定量的理想气体,体积经过等温压缩到原来的 $\frac{1}{2}$,此状态的分子的平均平动动能与原状态分子的平均平动动能之比为______,平均自由程与原状态平均自由程之比为______.

4. 摩尔数相同的氦气、氧气和二氧化碳三种理想气体,从相同的初态开始,等体升压,若在变化过程中三种气体吸收相同的热量,则过程终了时温度最高的是______,压强最小的是______.

5. 1mol 氧气从初态出发,经等体升压过程,压强增大为原来的 2 倍,然后又经过等温膨胀过程,体积增大为原来的 2 倍,则终态气体分子的方均根速率与初态分子的方均根速率之比为______,平均自由程之比为______.

6. 说明下式的物理意义,$\frac{1}{2}kT$ ________________________;

$\int_0^{v_p} Nf(v)\mathrm{d}v$ ____________________________________。

7. 某种气体分子在温度为 T_1 时的方均根速率等于温度为 T_2 时的平均速率,则 $T_2 : T_1 =$ ______.

8. 气体处于平衡态时,分子的速率分布曲线如图 10-2 所示,图中 A,B 两部分的面积之比为 1 : 2,则它们的物理意义是____________________________________.

9. 在图 10-3 中,两条曲线分别表示相同温度下,氢气和氧气分子的速率分布曲线,则 a 表示______气分子的速率分布曲线;b 表示______气分子的速率分布曲线.

10. 有容积不同的 A,B 两个容器,A 中装有单原子分子的理想气体,B 中装有双原子的理想气体,若两种气体的压强相同,则这两种气体单位体积的内能 $\left(\frac{E}{V}\right)_A$ ______ $\left(\frac{E}{V}\right)_B$ (填"<",">"或"=").

11. 氧气分子在温度为 T,压强为 p 的状态下,分子平均平动动能为______,分子平均转动动能为______,分子数密度为______.

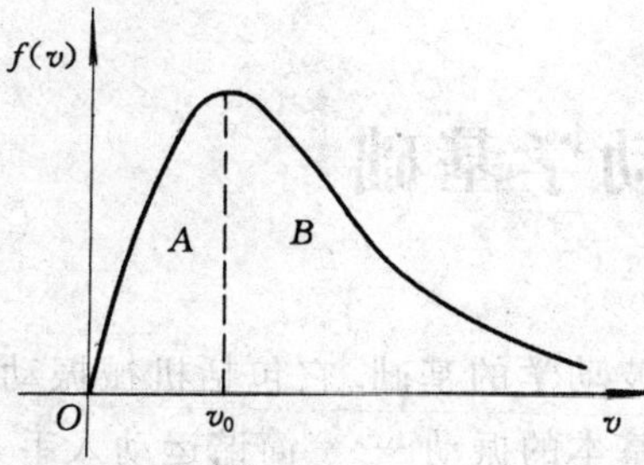

图 10-2

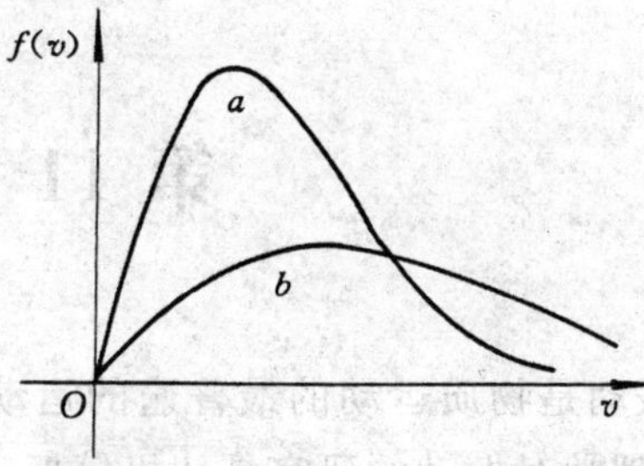

图 10-3

三、计算题

1. 一个封闭的圆筒内部被导热、不漏气的可移动的活塞隔为两部分（不考虑摩擦），开始时活塞位于圆筒的中央，两边气体压强和温度各为 $p_1 = 1.013\times10^5\,\mathrm{Pa}$，$T_1 = 700\mathrm{K}$；$p_2 = 2.026\times10^5\,\mathrm{Pa}$，$T_2 = 280\mathrm{K}$. 问最终平衡时活塞把圆筒分成的两部分的体积之比为多少？

2. 已知某气体在温度 $T = 273\mathrm{K}$，压强 $p = 1.00\times10^{-2}$ 大气压时，密度 $\rho = 1.24\times10^{-2}\,\mathrm{g\cdot L^{-1}}$，试问(1) 此气体分子的方均根速率；(2) 气体的摩尔质量，并确定它是什么气体.

3. 容器内储有 1mol 某理想气体（刚性分子），今自外界吸收 $2.08\times10^2\,\mathrm{J}$ 的热量，测得气体温度升高 10K，求该气体分子的自由度.

4. 在温度为 127°C 时，1 mol 氧气中具有的分子平动总动能和分子转动总动能各为多少？

5. 容器中储有氧气，其压强为 $p = 1\mathrm{atm}$，温度为 27°C，求 (1) 单位体积中的分子数 n；(2) 氧分子质量 μ；(3) 气体密度 ρ；(4) 方均根速率 $\sqrt{\overline{v^2}}$；(5) 分子的平均动能 $\bar{\varepsilon}_k$.

6. 设有一群粒子，其粒子数按速率分布如下：

粒子数	N_i	2	4	6	8	2
速率	$v_i/(\mathrm{m\cdot s^{-1}})$	1.00	2.00	3.00	4.00	5.00

试求(1) 平均速率；(2) 方均根速率；(3) 最概然速率.

7. 设想有 N 个粒子，其速率分布函数为

$$f(v) = \begin{cases} c(v-v_0)v, & 0 < v < v_0, \\ 0, & v > v_0. \end{cases}$$

求 (1) 常数 c；

(2) 画出 $f(v)$-v 图；

(3) 速率在 $v_1(< v_0)$ 附近单位速率区间内的粒子数；

(4) 速率介于 $\frac{v_0}{3} \sim v_0$ 之间的粒子数及粒子的平均速率；

(5) 粒子的最概然速率，平均速率及方均根速率.

8. 如果气体分子的有效直径 $d = 3.1\times10^{-10}\,\mathrm{m}$，气体温度为 273K，气体分子的平均自由程 $\bar{\lambda} = 0.20\mathrm{m}$，问气体在这种状态下的压强为多少？

9. 一容器内装有摩尔质量为 M 的气体，其温度为 T，器壁上开有一面积为 S 的小孔，已知在某一时刻测得一秒钟内从小孔溢出的气体质量为 m，试求该时刻容器内气体的压强 p.

第 11 章　振动学基础

振动是物质运动的最普遍的运动形式之一，是波动学的基础. 它包括机械振动和电磁振荡. 物理学对振动的研究是从机械振动的最简单、最基本的振动 —— 简谐运动入手，讨论其运动和受力的特征，引入表征振动的物理量（振幅、角频率、频率和周期、相位和初相位）；讨论简谐运动过程中的能量转换关系，以及振动的合成；最后扩展到阻尼振动和受迫振动及无阻尼自由电磁振荡.

11.1　基本要求

（1）掌握振动系统作简谐运动时的运动学特征、动力学特征及能量特征；

（2）掌握描述简谐运动的各物理量的意义及其相互联系；

（3）熟练掌握简谐运动的表达式以及旋转矢量法和图线法及普通解析法，能根据具体问题确定振动的基本物理量(ω, A, φ)；

（4）掌握同频率、同方向振动的两个简谐运动的合成规律；

（5）理解“拍”的概念，了解相互垂直的简谐运动合成的特点以及李萨如图形；

（6）了解阻尼振动、受迫振动和共振的发生条件及规律；

*（7）掌握电磁振荡的规律.

11.2　重点概念及主要公式

1. 简谐运动的运动学特征

简谐运动表达式　　$x = A\cos(\omega t + \varphi).$

速度　　$v = \dfrac{\mathrm{d}x}{\mathrm{d}t} = -A\omega\sin(\omega t + \varphi).$

加速度　　$a = \dfrac{\mathrm{d}v}{\mathrm{d}t} = -A\omega^2\cos(\omega t + \varphi).$

速度的相位比位移的相位超前$\dfrac{\pi}{2}$，加速度的相位比速度的相位超前$\dfrac{\pi}{2}$.

简谐运动的运动学特征　　$a = -\omega^2 x.$

2. 简谐运动的动力学特征

作简谐运动的物体所受的合外力为线性恢复力，即 $F = -kx$. 根据牛顿第二定律，有

$$-kx = m\frac{\mathrm{d}^2 x}{\mathrm{d}t^2},\quad 令\ \omega^2 = \frac{k}{m},$$

可得简谐运动方程为 $$\frac{d^2x}{dt^2}+\omega^2x=0.$$

该方程的特解为 $$x=A\cos(\omega t+\varphi).$$

简谐运动的动力学特征是 $$F=-kx.$$

3. 振幅及初相位的计算

根据 $x=A\cos(\omega t+\varphi)$，$v=-A\omega\sin(\omega t+\varphi)$，当 $t=0$ 时，$x=x_0$，$v=v_0$，且 ω 已知，则有

$$A=\sqrt{x_0^2+\left(\frac{v_0}{\omega}\right)^2},\quad \varphi=\arctan\left(-\frac{v_0}{x_0\omega}\right).$$

注意 φ 的取值必须同时满足 $x=A\cos\varphi$ 及 $v=-A\omega\sin\varphi$.

4. 旋转矢量法(参考圆法)

如图 11-1 所示，$\boldsymbol{A}$ 为一旋转矢量，水平向右为 x 轴正方向，$t=0$ 时矢量 $\boldsymbol{A}$ 与 x 轴夹角为 φ，$\boldsymbol{A}$ 以角速度 ω 逆时针作匀速圆周运动，则在任意时刻矢量与 x 轴的夹角为 $\omega t+\varphi$. 用 x 表示 $\boldsymbol{A}$ 在坐标 x 轴上的投影，得 $x=A\cos(\omega t+\varphi)$. 即匀速转动的 $\boldsymbol{A}$ 矢量的端点在 x 轴上的投影为简谐运动.

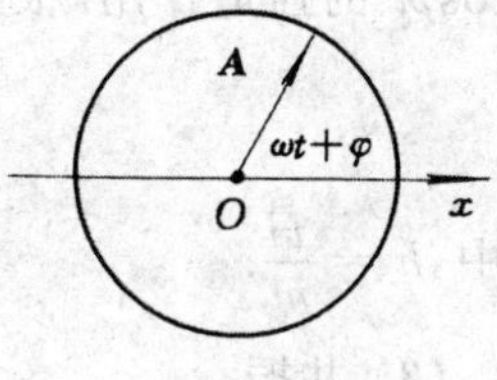

图 11-1

5. 简谐运动的能量特征

简谐运动的动能 $E_k=\frac{1}{2}mv^2=\frac{1}{2}m\omega^2A^2\sin^2(\omega t+\varphi)$，其中 $\omega=\sqrt{\frac{k}{m}}$.

简谐运动的势能 $E_p=\frac{1}{2}kx^2=\frac{1}{2}kA^2\cos^2(\omega t+\varphi)$.

简谐运动的总能量 $E=E_k+E_p=\frac{1}{2}kA^2$.

简谐运动的动能和势能都在随时间作周期性变化，总能量在振动过程中保持不变，它与振幅的平方成正比.

6. 简谐运动的合成

同频率、同方向的两个简谐运动的合成.

若质点在一直线上同时进行两个简谐运动，它们的振动表达式分别为

$$x_1=A_1\cos(\omega t+\varphi_1),$$

$$x_2=A_2\cos(\omega t+\varphi_2),$$

则合成后仍为简谐运动 $x=A\cos(\omega t+\varphi)$，其中

$$A=\sqrt{A_1^2+A_2^2+2A_1A_2\cos(\varphi_2-\varphi_1)},$$

$$\tan\varphi=\frac{A_1\sin\varphi_1+A_2\sin\varphi_2}{A_1\cos\varphi_1+A_2\cos\varphi_2}.$$

两种常用的情况是(常用于波的干涉分析):(1) 当相位差 $\varphi_2-\varphi_1=\pm 2k\pi$ 时($k=0,1,2,3,\cdots$),合振幅最大 $A=A_1+A_2$;(2) 当相位差 $\varphi_2-\varphi_1=\pm(2k+1)\pi$ 时($k=0,1,2,3,\cdots$),合振幅最小 $A=|A_1-A_2|$.

7. 阻尼振动与受迫振动

(1) 阻尼振动

特征:振子除受恢复力 $F=-kx$ 作用外,还受到一较小阻力 $F_{阻}=-\gamma v$ 的作用,由牛顿第二定律可得

$$\frac{\mathrm{d}^2x}{\mathrm{d}t^2}+2\beta\frac{\mathrm{d}x}{\mathrm{d}t}+\omega_0^2x=0.$$

式中,系数均为常数. $2\beta=\dfrac{\gamma}{m}$,$\omega_0^2=\dfrac{k}{m}$,γ 称为阻尼系数,β 称为阻尼因数.

(2) 受迫振动

特征:振子除受恢复力 $F=-kx$ 和阻力 $F_{阻}=-\gamma v$ 的作用外,还受到一周期性外力 $f=H\cos pt$ 的强迫作用. 根据牛顿第二定律可得

$$\frac{\mathrm{d}^2x}{\mathrm{d}t^2}+2\beta\frac{\mathrm{d}x}{\mathrm{d}t}+\omega_0^2x=h\cos pt,$$

式中,$h=\dfrac{H}{m}$.

(3) 共振

受迫振动的振幅出现最大值的现象叫做共振现象. 满足出现共振现象的强迫力的频率叫做共振频率,为

$$p=\sqrt{\omega_0^2-2\beta^2}.$$

共振时受迫振动的振幅为

$$A=\frac{h}{2\beta\sqrt{\omega_0^2-\beta^2}}.$$

8. 电磁振荡

一个已充电的电容 C 和一个自感线圈 L 组成的 LC 电路,如图 11-2 所示. 对任意时刻,有

$$\varepsilon_L=-L\frac{\mathrm{d}i}{\mathrm{d}t}=\frac{q}{C},$$

即
$$\frac{\mathrm{d}^2q}{\mathrm{d}t^2}+\frac{1}{LC}q=0.$$

其解为
$$q=q_0\cos(\omega t+\varphi),$$

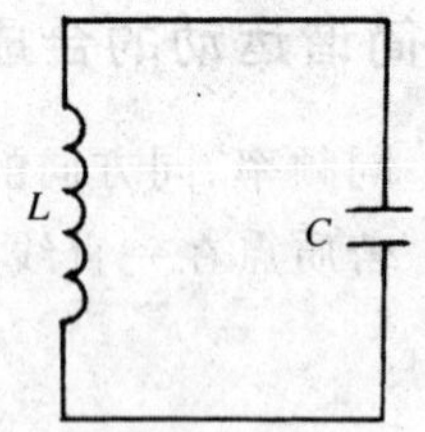

图 11-2

式中,q_0 称为电量振幅,即 $t=0$ 时电容器 C 所带电量;$\omega=\sqrt{\dfrac{1}{LC}}$ 称为振荡角频率. 电路中电流的变化规律为

$$i=\frac{\mathrm{d}q}{\mathrm{d}t}=-\omega q_0\sin(\omega t+\varphi).$$

11.3 常见及疑难问题答疑

问题 1 如何判断振动物体的运动是简谐运动?

答 确定振动物体是否作简谐运动的依据是简谐运动的运动学特征和动力学特征,即

$$a=-\omega^2 x \quad 或 \quad F=-kx, \quad 或 \quad \frac{d^2x}{dt^2}+\omega^2 x=0.$$

归纳起来,凡满足下列情况之一者即为简谐运动:

(1) 离开平衡位置的位移 x,时间 t 满足 $x=A\cos(\omega t+\varphi)$;

(2) 加速度 a 和位移 x 满足 $a=-\omega^2 x$;

(3) 恢复力 f 和位移 x 成正比而反向(这样的力叫线性恢复力);

(4) 位移 x 满足简谐运动的动力学方程 $\frac{d^2x}{dt^2}+\omega^2 x=0$;

(5) 运动过程中,物体的动能和势能均随时间简谐变化,且机械能守恒.

问题 2 质点作简谐运动时,位移、速度、加速度三者能同时为零,能同时有最大值吗?

答 根据简谐运动的运动学方程

$$x=A\cos(\omega t+\varphi),$$

得

$$v=\frac{dx}{dt}=-A\omega\sin(\omega t+\varphi),$$

$$a=\frac{dv}{dt}=-A\omega^2\cos(\omega t+\varphi),$$

回答显然是否定的.因为,

(1) 位移为零时,加速度为零,速度则以最大值通过平衡位置;

(2) 位移最大时,加速度最大,速度则为零.

问题 3 在弹簧的弹性力作用下的振子作简谐运动的平衡位置是否就是弹簧完全松弛时振子所在位置?

答 关于这一点,是初学者很容易混淆的问题.一般情况下,二者不是同一位置;只有在水平放置的弹簧谐振子的情况下,二者才是同一位置.如图 11-3 所示.

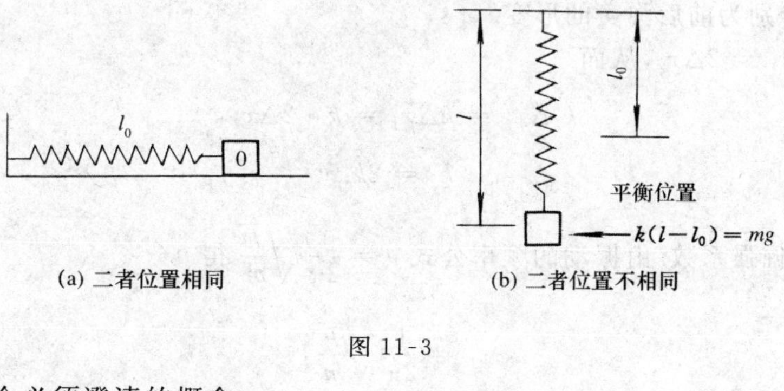

图 11-3

问题 4 两个必须澄清的概念:

(1) 把单摆的摆球拉开一个甚小的角度 φ,然后放手任其摆动,并在放手时开始计时.问

①φ 是不是单摆的初相；② 摆球的角速度是单摆的角频率吗？

(2) 对弹簧振子系统而言，忽略了弹簧的质量，则系统的角频率为 $\omega=\sqrt{\dfrac{k}{m}}$；倘若弹簧的质量 M 不可忽略，振动系统的角频率可以是 $\omega=\sqrt{\dfrac{k}{M+m}}$ 吗？

答　(1)① 有些读者可能认为：摆球从 φ 角位置开始运动，满足初始条件，且初相的量纲是角度，故得出 φ 就是初相的结论. 这是错误的. 这里必须指出两点：第一，两个量纲相同的物理量，并不意味着其物理意义相同，例如，功和力矩具有相同的物理量纲，但物理意义完全不相同；第二，单摆的小角度简谐运动中的初相表示振动系统在初始时刻的运动状态，而单摆的初始摆角 φ 并不表示单摆角谐振动初始运动状态，在本题中表示的是 $t=0$ 时，振动系统处在最大角位移 $\theta_m=\varphi$ 处，角速度为零的初始条件，此时初相应为零.

② 错误. 必须清楚，系统作简谐运动时，它的角频率是由系统本身的性质决定而与其运动状态无关，故又称固有频率. 只有在简谐运动的旋转矢量图中，矢量 $\boldsymbol{A}$ 逆时针旋转的角速度才表示振动系统的角频率.

(2) 不可以. 第一，对于忽略质量的理想模型弹簧振子，振子偏离平衡位置时，弹簧中各部分的弹性力相同，即为振子受到的弹性力. 若弹簧的质量不可忽略，则弹簧中各部分的弹性力不相同，作用在振子上的弹性力无法列出；第二，弹簧振子的简谐运动必须遵守牛顿定律，而牛顿定律适用的条件之一是质点，若考虑弹簧的质量，由于弹簧本身不能视为质点，也就不能将 M 加到 m 上去了.

问题 5　伽利略曾提出并解决了这样的一个问题：一根细长的细线挂在又高又暗的城堡中，既看不见它的上端，也无法爬到高处去测量它的长度，只能看见它的下端，问如何用简单的方法测量此线的长度？

答　根据单摆的原理，只要在细线的下端挂一重物，然后拉开一个小角度，让它自由摆动，测出其周期，根据 $T=2\pi\sqrt{\dfrac{l}{g}}$ 就可以算出细线的长度了.

问题 6　一根弹簧的倔强系数为 k，一质量为 m 的物体挂在它下面，若把弹簧分割为相等的两半，物体挂在分割后的半根弹簧上，问弹簧分割前后的振动频率是否相同？

答　弹簧分割前后受力不变，根据弹性力的特征 $F=k\Delta x$ 可得弹簧分割前后有

$$F_1=k\Delta x_1,\quad F_2=k'\Delta x_2,\quad 且\ F_1=F_2,$$

式中，Δx_1，Δx_2 分别为前后弹簧的形变.

容易判断 $\Delta x_1=2\Delta x_2$，从而

$$k'\Delta x_2=k\Delta x_1=k\cdot 2\Delta x_2,$$

所以，

$$k'=2k.$$

k' 是半根弹簧的倔强系数. 由振动的频率公式 $\nu=\dfrac{1}{2\pi}\sqrt{\dfrac{k}{m}}$ 得

$$\nu_1=\frac{1}{2\pi}\sqrt{\frac{k}{m}},$$

$$\nu_2=\frac{1}{2\pi}\sqrt{\frac{k'}{m}}=\frac{1}{2\pi}\sqrt{\frac{2k}{m}}=\sqrt{2}\nu_1.$$

*问题7　弹簧振子的无阻尼自由振动是简谐运动，同一弹簧振子在简谐策动力持续作用下的稳态受迫振动也是简谐运动，这两种振动有什么不同？

答　无阻尼自由振动（简谐运动）的振幅是

$$A=\sqrt{x_0^2+\frac{v_0^2}{\omega_0^2}}\ .$$

可见，振幅决定于系统的初始状态 x_0 和 v_0，根据周期由 $T_0=\frac{2\pi}{\omega_0}$ 可知，T_0 决定于系统的固有性质，因为 ω_0 是简谐运动系统的固有频率.

弹簧振子在简谐策动力持续作用下的稳态受迫振动的振幅是

$$A=\frac{F_0}{m\sqrt{(\omega_0^2-\omega^2)^2+4\beta^2\omega^2}}.$$

可见，不再由系统的初始状态 x_0 和 v_0 决定，而是依赖于振子的性质、阻尼的大小和简谐策动力的特征. 稳态受迫振动的频率也不决定于系统本身的固有性质，而由简谐策动力的频率 $\nu'=\frac{1}{T'}=\frac{\omega}{2\pi}$ 决定.

11.4　解题要点及例题详解

1. 已知简谐运动的某些物理量求振动表达式

解题要点　先求取描述简谐运动的三个基本特征量 A,ω 和 φ，然后代入振动表达式的标准式 $x=A\cos(\omega t+\varphi)$，即可求得解答.

解题方法　解析法、旋转矢量法及振动图线法

例 11-1　弹簧振子放置于光滑的水平面上，现用1N的力拉振子时，弹簧伸长为 $\Delta x=5.0\times10^{-3}$ m，已知振子的质量 $m=0.02$ kg.（1）当时间 $t=0$ 时，振子的初位移 $x_0=3$ cm，初速度 $v_0=0$，求振动表达式；（2）当时间 $t=0$ 时，振子的初位移 $x_0=0$，初速度 $v_0=200\text{cm}\cdot\text{s}^{-1}$，求振动表达式.

解　（1）依题意，弹簧的倔强系数为

$$k=\frac{F}{\Delta x}=\frac{1}{5.0\times10^{-3}}=200(\text{N}\cdot\text{m}^{-1}),$$

圆频率
$$\omega=\sqrt{\frac{k}{m}}=\sqrt{\frac{200}{0.02}}=100(\text{Hz}),$$

振幅
$$A=\sqrt{x_0^2+\left(\frac{v_0}{\omega}\right)^2}=\sqrt{(3\times10^{-2})^2+0}=0.03(\text{m}),$$

初位相
$$\varphi=\arctan\left(-\frac{v_0}{x_0\omega}\right)=\arctan0=0.$$

注意　$\arctan0=0$ 或 π，这里因为 $x_0>0$，故 $\cos\varphi>0$，所以 φ 取 0.

则振动表达式为
$$x=0.03\cos(100t)(\text{m}).$$

(2) ω 同上，振幅为 $A = \sqrt{0^2 + \frac{(200 \times 10^{-2})^2}{100^2}} = 0.02(\mathrm{m})$，

初位相 $\varphi = \arctan\left(-\frac{v_0}{x_0 \omega}\right) = \arctan(-\infty) = -\frac{\pi}{2}$ 或 $\frac{3\pi}{2}$.

则振动表达式为 $x = 0.02\cos\left(100t - \frac{\pi}{2}\right)(\mathrm{m})$，或 $x = 0.02\cos\left(100t + \frac{3\pi}{2}\right)(\mathrm{m})$.

注意 这里 $t = 0$ 时，x_0，v_0 均为正值，表示 x_0，v_0 的方向与 x 轴正向相同.

例 11-2 一个沿 x 轴作简谐运动的弹簧振子，振幅为 A，周期为 T，$t = 0$ 时，振子的运动状态为 $x_0 = \frac{1}{2}A$，且向 x 负方向运动. 试求振动表达式.

解法 1 旋转矢量法. 依题意，振动表达式的标准形式为

$$x = A\cos\left(\frac{2\pi}{T}t + \varphi\right),$$

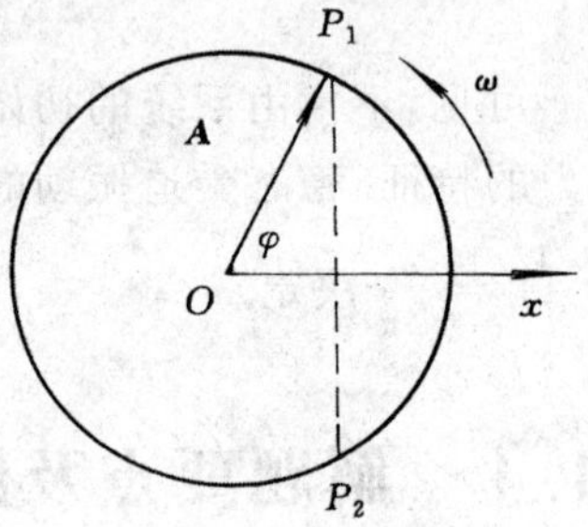

图 11-4

其中 A，T 为已知，φ 由旋转矢量法获得. 如图 11-4 所示，满足 $x = \frac{1}{2}A$ 的位置有 P_1，P_2，但是同时满足振子向负方向运动的只有 P_1，则 $\boldsymbol{A}$ 应在 P_1 处，故 $\cos\varphi = \frac{1}{2}$，$\varphi = \frac{\pi}{3}$.

即振动表达式为 $x = A\cos\left(\frac{2\pi}{T}t + \frac{\pi}{3}\right)$.

解法 2 解析法. 依题意

$$x = A\cos\left(\frac{2\pi}{T}t + \varphi\right), \quad ①$$

$$v = -A\omega\sin\left(\frac{2\pi}{T}t + \varphi\right). \quad ②$$

当 $t = 0$ 时，$x_0 = \frac{1}{2}A$，代入式 ① 得

$$\cos\varphi = \frac{1}{2}, \qquad \varphi = \pm\frac{\pi}{3}.$$

又 $v_0 < 0$，由式 ② 可知 $\sin\varphi > 0$，所以 $\varphi = \frac{\pi}{3}$，

则振动表达式为 $x = A\cos\left(\frac{2\pi}{T}t + \frac{\pi}{3}\right)$.

例 11-3 一质点沿 x 轴作简谐运动，其振动曲线如图 11-5 所示，写出振动表达式.

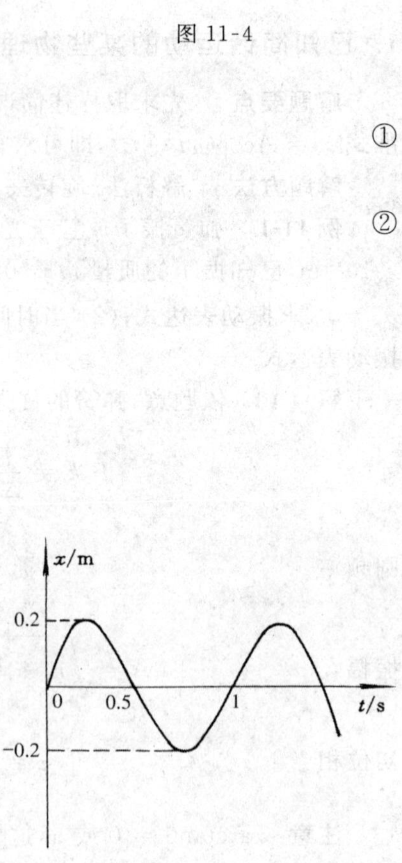

图 11-5

解 由图可知：振幅 $A = 0.2\mathrm{m}$，周期 $T = 1\mathrm{s}$；且 $t = 0$ 时，$x_0 = 0$，$v_0 > 0$.

则 $x = 0.2\cos(2\pi t + \varphi)$.

令 $t = 0$，有 $0 = \cos\varphi$，得 $\varphi = \pm\frac{\pi}{2}$，

由 $v_0 > 0$，得 $\sin\varphi < 0$，则取 $\varphi = \frac{\pi}{2}$，

从而振动表达式为 $x = 0.2\cos\left(2\pi t - \frac{\pi}{2}\right)$.

例 11-4 设一氢原子在一分子中作简谐运动. 已知氢原子的质量为 $m = 1.68 \times 10^{-27}$ kg，振动频率为 $v = 10^4$ Hz，振幅为 $A = 10^{-11}$ m. 试求(1) 此氢原子的最大速度；(2) 与此振动相联系的能量.

解 (1) 由速度公式 $v = -A\omega\sin(\omega t + \varphi)$，得最大速度为

$$v_{\max} = A\omega = A \cdot 2\pi v = 6.28 \times 10^{-7} (\mathrm{m \cdot s^{-1}}).$$

(2) 总能量 $$E = \frac{1}{2} m v_{\max}^2 = 3.31 \times 10^{-40} (\mathrm{J}).$$

2. 已知振动表达式，求各特征量

解题要点 比较法. 即将已知的振动表达式与标准方程比较，直接得出 A, ω, φ 的方法.

例 11-5 质量 $m = 1.0 \times 10^{-2}$ kg 的小球作简谐运动，振动表达式为 $x = 0.2\cos\left(100\pi t - \frac{\pi}{3}\right)$ (SI)，求(1) 振动的振幅、圆频率和初位相；(2) 振动的周期、频率、初位移和初速度；(3) 最大恢复力和平均能量.

解 (1) 将方程 $x = 0.2\cos\left(100\pi t - \frac{\pi}{3}\right)$ 同标准方程 $x = A\cos(\omega t + \varphi)$ 比较，得

$$A = 0.2\mathrm{m}, \quad \omega = 100\pi, \quad \varphi = -\frac{\pi}{3}.$$

(2) $$T = \frac{2\pi}{\omega} = 0.02(\mathrm{s}), \quad \nu = \frac{1}{T} = 50(\mathrm{Hz}),$$

令 $t = 0$，$x_0 = 0.2\cos\left(-\frac{\pi}{3}\right) = -0.1$，得

$$v_0 = -A\omega\sin\varphi = 0.2 \times 100\pi \times \sin\left(-\frac{\pi}{3}\right) \approx 54.4 (\mathrm{m \cdot s^{-1}}).$$

(3) 最大恢复力为

$$F_{\max} = m a_{\max} = m A \omega^2 = 1.0 \times 10^{-2} \times 0.2 \times (100\pi)^2 \approx 1.97 \times 10^2 (\mathrm{N}).$$

平均动能为

$$\bar{E}_k = \frac{1}{T}\int_0^T E_k \, \mathrm{d}t = \frac{1}{2} m (\omega A)^2 \int_0^T \sin^2\left(100\pi t - \frac{\pi}{3}\right) \mathrm{d}t \approx 9.9 \times 10^{-2} (\mathrm{J}).$$

3. 振动的合成

解题要点 两个同方向、同频率的简谐运动的合成仍为简谐运动，只要记住公式

$$A = \sqrt{A_1^2 + A_2^2 + 2A_1A_2\cos(\varphi_2 - \varphi_1)},$$

$$\tan\varphi = \frac{A_1\sin\varphi_1 + A_2\sin\varphi_2}{A_1\cos\varphi_1 + A_2\cos\varphi_2}.$$

4. 简谐运动的证明

(1) 常规法

解题要点 选取研究对象 → 分析受力 → 根据牛顿第二定律(或机械能守恒定律)列出表达式 → 化简(或解方程) → 与特征表达式比较,得出结果.

例 11-6 一物体质量为 $m = 1\text{kg}$,放在与水平面成 $\alpha = 30°$ 的光滑斜面上,如图 11-6(a),并用倔强系数 $k = 49\text{N}\cdot\text{m}^{-1}$ 的轻质弹簧系住,弹簧上端固定.设物体由弹簧未形变的位置无初速度地释放,试证明物体在斜面上作简谐运动,并求其振动表达式.

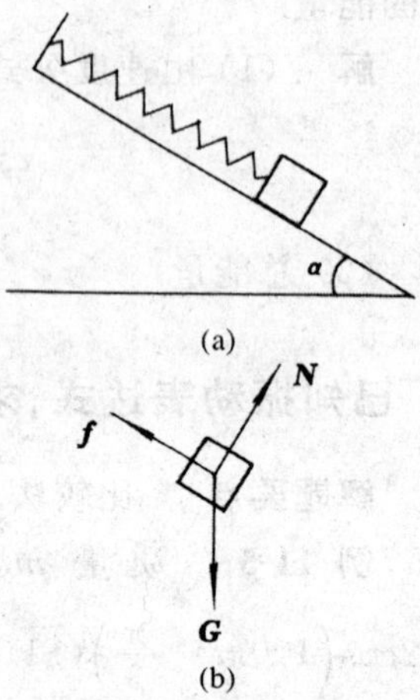

图 11-6

解 受力分析如图 11-6(b) 所示,物体受合外力为

$$\sum \boldsymbol{F} = \boldsymbol{G} + \boldsymbol{N} + \boldsymbol{f}.$$

取斜面向下为 x 坐标正方向,平衡位置为坐标原点.设物体处在平衡位置时弹簧伸长量为 x_0,在平衡位置处,物体受合外力为零,则

$$kx_0 = mg\sin\alpha,$$

$$x_0 = \frac{mg\sin\alpha}{k}. \qquad ①$$

在任意位置,物体受合外力(沿 x 方向)

$$\sum F_x = mg\sin\alpha - k(x_0 + x), \qquad ②$$

将式 ① 代入式 ②,得

$$\sum F_x = mg\sin\alpha - k\left(\frac{mg\sin\alpha}{k} + x\right) = -kx,$$

即该物体沿斜面作简谐运动.

其圆频率为 $\omega = \sqrt{\frac{k}{m}} = \sqrt{\frac{49}{1}} = 7(\text{Hz})$, 且 $v_0 = 0$,

振幅 $A = \sqrt{x_0^2 + \left(\frac{v_0}{\omega}\right)^2} = x_0 = \frac{mg\sin\alpha}{k} = \frac{1\times 9.8\times 0.5}{49} = 0.1(\text{m})$,

初相位 $\varphi = \arctan\left(-\frac{v_0}{\omega x_0}\right) = \pi$,

振动表达式为 $x = A\cos(\omega t + \varphi) = 0.1\cos(7t + \pi)(\text{m})$.

(2) 能量法

解题要点 针对题意列出系统的机械能,根据机械能守恒定律总能量为一常数列出等式,将等式对时间 t 求导数,从而得出振动方程,继而可求 ω, T 及振动表达式.

例 11-7 定滑轮的半径为 R，转动惯量为 J，轻绳绕过滑轮，一端与固定的轻质弹簧相连，弹簧的倔强系数为 k，另一端挂一质量为 m 的物体，如图 11-7 所示．现将 m 从平衡位置向下拉一小距离 A 后放手，证明物体作简谐运动，并写出振动表达式和周期．

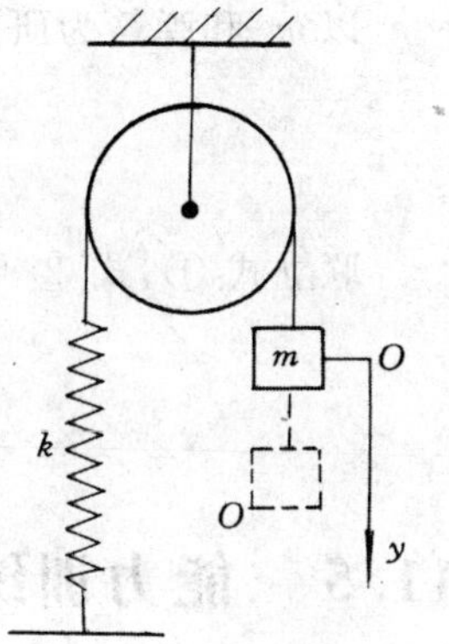

图 11-7

证明 以物体、滑轮、弹簧和地球为系统，选平衡位置为势能零点，当物体位于任意位置 y 时，系统的总能量为

$$E=\frac{1}{2}mv^2+\frac{1}{2}J\omega^2+\frac{1}{2}k(y+y_0)^2-mgy,$$

式中，$v=\omega R$，$y_0=\dfrac{mg}{k}$，

则
$$E=\frac{1}{2}\left(m+\frac{J}{R^2}\right)v^2+\frac{1}{2}ky^2.$$

由于系统只有保守力作功，故机械能守恒，即上式中 E 为常量．将上式对时间求导数，可得

$$\left(m+\frac{J}{R^2}\right)v\frac{\mathrm{d}v}{\mathrm{d}t}+kyv=0,$$

再由 $v=\dfrac{\mathrm{d}y}{\mathrm{d}t}$ 整理可得

$$\frac{\mathrm{d}^2y}{\mathrm{d}t^2}+\frac{kR^2}{J+mR^2}y=0.$$

可见物体作简谐运动，振动周期为

$$T=\frac{2\pi}{\omega}=2\pi\sqrt{\frac{J+mR^2}{kR^2}}.$$

5. 综合类

例 11-8 如图 11-8 所示，有一弹簧振子质量为 m_1，而质量为 m_2 的滑块紧靠 m_1 放置在光滑水平面上，当 m_1，m_2 一起压缩弹簧，压缩量为 L 时（压缩前弹簧无形变），再由静止释放，到达某一位置时 m_1，m_2 分开而独自运动，求分开后 m_1 运动的振幅．

解 在开始，弹簧被压缩 L，外力作功转化为弹簧的弹性势能

$$E_{\mathrm{p}}=\frac{1}{2}kL^2.$$

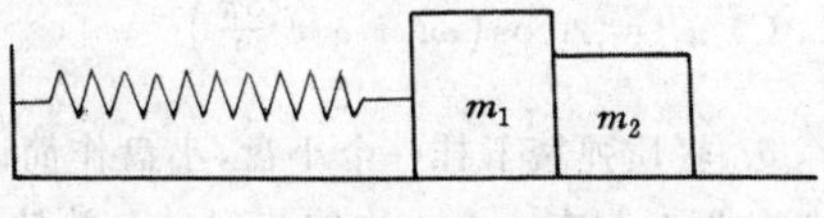

图 11-8

释放后，机械能守恒，经过平衡位置（弹簧完全松弛时 m_1 所在位置）时势能全部转化为动能，即

$$\frac{1}{2}kL^2=\frac{1}{2}(m_1+m_2)v^2. \quad ①$$

式中，k 为倔强系数，v 为 m_1，m_2 刚要分离时的速度，此时也是 m_1 的最大速度．

随后，m_1 仍作简谐运动，m_2 则作匀速直线运动．

以 m_1 和弹簧为研究对象，根据机械能守恒定律，系统的最大动能等于系统的最大势能，即

$$\frac{1}{2}m_1 v^2 = \frac{1}{2}kA^2. \quad ②$$

联立式 ①，式 ② 可得

$$A = L\sqrt{\frac{m_1}{m_1 + m_2}}.$$

11.5 能力训练

能力训练(1)

一、选择题

1. 对一个作简谐运动的物体，下面说法正确的是(   ).

A) 物体处在运动正方向的端点时，速度和加速度都达到最大值

B) 物体位于平衡位置且向负方向运动时，速度和加速度都为零

C) 物体位于平衡位置且向正方向运动时，速度最大，加速度为零

D) 物体处在负方向的端点时，速度最大，加速度为零

2. 一轻弹簧，上端固定，下端挂有质量为 m 的重物，其自由振动的周期为 T，今已知振子离开平衡位置为 x 时，其振动速度为 v，加速度为 a，下列计算该振子倔强系数的公式中错误的是(   ).

A) $k = m\frac{v_{max}^2}{x_{max}^2}$ B) $k = \frac{mg}{x}$ C) $k = \frac{4\pi^2 m}{T}$ D) $k = \frac{ma}{x}$

3. 把单摆从平衡位置向位移正方向拉开，使摆线与竖直方向成一微小角 θ，然后由静止放手任其振动. 从放手时开始计时，若用余弦函数表示其运动方程，则单摆振动的初位相为(   ).

A) θ B) π C) 0   D) $\frac{\pi}{2}$

4. 两个质点各自作简谐运动，它们的振幅相同、周期相同，第一个质点的振动表达式为 $x_1 = A\cos\left(\omega t + \alpha + \frac{\pi}{2}\right)$. 当第一个质点从相对平衡位置的正位移处回到平衡位置时第二个质点正在最大位移处，则第二个质点的振动表达式为(   ).

A) $x_2 = A\cos\left(\omega t + \alpha + \frac{\pi}{2}\right)$ B) $x_2 = A\cos\left(\omega t + \alpha - \frac{\pi}{2}\right)$

C) $x_2 = A\cos\left(\omega t + \alpha - \frac{3\pi}{2}\right)$ D) $x_2 = A\cos(\omega t + \alpha + \pi)$

5. 轻质弹簧下挂一个小盘，小盘作简谐运动，平衡位置为原点，位移向下为正，并采用余弦表示. 小盘在最低位置时刻有一个小物体落到盘上并粘住，如果以新的平衡位置为原点，设新的平衡位置相对原平衡位置向下移动的距离小于原振幅，小物体与盘相碰为计时零点，那么，新的位移表示式的初位相在(   )

A) $0 \sim \frac{\pi}{2}$ 之间 B) $\frac{\pi}{2} \sim \pi$ 之间 C) $\pi \sim \frac{3\pi}{2}$ 之间 D) $\frac{3\pi}{2} \sim 2\pi$ 之间

6. 如图 11-9 所示，质量为 m 的物体由倔强系数为 k_1 和 k_2 的轻质弹簧连接，在光滑导轨上作微小振动，则系统的振动频率为(   ).

A) $\nu = 2\pi\sqrt{\frac{k_1 + k_2}{m}}$

B) $\nu = \frac{1}{2\pi}\sqrt{\frac{k_1 + k_2}{m}}$

C) $\nu = \dfrac{1}{2\pi}\sqrt{\dfrac{k_1 + k_2}{mk_1 k_2}}$

D) $\nu = \dfrac{1}{2\pi}\sqrt{\dfrac{k_1 + k_2}{m(k_1 + k_2)}}$

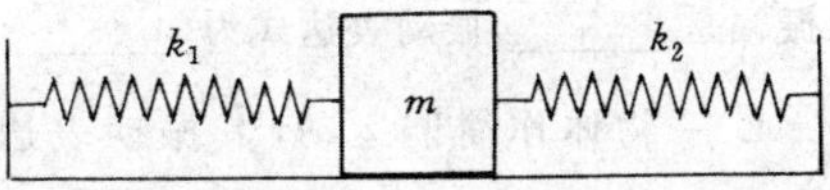

图 11-9

7. 轻质弹簧上端固定，下系一质量为 m_1 的物体，稳定后在 m_1 下边又系一质量为 m_2 的物体，于是弹簧又伸长了 Δx. 若将 m_2 移去，并令其振动，则振动周期为(　　).

A) $T = 2\pi\sqrt{\dfrac{m_2 \Delta x}{m_1 g}}$　　B) $T = 2\pi\sqrt{\dfrac{m_1 \Delta x}{m_2 g}}$

C) $T = \dfrac{1}{2\pi}\sqrt{\dfrac{m_1 \Delta x}{m_2 g}}$　　D) $T = \dfrac{1}{2\pi}\sqrt{\dfrac{m_2 \Delta x}{(m_1 + m_2) g}}$

8. 两倔强系数分别为 k_1 和 k_2 的轻质弹簧串联在一起，下挂一质量为 m 的物体，构成一个竖挂的弹簧谐振子，则该系统的振动周期为(　　).

A) $T = 2\pi\sqrt{\dfrac{m(k_1 + k_2)}{2k_1 k_2}}$　　B) $T = 2\pi\sqrt{\dfrac{m}{k_1 + k_2}}$

C) $T = 2\pi\sqrt{\dfrac{m(k_1 + k_2)}{k_1 k_2}}$　　D) $T = 2\pi\sqrt{\dfrac{2m}{k_1 + k_2}}$

9. 一质量为 m 的物体挂在倔强系数为 k 的轻质弹簧下面，振动圆频率为 ω. 若把此弹簧分割成二等份，将物体挂在分割后的一根弹簧上，则振动的圆频率是(　　).

A) 2ω　B) $\sqrt{2}\omega$　(C) $\dfrac{\omega}{2}$　D) $\dfrac{\omega}{\sqrt{2}}$

10. 一个质点作简谐运动，振幅为 A，在起始时刻质点的位移为 $\dfrac{A}{2}$，且向 x 轴正方向运动，代表此简谐运动的旋转矢量图为图 11-10 中的(　　).

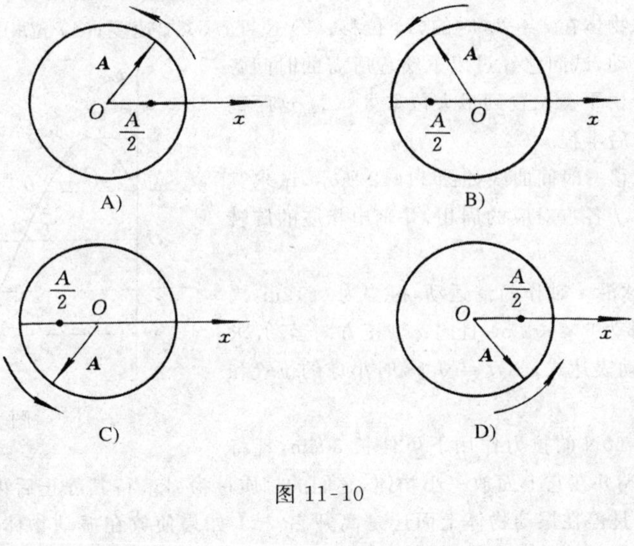

图 11-10

二、填空题

1. 一弹簧振子，弹簧的倔强系数为 $0.32\,\text{N} \cdot \text{m}^{-1}$，重物的质量为 $0.02\,\text{kg}$，则这个振动系统的固有圆频率为________，相应的振动周期为________.

2. 用 40N 的力拉一轻弹簧，可使其伸长 20cm. 此弹簧下应挂_________kg 的物体，才能使弹簧振子作简谐运动的周期 $T = 0.2\pi\,\text{s}$.

3. 一质点沿 x 轴以 $x = 0$ 为平衡位置作简谐运动，频率 $0.25\,\text{Hz}$. $t = 0$ 时 $x = -0.37\,\text{cm}$，而速度等于零，

则振幅是________，振动表达式为____________.

4. 一物体作简谐运动，其振动表达式为 $x = 0.04\cos\left(\frac{5}{3}\pi t - \frac{1}{2}\pi\right)$(SI). 此简谐运动的周期 $T =$ ________，当 $t = 0.6\text{s}$ 时，物体的速度 $v =$ ________.

5. 一物体作余弦振动，振幅为 $15 \times 10^{-2}\text{m}$，圆频率为 $6\pi\text{s}^{-1}$，初相位 0.5π，则振动表达式为 $x =$ ____________.

6. 在两个相同的弹簧下各悬一物体，两物体的质量比为 4 : 1，则二者作简谐运动的周期之比为____________.

7. 一质点作简谐运动，速度最大值 $v_m = 5\text{cm} \cdot \text{s}^{-1}$，振幅 $A = 2\text{cm}$. 若令速度具有正最大值的那一时刻为 $t = 0$，则振动表达式为____________.

8. 一物块悬挂在弹簧下方作简谐运动，当这物块的位移等于振幅的一半时，其动能是总能量的____________(设平衡位置处势能为零). 当这物块在平衡位置时，弹簧的长度比原长长 Δl，这一振动系统的周期为________.

9. 上面放有物体的平台，以每秒 5 周的频率沿竖直方向作简谐运动，若平台振幅超过________m 时，物体将会脱离平台(设 $g = 9.8\text{m} \cdot \text{s}^{-2}$).

10. 一单摆的悬线长 $l = 1.5\text{m}$，在顶端固定点的铅直下方 0.45m 处有一小钉，如图 11-11 所示，设小钉左右两方摆动均较小，则单摆的左右两方振幅之比 A_1/A_2 的近似值为________.

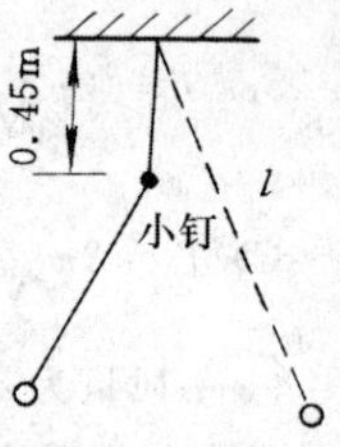

图 11-11

三、计算题

1. 质量为 M 的物体在光滑的水平面上作简谐运动，振幅是 12cm，在距平衡位置 6cm 处速度是 $24\text{cm} \cdot \text{s}^{-1}$，求(1) 振动周期 T；(2) 当速度是 $12\text{cm} \cdot \text{s}^{-1}$ 时的位移.

2. 一物体放在一块水平的平板上，它们之间的静摩擦系数为 0.50，若平板以 2Hz 的频率作水平简谐运动，试问，如果物体不发生相对滑动，振动的振幅最大可为多少？

3. 物体作简谐运动，其运动方程为 $x = 6.0\cos\left(3\pi t + \frac{\pi}{3}\right)$，式中，$x$ 的单位为 cm，t 的单位为 s，括弧内的数值以 rad 为单位. 试求物体在 $t = 2\text{s}$ 时的(1) 位移；(2) 速度；(3) 加速度；(4) 位相.

4. 某物体作简谐运动，试问它经过以下路程所需的时间各为周期的几分之几？(1) 由平衡位置到最大位移处；(2) 这距离的前半程；(3) 这距离的后半程.

5. 一简谐运动其位移 - 时间曲线如图 11-12 所示，试求其初位相，及在 a,b,c,d,e,f 各点对应的周相，并画出相应的旋转矢量图.

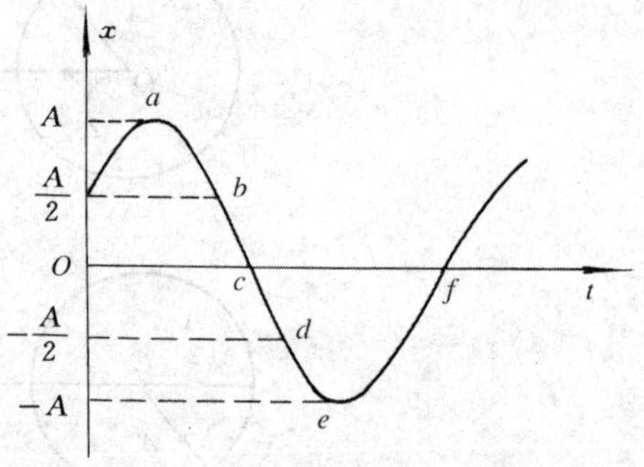

图 11-12

6. 弹簧振子中，小球沿 x 轴作简谐运动，振幅为 0.12m，周期为 2s. 当 $t = 0$ 时，位移为 $6 \times 10^{-2}\text{m}$，且向 x 轴正方向运动. 求(1) 振动的初相；(2) 振动表达式；(3) $t = 0.5\text{s}$ 时小球的位置和速度.

7. 一个轻质弹簧在 60N 的拉力作用下可伸长 30cm，现将一物体悬挂在弹簧的下端并在它上面放一小物体，它们的总质量为 4kg. 待其静止后再把物体向下拉 10cm，然后释放. 问(1) 此小物体是停在振动物体上面还是离开它？(2) 如果使放在振动物体上的小物体与振动物体分离，则振幅 A 需满足何条件，二者在何位置开始分离？

能力训练(2)

一、选择题

1. 已知两个简谐运动曲线如图 11-13 所示. x_1 的位相比 x_2 的位相(　　).

A) 落后$\frac{1}{2}\pi$　　　B) 超前$\frac{1}{2}\pi$

C) 落后 π　　　D) 超前 π

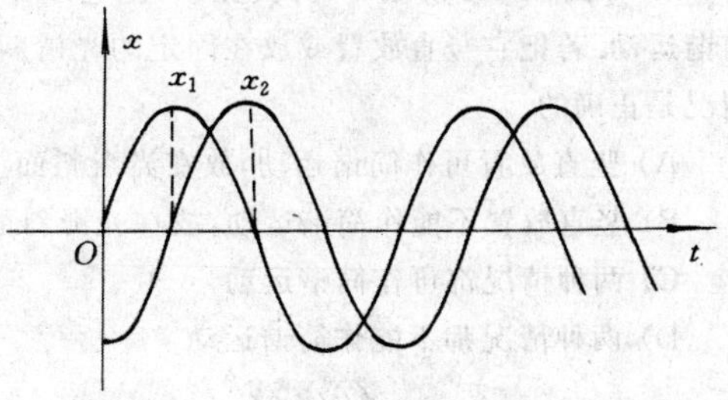

图 11-13

2. 已知一质点沿 y 轴作简谐运动(图 11-14),其振动表达式为 $y=A\cos\left(\omega t+\frac{3\pi}{4}\right)$. 与之对应的振动曲线是(　　).

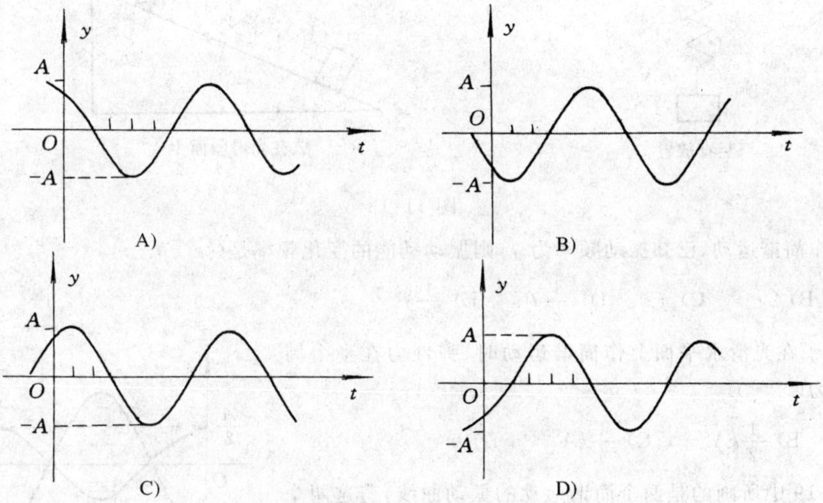

图 11-14

3. 图 11-15 中三条曲线分别表示简谐运动中的位移 x,速度 v 和加速度 a,下列说法中(　　)是正确的.

A) 曲线 3,1,2 分别表示 x,v,a 曲线　　B) 曲线 2,1,3 分别表示 x,v,a 曲线

C) 曲线 2,3,1 分别表示 x,v,a 曲线　　D) 曲线 1,2,3 分别表示 x,v,a 曲线

4. 一简谐运动曲线如图 11-16 所示,则振动周期是(　　).

A) 2.62s　B) 2.40s　C) 2.20s　D) 2.00s

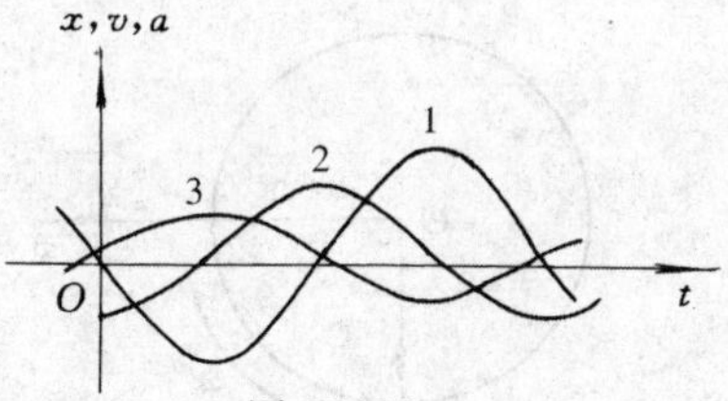

图 11-15

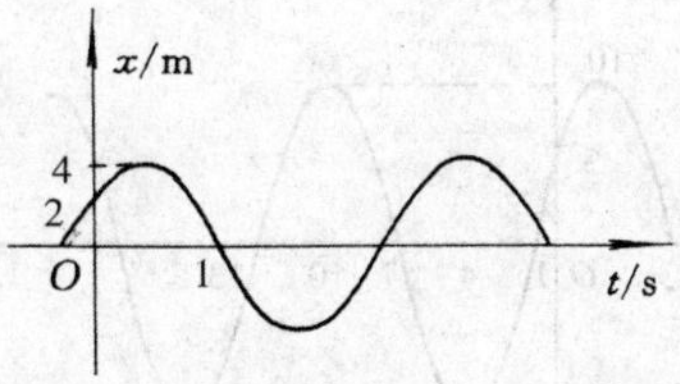

图 11-16

5. 用余弦函数描述一简谐振子的振动,若其速度 时间(v-t)关系曲线如图 11-17 所示,则振动的初相位为(　　).

A) $\frac{1}{6}\pi$　B) $\frac{1}{3}\pi$　C) $\frac{1}{2}\pi$　D) $\frac{2}{3}\pi$　E) $\frac{5}{6}\pi$

6. 一弹簧振子作简谐运动,总能量为 E_1,如果简谐运动振幅增加为原来的两倍,重物的质量增加为原来的四倍,则它的总能量 E_1 变为(　　).

A) $\frac{1}{4}E_1$　　B) $\frac{1}{2}E_1$　　C) $2E_1$　　D) $4E_1$

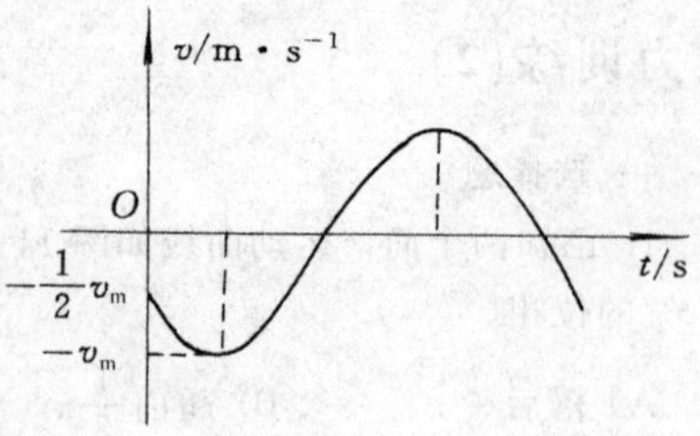

图 11-17

7. 如图 11-18 所示，一弹簧振子，把它水平放置时，它可以作简谐运动. 若把它竖直放置或放在固定的光滑斜面上，下面(　　)情况是正确的.

A) 竖直放置可作简谐运动，放在光滑斜面上不能作简谐运动

B) 竖直放置不能作简谐运动，放在光滑斜面上可作简谐运动

C) 两种情况都可作简谐运动

D) 两种情况都不能作简谐运动

图 11-18

8. 一质点作简谐运动，已知振动频率为 f，则振动动能的变化频率是(　　).

A) $4f$　　B) $2f$　　C) f　　D) $\frac{1}{2}f$　　E) $\frac{1}{4}f$

9. 弹簧振子在光滑水平面上作简谐运动时，弹性力在半个周期内所作的功为(　　).

A) kA^2　　B) $\frac{1}{2}kA^2$　　C) $\frac{1}{4}kA^2$　　D) 0

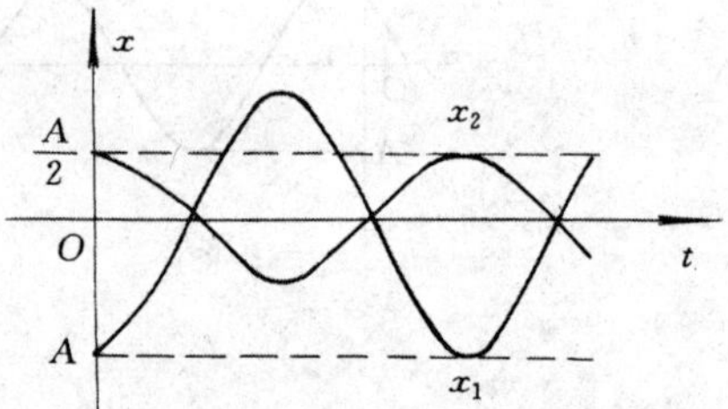

图 11-19

10. 图 11-19 中所画的是两个简谐运动的振动曲线，若这两个简谐运动可叠加，则合成的余弦振动的初相为(　　).

A) $\frac{1}{2}\pi$　　B) π　　C) $\frac{3}{2}\pi$　　D) 0

二、填空题

1. 一简谐运动用余弦函数表示，其振动曲线如图 11-20 图所示，则此简谐运动的三个特征量 $A=$ ________，$\omega=$ ________，$\varphi=$ ________.

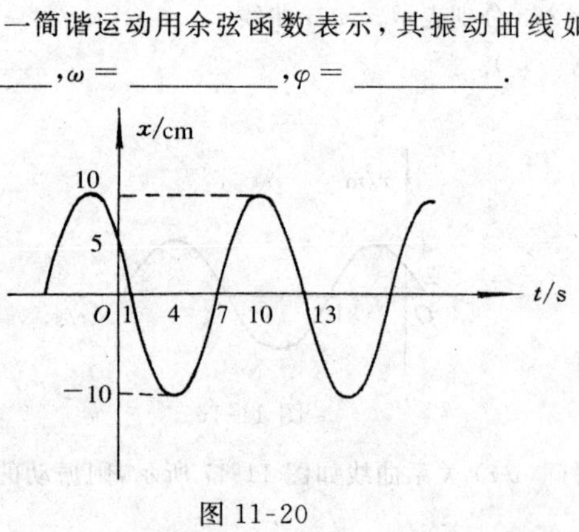

图 11-20

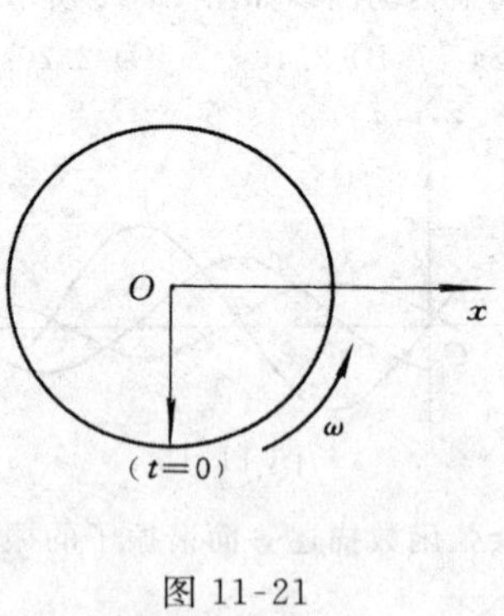

图 11-21

2. 图 11-21 中用旋转矢量法表示了一个简谐运动，旋转矢量的长度为0.04m，旋转角速度 $\omega=4\pi\ \text{rad}\cdot\text{s}^{-1}$. 此简谐运动以余弦函数表示的振动表达式为 $x=$ ________________.

3. 一简谐运动曲线如图 11-22 所示，试由图确定在 $t=2$s 时刻质点的位移为 ________，速度

为________.

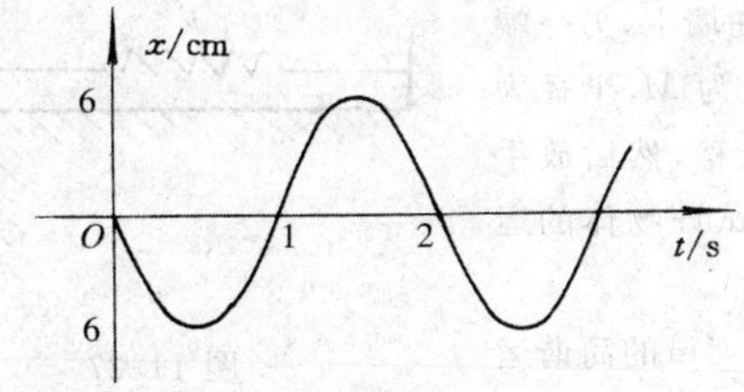

图 11-22

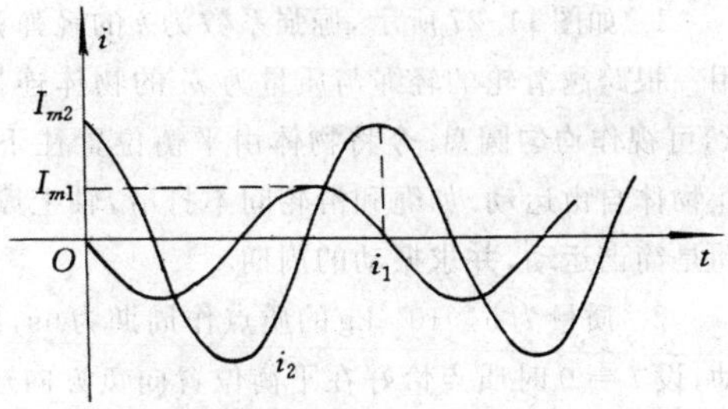

图 11-23

4. 两个同频率余弦交变电流 $i_1(t)$ 和 $i_2(t)$ 的曲线如图 11-23 所示,则位相差 $\varphi_2-\varphi_1$ 为________.

5. 已知一个简谐运动的振幅 $A=2\text{cm}$,圆频率 $\omega=4\pi\text{s}^{-1}$,以余弦函数表达运动规律时的初相位 $\varphi=\frac{1}{2}\pi$. 试画出位移和时间的关系曲线(振动曲线)

6. 一简谐运动的旋转矢量图如图 11-24 所示,振幅矢量长 2cm,则该简谐运动的初相位为________,振动表达式为________________.

7. 一水平弹簧简谐振子的振动曲线如图 11-25 所示. 振子处在位移为零、速度为 $-\omega A$、加速度为零和弹性力为零的状态,对应于曲线上的________点. 振子处在位移的绝对值为 A、速度为零、加速度为 $-\omega^2 A$ 和弹性力为 $-kA$ 的状态,对应于曲线上的________点.

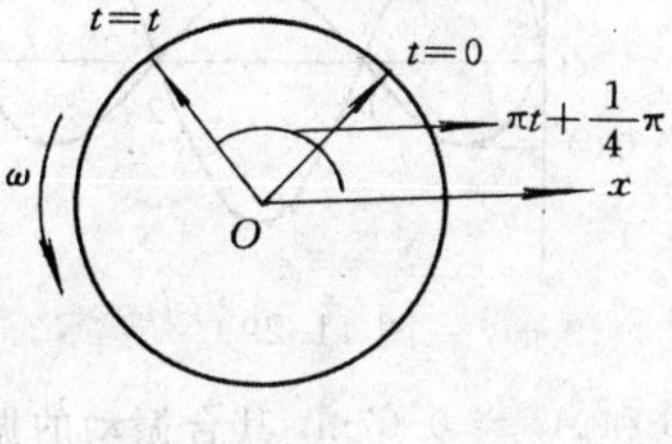

图 11-24

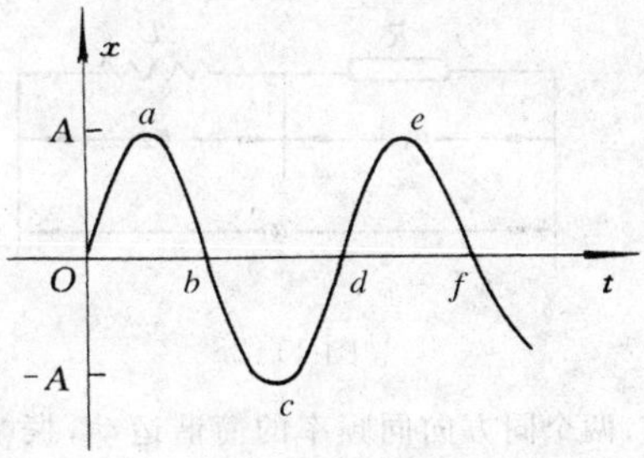

图 11-25

8. 一系统作简谐运动,周期为 T,以余弦函数表达振动时,初位相为零. 在 $0\leqslant t\leqslant\frac{1}{2}T$ 范围内,系统在 t = ________时刻动能和势能相等.

9. 一物体同时参与同一直线上的两个简谐运动:$x_1=0.05\cos\left(4\pi t+\frac{1}{3}\pi\right)$(SI),$x_2=0.03\cos\left(4\pi t-\frac{2}{3}\pi\right)$(SI),合成振动的振幅为________ m.

10. 图 11-26 中所示为两个简谐运动的振动曲线. 若以余弦函数表示这两个振动的合成结果,则合成振动的方程 $x=x_1+x_2=$ ________________.

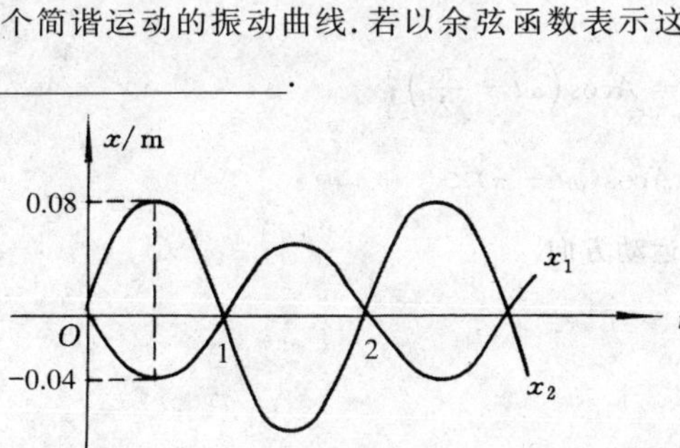

图 11-26

三、计算题

1. 如图 11-27 所示，倔强系数为 k 的轻弹簧一端固定在墙上，另一端用一根跨越滑轮的轻绳与质量为 m 的物体连接. 滑轮质量为 M，半径为 R，可视作均匀圆盘. 今将物体由平衡位置往下移动一个位移，然后放手让物体自由运动. 如绳和滑轮间不打滑，轴上摩擦可忽略. 试证物体的运动是简谐运动，并求振动的周期.

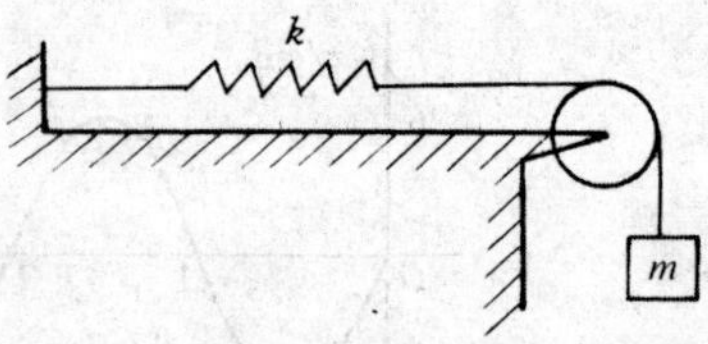

图 11-27

2. 质量为 5×10^{-3} kg 的质点作周期为 6s，振幅为 4×10^{-2} m 的简谐运动，设 $t=0$ 时质点恰好在平衡位置向负方向运动. 求 $t=2$s 时质点的动能和势能.

3. 一质点同时参与两个同方向的简谐运动，其振动表达式分别为 $x_1=5\times10^{-2}\cos\left(4t+\frac{\pi}{3}\right)$(SI) 及 $x_2=3\times10^{-2}\sin\left(4t-\frac{\pi}{6}\right)$(SI)，画出两振动的旋转矢量图，并求合振动的振动表达式.

4. 日光灯电路如图 11-28 所示. 灯管相当于一个电阻 R，镇流器是一个电感 L，二者串联，若灯管两端的交流电压和镇流器两端的交流电压分别为 $u_1=90\sqrt{2}\cos100\pi t$(V) 和 $u_2=200\sqrt{2}\cos\left(100\pi t+\frac{\pi}{2}\right)$(V)，试求日光灯的总电压 u 的表达式.

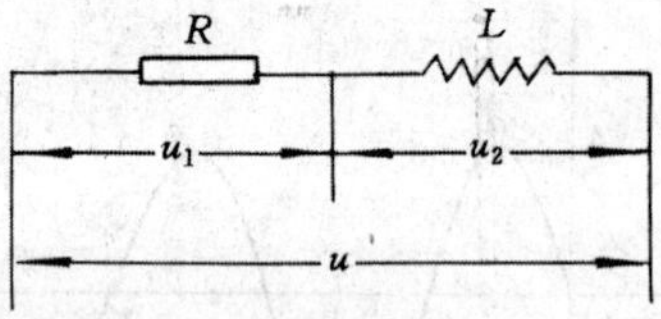

图 11-28

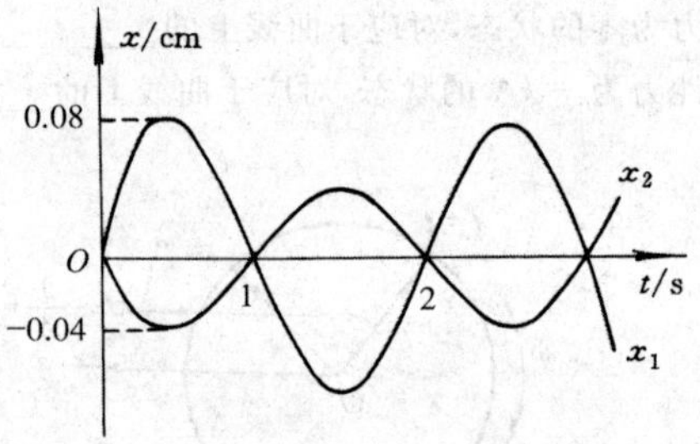

图 11-29

5. 两个同方向同频率的简谐运动，振幅分别为 $A_1=0.05$m 和 $A_2=0.07$m，其合振动的振幅为 $A=0.09$m. 试求两振动的位相差.

6. 如图 11-29 所示为两个简谐运动的振动曲线. 若以余弦函数表示这两个振动的合成结果，求合振动的方程.

7. 质点同时参与 x 方向与 y 方向的两个振动，其方程为

(1) $x=A\cos\left(\omega t-\frac{\pi}{2}\right)$，$y=A\cos\omega t$；

(2) $x=A\cos\omega t$，$y=A\cos\left(\omega t-\frac{\pi}{2}\right)$；

(3) $x=A\cos\left(\omega t+\frac{\pi}{2}\right)$，$y=A\cos\left(\omega t-\frac{\pi}{2}\right)$；

(4) $x=A\cos(\omega t+\pi)$，$y=A\cos(\omega t-\pi)$.

试分别画出合振动的运动轨迹和运动方向.

第 12 章　波动学基础

波动的过程即是振动在介质或空间的传递过程，本章先从机械波（机械振动在弹性介质中的传播过程）的最简单、最基本的形式 —— 平面简谐波的分析出发，讨论波的共同特征、现象和规律．随后拓展到电磁振荡在空间的传播 —— 电磁波的产生、性质、传播规律和电磁波谱．

12.1　基本要求

（1）理解机械波产生的条件和波的传播机理；

（2）掌握波阵面、波线、平面波、球面波、横波、纵波等基本概念；

（3）掌握平面简谐波波函数的物理意义，掌握描述波的物理量 $A,\omega,\varphi,\nu,\lambda,T,u$ 的物理意义和相互联系，理解波动方程的意义；

（4）掌握波的能量、能量密度、能流密度等基本概念，正确理解波的能量和振动能量的差别；认识波的吸收规律；

（5）认识干涉现象，理解惠更斯原理和波的叠加原理，掌握干涉的条件和计算；

*（6）了解多普勒效应；

*（7）了解电磁波的基本性质．

12.2　重点概念及主要公式

1. 平面简谐波的波函数

（1）已知位于坐标原点（$x=0$）处质点振动表达式为 $y=A\cos(\omega t+\varphi)$，波函数为

$$y=A\cos\left[\omega\left(t\mp\frac{x}{u}\right)+\varphi\right],$$

或
$$y=A\cos\left[2\pi\left(\frac{t}{T}\mp\frac{x}{\lambda}\right)+\varphi\right],$$

或
$$y=A\cos\left[2\pi\left(\nu t\mp\frac{x}{\lambda}\right)+\varphi\right],$$

其中，波沿 x 正方向传播时取减号，沿 x 负方向传播时取加号．

（2）已知位于坐标 $x=x'$ 处质点振动表达式为 $y=A\cos(\omega t+\varphi)$，波函数为

$$y=A\cos\left[\omega\left(t\mp\frac{x-x'}{u}\right)+\varphi\right],$$

或
$$y=A\cos\left[2\pi\left(\nu t\mp\frac{x-x'}{\lambda}\right)+\varphi\right],$$

其中，波沿 x 正方向传播时取减号，沿 x 负方向传播时取加号．

(3) 波函数的物理意义

① 当 $x=x_1$ 时，$y=y(t)$，

即
$$y=A\cos\left[\omega t+\left(\varphi\mp\omega\frac{x_1}{u}\right)\right].$$

表示波线上给定点在不同时刻离开平衡位置的位移，即给定点质量元的振动表达式. 其中，$\varphi_1=\varphi\mp\omega\dfrac{x_1}{u}$ 表示 $x=x_1$ 处质量元振动的初相位.

② 当 $t=t_1$ 时，$y=y(x)$，

即
$$y=A\cos\left[(\omega t_1+\varphi)\mp\omega\frac{x}{u}\right].$$

表示给定时刻波线上任意位置处的质量元离开平衡位置的位移，即给定时刻波线上的波形.

2. 波动方程

(1) 平面波的波动方程

$$\frac{\partial^2 y}{\partial x^2}=\frac{1}{u^2}\frac{\partial^2 y}{\partial t^2}.$$

*(2) 三维空间传播的一切波动过程都满足方程

$$\frac{\partial^2\xi}{\partial x^2}+\frac{\partial^2\xi}{\partial y^2}+\frac{\partial^2\xi}{\partial z^2}=\frac{1}{u^2}\frac{\partial^2\xi}{\partial t^2},$$

此为物理学的重要方程之一，ξ 表示质点的位移.

3. 平面简谐波的能量、能量密度和能流密度

(1) 波的能量

设波沿 x 正方向传播，在波线上任一介质元 $\mathrm{d}m=\rho\mathrm{d}V$ 所具有的能量为

$$\mathrm{d}W=\text{动能}+\text{势能}=\mathrm{d}W_{\mathrm{k}}+\mathrm{d}W_{\mathrm{p}}.$$

因为
$$\mathrm{d}W_{\mathrm{k}}=\mathrm{d}W_{\mathrm{p}}=\frac{1}{2}\rho\mathrm{d}VA^2\omega^2\sin^2\omega\left(t-\frac{x}{u}\right),$$

所以
$$\mathrm{d}W=\rho\mathrm{d}VA^2\omega^2\sin^2\omega\left(t-\frac{x}{u}\right).$$

(2) 能量密度

能量密度为 $w=\dfrac{\mathrm{d}W}{\mathrm{d}V}=\rho\omega^2A^2\sin^2\omega\left(t-\dfrac{x}{u}\right)$，表示单位体积中介质的机械能；

平均能量密度为 $\overline{w}=\dfrac{1}{T}\displaystyle\int_0^T w\mathrm{d}t=\dfrac{1}{2}\rho\omega^2A^2$，表示能量密度在一个周期内的平均值. 式中，$\rho,\omega,A$ 分别为介质的质量密度、圆频率、振幅.

(3) 波的平均能流 $\overline{P}$ 和能流密度 I(波强)

平均能流为 $\bar{P}=\bar{w}uS=\frac{1}{2}\rho\omega^2A^2uS$，表示单位时间内通过介质中某一截面 S 的能量或波的功率；

平均能流密度为 $I=\frac{\bar{P}}{S}=\bar{w}u=\frac{1}{2}\rho\omega^2A^2u$，表示单位时间内通过介质中单位面积的能量或波的强度.

4. 惠更斯原理和波的叠加原理

(1) 惠更斯原理

介质中波动到达的各点都可看做发射子波的波源；在其后的任意时刻，这些子波的包迹就是决定新的波阵面，是波动的基本原理之一.

从惠更斯原理出发，可以从已知波阵面用几何作图法求出另一时刻的波阵面；利用惠更斯原理可以解释波的衍射现象，并可定量推出波的折射和反射定律.

(2) 波的叠加原理

波的叠加原理包含两个内容，一是波的传播的独立性，二是波的可叠加性. 具体地说就是：

① 当几列波在介质中传播时，无论是否相遇，每列波都保持自己原有的振动特性（频率、波长、振动方向等），并按自己原来的传播方向继续前进，并不受其他波的影响；

② 当几列波在介质中相遇时，相遇处质点振动的位移是各列波单独存在时在该点引起的位移的矢量和.

该原理告诉我们：几列波在相遇处，每一列波都独立地保持自己原有的特性（频率、波长、振动方向等）不变，对该点的振动给出自己的一份贡献. 然后，保持自己原有的特性，按照各自的传播方向继续前进，好像在各自的途径中没有和其他各列波相遇一样.

5. 波的干涉

两列频率相同、振动方向相同、相遇点有恒定的位相差的波在介质中相遇时会使介质中有些质量元的振动始终加强，有些质量元的振动始终减弱，这种现象叫做波的干涉.

相干条件：频率相同、振动方向相同、有恒定的位相差.

相遇点是干涉加强还是减弱取决于两列相干波在相遇点引起的分振动的位相差.

如图 12-1 所示，S_1，S_2 为两个相干波源，波源振动表达式为

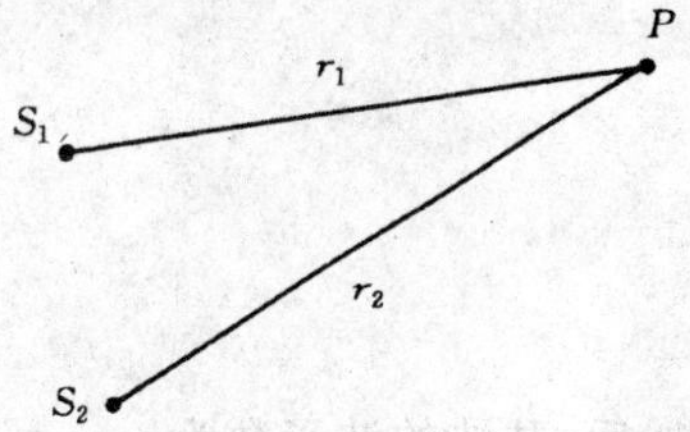

图 12-1

$$y_{10}=A_1\cos(\omega t+\varphi_1),$$

$$y_{20}=A_2\cos(\omega t+\varphi_2).$$

由波函数可得，它们在 P 点引起的分振动为

$$y_1=A_1\cos\left(\omega t+\varphi_1-\frac{2\pi r_1}{\lambda}\right),$$

$$y_2=A_2\cos\left(\omega t+\varphi_2-\frac{2\pi r_2}{\lambda}\right).$$

则 P 点的振动表达式为 $\quad y=y_1+y_2=A\cos(\omega t+\varphi)$，

式中 $$A=\sqrt{A_1^2+A_2^2+2A_1A_2\cos\left(\varphi_2-\varphi_1-2\pi\frac{r_2-r_1}{\lambda}\right)}.$$

令位相差 $$\Delta\varphi=\varphi_2-\varphi_1-2\pi\frac{r_2-r_1}{\lambda},$$

显然,有

$$\Delta\varphi=2k\pi,\quad k=0,\pm1,\pm2,\pm3\cdots\quad \text{干涉加强},$$

$$\Delta\varphi=(2k+1)\pi,\quad k=0,\pm1,\pm2,\pm3\cdots\quad \text{干涉减弱}.$$

在通常情况下,当 $\varphi_1=\varphi_2$ 时,干涉极大、极小的条件可用波程差 δ 表示

$$\delta=r_2-r_1=k\lambda,\quad k=0,\pm1,\pm2,\pm3\cdots\quad \text{干涉加强},$$

$$\delta=r_2-r_1=(2k+1)\frac{\lambda}{2},\quad k=0,\pm1,\pm2,\pm3\cdots\quad \text{干涉减弱}.$$

6. 驻　波

两列相干波在同一直线上沿相反方向传播时,可形成驻波.

(1) 波腹、波节

如图 12-2 所示,相邻两波腹(波节)之间的距离为 $\Delta x=\frac{\lambda}{2}$,即半个波长的距离.

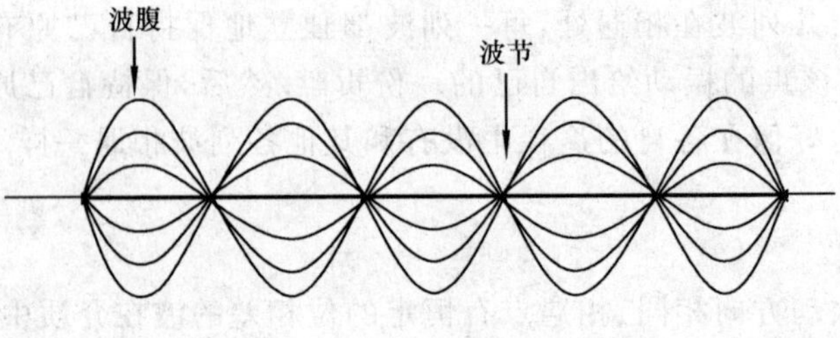

图 12-2

(2) 驻波的波函数

取一波腹位置为坐标原点,形成驻波的两列平面简谐相干波的波函数为

$$y_1=A\cos2\pi\left(\nu t-\frac{x}{\lambda}\right),$$

$$y_1=A\cos2\pi\left(\nu t+\frac{x}{\lambda}\right).$$

叠加后,驻波的波函数为

$$y=\left(2A\cos2\pi\frac{x}{\lambda}\right)\cos2\pi\nu t,$$

其中,$A'=\left|2A\cos2\pi\frac{x}{\lambda}\right|$ 为驻波的振幅.

(3) 半波损失

从绳中驻波的实验中可明确看出:反射端为固定端时,反射端为波节.这说明在反射点处

反射波同入射波相位相反,即入射波被反射后相位发生 π 的突变,等效于损失(增加)半个波长的波程. 这种现象称"半波损失".

显然,当波由波疏介质中向波密介质传播时,在分界面上产生的反射波的相位不同于入射波的相位,而是发生了 π 的突变,对应于波程时,即反射波比入射波多传播(或减少传播)了半个波长的波程. 而当波由波密介质向波疏介质传播时,反射波无"半波损失".

这一结论在"波动光学"干涉内容的学习中将十分重要,因此要求必须掌握.

7. 多普勒效应

当光源或观察者相对介质运动时,使观察者接受到的频率与波源的频率不同的现象,称多普勒效应.

设波源和观察者在他们的连线上有相对运动,波源的频率为 ν,观察者接受到的频率为 ν',波在介质中的传播速度为 u,观察者和波源相对于介质的运动速度分别为 v_0(接近波源为正,远离波源为负)和 v_S(接近观察者为正,远离观察者为负). 则有

(1) 若 $v_0 \neq 0, v_S = 0$,则 $\nu' = \dfrac{u + v_0}{u}\nu$;

(2) 若 $v_0 = 0, v_S \neq 0$,则 $\nu' = \dfrac{u_0}{u - v_S}\nu$;

(3) 若 $v_0 \neq 0, v_S \neq 0$,则 $\nu' = \dfrac{u + v_0}{u - v_S}\nu$.

*8. 声　波

声波是在弹性介质中传播的频率为 20Hz 到 2.0×10^4 Hz 之间的机械波.

(1) 声压. 声波在介质中传播时该点的压强与静压强之差值.

$$p = p_m \cos\left[\omega\left(t - \frac{x}{u}\right) - \frac{\pi}{2}\right].$$

声压振幅

$$p_m = \rho u A \omega,$$

式中,ρ 为介质密度,A,ω 和 u 分别为声波的振幅、角频率和波速.

(2) 声强. 声波的平均能流密度.

$$I = \frac{1}{2}\rho A^2 \omega^2 u = \frac{1}{2}\frac{p_m^2}{\rho u}.$$

(3) 声强级. 描述可闻声波强度的物理量.

定标 $I_0 = 10^{-12}\,\mathrm{W \cdot m^{-2}}$ 为可闻声强的下限,如某时刻声波的声强为 I,则声强级为

$$I_L = \log\frac{I}{I_0}\text{ 贝尔} = 10\log\frac{I}{I_0}\text{ 分贝(dB)}.$$

9. 电磁波的基本性质

(1) 平面电磁波的波函数

$$\frac{\partial^2 E}{\partial x^2} = \frac{1}{\varepsilon\mu}\frac{\partial^2 E}{\partial t^2} \qquad (\boldsymbol{E}\text{ 沿 } y \text{ 方向}),$$

$$\frac{\partial^2 H}{\partial x^2} = \frac{1}{\varepsilon\mu}\frac{\partial^2 H}{\partial t^2} \quad (\boldsymbol{H}\text{沿}z\text{方向}).$$

(2) 电磁波的基本性质

① 电磁波中电场强度矢量 $\boldsymbol{E}$ 平行于 y 轴，磁场强度矢量 $\boldsymbol{H}$ 平行于 z 轴，与波矢量 $\boldsymbol{k}$ 三者相互垂直；

② 偏振性. 沿给定方向传播的电磁波，$\boldsymbol{E}$ 和 $\boldsymbol{H}$ 分别在各自的平面上振动；

③ $\boldsymbol{E}$ 和 $\boldsymbol{H}$ 的大小作位相相同的变化，即变化步调一致. 二者在量值上的关系为

$$\sqrt{\varepsilon}E = \sqrt{\mu}H,$$

在真空中上式变为

$$\frac{E}{H} = \sqrt{\frac{\mu_0}{\varepsilon_0}}.$$

④ 电磁波的传播速度为

$$u = \frac{1}{\sqrt{\varepsilon\mu}}.$$

在真空中，$u = \dfrac{1}{\sqrt{\varepsilon_0\mu_0}} \approx 3\times 10^8\,\mathrm{m\cdot s^{-1}} = c.$

⑤ 电磁波携带着能量在空间传播，能量密度矢量（坡印廷矢量）为

$$\boldsymbol{S} = \boldsymbol{E}\times\boldsymbol{H}.$$

12.3 常见及疑难问题答疑

问题 1 机械波通过不同媒质时，波长 λ、频率 ν 和波速 u，这些量中哪些要改变，哪些不改变？

答 机械波的频率仅由波源的性质决定；传播速度仅由传播介质的性质和温度决定；故而，机械波通过不同介质时，其频率不变，波速变化.

根据 $\lambda = u/\nu$，波长也会发生变化.

问题 2 波速 u 和振动速度 v 相同吗？

答 波速 u 和振动速度 v 具有本质的区别.

(1) 波速 u 是相位的传播速度，不是质量元在平衡位置附近的振动速度 $v = \dfrac{\partial y}{\partial t}$；

(2) 在同一各向同性的介质中波速是常量，而振动速度 v 是时间的周期函数；

(3) u 与 v 的方向不一定相同.

问题 3 波在介质中传播的速度 $u = \nu\lambda$，那么，是否可以利用提高频率 ν 的方法来提高波在此介质中的传播速度？

答 不能. 波速的大小只取决于介质的性质，若提高频率 ν，则其波长 λ 必相应减小.

问题 4 平面简谐波的波函数中 $\dfrac{x}{u}$ 表示什么，$\dfrac{\omega x}{u} + \varphi$ 又表示什么？

答 分析波函数 $y = A\cos\left[\omega\left(t - \dfrac{x}{u}\right) + \varphi\right]$，$\dfrac{x}{u}$ 表示离坐标原点为 x 距离处的质量元的振

动在步调上落后原点处质量元振动的时间，即波从原点处传播到 x 处所需的时间；波函数可变化为

$$y = A\cos\left[\omega t - \left(\frac{\omega x}{u} + \varphi\right)\right],$$

显然，$\frac{\omega x}{u} + \varphi$ 表示离坐标原点为 x 距离的质量元振动的初相位.

问题 5 在建立波函数时，如果选取不同质点的平衡位置作为坐标原点，写出的波函数是否有区别？

答 这个区别反映在波函数中的初位相的不同. 它们数学关系就是坐标平移的关系.

如图 12-3 所示，设 A 点处质点的振动表达式为

$$y_A = A\cos(\omega t + \varphi),$$

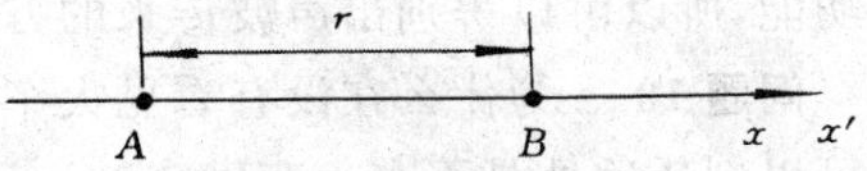

图 12-3

若波沿 x 方向传播. 设传播速度为 u，以 A 点为坐标原点，波函数为

$$y = A\cos\left[\omega\left(t - \frac{x}{u}\right) + \varphi\right].$$

根据波函数可得 B 点处质点的振动表达式为

$$y_B = A\cos\left[\omega t - \left(\frac{\omega r}{u} + \varphi\right)\right],$$

若以 B 点为坐标原点，波函数为

$$y = A\cos\left[\omega\left(t - \frac{x'}{u}\right) - \left(\frac{\omega r}{u} + \varphi\right)\right]$$

$$= A\cos\left[\omega\left(t - \frac{x' + r}{u}\right) + \varphi\right].$$

显然有 $x = x' + r$，满足坐标平移关系，式中 x' 为质点相对 B 点的坐标.

问题 6 简谐运动系统的能量与波在传播介质中体积元（质量元）的能量有何不同？

答 该问题对于初学者很容易将二者混淆，比较难区分.

(1) 在振动中，振子的动能和势能不相同.

孤立的谐振子势能最大时，动能为零；势能最小时，动能最大；势能和动能相互转化，总机械能守恒. 这表明系统储存着一定的能量.

(2) 在波动过程中，质量元的动能和势能相同.

传播介质中质量元内波的能量，其势能是由于体积元的形变而产生，势能和动能同时达到最大和最小，总机械能不守恒，它在零至最大之间周期性地变化，不断地将来自波源的能量沿传播方向传播出去. 这表明传播介质本身并不储存能量，仅起到传播能量的作用.

问题 7 波的传播是否媒质中质点"随波逐流"，"长江后浪推前浪"这句话从物理意义上说是否有根据？

答 波的传播是媒质中质点振动状态（相位）的传播过程，质点本身并不随波移动，仅在各自的平衡位置附近振动，因此介质中质点"随波逐流"的说法是错误的. 而"长江后浪推前浪"这句话，从波传播能量和波的形成来看虽颇为形象，但本质上不具备"位相的传播"和"质

点本身并不随波移动”的特征，因此用这句话来描述波动也是不确切的.

问题 8 为什么有人认为驻波不是波？

答 驻波是特殊形态的合成波，是由两列沿相反方向传播的相干波叠加而形成的干涉现象. 驻波与行波有共同的特征：各质点振动位移的分布形成波形曲线，波形随时间变化，具有时空周期性. 驻波相对于行波的特殊之处在于：驻波既不传播振动状态，也不传播能量，即驻而不行，所以有人认为驻波不是波，而是一种特殊振动.

问题 9 为什么我们能够同时听到各种声音，而且能同时辨别各声波传来的方向？

答 人耳能同时听到各种声音，这是由于波的独立性，每个波传播时能保持自己原有的特性(即 A,ω,φ) 不变，所以即使各种声音同时传到耳朵，也能分辨出来. 另外，由于人耳的生理功能，所以可以辨别出声波传来的方向.

问题 10 为什么在没有看见火车也没有听到火车鸣笛声音的情况下，把耳朵贴靠在铁轨上可以判断远处是否有火车驶来？

答 该问题可从声音的强度和传播速度两个方面分析.

从传播速度来看，声波在铁轨中的传播速度远远大于在空气中的传播速度(低碳钢中纵波的速度约为 $5200\text{m}\cdot\text{s}^{-1}$，空气中纵波的速度约为 $331\text{m}\cdot\text{s}^{-1}$).

从声强来看，根据公式 $I=\dfrac{1}{2}\rho A^2\omega^2 u$，其中铁轨的密度 ρ 及速度 u 都分别远远大于空气的 ρ 和 u，在 ω,A 分别相同的情况下，铁轨中传播的声强也远远大于空气中的声强.

综上两个因素可知，把耳朵贴靠在铁轨上就可以容易判断远处是否有火车驶来.

12.4 解题要点及例题详解

1. 波函数的建立

解题要点 这类习题大致可分为两种：

(1) 已知波动的基本物理量(ω,u 等)，代入平面简谐波的波函数标准表达式化简得出；

(2) 已知波源(子波) 的振动表达式建立波函数. 其解题步骤为

① 沿波线取坐标 x 轴，标出波速 u 的方向；

② 由题设条件写出波线(x) 上某点的振动表达式(一般可设该点为坐标原点 $x=0$)；

③ 在 x 轴上任取一点 $P(x)$，在任意时刻 t，P 点的振动若落后于波源的振动，则将波源振动表达式中 t 用 $t-x/u$ 替换；反之，P 点的振动若超前于波源的振动，则将波源振动表达式中 t 用 $t+x/u$ 替换.

例 12-1 一沿 x 负方向传播的平面简谐波，振幅为 0.020m，频率为 500Hz，波速为 $u=300\text{m}\cdot\text{s}^{-1}$，$x=0$ 处的质点在初始时刻($t=0$) 振动在最大位移处. 试写出该波的波函数.

解 依题意，该波所对应的波函数标准式为

$$y=A\cos\left[\omega\left(t+\frac{x}{u}\right)+\varphi\right],$$

已知 $A=0.020\text{m}$，$\omega=2\pi\nu=1000\pi\text{Hz}$，将 $x=0,t=0,y_0=A$ 代入标准式，

得
$$A=A\cos\varphi,$$

并由 $t=0$，质点在正向最大位移，得 $\varphi=0$，

则该波函数为 $$y = 0.020\cos 1000\pi\left(t + \frac{x}{300}\right)(\mathrm{m}).$$

例 12-2 波速为 $30.0\mathrm{m\cdot s^{-1}}$ 的平面简谐波在介质中传播，其波源作简谐运动的振动表达式为 $y = 3.0\times10^{-2}\cos\left(200\pi t + \frac{\pi}{3}\right)$. 式中，$y$ 以 m 计，t 以 s 计. 试写出波函数.

解 选取波源位置为 x 坐标的原点，波的传播方向为 x 正方向，如图 12-4 所示. 则原点处波源的振动表达式为

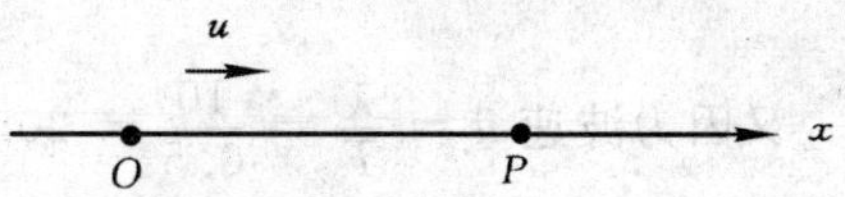

图 12-4

$$y_0 = 3.0\times10^{-2}\cos\left(200\pi t + \frac{\pi}{3}\right)(\mathrm{m}).$$

在 x 轴上任取 P 点，P 点落后原点的时间为 $\frac{x}{u} = \frac{x}{300}$，则 P 点的简谐运动表达式，也就是该波的波函数为

$$y = 3.0\times10^{-2}\cos\left[200\pi\left(t - \frac{x}{300}\right) + \frac{\pi}{3}\right](\mathrm{m}).$$

例 12-3 波源的振动曲线如图 12-5 所示，已知此波的传播速度为 $10\mathrm{m\cdot s^{-1}}$，试求写出该波的波函数.

解 由图可知：振幅 $A = 5\mathrm{cm}$，周期 $T = 1\mathrm{s}$，波源振动的初位相 $\varphi = \pi$(因为 $t = 0$ 时，$y_0 = -5$，则 $-5 = 5\cos\varphi, \varphi = \pi$)，故波源的振动表达式为

$$y_0 = 0.05\cos(2\pi t + \pi)(\mathrm{m}).$$

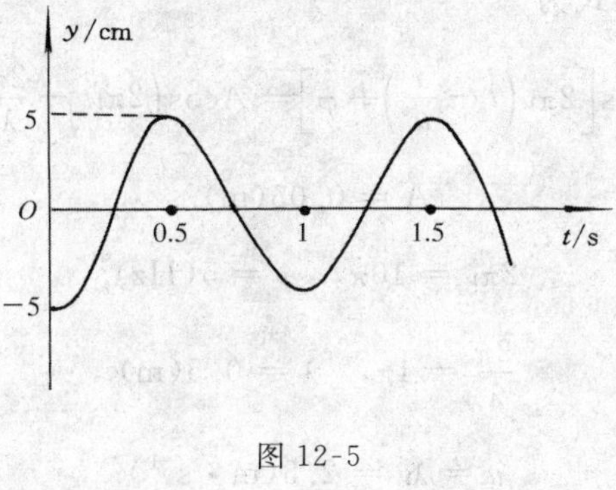

图 12-5

取波的传播方向为 x 正方向，波源为原点，则波函数为

$$y = 0.05\cos\left[2\pi\left(t - \frac{x}{10}\right) + \pi\right](\mathrm{m}).$$

例 12-4 已知平面简谐波波源的振动周期 $T = 0.5\mathrm{s}$，所激起的波的波长为 $\lambda = 10\mathrm{m}$，振幅为 $A = 0.10\mathrm{m}$，当 $t = 0$ 时，波源处振动质点的位移为零，且向正方向运动，若取波源处为原点并设波沿 x 轴正方向传播，求此波的波函数.

解 依题意，$t = 0$ 时，波源处($x = 0$)质点的振动位移 $y_0 = 0$，代入振动标准表达式得

$$0 = A\cos\varphi,$$

从而 $$\varphi = \pm\frac{\pi}{2}.$$

因为初始波源处质点向正方向运动，即 $v_0 > 0$，必须 $\sin\varphi < 0$，所以 φ 取 $-\frac{\pi}{2}$. 则原点处质点的振动表达式为

$$y_0 = A\cos\left(\frac{2\pi}{T}t + \varphi\right) = 0.10\cos\left(4\pi t - \frac{\pi}{2}\right).$$

又因为波速 $u = \frac{\lambda}{T} = \frac{10}{0.5} = 20\mathrm{m\cdot s^{-1}}$，则该波的波函数为

$$y = A\cos\left[4\pi\left(t - \frac{x}{u}\right) + \varphi\right] = 0.10\cos\left[4\pi\left(t - \frac{x}{20}\right) - \frac{\pi}{2}\right](\mathrm{m}).$$

2. 已知平面简谐波波函数求波的特征量

解题要点　这类题目虽然比较简单，但是对于基本概念的理解和熟练计算是非常重要的. 解题方法是将题目给出的波函数同标准的波函数比较得出 $A, u, T, \omega, \nu, \varphi$ 等.

例 12-5　一横波沿绳子传播时，波函数为 $y = 0.05\cos(10\pi t - 4\pi x)$，式中 x, y 以 m 计，t 以 s 计. 求

(1) 此波的振幅、波速、频率和波长；

(2) 绳子上各质点振动时的最大速度和最大加速度；

(3) $x = 0.2\mathrm{m}$ 处的质点，在 $t = 1\mathrm{s}$ 时的位相是原点处质点在哪一时刻的位相，这一位相所代表的运动状态在 $t' = 1.5\mathrm{s}$ 时刻到达哪一点？

(4) 绳上距原点为 $x_1 = 0.500\mathrm{m}$ 和 $x_2 = 0.615\mathrm{m}$ 两点的位相差.

解　(1) 波函数的标准式为

$$y = A\cos\left[2\pi\nu\left(t - \frac{x}{u}\right) + \varphi\right] = A\cos\left(2\pi\nu t - \frac{2\pi}{\lambda}x + \varphi\right),$$

比较可得

$$A = 0.05(\mathrm{m}).$$

$$2\pi\nu = 10\pi,\quad \nu = 5(\mathrm{Hz}).$$

$$\frac{2\pi}{\lambda} = 4\pi,\quad \lambda = 0.5(\mathrm{m}).$$

$$u = \lambda\nu = 2.5(\mathrm{m\cdot s^{-1}}).$$

(2)

$$v_{\max} = \left(\frac{\partial y}{\partial t}\right)_{\max} = 2\pi\nu A \approx 1.57(\mathrm{m\cdot s^{-1}}),$$

$$a_{\max} = \left(\frac{\partial^2 y}{\partial t^2}\right)_{\max} = (2\pi\nu)^2 A \approx 49.3(\mathrm{m\cdot s^{-2}}).$$

(3) 因为 $x = 0.2\mathrm{m}$ 处的质点比原点落后 $\frac{x}{u} = \frac{0.2}{2.5} = 0.08(\mathrm{s})$，所以，当 $t = 1\mathrm{s}$ 时，$x = 0.2\mathrm{m}$ 的位相就是原点($x = 0$ 处) 在 $t - \frac{x}{u} = 1 - 0.08 = 0.92(\mathrm{s})$ 时的位相.

$x = 0.2\mathrm{m}, t = 1\mathrm{s}$ 时的运动状态在 $t' = 1.5\mathrm{s}$ 时传播的距离为

$$\Delta x = u(t' - t) = 2.5 \times (1.5 - 1) = 1.25(\mathrm{m}).$$

则它到原点的距离为

$$x+\Delta x=0.2+1.25=1.45(\mathrm{m}).$$

(4) 由题意，x_1，x_2 两点在同一波线上，则它们的位相差为

$$\Delta\varphi=2\pi\frac{x_2-x_1}{\lambda}=2\pi\times\frac{0.625-0.500}{0.5}=\frac{\pi}{2}.$$

3. 已知某一时刻波线上各质点的振动位移分布(波形图)，求波函数

解题要点 从波形图中找出已知量(A，λ，u) 等，求出某特定点的振动表达式，最后写出波函数.

例 12-6 已知平面简谐波 $t=0$ 时的波形图如图 12-6 所示，波速 $u=20\ \mathrm{m\cdot s^{-1}}$，求(1) $x=0$ 处质点的振动表达式；(2) 该波的波函数.

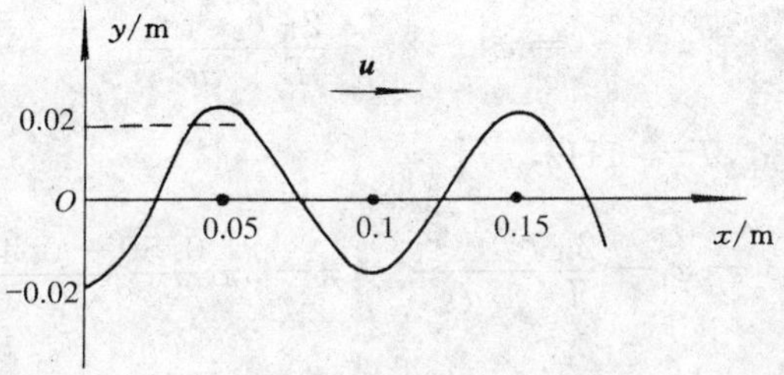

图 12-6

解 由图 12-6 可知

(1) $A=0.02\mathrm{m}$，$\lambda=0.1\mathrm{m}$，

则
$$\nu=\frac{u}{\lambda}=\frac{20}{0.1}=200(\mathrm{Hz}).$$

当 $t=0$ 时，$x=0$ 处质点的位移 $y_0=-0.02\mathrm{m}$，所以，原点处质点的初位相为 $\varphi=\pi$，振动表达式为

$$y_0=A\cos(2\pi\nu t+\varphi)=0.02\cos(400t+\pi)(\mathrm{m}).$$

(2) 波函数为

$$y=0.02\cos\left[400\pi\left(t-\frac{x}{u}\right)+\pi\right]=0.02\cos\left[400\pi\left(t-\frac{x}{20}\right)+\pi\right](\mathrm{m}).$$

4. 相干波的干涉

解题要点 这类题是在前述基本知识的基础上，是干涉极大和极小的条件的应用.

$$\Delta\varphi=\varphi_2-\varphi_1-2\pi\frac{r_2-r_1}{\lambda}=\begin{cases}2k\pi, & \text{干涉加强,}\\(2k+1)\pi, & \text{干涉减弱.}\end{cases}$$

值得充分注意的是：若两列相干波是入射波和反射波时，要分析反射波是否有“半波损失”.

例 12-7 设平面简谐波 1 沿 BP 方向传播，它在 B 点的振动表达式为 $y_1=0.2\times$

$10^{-2}\cos 2\pi t$，平面简谐波 2 沿 CP 方向传播，它在 C 点的振动表达式为 $y_2 = 0.2\times 10^{-2}\cos(2\pi t+\pi)$，式中 y 以 m 计，t 以 s 计，如图 12-7 所示．已知两列波的振动方向相同，P 处与 B 相距为 $r_1 = 0.40\text{m}$，与 C 相距为 $r_2 = 0.50\text{m}$，波速为 $u = 0.20\text{m}\cdot\text{s}^{-1}$．试求(1) 两列波在 P 点的干涉情况如何；(2) P 点的合振幅为多大？

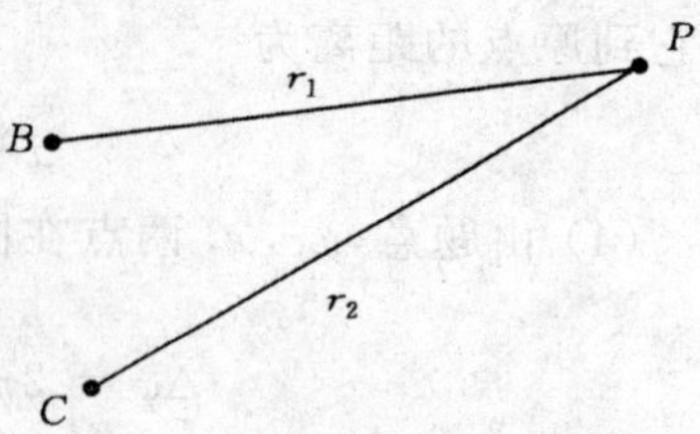

图 12-7

解　依题意，两波的振动方向相同，频率相同，位相差恒定，因此两列波为相干波．两波在 P 点相遇时必定产生干涉，其干涉情况由位相差决定，即

$$\Delta\varphi = \varphi_2 - \varphi_1 - 2\pi\frac{r_2 - r_1}{\lambda}$$

$$= \varphi_2 - \varphi_1 - \frac{2\pi}{T}\frac{r_2 - r_1}{u}.$$

(1) 由 $\varphi_1 = 0, \varphi_2 = \pi, T = 1\text{Hz}$，

得
$$\Delta\varphi = \varphi_2 - \varphi_1 - \frac{2\pi}{T}\frac{r_2 - r_1}{u} = \pi - 2\pi\frac{0.50 - 0.40}{0.20} = 0,$$

即两波在 P 点为干涉加强．

(2) P 点的合振幅为极大值为

$$A = A_1 + A_2 = 0.4\times 10^{-2}(\text{m}).$$

例 12-8　两波源 B，C 相距 30m，沿相同方向作简谐运动，且振幅均为0.01m，初位相差为 π，两波源相向发出平面简谐波，频率均为 100Hz，波速均为 $400\text{m}\cdot\text{s}^{-1}$．试求(1) 两波源的振动表达式；(2) 两波的波函数；(3) 在 BC 直线上，因两波干涉而静止的各点的位置．

解　(1) 设 B 点的振动初位相 $\varphi_B = 0$，则 C 点的初位相为 $\varphi_C = \pi$．B，C 两点的振动表达式分别为

$$y_B = A\cos(2\pi\nu t + \varphi_B) = 0.01\cos 200\pi t(\text{m}),$$

$$y_C = A\cos(2\pi\nu t + \varphi_C) = 0.01\cos(200\pi t + \pi)(\text{m}).$$

(2) 取 B 点为坐标原点，如图 12-8 所示，由 B 点发出的波沿正 x 方向传播，则波函数为

$$y_B = A\cos\left[2\pi\nu\left(t - \frac{x}{u}\right) + \varphi_B\right]$$

$$= 0.01\cos 200\pi\left(t - \frac{x}{400}\right)(\text{m}).$$

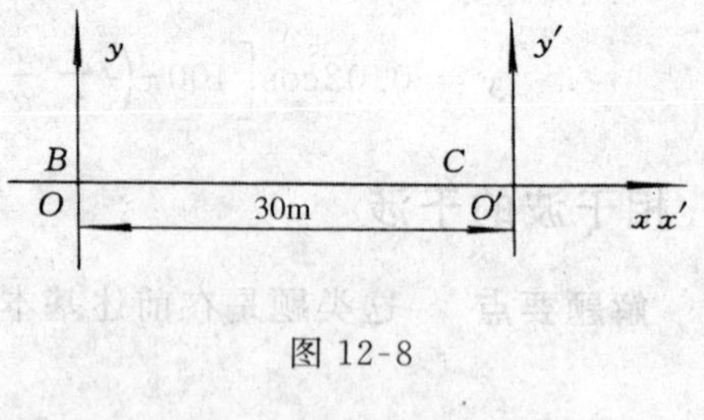

图 12-8

由 C 点发出的波沿负 x 方向传播，为得出 C 点发出波的波函数可采取“坐标平移法”．设 C 点为原点 O'，波函数为

$$y_C' = A\cos\left[2\pi\nu\left(t + \frac{x'}{u}\right) + \varphi_C\right] = 0.01\cos\left[200\pi\left(t + \frac{x'}{400}\right) + \pi\right](\text{m}).$$

x 与 x' 的关系为 $$x' = x - 30,$$
则 C 点的波函数为

$$y_C = 0.01\cos\left[200\pi\left(t + \frac{x-30}{400}\right) + \pi\right](\text{m}).$$

(3) 两列波在 B,C 间引起的各点的振动初位相分别为

$$\varphi_B' = -200\pi\frac{x}{400} = -\frac{\pi}{2}x,$$

$$\varphi_C' = \pi + 200\pi\frac{x-30}{400} = \frac{\pi}{2}x - 14\pi,$$

所以 $$\Delta\varphi = \varphi_C' - \varphi_B' = \pi x - 14\pi.$$

根据干涉极小值的条件

$$\pi x - 14\pi = (2k+1)\pi,$$

即 $$x = 2k + 15,$$

又 $$0 \leqslant x \leqslant 30\text{m},$$

所以,$k = 0, \pm 1, \pm 2, \pm 3, \pm 4, \pm 5, \pm 6, \pm 7$.

即因干涉而静止的各点的位置是:

$$x = 1,3,5,7,9,11,13,15,17,19,21,23,25,27,29(\text{m}).$$

例 12-9 一平面简谐波沿 x 轴正方向向反射面入射,如图 12-9 所示,入射波的振幅为 A,周期为 T,波长为 λ. $T = 0$ 时刻原点 O 处的质元由平衡位置向正方向运动. 入射波在界面处发生全反射,反射波的振幅等于入射波的振幅,反射点为波节. 试求(1) 入射波的波函数;(2) 反射波的波函数;(3) 入射波和反射波叠加而形成的合成波的波函数,并标出因叠加而静止的各点的坐标.

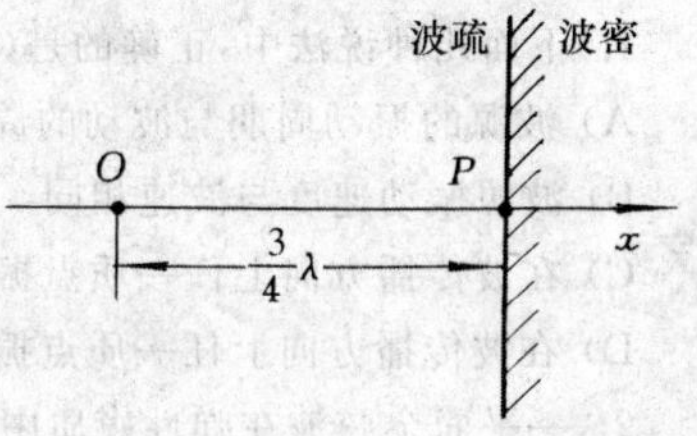

图 12-9

解 (1) 依题意,入射波在原点引起的振动为

$$y_0 = A\cos\left(\frac{2\pi}{T}t - \frac{\pi}{2}\right),$$

入射波沿 x 轴正方向传播,则波函数为

$$y_{入} = A\cos\left[2\pi\left(\frac{t}{T} - \frac{x}{\lambda}\right) - \frac{\pi}{2}\right].$$

(2) 入射波在 P 点引起的振动为

$$y_{入P} = A\cos\left[2\pi\left(\frac{t}{T} - \frac{\frac{3}{4}\lambda}{\lambda}\right) - \frac{\pi}{2}\right] = A\cos\left[2\pi\frac{t}{T} - 2\pi\right],$$

考虑"半波损失",反射波在 P 点的振动为

$$y_{反P} = A\cos\left[2\pi\frac{t}{T} - 2\pi + \pi\right] = A\cos\left[2\pi\frac{t}{T} - \pi\right].$$

从而,反射波沿负方向传播(方法见例 10-8) 的波函数为

$$y_{反} = A\cos\left[2\pi\left(\frac{t}{T} + \frac{x - \frac{3}{4}\lambda}{\lambda}\right) - \pi\right] = A\cos\left[2\pi\left(\frac{t}{T} + \frac{x}{\lambda}\right) - \frac{5}{2}\pi\right]$$

$$= A\cos\left[2\pi\left(\frac{t}{T} + \frac{x}{\lambda}\right) - \frac{\pi}{2}\right].$$

(3) 入射波和反射波的叠加的合成波的波函数为

$$y = y_{入} + y_{反} = 2A\cos\left(2\pi\frac{x}{\lambda}\right)\cos\left(2\pi\frac{t}{T} - \pi\right),$$

合成波为驻波，各点的振幅为

$$A(x) = \left|2A\cos\left(2\pi\frac{x}{\lambda}\right)\right|.$$

显然，当 $\cos 2\pi\frac{x}{\lambda} = 0$，即 $2\pi\frac{x}{\lambda} = (2k+1)\frac{\pi}{2}$ 时，振幅为零，对应的各点静止，由 $0 \leqslant x \leqslant \frac{3}{4}\lambda$，所以所有因叠加而静止的各点坐标为

$$x = (2k+1)\frac{\lambda}{4}, \quad 其中\ k = -1, 0, 1.$$

12.5 能力训练

能力训练(1)

一、选择题

1. 下面几种说法中，正确的是(　　).

A) 波源的振动周期与波动的周期在数值上是不同的

B) 波源振动速度与波速相同

C) 在波传播方向上任一质点振动周相总是比波源的周相落后

D) 在波传播方向上任一质点振动周相总是超前波源的周相

2. 一平面余弦波在弹性媒质中传播，在媒质质元从最大位移处回到平衡位置的过程中(　　).

A) 它的势能转换成动能

B) 它的动能转换成势能

C) 它从相邻的介质元获得能量，其能量逐渐增加

D) 它把自己的能量传给相邻的一介质元，其能量逐渐减少

3. 一圆频率为 ω 的简谐波，沿 x 轴的正方向传播，$t = 1\text{s}$ 时刻的波形图如图 12-10 所示. 则 $t = 1\text{s}$ 时刻各质点振动速度 v 与坐标 x 的关系图为图 12-11 中的(　　).

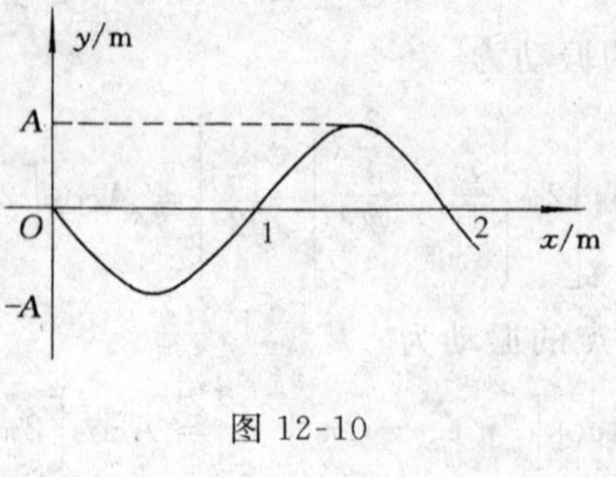

图 12-10

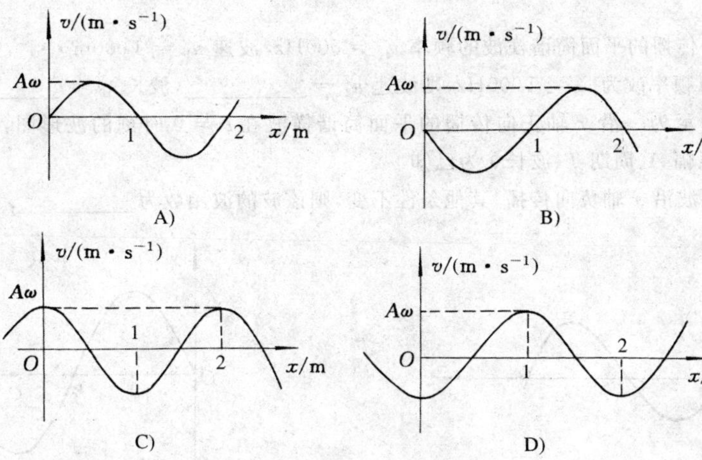

图 12-11

4. 一平面简谐波沿 x 轴正向传播，波函数为 $y=0.10\cos\left[2\pi\left(\frac{t}{2}-\frac{x}{4}\right)+\frac{\pi}{2}\right]$(m)，该波在 $t=0.5\text{s}$ 时刻的波形图是图 12-12 中的(   ).

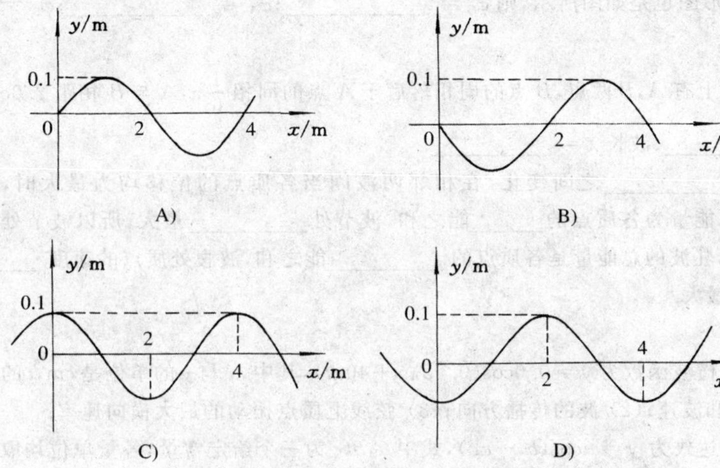

图 12-12

5. 平面简谐波以波速 $\boldsymbol{u}$ 沿 x 轴负向传播，t 时刻的波形图如图 12-13 所示，则(   ).

A) a 点振动速度大于零　　　　B) b 点静止不动

C) c 点向下运动　　　　D) d 点振动速度小于零

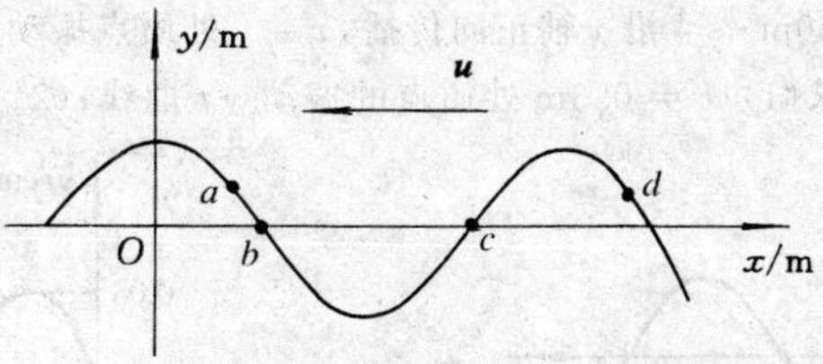

图 12-13

二、填空题

1. 在某种介质中传播的平面简谐横波的频率 $\nu_1 = 500\text{Hz}$，波速 $u_1 = 1000\text{m}\cdot\text{s}^{-1}$，则该波的波长 $\lambda_1 =$ ________. 现若波源频率改为 $\nu_2 = 1000\text{Hz}$，则波速 $u_2 =$ ________，波长 $\lambda_2 =$ ________.

2. 如图 12-14 所示为一沿 x 轴正向传播的平面简谐横波在 $t = 0$ 时刻的波形图，则该波的波函数为________. 设波的振幅 A、周期 T、波长 λ 为已知.

3. 在上题中若该波沿 x 轴负向传播，其他条件不变，则该波的波函数为________.

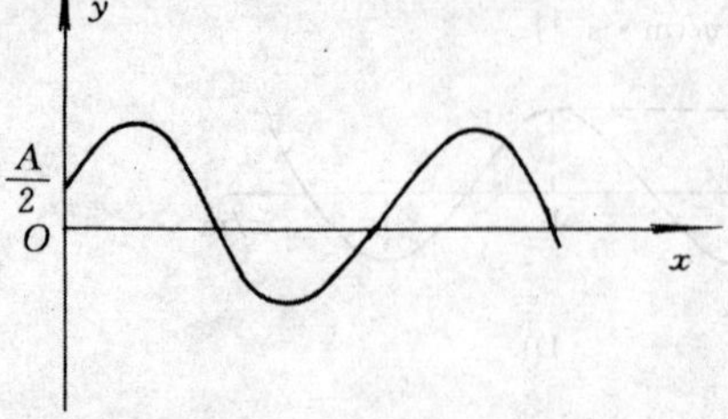

图 12-14

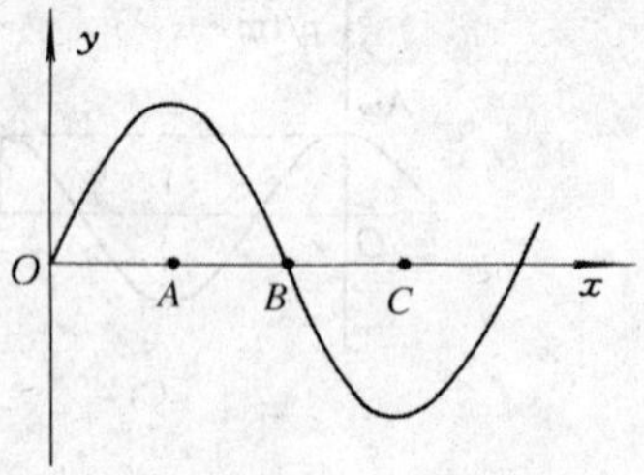

图 12-15

4. 如图 12-15 所示为一沿 x 轴正向传播的简谐波在 $t = 0$ 时刻的波形图，则在 x 轴上 O, A, B, C 四点的振动初相 $\varphi_O =$ ________；$\varphi_A =$ ________；$\varphi_B =$ ________；$\varphi_C =$ ________. 若现该波沿 x 轴负向传播，在 $t = 0$ 时刻的波形图也是如图所示，则 $\varphi_O =$ ________；$\varphi_A =$ ________；$\varphi_B =$ ________；$\varphi_C =$ ________.

5. 在波传播路径上有 A, B 两点，B 点的周相落后于 A 点的周相 $\frac{1}{6}\pi$，A 与 B 相距 2.0cm，波的周期为 2.0s，则波速 $u =$ ________；波长 $\lambda =$ ________.

6. 驻波的能量在________之间变化，在相邻两波间当各质点的位移均为最大时，各质点的速度为________，驻波的总能量为各质点的______能之和，波节处________最大，所以波节处________最大；当各质点位移为零时，驻波的总能量是各质点的________能之和，波腹处质点的速度________，所以波腹处质点的________最大.

三、计算题

1. 沿弦线前进的横波函数为 $y = 0.6\cos(0.02\pi x + 40\pi t)$，其中，$x$ 与 y 的单位是 cm，t 的单位为 s. 试求(1) 波的振幅、波长、频率和波速；(2) 波的传播方向；(3) 弦线上质点振动的最大横向速率.

2. 已知平面波表达式为 $y = a\cos(bt - cx)$，式中 a, b, c 为三个给定常量，各量单位均取国际单位制单位. 试求(1) 波的振幅、波速、频率和波长；(2) 在 x 轴上相距为 d 的两点振动的周相差.

3. 如图 12-16 所示，一平面波在介质中的速度 $u = 20\ \text{m}\cdot\text{s}^{-1}$ 沿 x 轴的负方向传播，已知 A 点的振动表达式可以表示为 $y = 3\cos4\pi t$ (SI)，(1) 以 A 点的坐标原点写出波函数；(2) 以距 A 点 5m 处的 B 点为坐标原点，写出波函数.

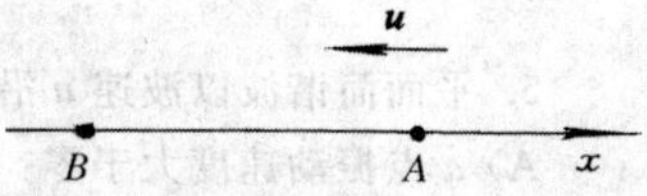

图 12-16

4. 平面简谐波以波速 $u = 30\text{m}\cdot\text{s}^{-1}$ 沿 x 轴正向传播，$x = 0$ 处质点振动的 y-t 曲线如图 12-17 所示. 试求(1) $x = 0.3\text{m}$ 处质点的振动 y-t 曲线；(2) 此简谐波的波函数.

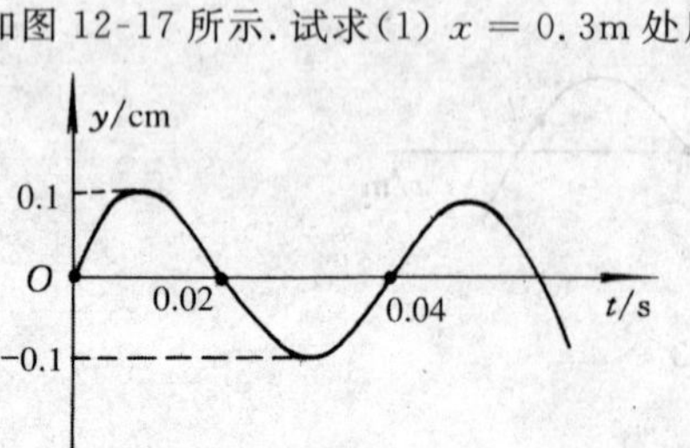

图 12-17

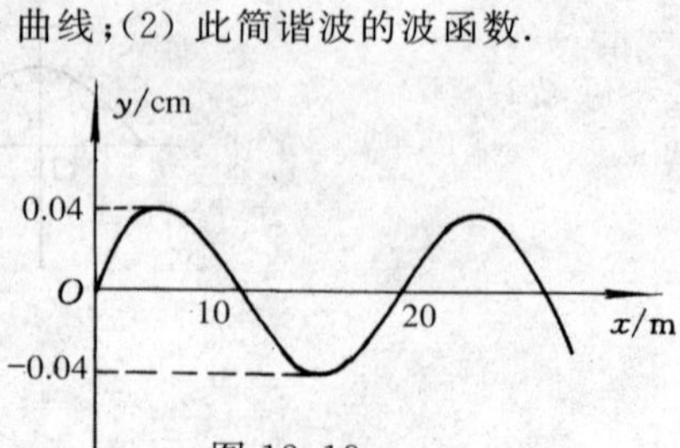

图 12-18

5. 已知沿 x 轴正向以速度 $u=20\text{m}\cdot\text{s}^{-1}$ 传播的平面余弦波，在 $t=0$ 时刻的波形曲线如图 12-18 所示. (1) 试画出 $t=\dfrac{T}{8}$ 时波形曲线；(2) 试写出其波函数.

6. 平面简谐波向 x 轴正方向传播，振幅 $A=0.04\text{m}$，频率 $\nu=10\text{Hz}$，已知 $t=0$ 时，坐标 $x=1\text{m}$ 处的 A 点振动位移 $y_A=0$，振动速度 $v_A<0$；坐标 $x=2\text{m}$ 处的 B 点振动位移 $y_B=0.04\text{m}$，且知波长 $\lambda>1\text{m}$. (1) 试画出 $t=0$ 时的波形曲线；(2) 试写出其波函数.

7. 在弹性介质中有一沿 x 轴正向传播的平面波，其波函数表示为 $y=0.01\cos\left(4t-\pi x-\dfrac{\pi}{3}\right)$(SI)，若在 $x=5.00\text{m}$ 处有一介质分界面，且在分界面处位相突变 π，设反射后波的强度不变，试写出反射波的波函数.

能力训练(2)

一、选择题

1. 一平面简谐波的波函数为 $y=3\cos\left[20\pi\left(t-\dfrac{x}{80}\right)+\dfrac{\pi}{4}\right]$(SI)，则在 $x=-5\text{m}$ 处质点的振动曲线图为图 12-19 中的(　　).

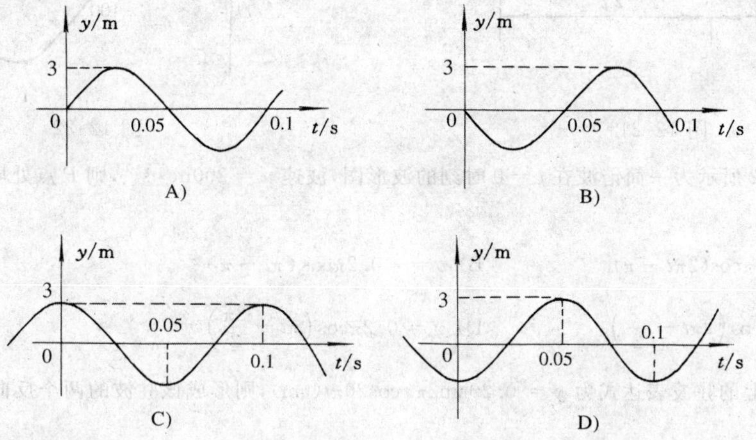

图 12-19

2. 一平面简谐波的波函数为 $y=2\cos\left[\dfrac{\pi}{2}\left(t+\dfrac{x}{2}\right)+\dfrac{\pi}{4}\right]$(SI)，则在 $t=1.5\text{s}$ 时刻的波形图为图 12-20 中的(　　).

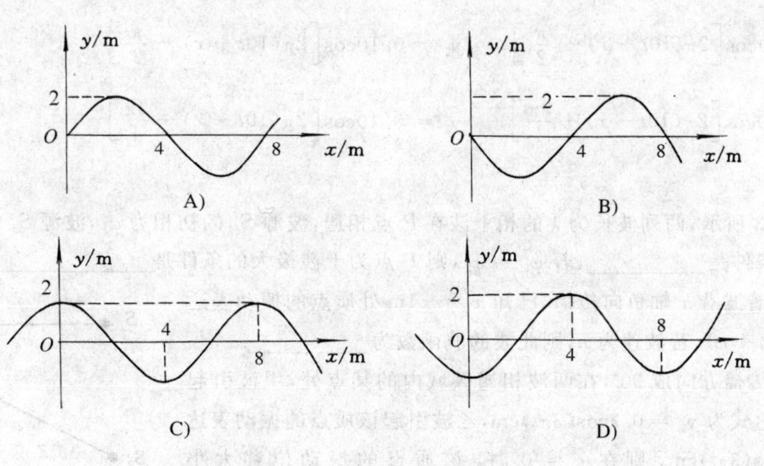

图 12-20

3. 如图 12-21 所示，一平面简谐波以波速 u 沿 x 轴正向传播，O 点为坐标原点，已知 P 点的振动表达式为 $y = A\cos\omega t$，则有（　　）.

A) O 点的振动表达式为 $y_0 = A\cos\omega\left(t - \frac{l}{u}\right)$

B) 波函数为 $y = A\cos\omega\left(t - \frac{l}{u} - \frac{x}{u}\right)$

C) 波函数为 $y = A\cos\omega\left(t + \frac{l}{u} - \frac{x}{u}\right)$

D) C 点的振动表达式为 $y_C = A\cos\omega\left(t - \frac{3l}{u}\right)$

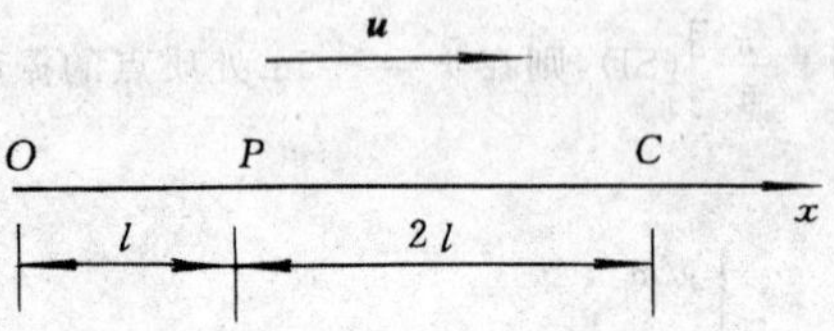

图 12-21

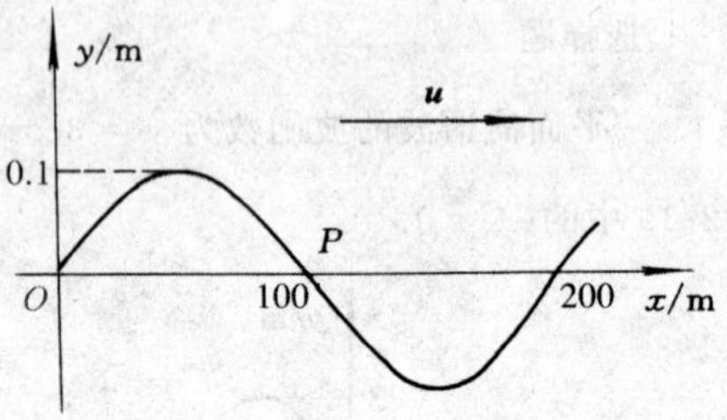

图 12-22

4. 如图 12-22 所示为一简谐波在 $t = 0$ 时刻的波形图，波速 $u = 200\text{m}\cdot\text{s}^{-1}$，则 P 点处质点的振动速度为（　　）.

A) $v = -0.2\pi\cos(2\pi t - \pi)$　　　B) $v = -0.2\pi\cos(\pi t - \pi)$

C) $v = 0.2\pi\cos\left(2\pi t - \frac{\pi}{2}\right)$　　　D) $v = 0.2\pi\cos\left(\pi t - \frac{3\pi}{2}\right)$

5. 若在弦线上的驻波表达式为 $y = 0.20\sin 2\pi x\cos 20\pi t(\text{cm})$，则形成该驻波的两个反向传播的行波的波函数为（　　）.

A) $y_1 = 0.10\cos\left[2\pi(10t - x) + \frac{\pi}{2}\right]$，　$y_2 = 0.10\cos\left[2\pi(10t + x) + \frac{\pi}{2}\right]$

B) $y_1 = 0.10\cos\left[2\pi(10t - x) - \frac{\pi}{4}\right]$，　$y_2 = 0.10\cos\left[2\pi(10t + x) + \frac{3\pi}{4}\right]$

C) $y_1 = 0.10\cos\left[2\pi(10t - x) + \frac{\pi}{2}\right]$，　$y_2 = 0.10\cos\left[2\pi(10t + x) - \frac{\pi}{2}\right]$

D) $y_1 = 0.10\cos\left[2\pi(10t - x) + \frac{3\pi}{4}\right]$，　$y_2 = 0.10\cos\left[2\pi(10t + x) + \frac{3\pi}{4}\right]$

二、填空题

1. 如图 12-23 所示，两列波长为 λ 的相干波在 P 点相遇，波源 S_1 的初相为 φ_1，波源 S_2 的初相为 φ_2，则 P 点是干涉极大的条件是________；若 $\varphi_1 = \varphi_2$，则 P 点为干涉极大的条件是____________.

2. 一平面简谐波沿 x 轴负向传播，已知 $x = -1\text{m}$ 处质点的振动表达式为 $y = A\cos(\omega t + \varphi)$，若波速为 u，则此波的波函数为________.

3. 两列横波传播方向成 90°，在两波相遇区域内的某点处，甲波引起该质点的振动表达式为 $y_1 = 0.3\cos(3\pi t)\text{cm}$，乙波引起该质点的振动表达式为 $y_2 = 0.4\cos(3\pi t)\text{cm}$，则在 $t = 0$ 时，该质点的振动位移大小是________.

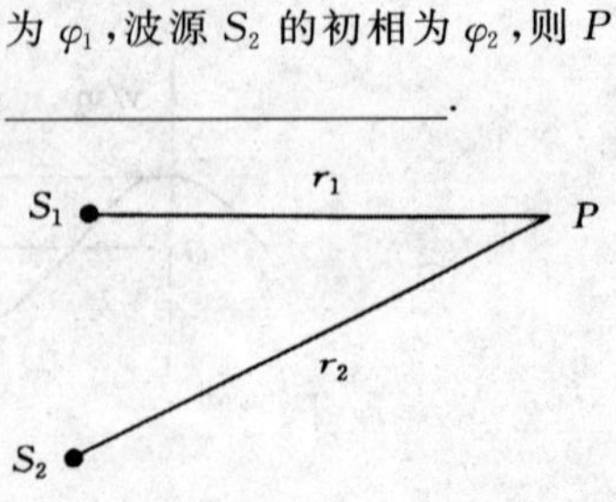

图 12-23

4. S_1,S_2 为振动频率振动方向均相同的两个点波源，振动方向垂直于纸面，二者相距$\frac{3}{2}\lambda$，如图12-24所示，已知S_1的初相为$\frac{1}{2}\pi$，则

(1) 若使射线S_2C上各点由两列波引起的振动均干涉相消，则S_2的初相$\varphi_2 =$ ________；

(2) 若S_1S_2连线的中垂线上各点由两列波引起的振动均干涉相消，则S_2的初相$\varphi_2 =$ ________.

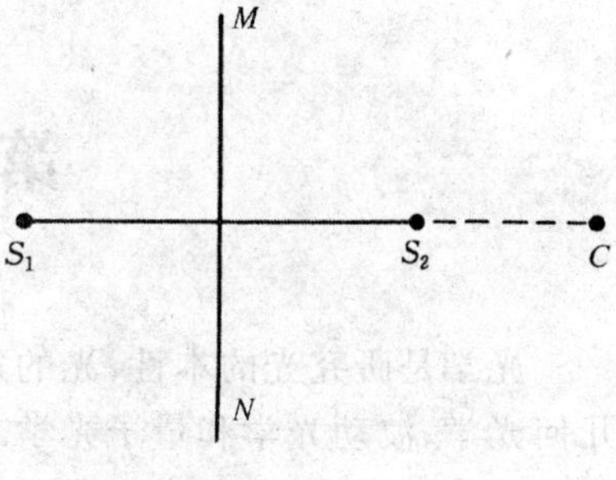

图 12-24

5. 电磁波的$\boldsymbol{E}$矢量与$\boldsymbol{H}$的方向______，位相______.

6. 电磁波在媒质中传播的速度大小是由______、______决定.

三、计算题

1. 一平面余弦空气波，沿直径为0.14m的圆柱管内向前传播，波的平均强度为9×10^{-3} J·s^{-1}·m^2，波速为300m·s^{-1}，频率为300Hz. (1) 波中平均能量密度和最大能量密度是多少？(2) 每两个相邻同相面之间波包含有多少能量？

2. A,B两点为同一介质中的两相干波源，振幅都为0.05m，频率都为100Hz，但$t=0$时A点位移为正向最大值，而B点却为负向最大值. 介质中波速为10m·s^{-1}. 设AB相距20m，过A点作AB的垂线，垂线上P点距A点15m，如图12-25所示，试写出两波(设都为平面余弦波)在P点分别引起的振动表达式以及两波干涉后P点的振动表达式.

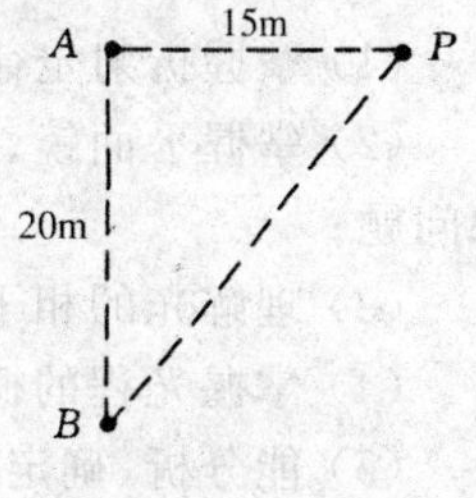

图 12-25

3. 同一介质中的两相干波源位于A,B两点，其振幅相等，频率都为100Hz，位相差为π. 若A,B两点相距10m，波在介质中的传播速度为400m·s^{-1}. 试求AB两点连线上因干涉而静止的各点的位置.

4. 如图12-26所示，一平面简谐波沿x轴正方向传播，BC为波密介质的反射面. 波由P点反射，$OP=\frac{3}{4}\lambda$，$DP=\frac{1}{6}\lambda$，在$t=0$时，O处质点的合振动是经过平衡位置向负方向运动，求D点处入射波与反射波的合振动表达式(设入射波和反射波的振幅皆为A，频率为ν_0).

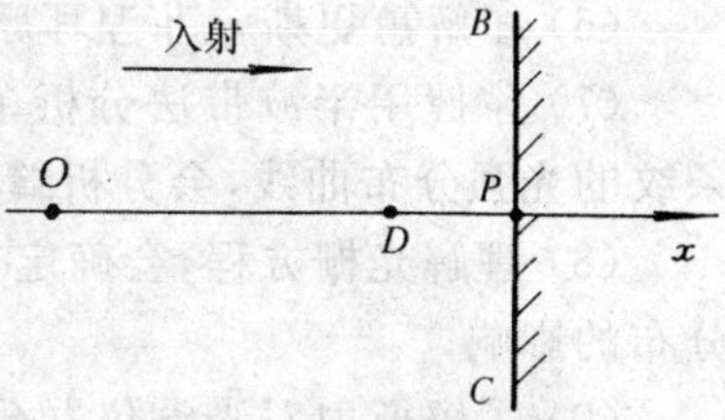

图 12-26

5. 设入射波的波函数为$y_1 = A\cos2\pi\left(\frac{t}{T}+\frac{x}{\lambda}\right)$，在$x=0$处发生反射，反射点为一固定端. 求(1) 反射波的波函数；(2) 合成波(驻波)的波函数，并由合成波波函数说明哪些点是波腹，哪些点是波节.

6. 一简谐波沿Ox轴正方向传播，如图12-27所示为该波的t时刻的波形图，若沿Ox轴形成驻波，且使坐标原点O处出现波节，在另一图上画出另一简谐波t时刻的波形图.

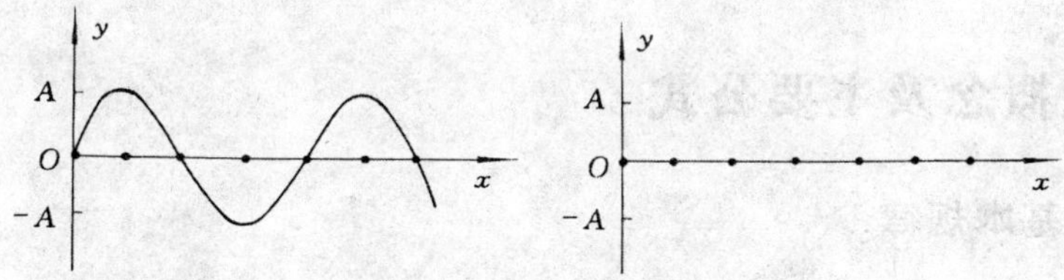

图 12-27

7. 在真空中一平面电磁波的电场强度的波的表达式为

$$E_y = 6.0\times10^{-2}\cos\left[2\pi\times10^8\left(t-\frac{x}{3\times10^8}\right)\right]\text{(SI)},$$

求该平面电磁波的波长.

第13章　光　　学

光学是研究光的本性,光的发射、传播和接收,光与物质的相互作用和应用的学科.它包括几何光学、波动光学和量子光学.本章主要讨论几何光学和波动光学两部分.几何光学是最早形成的光学理论,它以光在同一均匀介质中沿直线传播为物理依据,通过运用几何学知识来处理反射、折射、色散等问题.波动光学从光的波动性出发,研究光的干涉、衍射及偏振等波动特性及其规律.

13.1　基本要求

(1) 掌握折射定律、反射定律;

(2) 掌握平面镜、球面镜、薄透镜等光学器件的成像规律,会用成像公式及作图法处理成像问题;

(3) 理解光的相干条件及获得相干光的方法;

(4) 掌握光程的概念以及光程差与相位差的关系;

(5) 能分析、确定杨氏双缝干涉条纹及薄膜等厚干涉条纹的位置,了解迈克耳逊干涉仪的工作原理;

(6) 了解惠更斯 - 菲涅耳原理以及它对光的衍射现象的定性解释;

(7) 掌握用半波带法分析单缝夫琅禾费衍射条纹分布规律的方法,能定性画出单缝衍射条纹的光强分布曲线,会分析缝宽及波长对衍射条纹分布的影响;

(8) 理解光栅方程,会确定光栅衍射谱线的位置,会分析光栅常数及波长对光栅衍射谱线分布的影响;

(9) 了解衍射对光学仪器分辨率的影响,了解 X 射线的衍射现象和布拉格公式的物理意义;

(10) 理解自然光与偏振光的区别,掌握线偏振光的获得方法和检验方法;

(11) 掌握马吕斯定律和布儒斯特定律;

(12) 了解双折射现象.

13.2　重点概念及主要公式

1. 几何光学的基本规律

光的直线传播定律,光的反射和折射定律,光的独立传播定律.

2. 全反射　全反射的临界角

全反射的临界角为

$$i_c = \arcsin \frac{n_2}{n_1}.$$

3. 费马原理

光线在空间两点之间传播，将沿着这样一条路径，即光线将沿着一条路径传播所需要的时间同邻近的路径比起来不是最大，便是最小或保持不变. 由费马原理可知，透镜的使用可以改变光线的传播路径，但对各光线不会引起附加的光程差.

4. 几种光学器件的成像原理

(1) 符号规定

① 长度和角度的符号规定

主光轴上的点对应的长度，以定点 O 起算：顶点到点的方向与入射方向一致，值为正；反之为负，如图 13-1 所示.

光线方向 SMS'，$|OS|=-s$，$s<0$；$|OS'|=s'$，$s'>0$.

② 轴外点对应的高度

点到主光轴的距离为上方为正、下方为负.

③ 光线方向对应角

光线与主光轴和光线与面法线的夹角（小于 90° 的夹角）由主光轴或法向转向光线时，顺时针为正逆时针为负.

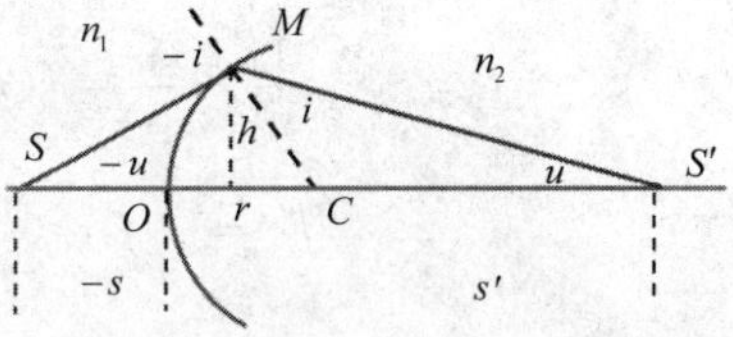

图 13-1

(2) 球面镜

① 球面折射镜

傍轴条件下单球面成像公式 $$\frac{n_2}{s'}-\frac{n_1}{s}=\frac{n_2-n_1}{r}.$$

光焦度 $$\Phi=\frac{n_2-n_1}{r}.$$

物方焦距 $$f=\frac{-n_1}{n_2-n_1}r=-\frac{n_1}{\Phi}.$$

像方焦距 $$f'=\frac{n_2}{n_2-n_1}r=\frac{n_2}{\Phi}.$$

高斯物像公式 $$\frac{f'}{s'}+\frac{f}{s}=1.$$

牛顿公式 $$xx'=ff'.$$

单球面成像横向放大率 $$\beta=\frac{h_2}{h_1}=\frac{s'n_1}{sn_2}.$$

② 球面反射镜

傍轴条件下的反射公式 $$\frac{1}{s'}+\frac{1}{s}=\frac{2}{r}.$$

焦距 $$f=f'=\frac{r}{2}.$$

③ 平面折射成像

物象公式 $$s' = \frac{n_2}{n_1}s.$$

横向放大率 $$\beta = 1.$$

(3) 薄透镜

物像公式 $$\frac{n_2}{s'} - \frac{n_1}{s} = \frac{n - n_1}{r_1} + \frac{n_2 - n}{r_2}.$$

光焦度 $$\Phi = \frac{n - n_1}{r_1} + \frac{n_2 - n}{r_2}.$$

焦距 $$f' = \frac{n_2}{\Phi},\ f = -\frac{n_1}{\Phi}.$$

高斯公式、牛顿公式和球面折射公式一致.

空气中的薄透镜

$$\frac{1}{s'} - \frac{1}{s} = (n-1)\left(\frac{1}{r_1} - \frac{1}{r_2}\right),$$

$$f' = -f = \frac{1}{(n-1)\left(\frac{1}{r_1} - \frac{1}{r_2}\right)}.$$

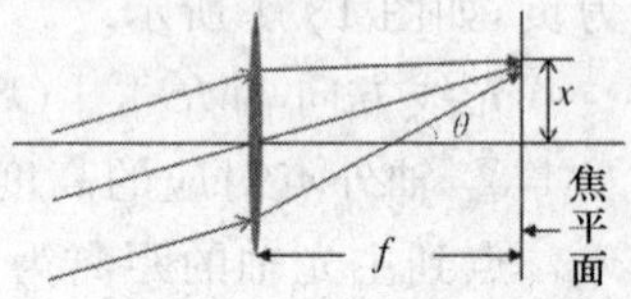

图 13-2

平行光入射时(图 13-2),$x = f\tan\theta$.

5. 光的干涉

(1) 光波相干的三个条件

① 频率相同;

② 在相遇点处的振动方向相同;

③ 在相遇点处的相位差恒定.

(2) 光程、光程差

光程. 光在介质中通过的路程折合到同一时间内光在真空中通过的相应路程. 其大小等于光在介质中的几何路程 x 与介质折射率 n 的乘积,表示为 nx.

光程差 Δ 与相位差 $\Delta\varphi$ 的关系为

$$\Delta\varphi = 2\pi\frac{\Delta}{\lambda},$$

式中,λ 是光在真空中的波长.

光通过介质时的附加光程 $$\delta = (n-1)t.$$

干涉加强和减弱的条件为

$$\Delta = \begin{cases} \pm k\lambda, & k = 0,1,2,\cdots \quad 加强, \\ \pm(2k+1)\dfrac{\lambda}{2}, & k = 0,1,2,\cdots \quad 减弱. \end{cases}$$

(3) 半波损失

当光从光疏介质射向光密介质,并在分界面上反射时,反射光的相位跃变了 π,相当于多走(或少走)了半个波长,称为半波损失.

(4) 双缝干涉

设相干光源 S_1 和 S_2 之间的距离为 d，它们到屏幕的垂直距离为 D，屏幕上任意一点 P 到对称中心 O 的距离为 x，P 点与 S_1 和 S_2 的距离分别为 r_1 和 r_2，如图 13-3 所示. 则相干光到达 P 点的光程差为

$$\Delta = r_2 - r_1 \approx \frac{xd}{D},$$

由干涉加强和减弱的条件可知，明、暗条纹的中心位置为

$$x = \begin{cases} \pm \dfrac{kD\lambda}{d}, & k = 0,1,2,\cdots \quad \text{明纹}, \\ \pm \dfrac{(2k-1)D\lambda}{2d}, & k = 1,2,\cdots \quad \text{暗纹}. \end{cases}$$

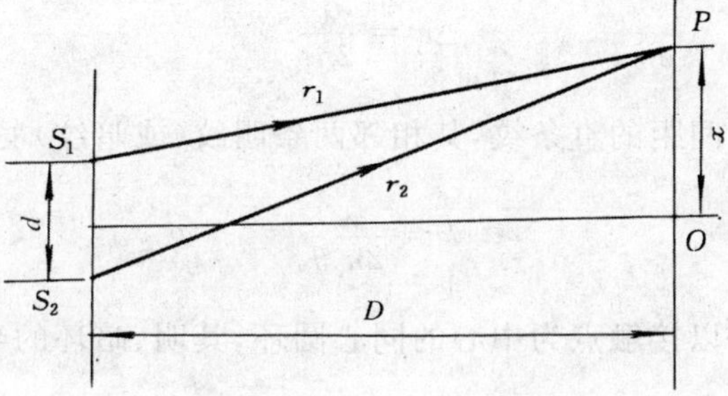

图 13-3

相邻两条明纹(或暗纹) 的间距为 $\Delta x = \dfrac{D\lambda}{d}$.

菲涅耳双镜干涉的明、暗条纹的位置与杨氏双缝干涉相同，洛埃镜干涉的明、暗条纹的位置与杨氏双缝干涉相反.

(5) 薄膜干涉

折射率为 n_2，厚度为 e 的薄膜放在折射率为 n_1 的介质中. 一束单色光以入射角 i 射向薄膜，经薄膜上、下两个表面反射形成两束光(1)，(2)，如图 13-4 所示. 用透镜将光束(1)，(2) 汇聚到焦平面，就会产生干涉现象. 其明、暗纹条件为

$$\Delta = 2e\sqrt{n_2^2 - n_1^2 \sin^2 i} + \frac{\lambda}{2} = \begin{cases} k\lambda, & k = 1,2,\cdots \quad \text{明条纹}, \\ (2k+1)\dfrac{\lambda}{2}, & k = 0,1,2,\cdots \quad \text{暗条纹}. \end{cases}$$

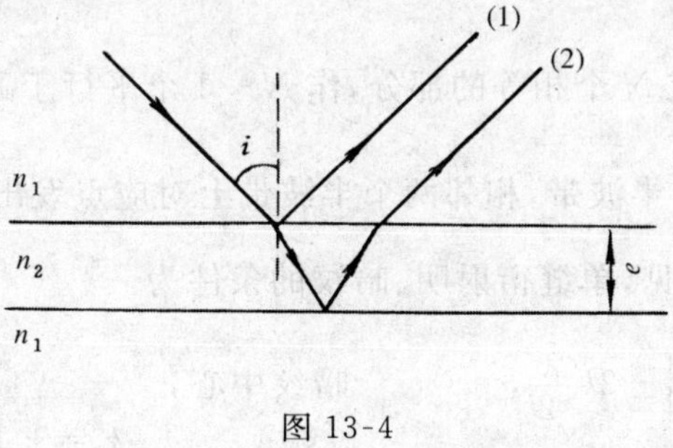

图 13-4

① 等倾干涉

若薄膜的厚度均匀，光程差只决定于光在薄膜上的入射角，则相同倾角的入射光所形成的反射光到达相遇点的光程差相同，必定处于同一条干涉条纹上，因此称这种干涉为等倾干涉. 等倾干涉条纹为一组同心圆环.

② 等厚干涉

若薄膜的厚度不均匀，而光线垂直入射($i=0$)，则

$$\Delta = 2n_2 e + \frac{\lambda}{2}.$$

此时，光程差只决定于薄膜的厚度，厚度相同处的入射光所形成的反射光到达相遇点的相位差相同，必定处于同一干涉条纹上，因此这种干涉为等厚干涉. 对等厚干涉，相邻两条明纹(或暗纹)之间的厚度之差为

$$\Delta e = \frac{\lambda}{2n_2}.$$

劈尖干涉的条纹是等间距的直条纹，其相邻两条明纹(或暗纹)之间的距离为

$$l = \frac{\lambda}{2n_2\theta}.$$

牛顿环干涉的条纹是以接触点为中心的同心圆环，其明、暗环的半径分别为

$$r = \begin{cases} \sqrt{\dfrac{(2k-1)R\lambda}{2n_2}}, & k=1,2,\cdots \quad \text{明环}, \\ \sqrt{\dfrac{kR\lambda}{n_2}}, & k=0,1,2,\cdots \quad \text{暗环}. \end{cases}$$

6. 光的衍射

(1) 惠更斯－菲涅耳原理

波阵面上每一面元都可看成是新的次波波源，它们发出次波，在空间某点的振动则是所有这些次波在该点所产生振动的叠加.

(2) 单缝夫琅禾费衍射

用半波带法解释单缝衍射条纹的分布，可以避免复杂的计算. 如图 13-5 所示，单缝 AB 上各点发出的子波在衍射角为 φ 方向上 AB 缝两边缘光线的最大光程差为

$$AC = a\sin\varphi.$$

把 AC 用半个波长$\frac{\lambda}{2}$等分成 N 个相等的部分，作 $N-1$ 个平行于 BC 的平面，这些平面将把狭缝上的波阵面 AB 分成 N 个半波带，相邻两个半波带上对应点发出的子波的光程差总是$\frac{\lambda}{2}$，它们在 P 点彼此干涉相消. 可见，单缝衍射明、暗纹的条件为

$$a\sin\varphi = \begin{cases} \pm 2k\dfrac{\lambda}{2}, & \text{暗纹中心}, \\ \pm(2k+1)\dfrac{\lambda}{2}, & \text{明纹中心}. \end{cases} \qquad k=\pm 1, \pm 2, \cdots$$

式中，k 为衍射级. 当 $\varphi = 0$ 时，所有子波的光程差为零，各子波在 O 点汇聚互相加强，因而 O 点为中央明纹的中心位置. 衍射角 φ 越大，半波带的数目就越多，而每个半波带的面积就越小，因而明条纹的光强随衍射级次的增加而减小.

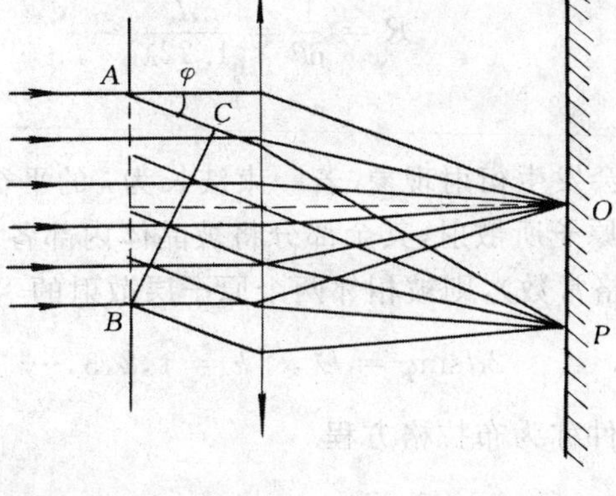

图 13-5

在近轴条件下，中央明纹的线宽度为

$$l_0 = \frac{2f\lambda}{a}.$$

其他各级明纹间的线宽度为

$$l = \frac{f\lambda}{a}.$$

(3) 光栅衍射

单色平行光垂直照射在光栅常数为 $a+b$ 的光栅上，经过凸透镜会聚，在位于透镜焦平面上的屏汇聚，形成光栅衍射图样. 光栅衍射图样的特点是明条纹又细又亮，对称分布在中央明纹的两侧，两条明纹之间存在很宽的暗区. 这种衍射图样是单缝衍射和各缝间干涉的总效果.

光栅方程 $$(a+b)\sin\varphi = \pm k\lambda, \quad k = 0, 1, 2, \cdots$$

若光栅狭缝的数目为 N，则当光程差 $\Delta = \pm \frac{m}{N}\lambda$ ($m = 1, 2, \cdots, N-1, N+1, \cdots$) 时，这 N 条缝射出的光束在 P 点干涉相消，出现暗纹. 可见，在相邻两个主极大条纹之间有 $N-1$ 条暗纹，在 $N-1$ 条暗纹之间有 $N-2$ 个强度很小的次极大.

如果对应于某个衍射角，同时满足

$$(a+b)\sin\varphi = k\lambda, \quad k = 0, \pm 1, \pm 2, \pm 3, \cdots$$

$$a\sin\varphi = k'\lambda, \quad k' = \pm 1, \pm 2, \cdots$$

会出现缺级现象. 可见，当 $k = \frac{a+b}{a}k'$ ($k' = \pm 1, \pm 2, \cdots$) 为整数时，第 k 级均会缺级.

(4) 光学仪器的分辨率

对一个光学仪器来说，如果一个点像的衍射图样的中央最亮处刚好与另一个点像的衍射图样的第一级暗环相重合，即认为这两个物点恰好能被这一光学仪器所区分. 此时两物点在透镜处的张角称为最小分辨角，用 $\delta\theta$ 表示，

$$\delta\theta = 1.22\,\frac{\lambda}{d}.$$

最小分辨角的倒数称为该仪器的分辨率，用 R 表示，

$$R = \frac{1}{\delta\theta} = \frac{d}{1.22\lambda}.$$

(5) X 射线衍射

X 射线通过晶体时，会发生衍射现象. 若一束波长为 λ 的平行 X 射线，以 φ 角掠射到晶体表面上时，一部分被表面层原子所散射，其余部分将被晶体内部各原子层(晶面)所散射. 设各原子层之间的距离为 d(晶格常数)，则被相邻两个原子层散射的 X 射线的光程差满足

$$2d\sin\varphi = k\lambda,\quad k = 1,2,3,\cdots$$

时互相干涉加强，这一条件称为布拉格方程.

7. 光的偏振

(1) 光的偏振态

① 自然光. 在所有可能的方向上，光矢量的振幅完全相等，光矢量的振动在各个方向上的分布是对称的，光强分布是轴对称的.

② 部分偏振光. 光强的分布不是轴对称，而是在某一确定的方向上最强，在和它成正交的方向上最弱，但不为零.

③ 线偏振光. 一束光的光矢量只沿一个确定的方向振动.

④ 圆偏振光和椭圆偏振光. 如果迎着光的传播方向看去，光矢量的端点不断在垂直于光的传播方向的平面内旋转，如果光矢量的端点描绘出一个圆，这种光称为圆偏振光；如果光矢量端点描绘出一个椭圆，这种光称为椭圆偏振光.

(2) 马吕斯定律

偏振光通过偏振片时，在不考虑吸收和反射的情况下，透射偏振光与入射偏振光的强度关系为

$$I_2 = I_1\cos^2\alpha,$$

式中，α 为入射偏振光的振动方向与偏振片的偏振化方向之间的夹角.

(3) 布儒斯特定律

自然光以某一特定角度 i_0 从折射率为 n_1 的介质向折射率为 n_2 的介质入射，并在分界面上反射时，反射光成为光振动方向垂直于入射面的线偏振光. 这个特定的角度称为布儒斯特角，满足

$$\tan i_0 = \frac{n_2}{n_1},$$

此时，反射光线与折射光线相互垂直.

(4) 波片

振幅为 A 的线偏振光垂直入射到光轴与晶面平行、厚度为 d 的双折射晶片上，如果偏振光的光振动方向与光轴方向成 α 角，偏振光进入镜片后就分解为 o 光和 e 光，它们的振幅分别为 $A_o = A\sin\alpha$，$A_e = A\cos\alpha$. 两束光通过晶体后，振动方向互相垂直、频率相同、有恒定相位差 $\Delta\varphi$

$=\frac{2\pi}{\lambda}(n_o-n_e)d$，且仍沿同一方向传播. 若 $\Delta\varphi=k\pi$（k 为整数），则两束透射光合成为线偏振光；若 $\Delta\varphi=k\pi\pm\frac{\pi}{2}$，且 $\alpha=45°$，则两束透射光合成为圆偏振光；否则，两束透射光合成为椭圆偏振光.

若两束透射光的光程差为

$$\Delta=(n_o-n_e)d=\frac{\lambda}{4},$$

该晶片称为四分之一波片. 当 $\alpha=45°$ 时，线偏振光通过四分之一波片后变为圆偏振光.

若两束透射光的光程差为

$$\Delta=(n_o-n_e)d=\frac{\lambda}{2},$$

该晶片称为半波片. 线偏振光通过半波片后仍为线偏振光，但其振动面转过了 2α 角.

(5) 偏振光的干涉

线偏振光通过晶片后成为o光和e光，这两束光频率相同、有恒定相位差. 若这两束光再通过一个偏振化方向与入射线偏振光的光振动方向垂直的偏振片，光线便分解为两束光矢量方向相反，相位差恒定的相干光，从而产生干涉现象. 其干涉加强和减弱的条件为

$$\Delta\varphi=\frac{2\pi}{\lambda}(n_o-n_e)d+\pi=\begin{cases}\pm 2k\pi, & k=1,2,3,\cdots \quad 加强,\\ \pm(2k+1)\pi, & k=1,2,3,\cdots \quad 减弱.\end{cases}$$

13.3 常见及疑难问题答疑

问题 1 在讨论光的干涉和衍射问题时，关键是计算两条相干光线的光程差. 那么，光程差与哪些因素有关？

答 光程差除了与光经过的几何路程之差有关以外，还与下列两个因素有关：

(1) 介质的影响. 在介质中，光程应是光波经过的几何路程和折射率的乘积.

(2) 反射情况的不同. 如果一束光是从光疏介质射向光密介质而在分界面上反射，另一束光是由光密介质射向光疏介质而在分界面反射，这两束反射后的光线间应额外附加半个波长的光程差. 半波损失是否存在对薄膜干涉的研究尤其重要，不可疏忽.

问题 2 窗玻璃也是介质平板，为什么我们在日光照射下观察不到干涉条纹？

答 因为光源中单个原子每发一次光，辐射出来的是一段有限长的波列. 当这种一段段的有限长的波列进入干涉装置后，每个波列都分成同样长的两个波列，各沿不同的光路前进，从而在它们的相遇点处产生一定的光程差. 只有当这两个分波列的最大光程差小于光波的波列长度时，它们相遇才能产生干涉. 窗玻璃的厚度太大，所以无法产生干涉.

问题 3 计算相干光的光程差时，若存在"半波损失"，在光程差中是写"+"号还是"−"好？

答 因为半个波长的光程差对应位相差为 π，由波的周期性可知 π 和 $-\pi$ 位相是等价的，所以附加光程 $\lambda/2$ 前取"+"或"−"两者表示是一致的. 两者不同的取法最终仅影响干涉级数，作为周期性运动的波动现象，干涉级数的意义不大. 但是为了统一起见，"+"或"−"的取法还

是前后一致为好. 因此，我们一般取"+"号.

问题 4 形成双缝干涉、单缝衍射和光栅衍射条纹的区别是什么？

答 双缝干涉条纹是两束独立光波相干叠加的结果；单缝衍射条纹是无数子波相干叠加的结果；光栅衍射条纹是单缝衍射和多缝干涉的综合效果.

问题 5 单缝衍射的明、暗条件恰好与双缝干涉的明、暗条件相反，这是否矛盾？

答 不矛盾. 这是由于双缝干涉是两独立波的叠加，其明、暗条件决定于两束光之间的光程差；而单缝衍射是许多次波的叠加，其明、暗条件决定于单缝两端边缘光线最大光程差的半波长的个数. 对于公式不能仅看形式，更重要的是要理解其物理意义及公式的含义.

问题 6 在光栅衍射中，是否只要满足光栅方程，就一定会形成主极大条纹？

答 形成主极大条纹的必要条件是

$$(a+b)\sin\varphi = \pm k\lambda, \quad k = 0,1,2,\cdots$$

但有时这个条件是不充分的. 因此，还应考虑对满足上式的衍射角 φ，各单缝衍射是否会形成暗条纹(即缺级现象).

问题 7 在双缝干涉中，当发生下列变化时，干涉条纹将如何变化？(1) 屏幕移近；(2) 缝距变小；(3) 波长变长；(4) 用一透明薄片盖住其中一条缝.

答 由相邻明纹间距 $\Delta x = \dfrac{D\lambda}{d}$ 可知，(1) 若屏幕移近，则 D 变小，因而 Δx 变小，条纹变密集；(2) 若缝距变小，则 d 变小，因而 Δx 变大，条纹变稀疏；(3) 若波长变长，则 λ 变大，因而 Δx 变大，条纹变稀疏；(4) 若用一透明薄片盖住其中一条缝，则由该缝出射的光波光程增大，中央明条纹将一直靠近在该缝一侧.

问题 8 为什么在缝宽 a 和缝距 b 都相同的情况下，无论光栅的栅纹数 N 是多少，其衍射主极大条纹的角位置总是和双缝干涉明纹中心的角位置相同？

答 由光栅方程可知，光栅衍射的明纹条件为

$$(a+b)\sin\varphi = k\lambda,$$

而双缝干涉(图 13-6) 的明纹条件为

$$d\sin\varphi = k\lambda.$$

这两个公式的形式一样，说明光栅衍射主极大条纹的角位置与双缝干涉中心的角位置相同. 但是光栅衍射的栅纹数 $N \gg 2$，即光栅是更多束光的干涉，因此它的主极大条纹比双缝干涉的明纹更亮. 另外，对光栅衍射，相邻两条主极大条纹之间有 $N-1$ 条暗纹和 $N-2$ 条次极大，所以光栅衍射条纹比双缝干涉条纹更细.

问题 9 一束波长为 λ 的平行光垂直照射到双缝上，如图 13-7 所示. 已知两缝宽度相等，即 $AB = A'B'$，且 $AC = \dfrac{5\lambda}{4}$，$CC' = \dfrac{\lambda}{4}$，问：(1) P 点是明还是暗；(2) 若将缝 $A'B'$ 挡住，使之完全不透光，这时 P 点处又怎样？

答 (1) 双缝相当于两条栅纹的光栅，由图 13-5 可知，

$$d\sin\varphi = AC' + C'C = \frac{5\lambda}{4} + \frac{\lambda}{4} = \frac{3\lambda}{2},$$

可见，P 点为暗.

(2) 若挡住 $A'B'$，则仅剩下单缝，由图 13-7 可知

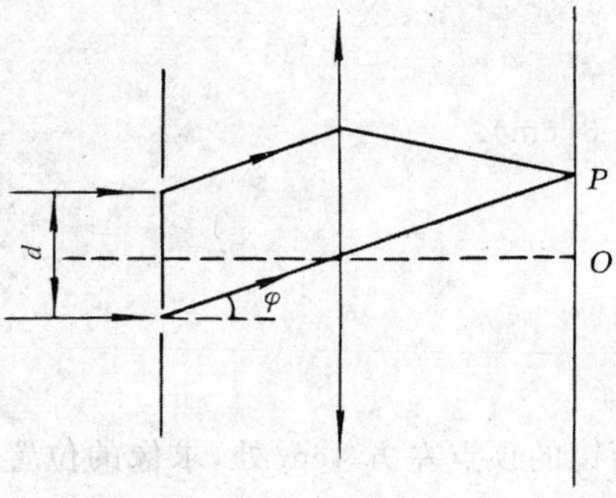

图 13-6

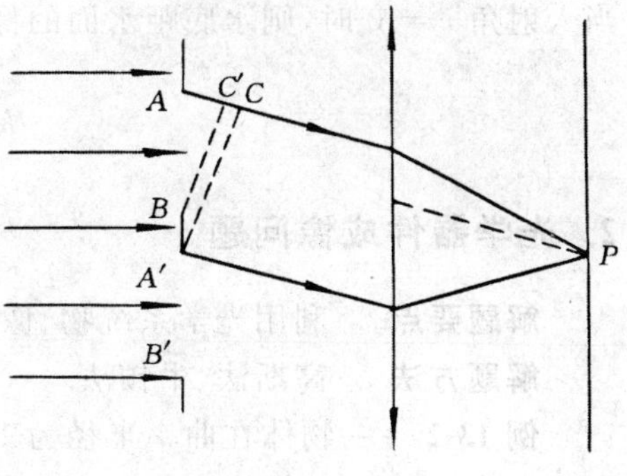

图 13-7

$$a\sin\varphi = AC' = \frac{5\lambda}{4}.$$

由单缝衍射明、暗纹条件可知，这既不是明纹条件，也不是暗纹条件，所以 P 点处于明暗之间.

问题 10 某光栅共有三条缝，若在某个方向上，三条缝中每相邻两条缝间对应光线的光程差为$\frac{\lambda}{3}$，那么它们叠加后产生明纹还是暗纹？

答 对光栅衍射而言，当相邻两条缝间对应光线的光程差为

$$\Delta = \frac{m}{N}\lambda \ (m = 1,2,\cdots,N-1,N+1,\cdots)$$

时出现暗纹. 由于光栅只有三条狭缝，即 $N = 3$，相邻两条缝间对应光线的光程差为$\frac{\lambda}{3}$，满足暗纹条件，所以它们叠加后会产生暗纹.

13.4 解题要点及例题详解

1. 所见像的深度问题

解题要点 利用折射定律与几何关系求解.

例 13-1 在 4cm 深的水（$n_2 = 1.33$）上方的空气（$n_1 = 1.00$）中，沿着某一方向向下看时，看到水底距水面的像似深度为多少？

解 如图 13-8 所示，在水底任选一点 P，设光线从 P 点以 i 角入射，根据折射定律

$$\frac{\sin i}{\sin\gamma} = \frac{n_1}{n_2},$$

令$\overline{MQ} = x$，由几何关系可知

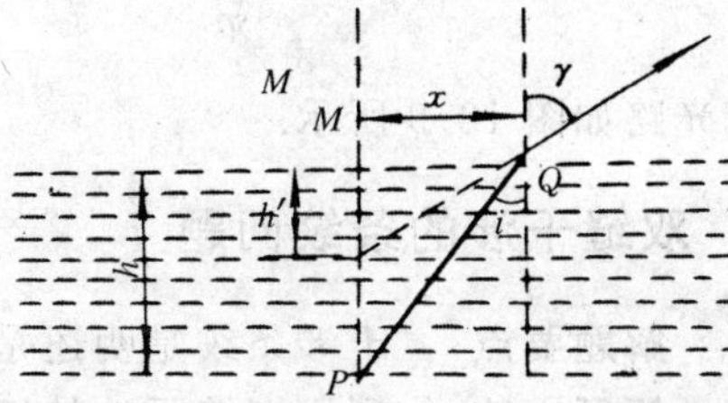

图 13-8

$$h = \frac{x}{\tan i},\ h' = \frac{x}{\tan\gamma},$$

则
$$h' = h\frac{\tan i}{\tan\gamma} = h\frac{\sin i\cos\gamma}{\sin\gamma\cos i} = h\frac{\sqrt{n_1^2 - n_2^2\sin^2 i}}{n_2\cos i}.$$

当入射角 $i=0$ 时，则水底距水面的像似深度为

$$h'=h\frac{n_1}{n_2}=3(\text{cm}).$$

2. 光学器件成像问题

解题要点　利用光学系统物、像的关系求解.

解题方法　高斯法、牛顿法.

例 13-2　一物体在曲率半径为 12cm 的凹面镜的顶点左方 4cm 处，求像的位置及横向放大率.

解法 1　高斯法. 由于是凹面镜，所以为反射情况，根据焦距公式可得

$$f=-f'=-\frac{2}{r}=6(\text{cm}).$$

又

$$s=4\text{cm},$$

代入高斯公式$\frac{f'}{s'}+\frac{f}{s}=1$，可得

$$s'=12(\text{cm}).$$

解法 2　牛顿法. 由于是凹面镜，所以为反射情况，根据焦距公式可得

$$f=-f'=-\frac{2}{r}=6(\text{cm}),$$

$$x=s-f=-2(\text{cm}),$$

代入牛顿公式 $xx'=ff'$ 可得

$$x'=\frac{6\times(-6)}{-2}=18(\text{cm}),$$

则

$$s'=f'+x'=12(\text{cm}).$$

横向放大率为

$$\beta=-\frac{s'n_1}{sn_2}=\frac{s'}{s}=3,$$

其光路如图 13-9 所示.

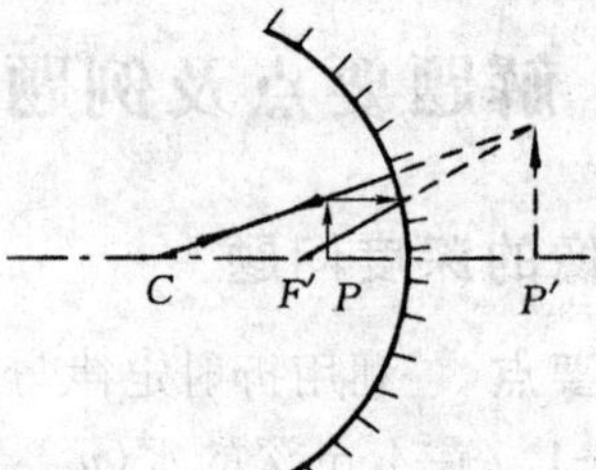

图 13-9

3. 双缝干涉的条纹问题

解题要点　干涉条纹是明还是暗，取决于相干光的光程差.

解题方法　利用双缝干涉的极值条件.

例 13-3　一束波长为 6000Å 的平行光线，以 30° 角入射到相距 $d=0.05\text{mm}$ 的双缝上，双缝与屏幕之间的距离为 $D=0.3\text{m}$，在缝 S_2 上蒙一折射率为 $n=1.5$ 的薄玻璃片，如图 13-10 所示，这时双缝中垂线上 O点处出现第五级明条纹. 求(1) 此玻璃片的最小厚度为多少；(2) 这时零级明条纹的位置在哪里？

解　(1) 入射光到达双缝时的光程差为

$$\Delta_1 = d\sin 30^\circ = \frac{d}{2},$$

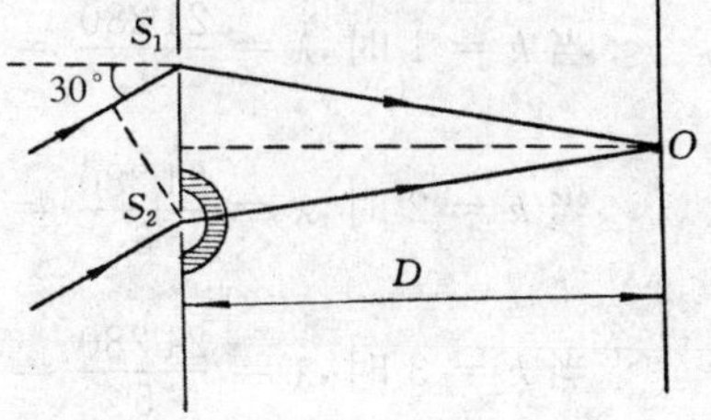

图 13-10

经过双缝后，两束光到达 O 点时的光程差为

$$\Delta = \Delta_1 + \Delta_2 = \frac{d}{2} - (n-1)e,$$

由于 O 点处为第 5 级明纹，因此

$$\Delta = \left|\frac{d}{2} - (n-1)e\right| = 5\lambda.$$

可以解得

$$e = \frac{d/2 - 5\lambda}{n-1} = \frac{2.5\times10^{-5} - 5\times6\times10^{-7}}{1.5-1} = 4.4\times10^{-5}\,(\mathrm{m}),$$

或

$$e = \frac{d/2 + 5\lambda}{n-1} = \frac{2.5\times10^{-5} + 5\times6\times10^{-7}}{1.5-1} = 5.6\times10^{-5}\,(\mathrm{m}),$$

所以此玻璃片的最小厚度为 4.4×10^{-5} m.

(2) 由于通过 S_2 的光波附加光程差 $(n-1)e$，且 $(n-1)e < d\sin 30^\circ$，故这时零级明纹出现在屏幕上 O 点的上方.

设零级明纹位于距离 O 点上方为 x 的 P 点处，则两束相干光到达 P 点的光程差为

$$\Delta = d\sin 30^\circ - (n-1)e - \frac{\mathrm{d}x}{D} = 0,$$

可以解得

$$x = 1.8\times10^{-2}\,(\mathrm{m}).$$

4. 薄膜干涉的条纹特征等问题

解题要点　根据薄膜上、下表面反射光线的光程差，分析条纹分布特征.

解题方法　利用薄膜干涉的极值条件.

例 13-4　白光垂直照射到空气中厚度为 4 000Å 的肥皂薄膜上，肥皂薄膜的折射率为 1.33. 问肥皂薄膜的正面和背面各呈现什么颜色？

解　白光照射到肥皂薄膜上，在膜的上、下两个表面反射的光为相干光，其光程差为

$$\Delta = 2ne + \frac{\lambda}{2}.$$

$\frac{\lambda}{2}$ 是由于光线在上表面反射时存在半波损失. 根据干涉加强的条件，有

$$2ne + \frac{\lambda}{2} = k\lambda,$$

则

$$\lambda = \frac{4ne}{2k-1} = \frac{4\times1.33\times4000}{2k-1} = \frac{21280}{2k-1}\,(\text{Å}).$$

可见,波长 λ 的取值依赖于 k 的取值.

当 $k=1$ 时,$\lambda=\dfrac{21280}{1}=21280(\text{Å})$ (红外),

当 $k=2$ 时,$\lambda=\dfrac{21280}{3}=7093(\text{Å})$ (红色),

当 $k=3$ 时,$\lambda=\dfrac{21280}{5}=4256(\text{Å})$ (蓝色),

当 $k=4$ 时,$\lambda=\dfrac{21280}{7}=3040(\text{Å})$ (紫外).

在可见光范围内,只有 7093Å 和 4256Å 这两种波长的光在反射时干涉加强,因此,薄膜正面呈现蓝红色.

薄膜背面的颜色取决于透射光中哪些波长的光干涉加强.求透射光干涉加强的条件,可以不计算透射光的光程差,而直接利用反射光的光程差.若薄膜不吸收光,则入射光线不是被反射就是被折射.因此,反射光干涉减弱的条件就是透射光干涉加强的条件.所以,透射光加强的条件为

$$2ne+\frac{\lambda}{2}=(2k+1)\frac{\lambda}{2},$$

则
$$\lambda=\frac{2ne}{k}=\frac{10640}{k}(\text{Å}).$$

当 $k=1$ 时,$\lambda=\dfrac{10640}{1}=10640(\text{Å})$ (红外),

当 $k=2$ 时,$\lambda=\dfrac{10640}{2}=5320(\text{Å})$ (绿色),

当 $k=3$ 时,$\lambda=\dfrac{10640}{3}=3547(\text{Å})$ (紫外).

在可见光范围内,只有波长为 5320Å 的光在透射时干涉加强,因此,薄膜背面呈现绿色.

例 13-5 有一劈形膜,折射率为 $n=1.4$,劈尖角 $\theta=10^{-4}$ rad.在某单色光的垂直照射下,可测得相邻两条明纹之间的距离为 0.25cm.求(1)此单色光在空气中的波长;(2)如果劈形膜长为 3.65cm,那么总共可出现多少条明条纹.

解 (1)由公式可知,劈尖干涉中相邻两条明纹之间的距离为

$$l=\frac{\lambda}{2n\theta},$$

所以此单色光的波长为

$$\lambda=2n\theta\cdot l=2\times1.4\times10^{-4}\times0.25\times10^{-2}=7\times10^{-7}(\text{m}).$$

(2)方法1.通过求解劈尖上可出现的最大明纹级数来计算可出现的条纹个数.

设劈尖的最大厚度为 h,由于已知劈尖的长度 $D=3.65\text{cm}$,劈尖角为 $\theta=10^{-4}$ rad,则

$$h=D\tan\theta\approx D\theta=3.65\times10^{-2}\times10^{-4}=3.65\times10^{-6}(\text{m}).$$

在最大厚度处，反射光线的光程差为

$$\Delta = 2nh + \frac{\lambda}{2},$$

根据明纹条件，有

$$2nh + \frac{\lambda}{2} = k\lambda,$$

则 $$k = \frac{2nh}{\lambda} + \frac{1}{2} = \frac{2 \times 1.4 \times 3.65 \times 10^{-6}}{7 \times 10^{-7}} + 0.5 = 15.1.$$

取整后可知，总共出现 15 条明条纹.

方法 2. 由于劈尖的棱边为暗条纹，而相邻两条明纹的间距为 $l = 0.25\text{cm}$，所以第一级明纹到棱边的距离为 $d = 0.125\text{cm}$. 则劈尖上的明纹总数为

$$N = \frac{D - d}{l} + 1 = \frac{3.65 - 0.125}{0.25} + 1 = 15.1,$$

取整后可知，总共出现 15 条明条纹.

例 13-6 图 13-11 所示为三种透明材料组成的牛顿环装置，已知平凸透镜的曲率半径为 R，$n_1 > n > n_2$. 用单色光垂直照射，在反射光中看到干涉条纹. 试分析条纹分布的特点及接触点处的光斑特征，并求解接触点左、右两边的暗环半径.

解 接触点左边，由于光线在薄膜上、下表面反射时均存在半波损失，因此，反射光的光程差为

$$\Delta = 2ne.$$

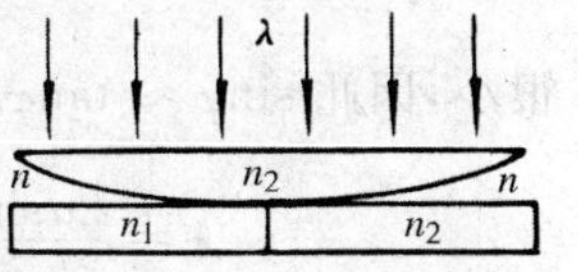

图 13-11

当 $e = 0$ 时，$\Delta = 0$，符合干涉加强条件，所以接触点处圆斑的左半边是亮斑.

接触点右边，由于光线只在薄膜下表面处反射时存在半波损失，因此，反射光的光程差为

$$\Delta = 2ne + \frac{\lambda}{2}.$$

当 $e = 0$ 时，$\Delta = \frac{\lambda}{2}$，符合干涉减弱条件，所以接触点处圆斑的右半边是暗斑.

可见条纹的分布特点为：接触点的左边，从中心向外为亮斑、暗环、亮环、…… 交替变换；接触点的右边，从中心向外为暗斑、亮环、暗环、…… 交替变化.

由于接触点右边反射光线的光程差与牛顿环公式相同，所以直接可得，接触点右边的暗环半径为

$$r = \sqrt{\frac{kR\lambda}{n}}, \quad k = 0, 1, 2, \cdots$$

而接触点左边暗环的位置恰为右边明环的位置，所以接触点左边的暗环半径为

$$r = \sqrt{\frac{(2k-1)R\lambda}{2n}}, \quad k = 1, 2, \cdots$$

5. 单缝衍射的条纹问题

解题要点　根据单缝衍射的明暗纹条件,分析条纹分布特征.

解题方法　利用单缝衍射明、暗纹条件.

例 13-7　在宽度 $a = 0.6\text{mm}$ 的单缝后有一薄透镜,透镜的焦距为 $f = 40\text{cm}$,透镜的焦平面处有一与狭缝平行的屏.以某平行单色光垂直入射到单缝上,在屏上形成衍射条纹.如果在透镜的焦点 O 处和距 O 点 1.4mm 的 P 点处均为明条纹,如图 13-12 所示,求(1) 入射光的波长;(2) P 点条纹的级数;(3) 从 P 点看,对该光波而言,狭缝处的波阵面可以分成多少个半波带?

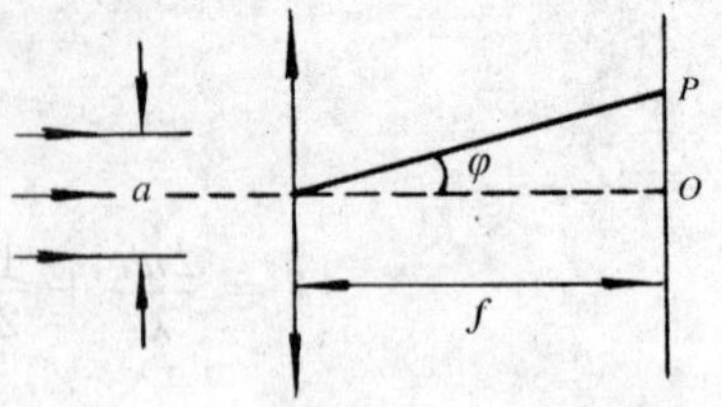

图 13-12

解　(1) 由于光线在 O 点会聚时所有子波的光程差为零,所以形成中央明条纹.在屏上其他位置,若其衍射角 φ 满足

$$a\sin\varphi = \pm(2k+1)\frac{\lambda}{2},\quad k = 1,2,\cdots$$

则为明纹中心位置.由于 P 点为明条纹,所以满足上式.由图 13-10 可知,

$$\tan\varphi = \frac{\overline{OP}}{f} = \frac{1.4\times10^{-3}}{0.4} = 3.5\times10^{-3},$$

φ 很小,因此 $\sin\varphi \approx \tan\varphi$.所以得

$$\lambda = \frac{2a\sin\varphi}{2k+1} = \frac{2\times6\times10^{-4}\times3.5\times10^{-3}}{2k+1} = \frac{4.2\times10^{-6}}{2k+1}(\text{m}).$$

当 $k = 1$ 时,　$\lambda = 1.4\times10^{-6}\text{m}$,

当 $k = 2$ 时,　$\lambda = 8.4\times10^{-7}\text{m}$,

当 $k = 3$ 时,　$\lambda = 6.0\times10^{-7}\text{m}$(可见光),

当 $k = 4$ 时,　$\lambda = 4.7\times10^{-7}\text{m}$(可见光),

当 $k = 5$ 时,　$\lambda = 3.8\times10^{-7}\text{m}$.

可见,入射光波长可以为 $\lambda = 6.0\times10^{-7}\text{m}$,也可以为 $\lambda = 4.7\times10^{-7}\text{m}$.

(2) P 点条纹的级数,对于 $\lambda = 6.0\times10^{-7}\text{m}$ 的光,为第 3 级明条纹;对于 $\lambda = 4.7\times10^{-7}$ 的光,为第 4 级明条纹.

(3) 从 P 点看,对于 $\lambda = 6.0\times10^{-7}$ 的光,狭缝处的波阵面被分成了 $2k+1 = 7$ 个半波带;对于 $\lambda = 4.7\times10^{-7}\text{m}$ 的光,狭缝处的波阵面被分成了 $2k+1 = 9$ 个半波带.

6. 光栅衍射的条纹问题

解题要点　根据光栅方程和缺级条件,分析条纹分布特征.

例 13-8　波长为 $\lambda = 6000\text{Å}$ 的单色光垂直入射到一光栅上,测得第四级主极大条纹的衍射角为 30°,第三级缺级.求(1) 光栅常数 $(a+b)$;(2) 透光缝的最小宽度;(3) 在选定了 $(a+b)$ 与 a 后,在屏幕上最多可看到哪几条明条纹?

解　(1) 由光栅方程可知,光栅的主极大条纹必须满足

$$(a+b)\sin\varphi = k\lambda, \quad k=0, \pm 1, \pm 2, \cdots$$

将已知条件 $\lambda = 6000\text{Å}, \varphi = 30^\circ, k=4$ 代入可以求得

$$(a+b) = \frac{k\lambda}{\sin\varphi} = \frac{4\times 6\times 10^{-7}}{\sin 30^\circ} = 4.8\times 10^{-6}(\text{m}).$$

(2) 由于第三级缺级，根据缺级条件有

$$\begin{cases}(a+b)\sin\varphi = 3\lambda, \\ a\sin\varphi = k'\lambda.\end{cases}$$

于是可得

$$\frac{a+b}{a} = \frac{3}{k'},$$

即 $$a = \frac{k'}{3}(a+b).$$

当 $k'=1$ 时，对应的透光缝最小，所以

$$a = \frac{1}{3}(a+b) = \frac{4.8\times 10^{-6}}{3} = 1.6\times 10^{-6}(\text{m}).$$

(3) 在选定 $(a+b)$ 与 a 后，令 $\varphi \to 90^\circ$，从而可以求出屏幕上可能出现的最高级次，即

$$(a+b)\sin 90^\circ = k_{\max}\lambda,$$

则 $$k_{\max} = \frac{(a+b)\sin 90^\circ}{\lambda} = \frac{4.8\times 10^{-6}}{6\times 10^{-7}} = 8.$$

由于第八级出现在 $\varphi = 90^\circ$ 的方向上，在屏幕上不可能出现. 又由缺级条件

$$\frac{a+b}{a} = \frac{k}{k'} = 3,$$

可知，$k = 3k'(k'=1,2,\cdots)$ 均会缺级，即第 3 级、第 6 级缺级. 所以屏幕上最多能呈现的条纹级数为：0，±1，±2，±4，±5，±7，共 11 条.

7. 光的偏振问题

解题要点　根据马吕斯定律、布儒斯特定律及光的偏振态进行分析.

例 13-9　偏振片 P_1 与偏振片 P_3 的偏振化方向彼此正交，二者之间的偏振片 P_2 的偏振化方向与 P_1 的偏振化方向成 $\frac{\pi}{6}$，如图 13-13 所示. 问(1) 用光强为 I_0 的自然光垂直照射 P_1，则从 P_3 透射的偏振光光强为多大；(2) 若 P_2 从图示位置以光的传播方向为轴，以角速度 $\omega = 4\pi\text{rad}\cdot\text{s}^{-1}$ 逆时针旋转，则从 P_3 透射的偏振光光强又如何？

解　(1) 自然光透过偏振片 P_1 后成为偏振光，其光强为 $\frac{1}{2}I_0$；由于偏振片 P_2 的偏振化方向与 P_1 的偏振化方向成 $\frac{\pi}{6}$，所以偏振光透过偏振片 P_2 后，由马吕斯定律可知其光强为

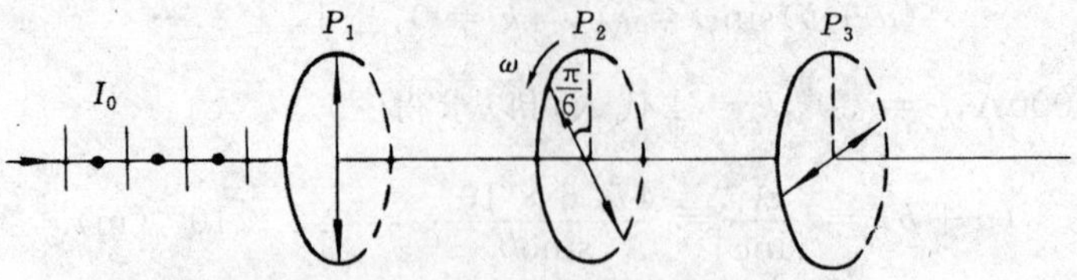

图 13-13

$$I_1 = \frac{1}{2} I_0 \cos^2 \frac{\pi}{6} = \frac{3}{8} I_0.$$

由于偏振片 P_3 的偏振化方向与 P_2 的偏振化方向成$\frac{\pi}{3}$，所以偏振光透过偏振片 P_3 后其光强为

$$I_2 = \frac{3}{8} I_0 \cos^2 \frac{\pi}{3} = \frac{3}{32} I_0.$$

(2) 若 P_2 以角速度 $\omega = 4\pi \mathrm{rad} \cdot \mathrm{s}^{-1}$ 逆时针旋转，则 t 时刻 P_2 的偏振化方向与 P_1 的偏振化方向所成的角度为

$$\theta_1 = \omega t + \frac{\pi}{6} = 4\pi t + \frac{\pi}{6},$$

所以偏振光透过偏振片 P_2 后其光强为

$$I_1 = \frac{1}{2} I_0 \cos^2 \left(4\pi t + \frac{\pi}{6}\right).$$

而偏振片 P_3 的偏振化方向与 P_2 的偏振化方向所成的角度为

$$\theta_2 = \frac{\pi}{2} - \theta_1 = \frac{\pi}{2} - \left(4\pi t + \frac{\pi}{6}\right),$$

所以偏振光透过偏振片 P_3 后其光强为

$$\begin{aligned} I_2 &= \frac{1}{2} I_0 \cos^2 \left(4\pi t + \frac{\pi}{6}\right) \cos^2 \left[\frac{\pi}{2} - \left(4\pi t + \frac{\pi}{6}\right)\right] \\ &= \frac{1}{2} I_0 \cos^2 \left(4\pi t + \frac{\pi}{6}\right) \sin^2 \left(4\pi t + \frac{\pi}{6}\right). \end{aligned}$$

例 13-10 如图 13-14 所示，三种介质 Ⅰ，Ⅱ，Ⅲ，其折射率分别为 $n_1 = 1.00$，$n_2 = 1.43$ 和 n_3，Ⅰ，Ⅱ，Ⅲ 的界面互相平行，一束自然光由介质 Ⅰ 中入射，若在两个交界面上的反射光都是线偏振光，则(1) 入射角 i 为多大；(2) 折射率 n_3 为多少？

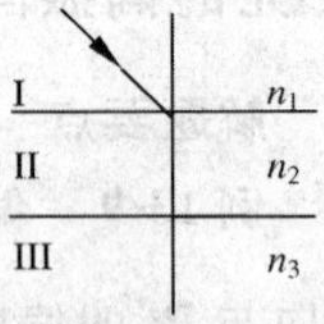

图 13-14

解 (1) 根据布儒斯特定律

$$\tan i = \frac{n_2}{n_1} = 1.43,$$

所以 $$i = 55.03°.$$

(2) 设在介质 Ⅱ 中的折射角为 γ，则

$$\gamma = \frac{\pi}{2} - i.$$

此 γ 的数值即为 Ⅱ,Ⅲ 界面上的入射角,由布儒斯特定律

$$\tan\gamma = \frac{n_3}{n_2},$$

可得

$$n_3 = n_2\tan\gamma = n_2\cot\gamma = \frac{n_2 n_1}{n_2} = 1.00.$$

8. 综合类

例 13-11 某双缝的缝距为 $d = 4.0 \times 10^{-4}$m,两缝宽度都是 $a = 1.0 \times 10^{-4}$m,双缝后放置一焦距为 $f = 2.0$m 的透镜. 用波长为 $\lambda = 550$nm 的平行光垂直照射双缝,求(1) 在透镜焦平面处的屏上,双缝干涉条纹的间距 Δx;(2) 在单缝衍射中央明纹宽度范围内,双缝干涉明纹的数目.

解 (1) 双缝干涉第 k 级的明纹条件为

$$d\sin\varphi = k\lambda,$$

第 k 级明纹在屏上的位置为

$$x_k = f\tan\varphi,$$

由于 $\frac{\lambda}{d} = 1.375 \times 10^{-3}$ 很小,所以 $\tan\varphi \approx \sin\varphi$,则

$$x_k \approx f\sin\varphi = f\frac{k\lambda}{d}.$$

故相邻两明纹的间距为

$$\Delta x = x_{k+1} - x_k \approx f\frac{(k+1)\lambda}{d} - f\frac{k\lambda}{d} = f\frac{\lambda}{d}$$

$$= \frac{2.0 \times 5.5 \times 10^{-7}}{4.0 \times 10^{-4}} = 2.75 \times 10^{-3}(\text{m}).$$

(2) 单缝衍射中央明纹的线宽度为

$$l_0 = \frac{2f\lambda}{a} = \frac{2 \times 2.0 \times 5.5 \times 10^{-7}}{1.0 \times 10^{-4}} = 2.2 \times 10^{-2}(\text{m}).$$

则在单缝衍射中央明纹的范围内可能出现的条纹数目为

$$\frac{l_0}{\Delta x} + 1 = \frac{2.2 \times 10^{-2}}{2.75 \times 10^{-3}} + 1 = 9.$$

但是考虑到

$$\frac{d}{a} = 4,$$

即双缝衍射在第 4 级缺级,所以在单缝衍射中央明纹范围内,可能出现的双缝干涉明纹级数为 0,±1,±2,±3,共 7 条.

13.5 能力训练

能力训练(1) 几何光学

一、选择题

1. 费马原理的内容是:光在指定两点间传播时,实际光程总是(　　).

A) 最大　　B) 最小　　C) 不变　　D) 取极值.

2. 空气中的凸球面反射镜对实物成像的特点有(　　).

A) 实像都是倒立放大的　　B) 虚像都是正立缩小的

C) 实像都是正立放大的　　D) 虚像都是正立放大的

3. 明视距离是指离人眼(　　)处.

A) 25cm　　B) 25μm　　C) 25mm　　D) 25m

4. 一容器中盛有透明液体,其折射率为$\sqrt{2}$,今在液面下d为8cm深处有一发光点P,则发现液面上有一个亮圆,而圆外无光透出,若以cm为单位,则此圆的半径r为(　　).

A)8　　B) 9　　C) 16　　D) 18

5. 一幻灯机将幻灯片成象在距透镜15m远处的屏幕上,如幻灯片上1cm被放大成24cm,那么以cm为单位透镜焦距为(　　).

A) 60　　B) 35　　C) 24　　D) 18.

6. 有一半径为R的薄壁空心玻璃球,盛满着水(水的折射率为$\frac{4}{3}$),将物置于距球心$4R$处,如忽略玻璃壁所产生的影响则其象位置离球心为(　　).

A) R　　B) $2R$　　C) $3R$　　D) $4R$

7. 一微小物体位于凹面镜顶点左侧4cm处,凹面镜的曲率半径为12cm,像的横向放大率为(　　).

A) 1.5　　B) 2.0　　C) 3.0　　D) 4.0　　E) 6.0

8. 焦距为4cm的薄凸透镜用作放大镜,若物置于透镜前3cm处,则它的横向放大率为(　　).

A) 3　　B) 4　　C) 6　　D) 12　　E) 24

9. 将折射率为$n_L=1.50$的玻璃构成的薄凸透镜完全浸入折射率为$n_0=\frac{4}{3}$的水中时,试问透镜的焦距f与空气中薄凸透镜焦距f'_0之比为(　　).

A) 1:1　　B) 4:3　　C) 3:2　　D) 1.5:1.3　　E) 4:1

10. 一发光体与屏幕相距为D,问仍可将发光体聚焦在屏幕上的透镜的最大焦距为(　　).

A) $4D$　　B) $2D$　　C) D　　D) $D/2$

E) $D/4$

二、填空题

1. 全反射的条件是入射角大于临界角,光从__________介质向__________介质产生全反射.

2. 在符号法则中(光线从左向右入射)规定:主光轴上的点的距离从顶点量起,__________负__________正;轴外物点的距离__________正__________负.

3. 共轴球面系统主光轴上,像方无限远的共轭点定义为__________;物方无限远的共轭点定义为__________.

4. 如图13-15所示,折射率为1.5,曲率半径为1cm的实心玻璃半球,一物点置于曲率中心C处,则通过此半球后成像在球面顶点O的__________侧,__________远处.

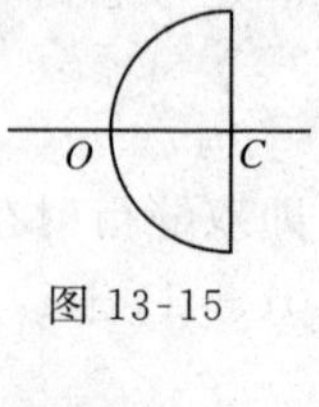

图13-15

5. 曲率半径为r凸面镜,在空气中焦距为__________,若将其浸没于水中(水的折射率为$\frac{4}{3}$)焦距为__________.

6. 一伽俐略望远镜，物镜焦距为 210mm，目镜焦距为 10mm，则物镜与目镜之间的距离为__________，放大本领(视角放大率)为__________.

7. 近视眼所戴的眼镜是__________透镜，某近视眼的远点是 0.5cm，应配戴__________度的眼镜；远视眼所戴的眼镜是__________透镜，某远视眼的近点为 1m，应配戴__________度的眼镜.

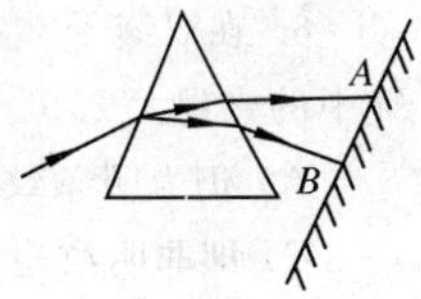

图 13-16

8. 一束白光如图 13-16 中棱镜折射后，将发生__________现象，光屏 AB 上将会出现一条 光带，其中__________色光在 A 端，__________色光在 B 端.

9. 共有三对__________点可以用来描述复杂共轴光具组的性质，它们是__________点、__________点和__________点.

三、计算题

1. 在焦距为 30cm 的凸透镜 L 前 15cm 处放一物，在透镜后 15cm 处放一平面镜 M，M 垂直于主光轴，试求象的位置、虚实及横向放大率，并作光路图.

2. 一束平行光垂直照射到一平凸透镜平面上，会聚于透镜后 48cm 处，若此凸透镜凸面镀铝，则平行光会聚于透镜前 8cm 处，求透镜的折射率和凸面的曲率半径.

3. 显微镜物镜焦距为 0.5cm，目镜焦距为 2.5cm，镜筒长为 16cm，求视角放大率.

4. 焦距为 20cm 的会聚透镜 L 与平面镜 M 相距 30cm，M 在 L 的右侧，高为 $Y=6$cm，物在透镜 L 左侧 30cm 处.(1) 求最后所成像的位置、大小和性质；(2) 用作图法作出光路图.

5. 一架显微镜的物镜和目镜相距 20.0cm，物镜焦点为 7.0mm，目镜焦点为 5.0mm，把物镜和目镜都看成单薄透镜，求(1) 被观察物到物镜的距离。(2) 物镜的横向放大率。(3) 显微镜的放大本领.

6. 双凸薄透镜的折射率为 1.5，$|r_1|=10$cm，$|r_2|=15$cm，r_2 的一面镀银，物点 P 在透镜前主轴上 20cm 处，求最后像的位置并作出光路图.

能力训练(2)　光的干涉

一、选择题

1. 如图 13-17 所示，折射率为 n_2、厚度为 e 的透明介质薄膜的上方和下方的透明介质的折射率分别为 n_1 和 n_3，已知 $n_1<n_2<n_3$. 若用波长为 λ 的单色平行光垂直入射到该薄膜上，则从薄膜上、下两表面反射的光束的光程差是(　　).

A) $2n_2e$　　B) $2n_2e-\dfrac{1}{2}\lambda$

C) $2n_2e-\lambda$　　D) $2n_2e-\dfrac{\lambda}{2n_2}$

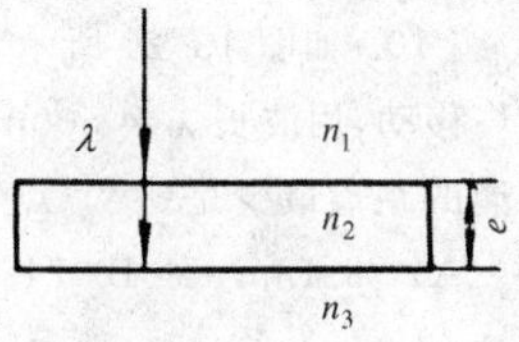

图 13-17

2. 在真空中波长为 λ 的单色光，在折射率为 n 的透明介质中从 A 沿某路径传播到 B，若 A，B 两点位相差为 3π，则此路径 AB 的光程为(　　).

A) 1.5λ　　B) $1.5n\lambda$　　C) 3λ　　D) $1.5\lambda/n$

3. 用白光光源进行双缝实验，若用一个纯红色的滤光片遮盖一条缝，用一个纯蓝色的滤光片遮盖另一条缝，则(　　).

A) 干涉条纹的宽度将发生改变　　B) 产生红光和蓝光两套干涉条纹

C) 干涉条纹的亮度将发生改变　　D) 不产生干涉条纹

4. 把双缝干涉实验装置放在折射率为 n 的水中，两缝间距离为 d，双缝到屏的距离为 $D(D\gg d)$，所用单色光在真空中的波长为 λ，则屏上干涉条纹中相邻的明纹之间的距离是(　　).

A) $\dfrac{\lambda D}{nd}$　　B) $\dfrac{n\lambda D}{d}$　　C) $\dfrac{\lambda d}{nD}$　　D) $\dfrac{\lambda D}{2nd}$

5. 在双缝实验中，屏幕 E 上的 P 点处是明条纹，若将缝 S_2 盖住，并在 S_1S_2 连线的垂直平分面处放一反射镜 M，如图 13-18 所示，则此时(　　).

A) P 点处仍为明条纹　　　　　　　　　　B) P 点处为暗条纹

C) 不能确定 P 点处是明条纹还是暗条纹　　　D) 无干涉条纹

6. 在双缝干涉实验中，入射光的波长为 λ，用玻璃纸遮住双缝中的一个缝，若玻璃中光程比相同厚度的空气中的光程大 2.5λ，则屏上原来的明纹处(　　).

A) 仍为明条纹　　　　　　　　B) 变为暗条纹

C) 即非明纹也非暗纹　　　　　D) 无法确定是明纹还是暗纹

7. 如图 13-19 所示，用波长为 λ 的单色光照射双缝干涉实验装置，若将一折射率为 n、劈角为 α 的透明劈尖 b 插入光线 2 中，则当劈尖 b 缓慢地向上移动时(只遮住 S_2)，屏 C 上的干涉条纹(　　).

A) 间隔变大，向下移动　　　　B) 间隔变小，向上移动

C) 间隔不变，向下移动　　　　D) 间隔不变，向上移动

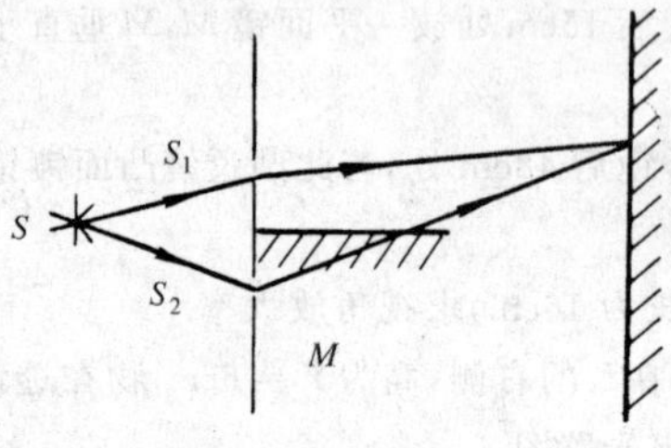

图 13-18

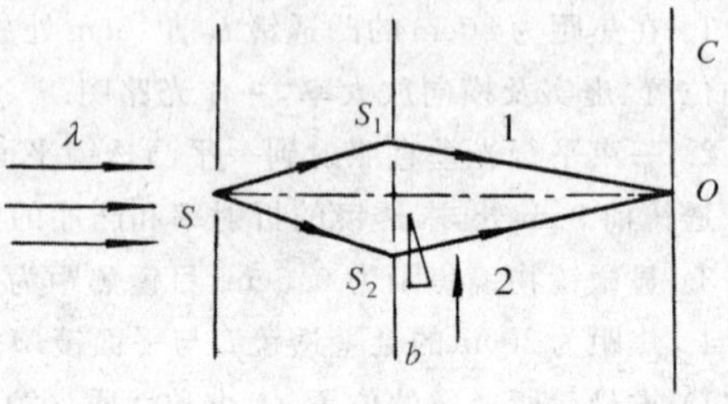

图 13-19

8. 一束波长为 λ 的单色光由空气垂直入射到折射率为 n 的透明薄膜上，透明薄膜放在空气中，要使反射光得到干涉加强，则薄膜最小的厚度为(　　).

A) $\frac{\lambda}{4}$　　B) $\frac{\lambda}{4n}$　　C) $\frac{\lambda}{2}$　　D) $\frac{\lambda}{2n}$

9. 若把牛顿环装置(都是用折射率为 1.52 的玻璃制成的)由空气搬入折射率为 1.33 的水中，则干涉条纹(　　).

A) 中心暗斑变成亮斑　　B) 变疏　　C) 变密　　D) 间距不变

*10. 如图 13-20 所示，平板玻璃和凸透镜构成牛顿环装置，全部浸入 $n = 1.60$ 的液体中，凸透镜可沿 OO' 移动，用波长 $\lambda = 500\text{nm}$ 的单色光垂直入射，从上向下观察，看到中心是一暗斑，此时凸透镜顶点距平板玻璃的距离最少是(　　).

A) 78.1nm　　B) 74.4nm　　C) 156.3nm　　D) 148.8nm　　E) 0

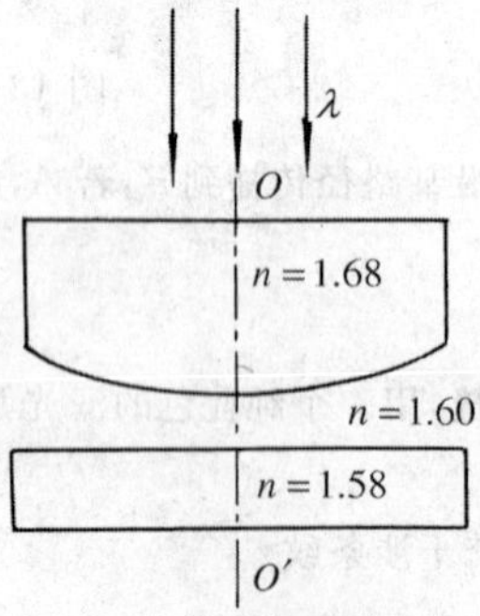

图 13-20

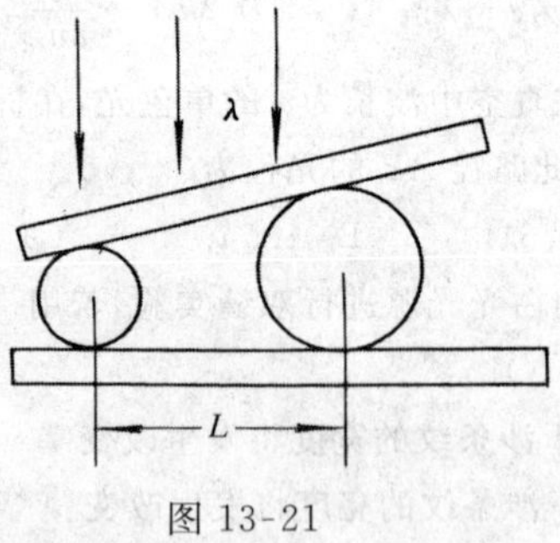

图 13-21

11. 两个直径相差甚微的圆柱夹在两块平行玻璃板之间，构成如图 13-21 所示的空气劈尖. 用单色光垂直照射，可以看到等厚干涉条纹，如果将两圆柱之间的距离 L 拉大，则圆柱之间的干涉条纹(　　).

(A) 数目增加，间距不变　　　　(B) 数目增加，间距变小

(C) 数目不变，间距变大　　　　(D) 数目减小，间距变大

12. 在迈克耳逊干涉仪的一支光路中，放入一片折射率为 n 的透明介质薄膜后，测出两束光的光程差的改变量为一个波长 λ，则薄膜的厚度是(　　).

A) $\frac{\lambda}{2}$ B) $\frac{\lambda}{2n}$ C) $\frac{\lambda}{n}$ D) $\frac{\lambda}{2(n-1)}$

二、填空题

1. 在双缝干涉实验中，两缝分别被折射率为 n_1 和 n_2 的透明薄膜遮盖，二者的厚度均为 c，波长为 λ 的平行单色光垂直照射到双缝上，在屏中央处，两束相干光的位相差 $\Delta\varphi=$ ________.

2. 如图 13-22 所示，在双缝干涉实验中，若把一厚度为 e、折射率为 n 的薄云母片覆盖在 S_1 缝上，中央明条纹将向________移动；覆盖云母片后，两束相干光至原中央明纹 O 处的光程差为________.

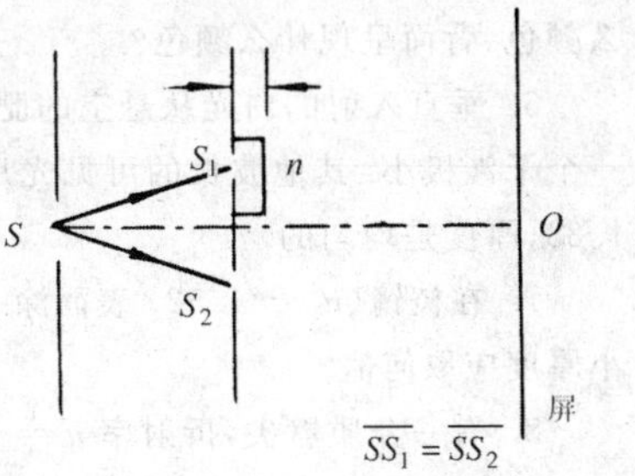

图 13-22

3. 用一定波长的单色光进行双缝干涉实验时，欲使屏上的干涉条纹间距变大，可采用的方法为 (1) ________，(2) ________.

4. 在双缝干涉实验中，若两缝的间距为所用光波波长的 N 倍，观察屏到双缝的距离为 D，则屏上相邻明纹的间距为________.

5. 在双缝干涉实验中，所用光波波长 $\lambda=5.461\times10^{-4}$ mm，双缝与屏间的距离 $D=300$mm，双缝间距 $d=0.134$mm，则中央明条纹两侧的两个第三级明纹之间的距离为________.

6. 在空气中有一劈尖形透明物，其劈尖角 $\theta=1.0\times10^{-4}$ rad，在波长 $\lambda=7000$Å 的单色光垂直照射下，测得两相邻干涉明条纹间距 $l=0.25$cm，此透明材料的折射率 $n=$ ________.

7. 波长为 λ 的平行单色光垂直地照射到劈尖薄膜上，劈尖薄膜的折射率为 n，第二条明纹与第五条暗纹所对应的薄膜厚度之差是________.

8. 用波长为 λ 的单色光垂直照射折射率为 n_2 的劈尖薄膜，如图 13-23 所示，图中各部分折射率的关系是 $n_1<n_2<n_3$，观察反射光的干涉条纹，从劈尖顶开始向右数第 5 条暗纹中心所对应的厚度 $c=$ ________.

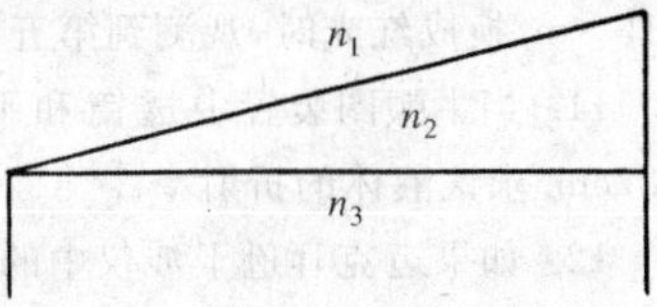

图 13-23

9. 一平凸透镜，凸面朝下放在一平面玻璃板上，透镜刚好与玻璃板接触，波长分别为 $\lambda_1=600$nm，$\lambda_2=500$nm 的两种单色光垂直入射，观察反射光形成的牛顿环，从中心向外数的两种光的第五个明环对应的空气膜厚度之差为________ nm.

10. 一个平凸透镜的顶点和一平板玻璃接触，用单色光垂直照射，观察反射光形成的牛顿环，测得第 k 级的暗环半径为 r_1，现将透镜和玻璃板之间的空气换成某种液体(其折射率小于玻璃的折射率)，第 k 级的暗环半径变为 r_2，由此可知该液体的折射率为________.

11. 若在迈克耳逊干涉仪的可动反射镜 M 移动 0.620mm 的过程中，观察到干涉条纹移动了 2300 条，则所用光波的波长为________ Å.

12. 在迈克耳逊干涉仪的一支光路上，垂直于光路放入折射率为 n、厚度为 h 的透明介质薄膜，与未放入此薄膜时相比较，两光束光程差的改变量为________.

三、计算题

1. 白色平行光垂直入射到间距为 $d=0.25$mm 的双缝上，距缝 50cm 处放置屏幕，分别求第一级和第五级明纹彩色带的宽度(设白光的波长范围是从 400nm 至 760nm，"彩色带宽度"指两个极端波长的同级明纹中心之间的距离).

2. 在双缝干涉实验装置中，屏幕到双缝的距离 D 远大于双缝之间的距离 d. 整个双缝装置放在空气中. 对于钠黄光($\lambda=589.3$nm)，产生的干涉条纹相邻两明条纹的角距离(即相邻两明条纹对缝处的张角)为 $0.20°$.

(1) 对于什么波长，这个双缝装置所得相邻两明条纹的角距离将比用钠黄光测得的角距离大 10%?

(2) 假想将此整个装置放入水中(水的折射率 $n=1.33$)，相邻两明条纹的角距离有多大?

3. 用很薄的云母片($n=1.58$)覆盖在双缝实验中的一条缝上，这时屏幕上的零级明纹移到原来的第七级明条纹的位置上. 如果入射光波长为 550nm,试求此云母片的厚度为多少?

4. 有一层折射率为 1.33 的薄油膜漂浮在折射率比它小的水上,当我们的观察方向与膜面的法线方向成 30° 角时,可看到由油膜反射的光呈波长 500nm 的绿色光,试问(1) 油膜的最薄厚度为多少?(2) 如果从膜面的法线方向观察,则反射光的颜色如何?

5. 白光垂直照射到空气中一厚度为 380nm 的肥皂膜上,设肥皂膜的折射率为 1.33,试问该膜的正面呈什么颜色,背面呈现什么颜色?

6. 垂直入射的白光从悬空的肥皂膜上反射,可观察到对 6800Å 的光有一个干涉极大,而对 5100Å 的光有一个干涉极小. 其他波长的可见光反射后并没有发生极小. 问该肥皂膜的厚度为多少(设肥皂膜的折射率为 1.33,厚度是均匀的)?

7. 在棱镜($n_1 = 1.52$) 表面涂一层增透膜($n_2 = 1.30$),如欲使此增透膜适用于 550nm 波长的光,膜的最小厚度应取何值?

8. 有一介质劈尖,折射率 $n = 1.4$,尖角 $\theta = 10^{-4}$ rad,在某一单色光的垂直照射下,可测得两相邻明条纹之间的距离为 0.25cm,试求(1) 此单色光在空气中的波长;(2) 如果劈尖长为 0.5cm,那么总共可出现多少明条纹?

9. 利用劈尖干涉的等厚干涉条纹可以测量细金属丝的直径,其方法是把金属丝夹在两块平板玻璃之间,形成空气劈尖,观察板上条纹间的距离,即可算出金属丝的直径. 设相邻两条纹的距离为 d,金属丝与劈尖顶点间距离为 L,所用单色光的波长为 λ,试证明金属丝的直径为

$$D = \frac{L\lambda}{2d}.$$

10. 一平凸透镜放在平板玻璃上,在反射光中观察牛顿环,当 $\lambda_1 = 450$nm,观察到第三明圈的半径为 1.06×10^{-3} m,换成红光时,观测到第五明圈的半径为 1.77×10^{-3} m,求透镜的曲率半径及红光的波长.

11. 当牛顿圈装置中透镜和平面玻璃之间充进某种液体时,某一级干涉条纹的直径由 1.40cm 变成 1.27cm. 求该液体的折射率.

12. 如果迈克耳逊干涉仪中的反射镜 M,移动距离 0.233mm,数得的条纹移过 792 条,试求光的波长为多少?

能力训练(3)　光的衍射

一、选择题

1. 在夫琅禾费单缝衍射中,对于给定的入射单色光,当缝宽度变小时,除中央亮纹的中心位置不变外,各级衍射条纹将(　　).

A) 对应的衍射角变小　　B) 对应的衍射角变大

C) 对应的衍射角不变　　D) 光强不变

2. 如果单缝夫琅禾费衍射的第一级暗纹发生在衍射角 $\varphi = 30^\circ$ 的方位上,所用单色光波长为 $\lambda = 5000$Å,则单缝宽度为(　　).

A) 2.5×10^{-7} m　　B) 2.5×10^{-5} m

C) 1.0×10^{-6} m　　D) 1.0×10^{-5} m

3. 一单色平行光束垂直照射在宽度为 1.0mm 的单缝上,在缝后放一焦距为 2.0m 的会聚透镜. 已知位于透镜焦平面处的屏幕上的中央明条纹宽度为2.0mm,则入射光波长约为(　　).

A) 10000Å　　B) 4000Å　　C) 5000Å　　D) 6000Å

4. 一束波长为 λ 的平行单色光垂直照射到一单缝 AB 上,装置如图 13-24 所示,在屏幕 D 上形成衍射图样,如果 P 是中央亮纹一侧第一个暗纹所在的位置,则 $\overline{BC}$ 的长度为(　　).

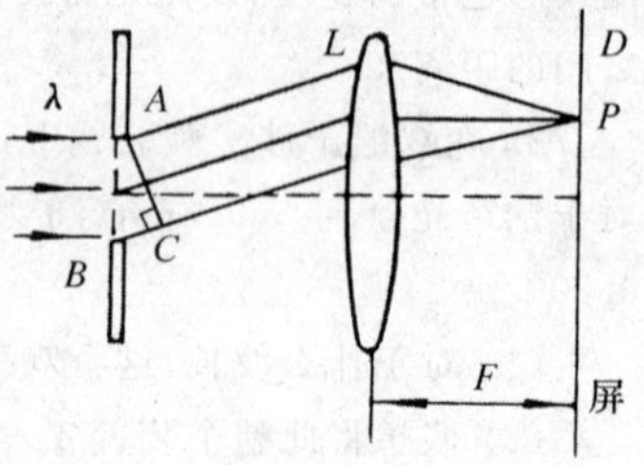

图 13-24

A) λ　　B) $\frac{\lambda}{2}$

C) $\frac{3\lambda}{2}$　　D) 2λ

5. 在单缝夫琅禾费衍射实验中，若增大缝宽，其他条件不变，则中央明条纹（　　）.

A) 宽度变小　　B) 宽度变大

C) 宽度不变，且中心强度也不变　　D) 宽度不变，但中心强度增大

6. 在单缝夫琅禾费衍射实验中，波长为 λ 平行单色光垂直入射在宽度为 $a = 4\lambda$ 的单缝上，对应于衍射角为 30° 的方向，单缝处波阵面可分成的半波带数目为（　　）.

A) 2 个　　B) 4 个　　C) 6 个　　D) 8 个

7. 单缝夫琅禾费衍射实验装置如图 13-25 所示，L 为透镜，EF 为屏幕，当把单缝 S 稍微上移时，衍射图样将（　　）.

A) 向上平移　　B) 向下平移　　C) 不动　　D) 消失

8. 如图 13-26 所示的单缝夫琅禾费衍射实验装置中，将单缝宽度 a 稍稍变宽，同时使单缝沿 y 轴正向作微小位移，则屏幕 C 上的中央衍射条纹（　　）.

A) 变窄，同时向上移　　B) 变窄，同时向下移

C) 变窄，不移动　　D) 变宽，同时向上移

E) 变宽，不移动

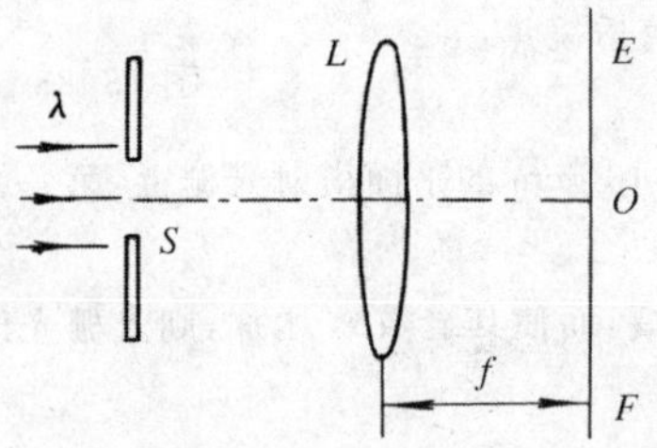

图 13-25

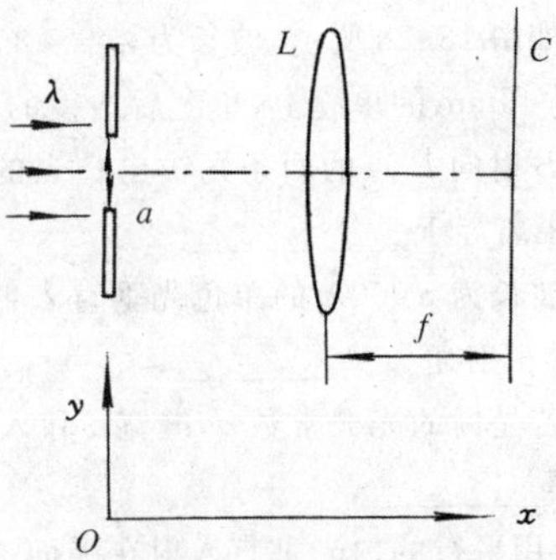

图 13-26

9. 一束白光垂直照射在一光栅上，在形成的同一级光栅光谱中，偏离中央明纹最远的是（　　）.

A) 紫光　　B) 绿光　　C) 黄光　　D) 红光

10. 一束平行单色光垂直入射在光栅上，当光栅常数 $(a+b)$ 为下列哪种情况时（a 代表每条缝的宽度），$k = 3, 6, 9$ 等级次的主极大均不出现（　　）.

A) $a+b=2a$　　B) $a+b=3a$

C) $a+b=4a$　　D) $a+b=6a$

11. 在双缝实验中，若保持双缝 S_1 和 S_2 的中心之间的距离 d 不变，而把两条缝的宽度 a 略微加宽，则（　　）.

A) 单缝衍射的中央主极大变宽，其中所包含的干涉条纹数目变少

B) 单缝衍射的中央主极大变宽，其中所包含的干涉条纹数目变多

C) 单缝衍射的中央主极大变宽，其中所包含的干涉条纹数目不变

D) 单缝衍射的中央主极大变窄，其中所包含的干涉条纹数目变少

E) 单缝衍射的中央主极大变窄，其中所包含的干涉条纹数目变多

12. 设光栅平面、透镜均与屏幕平行，则当入射的平行单色光从垂直于光栅平面入射变为斜入射时，能观察到的光谱线的最高级数 k（　　）.

A) 变小　　B) 变大　　C) 不变　　D) 改变无法确定

二、填空题

1. 惠更斯－菲涅耳原理的基本内容是：波阵面上各面元所发出的子波在观察点 P 的________决定了 P 点

的合振动及光强.

2. 波长为600nm的单色平行光,垂直入射到缝宽 $a=0.6\text{mm}$ 的单缝上,缝后有一焦距 $f'=60\text{cm}$ 的透镜,在透镜焦平面上观察衍射图样,则中央明纹的宽度为________,两个第三级暗纹之间的距离为________.

3. 如图13-27所示,在单缝的夫琅禾费衍射中波长 λ 的单色光垂直入射在单缝上,若对应于会聚在 P 点的衍射光线在缝宽 a 处的波阵面恰好分成3个半波带,图中 $\overline{AC}=\overline{CD}=\overline{DB}$,则光线1和2在 P 点的位相差为________.

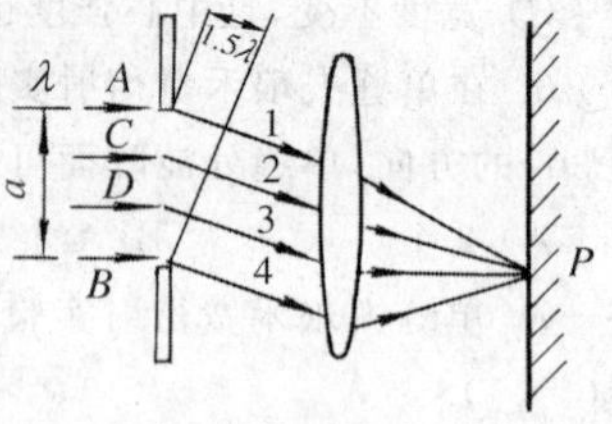

图 13-27

4. 在单缝夫琅禾费衍射实验中,如果缝宽等于单色入射光波长的2倍,则中央明纹边缘对应的衍射角 $\varphi=$________.

5. 在单缝夫琅禾费衍射实验中,设第一级暗纹的衍射角很小,若钠黄光($\lambda_1\approx5890\text{Å}$)中央明纹宽度为4.0mm,则 $\lambda_2=4420\text{Å}$ 的蓝紫光的中央明纹宽度为________.

6. 平行单色光垂直入射在缝宽为 $a=0.15\text{mm}$ 的单缝上,缝后有焦距为 $f=400\text{mm}$ 的凸透镜,在其焦平面上放置观察屏幕,现测得屏幕上中央明条纹两侧的第三级暗纹之间的距离为8mm,则入射光的波长为 $\lambda=$________.

7. 如图13-28所示,波长为 $\lambda=4800\text{Å}$ 的平行光垂直照射到宽度为 $a=0.40\text{mm}$ 的单缝上,单缝后透镜的焦距为 $f=60\text{cm}$,当单缝两边缘点 A,B 射向 P 点的两条光线在 P 点的相位差为 π 时,P 点离透镜焦点 O 的距离等于________.

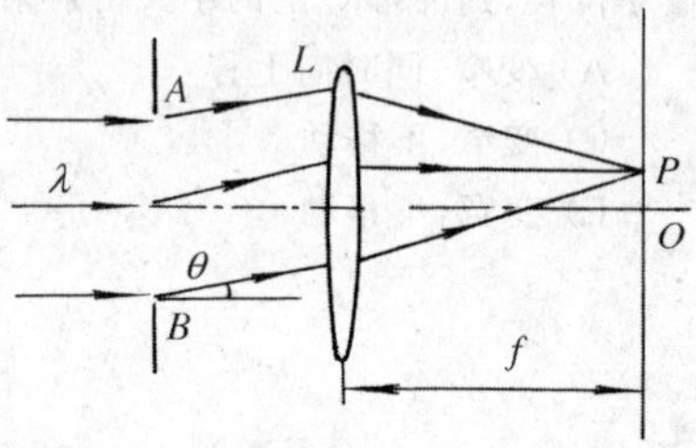

图 13-28

8. 波长为5000Å的单色光垂直入射到光栅常数为 $1.0\times10^{-4}\text{cm}$ 的平面衍射光栅上,第一级衍射主极大所对应的衍射角 $\varphi=$________.

9. 若光栅的光栅常数 d,缝宽 a 和入射光波长 λ 都保持不变,而使其缝数 N 增加,则光栅光谱的同级光谱线将变得________.

10. 用平行的白光垂直入射在平面透射光栅上时,波长为 $\lambda_1=440\text{nm}$ 的第三级光谱线将与波长为 $\lambda_2=$________nm的第二级光谱线重叠.

11. 一束平行单色光垂直入射在一光栅上,若光栅的透明缝宽度 a 与不透明部分宽度 b 相等,则可能看到的衍射光谱的级次为________.

12. 用波长为 λ 的单色平行光垂直入射在一块多缝光栅上,其光栅常数 $d=3\mu\text{m}$,缝宽 $a=1\mu\text{m}$,则在单缝衍射的中央明条纹中共有________条谱线(主极大).

三、计算题

1. 波长为700nm的平行红光垂直照射在一单缝上,缝后置一透镜,焦距为0.70m,在透镜的焦距处放置一屏,若屏上呈现的中央明条纹的宽度为2mm,求该缝的宽度是多少?假定用另一种光照射后,测得中央明条的宽度为1.5mm,求该光的波长是多少?

2. 一宽为0.75mm的单缝放在凸透镜前,用波长为5000Å的平行单色光照射.衍射图样形成在位于透镜焦平面上的屏上,测得从左边第三条极小到右边第三条极小之间的距离为3mm,求透镜的焦距是多少?

3. 在某个单缝衍射实验中,光源发出的光含有两种波长 λ_1 和 λ_2,并垂直入射单缝上.假如 λ_1 的第一级衍射极小与 λ_2 的第二级衍射极小相重合,试问(1)这两种波长之间有何关系?(2)在这种两波长的光所形成的衍射图样中,是否有其他极小重合?

4. 某单缝衍射的第一级极小出现在 $\varphi=90°$ 处,因此屏上不出现条纹,试问要出现这种情况,缝宽和波长之比应为多大?

5. 一衍射光栅宽2.0cm,共刻有6000条刻痕.若以波长为589nm的单色光垂直入射,问在哪些角度处出现主极大?共可观察到几个主极大?

6. 波长 $\lambda=600\text{nm}$ 的单色光垂直入射到某一光栅上,测得第二级主极大的衍射角为30°,且第三级是缺级.试求(1) 光栅常数$(a+b)$;(2) 透光缝可能的最小宽度 a;(3) 在选定了上述$(a+b)$ 和 a 之后,求屏幕上可能呈现的全部主极大的级次.

7. 一束平行光垂直入射到某个光栅上,该光束有两种波长的光,$\lambda_1 = 440\text{nm}$,$\lambda_2 = 660\text{nm}$.实验发现,两种波长的谱线(不计中央明纹)第二次重合于衍射角 $\varphi = 60°$ 的方向上.求此光栅的光栅常数?

8. 利用光栅测波长的一种方法如下:用钠光($\lambda_1 = 589.3\text{nm}$)垂直射在一衍射光栅上,测得第二级谱线的偏转角是 $10°11'$;而当另一未知波长的单色光照射时,它的第一级的偏转角是 $4°42'$,求此单色光的波长为多少?并求此光栅的光栅常数.

9. 设光栅平面和透镜都与屏幕平行,在平面透镜光栅上每厘米有 500 条刻线,用它来观察钠黄光($\lambda = 589.3\text{nm}$) 的光谱线.

(1) 当光线垂直入射到光栅上时,能看到的光谱线的最高级数 k_m 是多少?

(2) 当光线以 30° 的入射角(入射线与光栅平面的法线夹角) 斜入射到光栅上时,能看到的光谱线的最高级数 k_m' 是多少?

10. 一衍射光栅,每厘米有 200 条透光缝,每条透光缝宽为 $a = 2.0 \times 10^{-3}\text{cm}$,在光栅后放一焦距 $f = 1\text{m}$ 的凸透镜,现以 $\lambda = 600\text{nm}$ 的单色平行光垂直照射光栅,求(1) 透光缝 a 的单缝衍射中央明条纹宽度为多少;(2) 在该宽度内,有几个光栅衍射主极大?

11. 已知天空中两颗星相对于一个天文望远镜的角距离为 $4.84 \times 10^{-6}\text{rad}$,它们发出的光的波长为 550nm.试问:望远镜的口径至少要多大才能分辨出它们?

12. 在用 X 射线测晶体结构时,发现在与晶面夹角为 25° 的方向上,观察到 X 射线的第三级极大.已知 X 射线波长为 0.12nm,求晶格常数 d.

能力训练(4)　光的偏振

一、选择题

1. 在双缝干涉实验中,用单色自然光,在屏上形成干涉条纹.若在两缝后放一个偏振片,则(　　).

A) 干涉条纹的间距不变,但明纹的亮度加强

B) 干涉条纹的间距不变,但明纹的亮度减弱

C) 干涉条纹的间距变窄,但明纹的亮度减弱

D) 无干涉条纹

2. 如果两个偏振片堆在一起,且偏振化方向之间夹角为 60°,假设二者对光无吸收,光强为 I_0 的自然光垂直入射在偏振片上,则出射光强为(　　).

A) $\frac{1}{8}I_0$　　B) $\frac{3}{8}I_0$　　C) $\frac{1}{4}I_0$　　D) $\frac{3}{4}I_0$

3. 两偏振片堆叠在一起,一束自然光垂直入射其上时没有光线通过,当其中一偏振片慢慢转动 180° 时透射光强度发生的变化为(　　).

A) 光强单调增加　　B) 光强先增加,后又减小至零

C) 光强先增加,后减小,再增加　　D) 光强先增加,然后减小,再增加,再减小至零

4. 使一光强为 I_0 的平面偏振光先后通过两个偏振片 P_1 和 P_2,P_1 和 P_2 的偏振化方向与原入射光光矢量振动方向的夹角分别是 α 和 90°,则通过这两个偏振片后的光强 I 是(　　).

A) $\frac{1}{2}I_0\cos^2\alpha$　　B) 0　　C) $\frac{1}{4}I_0\sin^2(2\alpha)$　　D) $\frac{1}{4}I_0\sin^2\alpha$　　E) $I_0\cos^4\alpha$

5. 三个偏振片 P_1,P_2 与 P_3 堆叠在一起,P_1 与 P_3 的偏振化方向相互垂直,P_2 与 P_1 的偏振化方向间的夹角为 30°,强度为 I_0 的自然光垂直入射于偏振片 P_1,并依次透过 P_1,P_2 与 P_3,则通过三个偏振片后的光强为(　　).

A) $\frac{1}{4}I_0$　　B) $\frac{3}{8}I_0$　　C) $\frac{3}{32}I_0$　　D) $\frac{1}{16}I_0$

6. 一束光强为 I_0 的自然光,相继通过三个偏振片 P_1,P_2,P_3 后,出射光的光强为 $I = I_0/8$,已知 P_1 和 P_3

的偏振化方向相互垂直，若以入射光线为轴，旋转 P_2，要使出射光的光强为零，P_2 最少要转过的角度是(　　).

A) 30°　　B) 45°　　C) 60°　　D) 90°

7. 一束光是自然光和线偏振光的混合光，让它垂直通过一偏振片，若以此入射光束为轴旋转偏振片，测得透射光强度最大值是最小值的 5 倍，那么入射光束中自然光和线偏振光的光强比值为(　　).

A) $\frac{1}{2}$　　B) $\frac{1}{5}$　　C) $\frac{1}{3}$　　D) $\frac{2}{3}$

8. 自然光以 60° 的入射角照射到不知其折射率的某一透明介质表面时，反射光为线偏振光，则知(　　).

A) 折射光为线偏振光，折射角为 30°

B) 折射光为部分偏振光，折射角为 30°

C) 折射光为线偏振光，折射角不能确定

D) 折射光为部分偏振光，折射角不能确定

9. 自然光以布儒斯特角由空气入射到一玻璃表面，反射光是(　　).

A) 在入射面内振动的完全偏振光

B) 平行于入射面的振动占优势的部分偏振光

C) 垂直于入射面振动的完全偏振光

D) 垂直于入射面的振动占优势的部分偏振光

10. 某种透明媒质对于空气的临界角(指全反射)等于 45°，光从空气射向此媒质时的布儒斯特角是(　　).

A) 35.3°　　B) 40.9°　　C) 45°　　D) 54.7°　　E) 57.3°

11. 一束自然光自空气射向一块平板玻璃(图 13-29)，设入射角等于布儒斯特角 i_0，则在界面 2 的反射光(　　).

A) 是自然光

B) 是完全偏振光且光矢量的振动方向垂直于入射面

C) 是完全偏振光且光矢量的振动方向平行于入射面

D) 是部分偏振光

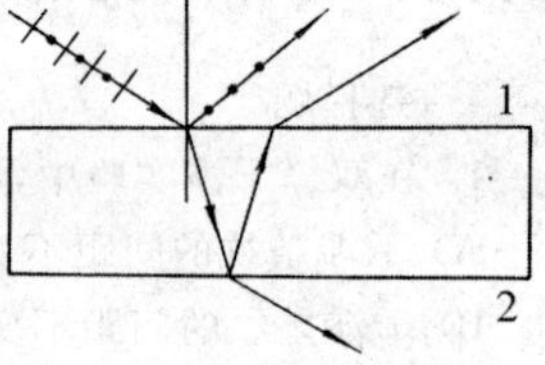

图 13-29

12. 自然光以 60° 的入射角照射到某介质交界面时，反射光为完全偏振光，则知折射光为(　　).

A) 完全偏振光且折射角是 30°

B) 部分偏振光且只是在该光由真空入射到折射率为 $\sqrt{3}$ 的介质时，折射角是 30°

C) 部分偏振光，但须知两种介质的折射率才能确定折射角

D) 部分偏振光且折射角是 30°

二、填空题

1. 设偏振片没有吸收，光强为 I_0 的自然光垂直通过两个偏振片后，出射光强 $I=\frac{1}{8}I_0$，则两个偏振片偏振化方向的夹角为________.

2. 两个偏振片堆叠在一起，其偏振化方向相互垂直，若一束强度为 I_0 的线偏振光入射，其光矢量振动方向与第一偏振片偏振化方向夹角为 $\frac{\pi}{4}$，则穿过第一偏振片后的光强为______，穿过两个偏振片后的光强为________.

3. 使光强为 I_0 的自然光依次垂直通过三块偏振片 P_1，P_2 和 P_3，P_1 与 P_2 的偏振化方向成 45° 角，P_2 与 P_3 的偏振化方向成 45° 角，则透过三块偏振片的光强 I 为__________.

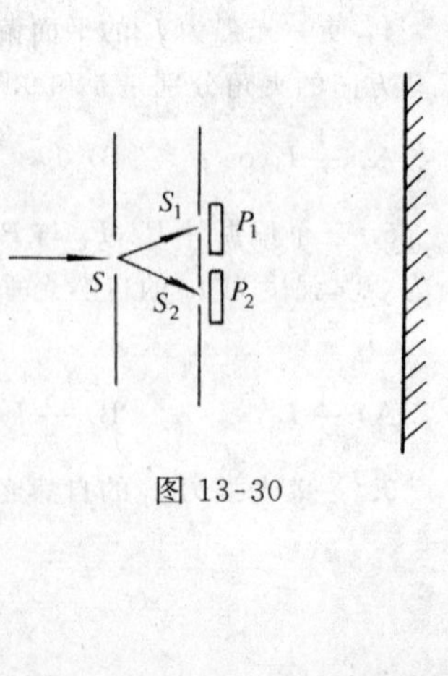

图 13-30

4. 如图 13-30 所示的杨氏双缝干涉装置，若用单色自然光照射狭缝 S，在屏幕上能看到干涉条纹，若在双缝 S_1 和 S_2 的前面分别加一同质同厚的偏

振片 P_1,P_2,则当 P_1 与 P_2 的偏振化方向相互________时,在屏幕上仍能看到很清晰的干涉条纹.

5. 两个偏振片叠放在一起,强度为 I_0 的自然光垂直入射其上,如通过两个偏振片后的光强为 $I = \frac{1}{8}I_0$,则此两偏振片偏振化方向间的夹角(取锐角)为________,若在两片之间再插入一片偏振片,其偏振化方向与前后两片的偏振化方向的夹角(取锐角)相等,则通过三个偏振片后的透射光强度为________.

6. 当一束自然光以布儒斯特角入射到两种媒质的分界面上时,就偏振状态来说反射光为________光,其振动方向________于入射面.

7. 一束自然光从空气投射到玻璃表面上(空气折射率为 1),当折射角为 30° 时,反射光是完全偏振光,则此玻璃的折射率等于________.

8. 一束自然光自空气入射到折射率为 1.40 的液体表面上,若反射光是完全偏振的,则折射光的折射角为________.

9. 光的干涉和衍射现象反映了光的______性质,光的偏振现象说明光波是______波.

10. 在光学各向异性晶体内部有一个确定的方向,沿着这一方向寻常光和非寻常光的________相等,这一方向成为晶体的光轴.只具有一个光轴方向的晶体称为________晶体.

11. 自然光入射到具有双折射的透明晶体表面上,有两条折射光,它们都是线偏振光,其一为________光线,简称 o 光,另一为________光线,简称 e 光.这两种光的任一光线与________组成的平面称为该光线的主平面,其中________光的振动方向与该平面垂直.

12. 一个四分之一波片的光轴与起偏器的偏振化方向成 30° 角,则从四分之一波片投射出来的光为________;若四分之一波片的光轴与起偏器的偏振化方向成 45° 角,则从四分之一波片投射出来的光为________.

三、计算题

1. 将三个偏振片叠放在一起,第二个与第三个的偏振化方向分别与第一个的偏振化方向成45°和90°角.(1) 强度为 I_0 的自然光垂直入射到这一堆偏振片上,试求经每一偏振片后的光强和偏振状态.(2) 如果将第二个偏振片抽走,情况又如何?

2. 如图 13-31 所示,有三个偏振片堆叠在一起,第一块与第三块的偏振化方向相互垂直,第二块和第一块的偏振化方向相互平行,然后第二块偏振片以恒定角速度 ω 绕光传播的方向旋转.设入射自然光的光强为 I_0,证明此自然光通过这一系统后,出射光的强度为 $I = \frac{I_0}{16}(1-\cos 4\omega t)$.

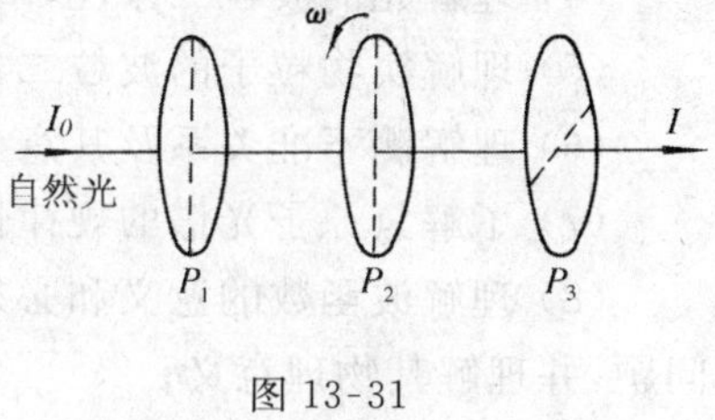

图 13-31

3. 以强度为 I_0 的线偏振光入射偏振片,若要求透射光的强度与入射光的强度之比为 $\frac{1}{3}$,求偏振片的偏振方向与入射光振动方向之间的夹角.

4. 求自然光在装满水的玻璃容器的底部反射时的起偏振角.已知玻璃的折射率为 1.52,水的折射率为 1.33.

5. 利用布儒斯特定律可以测定不透明介质的折射率.今测得真空中某种釉质的起偏振角为 58°,求它的折射率.

6. 如果从某一水池的表面反射出来的太阳光正好是完全偏振光.问(1) 太阳在地平线之上仰角是多少;(2) 在此反射光中矢量的振动方向与水平面成何角度;(3) 折入水中的光线的折射角是多少(水的折射率为 1.33)?

7. 某一块火石玻璃的折射率是 1.65,现将这块玻璃浸没在水中($n = 1.33$).欲使从这块玻璃表面反射到水中的光是完全偏振的,则光由水射向玻璃的入射角应为多少?

*8. 一束平行光在真空中波长为 587.0nm,垂直入射到方解石晶体上,方解石的光轴平行于表面,已知 $n_e = 1.486$,$n_o = 1.658$,试求晶体中寻常光和非寻常光的波长.

第 14 章　量子物理

量子物理学是在 20 世纪初，物理学家们在研究微观世界的结构和运动规律的过程中，逐步建立起来的. 量子概念是 1900 年普朗克首先提出的，到今天已经一百多年了. 完整的量子力学理论的建立是玻尔、德布罗意、玻恩、海森堡、薛定谔、狄拉克、爱因斯坦等许多物理大师创新努力的结果，它的建立标志着人们对客观规律的认识从宏观世界深入到了微观世界. 由于量子力学是用波函数描写微观粒子的运动状态，以薛定谔方程确定波函数的变化规律，并用算符或矩阵方法对各物理量进行计算，故量子力学在早期也称为波动力学或矩阵力学. 本章主要讨论量子力学的基本原理及物质波粒二象性和量子化的概念，解析微观物质的描述方式和波函数的统计意义.

14.1　基本要求

(1) 理解热辐射的基本概念，了解基尔霍夫定律、斯忒藩- 玻耳兹曼定律及维恩定律，掌握普朗克量子假设，了解普朗克公式；

(2) 理解光电效应的实验规律及经典理论解释所遇到的困难，掌握爱因斯坦光子理论及光电效应方程；

(3) 了解康普顿效应及光子理论的解释；

(4) 理解光的波粒二象性，掌握光波物理量与光子物理量之间的关系；

(5) 理解实物粒子的波粒二象性，掌握德布罗意波的物理意义以及波长的计算方法；

(6) 理解测不准关系及其意义；

(7) 了解氢原子光谱的规律性，掌握玻尔理论对氢原子光谱的解释；

(8) 理解波函数的意义和必须满足的条件，了解薛定谔方程，能处理简单一维运动的定态问题，并理解其物理意义；

(9) 了解描述原子中电子运动状态的四个量子化条件和量子数.

14.2　重要概念及主要公式

1. 黑体辐射

(1) 热辐射. 物体中作热运动的带电粒子能辐射电磁波及其能量的现象称为热辐射.

(2) 基尔霍夫定律. 处于同温度的不同物体，它们的单色辐出度 $e(\lambda,T)$ 与单色吸收率 $a(\lambda,T)$ 的比值彼此相等，即

$$\frac{e(\lambda,T)}{a(\lambda,T)}=e_0(\lambda,T),$$

式中，$e_0(\lambda,T)$ 为吸收率等于 1 的黑体的单色辐出度.

(3) 斯忒藩 - 玻耳兹曼定律. 黑体的总辐出度为

$$E_0(T) = \sigma T^4,$$

式中，T 为黑体的绝对温度，$\sigma = 5.67 \times 10^{-8}\,\mathrm{W \cdot m^{-2} \cdot K^{-4}}$，为斯忒藩常数.

(4) 维恩位移定律. 黑体辐射的 $e_0(\lambda, T)$ 的峰值所对应的波长 λ_m 为

$$\lambda_m T = b,$$

式中，$b = 2.898 \times 10^{-3}\,\mathrm{m \cdot K}$.

(5) 普朗克量子假设. 频率为 ν 的谐振子，其辐射电磁波的能量只能是 $h\nu$ 的整数倍. $h = 6.626 \times 10^{-34}\,\mathrm{J \cdot s}$ 为普朗克常量.

2. 爱因斯坦光子理论

(1) 爱因斯坦光子理论. 光子的能量为 $h\nu$，动量为 $p = \frac{h}{\lambda}$.

(2) 爱因斯坦光电效应方程. 光照射在某些金属表面，有电子从金属表面逸出，且有

$$h\nu = \frac{1}{2}mv_m^2 + A_0,$$

式中，$h\nu$ 为光子能量，A_0 为金属逸出功，$\frac{1}{2}mv_m^2$ 为逸出电子的初动能.

① 遏制电压与光电子动能间的关系 $eU_a = \frac{1}{2}mv_m^2$.

② 红限频率 $\nu_0 = \frac{A}{h}$.

3. 光的波粒二象性(爱因斯坦光子理论)

$$\varepsilon = mc^2 = h\nu,$$

$$p = mc = \frac{h}{\lambda},$$

$$m_0 = 0,$$

式中，m_0 为光子的静止质量，m 为光子的运动质量.

4. 康普顿效应

X 射线(或 γ 射线)与自由电子发生弹性碰撞，散射光子的波长将发生一个移动 $\Delta\lambda$

$$\Delta\lambda = \lambda' - \lambda = \frac{2h}{m_0 c}\sin^2\frac{\theta}{2} = \frac{h}{m_0 c}(1 - \cos\theta).$$

式中，θ 为散射角，m_0 为电子的静止质量. 康普顿效应进一步证明了光子理论是正确的，并反映微观粒子的相互作用也遵守能量守恒和动量守恒定律的.

5. 微观粒子的波粒二象性　不确定关系

(1) 德布罗意波

能量为 E，动量为 p 的实物粒子具有波动性，其波长与频率为

$$\lambda = \frac{h}{p}, \quad E = h\nu.$$

这个波称为德布罗意波.

(2) 海森堡不确定关系

① 微观粒子的动量与位置不能同时准确测定，$\Delta x \Delta p_x \geqslant \frac{\hbar}{2}$，$\Delta y \Delta p_y \geqslant \frac{\hbar}{2}$，$\Delta z \Delta p_z \geqslant \frac{\hbar}{2}$.

② 微观粒子的能量与时间不能同时准确测定，满足 $\Delta E \Delta t \geqslant \frac{\hbar}{2}$.

6. 波函数的统计意义和薛定谔方程

波函数 Ψ 满足三个条件：单值、有限、连续.

(1) 波函数的统计意义. 在某一时刻，在空间某一地点，粒子出现的概率正比于该时刻该地点波函数模的平方，即 $|\Psi|^2 = \Psi^* \Psi$.

(2) 波函数 Ψ 应满足薛定谔方程 —— 量子力学中的基本方程

$$i\hbar \frac{\partial \psi}{\partial t} = -\frac{\hbar^2}{2m} \nabla^2 \psi + U\psi.$$

式中，$\hbar = \frac{h}{2\pi}$，U 为微观粒子的势能.

定态薛定谔方程为

$$-\frac{\hbar^2}{2m} \nabla^2 \psi_E + U\psi_E = E\psi_E,$$

式中，E 为粒子的能量.

7. 氢原子理论

(1) 氢原子光谱的实验规律

波数公式 $$\tilde{\nu} = \frac{1}{\lambda} = \frac{\nu}{c} = R\left(\frac{1}{n_2^2} - \frac{1}{n_1^2}\right),$$

式中，$R = 1.096\,776 \times 10^7 \mathrm{m}^{-1}$，为里德伯常数.

(2) 玻尔氢原子理论

① 定态假设. 氢原子中电子只能沿着其中一组特殊的轨道运动，沿着这组轨道运动电子处于稳定态.

② 跃迁假设. $h\nu = E_m - E_n (E_m > E_n)$.

③ 角动量的量子化假设. $L = n\hbar \ (n = 1, 2, 3, \cdots)$.

(3) 量子力学应用于氢原子的主要结果

① 氢原子核外电子的能量为分立值

$$E = -\frac{me^4}{8\varepsilon_0^2 h^2 n^2} \quad (n = 1, 2, 3, \cdots).$$

式中，n 为主量子数.

② 电子的角动量取以下分立值

$$L = \sqrt{l(l+1)}\hbar \quad (l = 0,1,2,\cdots,n-1).$$

式中,l 为轨道量子数或角量子数.

③ 角动量在任一方向的分量取值为

$$L_z = m_l\hbar(m_l = 0, \pm 1,\cdots, \pm l).$$

式中,m_l 为磁量子数.

(4) 原子的壳层结构

原子中的电子状态由四个量子数决定:主量子数 n,角量子数 l,磁量子数 m_l,自旋量子数 m_s($m_s = \pm \dfrac{1}{2}$,决定电子自旋角动量在某一方向的分量).

(5) 泡利不相容原理

在同一个原子中,不可能有两个或两个以上的电子处在完全相同的量子态,即不可能具有完全相同的四个量子数.

14.3 常见及疑难问题答疑

问题 1 黑体的颜色都是黑的吗?

答 不都是的.所谓黑体是指对各种波长的光吸收率均为 1 的物体.而颜色是与人眼的光谱灵敏度(视见函数)有关的概念.一般来说,人的眼睛对 550 ～ 600nm 的光最敏感,而对红外(400nm 以下)和紫外(750nm 以上)的光几乎没有感觉.在常温下(约 300K),黑体的发射光谱峰值在波长 10um 左右(远红外),看起来当然是"黑色"的.但是,当温度升高时,比如,3000K 时,其光谱峰值大约在 0.9 ～ 1um,波长比 λ_m 短的光谱也占相当份额,此时黑体看起来即为紫色或蓝色,并不是黑色的.由此可见,黑体的颜色与黑体的温度有关,并不是黑色的.例如,太阳在物理上可以当作黑体来处理,但太阳并不是黑色的.

问题 2 光电效应与康普顿效应都包含电子与光子的相互作用,它们之间有什么区别?

答 一般来说,光电效应是能量比较低的光子(如可见光或紫外光)与较重金属中的自由电子发生非弹性碰撞.这些电子不是完全自由的,它们被束缚在金属表面以内.通常是一个电子吸收一个光子的全部能量(激光出现后,发现有多光子效应),克服逸出功,逸出金属表面,遵守能量守恒定律.而对于康普顿效应,一般是高能光子(硬 X 射线或 γ 射线)与完全自由的电子相互作用.这里所谓的完全自由的电子是相对能量较大的光子而言,因为物质中其他粒子对该电子的束缚能相比高能光子的能量可以忽略不计.在康普顿散射中,光子与电子的相互作用可看作是完全弹性碰撞,满足能量守恒与动量守恒定律.光子仅损失一部分能量,从而使光子的能量变小,波长变长,而电子吸收这部分能量形成高速飞行的反冲电子.

由此可见,无论从实验观察来看,还是从产生机制来看,光电效应与康普顿效应是两个能量截然不同的光子与电子的相互作用过程.

问题 3 如何理解波函数的统计解释?

答 一个动量为 p,能量为 E 的自由粒子德布罗意波的波长为 $\lambda = \dfrac{h}{p}$,频率为 $\nu = \dfrac{E}{h}$,与之相对应的波函数为 $\psi(x,t) = Ae^{-i\frac{2\pi}{h}(Et-px)}$.人们不禁要问:波函数中究竟什么量在发生振动?这是一个无法回答的问题.由于量子物理中的物质波与经典物理中的机械波、电磁波是不同

的. 机械波中可以是压强、位移或密度的振动，电磁波中是电场强度或磁场强度的振动. 但在物质波的概念中，波函数 $\psi(x,t)$ 并不是一个可观察的物理量. 按照玻恩的解释，$|\psi|^2=\psi\cdot\psi^*$ 才是一个可观察的物理量，它反映了单位空间区域粒子出现的概率. 在电子衍射实验中，照相底板中曝光量的大小就反映了电子在该处出现的概率大小，即 $|\psi|^2=\psi\cdot\psi^*$. 量子力学诞生至今，大量实验表明，对波函数的概率解释是合理的. 虽然波函数并不代表任何客观意义的物理量的振动，但 $|\psi|^2$ 是可以观察的量. 因此，ψ 必然受到一定的限制 —— 它必须是连续的、单值的、有限的，而且满足 $\int|\psi|^2\mathrm{d}V=1$ 的归一化条件，这些条件称为波函数的标准条件.

波函数的概率解释与标准化条件在用薛定谔方程解决微观粒子问题上是十分重要的. 以氢原子为例，当我们用薛定谔方程解氢原子问题时，利用波函数的标准化条件就可以自然地推导出电子能量、角动量投影的量子化条件，而无需像玻尔理论那样，把量子化条件 $L=n\hbar$ 作为假设而强加在氢原子的核外电子上去.

可见，波函数既有类似于经典物理中波的表示的一面，又有与它相异的一面，我们应正确理解物质波波函数的含义.

问题 4 光究竟是波还是粒子?

答 对光的本性的研究经历了粒子说 — 波动说 — 光子说. 有人不禁要问：光究竟是粒子还是波?必须指出，粒子与波是宏观物理中两个最基本的物理模型（还有一个就是场）. 我们知道，模型乃是高度的抽象，它代表某一类物质运动的主要特征. 光作为微观物理中物质运动，我们企图用宏观物理中的粒子或波这两个模型中的一个完全描述它，是不可能的. 在某些过程，如光的传播（包括干涉、衍射），光的波动性更为突出，用波来描述它是恰当的，也是成功的；在另一些过程中，如：光与物质的相互作用，光的粒子性较为突出，用波的模型来描述光就不恰当、不成功，而用光子模型来描述就比较成功. 因此，我们可以说光既是波（有波动性）又是粒子（有粒子性），也可以说光既不是波（不完全是宏观物理上的波），也不是粒子（不是宏观物理上的粒子），光就是光.

另外，我们从测不准关系 $\Delta x\Delta p\geqslant\frac{\hbar}{2}$ 来看，由于 $p=\frac{h}{\lambda}$，$\Delta p=-\frac{h}{\lambda^2}\Delta\lambda$，那么，当一个粒子的位置在某一特定时刻被无限精确定位（$\Delta x\to 0$）时，它的动量将通过表征其波动性的物理量 λ 来说明（$\lambda=\frac{h}{p}$）将是完全不知道的（即 $\Delta\lambda\to+\infty$）. 这就是说，在客体表现其粒子性时，其波动性就必定被抑制；同样地，客体表现出波动性，其粒子性必定被抑制，即不可能同时观测到物质的粒子性与波动性.

问题 5 实物粒子的德布罗意波与电磁波有什么不同?解释描述实物粒子的波函数的物理意义.

答 实物粒子的德布罗意波是反映粒子在空间各点的分布规律；电磁波反映的是电场强度与磁场强度在空间各点的分布.

波函数绝对值的平方表示粒子在某处出现的概率密度.

14.4 解题要点及例题详解

解题要点 正确理解相关物理概念、物理方程及其应用

例 14-1 已知钨的逸出功 $A=4.52\mathrm{eV}$，钠的逸出功是 $2.30\mathrm{eV}$，试分别求出它们的红限波

长，并判断哪种金属材料适宜用作可见光范围的光电材料？

解 由爱因斯坦方程

$$h\nu = \frac{1}{2}mv_m^2 + A$$

当$\frac{1}{2}mv_m^2 = 0$时，$h\nu_0 = A$，$\lambda_0 = \frac{hc}{A}$.

故钨的红限波长为 $\lambda_0 = \frac{hc}{A} = \frac{6.63\times10^{-34}\times3\times10^8}{4.52\times1.6\times10^{-10}} = 2.75(\mathrm{nm})$，

波长在远紫外.

钠的红限波长为 $\lambda_0 = \frac{hc}{A} = \frac{6.63\times10^{-34}\times3\times10^8}{2.30\times1.6\times10^{-10}} = 540(\mathrm{nm})$，

波长在绿光范围，故钠适宜作可见光范围的光电材料.

***例 14-2** 波长为$\lambda = 0.1\mathrm{nm}$的X射线束和波长为$\lambda = 1.88\times10^{-3}\mathrm{nm}$的γ射线束分别与自由电子发生弹性碰撞，假设从与入射方向成90°去观察散射辐射，问：(1) 每种情况的康普顿波长偏移是多少；(2) 传递给反冲电子的动能为多少；(3) 入射光碰撞时失去的能量占总能量的百分之几？

解 (1) 由$\Delta\lambda = \frac{h}{m_0c}(1-\cos\theta)$，则

$$\Delta\lambda_X = \Delta\lambda_\gamma = \frac{h}{m_0c}(1-\cos90^\circ) = 0.00243(\mathrm{nm}).$$

说明两种情况下$\Delta\lambda$相同.

(2) 设电子反冲动能为E_{ke}，则

$$\frac{hc}{\lambda_0} = \frac{hc}{\lambda} + E_{ke} = \frac{hc}{\lambda_0+\Delta\lambda} + E_{ke},$$

可得

$$E_{ke} = \frac{hc\Delta\lambda}{\lambda_0(\lambda_0+\Delta\lambda)}.$$

分别将$\lambda_0 = 0.1\mathrm{nm}$的X射线和$\lambda_0 = 1.88\times10^{-3}\mathrm{nm}$的γ射线代入上式可得

$$E_{keX} = 4.73\times10^{-17}\mathrm{J} = 295(\mathrm{eV}),$$

$$E_{ke\gamma} = 5.98\times10^{-14}\mathrm{J} = 373\,750(\mathrm{eV}).$$

(3) 入射X射线光子的能量为

$$E_X = h\nu = \frac{hc}{\lambda_0} = 1.99\times10^{-15} = 12\,400(\mathrm{eV}).$$

而光子损失的能量等于反冲电子获得的能量295eV，所以能量损失的百分比为

$$\frac{\Delta E_X}{E_X}\times100\% = \frac{295}{12\,400}\times100\% = 2.34\%,$$

同理，入射γ射线光子的能量为

$$E_\gamma = h\nu = \frac{hc}{\lambda_0} = 105.7978 \times 10^{-15} = 661236(\text{eV}).$$

而光子损失的能量等于反冲电子获得的能量 373750eV，所以能量损失的百分比为

$$\frac{\Delta E_\gamma}{E_\gamma} \times 100\% = \frac{3737505}{661236} \times 100\% = 56.52\%.$$

例 14-3 一个电子沿 x 方向运动，其动量不确定量是 $\Delta P_x = 10^{25}\,\text{kg}\cdot\text{m}\cdot\text{s}^{-1}$，能将这个电子约束在内的最小容器的大概尺寸是多少？

解 对于微观粒子具有波粒二象性，一般不能同时用坐标和动量描述它所处的状态. 若一定要用坐标和动量来同时描述，则坐标和动量不能同时精确测定，它们受不确定关系的限制. 故本题用不确定关系式求解.

由不确定性关系式，得

$$\Delta x \geqslant \frac{\hbar}{2\Delta p_x} = \frac{1.05 \times 10^{-34}}{2 \times 10^{-25}} = 0.53 \times 10^{-9}(\text{m}),$$

即能将电子容纳在内的容器的最小尺寸为 0.53×10^{-9}m.

例 14-4 当氢原子处于第一激发态($K = 2$)时，若用可见光(400 ～ 760nm)照射，能否使之电离?试作定量判断.

解 由巴尔末公式

$$\frac{1}{\lambda} = R_{\text{H}}\left(\frac{1}{K^2} - \frac{1}{n^2}\right),$$

使处于第一激发态 $K = 2$ 的电子电离，即 $n = \infty$ 则需波长

$$\lambda = \frac{4}{R_{\text{H}}}, \quad R_{\text{H}} = 1.097 \times 10^7\,\text{m}^{-1}.$$

算得 $\lambda = 3.65 \times 10^{-7}\,\text{m} = 365\text{nm}$，相应此波长的能量为

$$\varepsilon_{\text{H}} = \frac{hc}{\lambda} = \frac{6.63 \times 10^{-34} \times 3 \times 10^8}{365 \times 10^{-9}} = 5.42 \times 10^{-19}(\text{J}) = 3.4(\text{eV}).$$

而波长最短的可见光为 400nm，相应光子的能量为

$$\varepsilon_\gamma = \frac{hc}{\lambda_\gamma} = \frac{6.63 \times 10^{-34} \times 3 \times 10^8}{400 \times 10^{-9}} = 3.1(\text{eV}).$$

从能量(或波长)比较可见，由于紫外能量 $3.1\text{eV} < 3.4\text{eV}$(或波长 $\lambda_{紫} = 400\text{nm} > 365\text{nm}$ 即电离所需光的波长)，所以可见光不能使处于氢原子第一激发态的电子电离.

例 14-5 一个粒子沿 x 方向运动，可以用下列波函数描述 $\psi(x) = C\dfrac{1}{1+\text{i}x}$. (1) 由归一化条件定出常数 C；(2) 求概率密度函数；(3) 什么地方出现粒子的概率最大?

分析 归一化常数、概率密度和概率极值点的计算. 由于所给的波函数 $\psi(x)$ 是复数，所以首先要求出其共轭复数 $\psi^*(x)$，然后由归一化条件通过积分求出常数 C. 由概率密度定义 $\omega = \psi \cdot \psi^*$ 直接求出 ω，再对 ω 求极大值，经挑选找出合理的解.

解 (1) $\psi = C\dfrac{1}{1+\mathrm{i}x} = C\dfrac{1-\mathrm{i}x}{1+x^2}$,有 $\psi^* = C\dfrac{1+\mathrm{i}x}{1+x^2}$.

由归一化条件$\int_{-\infty}^{+\infty}\psi^*\psi\mathrm{d}x = 1$求$C$,

$$\int_{-\infty}^{+\infty}\psi^*\psi\mathrm{d}x = C^2\int_{-\infty}^{+\infty}\frac{1+x^2}{(1+x^2)^2}\mathrm{d}x$$

$$= C^2\int_{-\infty}^{+\infty}\frac{1}{1+x^2}\mathrm{d}x = C^2\arctan x\Big|_{-\infty}^{+\infty} = C^2\pi.$$

令 $C^2\pi = 1$,得 $C = \dfrac{1}{\sqrt{\pi}}$.

(2) $\omega(x) = \psi\cdot\psi^* = \dfrac{1}{\pi(1+x^2)}$.

(3) 由$\dfrac{\mathrm{d}\omega(x)}{\mathrm{d}x}\Big|_{x=x_m} = 0$,其解只有 $x_m = 0$. 再由$\dfrac{\mathrm{d}^2\omega}{\mathrm{d}x^2}\Big|_{x=0} < 0$,故判断其为最大值. 又因为 $x_m = 0$ 在粒子可以出现的范围内,所以是合理的解. 故 $x = 0$ 处粒子出现的概率最大.

14.5 能力训练

一、选择题

1. 锡的红限是 230nm,若用波长 190nm 的紫外光照射,从其表面逸出的光电子能量约为( ).

A) 11.4eV B) 1.14eV C) 0.114eV D) 114eV

2. 光可以看成光量子的有力实验证据之一是( ).

A) 康普顿散射 B) α 粒子散射

C) 光的双缝干涉 D) 光的双折射实验

3. 一运动中子的质量为 $m = 1.67\times10^{-27}$kg,速度为 $10\mathrm{m}\cdot\mathrm{s}^{-1}$,则其德布罗意波波长为( ).

A) 897nm B) 39.7nm C) 0.04nm D) 4nm

4. 一个电子的德布罗意波波长 λ 与一个光子的波长相等,则电子与光子的( ).

A) 动量相等 B) 能量相等

C) 动量与能量都相等 D) 不能确定

5. 原子从能量为 E_m 的状态跃迁到能量为 E_n 的状态时,发出的光子的能量为( ).

A) $\dfrac{E_n}{n}-\dfrac{E_m}{m}$ B) $\dfrac{E_n}{n^2}-\dfrac{E_m}{m^2}$ C) E_m+E_n D) E_m-E_n

6. 光电效应中发射的光电子的初动能随入射光频率 ν 的变化关系如图 14-1 所示,由图中可以直接求出普朗克常数的是( ).

A) Q B) OP C) $\dfrac{OP}{OQ}$ D) $\dfrac{QS}{OS}$

7. 电子显微镜中的电子从静止开始通过电势差为U的静电场加速后,其德布罗意波波长为 0.04nm,则 U 约为( ).

A) 150V B) 330V C) 630V D) 940V

8. 原子中主量子数 $n = 4$ 对应的状态数为( ).

A) 32 B) 16 C) 9 D) 18

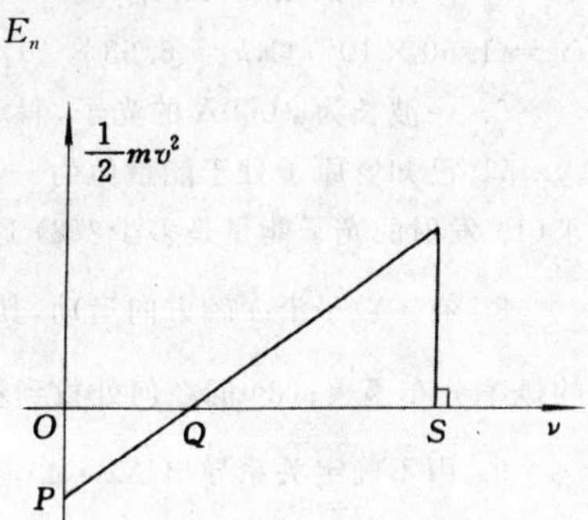

图 14-1

9. 已知粒子在一维矩形无限深的势阱中运动，其波函数为 $\psi(x)=\frac{1}{\sqrt{a}}\cos\frac{3\pi x}{2a}(-a\leqslant x\leqslant a)$，那么粒子在 $x=\frac{5}{6}a$ 处出现的概率密度为(　　).

A) $\frac{1}{2a}$　　B) $\frac{1}{a}$　　C) $\frac{1}{\sqrt{2a}}$　　D) $\frac{1}{\sqrt{a}}$

10. 如图 14-2 所示，一束动量为 P 的电子，通过宽度为 a 的狭缝，在距离为 R 处放置一荧光屏，屏上衍射图样中央最大宽度 d 等于(　　).

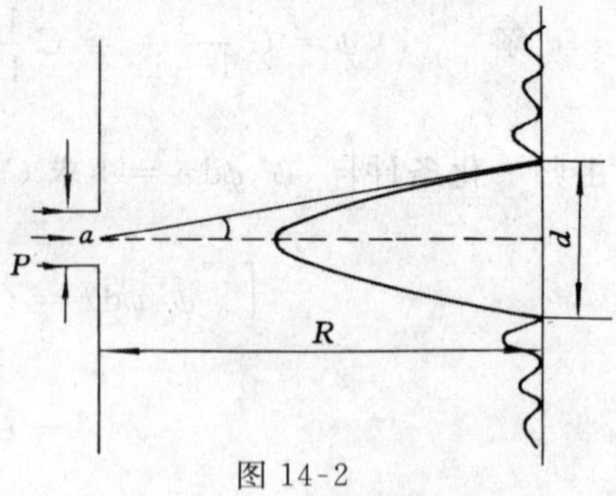

图 14-2

A) $\frac{2a^2}{R}$　　B) $\frac{2ha}{P}$　　C) $\frac{2ha}{RP}$　　D) $\frac{2hR}{aP}$

二、填空题

1. 将星球看作绝对黑体，若太阳的 $\lambda_m=0.55\mu m$，则太阳的表面温度为________.

2. 空腔辐射体在 6000K 时，辐射的峰值波长为________.

3. 已知 X 射线的能量为 0.50MeV，在康普顿散射之后，波长变化了 20%，则反冲电子的能量为________.

4. 电子的静止质量 $m_0=9.1\times10^{-31}$ kg，速度 $v=8.4\times10^6\,m\cdot s^{-1}$，因 $v\ll c$，则电子的德布罗意波长 $\lambda=$________m.

5. 频率为 ν 的光子的能量为______，质量为______，动量为______，动能为______.

6. 在康普顿效应中，散射光子的能量______入射光子的能量，散射光子的波长______入射光子的波长(填大于，等于，小于).

*7. 处于主量子数为 n 的氢原子，其角量子数 $l=$______，共____个，磁量子数 $m=$____，共____个，这情况下氢原子的总状态数是____个.

8. 要使电子从基态脱离氢核而电离，至少需要的能量是________.

*9. 如果电子的位置限制在 x 和 $x+\Delta x$ 之间，$\Delta x=0.5$Å，则电子的 Δp_x 近似为______(单位为 $kg\cdot m\cdot s^{-1}$).

*10. 一维无限深方势阱宽度为 a，粒子的波函数为 $\Psi(x)=\sqrt{\frac{2}{a}}\sin\frac{2\pi}{a}x(0<x<a)$，则发现粒子概率最大的位置是________.

三、计算题

1. 当用波长 300nm 的光照射在一种材料上，发射电子的动能为 1.2eV，求该材料的逸出功.

2. 当波长为 400nm 的光照射阈波长为 600nm 的材料表面时，从表面发射出的电子动能为多少？

3. 波长为 0.03nm 的 X 射线被一个电子产生 60° 的康普顿散射，求散射光子的波长及散射后电子的能量.

4. 如果我们需要观察一个大小为 0.25nm 的对象，可用的光子的最小能量为多少？

5. 今测得钠在波长 $\lambda=5000$Å 的单色光照射下产生光电效应的遏止电压 $U_a=0.65$V，试求钠的逸出功($e=1.60\times10^{-19}$C，$h=6.63\times10^{-34}$ J·s).

6. 一波长为 3000Å 的光子，假定其波长测量精确度为 1%，求该光子位置的不确定量.

7. 已知氢原子处于能量值为 −0.85eV 能级上，当它由该能级跃迁到比基态高 10.20eV 的另一级上时. 求(1) 发射的光子能量是多少？(2) 这两个能级对应的主量子数是多少？

8. 有一粒子沿 x 轴方向运动，其波函数为 $\psi(x)=\frac{A}{1+ix}$，求(1) 将此波函数归一化；(2) 求出粒子按坐标的概率分布函数；(3) 问在何处找到粒子的概率最大，为多少？

9. 由不确定关系导出 $\Delta x\cdot\Delta\lambda\geqslant\frac{\lambda^2}{4\pi}$，若假设 $\lambda=500$nm，$\frac{\Delta\lambda}{\lambda}=1\%$，用该结果计算 Δx.

10. 若一个电子的动能等于它的静能，求其动量及德布罗意波长.

*第 15 章　原子核物理和粒子物理简介

粒子物理和核物理的研究处于整个物理学研究的最前沿，它是研究粒子和原子核的性质、结构、相互作用及运动规律，探索物质世界更深层次的结构和更基本的运动规律的学科. 核物理的研究曾导致了核能的广泛利用. 粒子物理和核物理的实验研究对极为精密和极为复杂的仪器设备以及先进实验技术的需求，是高新技术发展的推动力之一.

本章主要讨论原子核的基本性质、放射性衰变的基本规律及获得核能的两种方法，介绍基本粒子的种类及其所参与的几种相互作用，从而培养学生对科学的兴趣以及探索精神.

15.1　基本要求

(1) 了解原子核的基本性质；

(2) 了解放射性衰变的基本规律并能进行简单计算；

(3) 了解原子核的裂变与聚变；

(4) 了解粒子的基本属性及其分类；

(5) 了解粒子参与的三种基本相互作用中的守恒定律，并能用其判断相互作用的类型；

(6) 了解强子的夸克模型及常见强子的夸克构成.

15.2　重要概念及主要公式

1. 原子核的基本知识

(1) 核素. 即原子核由质子和中子构成. 记为 ${}_Z^AX$，Z 为质子数，A 为核子数.

(2) 原子质量单位. 一个处于基态的中性 ${}_6^{12}C$ 原子质量的 $\frac{1}{12}$ 定义为原子质量单位 u.

$$1u = 1.660\,540\,2 \times 10^{-27}\,\text{kg}.$$

(3) 原子核的半径. 原子核半径 R 可近似地表示为

$$R = r_0 A^{1/3},$$

式中，$r_0 = 1.20\text{fm}$（费米）是对所有核都适合的一个常量，A 为核子数.

(4) 原子核的核自旋和磁矩

核自旋　$$I = \sqrt{i(i+1)}\hbar,$$

式中，i 称为核自旋量子数. 核自旋 I 在给定方向的投影为 $m_I h$，m_I 称为原子核的磁量子数.

原子核的磁矩　$$\mu_I = g_I \sqrt{i(i+1)}\mu_N,$$

式中，$\mu_N = \frac{e\hbar}{2m_p} = 5.050\,787 \times 10^{-27}\,\text{J}\cdot\text{T}^{-1}$，称为核磁子，是原子核磁矩的单位；$g_I$ 称为原子核的 g 因子.

(5) 原子核的质量亏损. 组成原子核的核子的质量和与原子核的质量的差值. 记为 Δm，通常可用中性原子的质量表示为

$$\Delta m = ZM_{\mathrm{H}} + (A - Z)m_{\mathrm{n}} - M_{\mathrm{x}},$$

其中，M_{x} 为原子核的质量.

(6) 原子核的结合能

$$E_{\mathrm{b}} = \Delta mc^2 = [M_{\mathrm{H}} + (A - Z)m_{\mathrm{n}} - M_{\mathrm{x}}]c^2.$$

比结合能

$$\varepsilon = E_{\mathrm{b}}/A,$$

即每个核子的平均结合能.

2. 核力和介子理论

(1) 核力的一般性质. 核力是短程强作用力；核力与核子的电荷无关；核力是具有饱和性的交换力；核力与核子的自旋取向有关；核力中除了有心力外，还包含有微弱的非有心力成分.

(2) 核力的介子理论. 1935 年日本物理学家汤川秀树提出核力是一种交换力，核子间通过交换媒介粒子 π^+，π^- 或 π^0 介子而发生相互作用. 1947 年由实验证实.

3. 放射性衰变的基本规律

(1) 指数衰变律

$$N = N_0 \mathrm{e}^{-\lambda t},$$

式中，N 为尚未衰变的原子核数目，N_0 为原有原子核的数目，λ 为衰变常数.

(2) 半衰期. 放射性原子核数衰变到原来数目的一半所需的时间.

$$T = \frac{\ln 2}{\lambda}.$$

(3) 平均寿命. 每个放射性原子核衰变前存在时间的平均值.

$$\tau = \frac{1}{\lambda} = \frac{T}{\ln 2}.$$

(4) 放射性活度 A. 一个放射物质在单位时间内发生衰变的原子核数目.

$$A = A_0 \mathrm{e}^{-\lambda t},$$

式中，$A_0 = \lambda N_0$ 为 $t = 0$ 时放射源的活度.

4. 核反应的能量

核反应是原子核受到粒子轰击而发生的变化，是研究原子核结构与性质的重要途径. 一般可表示为 $\mathrm{A} + \mathrm{a} \rightarrow \mathrm{B} + \mathrm{b}$. A 和 a 分别表示靶核和入射粒子，B 和 b 分别表示剩余核和出射粒子.

(1) 反应能 Q

$$Q = (E_{\mathrm{B}} + E_{\mathrm{b}}) - (E_{\mathrm{A}} + E_{\mathrm{a}}) = [(M_{\mathrm{A}} + M_{\mathrm{a}}) - (M_{\mathrm{B}} + M_{\mathrm{b}})]c^2,$$

反应能 $Q>0$,为放能反应;$Q<0$,为吸能反应. 其中 M_B, M_b, M_A, M_a 和 E_B, E_b, E_A, E_a 分别为核反应中各粒子的静止质量和动能.

(2) 核反应的 Q 方程

$$Q=\left(1+\frac{M_b}{M_B}\right)E_b-\left(1-\frac{M_a}{M_B}\right)E_a-\frac{2\sqrt{M_aM_bE_aE_b}}{M_B}\cos\theta,$$

E_a 和 E_b 分别为入射粒子和出射粒子的动能,θ 为出射粒子与入射粒子之间的夹角.

(3) 阈能 E_{th}

引起核反应的入射粒子(核)的最低动能. 对于放能反应原则上为零,对于吸能反应阈能为

$$E_{th}=\frac{(M_A+M_a)\,|Q|}{M_A}.$$

5. 核裂变与核聚变

核能是由原子核结合能发生变化而产生的. 重核的裂变和轻核的聚变是取得核能的两条重要途径. 依靠裂变,人们不仅制造了原子弹,而且建造了原子核反应堆. 依靠聚变取得能量的例子有:太阳能(引力约束聚变),氢弹(惯性约束聚变)等. 人们离可控地获取核聚变能量尚有一定的距离.

6. 粒子的基本属性

粒子属性可用以下物理量描述:质量、寿命、电荷、自旋、同位旋、轻子数、重子数、奇异数、超荷、内禀宇称.

7. 共振态粒子和反粒子

共振态粒子. 寿命特短的(约 10^{-23} s) 粒子.

反粒子. 描述反粒子和正粒子的物理量的绝对值相同,但某个或某些物理量(如电荷或磁矩)的符号相反.

8. 粒子的分类

(1) 按粒子自旋分为两类:玻色子和费米子.

玻色子. 自旋为普朗克常数的整数倍的粒子.

费米子. 自旋为普朗克常数的半整数倍的粒子.

(2) 按粒子可参与的相互作用情况可分为媒介子、轻子、强子三类.

① 媒介子. 也叫规范玻色子是传递相互作用的粒子. 有四种,即光子(传递电磁作用)、中间玻色子 W^+, W^- 和 Z^0(传递弱相互作用)、胶子(传递强相互作用) 及引力子(传递万有引力,有待实验证实).

② 轻子. 不参与强相互作用的费米子. 包括电子 e, μ 子和 τ 子及其相应的中微子(电子中微子, μ 子中微子和 τ 子中微子),再加上其反粒子共 12 种.

③ 强子. 参与强相互作用的粒子. 可分为介子和重子. 介子是玻色子例如 π 介子、K 介子;重子是费米子,重子由核子(质子和中子) 和超子构成.

9. 守恒定律和几种基本相互作用

三种相互作用和守恒定律的关系见表 15-1，表中，“−” 表示不守恒，“+” 表示守恒.

表 15-1　　　　三种相互作用和守恒定律的关系

守恒量	能量	动量	角动量	电荷	轻子数	重子数	同位旋	同位旋分量	奇异数	宇称
强相互作用	+	+	+	+	+	+	+	+	+	+
弱相互作用	+	+	+	+	+	+	−	−	−	−
电磁相互作用	+	+	+	+	+	+	−	+	+	+

10. 强子结构的夸克模型

每个介子由一个夸克和一个反夸克组成，每个重子由三个夸克组成.

15.3　常见及疑难问题答疑

问题 1　如何理解核能?

答　核能分为重核裂变能和轻核聚变能两种. 重核裂变是指一个重原子核，分裂成两个或多个中等原子量的原子核，引起链式反应，从而释放出巨大的能量. 例如，当用一个中子轰击 ^{235}U 的原子核时，它就会分裂成两个质量较小的原子核，同时产生 2 ~ 3 个中子和 β，γ 等射线，并释放出约 200 兆电子伏特的能量. 如果再有一个新产生的中子去轰击另一个 ^{235}U 原子核，便引起新的裂变，以此类推，裂变反应不断地持续下去，从而形成了裂变链式反应，与此同时，核能也连续不断地释放出来；轻核聚变是指在高温下(几百万度以上)重氢核(氘核)与超重氢核(氚核)结合成氦放出大量能量的过程，也称热核反应. 由于原子核间有很强的静电排斥力，因此在一般的温度和压力下，很难发生聚变反应. 而在太阳等恒星内部，压力和温度都极高，所以就使得轻核有了足够的动能克服静电斥力而发生持续的聚变. 核聚变反应必须在极高的压力和温度下进行，故称为“热核聚变反应”. 氢弹是利用氘、氚原子核的聚变反应瞬间释放巨大能量这一原理制成的，但它释放能量有着不可控性，所以有时造成了极大的杀伤破坏作用. 目前正在研制的“受控热核聚变反应装置”也是应用了轻核聚变原理，由于这种热核反应是人工控制的，可用作能源. 人们已经利用核裂变能发电、供热，也正在研究受控核聚变，试图开发利用核聚变能，有关能源专家认为，如果解决了核聚变技术，那么人类将能从根本上解决能源问题.

问题 2　究竟什么是夸克?

答　在用实验探求质子的内部结构的同时，物理学家已经尝试提出了强子由一些更基本的粒子组成的模型. 这些理论中最成功的是 1964 年盖尔曼和茨威格提出的，他们认为所有的强子都由更小的称为“夸克”(在我国理论物理学家称其为“层子”)的粒子所组成.

夸克是一种费米子，它们的自旋都是 $\frac{1}{2}$，而电荷量是元电荷 e 的 $-\frac{1}{3}$ 或 $\frac{2}{3}$. 目前认识到夸克共有六种(味道)即上夸克 u，下夸克 d，粲夸克 c，奇夸克 s，顶夸克 t 和底夸克 b. 同时每种夸克都有三种颜色即红、绿、蓝. 再加上其反粒子共有 36 种夸克. 然而单个的夸克(或层子)至今未找到.

夸克组成了所有的强子,如一个质子由两个上夸克(带 $+\frac{2}{3}e$ 电荷)和一个下夸克($-\frac{1}{3}e$)组成,一个中子由两个下夸克和一个上夸克组成. 上、下夸克的质量略微不同. 中子的质量比质子的质量略大一点点,过去认为可能是由于中子、质子的带电量不同造成的,现在看来,这应归于下夸克质量比上夸克质量略大一点.

15.4 解题要点及例题详解

解题要点 正确理解相关物理概念、物理方程及其应用.

例 15-1 试计算 1u 的质量所相当的能量为多少?

解 $1u = 1.6605402 \times 10^{-27}$ kg.

由质能关系式 $E = mc^2$,1u 的质量所相当的能量为

$$E = 1.6605402 \times 10^{-27} \times (299792458)^2$$
$$= 1.492419104 \times 10^{-10}(\mathrm{J}) = 931.49(\mathrm{MeV}).$$

例 15-2 已知 ${}^7_3\mathrm{Li}$ 原子的质量 $M_{\mathrm{Li}} = 7.016004u$,试计算 ${}^7_3\mathrm{Li}$ 核的结合能和比结合能分别为多少?

解 计算原子核的结合能时,首先要获得该原子核对应的原子质量,氢原子的质量和中子的质量,然后计算出其质量亏损 Δm. 再由 $E_b = \Delta mc^2$ 可得到结合能. 通常质量亏损以 u 为单位,只要乘以 931.49(1u 的质量所相当的能量)就得到以 MeV 为单位的结合能.

${}^1_1\mathrm{H}$ 原子的质量为 $M_{\mathrm{H}} = 1.007825u$,

中子的质量为 $M_{\mathrm{n}} = 1.008665u$,

${}^7_3\mathrm{Li}$ 原子的质量为 $M_{\mathrm{Li}} = 7.016004u$.

因此,质量亏损 Δm 为

$$\Delta m = (3 \times 1.007825 + 4 \times 1.008665)u - 7.016004u = 0.042131u.$$

结合能

$$E_b = 0.042131 \times 931.49 = 39.24(\mathrm{MeV}),$$

比结合能为

$$\frac{E_b}{A} = \frac{39.24}{7} = 5.61(\mathrm{MeV}).$$

例 15-3 已知 ${}^{224}\mathrm{Ra}$ 的半衰期为 3.66 天,试求 1 天中衰变掉多少份额?若开始有 1μg,则 1 天中衰变掉多少原子?

解 由 $N = N_0 e^{-\lambda t} = e^{-\frac{t}{T}\ln 2} = 2^{-\frac{t}{T}}$,

1 天中的衰变份额为 $1 - \frac{N_1}{N_0} = 1 - 2^{-\frac{1}{3.66}} = 17.25\%$,

$1\mu g\,^{224}Ra$ 中的原子数目为

$$\frac{m}{M}N_A=\frac{1\times10^{-6}}{224}\times6.022\times10^{23}=2.688\times10^{15}(\text{个}).$$

1 天中衰变掉的原子数目为

$$2.688\times10^{15}\times17.25\%=4.64\times10^{14}(\text{个}).$$

例 15-4 分析下列反应是否可能发生 $p+\pi^-\rightarrow n+\pi^0$.

解

	p	π^-	n	π^0	
轻子数 L	0	0	0	0	$\Delta L=0$
重子数 B	1	0	1	0	$\Delta B=0$
电荷数 Q	1	-1	0	0	$\Delta Q=0$
奇异数 S	0	0	0	0	$\Delta S=0$
同位旋 I_z	$\frac{1}{2}$	-1	$-\frac{1}{2}$	0	$\Delta I_z=0$
同位旋 I	$\frac{1}{2}$	1	$\frac{1}{2}$	1	$\Delta I=0$

由于反应前后，轻子数、重子数、电荷数、奇异数、同位旋 I_z 和同位旋 I 都守恒，所以反应能够发生.

例 15-5 分析下列过程

$$\Lambda^0\rightarrow p+\pi^-$$

其同位旋和奇异数的守恒情况，并说明这一过程是什么相互作用？

解

	Λ^0	p	π^-	
奇异数 S	-1	0	0	$\Delta S=1$
同位旋 I	0	$\frac{1}{2}$	1	$\Delta I=\frac{3}{2}$

由于此过程的奇异数和同位旋都不守恒，而轻子数和重子数都守恒，故为弱相互作用过程.

15.5 能力训练

一、填空题

1. $^{238}_{92}Sr$ 核中有______个质子，______个中子，半径为______________ fm.

2. 由质量亏损可求得 $^{208}_{82}P_b$ 的结合能为________，比结合能为__________.

3. 已知 ^{210}Po 的半衰期为 138.4 天，则 $1\mu g\,^{21}Po$ 的放射性活度为______.

4. 获得核能的两条重要途径为______________和________________.

5. 核子间通过交换____________________发生相互作用.

6. 光子只参与________相互作用，中微子只参与_______相互作用.

7. 参与强相互作用最轻的粒子为____________.

8. 质子由_______个上夸克_______个下夸克构成，而中子由_______个上夸克_________个下夸克构成.

9. 粒子按其参与的相互作用可分为_______、________和_________三类.

10. 由夸克模型可知，每个重子由______________组成，每个介子由_______________组成.

二、计算题

1. ^{60}Co是重要的医用放射性同位素，它的半衰期为5.27年. 求(1) 衰变常量和平均寿命；(2)1年衰变的份额；(3)1g ^{60}Co的放射性活度和100mCi的钴源中含有^{60}Co的质量.

2. 在几种元素的同位素$^{12}_{6}C$，$^{13}_{6}C$，$^{14}_{6}C$，$^{14}_{7}N$，$^{15}_{7}N$，$^{16}_{8}O$和$^{17}_{8}O$中，哪些同位素的核包含相同的(1) 质子数；(2) 中子数；(3) 核子数？哪些同位素有相同的核外电子？

3. $^{6}_{2}He$核的质量是6.01779u，$^{6}_{3}Li$核的质量是6.01348u，试分别计算两核的结合能和比结合能.

4. 已知^{222}Rn的半衰期为3.824天，求1μCi和10^3 Bq的^{222}Rn的质量分别是多少？

5. 实验室中已观察到下列过程：

$$\Xi \to \Lambda^0 + \pi^-, 0$$

试分析其同位旋和奇异数的守恒情况，并判断它属于何种相互作用？

6. 试分析反应$K^- + p \to \Lambda^0 + K^0$能否发生？

7. 设重子的$Q=+1$，$S=+1$和$Q=+2$，$S=0$，试用夸克u，d，s和相应的反夸克考察是否能组成上述重子？

8. 指出下列各项分别属于何种力或相互作用？

(1) 太阳系的结合力；

(2) 分子的结合力；

(3) 原子中的结合力；

(4) 核中的结合力；

(5) 衰变$K^0 \to \pi^+ + \pi^-$；

(6) 衰变$\pi^0 \to \gamma + \gamma$.

第16章　分子与固体

固体是分子间存在相互作用的最强的物质存在形式，固体包括晶体和非晶态固体. 固体物理学是研究固体物质的物理性质、微观结构、构成物质的各种粒子的运动形态及其相互关系的科学. 它是物理学中内容极丰富、应用极广泛的分支学科.

通过本章学习使学生理解离子键和共价键两种重要化学键形成的机理及分子结构的基本特点. 理解金属中自由电子的分布规律和导电机制，能带的形成，半导体的导电机制，p-n结的形成以及简单半导体器件的工作原理.

16.1　基本要求

(1) 理解化学键及其构成；

(2) 了解晶体结构的基本特点及分类；

(3) 理解能带理论；熟悉固体能带的形式，并用能带观点区分导体、半导体和绝缘体；熟悉本征半导体，n型半导体和p型半导体；

(4) 理解p-n结的形成以及简单半导体器件的工作原理.

16.2　重点概念及主要公式

1. 化学键

原子间存在的一种相互吸引、能把原子结合成分子的强烈的相互作用，叫化学键. 包括离子键，共价键及金属键.

离子键. 借助阴、阳离子间的静电力而结合成分子的化学键.

共价键. 原子间通过共享电子而产生的化学结合作用.

金属键. 金属中自由电子与金属正离子之间构成的键.

2. 晶体结构的主要特点

组成晶体的原子(离子或分子)按照一定的方式不断作周期性重复排列，构成长程有序.

3. 晶体的分类

晶体按其价电子间的结合形式分为离子晶体、原子晶体、金属晶体、分子晶体和氢键晶体五类.

4. 固体能带结构

N个相同原子组成晶体时，晶体中每个原子原有的每一能级都分裂为N个密集能级，这N个新能级可认为是连续分布的能量带叫能带.

能带与能带之间既可能以禁带(不允许能级存在的能隙)相隔,也可能相接或重迭.

填满电子的能带叫满带,满带电子不参与导电;没有电子的能带叫空带;部分填充电子的能带叫导带;由价电子能级分裂而形成的能带称为价带,价带可以是满带或导带.

5. 导体、绝缘体和半导体

导体的价带不满或价带和空带重迭或相接.

绝缘体的满带和空带之间有较宽的禁带.

半导体的满带和空带之间的禁带宽度较小.

6. 本征半导体与杂质半导体

本征半导体为没有杂质和缺陷的纯净半导体;杂质半导体分为n型半导体与p型半导体.

n(电子)型半导体.参与导电的载流子主要是从施主能级跃迁到导带中去的电子.

p(空穴)型半导体.参与导电的载流子主要是满带中产生的空穴.

16.3 常见及疑难问题答疑

问题1 如何理解化学键?

答 分子中的原子决不是简单地堆砌在一起,而是存在着强烈的相互作用.化学上把这种分子中原子间的强烈的相互作用叫做化学键.键的实质是一种力,所以有的又叫键力,或就叫键.化学键主要有三种基本类型,即离子键、共价键和金属键.

(1) 离子键.离子键是由电子转移(失去电子者为阳离子,获得电子者为阴离子)形成的.即正离子和负离子之间由于静电引力所形成的化学键.离子既可以是单离子,如 Na^+,Cl^-;也可以由原子团形成;如 SO_4^{2-},NO^{3-} 等.离子键的作用力强,无饱和性,无方向性.离子键形成的矿物总是以离子晶体的形式存在.

(2) 共价键.共价键的形成是相邻两个原子之间自旋方向相反的电子相互配对,此时原子轨道相互重叠,两核间的电子云密度相对地增大,从而增加对两核的引力.共价键的作用力很强,有饱和性与方向性.以氯化氢为例,在氯化氢分子中氢原子并没有将它的外层电子交给氯原子.而是两个原子共享一对外层电子而达到饱和状态.

(3) 金属键.金属键由于金属晶体中存在着自由电子,整个金属晶体的原子(或离子)与自由电子形成化学键.这种键可以看成由多个原子共用这些自由电子所组成,所以有人把它叫做改性的共价键.对于这种键还有一种形象化的说法:“好像把金属原子沉浸在自由电子的海洋中”.金属键没有方向性与饱和性.

问题2 晶体结构的基本特征是什么?

答 在外观上晶体具有规则的几何形状,在晶体内,其构成的微粒周期性重复排列,这种排列称为晶格,或空间点阵.因而规则排列长程有序是晶体共有的也是最基本特征.

问题3 绝缘体、导体、半导体的能带结构有什么不同?

答 一般说来,绝缘体的禁带都比半导体宽,常温下从满带激发到空带的电子微不足道,宏观上表现为导电性差.半导体的禁带宽度较小,满带中的电子只需较小的能量就能激发到空带中,宏观上表现为有较绝缘体大而较金属小的电导率.

对金属导体而言,有的价带未被电子填满,是未满带.如一价金属;有的虽然价带中所有量子态被电子占满，成为满带，但禁带宽度为零，满带与较高的空带相交叠，电子可自由地占据空带，如二价金属；还有的是未满带与空带相交叠. 在外电场作用下，未满带中的电子都能参与导电过程，因此未满带也称导带.

能带理论在阐明固体的导电结构、合金的某些性质及金属的结合能等方面取得了重大成就，但它毕竟是一种近似理论，不能解释涉及电子相互作用的许多现象.

问题 4 半导体的导电机构是什么?适当掺入杂质和加热都能使半导体的电导率增加，这两种处理本质上有无不同?

答 本征半导体在极低温度下，价带是满带. 受到热激发或光照后，满带中的部分电子会越过禁带跃迁到空带，使空带成为导带，满带中因缺少一个电子而形成一个带正电的空穴. 导带中的电子和满带中的空穴都是载流子，在外电场作用下都能做定向运动而形成电流. 这种由电子 - 空穴对的产生而形成的混合型导电称为本征导电. 在一定温度下，电子 - 空穴对的产生和复合同时存在并处于动态平衡，此时半导体具有一定的载流子浓度，从而具有一定的电导率. 温度升高时，载流子浓度增加，电导率增大.

杂质半导体由于掺有微量杂质，在禁带中产生附加的杂质能级. 掺入施主杂质的 n 型半导体，施主能级位于禁带上方靠近导带底. 施主能级上的电子激发到导带成为导电载流子所需的能量远小于从满带跃迁到导带所需的能量. 同理，掺入受主杂质的 p 型半导体，受主能级通常位于禁带下方. 满带中的电子跃迁到受主能级，在满带中形成一个能导电的空穴所需的能量远小于本征半导体形成电子 — 空穴对所需能量. 因此，掺杂后的半导体可分为以导带中的电子为主要载流子的(n 型半导体) 电子型导电和以满带中的空穴为主要载流子的(p 型半导体) 空穴型导电两种类型. 由于掺杂半导体产生载流子所需能量很小，其载流子浓度(多数载流子)远大于在同一温度下产生的电子 - 空穴对浓度(少数载流子). 因此，室温下杂质半导体的电导率主要由杂质电离产生的载流子浓度决定. 温度升高时本征激发也加剧，同样使电导率增大，但达到一定温度时，无论是 p 型还是 n 型半导体都将转变为本征导电.

少数载流子在半导体器件的各种效应中具有重要作用.

问题 5 p-n 结是怎样形成的，p-n 结附近能带是怎样的?试用能带理论解释晶体二极管的整流作用.

由于 p 型半导体中空穴浓度较大，n 型半导体中电子浓度较大，两种半导体接触面附近，空穴从 p 型区向 n 型区扩散，电子从 n 型区向 p 型区扩散，使界面两侧形成一层电偶极层，电偶极层的电场阻止空穴和电子的扩散，促使电子和空穴向相反方向漂移，当扩散和漂移达到平衡后，电偶层内电荷分布稳定，在界面两侧形成一定的接触电势差 U_0，这个电偶极层就是 p-n 结. 其电场如图 16-1(a) 所示.

由于接触电势差 U_0 的存在，使电子在 p-n 结两侧的静电能不等，在电势高处电势能低，在电势低处电势能高，这种附加的静电势能使 p-n 结附近能带发生弯曲，如图 16-1(b) 所示. 能带高度有一相对平移，其差值为电子势能的变化值 $|eU_0|$，形成势垒区，势垒阻止 n 型中的电子进入 p 型，也阻止 p 型中的空穴进入 n 型.

在有外电场加到 p-n 结上时，势垒的高度就会发生变化，当电压正向时，势垒降低，载流子的扩散运动大于漂移运动，形成正向电流. 随着正向电压的增加，p-n 结电场的减弱也越显着，载流子的扩散运动越明显，电流迅速增大. 当加反向电压时，势垒增加，阻挡层变厚，多数载流子的扩散难以通过阻挡层，只有少数载流子的漂移运动形成反向的小电流，且随反向电压增加，反向电流增加也很慢，起到整流作用.

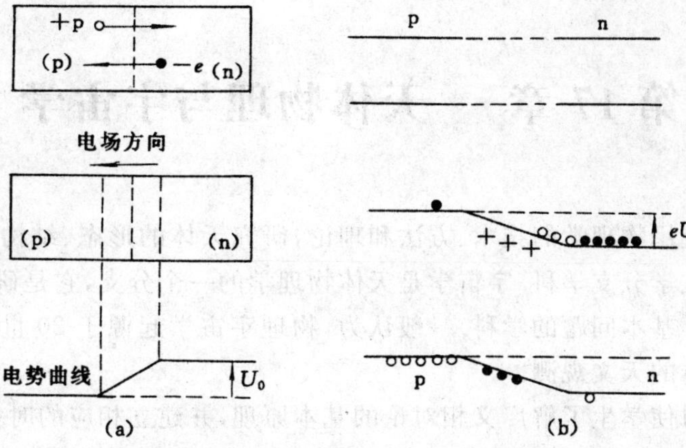

图 16-1

16.4 思考题

1. 比较一下孤立原子中电子与晶体中电子的能量特性.

2. 从能带结构来看,导体、半导体和绝缘体有什么不同?

3. 半导体的导电机理是什么?适当掺入杂质和加热都能使半导体的电导率增加,这两种处理方法本质上有无不同?

4. p 型半导体中没有自由电子,为什么能够导电?

5. 本征半导体与杂质半导体在导电性能上有什么区别?

6. p-n 结是怎样形成的?试用能带理论解释晶体二极管的整流作用.

7. p 型半导体与 n 型半导体接触后形成 p-n 结,n 型区的电子能否无限地向 p 区扩散,为什么?

8. 用本征半导体能测量到霍尔效应吗?

第 17 章　天体物理与宇宙学

天体物理学是应用物理学的技术、方法和理论，研究天体的形态、结构、化学组成、物理状态和演化规律的天文学分支学科. 宇宙学是天体物理学的一个分支，它是研究宇宙大尺度结构和宇宙形成及演化等基本问题的学科. 一般认为，物理宇宙学起源于 20 世纪的爱因斯坦广义相对论和对极远天体的天文观测.

通过本章的学习使学生了解广义相对论的基本原理，并建立相应的时空观；了解天体和宇宙演化的物理图像，建立科学的自然观和宇宙观.

17.1　基本要求

(1) 了解宇宙学的研究对象；

(2) 了解广义相对论的基本原理并建立相应的时空观；

(3) 了解引力红移，引力辐射现象；

(4) 了解白矮星，中子星及黑洞的形成演化；

(5) 了解宇宙学的基本模型大爆炸理论及暴胀宇宙理论.

17.2　重点概念及主要公式

1. 宇宙学的研究对象

(1) 行星层次；

(2) 恒星层次；

(3) 星系层次；

(4) 整个宇宙.

2. 广义相对论的基本内容

广义相对论是爱因斯坦在 1915 年发表的理论. 爱因斯坦提出“等效原理”，即引力和惯性力是等效的. 这一原理建立在引力质量与惯性质量的等价性上. 根据等效原理，爱因斯坦把狭义相对性原理推广为广义相对性原理，即一切参考系都是平权的，物理定律应该在广义的时空下形式不变.

3. 光线的引力偏折

根据广义相对论，光和物体的运动一样，受到引力场的作用，会偏向引力源.

4. 弯曲时空

在爱因斯坦广义相对论中，引力并不是一种力，而是弯曲时空的一种属性. 质量使时空弯曲，即将时空压出坑、阱来.不同质量的天体使时空弯曲的曲率不同，即压出不同深度的阱和沟(瞬时为阱、动态的为沟)，这曲率值就是引力的大小，也就是“引力阱”的深度.广义相对论的一个重要理论是“加速度与引力等价”，这就是说，加速度可以抵消引力.形象地说，物体的运动加速度可以“填平”引力阱，或者说将弯曲时空拉平拉直.

5. 引力辐射

引力场产生的引力振荡，也就是向外发射引力波的现象.引力波也是以光速传播的.

6. 引力红移

在引力场的作用下谱线向红端移动.按照广义相对论，处在引力场中的光源发出的光，当从远离引力场的地方观测时，谱线会向红端(长波方向)移动，移动量同光源和观测者两处引力势差的大小成正比.

7. 恒星的归宿(死亡)　白矮星、中子星或黑洞

(1) 白矮星.一种低光度、高密度、高温度的恒星.因为它的颜色呈白色、体积比较矮小，因此被命名为白矮星.目前人们已经观测发现的白矮星有1000多颗.天狼星的伴星是第一颗被人们发现的白矮星，也是所观测到的最亮的白矮星.

(2) 中子星.一种比白矮星密度更大的恒星，主要是由中子以及少量的质子、电子所组成的超密恒星.

(3) 黑洞.是广义相对论所预言的一种天体.一个质量比太阳大8倍以上的恒星，一般经过超新星爆发留下超过二三个太阳质量的核，将没有任何力能阻止它继续坍缩.当它的半径小于引力半径 $r_g = 2GM/c^2$ (G 为万有引力常数，c 为光速，M 为天体的质量)时，没有任何物质或辐射能够逃逸出来，成为黑洞.在此区域内的万有引力非常强大，任何物质甚至光线都不可能从此区域内逃逸出去，因此黑洞不会发光，不能用天文望远镜看到，是黑漆漆的天体，但天文学家可藉观察黑洞周围物质被吸引时的情况，找出黑洞位置.

8. 哈勃定律

$$\text{星系的退行速度} = \text{哈勃常数} \times \text{星系的距离}.$$

9. 宇宙模型大爆炸理论及暴胀理论

(1) 大爆炸理论.提出宇宙是由早期温度极高且密度极大，体积极小的物质迅速膨胀形成的，这是一个由热到冷、由密到稀，不断膨胀的过程，尤如一次规模极其巨大的超级大爆炸.

(2) 暴胀理论.1979—1981年，美国科学家古斯、温伯格和威尔茨克三人提出“暴胀宇宙学”理论.这个学说认为，在大爆炸后不到 10^{-35} s 的瞬间，宇宙迅速地膨胀，故称为“暴胀”.

17.3 常见及疑难问题答疑

问题1 白矮星和中子星有什么区别?

答 中子星的密度为 10^{11} kg·cm^{-3}，也就是每立方厘米的质量竟为一亿吨之巨!对比起白矮星的每立方厘米几十吨，后者似乎就不值一提了.事实上，中子星的质量是如此之大，半

径10km的中子星的质量就与太阳的质量相当了.

同白矮星一样,中子星是处于演化后期的恒星,它也是在老年恒星的中心形成的.只不过能够形成中子星的恒星,其质量更大罢了.根据科学家的计算,当老年恒星的质量大于10个太阳的质量时,它就有可能最后变为一颗中子星,而质量小于10个太阳的恒星往往只能变化为一颗白矮星.

但是,中子星与白矮星的区别,决不只是生成它们的恒星质量不同.它们的物质存在状态也是完全不同的.

简单地说,白矮星的密度虽然大,但还在正常物质结构能达到的最大密度范围内:电子还是电子,原子核还是原子核.而在中子星里,压力是如此之大,白矮星中的简并电子再也承受不起挤压了:电子被压缩到原子核中,同质子中和为中子,使原子变得仅由中子组成.而整个中子星就是由这样的原子核紧挨在一起形成的.可以这样说,中子星就是一个巨大的原子核.中子星的密度就是原子核的密度.

在形成的过程方面,中子星同白矮星是非常类似的.当恒星外壳向外膨胀时,它的核受反作用力而收缩.核在巨大的压力和由此产生的高温下发生一系列复杂的物理变化,最后形成一颗中子星内核.而整个恒星将以一次极为壮观的爆炸来了结自己的生命.这就是天文学中著名的"超新星爆发".

问题2　大爆炸宇宙学模型的成就.

答　宇宙早期的温度极高,今天的温度已降到极低(绝对温度3K).如此巨大的温度跨度是任何实验室条件都无法办到的.但是人们可以把已有的关于粒子物理、核物理、等离子体物理以及其他的物理知识应用于不同的宇宙演化阶段来预言各种宇宙学效应.例如,大爆炸核合成及微波背景辐射等.通过多年的天文观测,这些预言已逐渐被证实,从而成为大爆炸宇宙模型的有力证据.

(1) 大尺度的均匀和各向同性.这是大爆炸宇宙模型的基础,对宇宙大尺度结构的观测结果已经证实宇宙学原理的正确性.即宇宙在大尺度上一定是均匀各向同性,1989年发射的COBE卫星对微波背景辐射的精密测量进一步表明在10^{-4}精度内宇宙是各向均匀、同性的.

(2) 哈勃定律.从哈勃定律得到启示建立的大爆炸宇宙模型反过来可以预言这种定律.它已被28000个星系的红移(或退行速度)与距离的关系的观测数据所证实.

(3) 宇宙的年龄.宇宙既然是在一次大爆炸中诞生,那就可以谈论它的年龄.大爆炸宇宙学预言宇宙今天的年龄约为150亿年,宇宙中的结构,例如,恒星、星系等,都是在宇宙形成以后逐渐形成的,所以它们的年龄必须小于宇宙年龄.近年来,人们通过采用多种不同的方式来测定星系和恒星的年龄,例如测量放射性元素及其衰变产物在星体中的丰度等,最后得到的结果是完全一致的.即星系和恒星的年龄,都在几十亿年的数量级,这与宇宙的年龄是相容的.

(4) 大爆炸的核合成.大爆炸宇宙学认为最初的宇宙中,既没有分子,也没有原子.第一批原子核是在大爆炸后10^{-2}s到3min这一时间内,由质子和中子组合而成并遗留至今的.因而预言了宇宙中轻元素的丰度(如氦的丰度约为25%,氢的丰度约为75%).多年来人们对天体范围内的轻元素丰度的观测结果,正好与大爆炸的预言相一致.从而成为大爆炸宇宙学的最早证据.

(5) 微波背景辐射.大爆炸宇宙学模型认为温度降低到3000K左右时,中性原子将大量形成,光子与它们失去耦合,从而作为宇宙中的一个独立组分存留下来.伽莫夫预言,这种作为历史遗迹的背景光子应当可以在今天观测到,并估计出大约温度为10K.1964年就在物理学家们计划用辐射计观测这种背景辐射的时候，美国贝尔电话实验室的两位工程师，彭齐亚斯和威尔逊在安装调试卫星天线的过程中，发现天空各个不同方向上都存在一种不变的相当于3.5K的黑体辐射背景(即微波背景辐射). 他们因此获得了1978年的诺贝尔物理学奖. 后来，1989年发射的COBE(宇宙背景探测者)卫星则最终测定出在 10^{-4} 精度内宇宙背景辐射是各向同性的，且测得背景光子的温度为2.7K，于是从理论上预言的，在 4×10^5 年时留下的遗迹终于被实测充分证实了，这也成为大爆炸宇宙学的最强有力的证据.

大爆炸宇宙学模型发展至今，特别是关于轻元素丰度的解释和微波背景辐射的测量，说明大爆炸宇宙学模型正在走向成熟. 但这并不能说明该理论无可挑剔. 相反，大爆炸理论存在诸多包括视界问题、平坦性问题(现已被暴胀理论所解释)、奇性问题、磁单极子问题、重子不对称问题、暗物质问题和宇宙常数等困难，这些有待于进一步研究. 相信对这些问题的不断解决，必将进一步完善大爆炸宇宙学模型.

问题 3 如何理解空间弯曲?

答 空间弯曲在常态下是不容易感知的，而像黑洞和中子星这样的极端环境人们又无法达到. 所以在人类连续几千年的智慧中，都没有实现过对空间弯曲的感知. 包括牛顿，他把平直的引力观念推广到了整个太阳系，并认为可以推广到整个宇宙. 是爱因斯坦从那种错误中将真理拯救了出来. 爱因斯坦认为，空间是四面八方立体交错的有纹理织物，是一张厚厚的看不见的网，在这样的网中，任何物体都不可能真正实现自由运动，而且我们肉眼看见的物体因为吸引产生运动的动力其实不是一种力，而是处在时空倾斜情况下的必然行为.

牛顿曾经无法弄清引力是怎么回事，他只好把引力的来源归之于“上帝”. 只有爱因斯坦的相对论，才使人们明白，空间曲率才是引力现象真正的原因. 在这个曲面中，我们中学一直学习的平面几何理论也就是欧几里得几何学都只是对空间弯曲极小情况下的近似描述. 所以一到弯曲厉害的空间中，它就完全失灵甚至成为彻底的谬论.

有了物体才有空间，但空间又与物体截然不同. 空间为物体存在提供了一个支撑的舞台，这个舞台的形状只会被质量改变，密度越大质量越大的物体，在空间舞台上会凹陷得越深，这就跟在一块橡皮毯子上放一个哈密瓜和一个同样大小的铅球一样，后者会把毯子压出一个深深的坑. 不过，让空间发生形变的难度是相当大的，但爱因斯坦告诉我们，不管空间弯曲有多难，它总有一个度. 所以在空间的毯子上面放上一个太阳，它产生的凹陷有几个原子大小!但黑洞就不同了，它能将附近的空间拉过来包住自己，所以你看不见黑洞，只能发现它周围的空间捂得严严实实.

总之没有质量的地方空间确实是非常平直的，是质量改变了这一切，而质量无处不在，所以空间无处不弯曲.

问题 4 引力红移与多普勒红移是一回事吗，如何理解?

答 回答是否定的. 多普勒红移是由于辐射源在固定的空间中远离我们所造成的；引力红移是由于光子摆脱引力场向外辐射所造成的. 多普勒红移是1842年，奥地利物理学家多普勒发现，声源由近及远或由远及近会导致声波的频率变高或变低. 为了理解这一现象，可联想一个旅行者在他的旅途中每一周都定期地发一封家信，当他的旅程是离家而去时. 每封信都比前一封信的邮程长一些，因此他的家收到的每两封信相隔的时间将要超过一周，而当他的旅程是向家而来时，每一封信都比前一封信的邮程短一些，于是他的家里不到一周便可收到一封信了. 此外，若声源静止而观测者运动，或者声源和观测者都运动，也会发生这种收听频率和声源频率不一致的情况，这种现象称为多普勒效应. 具有波动性的光也会出现这种效应. 但光与声波的不同之处在于,光波频率的变化使人感觉到是颜色变化,如果恒星远离我们而去,光的谱线就向红光方向移动,称为运动红移,也叫多普勒红移;如果恒星朝向我们运动,光的谱线就向蓝光方向移动,称为蓝移.不难看出:多普勒红移是光源与观察者间相对运动的结果.

20世纪20年代,美国天文家斯莱弗在研究远处的漩涡云系发出的光谱时首先发现了光谱的红移,认识到了漩涡星云正快速远离地球而去.1929年美国天文学家哈勃发现在宇宙空间几乎所有的星系都具有谱线红移现象,而且存在着星系红移量与该星系的距离成正比的关系.这就意味着越远的星系正在以越快的速度远离我们而去,人们把这种运动叫"星系退行".

引力红移是光线在引力场中传播时,它的频率会发生变化.当光线从引力场强的地方(例如太阳附近)传播到引力场弱的地方(例如地球附近)时,其频率会略有降低,波长稍增,即发生引力红移.当光线反向传播时,频率增加,波长变短,即发生引力蓝移.引力红移,在广义相对论看来是在引力场内时间膨胀的结果.时间膨胀的重要表现之一,是任何周期运动的周期增长,光线也是一种波动,波动的周期增长了,也就是光谱的波长增长了,所以才导致光谱红移.一个人的心脏跳动也是一种周期运动,例如,你在地球上每分钟跳动70次,在火星上就会多于70次,因为火星引力比地球小;在木星上就会少于70次,因为木星引力比地球大;在黑洞里就会停止跳动.这都是假定观测者是在地球上.如果你身上有一只从地球带去的表,用这只表记录你的心脏跳动,仍然是70次.爱因斯坦在1911年计算出,从太阳射到地球的光线的相对引力红移变化是 2×10^{-6},这个数值很小,测量起来相当困难.

白矮星的质量大、半径小,其发出光谱的引力红移效应较显著.1925年天文学家亚当斯观测了一颗白矮星天狼A,测到的引力红移与广义相对论的理论基本相符.20世纪60—70年代测得太阳光谱线的引力红移值与理论值的不确定度已小于 $5\%\sim7\%$.

在地面附近高度相差几十米的两点间传播的光线也应产生引力红移.只是这种引力红移的变化更小,只有 10^{-16} 的数量级,一般实验手段难以观测到.1958年穆斯堡尔效应的发现提供了精确完成地面上引力红移实验的可能性.1959年庞德和雷布卡把钴57发射的 γ 射线从22.6m高的塔顶射向地面的接收器,运用穆斯堡尔效应测量塔底处的频率改变量.这实际上是一个引力蓝移的实验.他们的实验相当成功,实验测量值与理论值的不确定度在5%之内.

用引力红移理论,天文工作者可以测出天体的质量比地球大多少或小多少.例如,同一种光谱的波长在地球上是多长.通过望远镜的分光仪,测出某一天体该谱线的波长是多少,与地球上的加以比较,从两者的红移量,就可以分析出地球质量与该天体的质量之比.这就可以算出该天体的质量有多大.综上所述.多普勒的红移与引力红移是两类不能混为一谈的谱线红移现象.

问题5 什么是引力(辐射)波?

答 我们都知道电磁波,那是物体的电磁辐射.静止的电磁场辐射电磁波,加速运动的电荷也会辐射电磁波.我们也知道,物体都有引力,会产生引力场.爱因斯坦在发表广义相对论后不久,预言引力场具有波动性质的引力振荡,加速运动的质量(引力源)也辐射引力波.由于电磁波是由光子传递的,爱因斯坦假定引力波是由引力子传递的.但引力波与电磁波不同,它可穿透任何物体,也不被任何物体所吸收,来自遥远引力辐射源的引力波,不会损失任何所携带的信息.广义相对论认为,物质的质量使时空弯曲,引力就是时空弯曲的量度.如果把宇宙时空比做一块橡胶板,质量不同的天体会在橡胶板上压出深浅不同的坑,即引力阱.天体运动就是在自己的引力阱中滚动,这种滚动会引起橡胶板的轻微波动,而当超新星爆发和黑洞碰撞时,由于质量(即引力)的突然变化,相当于质量在橡胶板上大力弹跳,因而引起橡胶板剧烈地上下抖动. 这种波动和抖动就是引力辐射,即引力波. 由于除了引力源的质量和运动速度因素外,其重要原因是,由加速质量产生的引力波,本身又是一个引力波辐射源,即引力波又产生引力波,且引力总是相加的,因而高致密度的恒星如果以接近光速的速度运动时,可产生不可忽略的引力波.

问题 6　如何理解黑洞?

答　“黑洞”很容易让人望文生义地想象成一个“大黑窟窿”,其实不然. 所谓“黑洞”,就是这样一种天体:它的引力场是如此之强,就连光也不能逃脱出来.

根据广义相对论,引力场将使时空弯曲. 当恒星的体积很大时,它的引力场对时空几乎没什么影响,从恒星表面上某一点发的光可以朝任何方向沿直线射出. 而恒星的半径越小,它对周围的时空弯曲作用就越大,朝某些角度发出的光就将沿弯曲空间返回恒星表面.

当恒星的半径小到一特定值(天文学上叫“史瓦西半径”)时,就连垂直表面发射的光都被捕获了,这时恒星就变成了黑洞. 说它“黑”,是指它就像宇宙中的无底洞,任何物质一旦掉进去,“似乎”就再不能逃出. 实际上黑洞真正是“隐形”的.

那么,黑洞是怎样形成的呢?其实,跟白矮星和中子星一样,黑洞很可能也是由恒星演化而来的.

质量小一些的恒星主要演化成白矮星,质量比较大的恒星则有可能形成中子星. 而根据科学家的计算,中子星的总质量不能大于三倍太阳的质量. 如果超过了这个值,那么将再没有什么力能与自身重力相抗衡了,从而引发另一次大坍缩. 根据科学家的猜想,物质将不可阻挡地向着中心点进军,直至成为一个体积趋于零、密度趋向无限大的“点”. 而当它的半径一旦收缩到一定程度(史瓦西半径),正象我们上面介绍的那样,巨大的引力就使得即使光也无法向外射出,从而切断了恒星与外界的一切联系 ——“黑洞”诞生了.

与别的天体相比,黑洞是显得太特殊了. 例如,黑洞有“隐身术”,人们无法直接观察到它,连科学家都只能对它内部结构提出各种猜想. 那么,黑洞是怎么把自己隐藏起来的呢?答案就是 —— 弯曲的空间. 我们都知道,光是沿直线传播的. 这是一个最基本的常识. 可是根据广义相对论,空间会在引力场作用下弯曲. 这时候,光虽然仍然沿任意两点间的最短距离传播,但走的已经不是直线,而是曲线. 形象地讲,好像光本来是要走直线的,只不过强大的引力把它拉得偏离了原来的方向.

在地球上,由于引力场作用很小,这种弯曲是微乎其微的. 而在黑洞周围,空间的这种变形非常大. 这样,即使是被黑洞挡着的恒星发出的光,虽然有一部分会落入黑洞中消失,可另一部分光线会通过弯曲的空间中绕过黑洞而到达地球. 所以,我们可以毫不费力地观察到黑洞背面的星空,就像黑洞不存在一样,这就是黑洞的隐身术.

更有趣的是,有些恒星不仅是朝着地球发出的光能直接到达地球,它朝其他方向发射的光也可能被附近的黑洞的强引力折射而能到达地球. 这样我们不仅能看见这颗恒星的“脸”,还同时看到它的侧面,甚至后背!

附　录

附录 1　　模拟试卷(上册)

A1

一、选择题(每题 3 分,共 30 分)

1. 在平面直角坐标系 Oxy 中,质量为 0.25kg 的质点受到力 $\boldsymbol{F}=t\boldsymbol{i}$N 的作用. $t=0$ 时,该质点以 $\boldsymbol{v}_0=2\boldsymbol{j}\,\mathrm{m\cdot s^{-1}}$ 的速度通过坐标原点 O,则该质点在任意时刻的位置矢量是(　　).

(A) $2t^2\boldsymbol{i}+2\boldsymbol{j}$ m　　　　(B) $\frac{2}{3}t^3\boldsymbol{i}+2t\boldsymbol{j}$ m

(C) $\frac{3}{4}t^4\boldsymbol{i}+\frac{2}{3}t^3\boldsymbol{j}$ m　　　　(D) 不能确定

2. 在水平冰面上以一定速度向东行驶的炮车,向东南方向斜向上发射一枚炮弹,忽略冰面摩擦和空气阻力,对于炮车和炮弹系统,在此过程中(　　).

(A) 总动量守恒

(B) 总动量在炮车前进方向上的分量守恒,其他方向动量不守恒

(C) 总动量在水平面内任何方向的分量守恒,竖直方向分量不守恒

(D) 总动量在任何方向的分量均不守恒

3. 附图 1-1 所示为一具有球对称性分布的静电场的 E-r 关系曲线. 请指出该静电场是由下列(　　)带电体产生的.

(A) 半径为 R 的均匀带电球面

(B) 半径为 R 的均匀带电球体

(C) 半径为 R 、电荷体密度 $\rho=Ar$ (A 为常数) 的非均匀带电球体

(D) 半径为 R 、电荷体密度 $\rho=A/r$ (A 为常数) 的非均匀带电球体

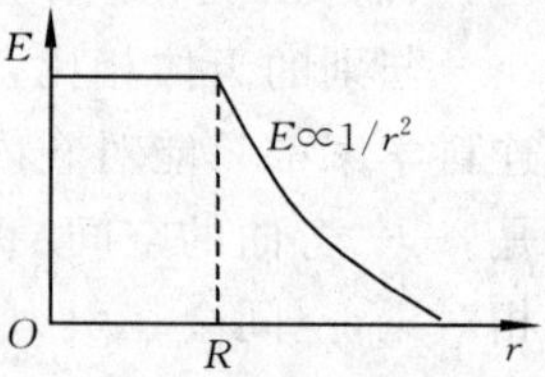

附图 1-1

4. 电荷面密度分别为 $+\sigma$ 和 $-\sigma$ 的两块"无限大"均匀带电的平行平板,如附图 1-2 放置,则其周围空间各点电场强度随位置坐标 x 变化的关系曲线为(设场强方向向右为正、向左为负)(　　).

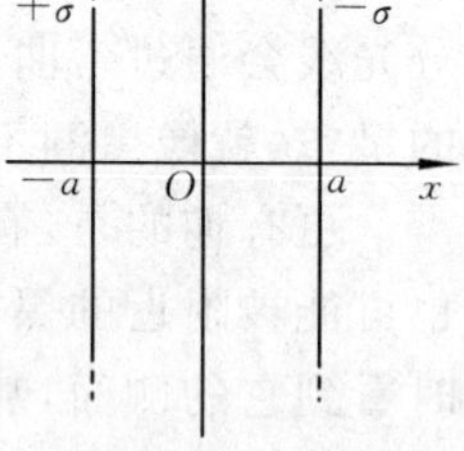

附图 1-2

(A)
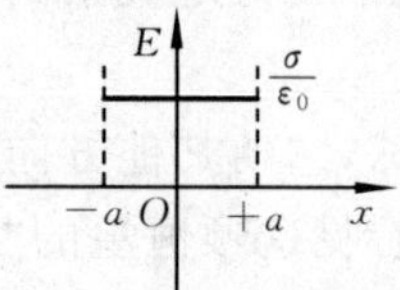

(B)
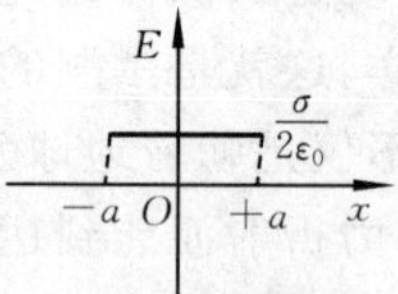

(C)
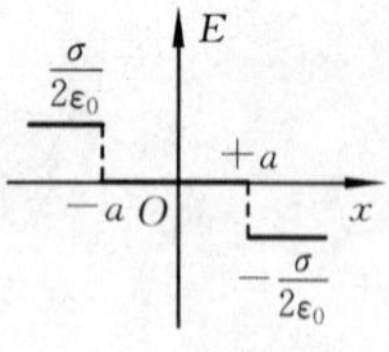

(D)
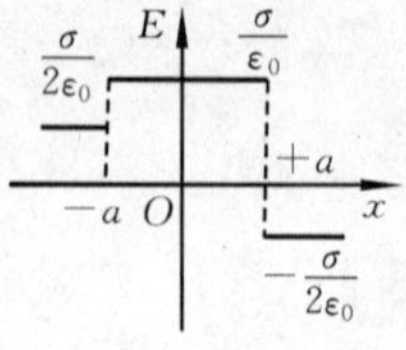

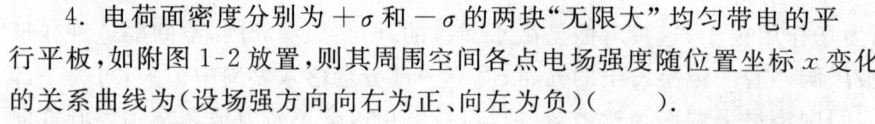

5. 如附图 1-3 所示，无限长直导线在 P 处弯成半径为 R 的圆，当通以电流 I 时，则在圆心 O 点的磁感强度大小等于(　　).

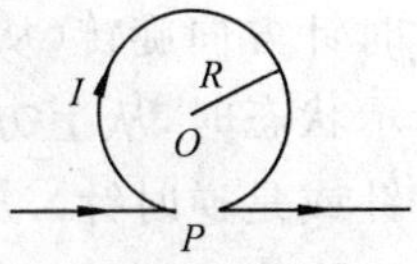

附图 1-3

(A) $\frac{\mu_0 I}{2\pi R}$　　(B) $\frac{\mu_0 I}{4R}$　　(C) 0

(D) $\frac{\mu_0 I}{2R}\left(1-\frac{1}{\pi}\right)$　　(E) $\frac{\mu_0 I}{4R}\left(1+\frac{1}{\pi}\right)$

6. 如附图 1-4 所示的一细螺绕环，它由表面绝缘的导线在铁环上密绕而成，每厘米绕 10 匝. 当导线中的电流 I 为 2.0A 时，测得铁环内的磁感应强度的大小 B 为 1.0T，则可求得铁环的相对磁导率 μ_r 为(真空磁导率 $\mu_0 = 4\pi\times10^{-7}\,\mathrm{T\cdot m\cdot A^{-1}}$)(　　).

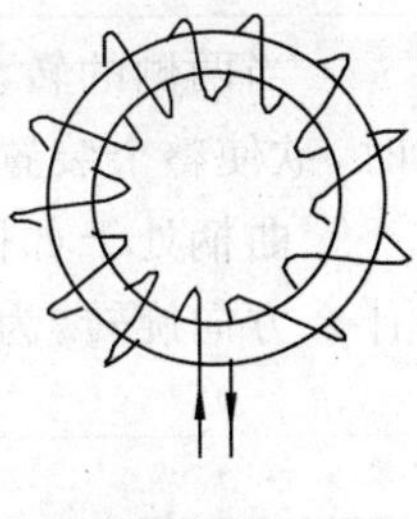
附图 1-4

(A) 7.96×10^2　　(B) 3.98×10^2

(C) 1.99×10^2　　(D) 63.3

7. 如附图 1-5 所示，两个线圈 P 和 Q 并联地接到一电动势恒定的电源上. 线圈 P 的自感和电阻分别是线圈 Q 的两倍，线圈 P 和 Q 之间的互感可忽略不计. 当达到稳定状态后，线圈 P 的磁场能量与 Q 的磁场能量的比值是(　　).

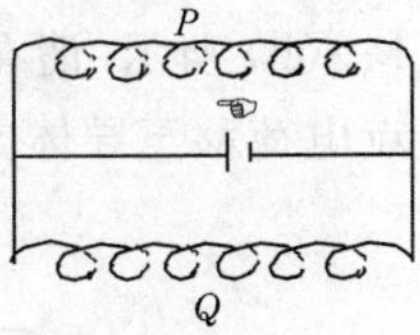

附图 1-5

(A) 4　　(B) 2　　(C) 1　　(D) $\frac{1}{2}$.

8. 如附图 1-6 所示，一定量理想气体从体积 V_1，膨胀到体积 V_2 分别经历的过程是：$A\to B$ 等压过程，$A\to C$ 等温过程；$A\to D$ 绝热过程，其中吸热量最多的过程为(　　).

(A) 是 $A\to B$

(B) 是 $A\to C$

(C) 是 $A\to D$

(D) 既是 $A\to B$ 也是 $A\to C$，两过程吸热一样多

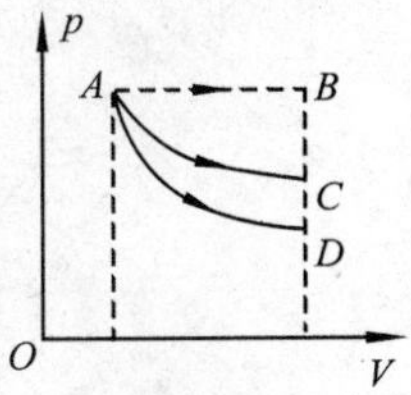

附图 1-6

9. 设附图 1-7 所示的两条曲线分别表示在相同温度下氧气和氢气分子的速率分布曲线；令 $(v_p)_{O_2}$ 和 $(v_p)_{H_2}$ 分别表示氧气和氢气的最概然速率，则(　　).

(A) 图中 a 表示氧气分子的速率分布曲线；$(v_p)_{O_2}/(v_p)_{H_2}=4$

(B) 图中 a 表示氧气分子的速率分布曲线；$(v_p)_{O_2}/(v_p)_{H_2}=1/4$

(C) 图中 b 表示氧气分子的速率分布曲线；$(v_p)_{O_2}/(v_p)_{H_2}=1/4$

(D) 图中 b 表示氧气分子的速率分布曲线；$(v_p)_{O_2}/(v_p)_{H_2}=4$

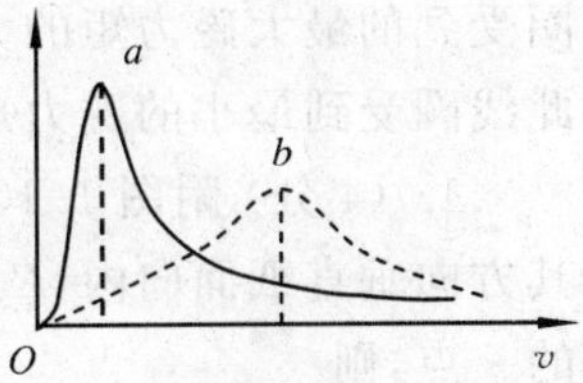

附图 1-7

10. 一绝热容器被隔板分成两半，一半是真空，另一半是理想气体. 若把隔板抽出，气体将进行自由膨胀，达到平衡后(　　).

(A) 温度不变，熵增加　　(B) 温度升高，熵增加

(C) 温度降低，熵增加　　(D) 温度不变，熵不变

二、填空题(共 30 分)

1. (5 分) 如附图 1-8 所示，装置在初始时刻保持静止. 若打开电机，使两侧的转盘均沿顺

时针方向旋转(从转盘的正面看去),则当装置曲柄处于如图所示状态时,从上方俯视,整个装置将沿____________(填顺时针或是逆时针)方向旋转.其原因是

____

____

____

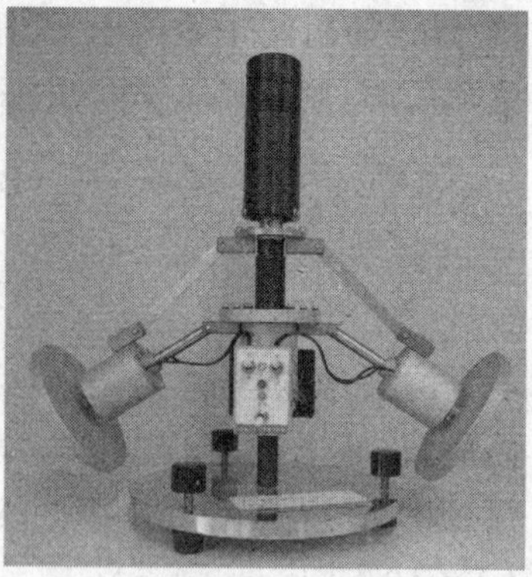

附图 1-8

当两侧的转盘均沿顺时针方向旋转(从转盘的正面看去)时,欲使整个装置不旋转,可采取的措施是______________.

曲柄处于如图所示状态时,从上方俯视,整个装置又将沿什么方向旋转?为什么?

____

____

2. (3 分) 附图 1-9(a) 所示为一接地导体空腔附近、带电量为 q 的静止点电荷周围空间的电场分布(用场线表示)示意图.现将该点电荷移到接地导体空腔内,其电场分布如附图 1-9(b) 所示(请在图(b) 中定性画出其场线分布).再将导体空腔与地断开,把带电量为 $-q$ 的点电荷移至导体空腔附近(附图 1-9(c)),请在附图 1-9(c) 中定性画出其场线分布.

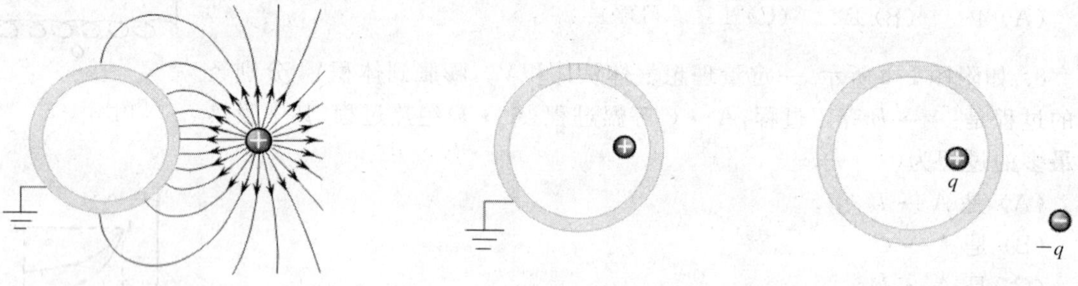

附图 1-9

上述现象称为__________________________.

3. (5 分) 一面积为 S,载有电流 I 的平面闭合线圈置于磁感强度为 $\boldsymbol{B}$ 的均匀磁场中,此线圈受到的最大磁力矩的大小为______________,此时通过线圈的磁通量为______________.当此线圈受到最小的磁力矩作用时通过线圈的磁通量为______________.

4. (4 分) 附图 1-10 所示为一圆柱体的横截面,圆柱体内有一均匀电场 $\boldsymbol{E}$,其方向垂直纸面向内,$\boldsymbol{E}$ 的大小随时间 t 线性增加,P 为柱体内与轴线相距为 r 的一点,则

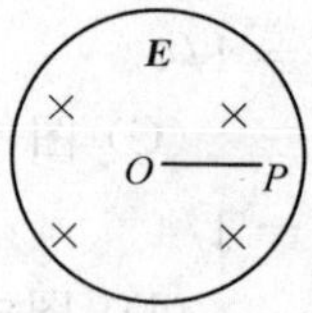

附图 1-10

(1) P 点的位移电流密度的方向为____________________;

(2) P 点感生磁场的方向为__________________________.

5. (5 分) 建立模型是物理学中最重要的基本方法之一.在气体动理论的研究中,关于理想气体分子模型,在最初给出的模型基础上又进行了两次修正.理想气体的这三个理想化模型分别为:

① 推导压强公式时,理想气体分子是__________________________________;

② 讨论能量问题时,理想气体分子是__________________________________;

③ 讨论分子碰撞时，理想气体分子是 ________________.

6.（5 分）某容器内分子数密度为 $10^{26}\mathrm{m}^{-3}$，每个分子的质量为 3×10^{-27}kg，设其中 1/6 分子数以速率 $v=200\mathrm{m}\cdot\mathrm{s}^{-1}$ 垂直地向容器的一壁运动，而其余 $\frac{5}{6}$ 分子或者离开此壁、或者平行此壁方向运动，且分子与容器壁的碰撞为完全弹性的. 则

(1) 每个分子作用于器壁的冲量 $\Delta p=$ ________________；

(2) 每秒碰在器壁单位面积上的分子数 $n_0=$ ________________；

(3) 作用在器壁上的压强 $p=$ ________________.

7.（3 分）储有某种刚性双原子分子理想气体的容器以速度 $v=100\mathrm{m}\cdot\mathrm{s}^{-1}$ 运动，假设该容器突然停止，气体的全部定向运动动能都变为气体分子热运动的动能，此时容器中气体的温度上升 6.74K，由此可知容器中气体的摩尔质量 $M_{\mathrm{mol}}=$ ________________（普适气体常量 $R=8.31\mathrm{J}\cdot\mathrm{mol}^{-1}\cdot\mathrm{K}^{-1}$）.

三、计算题（共 40 分）

1.（5 分）一转动惯量为 J 的圆盘绕一固定轴转动，起初角速度为 ω_0. 设它所受阻力矩与转动角速度成正比，即 $M=-k\omega$（k 为正的常数），求圆盘的角速度从 ω_0 变为 $\frac{1}{2}\omega_0$ 时所需的时间.

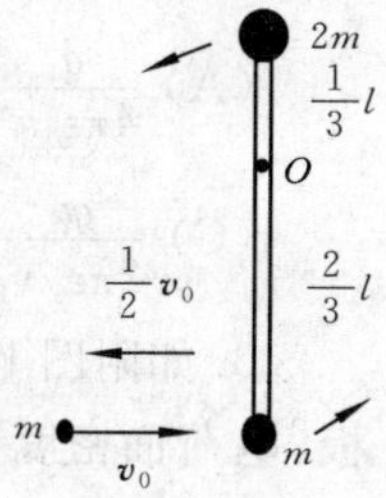

附图 1-11

2.（5 分）如附图 1-11 所示，长为 l 的轻杆，两端各固定质量分别为 m 和 2m 的小球，杆可绕水平光滑固定轴 O 在竖直面内转动，转轴 O 距两端分别为 $\frac{1}{3}l$ 和 $\frac{2}{3}l$. 轻杆原来静止在竖直位置. 今有一质量为 m 的小球，以水平速度 $\boldsymbol{v}_0$ 与杆下端小球 m 作对心碰撞，碰后以 $\frac{1}{2}\boldsymbol{v}$ 的速度返回，试求碰撞后轻杆所获得的角速度.

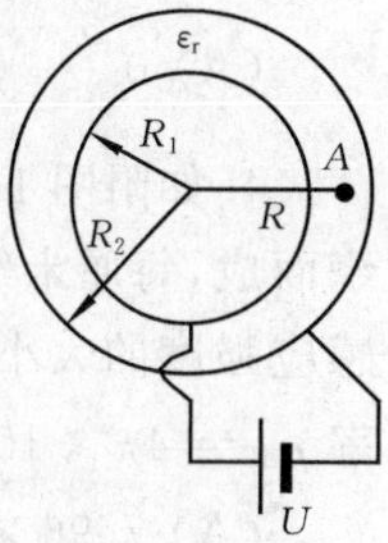

附图 1-12

3.（10 分）一电容器由两个很长的同轴薄圆筒组成，内、外圆筒半径分别为 $R_1=2\mathrm{cm}$，$R_2=5\mathrm{cm}$，其间充满相对介电常量为 ε_r 的各向同性、均匀电介质. 电容器接在电压 $U=32\mathrm{V}$ 的电源上，附图 1-12 所示，试求距离轴线 $R=3.5\mathrm{cm}$ 处的 A 点的电场强度和 A 点与外筒间的电势差.

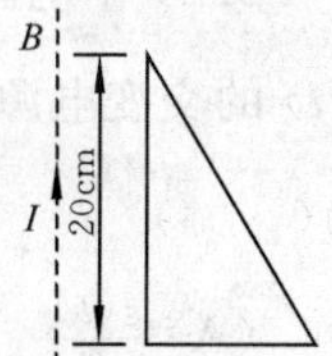

附图 1-13

4.（10 分）如附图 1-13 所示，长直导线 AB 中的电流 I 沿导线向上，并以 $\frac{\mathrm{d}I}{\mathrm{d}t}=2\mathrm{A}\cdot\mathrm{s}^{-1}$ 的变化率均匀增长. 导线附近放一个与之同面的直角三角形线框，其一边与导线平行，位置及线框尺寸如图所示. 求此线框中产生的感应电动势的大小和方向（$\mu_0=4\pi\times10^{-7}\mathrm{T}\cdot\mathrm{m}\cdot\mathrm{A}^{-1}$）.

5.（10 分）气缸内贮有 36g 水蒸汽（视为刚性分子理想气体），经 $abcda$ 循环过程如附图 1-14 所示. 其中 $a\to b$、$c\to d$ 为等体过程，$b\to c$ 为等温过程，$d\to a$ 为等压过程. 试求

(1) $d\to a$ 过程中水蒸气作的功 W_{da}；

(2) $a\to b$ 过程中水蒸气内能的增量 ΔE_{ab}；

(3) 循环过程水蒸汽作的净功 W；

(4) 循环效率 η.

（$1\mathrm{atm}=1.013\times10^5\mathrm{Pa}$）

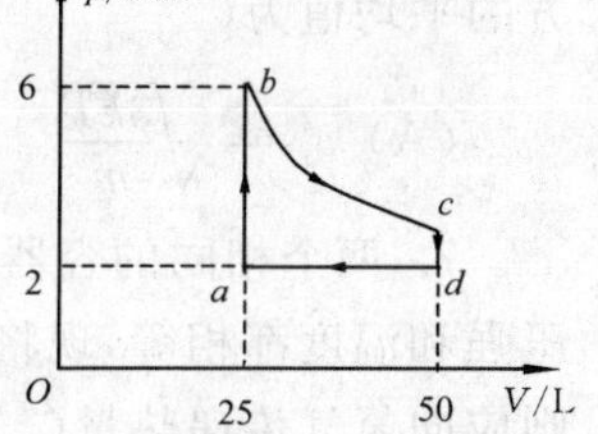

附图 1-14

A2

一、选择题(每题3分,共27分)

1. 如附图1-15所示,A、B为两个相同的绕着轻绳的定滑轮.A滑轮挂一质量为M的物体,B滑轮受拉力F,而且$F=Mg$.设A、B两滑轮的角加速度分别为β_A和β_B,不计滑轮轴的摩擦,则有(　　).

(A) $\beta_A=\beta_B$　　(B) $\beta_A>\beta_B$

(C) $\beta_A<\beta_B$　　(D) 开始时$\beta_A=\beta_B$,以后$\beta_A<\beta_B$

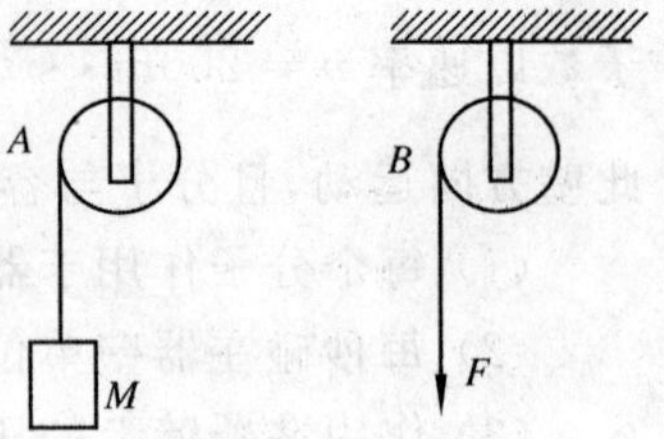

附图 1-15

2. 如附图1-16所示,在坐标$(a,0)$处放置一点电荷$+q$,在坐标$(-a,0)$处放置另一点电荷$-q$.P点是x轴上的一点,坐标为$(x,0)$.当$x>>a$时,该点场强的大小为(　　).

(A) $\dfrac{q}{4\pi\varepsilon_0 x}$　　(B) $\dfrac{qa}{\pi\varepsilon_0 x^3}$

(C) $\dfrac{qa}{2\pi\varepsilon_0 x^3}$　　(D) $\dfrac{q}{4\pi\varepsilon_0 x^2}$

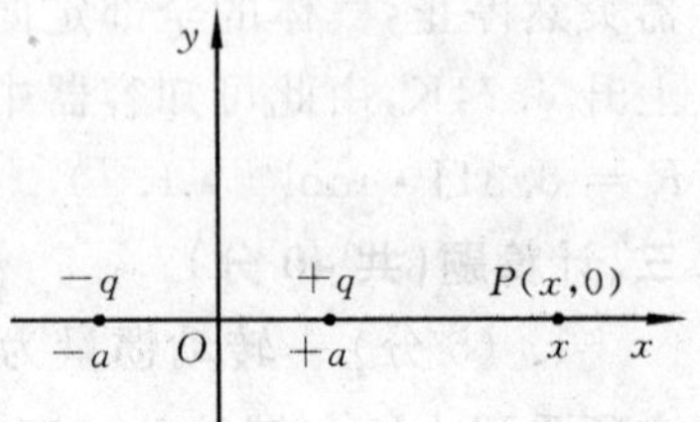

附图 1-16

3. 如附图1-17所示,一厚度为d的"无限大"均匀带电导体板,电荷面密度为σ,则板的两侧离板面距离均为h的两点a、b之间的电势差为(　　).

(A) 0　(B) $\dfrac{\sigma}{2\varepsilon_0}$　(C) $\dfrac{\sigma h}{\varepsilon_0}$　(D) $\dfrac{2\sigma h}{\varepsilon_0}$

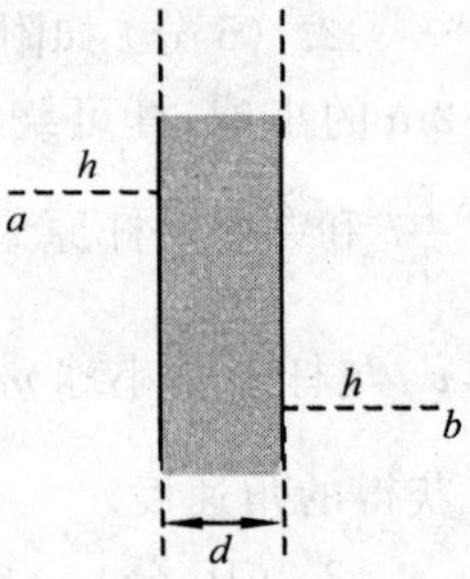

附图 1-17

4. 如附图1-18所示的一细螺绕环,它由表面绝缘的导线在铁环上密绕而成,每厘米绕10匝.当导线中的电流I为2.0A时,测得铁环内的磁感应强度的大小B为1.0T,则可求得铁环的相对磁导率μ_r为(真空磁导率$\mu_0=4\pi\times10^{-7}\,\mathrm{T\cdot m\cdot A^{-1}}$)(　　).

(A) 7.96×10^2　(B) 3.98×10^2　(C) 1.99×10^2　(D) 63.3

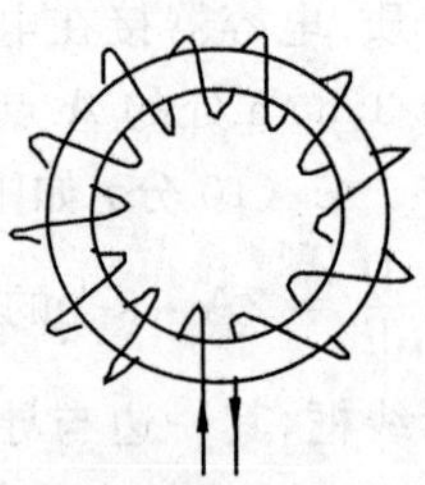

附图 1-18

5. 一个电阻为R,自感系数为L的线圈,将它接在一个电动势为$\varepsilon(t)$的交变电源上,线圈的自感电动势为$\varepsilon_L=-L\dfrac{\mathrm{d}I}{\mathrm{d}t}$,则流过线圈的电流为(　　).

(A) $\dfrac{\varepsilon(t)}{R}$　(B) $\dfrac{\varepsilon(t)-\varepsilon_L}{R}$　(C) $\dfrac{\varepsilon(t)+\varepsilon_L}{R}$　(D) $\dfrac{\varepsilon_L}{R}$

6. 一定量的理想气体贮于某一容器中,温度为T,气体分子的质量为m.根据理想气体的分子模型和统计假设,分子速度在x方向的分量平方的平均值为(　　).

(A) $\overline{v_x^2}=\sqrt{\dfrac{3kT}{m}}$　(B) $\overline{v_x^2}=\dfrac{1}{3}\sqrt{\dfrac{3kT}{m}}$　(C) $\overline{v_x^2}=\dfrac{3kT}{m}$　(D) $\overline{v_x^2}=\dfrac{kT}{m}$

7. 两个相同的容器,一个盛氢气,一个盛氦气(均视为刚性分子理想气体),开始时它们的压强和温度都相等,现将6J热量传给氦气,使之升高到一定温度.若使氢气也升高同样温度,则应向氢气传递热量(　　).

(A) 12J　(B) 10J　(C) 6J　(D) 5J

8. 已知分子总数为N，它们的速率分布函数为$f(v)$，则速率分布在$v_1 \sim v_2$区间内的分子的平均速率为(　　).

(A) $\int_{v_1}^{v_2} vf(v)\mathrm{d}v$　　　　(B) $\int_{v_1}^{v_2} vf(v)\mathrm{d}v$

(C) $\int_{v_1}^{v_2} Nvf(v)\mathrm{d}v$　　　　(D) $\dfrac{\int_{v_1}^{v_2} vf(v)\mathrm{d}v}{\int_{v_1}^{v_2} f(v)\mathrm{d}v}$

9. 1mol 理想气体从p-V图上初态a分别经历如附图 1-19 所示的①或②过程到达末态b. 已知$T_a < T_b$，则这两过程中气体吸收的热量Q_1和Q_2的关系是(　　).

(A) $Q_1 > Q_2 > 0$　　　　(B) $Q_2 > Q_1 > 0$

(C) $Q_2 < Q_1 < 0$　　　　(D) $Q_1 < Q_2 < 0$

(E) $Q_1 = Q_2 > 0$

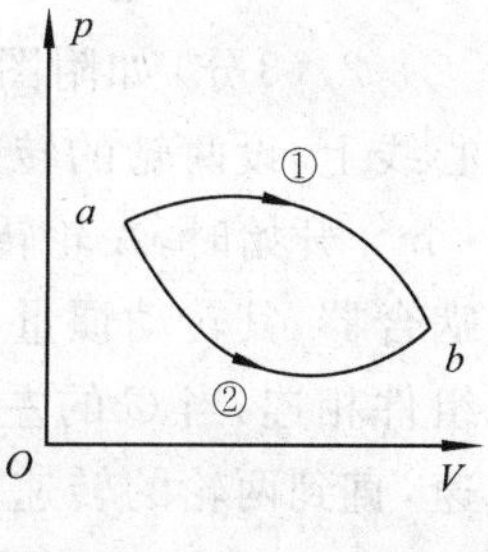

附图 1-19

二、填空题(共 25 分)

1.(3 分) 有一个球形的橡皮膜气球，电荷q均匀地分布在表面上，在此气球被吹大的过程中，被气球表面掠过的点(该点与球中心距离为r)，其电场强度的大小将由____________变为____________.

2.(3 分) 一平行板电容器，极板面积为S，相距为d. 若B板接地，且保持A板的电势$U_A = U_0$不变. 如附图 1-20，把一块面积相同的带有电荷为Q的导体薄板C平行地插入两板中间，则导体薄板C的电势$U_C =$____________.

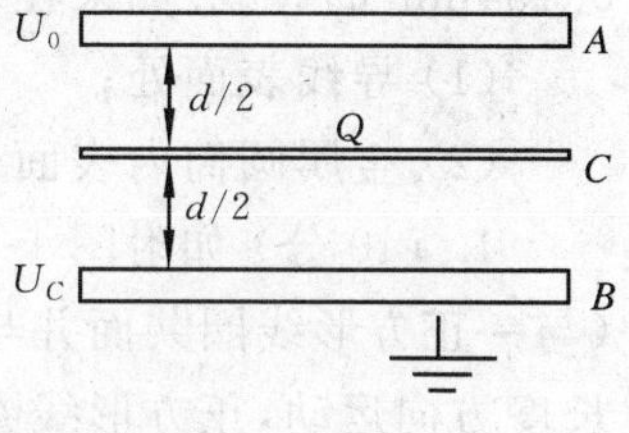

附图 1-20

3.(3 分) 一质量为m，电荷为q的粒子在场强为$\boldsymbol{E}$的匀强电场中运动. 已知其初速度$\boldsymbol{v}$与$\boldsymbol{E}$方向不同，若重力忽略不计，则该粒子的运动轨迹曲线是一条________线.

4. (4 分) 一质点带有电荷$q = 8.0 \times 10^{-10}\,\mathrm{C}$，以速度$v = 3.0 \times 10^5\,\mathrm{m \cdot s^{-1}}$在半径为$R = 6.00 \times 10^{-3}\,\mathrm{m}$的圆周上，作匀速圆周运动.

该带电质点在轨道中心所产生的磁感强度大小$B =$____________，该带电质点轨道运动的磁矩$p_\mathrm{m} =$____________($\mu_0 = 4\pi \times 10^{-7}\,\mathrm{H \cdot m^{-1}}$).

5. (5 分) 半径分别为R_1和R_2的两个半圆弧与直径的两小段构成的通电线圈$abcda$(附图 1-21)，放在磁感强度为$\boldsymbol{B}$的均匀磁场中，$\boldsymbol{B}$平行线圈所在平面. 则线圈的磁矩为____________，线圈受到的磁力矩为____________.

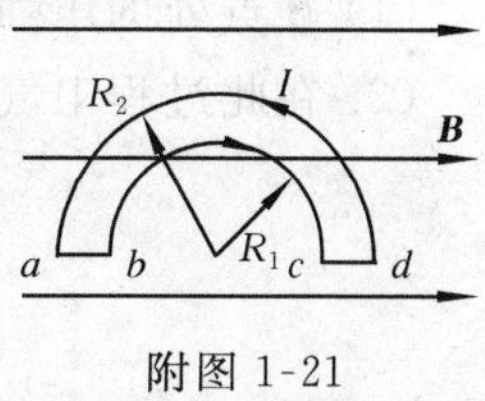

附图 1-21

6.(3 分) 一定量的理想气体，在p-T图上经历一个如附图 1-22 所示的循环过程($a \to b \to c \to d \to a$)，其中$a \to b$，$c \to d$两个过程是绝热过程，则该循环的效率$\eta =$________.

7. (4 分) 给定的理想气体(比热容比γ为已知)，从标准状态(p_0，V_0，T_0)开始，作绝热膨胀，体积增大到 3 倍，膨胀后的温度$T =$________，压强$p =$________.

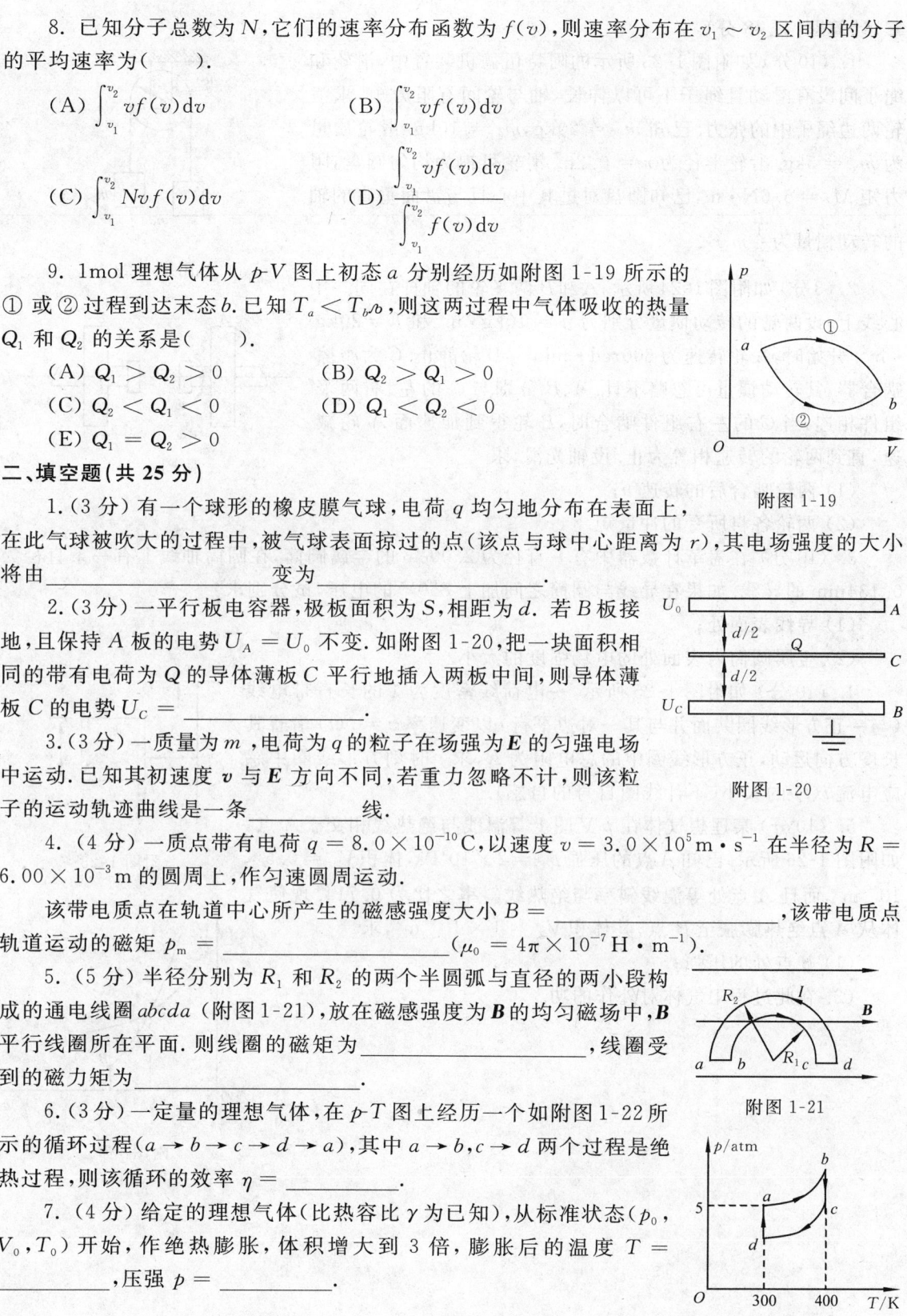

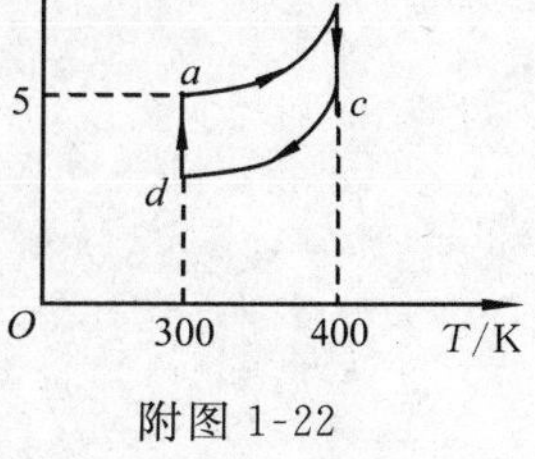

附图 1-22

三、计算题(共 48 分)

1. (10 分) 如附图 1-23 所示的阿特伍德机装置中，滑轮和绳子间没有滑动且绳子不可以伸长，轴与轮间有阻力矩，求滑轮两边绳子中的张力. 已知 $m_1 = 20\text{kg}$，$m_2 = 10\text{kg}$. 滑轮质量为 $m_3 = 5\text{kg}$. 滑轮半径为 $r = 0.2\text{m}$. 滑轮可视为均匀圆盘，阻力矩 $M_f = 6.6\text{N}\cdot\text{m}$，已知圆盘对过其中心且与盘面垂直的轴的转动惯量为 $\frac{1}{2}m_3 r^2$.

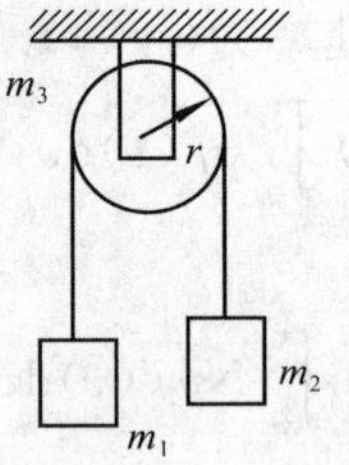

附图 1-23

2. (8 分) 如附图 1-24 所示，A 和 B 两飞轮的轴杆在同一中心线上，设两轮的转动惯量分别为 $J = 10\text{kg}\cdot\text{m}^2$ 和 $J = 20\text{kg}\cdot\text{m}^2$. 开始时，$A$ 轮转速为 $600\text{rad}\cdot\text{min}^{-1}$，$B$ 轮静止. C 为摩擦啮合器，其转动惯量可忽略不计. A、B 分别与 C 的左、右两个组件相连，当 C 的左右组件啮合时，B 轮得到加速而 A 轮减速，直到两轮的转速相等为止. 设轴光滑，求

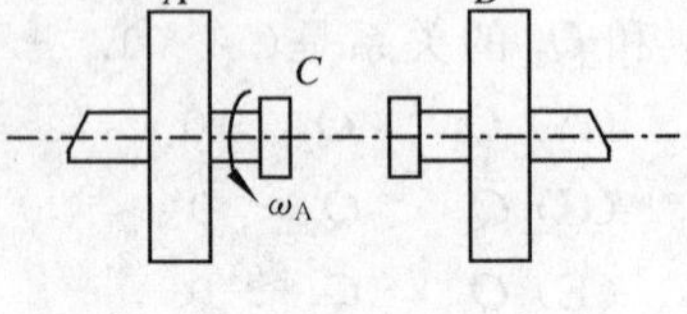

附图 1-24

(1) 两轮啮合后的转速 n；

(2) 两轮各自所受的冲量矩.

3. (10 分) 在盖革计数器中有一直径为 2.00cm 的金属圆筒，在圆筒轴线上有一条直径为 0.134mm 的导线. 如果在导线与圆筒之间加上 850V 的电压，试分别求

(1) 导线表面处；

(2) 金属圆筒内表面处的电场强度的大小.

4. (10 分) 如附图 1-25 所示，一电荷线密度为 λ 的长直带电线(与一正方形线圈共面并与其一对边平行) 以变速率 $v = v(t)$ 沿着其长度方向运动，正方形线圈中的总电阻为 R，求 t 时刻方形线圈中感应电流 $i(t)$ 的大小(不计线圈自身的自感).

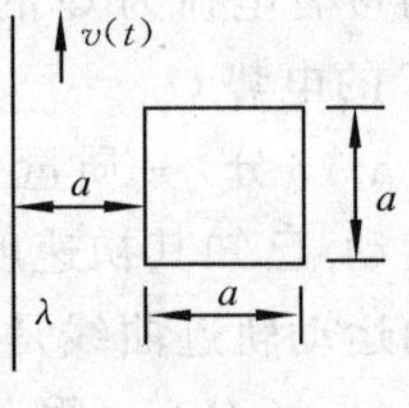

附图 1-25

5. (10 分) 某理想气体在 p-V 图上等温线与绝热线相交于 A 点，如附图 1-26 所示. 已知 A 点的压强 $p_1 = 2\times10^5\text{Pa}$，体积 $V_1 = 0.5\times10^{-3}\text{m}^3$，而且 A 点处等温线斜率与绝热线斜率之比为 0.714. 现使气体从 A 点绝热膨胀至 B 点，其体积 $V_2 = 1\times10^{-3}\text{m}^3$，求

(1) B 点处的压强；

(2) 在此过程中气体对外作的功.

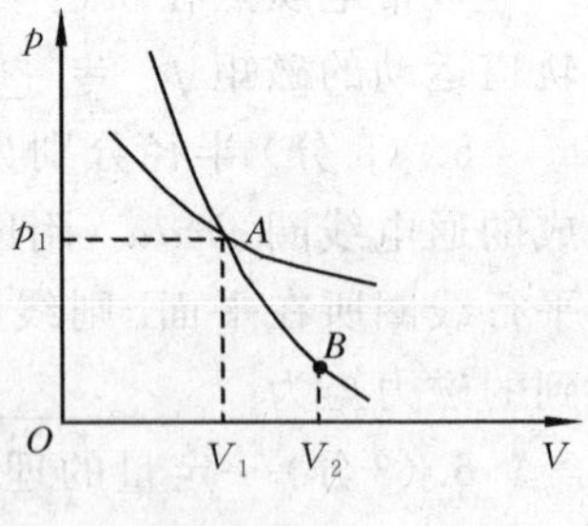

附图 1-26

B1

一、填空题(每小题 3 分,共 15 分)

1. 一质点在沿 x 方向的力 $F=-4x^2$ 作用下运动(式中 x 以 m 计,F 以 N 计),那么质点从 $x=1.0\text{m}$ 沿 x 轴运动到 $x=2.0\text{m}$ 时,该力对质点所作的功 $A=$ ________ J.

2. 按照相对论,如果一个粒子的静止质量为 m_0,速度为 $\boldsymbol{v}$,则该粒子的总能 E 为________.

3. 半径为 R_1 的球面,均匀带电为 q,其外有一个同心的半径为 R_2 的球面,均匀带电为 $-q$,则内外球面之间的电势差为 $\Delta U=$ ________.

4. 在恒定磁场中,____________定理表示磁场是无源场,____________定理表示磁场是有旋(非保守场)场.

5. 麦克斯韦关于电磁场理论提出的两个基本观点,即两个基本假设是____________,____________.

二、选择题(每小题 3 分,共 15 分)

1. 一质点作定向直线运动,下列说法正确的是(　　).

(A) 质点位置矢量的方向一定恒定,位移方向一定恒定

(B) 质点位置矢量的方向一定恒定,位移方向不一定恒定

(C) 质点位置矢量的方向不一定恒定,位移方向一定恒定

(D) 质点位置矢量的方向不一定恒定,位移方向不一定恒定

2. 一根长为 L,质量为 m 的均匀直棒在地上竖立着,如果让竖立着的棒,以下端与地面接触处为轴倒下,当上端到达地面时,速率应为(　　).

(A) $\sqrt{6gL}$　　(B) $\sqrt{3gL}$　　(C) $\sqrt{2gL}$　　(D) $\sqrt{\dfrac{3g}{2L}}$

3. 一均匀细棒的固有长度为 L_0,静止质量为 m_0,棒沿长度方向以 u 相对于一观测者运动,则该观测者测得该棒的线密度为(　　).

(A) $\dfrac{m_0}{L_0}$　　(B) $\left(1-\dfrac{u^2}{c^2}\right)\dfrac{m_0}{L_0}$　　(C) $\dfrac{m_0 L_0}{\sqrt{1-\dfrac{u^2}{c^2}}}$　　(D) $\dfrac{m_0}{\left(1-\dfrac{u^2}{c^2}\right)L_0}$

4. 一点电荷 Q 被闭合曲面 S 所包围,从无穷远处引入另一点电荷 q 至曲面外一点,,则引入前后(　　).

(A) $\oint_S \boldsymbol{E}\cdot \mathrm{d}\boldsymbol{S}$ 不变,曲面上各点场强不变

(A) $\oint_S \boldsymbol{E}\cdot \mathrm{d}\boldsymbol{S}$ 不变,曲面上各点场强变化

(C) $\oint_S \boldsymbol{E}\cdot \mathrm{d}\boldsymbol{S}$ 变化,曲面上各点场强变化

(D) $\oint_S \boldsymbol{E}\cdot \mathrm{d}\boldsymbol{S}$ 变化,曲面上各点场强不变

5. 在两条相距为 a 的长直载流导线之间有一点 P,P 点与两导线的距离相等,均为 $a/2$.若两导线均通有相反方向的电流 I,则 P 点的磁感应强度的大小(　　).

(A) 0　　(B) $\dfrac{\mu_0 I}{2\pi a}$　　(C) $\dfrac{2\mu_0 I}{\pi a}$　　(D) $\dfrac{\mu_0 I}{\pi a}$

三、计算题(每小题 10 分,共 70 分)

1. 一质点作半径 $R=2.0\text{m}$ 的圆周运动,其角坐标可表示为 $\theta=\frac{\pi}{4}t^2-\frac{\pi}{4}$ (rad). 试求

(1) $t=2\text{s}$ 时的角速度和角加速度;

(2) $t=0$ 到 $t=2\text{s}$ 这段时间内的角位移大小;

(3) $t=2\text{s}$ 时的法向加速度和切向加速度各为多少?

2. 一人从 10m 深的井中把 10kg 的水提上来,由于水桶漏水,每升高 1m 要漏去 0.1kg 水. 试求

(1) 要把水匀速地从水面提到井口,人所作的功为多少?

(2) 如果水桶匀速上升的速度为 $v=1\text{m}\cdot\text{s}^{-1}$,则从水面提到井口,人的拉力的冲量为多少?(已知 $g=10\text{m}\cdot\text{s}^{-1}$)

3. 一质量为 M 长为 L 的均匀直杆,可绕通过其一端 O 且与杆垂直的光滑水平固定轴在竖直平面内转动. 当杆停止于竖直位置时,质量为 m 的子弹沿水平方向射入杆的下端且留在杆内,并使杆摆动,若摆动的最大角为 θ_0,试求

(1) 子弹入射前的速率 v_0;

(2) 在最大偏角 θ 时,杆摆动的角加速度.

4. 线电荷密度为 λ 的有限长均匀带电线被弯成如附图 1-27 实线所示形状,若圆弧半径和 AB 部分长度都为 R,求

(1) 带电线 AB 在 O 点的电场强度;

(2) 带电圆弧在 O 点的电场强度;

(3) O 点处总的电场强度.

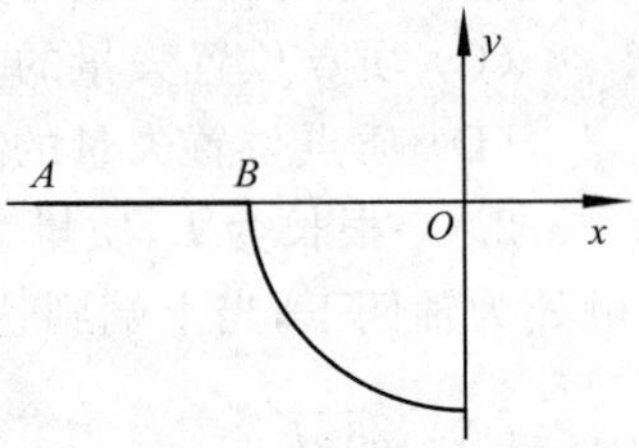

附图 1-27

5. 在宽度为 a 的无限长薄导体板中,均匀通有电流 I,P 在薄板同一平面内且距板的一侧为 a,求

(1) P 点的磁感应强度的大小;

(2) P 点的磁感应强度的方向.

6. 如附图 1-28 所示通过半径 $R=0.05\text{m}$ 的金属回路的磁场与线圈平面垂直,设磁场依如下关系变化 $B=2t^2+5t+1(\text{T})$,求

(1) 任意时刻线圈中的感应电动势;

(2) $t=2\text{s}$ 时,在回路中产生的感应电动势的大小和方向;

(3) $t=1\text{s}$ 时,回路中感应电场的大小和方向.

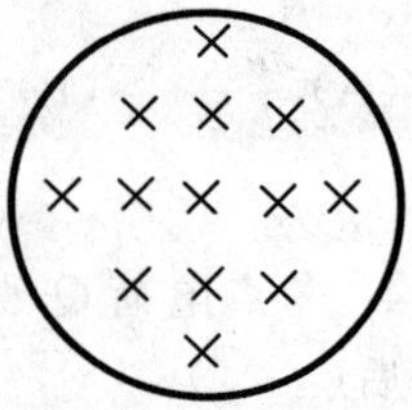
附图 1-28

7. 如附图 1-29 所示,一通有电流 I 的无限长直导线竖直放置,其旁放一足够长的导轨,导轨与无限长直导线在同一平面内,宽度为 l,电阻不计,导轨上水平放置一质量为 m 的导线,电阻为 R,初速度为零,导轨与导线之间的摩擦力不计. 求

(1) 导线所受的安培力和它的速度之间的关系;

(2) 导轨匀速运动时的电流强度多大?

(3) 导轨匀速运动时的速度多大?

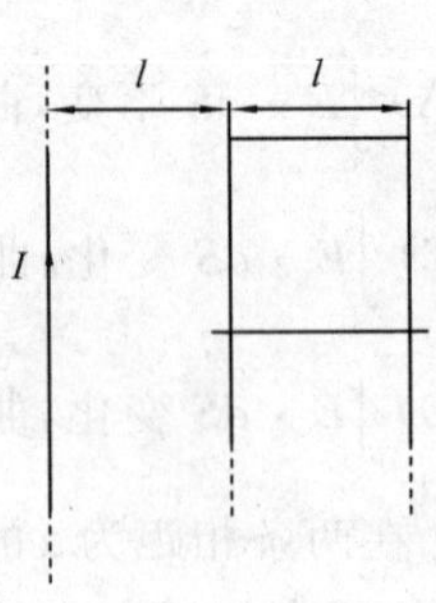

附图 1-29

B2

一、填空题(每小题 3 分,共 15 分)

1. 一质点作半径为 $R=1\text{m}$ 的圆周运动,其角位置与时间的关系为 $\theta=2t+4t^2\,(\text{rad})$,则在 $t=2\text{s}$ 时它的速度大小为____________ $\text{m}\cdot\text{s}^{-1}$.

2. 一滑冰者,开始自转时其角速度为 ω_0,转动惯量为 J_0,当他将手臂收缩时,其转动惯量减少为 $\frac{1}{3}J_0$,则他的转动动能将变为____________.

3. π^+ 介子是一种不稳定粒子,平均寿命是 $2.6\times10^{-8}\text{s}$(在它自己参考系中测得).如果此粒子相对于实验室以 $0.75c$ 的速度运动,那么实验室坐标系中测量的 π^+ 介子寿命为____________ s.

4. 真空中的两无限大平行平面均匀带电,面电荷密度均为 σ,则在两平面外侧任一点的电场强度的大小为____________.

5. 一半径为 R 的半圆弧放于大小为 B 的均匀磁场中,当圆弧以速率 v 沿附图 1-30 所示箭头方向运动时,圆弧两端的电动势大小为____________ V.

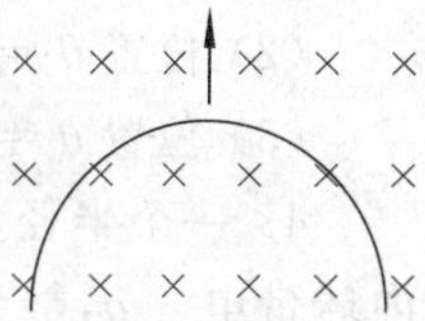

附图 1-30

二、选择题(每小题 3 分,共 15 分)

1. 对于一个质点系来说,在下列(　　)情况下质点系的机械能守恒.

(A) 合外力为零　　(B) 外力和非保守内力都不作功

(C) 合外力不作功　　(D) 外力和保守内力都不作功

2. 一质子在加速器中被加速,当其动能为静能的 5 倍时,其质量为静止时质量的(　　).

(A) 5 倍　　(B) 6 倍　　(C) 4 倍　　(D) 8 倍

3. 关于静电场中某点电势的正负,下列说法中正确的是(　　).

(A) 电势值的正负取决于置于该点的试验电荷的正负

(B) 电势值的正负取决于电场力对试验电荷作功的正负

(C) 电势值的正负取决于产生电场的电荷的正负

(D) 电势值的正负取决于电势零值位置的选取

4. 在两条相距为 a 的长直载流导线之间有一点 P,P 点与两导线的距离相等,均为 $\frac{a}{2}$. 若两导线均通有相同方向的电流 I,则 P 点的磁感应强度的大小为(　　).

(A) $\frac{\mu_0 I}{\pi a}$　　(B) $\frac{\mu_0 I}{2\pi a}$　　(C) $\frac{2\mu_0 I}{\pi a}$　　(D) 0

5. 对于单匝线圈取自感系数的定义式为 $L=\frac{\Phi}{I}$. 当线圈的几何形状、大小及周围磁介质分布不变,且无铁磁性物质时,若线圈中的电流强度变小,则线圈的自感系数 L(　　).

(A) 变大,与电流成反比关系　　(B) 变小

(C) 变大,但与电流不成反比关系　　(D) 不变

三、计算题(每小题 10 分,共 70 分)

1. 一质点在平面内运动,其运动方程为 $x=3t$, $y=9t^2+6t+1$,式中 x, y 以 m 计,t 以 s 计,求

(1) 质点运动的轨迹方程;

(2) 0 ～ 2s 这段时间内质点的位移和平均速度；

(3) $t=2\text{s}$ 时的速度和加速度.

2. 一沿水平方向的力 $\boldsymbol{F}=(30+4t)\boldsymbol{i}(\text{N})$ 作用于质量为 $m=10\text{kg}$ 的物体上，物体置于光滑的水平桌面上. 求

(1) 在 0 ～ 2s 这段时间内此力的冲量是多少？

(2) 如果 $t=0$ 时速度 $\boldsymbol{v}=10\boldsymbol{i}(\text{m}\cdot\text{s}^{-1})$，则 $t=2\text{s}$ 时的速度为多少？

(3) 如果 $t=0$ 时速度 $\boldsymbol{v}=10\boldsymbol{i}(\text{m}\cdot\text{s}^{-1})$，则在 0 ～ 2s 这段时间内此力作的功为多少？

3. 如附图 1-31 所示，一长 $l=2\text{m}$、质量 $m_1=3\text{kg}$ 的均匀细杆可绕通过其一端的光滑水平轴 O 转动，另一端接有一质量 $m_2=6\text{kg}$ 的质点. 现让杆和质点组成的系统从水平位置由静止开始自由下落，求

(1) 杆和质点所组成刚体的转动惯量；

(2) 位置 $\theta=45°$ 处杆和质点系统所受的力矩和角加速度；

(3) 位置 $\theta=45°$ 处杆和质点系统的角速度和角动量.

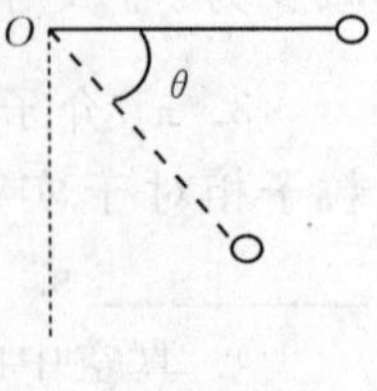

附图 1-31

4. 一个半径为 R_1 的导体球位于导体球壳中心，球壳内半径为 R_2，外半径为 R_3，如果整个内球带电 $+q$，整个外球壳上带电 $+Q$. 求

(1) 电荷在外球壳上的分布；

(2) 空间场强的分布(要求：用高斯定理求解)；

(3) 空间电势的分布.

5. 无限长金属同轴圆筒的内外半径分别为 R_1 和 R_2，其间通有电流 I. 若电流均匀分布在横截面上，用磁场中的安培环路定理求空间磁感应强度分布.

6. 一直长导线载有电流 $I=5\sin 2t(\text{A})$ 交流电流，旁边有一个与它共面的矩形线圈，长 $l=20\text{cm}$，如附图 1-32 所示，$a=10\text{cm}$，$b=20\text{cm}$，线圈共有 $N=500$ 匝，整个系统置于真空中. 求

(1) 穿过矩形线圈的磁通量；

(2) 导线和线圈的互感系数；

(3) $t=\pi/8(\text{s})$ 时线圈里感应电动势的大小；

(4) $t=\pi/8(\text{s})$ 时感应电动势的方向.

(已知 $\mu_0=4\pi\times10^{-7}\,\text{H/m}$)

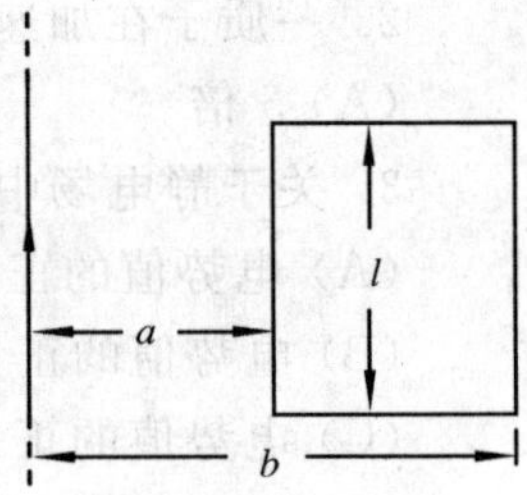

附图 1-32

7. 假设在绕地球匀速率运动的飞船上做下面的实验：在桌面上放一带电 $+q$、质量为 m、初速度为零的物体(处于完全失重状态)，物体与桌面的摩擦系数为 μ，物体处于大小分别为 E 和 B 的匀强电场和匀强磁场中，如附图 1-33 所示. 试完成下列问题：

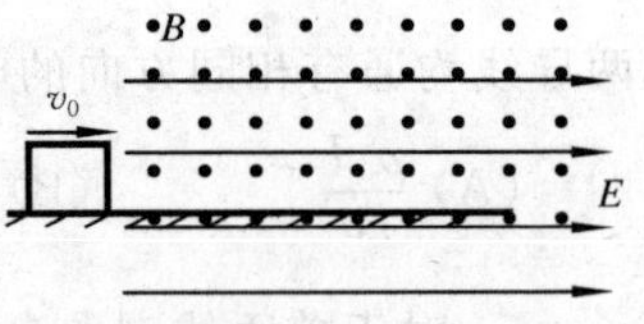

附图 1-33

(1) 根据牛顿第二定律，写出物体的动力学方程(不考虑相对论效应)；

(2) 物体自静止开始运动起的位移和速度之间的关系；

(3) 物体自开始运动起到速度为匀速运动时速度的一半时所经过的位移；

(4) 物体自开始运动起到速度为匀速运动时速度的一半时，带电物体电势能的变化为多少？

C1

一、填空题(每题 3 分,共 30 分)

1. 质点沿半径为 r 的圆周运动,速率 $v = ct^2$,c 为常数. 则质点走过的路程 s 与时间 t 的关系为____________;t 时刻的法向加速度 = ________;切向加速度 = ________.

2. 一定轴转动的飞轮由静止开始转动,设 $t = 0$ 时,外力矩 M 开始作用,飞轮的转动惯量为 J. 若 $M = 2\theta$(SI),则飞轮转动任意角度 θ 时,飞轮的角速度为____________.

3. 在惯性系 S′ 中,有两个事件同时发生在 x' 轴上相距 1 000m 的两个地点. 若 S′ 系相对 S 系的运动速度 $v = 0.9c$,则惯性系 S 中的观测者测得这两个事件发生的时间间隔________;它们之间的距离________.

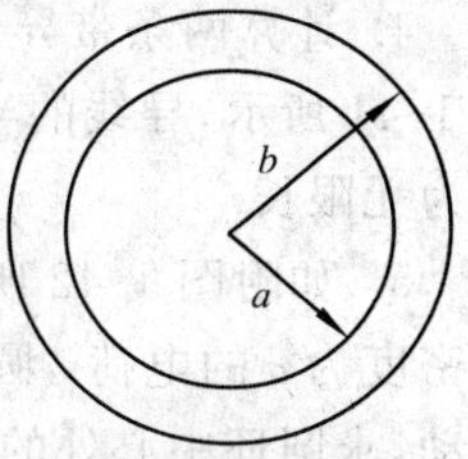

附图 1-34

4. 一粒子的静止质量为 m_0,速率为 $0.8c$,该粒子的动能为________.

5. 如附图 1-34 所示,两个同心金属球壳,内球壳半径为 a,外球壳半径为 b,设球壳极薄,已知内球壳带电量为 q. 则在外球壳带电量为________时,才能使内球壳的电位为零.

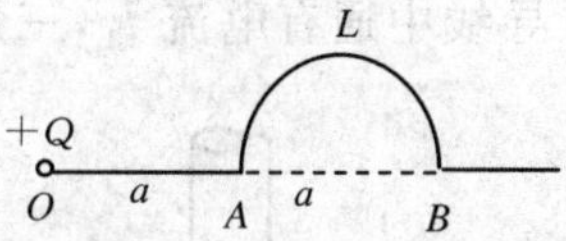

附图 1-35

6. 如附图 1-35 所示,在真空中,O 点处有一正点电荷 Q,已知 $OA = OB = a$. 现将一正点电荷 q 从 A 点沿一半圆弧移到 B 点,则电场力对 q 所作的功为________.

7. 一空气平行板电容器充电后与电源断开,然后在两极板间充满相对介电常数为 ε_r 的油,则 E ________,ΔU ________,C ________,W ________(填增大、减小、不变).

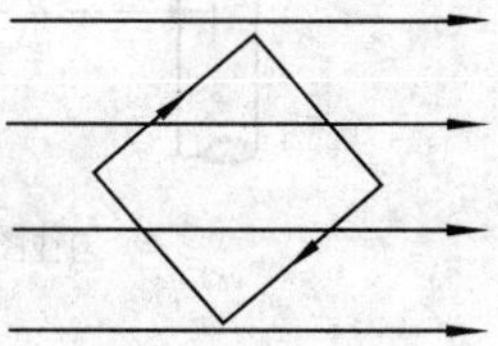
附图 1-36

8. 一电量为 q、速度为 v 的粒子射入磁感应强度为 $\boldsymbol{B}$ 的均匀磁场中,其速度方向与磁场方向成 60° 角,粒子作螺旋运动的螺距为 h. 则该粒子的质量为________,螺旋运动的半径为________,周期为________.

9. 如附图 1-36 所示,匀强磁场 $\boldsymbol{B}$ 中,有一边长为 a 的正方形线圈通有电流 I,线圈平面与磁场方向平行. 线圈的磁矩大小为________,方向为________;线圈所受的力矩大小为________,方向为________.

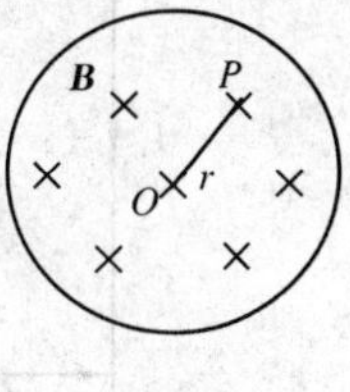

附图 1-37

10. 如附图 1-37 所示,柱形空间中充满均匀稳恒增加的磁场 $\dfrac{dB}{dt} = \alpha$(α 为常数). P 为磁场中的一点,距轴心 O 为 r. 则 P 点处感生电场的大小________;方向________.

二、计算题(每题 10 分,共 70 分)

1. 如附图 1-38 所示一质量为 m、长 l 的轻质细杆,两端分别固定质量为 m 和 $2m$ 的小球,此系统在竖直平面内可绕过中点 O 且与杆垂直的水平固定轴转动. 开始时杆与水平成 30° 角,处于静止状态,无初速地释放后,杆球系统绕 O 转动. 求(1) 杆与两小球为一刚体绕 O 轴的转动惯量;(2) 刚开始释放时,刚体受到的合外力矩;(3) 杆转到水平位置时的角加速度.

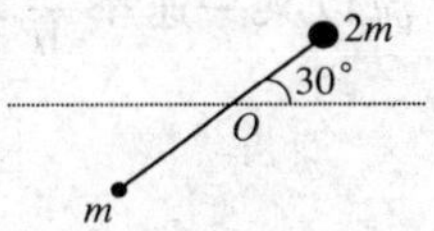

附图 1-38

2. 如附图 1-39 所示，质量为 $2m$、长为 $2l$ 的均质细棒，在竖直平面内可绕中心轴转动. 开始棒处于水平位置，一质量为 m 的小球以速度 u 垂直落到棒的一端上. 设碰撞为弹性碰撞，求碰后小球的回跳速度以及棒的角速度.

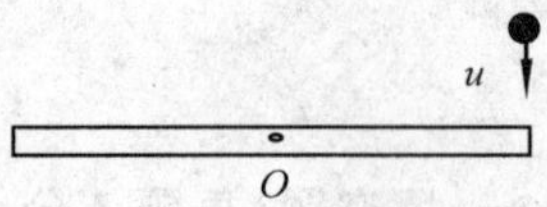

附图 1-39

3. 如附图 1-40 所示，两段形状相同的圆弧对称放置，圆弧半径为 R，圆心角为 θ，且均匀带电，线密度分别为 $+\lambda$ 和 $-\lambda$. 求圆心处 O 点的电场强度.

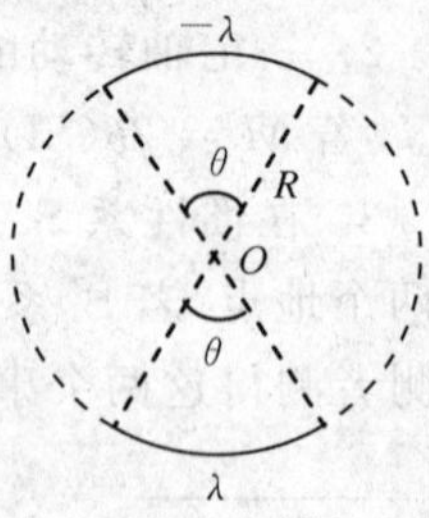

附图 1-40

4. 计算两条带异号电荷的平行圆柱形导线单位长度的电容. 如附图 1-41 所示，导线的半径为 a，两导线中心线相隔的距离为 d，且两导线为无限长.

5. 如附图 1-42 所示，内外半径分别为 a，b 的圆环，其上均匀带有面密度为 σ 的电荷，圆环以角速度 ω 绕通过圆环中心垂直于环面的轴转动，求圆环中心处的磁感应强度大小.

6. 如附图 1-43 所示，一等腰直角三角形线圈放在一无限长直导线旁，且二者共面. 长直导线中通有电流 I_1，三角形线圈中通有电流 I_2. 求线圈各边受力的大小和方向.

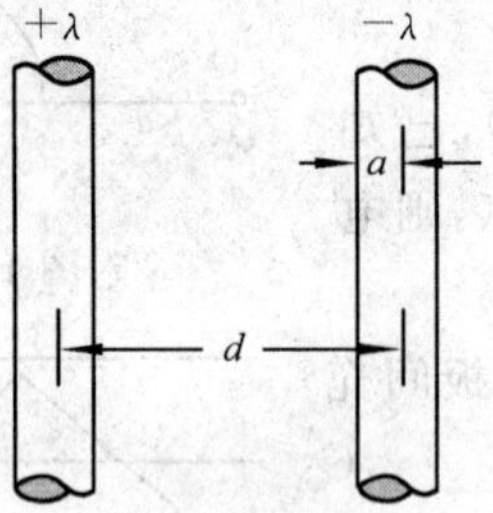

附图 1-41

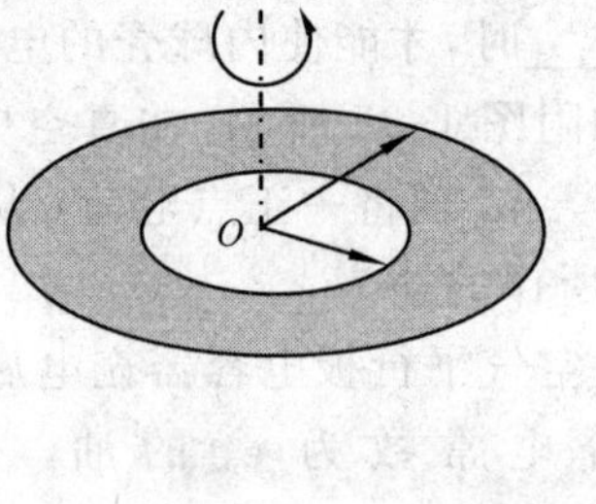

附图 1-42

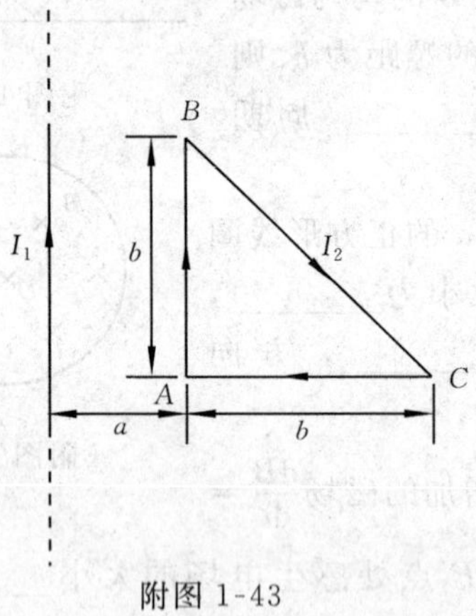

附图 1-43

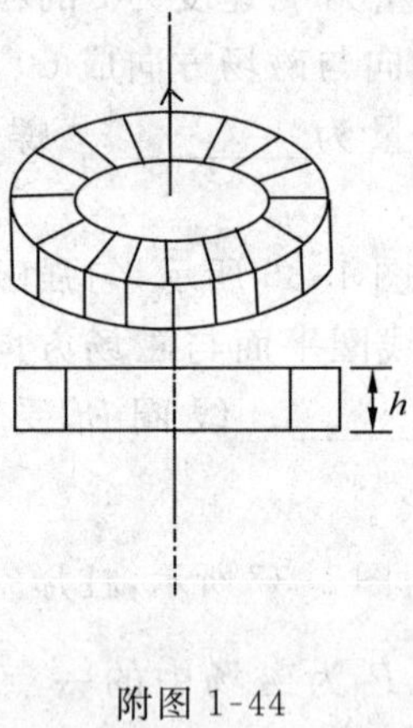

附图 1-44

7. 如附图 1-44 所示，一无限长直导线垂直地穿过均匀密绕的螺绕环中心. 螺绕环的截面为矩形，内、外半径分别为 R_1 和 R_2，总匝数为 N. 求(1) 它们的互感系数；(2) 当直导线上的电流以某一速率 $\frac{dI}{dt}$ 增加时，在螺绕环两端的互感电动势.

C2

一、填充题(每题 3 分,共 30 分)

1. 质点沿 x 轴作直线运动,其运动方程为 $x = 3t + 2t^2 - 4t^3$(SI),则质点在 $t = 0$ 时刻的速度 $v_0 =$ ________. 加速度为零时,该质点的速度 $v =$ ________.

2. 一定轴转动刚体的转动惯量为 $40\text{kg}\cdot\text{m}^2$ 由静止开始转动. 则刚体在 $M = 2t^3$(SI) 的外力矩作用下,在 $t = 2\text{s}$ 时的角速度为________________.

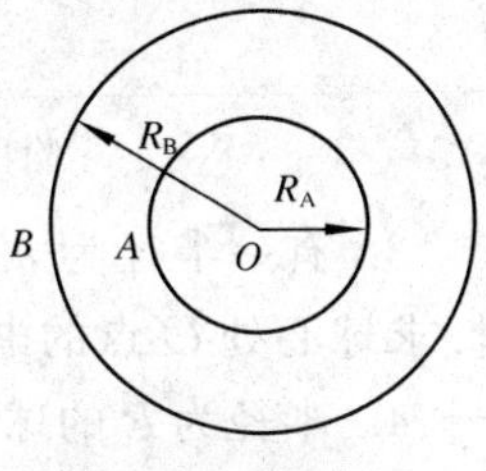

附图 1-45

3. 静止时边长为 1m 的立方体,当它沿与一边平行的方向相对观察者运动时,观察者测得它的体积为 0.5m^3,则它相对于观察者的速度为__________.

4. 把一个静止质量为 m_0 的粒子,由静止加速到 $0.6c$ 需做的功是__________.

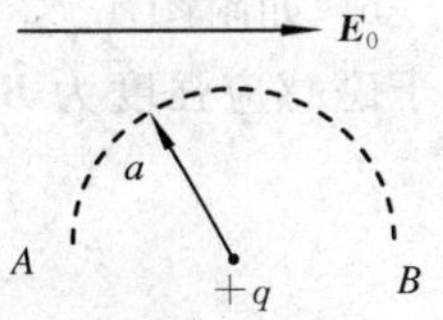

附图 1-46

5. 如附图 1-45 所示,导体球 A 与导体球壳 B 同心放置,半径分别为 R_A, R_B, 分别带电量 q, Q. 则内球 A 的电势为____________.

6. 如附图 1-46 所示,在均匀场 $\boldsymbol{E}_0$ 中,有一正点电荷 q,将试验电荷 q_0A 从 A 点沿以 q 为圆心、a 为半径的半圆弧移到 B 点($\overline{AB} \parallel \boldsymbol{E}_0$),电场力作功为___________.

7. 如附图 1-47 所示,通有电流 I 的导线弯成如图所示的形状,四分之一圆周部分的半径为 R,则圆心处的磁感应强度的量值 $B =$ __________;方向__________.

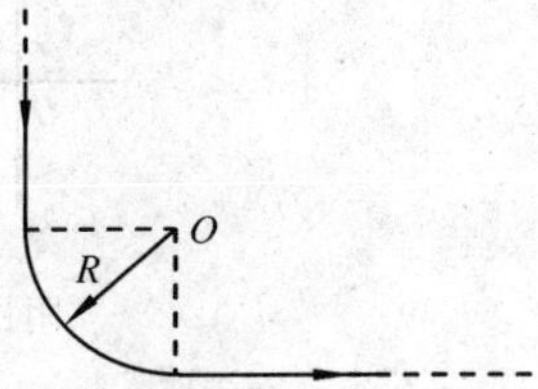

附图 1-47

8. 周长相等的平面圆线圈和正方形线圈,载有相同的电流,现把两个线圈放入同一均匀磁场中,则圆线圈与正方形线圈所受的最大磁力矩之比为__________.

9. 附图 1-48 为一圆柱体截面,其间充满均匀电场 E,若 E 对时间稳恒增加. 则圆柱体内位移电流的方向为__________;设 P 为电场中的一点,距轴心 O 为 r,则在 P 点产生的磁场方向为__________(可直接画在图上).

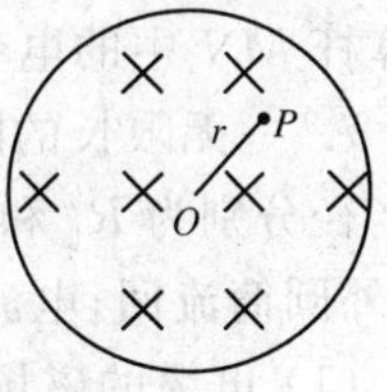

附图 1-48

10. 电磁理论中,试写出符合下述意义的方程:

(1) 变化的磁场伴随有电场____________________;

(2) 变化的电场伴随有磁场____________________.

二、计算题(每题 10 分,共 70 分)

1. 如附图 1-49 所示,物体的质量 m 和 $2m$,定滑轮的质量 M 和 $2M$,半径 R_1 和 R_2 均为已知. 设绳子的长度不变,并忽略其质量,绳子和滑轮间不打滑,滑轮视为圆盘. 求物体 m 和 $2m$ 的加速度.

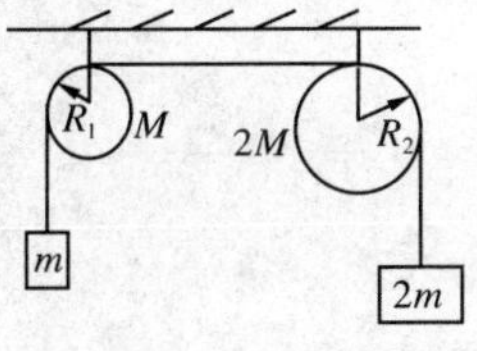

附图 1-49

2. 如附图 1-50 所示,长为 l,质量为 M 的均匀细棒可绕通过上端的水平光滑固定轴 O 转动. 开始时杆静止于竖直位置,一质量为 m($M = 3m$) 的子弹以速度 v 水平射入杆的正中部与杆一起运动. 求杆产生的最大偏角 θ(假设 $\theta < 90°$).

附图 1-50

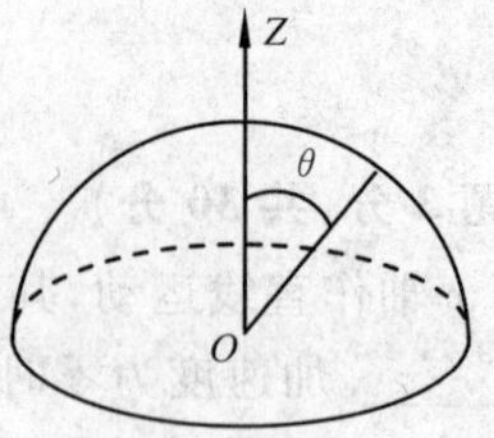

附图 1-51

3. 有一半径为 a 的非均匀带电的半球面(附图 1-51),电荷面密度为 $\sigma=\sigma_0\cos\theta$,$\sigma_0$ 为恒量.求球心处 O 点的电势.

4. 半径为 R 的球体内,分布着体电荷密度 $\rho=kr^2$,式中 r 是径向距离,k 为常数.计算球体的电场分布.

5. 如附图 1-52 所示,在 xOy 平面内有四分之一圆弧形状的导线,半径为 R,通以电流 I,处于磁感应强度为 $\boldsymbol{B}=a\boldsymbol{i}+b\boldsymbol{j}$ 的均匀磁场中,a,b 均为正常数.求圆弧状导线所受的安培力.

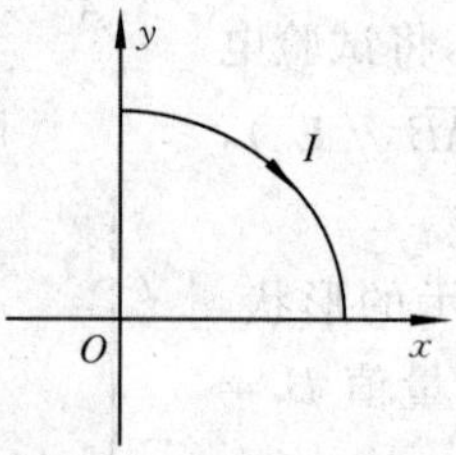

附图 1-52

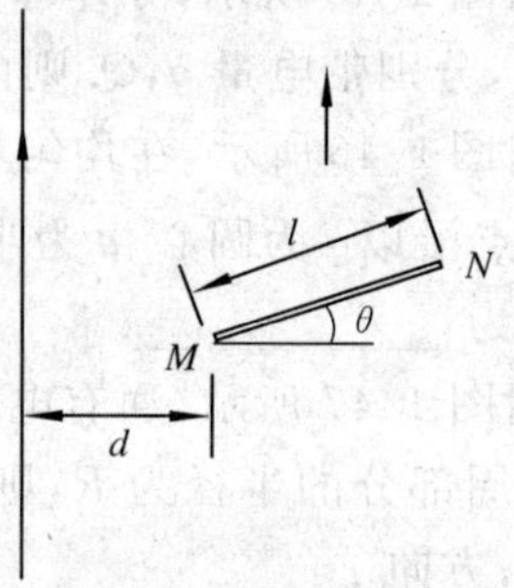

附图 1-53

6. 如附图 1-53 所示,一无限长直导线通有电流 I,另一长为 l 的导体杆 MN 处于其旁,它与直导线的垂直方向成 θ 角,且以平行于直导线方向作匀速率 v 运动,杆的 M 端距直导线 d.试计算杆 MN 中的电动势.

7. 一无限长的同轴电缆由中心导体薄圆筒和外层导体薄圆筒组成,二者半径分别为 R_1 和 R_2,如附图 1-54 所示.当电缆通过电流 I(由内圆筒流出,外圆筒流回,电流均匀分布)时,求

(1) 电缆的磁场分布;

(2) 单位长度电缆的自感系数;

(3) 单位长度电缆内储存的磁能.

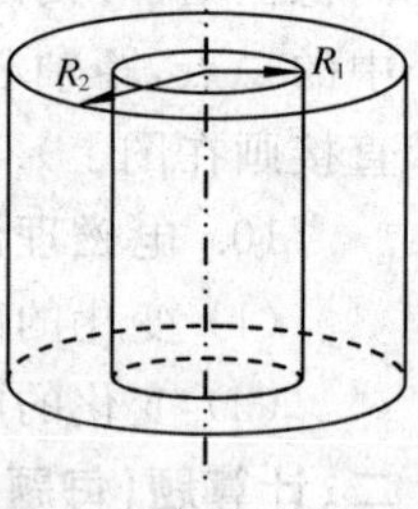

附图 1-54

附录 2　模拟试卷(下册)

A1

一、选择题(每题 3 分,共 27 分)

1. 一质点沿 x 轴作简谐运动,运动方程为 $x = 4 \times 10^{-2}\cos(2\pi t + \pi/3)$(SI).从 $t = 0$ 时刻起,到质点位置在 $x = -2$cm 处,且向 x 轴正方向运动的最短时间间隔为(　　).

(A) $\frac{1}{8}$s　(B) $\frac{1}{6}$s　(C) $\frac{1}{3}$s　(D) $\frac{1}{3}$s　(E) $\frac{1}{2}$s

2. 如附图 2-1 所示,S_1 和 S_2 为两相干波源,它们的振动方向均垂直于图面,发出波长为 λ 的简谐波,P 点是两列波相遇区域中的一点,已知 $\overline{S_1P} = 2\lambda$,$\overline{S_2P} = 2.2\lambda$,两列波在 P 点发生相消干涉.若 S_1 的振动方程为 $y_1 = A\cos\left(2\pi t + \frac{1}{2}\pi\right)$,则 S_2 的振动方程为(　　).

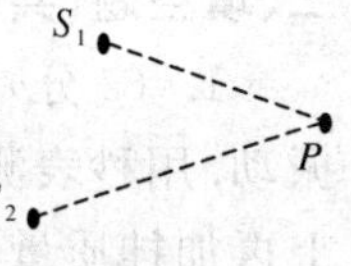

附图 2-1

(A) $y_2 = A\cos\left(2\pi t - \frac{1}{2}\pi\right)$　　(B) $y_2 = A\cos(2\pi t - \pi)$

(C) $y_2 = A\cos\left(2\pi t + \frac{1}{2}\pi\right)$　　(D) $y_2 = A\cos(2\pi t - 0.1\pi)$

3. 单色平行光垂直照射在薄膜上,经上下两表面反射的两束光发生干涉,如附图 2-2 所示,若薄膜的厚度为 e,且 $n_1 < n_2 > n_3$,λ_1 为入射光在 n_1 中的波长,则两束反射光的光程差为(　　)

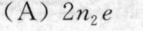

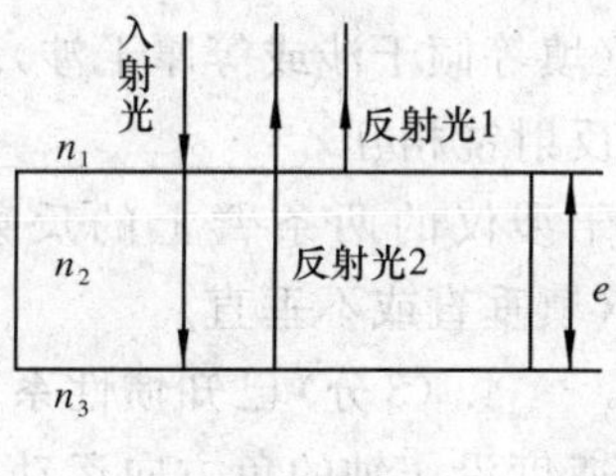

附图 2-2

(A) $2n_2e$　　(B) $2n_2e - \lambda_1/(2n_1)$

(C) $2n_2e - n_1\lambda_1/2$　　(D) $2n_2e - n_2\lambda_1/2$

4. 把一平凸透镜放在平玻璃上,构成牛顿环装置.当平凸透镜慢慢地向上平移时,由反射光形成的牛顿环(　　).

(A) 向中心收缩,环心呈明暗交替变化　　(B) 向中心收缩,条纹间隔变小

(C) 向外扩张,环心呈明暗交替变化　　(D) 向外扩张,条纹间隔变大

5. 一束光强为 I_0 的自然光,相继通过三个偏振片 P_1,P_2,P_3 后,出射光的光强为 $I = I_0/8$.已知 P_1 和 P_3 的偏振化方向相互垂直,若以入射光线为轴,旋转 P_2,要使出射光的光强为零,P_2 最少要转过的角度是(　　).

(A) 30°　(B) 45°　(C) 60°　(D) 90°

6. 用频率为 ν 的单色光照射某种金属时,逸出光电子的最大动能为 E_K;若改用频率为 2ν 的单色光照射此种金属时,则逸出光电子的最大动能为(　　).

(A) $2E_K$　(B) $2h\nu - E_K$　(C) $h\nu - E_K$　(D) $h\nu + E_K$

7. 波长 $\lambda = 500$nm 的光沿 x 轴正向传播,若光的波长的不确定量 $\Delta\lambda \geqslant 10^{-4}$ nm,则利用不确定关系式($\Delta x \cdot \Delta p_x$) $\geqslant h$) 可得光子的 x 坐标的不确定量至少为(　　).

(A) 25cm　(B) 50cm　(C) 250cm　(D) 500cm

8. 按照原子的量子理论,原子可以通过自发辐射和受激辐射的方式发光,它们所产生的光的特点是(　　).

(A) 两个原子自发辐射的同频率的光是相干的,原子受激辐射的光与入射光是不相干的

(B) 两个原子自发辐射的同频率的光是不相干的,原子受激辐射的光与入射光是相干的

(C) 两个原子自发辐射的同频率的光是不相干的，原子受激辐射的光与入射光是不相干的

(D) 两个原子自发辐射的同频率的光是相干的，原子受激辐射的光与入射光是相干的

9. 氢原子中处于 $2p$ 状态的电子，描述其量子态的四个量子数 (n, l, m_l, m_s) 可能取的值为(　　).

(A) $(2,2,1,-\frac{1}{2})$　　(B) $(2,0,0,\frac{1}{2})$

(C) $(2,1,-1,-\frac{1}{2})$　　(D) $(2,0,1,\frac{1}{2})$

二、填空题(共 33 分)

1. (3 分) 质量 $M=1.2\text{kg}$ 的物体，挂在一个轻弹簧上振动. 用秒表测得此系统在 45s 内振动了 90 次. 若在此弹簧上再加挂质量 $m=0.6\text{kg}$ 的物体，而弹簧所受的力未超过弹性限度. 则该系统新的振动周期为__________.

2. (3 分) 附图 2-3 为 $t=0$ 时一平面简谐波的波形曲线，则其波的表达式为__________.

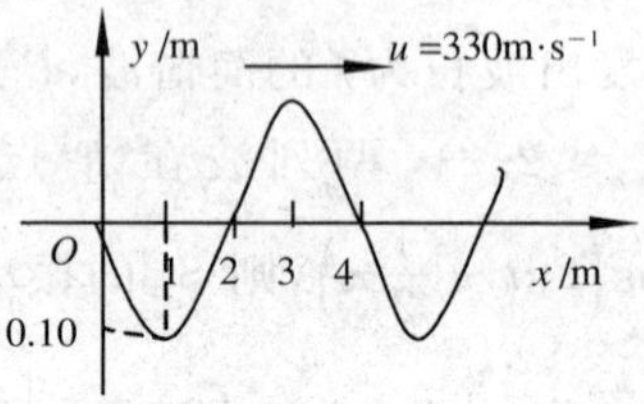

附图 2-3

3. (5 分) 附图 2-4(a) 和(b) 是迈克耳逊干涉仪光屏上出现的两个干涉图像. 图(b) 属于什么干涉__________(填等倾干涉或等厚干涉). 图(a) 说明干涉仪的两条臂上的反射镜相互__________(填垂直或不垂直)，图(b) 说明干涉仪的两条臂上的反射镜相互__________(填垂直或不垂直).

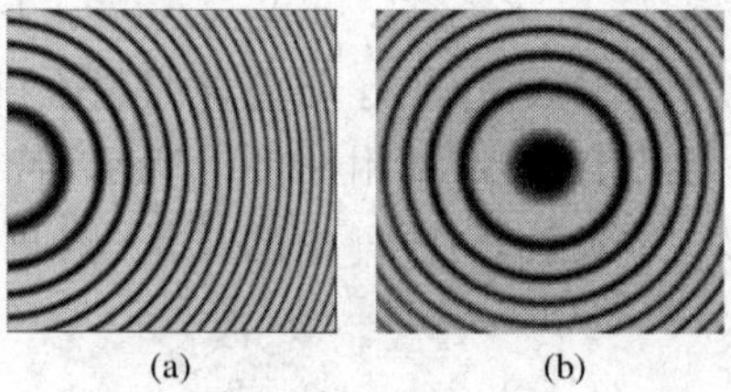

附图 2-4

4. (3 分) 已知惯性系 S′ 相对于惯性系 S 系以 $0.5c$ 的匀速度沿 x 轴的负方向运动，若从 S′ 系的坐标原点 O' 沿 x 轴正方向发出一光波，则 S 系中测得此光波在真空中的波速为__________.

5. (3 分) 某金属产生光电效应的红限为 ν_0，当用频率为 $\nu(\nu>\nu_0)$ 的单色光照射该金属时，从金属中逸出的光电子(质量为 m) 的德布罗意波长为__________.

6. (3 分) 令 $\lambda_c=\frac{h}{m_e c}$($\lambda_c$ 称为电子的康普顿波长，其中 m_e 为电子静止质量，c 为真空中光速，h 为普朗克常量). 当电子的动能等于它的静止能量时，它的德布罗意波长是 $\lambda=$__________.

7. (5 分) 康普顿散射中，当出射光子与入射光子方向成夹角 $\theta=$__________时，光子的频率减少得最多；当 $\theta=$__________时，光子的频率保持不变.

8. (3 分) 已知粒子在宽度为 $2a$ 的一维无限深方势阱中运动，其波函数为 $\psi(x)=\frac{1}{\sqrt{a}}\cdot\cos\frac{3\pi x}{2a}$，那么粒子在 $x=\frac{5a}{6}$ 处出现的几率密度为__________.

9. (5 分) 在探索实验室的波动光学的干涉、衍射演示中，入射光采用单色激光光束，当激光光束通过以下不同的光学器件时，光屏上出现相应的干涉衍射图像.

1. 单缝；2. 双缝；3. 圆孔；4. 矩孔；5. 六边形孔；6. 十二边形孔；7. 正交光栅；

问下面的干涉衍射图象分别是几号器件产生的(在空格中填写相应编号).

  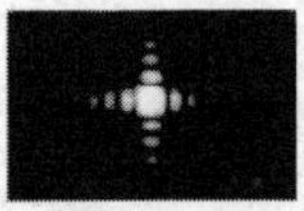  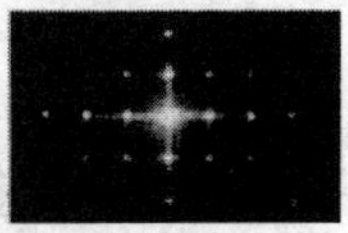

____________、____________、____________、____________、____________。

三、计算题(每题 10 分,共 40 分)

1. 沿 x 轴负方向传播的平面简谐波在 $t=2\text{s}$ 时刻的波形曲线如附图 2-5 所示,设波速 $u=0.5\text{m}\cdot\text{s}^{-1}$. 求原点 O 的振动方程.

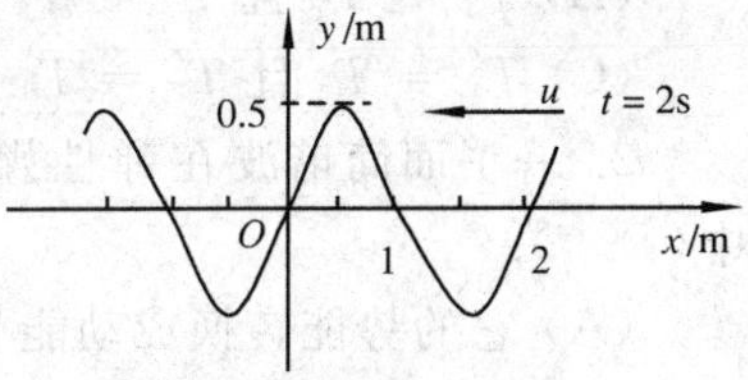

附图 2-5

2. 氦放电管发出的光垂直照射到某光栅上,测得波长 $\lambda_1=668\text{nm}$ 的谱线的衍射角为 $\varphi=30°$. 如果在同样 φ 角处出现波长 $\lambda_2=447\text{nm}$ 的更高级次的谱线,那么光栅常数最小是多少?

3. 在惯性系 s 中,有两事件发生于同一地点,且第二事件比第一事件晚发生 $\Delta t=2\text{s}$;而在另一惯性系 S' 中,观测第二事件比第一事件晚发生 $\Delta t=3\text{s}$. 那么在 S' 系中发生两事件的地点之间的距离是多少?

4. 已知氢光谱的某一线系的极限波长为 364.7nm,其中有一谱线波长为 656.5nm. 试由玻尔氢原子理论,求与该波长相应的始态与终态能级的能量.

A2

一、选择题(每题3分,共27分)

1. 一个弹簧振子和一个单摆(只考虑小幅度摆动),在地面上的固有振动周期分别为 T_1 和 T_2. 将它们拿到月球上去,相应的周期分别为 T_1' 和 T_2'. 则有(　　)

(A) $T_1' < T_1$ 且 $T_2' < T_2$　　(B) $T_1' = T_1$ 且 $T_2' > T_2$

(C) $T_1' = T_1$ 且 $T_2' = T$　　(D) $T_1' > T_1$ 且 $T_2' > T_2$

2. 一平面简谐波在弹性媒质中传播,在媒质质元从最大位移处回到平衡位置的过程中(　　).

(A) 它的势能转换成动能

(B) 它的动能转换成势能

(C) 它从相邻的一段媒质质元获得能量,其能量逐渐增加

(D) 它把自己的能量传给相邻的一段媒质质元,其能量逐渐减小

3. 如附图2-6所示,两个直径有微小差别的彼此平行的滚柱之间的距离为 L,夹在两块平晶的中间,形成空气劈形膜,当单色光垂直入射时,产生等厚干涉条纹. 如果滚柱之间的距离 L 变小,则在 L 范围内干涉条纹的(　　).

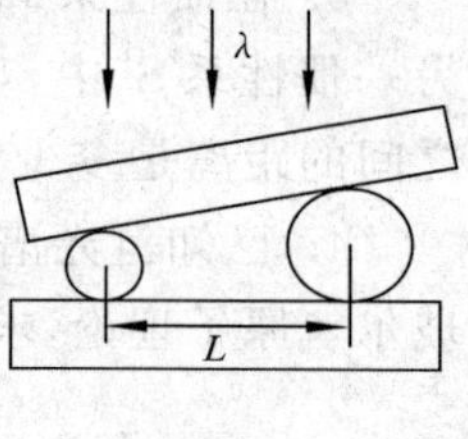

附图 2-6

(A) 数目减少,间距变大　　(B) 数目不变,间距变小

(C) 数目增加,间距变小　　(D) 数目减少,间距不变

4. 若把牛顿环装置(都是用折射率为1.52的玻璃制成的)由空气搬入折射率为1.33的水中,则干涉条纹(　　)

(A) 中心暗斑变成亮斑　　(B) 变疏

(C) 变密　　(D) 间距不变

5. 对某一定波长的垂直入射光,衍射光栅的屏幕上只能出现零级和一级主极大,欲使屏幕上出现更高级次的主极大,应该(　　)

(A) 换一个光栅常数较小的光栅　　(B) 换一个光栅常数较大的光栅

(C) 将光栅向靠近屏幕的方向移动　　(D) 将光栅向远离屏幕的方向移动

6. 边长为 a 的正方形薄板静止于惯性系K的 Oxy 平面内,且两边分别与 x,y 轴平行. 今有惯性系K′以0.8c(c为真空中光速)的速度相对于K系沿 x 轴作匀速直线运动,则从K′系测得薄板的面积为(　　).

(A) $0.6a^2$　　(B) $0.8a^2$　　(C) a^2　　(D) $\frac{a^2}{0.6}$

7. 用频率为 ν_1 的单色光照射某一种金属时,测得光电子的最大动能为 E_{k1};用频率为 ν_2 的单色光照射另一种金属时,测得光电子的最大动能为 E_{k2}. 如果 $E_{k1} > E_{k2}$,那么(　　).

(A) ν_1 一定大于 ν_2　　(B) ν_1 一定小于 ν_2

(C) ν_1 一定等于 ν_2　　(D) ν_1 可能大于也可能小于 ν_2

8. 要使处于基态的氢原子受激后可辐射出可见光谱线,最少应供给氢原子的能量为(　　).

(A) 12.09eV　　(B) 10.20eV　　(C) 1.89eV　　(D) 1.51eV

9. 下列各组量子数中,(　　)可以描述原子中电子的状态?

(A) $n=2, l=2, m_l=0, m_s=\frac{1}{2}$　　(B) $n=3, l=1, m_l=-1, m_s=-\frac{1}{2}$

(C) $n=1, l=2, m_l=1, m_s=\frac{1}{2}$　　(D) $n=1, l=0, m_l=1, m_s=-\frac{1}{2}$

二、填空题(共 33 分)

1. (5分) 已知两简谐振动曲线如附图 2-7 所示，则这两个简谐运动方程分别为________和________.

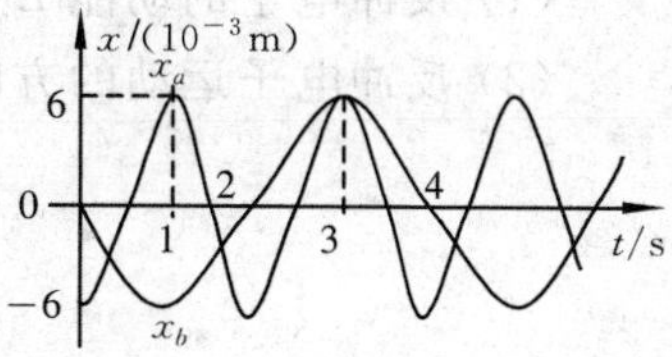

附图 2-7

2. (5分) 已知一平面简谐波沿 x 轴正向传播，振动周期 $T=0.5\text{s}$，波长 $\lambda=10\text{m}$，振幅 $A=0.1\text{m}$. 当 $t=0$ 时波源振动的位移恰好为正的最大值. 若波源处为原点，则沿波传播方向距离波源为 $\frac{\lambda}{2}$ 处的振动方程为________. 当 $t=\frac{T}{2}$ 时，$x=\frac{\lambda}{4}$ 处质点的振动速度为________.

3. (5分) 波长为 600nm 的单色平行光，垂直入射到缝宽为 $a=0.60\text{mm}$ 的单缝上，缝后有一焦距 $f=60\text{cm}$ 的透镜，在透镜焦平面上观察衍射图样. 则：中央明纹的宽度为________，两个第三级暗纹之间的距离为________($1\text{nm}=10^{-9}\text{m}$).

4. (3分) 当一束自然光以布儒斯特角入射到两种媒质的分界面上时，就偏振状态来说反射光为________光，其振动方向________于入射面.

5. (3分) 某光电管阴极，对于 $\lambda=491\text{nm}$ 的入射光，其发射光电子的遏止电压为 0.71V. 当入射光的波长为________nm 时，其遏止电压变为 1.43V.

6. (3分) 处于基态的氢原子吸收了 12.75eV 的能量后，可激发到 $n=$________的能级，当它跃迁回到基态时，可能辐射的光谱线有________条.

7. (3分) 如果电子被限制在边界 x 与 $x+\Delta x$ 之间，$\Delta x=0.05\text{nm}$，则电子动量 x 分量的不确定量近似地为________ $\text{kg}\cdot\text{m}\cdot\text{s}^{-1}$(不确定关系式 $\Delta x\cdot\Delta p\geqslant h$，普朗克常量 $h=6.63\times10^{-34}\text{J}\cdot\text{s}$).

8. (3分) 若中子的德布罗意波长为 0.20nm，则它的动能为________.(中子质量 $m=1.67\times10^{-27}\text{kg}$)

9. (3分) 在两个平均衰减寿命为 19^{-10}s 的能级间，跃迁原子所发射的光的频率差最小值接近于________.

三、计算题(每题 10 分，共 40 分)

1. 如附图 2-8 所示，三个频率相同，振动方向相同(垂直纸面)的简谐波，在传播过程中在 O 点相遇；若三个简谐波各自单独在 S_1，S_2 和 S_3 的振动方程分别为 $y_1=A\cos(\omega t+\frac{1}{2}\pi)$，$y_2=A\cos\omega t$ 和 $y_3=2A\cos(\omega t-\frac{1}{2}\pi)$；且 $\overline{S_2O}=-4\lambda$，$\overline{S_1O}=\overline{S_3O}=5\lambda$($\lambda$ 为波长)，求 O 点的合振动方程(设传播过程中各波振幅不变).

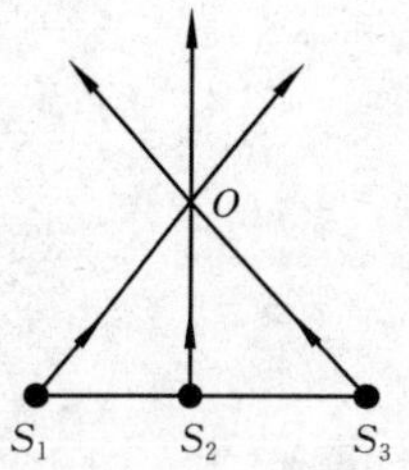

附图 2-8

2. 在杨氏双缝干涉实验中，若用折射率分别为 $n_1=1.4$ 和 $n_2=1.7$ 的两块薄玻璃片分别覆盖两条狭缝，将使原来未放玻璃时屏上的中央明条纹处变为第 5 级明纹. 设单色光波长 $\lambda=480\text{nm}$，求玻璃片的厚度 d(可认为光线垂直穿过玻璃片，且两块玻璃片厚度相同).

3. 在 K 惯性系中观测到相距 $\Delta x=9\times10^{8}\text{m}$ 的两地点相隔 $\Delta t=5\text{s}$ 发生两事件，而在相

对于K系沿x方向以匀速度运动的K′系中发现此两事件恰好发生在同一地点. 试求在K′系中此两事件的时间间隔.

4. 设康普顿效应中入射X射线的波长$\lambda=0.070\text{nm}$，散射的X射线与入射的X射线垂直，如附图2-9所示. 求

(1) 反冲电子的动能E_k；

(2) 反冲电子运动的方向与入射的X射线之间的夹角θ.

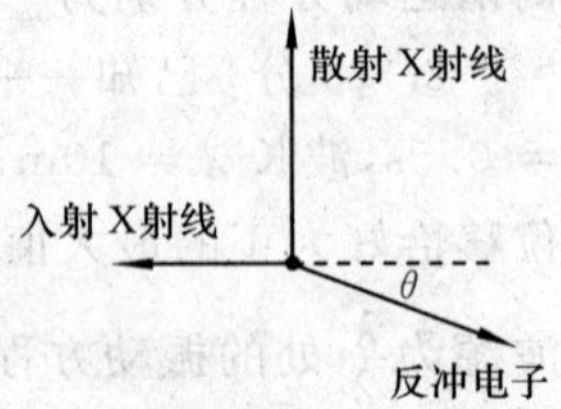

附图 2-9

B1

一、填空题(每小题 3 分,共 15 分)

1. 1mol 单原子理想气体从 300K 加热至 400K,若容积保持不变,则在这一过程中吸收的热量为________J.

2. 若 $f(v)$ 表示气体速率分布函数,则 $\int_0^v Nf(v)\mathrm{d}v$ 的物理意义是________________.

3. 一物体作简谐振动,其振动表达式为 $x=0.04\cos\left(\frac{5}{2}\pi t-\frac{\pi}{2}\right)$(SI). 此简谐振动的周期 $T=$ ________ s.

4. 在波传播路径上有 A、B 两点,B 点的位相落后于 A 点的位相 $\pi/6$,A 与 B 相距 2.0cm,则波长 $\lambda=$ ________ cm.

5. 一薄凸透镜置于空气中,距离光心 20cm 的点光源经过凸透镜后成的实像距离光心 30cm,求凸透镜的焦距________.

二、选择题(每小题 3 分,共 15 分)

1. 在 327℃ 的高温热源和 27℃ 的低温热源间工作的卡诺热机,理论上的最大效率是(   ).

(A) 92%   (B) 8%   (C) 50%   (D) 10

2. 一定量的理想气体,当温度降低时,则有(   ).

(A) 每一个分子的速率减小

(B) 任意单位速率区间内的分子数减少

(C) 最可几速率附近单位速率区间内的分子数减少

(D) 最可几速率附近单位速率区间内的分子数增多

3. 弹簧振子作简谐运动,总能量为 E,如果简谐运动振幅增加为原来的两倍,振子的质量增加为原来的四倍,则弹簧振子的总能量变为原来的倍数为(   ).

(A) 2   (B) 4   (C) 8   (D) 16

4. 平面简谐波以波速 $\boldsymbol{u}$ 沿 x 轴的负方向传播,t 时刻的波形图如附图 2-10 所示,那么下列说法中正确的是(   ).

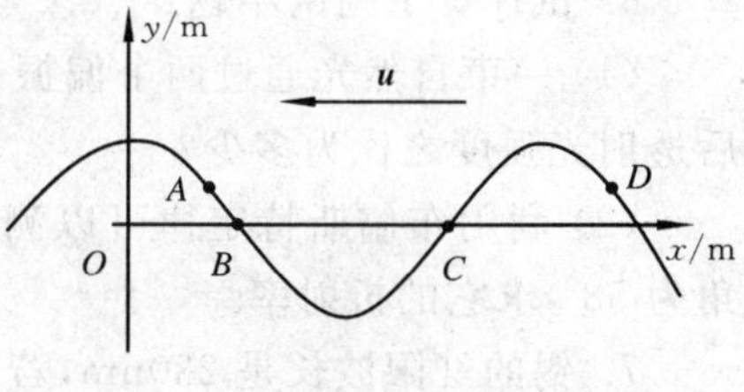

附图 2-10

(A) A 点振动速度沿 y 轴负方向

(B) B 点静止不动

(C) C 点向下运动

(D) D 点振动速度大小等于 u

5. 在真空中波长为 λ 的单色光,在折射率为 n 的透明介质中从 A 沿某路径传播到 B,若 A,B 两点位相差为 3π,则此路径 AB 的光程为(   ).

(A) 1.5λ (B) $1.5n\lambda$ (C) 3λ (D) $1.5\lambda/n$

三、计算题(每小题 10 分,共 70 分)

1. 一系统由如附图 2-11 所示的 a 状态沿 acb 到达 b 状态,吸收热量 450J,系统对外作功 250J,试回答下列问题:

(1) 经 bda 过程,系统作功 -100J,求系统放出多少热量?

(2) 当系统由 b 状态沿曲线 ba 返回 a 状态时,外界对系统作功 200J,求系统放出多少热量?

(3) 如果系统经历 $acbda$ 的正循环,求循环效率.

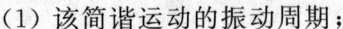

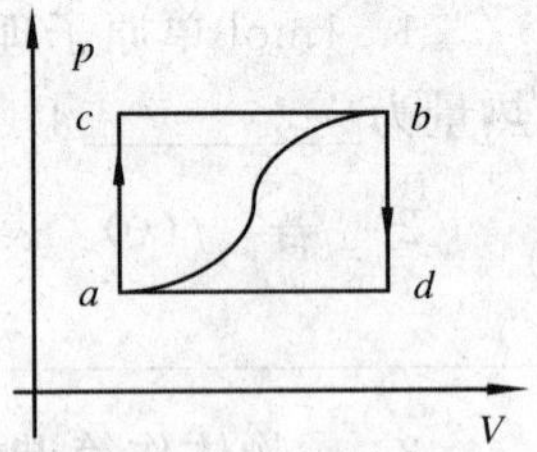

附图 2-11

2. 做简谐运动的小球,速度的最大值为 $v = 3\text{cm}\cdot\text{s}^{-1}$,振幅为 $A = 2\text{cm}$,若令速度具有正最大值的某时刻为 $t = 0$,求

(1) 该简谐运动的振动周期;

(2) 小球加速度的最大值;

(3) 振动表达式.

3. 一平面简谐波沿 x 轴正向传播,频率为 2×10^2 Hz,最大波速为 $4\times10^2\text{m}\cdot\text{s}^{-1}$,设在 $t = 0$ 时,原点 O 振动的相位为 $\pi/6$,

(1) 写出此波的波函数;

(2) 求 $t = 0.05$s 时距 O 点为 4m 处的 Q 点的相位.

4. 杨氏双缝实验中,两缝间距是 0.30mm,用单色光照射,在离缝 1.2m 的屏上测得两个第 5 级暗纹间距为 19.8mm,问:

(1) 入射光的波长为多少?

(2) 若用很薄的云母片($n = 1.58$)覆盖在上述实验中的一条缝上,当入射光波长为 550nm 时,屏上的零级明纹移到原来的第七级明条纹的位置上.求此云母片的厚度为多少?

5. 波长为 700nm 的平行红光垂直照射在一单缝上,缝后置一透镜,焦距为 1.0m,在透镜的焦距处放置一屏,

(1) 若屏上呈现的中央明条纹的宽度为 2mm,求该缝的宽度是多少?

(2) 求屏上距焦点 1.4m 的 P 点为明条纹还是暗条纹?

(3) 从 P 点看,对该光波而言,狭缝处的波阵面可以分成多少个半波带?

6. 试计算下列两小题:

(1) 一束自然光通过两个偏振片,若两偏振片的偏振化方向间夹角由 α_1 转到 α_2,则转动前后透射光强度之比为多少?

(2) 利用布儒斯特定律可以测定不透明介质的折射率.今测得真空中某种釉质的起偏振角为 58°,求它的折射率.

7. 锡的红限波长是 230nm,若用波长为 170nm 的紫外光照射锡箔,求(已知 $h = 6.63\times10^{-34}\text{J}\cdot\text{s}$)

(1) 锡箔的逸出功为多少?

(2) 从锡箔表面逸出的光电子能量为多少?

(3) 截止电压为多少?

B2

一、填空题(每小题 3 分,共 15 分)

1. 2mol 单原子理想气体从 300K 加热至 400K,若压强保持不变,则在这过程中吸收的热量为__________ J.

2. 在相同温度下,氧气分子的平均速率__________(填"大于"、"小于"或"等于")氢气分子的平均速率.

3. 一简谐运动用余弦函数表示,其振动曲线如附图 2-12 所示,则此简谐运动的三个特征量:$A=$__________ cm,$\omega=$__________ rad/s

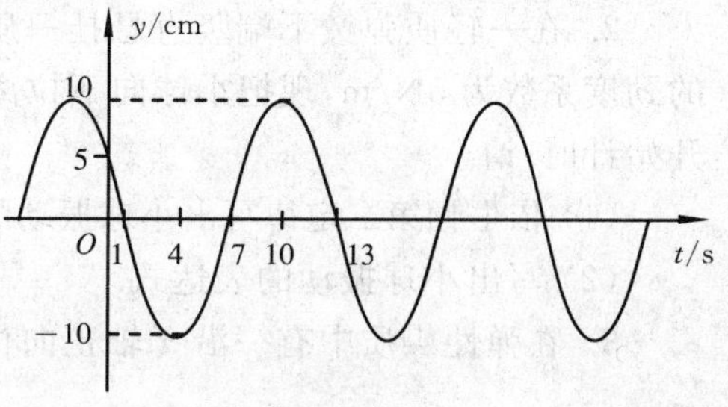

附图 2-12

4. A,B 是简谐波波线上的两点.已知 B 点的位相比 A 点落后 $\pi/3$,波长为 3m,则 A,B 两点相距 $L=$__________ m.

5. 在双缝干涉实验中,若两缝的间距为所用光波波长的 N 倍,观察屏到双缝的距离为 D,则屏上相邻明纹的间距为__________.

二、选择题(每小题 3 分,共 15 分)

1. 压强、体积和温度都相同(常温条件)的氮气和氦气分别在等压过程中吸收了相等的热量,它们对外作的功之比为(   ).

(A) 5∶7　(B) 5∶9　(C) 1∶1　(D) 9∶5

2. 氧分子的平均动能为(   ).

(A) $\frac{3}{2}kT$　(B) $\frac{5}{2}kT$　(C) $\frac{3}{2}RT$　(D) $\frac{5}{2}RT$

3. 对一个作简谐运动的物体,下面(   )说法是正确的?

(A) 物体处在运动正方向的端点时,速度最大,加速度为零

(B) 物体位于平衡位置且向负方向运动时,速度和加速度都为零

(C) 物体位于平衡位置且向正方向运动时,速度最大,加速度为零

(D) 物体处在负方向的端点时,速度和加速度都达到最大值

4. 把单摆从平衡位置向位移正方向拉开,使摆线与竖直方向成一微小角 θ,然后由静止放手任其振动.从放手时开始计时,若用余弦函数表示其运动方程,则单摆振动的初位相为(   ).

(A) θ　(B) $\frac{\pi}{2}$　(C) 0　(D) π

5. 一束平行于凸透镜主光轴 OO' 的光线经透镜后汇聚于一点,如附图 2-13 所示.abc 是同一波面上的三点.下列说法正确的是(   ).

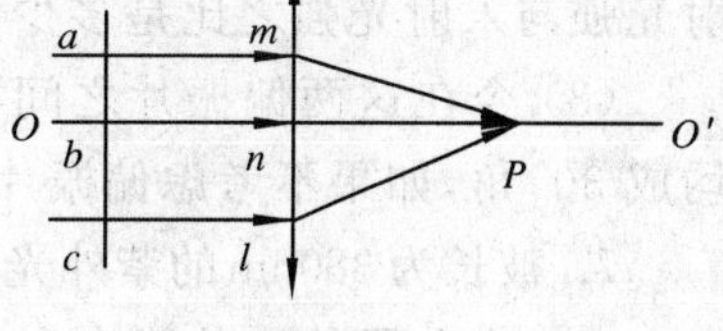

附图 2-13

(A) 光线 amP,bnP 和 clP 的光程相等

(B) 光线 amP 的光程大于 bnP 的光程

(C) 光线 amP,bnP 和 clP 的光程互不相等

(D) 放入凸透镜前后 bnP 光程不变

三、计算题(每小题 10 分,共 70 分)

1. 1mol 双原子理想气体完成如附图 2-14 所示的 $1 \to 2 \to 3 \to 4 \to 1$ 循环过程. 设 $V_2 = 2V_1$,求

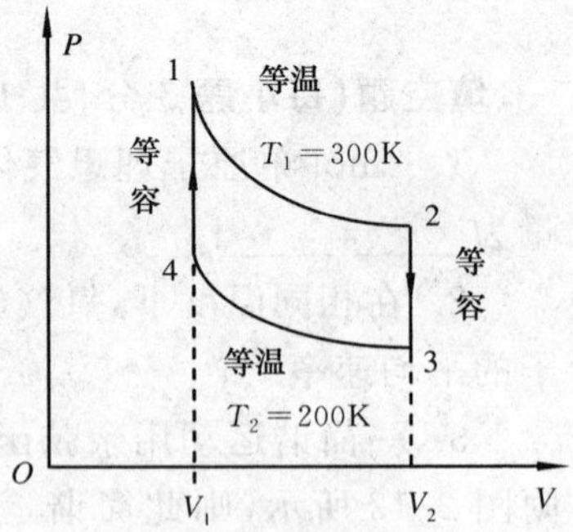

附图 2-14

(1) 在此循环的四个过程中,哪些过程吸热,并求吸收的热量为多少?

(2) 在一个循环过程中,系统对外所做的净功为多少?

(3) 循环效率是多少?

2. 在一轻质弹簧下端竖直悬挂一质量为 50g 的小球,弹簧的劲度系数为 5N/m,现把小球向下拉离平衡位置 10cm 放手并开始计时. 请

(1) 依牛顿第二定律写出小球振动的微分方程(以小球的平衡位置为坐标原点,向上为正).

(2) 写出小球振动的表达式.

3. 在弹性媒质中有一沿 x 轴正向传播的平面波,其波函数表示为 $y = 0.01\cos(4t - \pi x - \frac{\pi}{3})$(SI),若在 $x = 5.00\text{m}$ 处有一媒质分界面,且在分界面处位相突变 π,设反射后波的强度不变,试写出

(1) 入射波在分界面处的振动表达式;

(2) 反射波在分界面处的振动表达式;

(3) 反射波的波函数.

4. 有一介质劈尖,折射率 $n = 1.5$,尖角 $\theta = 10^{-4}\,\text{rad}$,在某一单色光的垂直照射下,可测得两相邻明条纹之间的距离为 0.2cm,试求

(1) 此单色光在空气中的波长;

(2) 从劈尖算起第 10 级亮纹中心对应的介质厚度;

(3) 如果劈尖长为 50cm,那么总共可出现多少明条纹.

5. 波长为 600nm 的单色光垂直入射在一光栅上,第二级明纹出现在 $\sin\varphi = 0.20$ 处,第四级缺级,求

(1) 光栅相邻两缝的间距;

(2) 光栅狭缝的最小宽度;

(3) 理论上在屏幕上实际呈现的全部级数.

6. 平行放置的两偏振片,使它们的偏振化方向成 60° 的夹角,

(1) 如果两个偏振片对光振动平行于其偏振化方向的光线均无吸收,则让自然光垂直入射后,其透射光强与入射光强之比是多少?

(2) 如果两个偏振片对光振动平行于其偏振化方向的光线分别吸收了 10% 的能量,则透射光强与入射光强之比是多少?

(3) 今在这两偏振片之间再平行的插入另一偏振片,使它的偏振化方向与前两个偏振片均成 30° 角,如果不考虑偏振片对光的吸收,则透射光强与入射光强之比又是多少?

7. 波长为380nm的紫外光照射到某金属表面上,测得光电子的初速度为 $6.2\times10^5\,\text{m}\cdot\text{s}^{-1}$,则

(1) 光电子的初动能为多少?

(2) 光电子的德布罗意波长为多少?

(3) 金属的逸出功为多少?

C1

一、填空题(每题 3 分,共 30 分)

1. 氧气分子在温度为 T,压强为 p 的状态下,分子平均平动动能为__________,分子平均转动动能为__________,分子数密度为__________.

2. 若 $f(v)$ 表示 本分子速率分布函数,N 表示总分子数,则$\int_{v_1}^{v_2} Nf(v)\mathrm{d}v$ 的物理意义为__________________.

3. 一定质量的多原子理想气体作绝热压缩,气体的体积压缩为原来的一半. 则温度变化为原来的__________.

4. 一卡诺热机在每次循环中都要从温度为 400K 的高温热源吸热 418J,向低温热源放热 334.4J,低温热源温度为__________.

5. 有一个和轻弹簧相联的小球,沿 x 轴作振幅为 A、圆频率为 ω 的简谐运动. 若 $t=0$ 时球的运动状态为过平衡位置向 x 负方向运动,则运动表达式为__________________.

6. 有两个同方向同频率的简谐运动,其表达式分别为 $x_1 = A\cos(\omega t + \frac{\pi}{4})$,$x_2 = \sqrt{3}A\cos(\omega t + \frac{3\pi}{4})$. 合振动的初相位为__________________.

7. 一平面简谐波沿 x 轴正向传播,其振幅为 A,频率为 ν,波速为 u. 设 $t=0$ 时刻的波形曲线如附图 2-15 所示. 则 $x=0$ 处质点的振动方程为______________;该波的波动方程为______________.

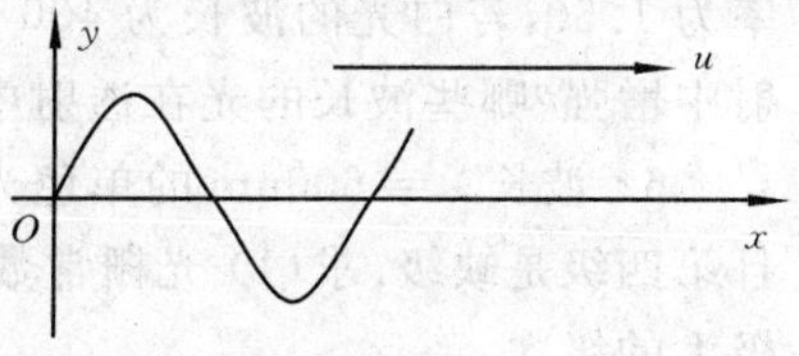

附图 2-15

8. 用 $\lambda_1 = 600\text{nm}$ 和 $\lambda_2 = 450\text{nm}$ 的光同时垂直照射牛顿环装置,发现 λ_1 的第 k 级暗环与 λ_2 的第 $k+1$ 级暗环重合,设平凸透镜的曲率半径为 90cm,则 k 值为__________;λ_1 的第 k 级暗环半径为__________.

9. 在单缝夫琅和费衍射实验中,设第一级暗纹的衍射角很小,若钠黄光($\lambda_1 = 590\text{Å}$)中央明纹宽度为 4.0mm. 则 $\lambda_2 = 4420\text{Å}$ 的蓝紫光的中央明纹宽度为__________.

10. 下面三种图中,入射光均以布儒斯特角入射到两种媒质的分界面处,试在图上标出反射光和折射光的光矢量 E 的振动方向.

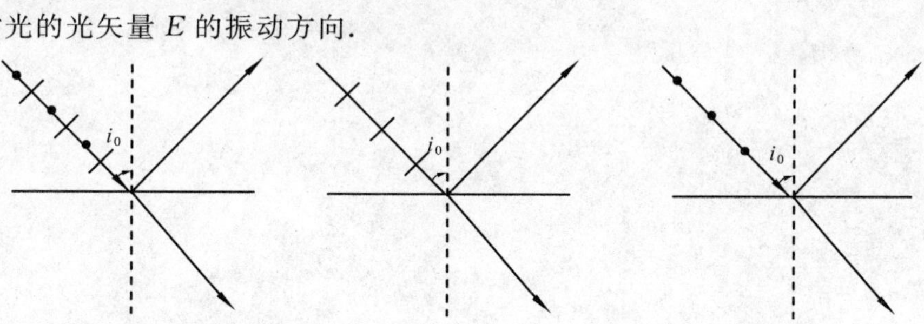

二、计算题(每题 10 分,共 70 分)

1. 单原子分子的理想气体做如附图 2-16 所示的正循环,图中 ab 是等温过程,且 $V_2 = 2V_1$,求循环效率.

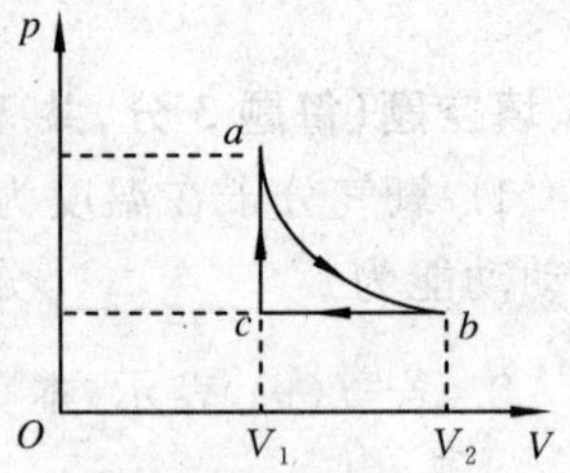

附图 2-16

2. 如附图 2-17 所示,一质量 m,横截面积 S 的正方体木块,浸在密度为 ρ 的液体中,在其上面系一弹性系数为 k 的轻质弹簧,木块处于平衡状态时,弹簧为自由长度.(1) 证明当木块在竖直方向有偏离平衡位置的位移后,木块作简谐运动;(2) 求固有频率.

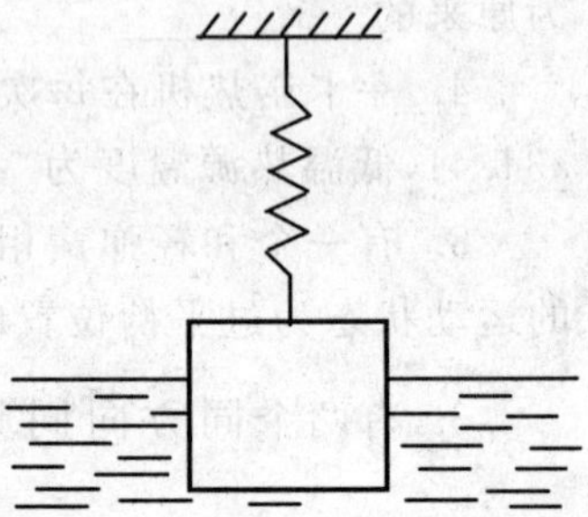

附图 2-17

3. 波源位于同一介质中的 A,B 两点,其振幅相等,频率均为 100Hz,B 比 A 的相位超前 π,若 A,B 相距 30m,波速为 $400\text{m}\cdot\text{s}^{-1}$,求 AB 连线间因干涉而静止的各点位置.

4. 双缝干涉实验中,双缝到屏的距离 $D = 120\text{cm}$,双缝间距 $d = 0.5\text{mm}$,所用光波长 $\lambda = 500\text{nm}$. 求:(1) 原点 O(零级条纹所在处) 上方第五级明条纹的坐标;(2) 如果用厚度为 $e = 1.0 \times 10^{-2}\text{mm}$,$n = 1.50$ 的薄膜覆盖 S_1 缝后面,求上述第五级明纹的坐标.

5. 白光垂直照射在厚度为 400nm 的均匀薄膜上,膜的折射率为 1.50,若白光的波长为 400 ~ 760nm,求哪些波长的光在反射中增强?哪些波长的光在透射中增强?

6. 波长 $\lambda = 600\text{nm}$ 的单色光垂直入射到某一光栅上,测得第三级主极大的衍射角为 30°,且第四级是缺级. 求(1) 光栅常数;(2) 透光缝可能的最小宽度;(3) 屏幕上可能呈现的全部主极大的级次.

7. 设自然光垂直入射到两平行放置的偏振片上时,出射光强为 I,现使两偏振片的偏振化方向之间的夹角由 0 变为 α,出射光强变为 $\frac{3}{4}I$,试求 α 的值.

C2

一、填空题(每题3分,共30分)

1. 附图2-18为分子速率分布曲线,在 $v_1 \to v_2$ 区间内所对应的曲线下面积的表达式________,其物理意义________.

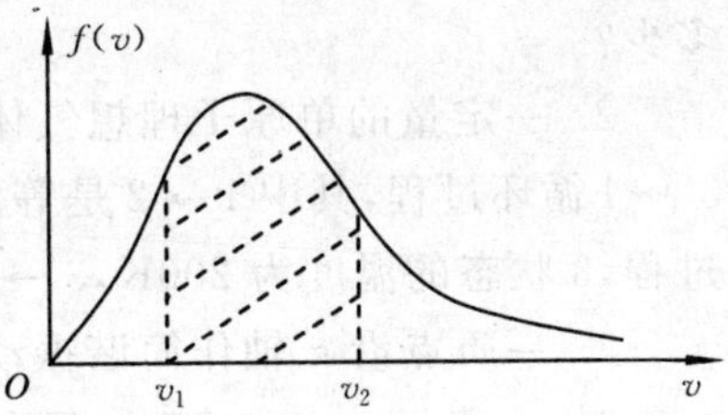

附图 2-18

2. 有1mol双原子分子理想气体,在等压膨胀过程中对外作功 A,则其温度变化 $\Delta T =$ ________,从外界吸取的热量 $Q_p =$ ________.

3. 一定量的理想气体,从 a 状态 $(2p_1, V_1)$ 经历如附图2-19所示的直线过程到 b 状态 $(p_1, 2V_1)$,则 ab 过程中系统作功 $A =$ ________,内能改变 $\Delta E =$ ________.

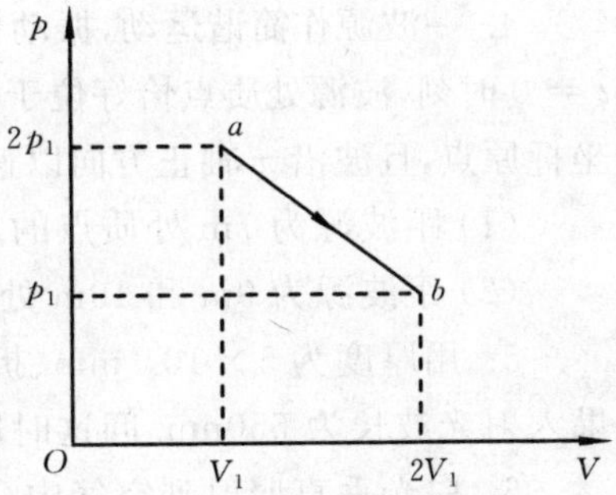

附图 2-19

4. 一质点同时参与两个在同一直线上的简谐运动:

$x_1 = 0.03\cos(5t + \pi/2)$ (SI)

$x_2 = 0.03\cos(5t - \pi)$ (SI)

它们的合振动的振幅为________,初相位为________.

5. 一平面简谐波在弹性媒质中传播,在某一瞬时,媒质中某质元正处于平衡位置,此时它的动能________;势能________(填最大,最小)

6. A、B 是简谐波波线上的两点.已知 B 点的位相比 A 点落后 $\pi/3$,波长为3m.则 A,B 两点相距________.

7. 波长为 λ 的平行单色光,垂直照射到劈尖薄膜上,劈尖角为 θ,劈尖薄膜折射率为 n,第3条暗纹与第6条暗纹之间的距离为________.

8. 一单色平行光束垂直照射在宽为1.0mm的单缝上,在缝后放一焦距为2m的会聚透镜,已知位于透镜焦面处的屏幕上的中央明条纹宽度为2.5mm.则入射光波长为________.

9. 平行放置两偏振片,使它们的偏振化方向成45°夹角,不考虑吸收,则让自然光垂直入射后,透射光强与入射光强之比为________.

10. 下面四种图中,i_0 表示布儒斯特角,i 表示任意入射角,光入射到两种媒质的分界面处,试在图上标出反射光和折射光的光矢量 E 的振动方向.

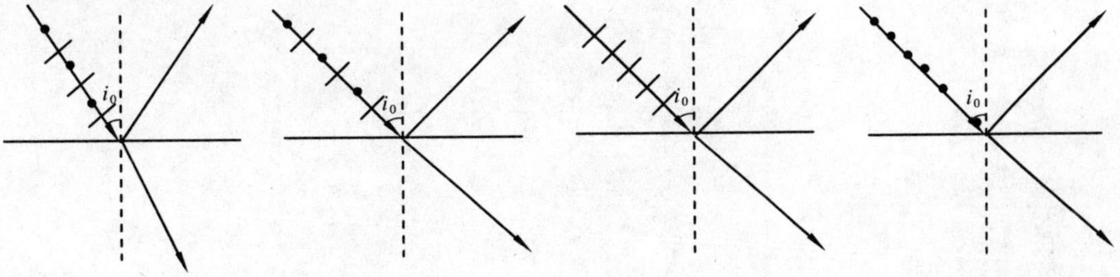

二、计算题(每题 10 分,共 70 分)

1. 容器内储有1mol氢气,压强为2.00×10^5Pa,温度为27℃,试求:(1) 每立方米体积内的分子数;(2) 氢分子的平均平动动能;(3) 若把氢气分子视为刚性分子,则该气体的内能为多少?

2. 一定量的单原子理想气体完成如附图 2-20 所示的 1 → 2 → 3 → 1 循环过程,其中 1 → 2 是等温过程,温度为 400K,2 → 3 是等体过程,3 状态的温度为 200K,3 → 1 为绝热过程,求循环效率.

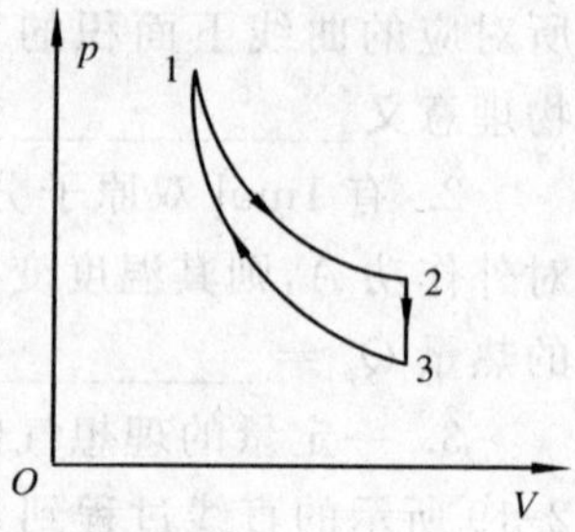

附图 2-20

3. 一质点沿 x 轴作简谐振动,振幅为 0.10m,周期为 2s,已知 $t=0$ 时,位移 $x_0=+0.05$m,且向 x 轴正方向运动.

(1) 写出该质点的振动方程.

(2) 如质点质量 $m=0.2$kg,求它的总能量.

4. 一波源作简谐运动,振动周期 $T=0.01$s,振幅 $A=0.02$m. 当 $t=0$ 时刻,波源处质点恰好位于平衡位置向正方向运动. 若波源位于坐标原点,且波沿 x 轴正方向以速度 $u=400\text{m}\cdot\text{s}^{-1}$ 传播. 求

(1) 距波源为 7m 处质点的质点的振动方程和初位相;

(2) 距波源为 9m 和 10m 处两质点的振动位相差.

5. 用厚度为5×10^{-3}mm、折射率为 1.55 的薄云母片覆盖在杨氏双缝的其中一条缝上,如果入射光波长为 550nm. 问这时屏上的第三级明纹移到双缝未被覆盖前的第几级明纹处.

6. 白光垂直照射到空气中一厚度为 380nm 的肥皂水膜上,试问水膜表面呈现哪两种波长的光(肥皂水的折射率看做 1.33)?

7. 用白光垂直照射一光栅时,能在 30° 衍射方向上观察到 $\lambda_1=600$nm 的第三级明纹,但在该方向上不见 $\lambda_2=450$nm 的第四级明纹,求光栅常数和最小缝宽.

附录3　　希腊字母表

字母	英文读音	意义
Aα	Alpha[ˈælfə]	角度；系数
Bβ	Beta[ˈbiːtə, ˈbeitə]	磁感应强度(大写)；角度；系数
Γγ	Gamma[ˈgæmə]	电导系数
Δδ	Delta[ˈdeltə]	变动；密度；屈光度
Eε	epsilon[ˈepsilən, epˈsailən]	介电常数
Zζ	Zeta[ˈziːtə]	系数；方位角；阻抗；相对黏度；原子序数
Hη	eta[ˈiːta, eitə]	磁场强度；效率(小写)
Θθ	theta[ˈθiːtə]	温度；相位角
Iι	Iota[aiˈoutə]	微小，一点儿
Kκ	Kappa[ˈkæpə]	介质常数
Λλ	Lambda[ˈlæmdə]	波长(小写)；
Mμ	Mu[ˈmjuː]	磁导率；微(千分之一)；放大因数(小写)
Nν	Nu[ˈnjuː]	磁阻系数
Ξξ	Xi[ˈksai, qzai, zai]	
Oο	Omicron[ouˈmaikrən]	
Ππ	Pi[ˈpai]	圆周 / 直径 = 3.1416
Pρ	Rho[ˈrou]	电阻系数(小写)
Σσ	Sigma[ˈsigmə]	总和，表面密度
Tτ	Tau[ˈtau]	时间常数
Υυ	Upsilon[juːpsilən, juːpsˈailən]	
Φφ	Phi[ˈfai]	磁通量；角
Xχ	Chi[ˈkai]	极化率
Ψψ	Psi[ˈpsiː]	介质电通量；角
Ωω	Omega[ˈoumigə, ouˈmiːgə]	欧姆(大写)；角速度(小写)

附录 4　国际单位制中用于表示十进制倍数的词头及符号

词头	符号	词头名称	因数
yotta	Y	尧[它]	10^{24}
zetta	Z	译[它]	10^{21}
exa	E	艾[可萨]	10^{18}
peta	P	拍[它]	10^{15}
tera	T	太[拉]	10^{12}
giga	G	吉[咖]	10^{9}
mega	M	兆	10^{6}
kilo	k	千	10^{3}
hecto	h	百	10^{2}
deca	da	十	10^{1}
deci	d	分	10^{-1}
centi	c	厘	10^{-2}
milli	m	毫	10^{-3}
micro	μ	微	10^{-6}
nano	n	纳[诺]	10^{-9}
pico	p	皮[可]	10^{-12}
femto	f	飞[母托]	10^{-15}
atto	a	阿[托]	10^{-18}
zepto	z	仄[普托]	10^{-21}
yocto	y	幺[科托]	10^{-24}

附录 5　　国际单位制(SI) 基本单位

量的名称	单位名称	单位符号	定义
长度	米	m	米等于光在真空 1/299 792 458 秒时间间隔内所经路程的长度
质量	千克[公斤]	kg	千克等于国际千克原器的质量
时间	秒	s	秒是 Cs-133 原子基态的两个超精细能级之间跃迁所对应的辐射的 9 192 631 770 个周期持续的时间
电流	安[培]	A	安培是电流单位. 在真空中截面积可忽略的两根相距 1 米的无限长平行圆柱导线内通以等量电流时,若导线间相互作用力在每米长度上为 2×10^{-7} 牛顿,则每根导线中的电流为 1 安
热力学温度	开[尔文]	K	热力学温度单位开尔文,是水三相点热力学温度的 1/273.16
物质的量	摩[尔]	mol	摩尔是以系统的物质的量,该系统中所包含的基本单元数与 0.012 千克 C-12 的原子数目相等. 在使用摩尔时,基本单位应予指明,可以是原子、分子、电子及其他粒子,或是这些粒子的稳定组合
发光强度	坎[德拉]	cd	坎德拉是一光源在给定方向上的发光强度,该光源发出频率为 540×10^{12} 赫兹的单色辐射,且在此方向上的辐射强度为 1/683 瓦特每球面度

附录 6　基本物理量

物理量	符号	数值
重力加速度	g	$9.8\mathrm{m\cdot s^{-2}}$
引力常数	G	$6.67\times10^{-11}\mathrm{N\cdot m^2\cdot kg^{-2}}$
气体普适常数	R	$8.31\mathrm{J\cdot K^{-1}\cdot mol^{-1}}$
玻耳兹曼常数	k	$1.38\times10^{-23}\mathrm{J\cdot K^{-1}}$
阿伏伽德罗常量	N_A	$6.0221367\times10^{23}\mathrm{mol^{-1}}$
理想气体标准体积	V_m	$2.24\times10^{-2}\mathrm{m^3\cdot mol^{-1}}$
真空中的光速	c	$3.0\times10^8\mathrm{m\cdot s^{-1}}$
基本电荷	e	$1.60\times10^{-19}\mathrm{C}$
真空电容率	ε_0	$8.85\times10^{-12}\mathrm{C^2\cdot N^{-1}\cdot m^{-2}}$
真空磁导率	μ_0	$4\pi\times10^{-7}\mathrm{T\cdot m\cdot A^{-1}}$
电子的静止质量	m_e	$9.11\times10^{-31}\mathrm{kg}$
质子的静止质量	m_p	$1.673\times10^{-27}\mathrm{kg}$
中子的静止质量	m_n	$1.675\times10^{-27}\mathrm{kg}$
质子电量	e	$1.60\times10^{-19}\mathrm{C}$
1 电子伏特能量	1eV	$1.60\times10^{-19}\mathrm{J}$
电子荷质比	$\frac{e}{m_e}$	$1.76\times10^{11}\mathrm{C\cdot kg^{-1}}$
电子磁矩	μ_e	$9.28\times10^{-24}\mathrm{J\cdot T^{-1}}$
质子磁矩	μ_p	$1.41\times10^{-26}\mathrm{J\cdot T^{-1}}$
中子磁矩	μ_n	$0.966\times10^{-26}\mathrm{J\cdot T^{-1}}$
玻尔磁子	μ_B	$9.27\times10^{-24}\mathrm{J\cdot T^{-1}}$
普朗克常量	h	$6.63\times10^{-34}\mathrm{J\cdot T^{-1}}$
斯忒藩常量	σ	$5.67\times10^{-8}\mathrm{W\cdot m^{-2}\cdot K^{-4}}$
玻尔半径	α_0	$5.29\times10^{-11}\mathrm{m}$
里德伯常量	R	$1.097\times10^7\cdot\mathrm{m^{-1}}$
电子康普顿波长	λ_c	$2.43\times10^{-12}\mathrm{m}$
经典电子半径	r_0	$2.82\times10^{-15}\mathrm{m}$

附录 7　有关太阳、地球和月球的数据

物理量	数值
太阳质量 M_S	1.99×10^{30} kg
太阳半径 R_S	6.96×10^{8} m
太阳中心到地球中心的距离	1.469×10^{11} m(平均值)
地球质量 M_E	5.98×10^{24} kg
地球的半径 R_E	6.37×10^{6} m(平均值)
	6.378×10^{6} m(赤道半径)
	6.357×10^{6} m(极半径)
地球的周期 T_E	3.156×10^{7} s
地球的平均轨道速度	2.98×10^{4} m·s^{-1}
重力加速度(海平面处)g	9.807 m·s^{-2}
地球中心到月球中心的距离	3.844×10^{8} m
月球质量 M_M	7.35×10^{22} kg
月球的周期 T_M	2.360×10^{6} s
月球的半径 R_M	1.738×10^{6} m
月球表面的重力加速度	1.62 m·s^{-2}

参考答案

第 1 章　质点运动学

能力训练(1)

一、选择题

1. D；2. D；3. A；4. B；5. C；6. D；7. A；8. C.

二、填空题

1. $31\text{m}\cdot\text{s}^{-1}$.

2. $v_0\cos\theta$；g；g；0.

3. $\boldsymbol{v}=3\omega\cos\omega t\boldsymbol{i}-4\omega\sin\omega t\boldsymbol{j}$；$v=\sqrt{9\omega^2\cos^2\omega t+16\omega^2\sin^2\omega t}$；$\dfrac{x^2}{9}+\dfrac{y^2}{16}=1$.

4. 0；0；$\dfrac{-2\boldsymbol{v}_0}{\Delta t}$.

5. 匀加速圆周运动.

6. B；0.

7. $5\text{m}\cdot\text{s}^{-1}$；$17\text{m}\cdot\text{s}^{-1}$.

8. 匀速率曲线运动，变速率圆周运动

三、计算题

1. (1) $\boldsymbol{r}=2t\boldsymbol{i}+(4t^2+4t+1)\boldsymbol{j}\text{m}$；　　(2) $y=(x+1)^2$；

(3) $\Delta\boldsymbol{r}=2\boldsymbol{i}+16\boldsymbol{j}\text{m}$；$|\Delta\boldsymbol{r}|=16.12\text{m}$；$\alpha=82°52'$；

$\bar{\boldsymbol{v}}=2\boldsymbol{i}+16\boldsymbol{j}\text{m}\cdot\text{s}^{-1}$；$|\bar{\boldsymbol{v}}|=16.12\text{m}\cdot\text{s}^{-1}$；$\alpha=82°52'$；

$\bar{v}=16.13\text{m}\cdot\text{s}^{-1}$；

(4) $\boldsymbol{v}=2\boldsymbol{i}+(8t+4)\boldsymbol{j}\text{m}\cdot\text{s}^{-1}$；(5) $\bar{\boldsymbol{a}}=8\boldsymbol{j}\text{m}\cdot\text{s}^{-2}$；$\boldsymbol{a}_1=\boldsymbol{a}_2=8\boldsymbol{j}\text{m}\cdot\text{s}^{-2}$.

2. (1) $\boldsymbol{v}=-R\omega\sin\omega t\boldsymbol{i}+R\omega\cos\omega t\boldsymbol{j}+\dfrac{h}{2\pi}\omega\boldsymbol{k}$；$\boldsymbol{a}=-R\omega^2\cos\omega t\boldsymbol{i}-R\omega^2\sin\omega t\boldsymbol{j}$；

(2) $a_\tau=0$；$a_n=R\omega^2$；$\rho=\dfrac{4\pi^2R^2+h^2}{4\pi^2R}$；

(3) xOy 平面作匀速率圆周运动，z 方向圆周运动，质点作等距螺旋运动.

3. $a_n=\dfrac{v_0g\cos\theta}{\sqrt{v_0^2-2v_0gt\sin\theta+g^2t^2}}$；$a_\tau=\dfrac{g^2t-v_0g\sin\theta}{\sqrt{v_0^2-2v_0gt\sin\theta+g^2t^2}}$.

4. 3s；$2\text{m}\cdot\text{s}^{-1}$.　5. $x=4\sin\dfrac{\pi}{2}t$.

6. $v=\dfrac{v_0}{1+ktv_0}$；$x=x_0+\dfrac{1}{k}\ln(1+v_0kt)$.　　7. $\sqrt{\dfrac{R}{c}}-\dfrac{b}{c^2}$.

8. (1) $\omega=\dfrac{\pi}{2}+\dfrac{\pi}{2}t\ \text{rad}\cdot\text{s}^{-1}$；$\beta=\dfrac{\pi}{2}\ \text{rad}\cdot\text{s}^{-2}$.

(2) $\Delta\boldsymbol{r}=-\left(\dfrac{\sqrt{2}+2}{2}\right)\boldsymbol{i}+\dfrac{\sqrt{2}}{2}\boldsymbol{j}\ \text{m}$；$\bar{\boldsymbol{v}}=-\left(\dfrac{\sqrt{2}+2}{2}\right)\boldsymbol{i}+\dfrac{\sqrt{2}}{2}\boldsymbol{j}\ \text{m}\cdot\text{s}^{-1}$；

$\bar{\boldsymbol{a}}=-\dfrac{\sqrt{2}}{2}\pi\boldsymbol{i}-\dfrac{\pi}{2}(\sqrt{2}+1)\boldsymbol{j}\ \text{m}\cdot\text{s}^{-2}$；$\bar{v}=\dfrac{3\pi}{4}\text{m}\cdot\text{s}^{-1}$.

(3) $\boldsymbol{a}=\left(-\frac{\sqrt{2}}{4}\pi+\frac{\sqrt{2}}{2}\pi^2\right)\boldsymbol{i}-\left(\frac{\sqrt{2}}{4}\pi+\frac{\sqrt{2}}{2}\pi^2\right)\boldsymbol{j}\ \mathrm{m\cdot s^{-2}}$.

9. 略. 10. $v_x=\frac{yv}{\sqrt{(a+bx)^2+y^2}}$； $v_y=\frac{(a+bx)v}{\sqrt{(a+bx)^2+y^2}}$.

能力训练(2)

一、选择题

1. B； 2. C； 3. C； 4. A； 5. B； 6. C； 7. D； 8. C

二、填空题

1. 2s； 0. 2. $x=\frac{2t^3}{3}+10$. 3. $\frac{v_0\cos\alpha}{\cos\beta}$； $-g\sin\beta$； $g\cos\beta$.

4. $\frac{1}{3}ct^3$； $\frac{c^2t^4}{R}$； $2ct$. 5. $2t^2+3t+3$. 6. $\frac{v_0}{k}$； v_0e^{-kt}.

7. 变化； 不变； 变化. 8. $y'=v_0-\frac{gx'^2}{2v_0^2}$； g； 向下.

三、计算题

1. $8\mathrm{m\cdot s^{-1}}$； $35.78\mathrm{m\cdot s^{-2}}$.

2. $a_n=0.25\mathrm{m\cdot s^{-2}}$； $a=0.32\mathrm{m\cdot s^{-2}}$； $\boldsymbol{a}$ 与 $\boldsymbol{v}$ 的夹角 $128°40'$.

3. 1s； 1.5m； 0.5rad.

4. 略. 5. $\sqrt{b^2+\frac{(v_0-bt)^2}{R^2}}$； $\frac{v_0^2}{4\pi Rb}$. 6. $\frac{Hv_0}{H-h}$.

7. 2.34m. 8. (1) 32.19km； (2) 0.65h. 9. $\frac{gx}{\sqrt{x^2+4}}$.

10. $\frac{(v_2-v_1)^2}{2a}$.

第 2 章 质点动力学

能力训练(1)

一、选择题

1. D； 2. D； 3. D； 4. D； 5. C； 6. C； 7. B； 8. B； 9. D； 10. D.

二、填空题

1. $x=b+\frac{F_0}{m\omega^2}(1-\cos\omega t)$.

2. mk^2x； $\frac{1}{k}\ln\frac{x_2}{x_1}$.

3. $R-\frac{g}{\omega^2}$.

4. $-m\sqrt{gH}\boldsymbol{j}$； $-m\sqrt{gH}(\sqrt{2}-1)\boldsymbol{j}$.

5. -14J. 6. $\frac{m^2g^2}{2k}$. 7. -42.4J. 8. mv_0； 垂直向下.

9. $\sqrt{mk}x_0$. 10. $-\frac{3}{2}\pi\boldsymbol{i}\ \mathrm{kg\cdot m\cdot s^{-1}}$； $-\frac{3}{2}\pi\boldsymbol{i}$ N.

三、计算题

1. (1) 77.3N, 68.4N； (2) $17\mathrm{m\cdot s^{-2}}$.

2. (1) $v=\dfrac{v_0}{1+v_0k't}$； (2) $x=\dfrac{1}{k'}\ln(1+v_0k't)$； (4) $\dfrac{1}{300}\mathrm{m\cdot s^{-1}}$.

3. $T(r)=\dfrac{m\omega^2}{2l}(l^2-x^2)+M\omega^2 l$.

4. $\dfrac{m_B}{m_A}$.　　5. $-2kc$.　　6. $mga\sin\theta+\dfrac{1}{2}ka^2\theta^2$.

7. (1) $2.7\mathrm{m\cdot s^{-1}}$, $1.5\mathrm{m\cdot s^{-2}}$； (2) $2.3\mathrm{m\cdot s^{-1}}$, $1.5\mathrm{m\cdot s^{-2}}$.

8. $\sqrt{425}\mathrm{m\cdot s^{-1}}$.

9. (1) $68\mathrm{N\cdot S}$； (2) $40\mathrm{m\cdot s^{-1}}$.

10. 900J.　　11. 56J.　　12. $\dfrac{m_2v_0^2}{2\mu g(m_1+m_2)}$.

13. (1) $\dfrac{A}{2}x^2-\dfrac{B}{3}x^3$； (2) $\dfrac{5}{2}A-\dfrac{19}{3}B$.　　14. (1) $\dfrac{3}{2}$J； (2) 1J； (3) 不是保守力.

15. (1) $3.03\times10^4\mathrm{m\cdot s^{-1}}$； (2) 远日点 $1.93\times10^{-7}\mathrm{s^{-1}}$，近日点 $2.06\times10^{-7}\mathrm{s^{-1}}$.

能力训练(2)

一、选择题

1. C； 2. C； 3. C； 4. A； 5. D； 6. A； 7. A； 8. C； 9. A； 10. A.

二、填空题

1. $8\boldsymbol{i}+10\boldsymbol{j}$ N·S； $8\boldsymbol{i}+12\boldsymbol{j}$ $\mathrm{kg\cdot m\cdot s^{-1}}$.

2. $\dfrac{m\sqrt{2gH}}{2}(\sqrt{3}+2)$.　　3. mk^2x；　$\dfrac{1}{k}\ln\dfrac{x_0}{x_0}$.

4. $\boldsymbol{i}-5\boldsymbol{j}$.　　5. $5\mathrm{m\cdot s^{-1}}$.　　6. $4\mathrm{m\cdot s^{-1}}$； $2.5\mathrm{m\cdot s^{-1}}$.

7. 13J.　　8. 3J.　　9. $mg-kx$.　　10. 2.5J； 21.4W.　　11. $\sqrt{\dfrac{2G(M+m)}{r}}$.

三、计算题

1. $\sqrt{\dfrac{g}{L}(L^2-a^2)\sin\alpha}$.

2. $b\sqrt{\dfrac{k}{m_1+m_2}}$； $b\sqrt{\dfrac{m_1}{m_1+m_2}}$.

3. 略.

4. $K=\dfrac{m}{x_0^2}[v_0^2+2g(x_0+s)(\sin\theta-\mu\cos\theta)]$； $\dfrac{Kx_0^2}{2mg(\sin\theta+\mu\cos\theta)}$.

5. $mgL(1-\cos\beta)$.　　6. 3×10^3s； 0.6N·s； 2g.

7. (1) $\dfrac{2}{3}F_0\tau\boldsymbol{i}$； $\dfrac{2}{3}F_0$； (2) $\left(mv-\dfrac{2}{3}F_0\tau\right)\boldsymbol{i}-mv\boldsymbol{j}$； (3) 0.

8. $\dfrac{2}{3}\sqrt{gh}$.　　9. $\dfrac{L^2}{2mr^2}$； $-\dfrac{L^2}{mr^2}$； $-\dfrac{L^2}{2mr^2}$.

10. $\dfrac{3(v_0-gt)}{2\sin\alpha}$.　　11. 1.2m.

12. $v_1=v+\dfrac{mu}{M+m}$； $v_2=v$； $v_3=v-\dfrac{mu}{M+m}$.

13. $\left[\dfrac{m_1m_2}{m_1+m_2}\cdot\dfrac{k_1k_2}{k_1+k_2}\right]^{1/2}v_0$.　　14. $\sqrt{\dfrac{2MgR}{m+M}}$； $-m\sqrt{\dfrac{2gR}{M(m+M)}}$.

15. (1) $E_{kA}=\dfrac{1}{2}m\omega^2b^2$, $E_{kB}=\dfrac{1}{2}m\omega^2a^2$； (2) $E_{kB}=\dfrac{1}{2}m\omega^2(a^2-b^2)$； (3) $\boldsymbol{L}=abw\boldsymbol{k}$；

(4) 角动量守恒，质点所受的合外力指向 O 点，是有心力.

第3章 刚体力学

一、选择题

1. A; 2. B; 3. B; 4. C; 5. A; 6. C; 7. B; 8. A; 9. B; 10. B.

二、填空题

1. $\dfrac{k\omega_0^2}{9J}$; $\dfrac{2J}{k\omega_0}$. 2. $\dfrac{3}{4}mL^2$; $\dfrac{1}{2}mgL$; $\dfrac{2g}{3L}$. 3. mLv. 4. $t=4\mathrm{s}$; $15\mathrm{m}\cdot\mathrm{s}^{-1}$.

5. 62.5 圈; $\dfrac{5}{3}$s. 6. $mg\dfrac{L}{2}$; $\dfrac{L}{18}mg$. 7. $\dfrac{3g}{2L}$; $\sqrt{\dfrac{3g}{L}}$. 8. $\dfrac{13}{32}MR^2$.

三、计算题

1. $\dfrac{7}{48}mL^2$. 2. $\omega=\dfrac{3}{2}\sqrt{\dfrac{g\sin\theta}{a}}$; $J\omega=2ma^2\sqrt{\dfrac{g\sin\theta}{a}}$.

3. 15.15N; $3.56\mathrm{m}\cdot\mathrm{s}^{-2}$. 4. $\beta=0.11\mathrm{rad}\cdot\mathrm{s}^{-2}$. 5. 略.

6. $\cos\theta=1-\dfrac{m^2v^2}{\left(\dfrac{4}{3}ML+mL\right)(M+m)g}$.

7. $\beta=\dfrac{3g}{4L}$; $\beta=\dfrac{3g}{2L}$. 8. $n=\dfrac{3}{16}\dfrac{R\omega_0^2}{\mu g\pi}$. 9. $\dfrac{T}{T_0}=4$.

10. $v_0=\sqrt{\dfrac{\left(mL+\dfrac{1}{3}ML\right)(1-\cos\theta)g}{m}}$, $\beta=\dfrac{6mg\sin\theta}{ML+3mL}$.

11. (1) $\omega=\dfrac{mv}{(M+m)R}$; (2) $\Delta E=\dfrac{1}{2}mv^2\left(1-\dfrac{1}{M+m}\right)$.

12. $\dfrac{2m_2(v_1+v_2)}{\mu m_1 l}$.

13. (2) $a_0=4.52\mathrm{m}\cdot\mathrm{s}^{-2}$; (3) $f=5.28\times10^3\mathrm{N}$; (4) $\mu\geqslant0.54$; (5) $\cos\theta\geqslant0.4$.

第4章 流体力学简介

一、选择题

1. A; 2. C; 3. D; 4. D; 5. C.

二、填空题

1. 没有黏性、没有摩擦阻力、液体不可压缩;具有黏性、有摩擦力、液体可压缩、受热膨胀、消耗能量.

2. 减少;减少;增加.

3. 流体流动时,相邻流体层间在单位接触面上,速度梯度为1时所产生的内摩擦力;减少;增大.

4. 处于稳定段;连续;垂直于流体流动方向;流体平行流动.

5. 流体具有黏性.

三、计算题

1. $0.03\mathrm{m}^3\cdot\mathrm{s}^{-1}$. 2. $u_0=0.32\mathrm{m}\cdot\mathrm{s}^{-1}$. 3. $\Delta h=0.266\mathrm{m}$.

4. $Q=20\pi\mathrm{cm}^3\cdot\mathrm{s}$; $v=5\mathrm{cm}\cdot\mathrm{s}^{-1}$; $u_m=10\mathrm{cm}\cdot\mathrm{s}^{-1}$.

第5章 狭义相对论

一、选择题

1. A; 2. B; 3. C; 4. C; 5. C; 6. E; 7. C; 8. A; 9. A; 10. C

二、填空题

1. 极限速度,不为零.

2. 0.3.　　3. $7.5\times10^4\,cm^3$.

4. $\frac{4}{5}c$.　　5. $0.5l_0$.　　6. 100s.　　7. $4.3\times10^{-8}\,s$.

8. $\frac{m_0c^2}{\sqrt{1-\frac{v^2}{c^2}}}-m_0c^2$.　　9. $\frac{\sqrt{3}}{2}c$.　　10. $\frac{m}{l\left(1-\frac{v^2}{c^2}\right)}$；　$\frac{m}{l\sqrt{1-\frac{v^2}{c^2}}}$.

三、计算题

1. $\Delta t'=1.54\times10^{-13}\,s$.　　2. $1.2\times10^8\,m\cdot s^{-1}$.

3. $6.9\times10^{-6}\,s$；　2 293.6m.　　4. 30h.

5. (1) $4.33\times10^{-8}\,s$；　(2) 10.4m.　　6. $3.46\times10^{-6}\,s$.　　7. 0.994c.

8. $6.34\times10^{-29}\,kg$；　$5.7\times10^{-12}\,J$；　$1.93\times10^{-20}\,kg\cdot m\cdot s^{-1}$.

9. km_0c^2；　$(k-1)m_0c^2$；　$\sqrt{k^2-1}m_0c^2$.

10. $M_0=2m_A=\frac{2m_0}{\sqrt{1-\left(\frac{v}{c}\right)^2}}$.

11. $v=\frac{Eqtc}{\sqrt{m_0^2c^2+E^2q^2t^2}}$；　不考虑相对论效应 $v=\frac{Eqt}{m_0}$.

第6章　电荷与电场

能力训练(1)

一、选择题

1. B；2. D；3. C；4. C；5. A；6. D；7. D；8. C；9. D；10. C.

二、填空题

1. 0；　$\frac{2\lambda}{3\pi\varepsilon_0R}$；　水平向左.

2. 0；　$\frac{\lambda}{4\pi\varepsilon_0R}\left(1+\frac{\sqrt{2}}{2}\right)\boldsymbol{i}+\frac{\lambda}{4\pi\varepsilon_0R}\left(1+\frac{\sqrt{2}}{2}\right)\boldsymbol{j}$.

3. 0；　$\frac{\sigma}{\varepsilon_0}$.

4. $\frac{q}{4\pi\varepsilon_0}\left(\frac{1}{R_1}-\frac{1}{R_2}\right)$.

5. −2000V.

6. $\sqrt{\frac{mv_b^2-2qU}{m}}$.

7. $\frac{Q}{4\pi\varepsilon_0R}$；　$\frac{qQ}{4\pi\varepsilon_0R}$.

8. $2E_0aq_0$；　$2E_0aq_0$.

9. $\frac{Q\Delta L}{8\pi^2\varepsilon_0R^3}\boldsymbol{i}$；　$\frac{Q}{4\pi\varepsilon_0R}$；　$-\frac{Q\Delta L}{8\pi^2\varepsilon_0R^3}\boldsymbol{i}$.

10. $\frac{Q}{4\pi\varepsilon_0}\left(\frac{1}{r}-\frac{1}{R}\right)$；　$-\frac{Q}{4\pi\varepsilon_0r^2}\boldsymbol{e}_r$.

三、计算题

1. $Q=-\left(\frac{1}{4}+\frac{\sqrt{2}}{2}\right)q$.

2. $-\frac{\lambda\sin\theta}{2\pi\varepsilon_0 R}\boldsymbol{j}$.　　3. $\frac{\sqrt{2}\sigma}{2\pi\varepsilon_0}$.

4. $r<R$ 时，$E=\frac{\rho}{2\varepsilon_0}r$；　$r>R$ 时，$E=\frac{\rho R^2}{2\varepsilon_0 r}$.

5. $r<R$ 时，$\boldsymbol{E}=\frac{kr^2}{4\varepsilon_0}\boldsymbol{e}_r$；　$r>R$ 时，$\boldsymbol{E}=\frac{kR^4}{4\varepsilon_0 r^2}\boldsymbol{e}_r$.

6. (1) $\frac{q_0 q}{6\pi\varepsilon_0 R}$；　(2) $-\frac{q_0 q}{6\pi\varepsilon_0 R}$.

7. $\frac{\sigma_0 R}{4\varepsilon_0}$.

8. $E_x=\frac{1}{x^2+y^2}[a(x^2-y^2)+bx\sqrt{x^2+y^2}]$,

$E_y=\frac{1}{(x^2+y^2)^2}[2ax+b\sqrt{x^2+y^2}]$.

能力训练(2)

一、选择题

1. C;　2. C;　3. B;　4. D;　5. C;　6. A;　7. B;　8. C;　9. B;　10. C.

二、填空题

1. $\frac{2QR_1}{R_1+R_2}$；　$\frac{2QR_2}{R_1+R_2}$.　　2. $\frac{q}{4\pi\varepsilon_0 R_2}$.

3. $\frac{Q}{4\pi\varepsilon_0 d^2}$；　$\frac{Q}{4\pi\varepsilon_0 d}$.

4. 不变；　减小.

5. $1:1$；　$1:\varepsilon_r$；　$1:\varepsilon_r$；　$\varepsilon_r:1$；　$1:\varepsilon_r$.

6. $\frac{\varepsilon_r\varepsilon_0 U^2}{2d^2}$.

7. 减少.

8. $\frac{U}{d}$；　$\frac{d-t}{d}U$；　$\frac{d}{d-t}\frac{q}{U}$.

三、计算题

1. (1) $-\frac{q}{2}$；　(2) $\frac{q}{16\pi\varepsilon_0 R^2}$.

2. (1) $\frac{\sigma^2 Sd}{2\varepsilon_0}\left(1-\frac{1}{\varepsilon_r}\right)$；　(2) $\frac{\sigma^2 Sd}{2\varepsilon_0\varepsilon_r}\left(\frac{1}{\varepsilon_r}-1\right)$.

3. (1) $-Q$, 0;

(2) $r\leqslant R_1$，　$U=\frac{Q}{4\pi\varepsilon_0 R_1}-\frac{Q}{4\pi\varepsilon_0 R_2}$；　$R_1\leqslant r\leqslant R_2$，　$U=\frac{Q}{4\pi\varepsilon_0 r}-\frac{Q}{4\pi\varepsilon_0 R_2}$；

$R_2\leqslant r\leqslant R_3$, $U=0$；　$r\geqslant R_3$, $U=0$.

4. $\frac{(4\pi\varepsilon_0 R_3 U-Q)R_1 R_2}{R_1R_2-R_1R_3+R_2R_3}$.

5. (1) $r<R_1$, $E=0$；　$R_1<r<R_2$, $\boldsymbol{E}=\frac{\lambda}{2\pi\varepsilon_0 r}\boldsymbol{e}_r$；　$R_2<r<R_3$, $\boldsymbol{E}=\frac{\lambda}{2\pi\varepsilon_0\varepsilon_r r}\boldsymbol{e}_r$；　$r>R_3$, $\boldsymbol{E}=\frac{\lambda}{2\pi\varepsilon_0 r}\boldsymbol{e}_r$.

(2) $\frac{\lambda}{2\pi\varepsilon_0}\left(\frac{1}{\varepsilon_r}\ln\frac{R_2}{R_3}+\ln\frac{R_1}{R_2}\right)$.

(3) $\frac{\lambda^2 L}{4\pi\varepsilon_0\varepsilon_r}\ln\frac{R_3}{R_2}$.

6. $\dfrac{C_1U_1+C_2U_2}{C_1+C_2}$.

7. (1) $\dfrac{2\varepsilon_0\varepsilon_r S}{(\varepsilon_r+1)d}$； (2) $\dfrac{\varepsilon_0\varepsilon_r U_2 S}{(\varepsilon_r+1)^2 d}$.

第 7 章　电流与磁场

能力训练(1)

一、选择题

1. D； 2. B； 3. B； 4. D； 5. A； 6. E； 7. C； 8. C.

二、填空题

1. (1) $\dfrac{\mu_0 I}{4\pi R}$,垂直纸面向里； (2) 0； (3) $\dfrac{\mu_0 I}{8R}$,垂直纸面向外；

(4) $\dfrac{\mu_0 I}{4R}$,垂直纸面向里； (5) $\dfrac{\mu_0 I}{2R}\left(1-\dfrac{1}{\pi}\right)$,垂直纸面向里.

2. $\oint_S \boldsymbol{B}\cdot \mathrm{d}\boldsymbol{S}=0$； 闭合.

3. $\dfrac{\mu_0\omega Q}{4\pi l}\ln 2$.

4. $\oint_l \boldsymbol{B}\cdot \mathrm{d}\boldsymbol{l}=-2\mu_0 I$ 或 $\oint_l \boldsymbol{H}\cdot \mathrm{d}\boldsymbol{l}=-2I$.

5. 0； 0； BL^2； $-BL^2$.

6. 0.

7. $\dfrac{1}{4}\pi\omega\sigma R^4$.

三、计算题

1. 1.87C.

2. 略.

3. (1) $1.1\times10^8\,\Omega$； (2) 9.1×10^{-7} A.

4. $\dfrac{\mu_0 I\theta}{4\pi}\left(\dfrac{1}{b}-\dfrac{1}{a}\right)$,方向垂直纸面向外.

5. $\dfrac{\mu_0\omega Q}{2\pi(R_1+R_2)}$； $\dfrac{\omega Q}{4}(R_1^2+R_2^2)$.

6. $\dfrac{\mu_0 qv}{4\pi l}\left(\dfrac{1}{a}-\dfrac{1}{a+l}\right)$,方向垂直纸面向内.

7. 导线内$\dfrac{\mu_0 Ir}{2\pi a^2}$, 导线与管间$\dfrac{\mu_0 I}{2\pi r}$, 管外 0.

8. $\dfrac{\mu_0 NI}{2\pi r}$； $\dfrac{\mu_0 NIh}{2\pi}\ln\dfrac{R_2}{R_1}$.

能力训练(2)

一、选择题

1. B； 2. D； 3. C； 4. E； 5. D； 6. D.

二、填空题

1. 水平向左； 水平向右.

2. $m_a<m_b<m_c$； c； a； b.

3. $\dfrac{\mu_0 I_1 I_2}{2\pi\cos\varphi}\ln\left(\dfrac{a+b\cos\varphi}{a}\right)$.

4. 4 : π.

5. Ba^2； 向下； 0.

6. N 型.

7. $2.0\times10^4\,\mathrm{A\cdot m^{-1}}$； $7.76\times10^5\,\mathrm{A\cdot m^{-1}}$； 38.8； $3.1\times10^5\,\mathrm{A}$； 39.8.

三、计算题

1. $\mu_0 I_1 I_2$，方向向左.　　2. $IR(b+a)\boldsymbol{k}$.

3. (1) 0.2A； (2) $I>\dfrac{mg}{Bl}$.

4. (1) $\boldsymbol{F}_{BC}=-BIl\boldsymbol{k}$，$\boldsymbol{F}_{AO}=BIl\boldsymbol{k}$，$\boldsymbol{F}_{AB}=-\dfrac{1}{2}BIl\boldsymbol{j}$，$\boldsymbol{F}_{OC}=\dfrac{1}{2}BIl\boldsymbol{j}$； (2) $\dfrac{\sqrt{3}}{2}BIl^2$.

5. (1) $\dfrac{\mu_0 I_1 I_2}{2\pi}\ln\dfrac{d+a}{a}$； (2) $\dfrac{\mu_0 I_1 I_2}{2\pi}a$.

6. (1) $3.7\times10^7\,\mathrm{m\cdot s^{-1}}$； (2) $3.9\times10^3\,\mathrm{eV}$.

7. (1) 向东； (2) $6.3\times10^4\,\mathrm{m\cdot s^{-1}}$； (3) 3mm； (4) 没有.

8. $H=nI$， $B=\mu nI$， $M=\dfrac{\mu-\mu_0}{\mu_0}nI$.

$\boldsymbol{H}$ 与 $\boldsymbol{B}$ 的方向由左向右，对顺磁质：$\boldsymbol{M}$ 与 $\boldsymbol{H}$ 同向；抗磁质：$\boldsymbol{M}$ 与 $\boldsymbol{H}$ 反向.

第 8 章　电磁场与麦克斯韦电磁方程组

一、选择题

1. B； 2. B； 3. A； 4. D； 5. B； 6. C； 7. C； 8. C； 9. C； 10. C； 11. C； 12. A.

二、填空题

1. 0.4V； $0.5\,\mathrm{m^2\cdot s^{-1}}$.　　2. $\dfrac{\mu_0 Iv}{2\pi}\ln\dfrac{a+b}{a-b}$.　　3. 0； $-\dfrac{1}{2}Bl^2\omega$.

4. $\dfrac{\mu_0 I}{2a}\pi r^2\cos\omega t$； $\dfrac{\mu_0 I}{2aR}\pi r^2\omega\sin\omega t$.

5. 电势.

6. c； b.

7. 送时针； 顺时针.

8. $\dfrac{\varepsilon_0 E_0\pi r^2}{RC}e^{-\frac{t}{RC}}$； 相反.

9. $\oint_L \boldsymbol{H}\cdot d\boldsymbol{l}=\sum_{i=0}^{n}I_i+\dfrac{d\phi_e}{dt}$， $\oint_L \boldsymbol{E}\cdot d\boldsymbol{l}=-\dfrac{d\phi_m}{dt}$， $\oint_S \boldsymbol{B}\cdot d\boldsymbol{S}=0$， $\oint_S \boldsymbol{D}\cdot dS=\sum_{i=0}^{n}q_i$.

10. 感生电场假设； 位移电流假设.

三、计算题

1. $\dfrac{\sqrt{3}\pi na^2B}{120}\sin(2\pi nt/60)$.

2. $i=-\dfrac{\pi\mu_0\lambda r_1^2}{2R}\cdot\dfrac{d\omega(t)}{dt}$；

方向：$\dfrac{d\omega(t)}{dt}>0$ 时，i 为负值，即 i 为顺时针方向；

$\dfrac{d\omega(t)}{dt}<0$ 时，i 为正值，即 i 为逆时针方向.

3. (1) $\dfrac{1}{2}\omega a^2B$； (2) $\dfrac{3}{2}\omega a^2B$； (3) O 点电势最高.

4. $\dfrac{\mu_0 I\omega b^2}{4\pi a}$； $\dfrac{\mu_0 I\omega b}{2\pi}-\dfrac{\mu_0 I\omega a}{2\pi}\ln\dfrac{a+b}{a}$.

5. (1) $\dfrac{\mu_0 Ilv}{2\pi}\left(\dfrac{vt}{R^2}-\dfrac{1}{R+vt}\right)$； (2) $\dfrac{\sqrt{5}-1}{2}\dfrac{R}{v}$.

6. $r<R, E=\dfrac{-r}{2}\dfrac{dB}{dt}$； $r>R, E=\dfrac{R^2}{2r}\cdot\dfrac{dB}{dt}$.

7. $\dfrac{\mu_0}{2\pi}N^2 h\ln\dfrac{R_2}{R_1}$； $\dfrac{\mu_0 Nh\omega I_0}{2\pi}\cos\omega t\cdot\ln\dfrac{R_2}{R_1}$.

8. $-\mu_0 nSI_0\omega\cos\omega t$.

9. $-\dfrac{\mu_0 aI_0\omega\ln 3}{2\pi}\cos\omega t$.

10. $\dfrac{\mu_0 I^2}{16\pi}$.

11. (1) 1V； (2) 5W； (3) 1.25N.

12. (1) $q_0\omega\cos\omega t, \dfrac{q_0\omega\cos\omega t}{\pi R^2}$ 方向与电流方向相同； (2) $\dfrac{q_0\omega r\cos\omega t}{2\pi R^2}$； (3) $\dfrac{q_0^2}{4\pi^2 R^4}\left(\dfrac{\mu_0\omega^2 r^2}{4}+\dfrac{1}{\varepsilon_0}\right)$.

第9章　热力学基础

一、选择题

1. B； 2. A； 3. C； 4. B； 5. C； 6. C； 7. C； 8. C； 9. C； 10. D.

二、填空题

1. 等温.

2. $\dfrac{3}{2}(p_2V_2-p_1V_1)$.

3. 1； 3,4,5； 1,2,3； 5.

4. 1 800.

5. 7J.

6. 等压;等体;等温;绝热.

7. 200.19K.

8. $-|W_1|$； $-|W_2|$.

9. 24.9J； −125.1J.

10. 8.64×10^3 J.

11. 320K.

三、计算题

1. 700J； 0； 700J.

2. $5.5p_0V_0$.

3. 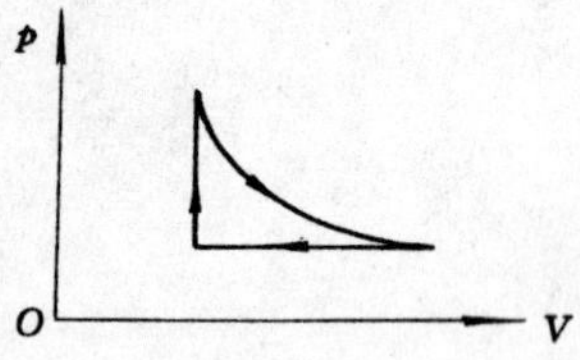

； 23.5%.

4. 16.2%. 5. 19.2%. 6. 13.2%. 7. $1-\dfrac{T_3}{T_2}$. 8. 71.4J.

9. $W=\dfrac{p_0V_0}{T_0}\left(\dfrac{ap_0}{\rho gh}+T_0\right)\ln\dfrac{p_0+\rho gh}{p_0}$， $Q=\dfrac{p_0V_0}{T_0}\left[\left(\dfrac{ap_0}{\rho gh}+T_0\right)\ln\dfrac{p_0+\rho gh}{p_0}+\dfrac{5}{2}a\right]$.

10. $W=\dfrac{3C}{4V_0}$， $\Delta E=-\dfrac{3CC_{V,m}}{4RV_0}$.

第 10 章　气体动理论

一、选择题

1. A； 2. B； 3. C； 4. A； 5. D； 6. C； 7. A； 8. D； 9. D； 10. A,D.

二、填空题

1. 1； 2； 8； $\frac{5}{3}$.

2. 速率在 $v_1 \sim v_2$ 之间的分子数占总分子数的百分比；
速率在 $v_1 \sim v_2$ 之间的分子数.

3. 1∶1； 1∶2.　　4. He； CO_2.　　5. $\sqrt{2}$∶1； 2∶1.

6. 在温度为 T 的平衡态下，气体分子的每一个自由度都具有相同的平均动能，其大小都等于 $\frac{1}{2}KT$；
速率在 $0 \sim v_p$ 之间的分子数.

7. $\frac{3\pi}{8}$.　　8. 小于 v_0 与大于 v_0 的分子数之比为 1∶2.

9. O_2； H_2.　　10. $<$.　　11. $\frac{3}{2}kT$； kT； $\frac{p}{kT} = \frac{pN_A}{RT}$.

三、计算题

1. 1∶5.

2. (1) $4.95 \times 10^2 \mathrm{m \cdot s^{-1}}$； (2) $28 \times 10^{-3} \mathrm{kg \cdot mol^{-1}}$，CO 或 N_2.

3. 5.

4. 4.99×10^3 J； 3.22×10^3 J.

5. (1) $2.45 \times 10^{25} \mathrm{m^{-3}}$； (2) 5.31×10^{-26} kg； (3) $1.30 \mathrm{kg \cdot m^{-3}}$；
(4) $483.4 \mathrm{m \cdot s^{-1}}$； (5) 1.04×10^{-20} J.

6. (1) $3.18 \mathrm{m \cdot s^{-1}}$； (2) $3.37 \mathrm{m \cdot s^{-1}}$； (3) $4.00 \mathrm{m \cdot s^{-1}}$.

7. (1) $-\frac{6}{v_0^3}$；

(2)

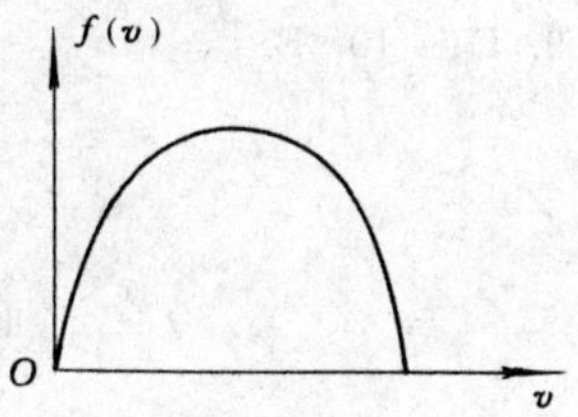

(3) $-\frac{6N}{v_0^3}(v_1 - v_0)v_1$； (4) $\frac{3}{5}v_0$； (5) $\frac{v_0}{2}, \frac{v_0}{2}, \sqrt{\frac{3}{10}}v_0$.

8. 4.4×10^{-2} Pa.　　9. $p = \frac{m}{S}\sqrt{\frac{2\pi RT}{M}}$.

第 11 章　振动学基础

能力训练(1)

一、选择题

1. C； 2. B； 3. C； 4. D； 5. D； 6. B； 7. B； 8. C； 9. B； 10. D.

二、填空题

1. $4\mathrm{s^{-1}}$，1.57s.　　2. 2.0.

3. 0.37cm； $x = 0.37 \times 10^{-2}\cos\left(\frac{1}{2}\pi t \pm \pi\right)$(SI).

4. 1.2s； $-20.9\text{cm}\cdot\text{s}^{-1}$.

5. $15 \times 10^{-2}\cos\left(6\pi t + \frac{1}{2}\pi\right)$.

6. 2 : 1.

7. $x = 2 \times 10^{-2}\cos\left(\frac{5}{2}t - \frac{1}{2}\pi\right)$(SI).

8. $\frac{3}{4}$，$2\pi\sqrt{\Delta l/g}$.

9. 1.0×10^{-2} m.

10. 0.84 .

三、计算题

1. (1) 2.72s； (2) ±10.80cm.

2. $3.12 \times 10^{-2}\text{m}\cdot\text{s}^{-2}$.

3. (1) 3.0cm； (2) $-9\sqrt{3}\pi\text{cm}\cdot\text{s}^{-1}$； (3) $27\pi^2\text{cm}\cdot\text{s}^{-2}$； (4) $\frac{19}{3}\pi$.

4. (1) $\frac{1}{4}$ 周期； (2) $\frac{1}{12}$ 周期； (3) $\frac{1}{6}$ 周期.

5. $\varphi_a = 0$； $\varphi_b = \frac{\pi}{3}$； $\varphi_c = \frac{\pi}{2}$； $\varphi_d = \frac{2\pi}{3}$； $\varphi_e = \pi$； $\varphi_f = -\frac{\pi}{2}$.

6. (1) $\varphi = -\frac{\pi}{3}$； (2) $x = 0.12\cos\left(\pi t - \frac{\pi}{3}\right)$；

   (3) $x = 0.1039\text{m}$，$v = -0.1884\text{m}\cdot\text{s}^{-1}$.

7. (1) 停在上面； (2) $A > 0.196\text{m}$，在最高点处开始分离.

能力训练(2)

一、选择题

1. B； 2. B； 3. E； 4. B； 5. A； 6. D； 7. C； 8. B； 9. D； 10. B.

二、填空题

1. 10cm；$\frac{\pi}{6}\text{rad}\cdot\text{s}^{-1}$； $\frac{\pi}{3}$.

2. $0.04\cos\left(4\pi t - \frac{1}{2}\pi\right)$.

3. 0，$3\pi\text{cm}\cdot\text{s}^{-1}$.

4. $-\frac{1}{2}\pi$.

5. 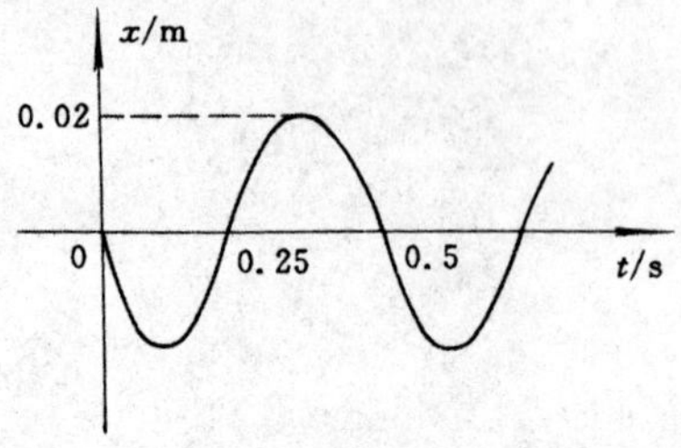

6. $\frac{\pi}{4}$； $x = 2 \times 10^{-2}\cos(\pi t + \pi/4)$.

7. b，f； a，c.

8. $\frac{T}{8}$，$\frac{3}{8}T$.　　9. 0.02.　　10. $0.04\cos\left(\pi t-\frac{1}{2}\pi\right)$.

三、计算题

1. $T=2\pi\sqrt{\frac{m+\frac{1}{2}M}{k}}$.

2. 3.3×10^{-6} J；　1.1×10^{-6} J.

3. $x=0.02\cos\left(4t+\frac{\pi}{3}\right)$ cm.

4. $u=310\cos(100\pi t+1.15)$ V.

5. ±1.47 rad.

6. $x=0.04\cos\left(\pi t-\frac{\pi}{2}\right)$.

7. 略.

第 12 章　波动学基础

能力训练(1)

一、选择题

1. C；　2. C；　3. C；　4. D；　5. D.

二、填空题

1. 2m；　$1000\,\mathrm{m\cdot s^{-1}}$；　1m.

2. $y=A\cos\left[2\pi\left(\frac{t}{T}-\frac{x}{\lambda}\right)+\frac{\pi}{3}\right]$.

3. $y=A\cos\left[2\pi\left(\frac{t}{T}+\frac{x}{\lambda}\right)+\frac{\pi}{3}\right]$.

4. $\frac{\pi}{2}$；　0；　$-\frac{\pi}{2}$；　π；　$-\frac{\pi}{2}$；　0；　$\frac{\pi}{2}$；　π.

5. $0.12\,\mathrm{m\cdot s^{-1}}$；　0.24m.

6. 波节与波腹；　0；　势；　形变；　势能；　动；速度；　动能.

三、计算题

1. (1) $A=0.6\,\mathrm{cm}, \lambda=100\,\mathrm{cm}, \nu=20\,\mathrm{Hz}, u=2000\,\mathrm{cm\cdot s^{-1}}$；
   (2) 沿 x 轴负方向传播；　(3) $24\pi\,\mathrm{cm\cdot s^{-1}}$.

2. (1) $A=a\,\mathrm{m}, \lambda=\frac{2\pi}{c}\,\mathrm{m}, \nu=\frac{b}{2\pi}\,\mathrm{Hz}, u=\frac{b}{c}\,\mathrm{m\cdot s^{-1}}$；　(2) $\pm cd$ rad.

3. (1) $y=3\cos4\pi\left(t+\frac{x}{20}\right)$ m；　(2) $y=3\cos\left[4\pi\left(t+\frac{x}{20}\right)-\pi\right]$ m.

4. (1) $y=0.1\cos(50\pi t-\pi)$ cm；
   (2) $y=0.1\cos\left[50\pi\left(t-\frac{x}{3\times10^{3}}\right)-\frac{\pi}{2}\right]$ cm.

5. $y=0.04\times10^{-2}\cos\left[2\pi\left(t-\frac{x}{20}\right)+\frac{\pi}{2}\right]$ (SI).

6. $y=0.04\cos\left[20\pi\left(t-\frac{x}{40}\right)+\pi\right]$ (SI).

7. $y=0.01\cos\left[4t+\pi x-\frac{28\pi}{3}\right]$ (SI).

能力训练(2)

一、选择题

1. A； 2. D； 3. C； 4. A； 5. C.

二、填空题

1. $r_2 - r_1 = \frac{\lambda}{2\pi}(\varphi_2 - \varphi_1 - 2k\pi)$； $r_2 - r_1 = k\lambda$.

2. $y = A\cos\left[\omega\left(t + \frac{1+x}{u}\right) + \varphi\right]$.

3. 0.5cm.

4. $2k\pi + \frac{\pi}{2}$；$2k\pi - \frac{\pi}{2}$.

5. 垂直,相同.

6. 介电常数和磁导率.

三、计算题

1. (1) $\bar{\omega} = 3\times10^{-5}\,\mathrm{J\cdot m^{-3}}$,$\omega_{\max} = 6\times10^{-5}\,\mathrm{J\cdot m^{-3}}$； (2) $4.62\times10^{-7}\,\mathrm{J\cdot m^{-3}}$.

2. $y_{AP} = 0.05\cos(200\pi t)$；$y_{BP} = 0.05\cos(200\pi t + \pi)$,合振动为零.

3. 在 AB 之间距 A 点 1m,3m,5m,7m,9m 处因干涉静止.

4. $y = \sqrt{3}A\cos\left(2\pi\nu_0 t - \frac{\pi}{2}\right)$.

5. (1) $y = -A\cos\left[2\pi\left(\frac{t}{T} - \frac{x}{\lambda}\right)\right]$；

   (2) $x = (2k+1)\frac{\lambda}{4}$ 处为波腹,$x = 2k\frac{\lambda}{4}$ 处为波节.

6. 略. 7. 3m.

第 13 章 光 学

能力训练(1) 几何光学

一、选择题

1. D； 2. B； 3. A； 4. A； 5. A； 6. D； 7. C； 8. B； 9. E； 10. E.

二、填空题

1. 光密、光疏.

2. 左、右、上、下.

3. 物方焦点、像方焦点.

4. 左,1cm.

5. $\frac{r}{2}$, $\frac{r}{2}$.

6. 220mm,21.

7. 凹,200,凸,300.

8. 七彩,红,紫.

9. 基,主,焦,节.

三、计算题

1. 像在平面镜后(右)45cm 处,为正立放大的虚像,横向放大率为 2.

2. $n = 1.5$,$r = -2.4$cm.

3. 视角放大率为 260.

4. 所成像在透镜 L 处，像高为 12cm，倒立放大的实像.

5. (1) 7.26mm； (2) −26.85； (3) 1343.

6. 最后所成像在透镜前(左，和物点在同一侧)7.5cm 处.

能力训练(2)　光的干涉

一、选择题

1. A； 2. A； 3. D； 4. A； 5. B； 6. B； 7. C； 8. B； 9. C； 10. A； 11. C； 12. D.

二、填空题

1. $2\pi(n_1 - n_2)e/\lambda$.

2. $(n-1)e$.

3. (1) 使两缝间距变小； (2) 使屏与双缝之间的距离变大.

4. D/N.

5. 7.32mm.

6. 1.40.

7. $\dfrac{3\lambda}{2n}$.

8. $\dfrac{9\lambda}{4n_2}$.

9. 225.

10. r_1^2/r_2^2.

11. 5391.

12. $2(n-1)h$.

三、计算题

1. 7.2×10^4 nm； 3.6×10^5 nm.

2. (1)648.23nm； (2) 0.15°.

3. 6638nm.

4. (1)101.4nm； (2) 绿光.

5. 紫、红色； 绿色.

6. 383.4nm.

7. 105.8nm.

8. (1)700nm； (2)2 条.

10. 0.999m； 697nm.

11. 1.23.

12. 588.4nm.

能力训练(3)　光的衍射

一、择题题

1. B； 2. C； 3. C； 4. A； 5. A； 6. B； 7. C； 8. C； 9. D； 10. B； 11. D； 12. B.

二、填空题

1. 干涉(或相干叠加).

2. 1.2mm； 3.6mm.

3. π.

4. ±30°.

5. 3.0nm.

6. 500nm.

7. 0.36nm.

8. 30°.

9. 更窄更亮.

10. 660.

11. 0, ±1, ±3, ….

12. 5.

三、计算题

1. 0.49mm； 525nm.

2. 750mm.

3. (1)$\lambda_1 = 2\lambda_2$； (2)λ_2 的偶数级极小与 λ_1 的极小重合.

4. 1.

5. 0, 10.17°, 20.70°, 32.01°, 44.98°, 62.07°.

6. (1) 2400nm； (2) 800nm； (3)0, ±1, ±2 级.

7. 3.048×10^3 nm.

8. 546.2nm， 6.666×10^3.

9. (1)$k_m = 33$； (2)$k_m' = 50$.

10. (1)0.06m； (2)5 个.

11. 138.6mm.

12. 4.26nm.

能力训练(4)　光的偏振

一、选择题

1. B； 2. A； 3. B； 4. C； 5. C； 6. B； 7. A； 8. B； 9. C； 10. D； 11. B； 12. D.

二、填空题

1. 60°.

2. $\frac{1}{2}I_0$； 0.

3. $\frac{1}{8}I_0$.

4. 平行(或接近平行).

5. 60°； $\frac{9}{32}I_0$.

6. 完全偏振光(或线偏振光)； 垂直.

7. $\sqrt{3}$.

8. 35.5°(或 35°32′).

9. 波动； 横.

10. 单轴晶体.

11. 寻常光线； 非常光线； 光轴； 寻常(o).

12. 椭圆偏振光； 圆偏振光.

三、计算题

1. (1) 通过第一个偏振片后光强变为$\frac{1}{2}I_0$，线偏振光；通过第二个偏振片后光强变为$\frac{1}{4}I_0$；通过第三个偏振片后光强变为$\frac{1}{8}I_0$；（2）将第二个偏振片抽走，则通过第三个偏振片的光强为零.

3. 54.7°.

4. 48.8°.

5. 1.6.

6. (1)36.94°；（2）与水平方向平行；（3）36.94°.

7. 51.1°.

8. $2.018\times10^8\,\mathrm{m\cdot s^{-1}}$，$1.809\times10^8\,\mathrm{m\cdot s^{-1}}$.

第14章　量子物理

一、选择题

1. B；2. A；3. B；4. A；5. D；6. C；7. D；8. A；9. A；10. D.

二、填空题

1. 5269K.

2. 0.483μm.

3. 0.10MeV.

4. 8.67×10^{-11}m.

5. $h\nu$；$\frac{h\nu}{c^2}$；$\frac{h\nu}{c}$；$h\nu$.

6. 小于；大于.

7. $l=0,1,2,\cdots(n-1)$；n；$0,\pm1,\pm2,\cdots,\pm l$；$2l+1$；$2n^2$.

8. 13.6eV.

9. 10^{-24}.

10. $\frac{1}{4}a$，$\frac{3}{4}a$.

三、计算题

1. 2.93eV.

2. 1.03eV.

3. 0.03121nm；1.49KeV.

4. 4.96×10^3eV.

5. 2.938×10^{-19}J.

6. 2.4μm.

7. (1) $h\nu=2.25$eV；（2）$n=4,2$.

8. (1) $A=\frac{1}{\sqrt{\pi}}$，$\psi(x)=\frac{1}{\sqrt{\pi}}\frac{1}{1+ix}$；（2）$\omega(x)=\frac{1}{\pi}\frac{1}{1+x^2}$；

(3) $\omega_{\max}(x)=\frac{1}{\pi}(x=0$处).

9. $\Delta x\geqslant0.004$mm.

10. $4.73\times10^{-22}\,\mathrm{kg\cdot m\cdot s^{-1}}$；0.0014nm.

*第15章　原子核物理和粒子物理简介

一、填空题

1. 92；146；7.44.

2. 1636.45MeV；7.87MeV.

3. 1.66×10^8Bq.

4. 重核裂变； 轻核聚变.
5. π^+ 或 π^- 或 π^0.
6. 电磁； 弱.
7. π 介子.
8. 2； 1； 1； 2.
9. 媒介子； 轻子； 强子.
10. 3 个夸克； 1 个夸克和 1 个反夸克.

二、计算题

1. (1) 2.4×10^8 s； (2) 12.3%； (3) 8.84×10^{-5} g.
2. (1) ${}^{12}_{6}C$, ${}^{13}_{6}C$, ${}^{14}_{6}C$ 有相同的质子数,即原子序数为 6；
   ${}^{14}_{7}N$, ${}^{15}_{7}N$ 有相同的质子数,即原子序数为 7；
   ${}^{16}_{8}O$ 和 ${}^{17}_{8}O$ 有相同的质子数,即原子序数为 8.
   (2) ${}^{13}_{6}C$ 和 ${}^{14}_{7}N$ 有相同的中子数,即 $13-6=14-7=7$；
   ${}^{14}_{6}C$, ${}^{15}_{7}N$ 和 ${}^{16}_{8}O$ 有相同的中子数,即 8.
   (3) ${}^{14}_{6}C$ 和 ${}^{14}_{7}N$ 有相同的核子数,即 14.
   (4) ${}^{12}_{6}C$, ${}^{13}_{6}C$, ${}^{14}_{6}C$ 有相同的核外电子数.
3. 5.34Mev； 2.74Mev.
4. 1μCi 的质量为 6.5×10^{-12} g； 10^3 Bq 的 ^{222}Rn 的质量为 1.76×10^{-13} g.
5. 同位旋和奇异数都不守恒； 为弱相互作用.
6. 不能发生.因为若能发生,此过程应为强相互作用但此过程中奇异数不守恒.
7. $Q=+1$, $S=+1$ 的重子由 dds 夸克组成； $Q=+2$, $S=0$ 的重子由 uuu 夸克组成.
8. (1) 引力； (2) 电磁力； (3) 电磁力； (4) 强相互作用； (5) 弱相互作用；
   (6) 电磁作用.

附录 1 模拟试卷(上册)

A1

一、选择题(每题 3 分,共 30 分)

1. B 2. C 3. A 4. D 5. D 6. B 7. D 8. A 9. A 10. B

二、填空题(30 分)

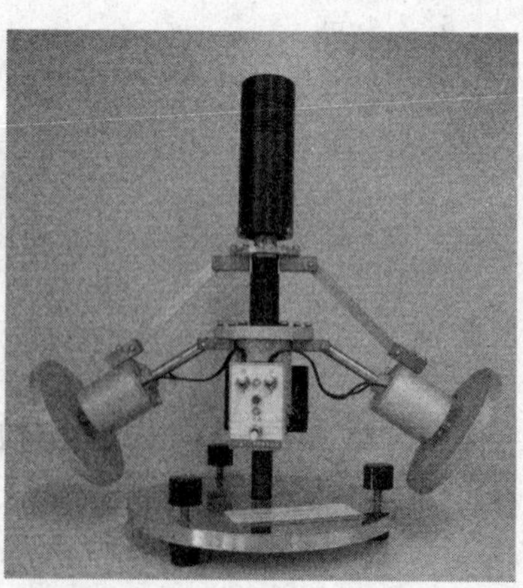

1. 若打开电机,使两侧的转盘均沿顺时针方向旋转(从转盘的正面看去),则当装置曲柄处于如图所示状态时,从上方俯视,整个装置将沿顺时针方向旋转.(答出“000 转”,给 1 分.)其原因是,打开电机后,两侧转盘自转角动量的合成角动量方向为竖直向上.由于初始时刻系统总角动量为零,根据角动量守恒定律,此时整个装置将沿顺时针方向旋转.(答出“两侧转盘自转角动量的合成角动量方向为竖直向上”,给 1 分;答出“角动量守恒”给 1 分.)

欲使整个装置不旋转,有两种方法(答对任一种即可):

(1) 可向上提起曲柄,使两侧的转盘绕各自的水平轴转动,两转盘的角动量水平相背指向,则合成角动量为零.(答出“合成角动量为零”,给 2 分.)

(2) 使两侧的转盘沿不同方向旋转.

2.

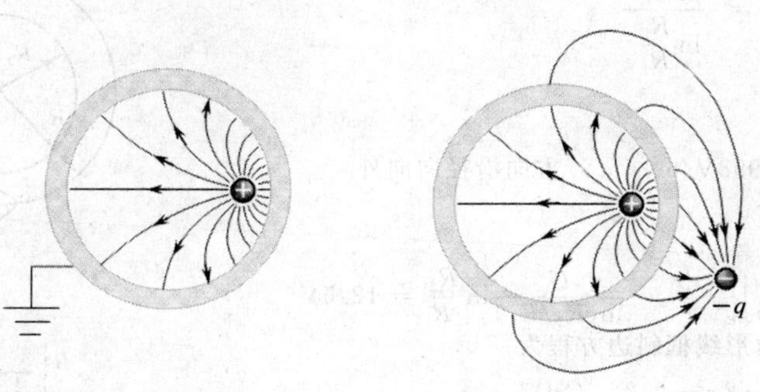

静电屏蔽

3. ISB

   0

   BS

4. 垂直纸面向里

   垂直 OP 连线向下

5. ① 自由地无规则运动的弹性质点群 / 全同的弹性质点群

   ② 由点原子组成的质点组

   ③ 被视为直径为 d 的刚性弹性小球

6. $1.2\times10^{-24}\,\text{kg m/s}$

   $\frac{1}{3}\times10^{28}\,\text{m}^{-2}\,\text{s}^{-1}$

   $4\times10^{3}\,\text{Pa}$

7. $28\times10^{-3}\,\text{kg/mol}$

三、计算题(40 分)

1. 根据转动定律
$$J\mathrm{d}\omega/\mathrm{d}t=-k\omega$$

∴
$$\frac{\mathrm{d}\omega}{\omega}=-\frac{k}{J}\mathrm{d}t$$

两边积分
$$\int_{\omega_0}^{\omega_0/2}\frac{1}{\omega}\mathrm{d}\omega=-\int_0^t\frac{k}{J}\mathrm{d}t$$

得
$$\ln 2=kt/J$$

∴
$$t=(J\ln 2)/k$$

2. 将杆与两小球视为一刚体,水平飞来小球与刚体视为一系统. 由角动量守恒得

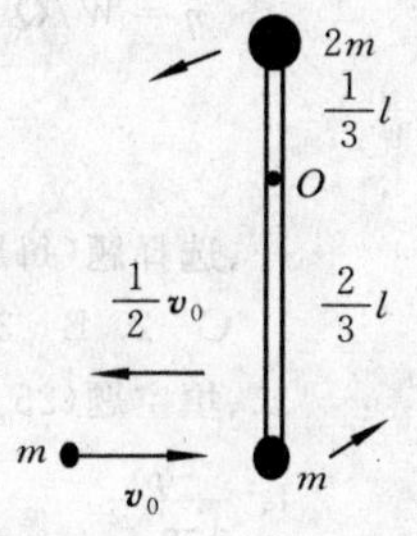

$$mv_0\,\frac{2l}{3}=-m\,\frac{v_0}{2}\,\frac{2l}{3}+J\omega\text{(逆时针为正向)}\qquad ①$$

又
$$J=m\left(\frac{2l}{3}\right)^2+2m\left(\frac{l}{3}\right)^2\qquad ②$$

将 ② 代入 ① 得
$$\omega=\frac{3v_0}{2l}$$

3. 设内外圆筒沿轴向单位长度上分别带有电荷 $+\lambda$ 和 $-\lambda$,根据高斯定理可求得两圆筒间任一点的电场强度为

$$E=\frac{\lambda}{2\pi\varepsilon_0\varepsilon_r r}$$

则两圆筒的电势差为

$$U=\int_{R_1}^{R_2}\boldsymbol{E}\cdot\mathrm{d}\boldsymbol{r}=\int_{R_1}^{R_2}\frac{\lambda\mathrm{d}r}{2\pi\varepsilon_0\varepsilon_r r}=\frac{\lambda}{2\pi\varepsilon_0\varepsilon_r}\ln\frac{R_2}{R_1}$$

解得
$$\lambda = \frac{2\pi\varepsilon_0\varepsilon_r U}{\ln\dfrac{R_2}{R_1}}$$

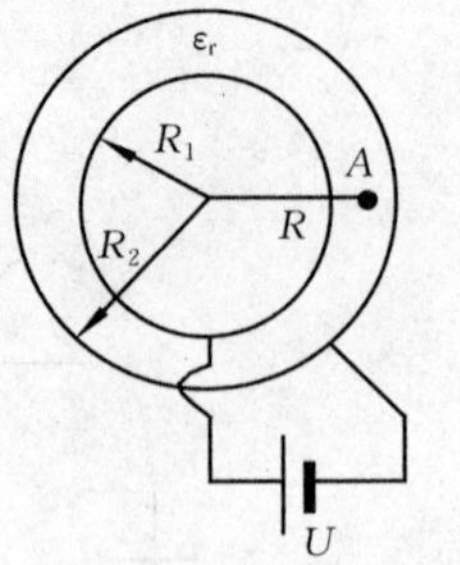

于是可求得 A 点的电场强度为
$$E_A = \frac{U}{R\ln(R_2/R_1)} = 998\text{V/m} \qquad 方向沿径向向外$$
A 点与外筒间的电势差
$$U' = \int_R^{R_2} E\mathrm{d}r = \frac{U}{\ln(R_2/R_1)}\int_R^{R_2}\frac{\mathrm{d}r}{r} = \frac{U}{\ln(R_2/R_1)}\ln\frac{R_2}{R} = 12.5\text{V}$$

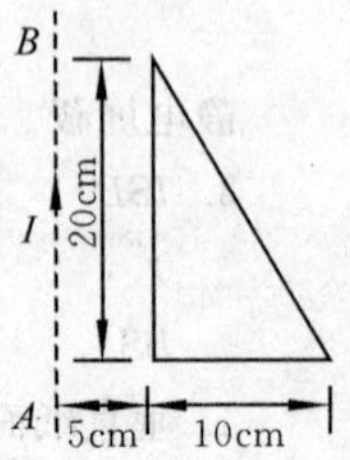

4. 建立坐标如图所示，则直角三角形线框斜边方程为
$$y = -2x + 0.2 \quad \text{(SI)}$$
在直角三角形线框所围平面上的磁通量为
$$\Phi = \int_0^b \frac{\mu_0 I y\mathrm{d}x}{2\pi(x+0.05)} = \frac{\mu_0 I}{2\pi}\int_0^b\left[\frac{-2x+0.2}{x+0.05}\right]\mathrm{d}x$$
$$= -\frac{\mu_0 Ib}{\pi} + \frac{0.15\mu_0 I}{\pi}\ln\frac{b+0.05}{0.05}$$
$$= 2.59\times10^{-8}I \quad \text{(SI)}$$

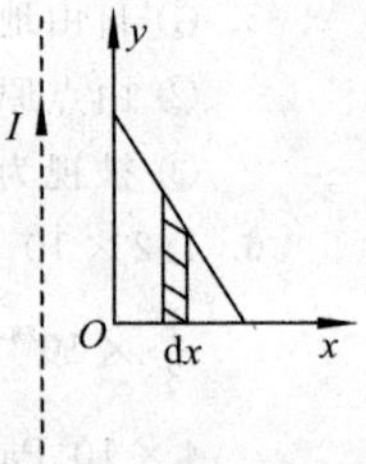

三角形线框中的感应电动势大小为
$$\mathscr{E} = -\frac{\mathrm{d}\Phi}{\mathrm{d}t} = -2.59\times10^{-8}(\mathrm{d}I/\mathrm{d}t) = -5.18\times10^{-8}\text{V}$$
其方向为逆时针绕行方向.

5. 水蒸汽的质量 $M = 36\times10^{-3}\text{kg}$

水蒸汽的摩尔质量
$$M_{mol} = 18\times10^{-3}\text{kg}, \quad i = 6$$

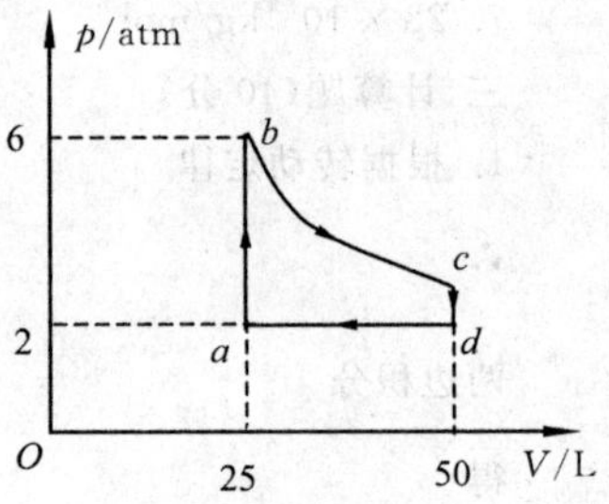

(1) $W_{da} = p_a(V_a - V_d) = -5.065\times10^3\text{J}$

(2) $\Delta E_{ab} = (M/M_{mol})(i/2)R(T_b - T_a) = (i/2)V_a(p_b - p_a) = 3.039\times10^4\text{J}$

(3) $T_b = \dfrac{p_b V_a}{(M/M_{mol})R} = 914\text{K}$

$W_{bc} = (M/M_{mol})RT_b\ln(V_c/V_b) = 1.05\times10^4\text{J}$

净功 $W = W_{bc} + W_{da} = 5.47\times10^3\text{J}$

(4) $Q_1 = Q_{ab} + Q_{bc} = \Delta E_{ab} + W_{bc} = 4.09\times10^4\text{J}$

$\eta = W/Q_1 = 13\%$

A2

一、选择题(每题 3 分，共 27 分)

1. C　2. B　3. A　4. B　5. C　6. D　7. B　8. D　9. A

二、填空题(25 分)

1. $\dfrac{q}{4\pi\varepsilon_0 r^2}$

   0

2. $(U_0/2) + Qd/(4\varepsilon_0 S)$
3. 抛物线
4. $6.67\times10^{-7}\text{T}$

   $7.20\times10^{-7}\text{A}\cdot\text{m}^2$

5. $p_m = \dfrac{1}{2}\pi I(R_2^2 - R_1^2)$

$$M_m = \frac{1}{2}\pi IB(R_2^2 - R_1^2)$$

6. 25%

7. $\left(\frac{1}{3}\right)^{\gamma-1} T_0$

$\left(\frac{1}{3}\right)^{\gamma} p_0$

三、计算题(48分)

1. 对两物体分别应用牛顿第二定律(见图),则有

$$m_1 g - T_1 = m_1 a \quad ①$$

$$T_2 - m_2 g = m_2 a \quad ②$$

对滑轮应用转动定律,则有

$$T_1' r - T_2' r - M_f = J\beta = \frac{1}{2} m_3 r^2 \cdot \beta \quad ③$$

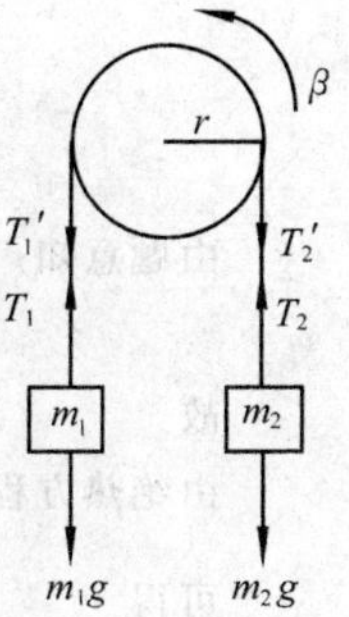

对轮缘上任一点,有 $a = \beta r$ ④

又: $T_1' = T_1, T_2' = T_2$ ⑤

则联立上面五个式子可以解出

$$a = \frac{m_2 gr - m_2 gr - M_f}{m_M 1r + m_M 2r + \frac{1}{2} m_3 r} = 2\text{m/s}^2$$

$$T_1 = m_1 g - m_1 a = 156\text{N}$$

$$T_2 = m_2 g - m_2 a = 118\text{N}$$

2. (1) 选择 A、B 两轮为系统,啮合过程中只有内力矩作用,故系统角动量守恒

$$J_A\omega_A + J_B\omega_B = (J_A + J_B)\omega,$$

又 $\omega_B = 0$ 得 $\omega \approx J_A\omega_A/(J_A + J_B) = 20.9\text{rad/s}$

转速 $n \approx 200\text{rev/min}$

(2) A 轮受的冲量矩

$$\int M_A \mathrm{d}t = J_A(J_A + J_B) = (4.19 \times 10^{2}\text{N}\cdot\text{m}\cdot\text{s}$$

负号表示与 $\boldsymbol{\omega}_A$ 方向相反.

B 轮受的冲量矩

$$\int M_B \mathrm{d}t = J_B(\omega - 0) = 4.19 \times 10^2\text{N}\cdot\text{m}\cdot\text{s}$$

方向与 $\boldsymbol{\omega}_A$ 相同.

3. 设导线上的电荷线密度为 λ,与导线同轴作单位长度的、半径为 r 的(导线半径 $R_1 < r <$ 圆筒半径 R_2)高斯圆柱面,则按高斯定理有

$$2\pi rE = \lambda/\varepsilon_0$$

得到 $E = \lambda/(2\pi\varepsilon_0 r) \quad (R_1 < r < R_2)$

方向沿半径指向圆筒.导线与圆筒之间的电势差

$$U_{12} = \int_{R_1}^{R_2} \boldsymbol{E}\cdot\mathrm{d}\boldsymbol{r} = \frac{\lambda}{2\pi\varepsilon_0}\int_{R_1}^{R_2}\frac{\mathrm{d}r}{r} = \frac{\lambda}{2\pi\varepsilon_0}\ln\frac{R_2}{R_1}$$

则 $E = \dfrac{U_{12}}{r\ln(R_2/R_1)}$

代入数值,则

(1) 导线表面处 $E_1 = \dfrac{U_{12}}{R_1\ln(R_2/R_1)} = 2.54 \times 10^6\ \text{V/m}$

(2) 圆筒内表面处 $E_1 = \dfrac{U_{12}}{R_2\ln(R_2/R_1)} = 1.70 \times 10^4\ \text{V/m}$

4. 长直带电线运动相当于电流 $I = v(t) \cdot \lambda$.

正方形线圈内的磁通量可如下求出

$$d\Phi = \frac{\mu_0}{2\pi} \cdot \frac{I}{a+x} a\,dx$$

$$\Phi = \frac{\mu_0}{2\pi} Ia \int_0^a \frac{dx}{a+x} = \frac{\mu_0}{2\pi} Ia \cdot \ln 2$$

$$|\mathscr{E}_i| = \left| -\frac{d\Phi}{dt} \right| = \frac{\mu_0 a}{2\pi} \left| \frac{dI}{dt} \right| \ln 2 = \frac{\mu_0}{2\pi\lambda a} \left| \frac{dv(t)}{dt} \right| \ln 2$$

$$|i(t)| = \frac{|\varepsilon_i|}{R} = \frac{\mu_0}{2\pi R}\lambda a \left| \frac{dv(t)}{dt} \right| \ln 2$$

5. (1) 由等温线 $pV = C$ 得

$$\left(\frac{dp}{dV}\right)_T = -\frac{p}{V}$$

由绝热线 $pV^\gamma = C$ 得

$$\left(\frac{dp}{dV}\right)_Q = -\gamma \frac{P}{V}$$

由题意知
$$\frac{\left(\frac{dp}{dV}\right)_T}{\left(\frac{dp}{dV}\right)_Q} = \frac{-p/V}{-\gamma p/V} = \frac{1}{\gamma} = 0.714$$

故
$$\gamma = 1/0.714 = 1.4$$

由绝热方程
$$p_1 V_1^\gamma = p_2 V_2^\gamma$$

可得
$$p_2 = p_1 \left(\frac{V_1}{V_2}\right)^\gamma = 7.58 \times 10^4\,\text{Pa}$$

(2)
$$W = \int_{V_1}^{V_2} p\,dV = \int_{V_1}^{V_2} p_1 \left(\frac{V_1}{V_2}\right)^\gamma dV = \frac{p_1 V_1 - p_2 V_2}{\gamma - 1} = 60.5\text{J}$$

B1

一、填空题(每小题 3 分)

1. $-28/3$； 2. $\dfrac{m_0}{\sqrt{1-\left(\frac{v}{c}\right)^2}}c^2$； 3. $\dfrac{q}{4\pi\varepsilon_0}\left(\dfrac{1}{R_1} - \dfrac{1}{R_2}\right)$；

4. 高斯,安培环路； 5. 感生电场,位移电流.

二、选择题(每小题 3 分)

1. C 2. B 3. D 4. A 5. C.

三、计算题(每小题 10 分)

1. (1) $\omega = \dfrac{d\theta}{dt} = \dfrac{1}{2}\pi t - \dfrac{\pi}{4}$

$$\beta = \frac{d\omega}{dt} = \frac{1}{2}\pi$$

$t = 2\text{s}$ 时,$\omega = \dfrac{3\pi}{4}(\text{rad/s})$,$\beta = \pi(\text{rad/s}^2)$

(2) $\Delta\theta = \theta(2) - \theta(0) = \dfrac{\pi}{2}(\text{rad})$

(3) $a_n = R\omega^2 = \dfrac{9\pi^2}{8}(\text{rad/s}^2)$ $a_\tau = R\beta = \pi(\text{rad/s}^2)$

2. (1) 上升过程中,水桶匀速运动,故

$$F = mg = 10g - 0.2gy$$

因此有　$A = \int_0^{10} F\mathrm{d}y = \int_0^{10} (10g - 0.1gy)\mathrm{d}y = 500(\mathrm{J})$

(2) 水桶升到井口用时 $t = 10\mathrm{s}$，故

$$I = \int_0^{10} F\mathrm{d}t = \int_0^{10} (10g - 0.1gvt)\mathrm{d}y = 500(\mathrm{N \cdot s})$$

3. (1) 依动量守恒定律

$$mv_0 \cdot \frac{1}{2}l = mv \cdot \frac{1}{2}l + J\omega = m \cdot \frac{1}{4}l^2\omega + \frac{1}{2}Ml^2\omega$$

依机械能守恒定律

$$\frac{1}{2}mv^2 + \frac{1}{2}J\omega^2 = mg \cdot \frac{1}{2}l(1-\cos\theta)$$

即　$\frac{1}{2}m \cdot \frac{1}{4}l^2\omega + \frac{1}{2} \cdot \frac{1}{12}Ml^2\omega^2 = mg \cdot \frac{1}{2}l(1-\cos\theta)$

联立可得　$$v_0 = \sqrt{\frac{\left(ml + \frac{1}{3}Ml\right)(1-\cos\theta)g}{m}}$$

(2) $mg \cdot \frac{l}{2}\sin\theta = \left(\frac{1}{12}Ml^2 + m\frac{l^2}{4}\right)\beta$

$\beta = \frac{6mg\sin\theta}{(3m+M)l)}$

4. (1) $\mathrm{d}\boldsymbol{E}_x = \frac{\mathrm{d}q}{4\pi\varepsilon_0 x^2}\boldsymbol{i}$

$E_x = \int_{-2R}^{-R} \frac{\lambda\mathrm{d}x}{4\pi\varepsilon_0 x^2} = \frac{\lambda}{8\pi\varepsilon_0 R}$

(2) $\mathrm{d}E = \frac{\mathrm{d}q}{4\pi\varepsilon_0 R^2} = \frac{\lambda\mathrm{d}l}{4\pi\varepsilon_0 R^2} \xrightarrow{\mathrm{d}l = R\mathrm{d}\alpha} \frac{\lambda\,\mathrm{d}\alpha}{4\pi\varepsilon_0 R}$

$E_x = \int \mathrm{d}E_x = \int \mathrm{d}E\sin\alpha = \int_0^{\frac{\pi}{2}} \frac{\lambda\mathrm{d}\alpha}{4\pi\varepsilon_0 R}\sin\alpha = \frac{\lambda}{4\pi\varepsilon_0 R}$

$E_y = \int \mathrm{d}E_y = \int \mathrm{d}E\cos\alpha = \int_0^{\frac{\pi}{2}} \frac{\lambda\mathrm{d}\alpha}{4\pi\varepsilon_0 R}\cos\alpha = \frac{\lambda}{4\pi\varepsilon_0 R}$

(3) $\boldsymbol{E} = \frac{3\lambda}{8\pi\varepsilon_0 R}\boldsymbol{i} + \frac{\lambda}{4\pi\varepsilon_0 R}\boldsymbol{j}$

5. (1) $\mathrm{d}B = \frac{\mu_0\mathrm{d}I}{2\pi(2a-x)}$　$\mathrm{d}I = \frac{I}{a}\mathrm{d}x$

$\mathrm{d}B = \frac{\mu_0 I\mathrm{d}x}{2\pi a(2a-x)}$

$B = \int_0^a \frac{\mu_0 I\mathrm{d}x}{2\pi a(2a-x)} = \frac{\mu_0 I}{2\pi a}\ln 2$

方向垂直纸面向外

6. $\mathscr{E}_i = -\int_S \frac{\partial \boldsymbol{B}}{\partial t} \cdot \mathrm{d}\boldsymbol{S}$

(1) 当 $r < R$ 时，$\mathscr{E}_i = \frac{\mathrm{d}B}{\mathrm{d}t}\pi r^2$，$\mathscr{E}_i = (4t+5)\pi r^2$

当 $r = R$ 时，$\mathscr{E}_i = (4t+5)\pi R^2 = 7.95(4t+5) \times 10^{-3}$

(2) $t = 2$ 代入上式，$\mathscr{E}_i = 1.02 \times 10^{-1}(\mathrm{V})$，方向为逆时针.

(3) $\mathscr{E}_i = \oint_L \boldsymbol{E}_{感} \cdot \mathrm{d}\boldsymbol{l} = -\int_S \frac{\partial \boldsymbol{B}}{\partial t} \cdot \mathrm{d}\boldsymbol{S}$

当 $r = R$ 时，$E_{感} \cdot 2\pi R = \frac{\mathrm{d}B}{\mathrm{d}t}\pi R^2$

$$E_{感} = \frac{R}{2}\frac{dB}{dt} = \frac{R}{2}(4t+6)$$

$t = 1s$ 时，$E_{感} = \frac{R}{2}\frac{dB}{dt} = \frac{R}{2}(4t+5) = 0.225(V/m)$

7. (1) $d\mathscr{E} = Bv dx = \frac{\mu_0 I}{2\pi x}v dx$

$$\mathscr{E} = \int_l^{2l} Bv dx = \frac{\mu_0 Iv}{2\pi}\ln 2$$

$$I' = \frac{\varepsilon}{R} = \frac{\mu_0 Iv}{2\pi R}\ln 2$$

$$df = BI' dx = \frac{\mu_0 I}{2\pi x}I' dx$$

$$f = \int_l^{2l} BI' dx = \int_l^{2l}\frac{\mu_0 I}{2\pi x}I' dx = \frac{\mu_0 I^2 v}{4\pi^2 R}(\ln 2)^2$$

(2) 匀速运动时，$mg = f$，即

$$\int_l^{2l}\frac{\mu_0 I}{2\pi x}I' dx = mg, \quad \frac{\mu_0 II'}{2\pi}\ln 2 = mg$$

$$I' = \frac{2\pi mg}{\mu_0 I\ln 2}$$

(3) $\frac{\mu_0 I^2 v}{4\pi^2 R}(\ln 2)^2 = mg$

$$v = \frac{4\pi^2 mgR}{\mu_0 I^2(\ln 2)^2}$$

B2

一、填空题(每小题 3 分)

1. 18； 2. $\frac{3}{2}J_0\omega_0^2$； 3. 3.25×10^{-8}； 4. $\frac{\sigma}{\varepsilon_0}$； 5. $2BRv$.

二、选择题(每小题 3 分)

1. B； 2. B； 3. D； 4. D； 5. D.

三、计算题(每小题 10 分)

1. (1) 从运动方程中消去 t，得轨迹方程

$$y = x^2 + 2x + 1$$

(2) $\boldsymbol{r}(0) = 1\boldsymbol{j}(m)\boldsymbol{r}(2) = 6\boldsymbol{i} + 49\boldsymbol{j}(m)$

0 ～ 2s 这段时间质点的位移： $\Delta\boldsymbol{r} = 6\boldsymbol{j} + 48\boldsymbol{j}(m)$

这 2s 内质点的平均速度： $\bar{\boldsymbol{v}} = \frac{\Delta\boldsymbol{r}}{\Delta t} = 3\boldsymbol{i} + 24\boldsymbol{j}(m/s)$

(3) $\boldsymbol{v} = \frac{d\boldsymbol{r}}{dt} = 3\boldsymbol{i} + (18t+6)\boldsymbol{j}$, $\boldsymbol{a} = \frac{d\boldsymbol{v}}{dt} = 18\boldsymbol{j}(m/s^2)$

$t = 2s$ 时，$\boldsymbol{v} = 3\boldsymbol{i} + 42\boldsymbol{j}(m/s)$

$\boldsymbol{a} = 18\boldsymbol{j}(m/s^2)$

2. (1) $\boldsymbol{I} = \int\boldsymbol{F}dt = \int_0^2(30+5t)\boldsymbol{i}dt = 70\boldsymbol{i}(N\cdot s)$

(2) 由动量定理 $\boldsymbol{I} = m\boldsymbol{v} - m\boldsymbol{v}_0$

可得 $\boldsymbol{v} = \frac{\boldsymbol{I} + m\boldsymbol{v}_0}{m} = 17\boldsymbol{i}(m/s)$

(3) 由动能定理 $A = \frac{1}{2}mv^2 - \frac{1}{2}mv_0^2$

可得 $A = \frac{1}{2}mv^2 - \frac{1}{2}mv_0^2 = 445(\mathrm{J})$

3. (1) 细杆和质点组成的整体的转动惯量为

$$J = \frac{1}{3}m_1 l^2 + m_2 l^2 = 28(\mathrm{kg \cdot m^2})$$

(2) $M_z = m_1 g \frac{l}{2}\cos 45° + m_2 g l \cos 45° = 75\sqrt{3}(\mathrm{N \cdot m})$

由 $M_z = J\beta$ 可得

$$\beta = \frac{M_z}{J} = 4.64(\mathrm{rad/s})$$

(3) 把细杆、质点和地球看做一个系统，机械能守恒，则

$$m_1 g \frac{l}{2}\sin\theta + m_2 g l \sin\theta = \frac{1}{2}J\omega^2$$

$$\omega = 3.05(\mathrm{rad/s})$$

$$L_z = J\omega = 85.4(\mathrm{kg \cdot m^2/s})$$

4. (1) 外球壳内表面带电 $-q$，外表面带电 $Q+q$

(2) 电场分布如下

$r < R_1$ $\qquad E_1 = 0$

$R_1 < r < R_2$ $\qquad \oint_S \boldsymbol{E}_2 \cdot \mathrm{d}\boldsymbol{S} = 4E\pi r^2 = \frac{q}{\varepsilon_0}$

$$E_2 = \frac{q}{4\pi\varepsilon_0 r^2}$$

$R_2 < r < R_3$ $\qquad E_3 = 0$

$r > R_1$ $\quad U = \int_r^\infty \boldsymbol{E} \cdot \mathrm{d}\boldsymbol{l} = \int_{R_1}^{R_2} \boldsymbol{E}_2 \cdot \mathrm{d}\boldsymbol{r} + \int_{R_4}^\infty \boldsymbol{E}_4 \cdot \mathrm{d}\boldsymbol{r} = \frac{q}{4\pi\varepsilon_0 R_1} + \frac{Q+q}{4\pi\varepsilon_0 R_3}$

$R_1 < r < R_2$ $\quad U = \int_r^\infty \boldsymbol{E} \cdot \mathrm{d}\boldsymbol{l} = \int_r^{R_2} \boldsymbol{E}_2 \cdot \mathrm{d}\boldsymbol{r} + \int_{R_4}^\infty \boldsymbol{E}_4 \cdot \mathrm{d}\boldsymbol{r} = \frac{q}{4\pi\varepsilon_0 r} + \frac{Q+q}{4\pi\varepsilon_0 R_3}$

$R_2 < r < R_3$ $\quad U = \int_r^\infty \boldsymbol{E} \cdot \mathrm{d}\boldsymbol{l} = \int_{R_4}^\infty \boldsymbol{E}_4 \cdot \mathrm{d}\boldsymbol{r} = \frac{Q+q}{4\pi\varepsilon_0 R_3}$

$r > R_2$ $\quad U = \int_r^\infty \boldsymbol{E} \cdot \mathrm{d}\boldsymbol{l} = \int_r^\infty \boldsymbol{E}_r \cdot \mathrm{d}\boldsymbol{r} = \frac{Q+q}{4\pi\varepsilon_0 r}$

5. (1) $r < R_1$ $\quad \oint_L \boldsymbol{B}_1 \cdot \mathrm{d}\boldsymbol{l} = \oint_L B_1 \mathrm{d}l = B_1 \cdot 2\pi r = \mu_r I' = 0$ $\qquad$ 故 $B_1 = 0$

$R_1 < r < R_2$ $\quad \oint_L \boldsymbol{B}_2 \cdot \mathrm{d}\boldsymbol{l} = \oint_L B_2 \mathrm{d}l = B_2 \cdot 2\pi r = \mu_0 \frac{r^2 - R_1^2}{R_2^2 - R_1^2} I$

$$B_2 = \frac{\mu_0}{2\pi r} \frac{r^2 - R_1^2}{R_2^2 - R_1^2} I$$

方向：与电流方向右手螺旋(或逆时针)

$r > R_2$ $\quad \oint_L \boldsymbol{B}_3 \cdot \mathrm{d}l = B_3 \cdot 2\pi r = \mu_0 I \quad B_3 = \frac{\mu_0 I}{2\pi r}$

方向同上

6. (1) x 处的磁感应强度为：$B = \frac{\mu_0 I}{2\pi x}$

$$\Phi_{\mathrm{m}} = N\int_S \boldsymbol{B} \cdot \mathrm{d}\boldsymbol{S} = N\int_a^{b+a} \frac{\mu_0 I}{2\pi x} l \,\mathrm{d}x = \frac{N\mu_0 I l}{2\pi} \ln \frac{b}{a}$$

(2) $M = \frac{\Phi_m}{I} = \frac{N\mu_0 l}{2\pi} \ln \frac{b}{a}$

(3) 根据法拉第电磁感应定律得

$$\mathscr{E}=\frac{\mathrm{d}\Phi_{\mathrm{m}}}{\mathrm{d}t}=\frac{5\sqrt{2}\mu_0}{2\pi}Nl\ln\frac{b}{a}$$

根据楞次定律可知，$t=\pi/8(\mathrm{s})$，电动势沿线圈逆时针

7. (1) $qE-\mu qvB=ma$

即 $qR-\mu qvB=m\dfrac{\mathrm{d}v}{\mathrm{d}t}$

(2) 由 $v=\dfrac{\mathrm{d}x}{\mathrm{d}t}$ 可得 $\mathrm{d}t=\dfrac{\mathrm{d}x}{v}$

$$qE-\mu qvB=mv\frac{\mathrm{d}v}{\mathrm{d}x}$$

$$x=\int_0^v\frac{mv\mathrm{d}v}{qE-\mu qvB}=\frac{m}{qB\mu}\left(\frac{E}{B\mu}\ln\frac{E}{E-\mu vB}-v\right)$$

(3) 匀速运动时，$qE=\mu qvB$，即 $v=\dfrac{E}{\mu B}$

$$x'=\int_0^{\frac{E}{2\mu B}}\frac{mv\mathrm{d}v}{qE-\mu qvB}=\frac{m}{qB\mu}\left(\frac{E}{B\mu}\ln x-\frac{E}{2\mu B}\right)$$

(4) $\Delta W=q\Delta U=qEx'=\dfrac{mE}{B\mu}\left(\dfrac{E}{B\mu}\ln 2-\dfrac{E}{2\mu B}\right)$

C1

一、填空题(每题 3 分，共 30 分)

1. $\dfrac{1}{3}ct^3,\dfrac{c^2t^4}{R},2ct$　　2. $\sqrt{\dfrac{2}{J}}\theta$　　3. $6.88\times10^{-6}\,\mathrm{s}$　　$2.27\times10^3\,\mathrm{m}$　　4. $\dfrac{2m_0c^2}{3}$

5. $-\dfrac{b}{a}q$　　6. $\dfrac{Qq}{8\pi\varepsilon_0 a}$　　7. 减小，减小，增大，减小　　8. $\dfrac{qBh}{\pi v},\dfrac{\sqrt{3}h}{2\pi},\dfrac{2h}{v}$

9. Ia^2，向内(或向里)；　BIa^2，向下　　10. $\dfrac{\alpha r}{2}$；垂直半径向上

二、计算题(每题 10 分，共 70 分)

1. (1) $J=3m\left(\dfrac{l}{2}\right)^2+\dfrac{1}{12}ml^2=\dfrac{5}{6}ml^2$

(2) $M=2mg\,\dfrac{l}{2}\sin30^\circ-mg\,\dfrac{l}{2}\sin30^\circ=\dfrac{1}{4}mgl$

(3) $M=J\beta\quad M=\dfrac{1}{2}mgl\quad \beta=\dfrac{3g}{5l}$

2. 由系统角动量守恒　$-mul=-J\omega+mvl$

动能守恒　$\dfrac{1}{2}mu^2=\dfrac{1}{2}mv^2+\dfrac{1}{2}J\omega^2\qquad J=\dfrac{1}{12}M(2t)^2$

$$v=\frac{u(M-3m)}{M+3m}=-\frac{1}{5}u\qquad \omega=\frac{6mu}{(M+3m)l}=\frac{6u}{5l}$$

3. $\mathrm{d}E=\dfrac{\mathrm{d}q}{4\pi\varepsilon_0 r^2}=\dfrac{\lambda R\,\mathrm{d}\theta}{4\pi\varepsilon_0 r^2}\qquad E_y=\displaystyle\int\mathrm{d}E_y=-\int\mathrm{d}E\cos\theta$

$E=2\displaystyle\int_{-\frac{\theta}{2}}^{\frac{\theta}{2}}\frac{\lambda\cos\theta}{4\pi\varepsilon_0 R}\mathrm{d}\theta=\frac{\lambda}{\pi\varepsilon_0 R}\sin\frac{\theta}{2}$　方向向上

4. 导线间任一点的场强：$E=\dfrac{\lambda}{2\pi\varepsilon_0 x}+\dfrac{\lambda}{2\pi\varepsilon_0(d-x)}$

两导线间的电势差：$U_{ab}=\displaystyle\int_a^{d-a}\left(\frac{\lambda}{2\pi\varepsilon_0 x}+\frac{\lambda}{2\pi\varepsilon_0(d-x)}\right)\mathrm{d}x=\frac{Q}{\pi\varepsilon_0 l}\ln\frac{d-a}{a}$

单位长度电容：$C=\dfrac{Q}{U_{ab}}=\dfrac{\pi\varepsilon_0}{\ln\dfrac{d-a}{a}}$

5. $B=\dfrac{\mu I}{2R}$　$\mathrm{d}q=\sigma\cdot\mathrm{d}S=\sigma 2\pi r\mathrm{d}r$

$\mathrm{d}I=n\mathrm{d}q=\dfrac{\omega}{2\pi}\sigma 2\pi r\mathrm{d}r$

$\mathrm{d}B=\dfrac{\mu\mathrm{d}I}{2r}=\dfrac{\mu\omega\sigma}{2}\mathrm{d}r$　　$B=\int_a^b\mathrm{d}B=\int_a^b\dfrac{\mu\omega\sigma}{2}\mathrm{d}r=\dfrac{\mu\omega\sigma}{2}(b-a)$

6. $F_{AB}=\dfrac{\mu_0 I_1 I_2 a}{2\pi d}$　方向向左

$F_{AC}=\int\dfrac{\mu_0 I_2}{2\pi x}I_2\mathrm{d}x\sin 90^\circ=\int_d^{a+d}\dfrac{\mu_0 I_2}{2\pi x}I_2\mathrm{d}x=\dfrac{\mu_0 I_1 I_2}{2\pi}\ln\dfrac{a+d}{d}$　方向向下

$F_{BC}=\int_d^{a+d}\dfrac{\mu_0 I_1}{2\pi x}I_2\sqrt{2}\mathrm{d}x=\dfrac{\sqrt{2}\mu_0 I_1 I_2}{2\pi}\ln\dfrac{a+d}{d}$　方向垂直斜边向上

7. (1) $B=\dfrac{\mu_0 I}{2\pi r}$　$\Phi_m=\int B\mathrm{d}S=\int_{R_1}^{R_2}\dfrac{\mu_0 I}{2\pi r}h\,\mathrm{d}r=\dfrac{\mu_0 Ih}{2\pi}\ln\dfrac{R_2}{R_1}$

$M=\dfrac{N\Phi_m}{I}=\dfrac{\mu_0 Nh}{2\pi}\ln\dfrac{R_2}{R_1}$

(2) $\mathscr{E}_i=-M\dfrac{\mathrm{d}I}{\mathrm{d}t}=-\dfrac{\mu_0 Nh}{2\pi}\ln\dfrac{R_2}{R_1}\dfrac{\mathrm{d}I}{\mathrm{d}t}$

C2

一、填充题(每题 3 分,共 30 分)

1. $3(\mathrm{m/s}),\dfrac{10}{3}(\mathrm{m/s})$　2. 0.2rad/s　3. $0.866c=2.6\times10^8(\mathrm{m/s})$　4. $0.25m_0c^2$

5. $\dfrac{q}{4\pi\varepsilon_0 R_A}+\dfrac{Q}{4\pi\varepsilon_0 R_B}$　6. $2E_0qa$　7. $\dfrac{\mu_0 I}{2\pi R}+\dfrac{\mu_0 I}{8R}$;向外　8. 4 : π　9. 向内;向下

10. $\oint_l\boldsymbol{E}\cdot\mathrm{d}\boldsymbol{l}=-\dfrac{\mathrm{d}\Phi_m}{\mathrm{d}t}=-\int_S\dfrac{\partial\boldsymbol{B}}{\partial t}\cdot\mathrm{d}\boldsymbol{S}$

$\oint_l\boldsymbol{H}\cdot\mathrm{d}\boldsymbol{l}=I_d=\int_S\dfrac{\partial\boldsymbol{D}}{\partial t}\cdot\mathrm{d}\boldsymbol{S}$

二、计算题(每题 10 分,共 70 分)

1. $\begin{cases}T_1-mg=ma\\2mg-T_2=2ma\\(T_3-T_1)R_1=J_1\beta_1\\(T_2-T_3)R_2=J_2\beta_2\end{cases}$

$a=R_1\beta_1=R_2\beta_2$　$a=\dfrac{2mg}{6m+3M}$

2. $mv\dfrac{l}{2}=\left[m\left(\dfrac{l}{2}\right)^2+\dfrac{1}{3}Ml^2\right]\omega$

$mg\dfrac{l}{2}(1-\cos\theta)+Mg\dfrac{l}{2}(1-\cos\theta)=\dfrac{1}{2}\left[m\left(\dfrac{l}{2}\right)^2+\dfrac{1}{3}Ml^2\right]\omega^2$　$M=3m$

$\cos\theta=1-\dfrac{v^2}{20gl}$　　$\theta=\arccos\left(1-\dfrac{v^2}{20gl}\right)$

3. 在半球面上取一圆环，$\mathrm{d}s=2\pi\cdot R\sin\theta\cdot R\mathrm{d}\theta$

$\mathrm{d}q=\sigma\mathrm{d}s=\sigma 2\pi\cdot R\sin\theta\cdot R\mathrm{d}\theta$

圆环的电势　$\mathrm{d}U=\dfrac{\mathrm{d}q}{4\pi\varepsilon_0 R}$

$$U = \int dU = \int_0^{\frac{\pi}{2}} \frac{\sigma 2\pi \cdot R\sin\theta \cdot R d\theta}{4\pi\varepsilon_0 R} = \int_0^{\frac{\pi}{2}} \frac{\sigma_0 \cdot R\cos\theta\sin\theta \cdot d\theta}{2\varepsilon_0} = \frac{\sigma_0 R}{4\varepsilon_0}$$

5. (1) $r < R$

$$\oint \boldsymbol{E} \cdot d\boldsymbol{S} = \sum \frac{q}{\varepsilon_0} \quad \oint \boldsymbol{E} \cdot d\boldsymbol{S} = E \cdot 4\pi r^2$$

$$dq = \rho dV = kr^2 \cdot 4\pi r^2 dr$$

$$q = \int dq = \int_0^r 4\pi k r^4 dr = \frac{4}{5}\pi k r^5 \quad E = \frac{kr^3}{5\varepsilon_0}$$

(2) $r > R$

$$q = \int dq = \int_0^R 4\pi k r^4 dr = \frac{4}{5}\pi k R^5 \quad E = \frac{kR^5}{5\varepsilon_0 r^2}$$

5. $d\boldsymbol{F} = I d\boldsymbol{r} \times \boldsymbol{B} = I(dx\boldsymbol{i} - dy\boldsymbol{j}) \times (a\boldsymbol{i} + b\boldsymbol{j}) = I(bdx + ady)\boldsymbol{k}$

$$\boldsymbol{F} = \int d\boldsymbol{F} = I\int_0^R (bdx + ady)\boldsymbol{k} = IR(b + a)\boldsymbol{k}$$

6. $d\mathscr{E} = (\boldsymbol{v} \times \boldsymbol{B}) \cdot d\boldsymbol{l} \qquad d\mathscr{E} = vB\cos\theta dl$

$$dl = \frac{dx}{\cos\theta} \qquad d\mathscr{E} = \frac{\mu IV}{2\pi x}dx$$

$$\mathscr{E} = \int_d^{d+l\cos\theta} \frac{\mu IV}{2\pi x}dx = \frac{\mu IV}{2\pi}\ln\frac{d + l\cos\theta}{d}$$

7. (1) $B = \begin{cases} 0 & r < R_1 \\ \dfrac{\mu_0 I}{2\pi r} & R_1 < r < R_2 \\ 0 & r > R_2 \end{cases}$

(2) 长为 l 的部分电缆的磁通量为

$$d\Phi = \boldsymbol{B} \cdot d\boldsymbol{S} = \frac{\mu_0 I}{2\pi r} l dr \qquad \Phi = \int d\Phi = \int_{R_1}^{R_2} \frac{\mu_0 Il}{2\pi}\frac{dr}{r} = \frac{\mu_0 Il}{2\pi}\ln\frac{R_2}{R_1}$$

单位长度电缆的自感系数 $L = \dfrac{\Phi}{Il} = \dfrac{\mu_0}{2\pi}\ln\dfrac{R_2}{R_1}$

(3) 电缆的磁能：$W_m = \dfrac{1}{2}LI^2 = \dfrac{\mu_0 I^2}{4\pi}\ln\dfrac{R_2}{R_1}$

附录 2　　模拟试卷(下册)

A2

一、选择题(27 分)

1. E　2. D　3. C　4. A　5. B　6. D　7. C　8. B　9. C

二、填空题(33 分)

10. 0.61s

11. $y = 0.1\cos\left[165\pi\left(t - \dfrac{x}{330}\right) - \dfrac{\pi}{2}\right]$

12. 等倾干涉　　不垂直　　垂直

13. c

14. $\sqrt{\dfrac{h}{2m(v - v_0)}}$

15. $\dfrac{1}{\sqrt{3}}$

16. $\pi, 0$

17. $1/2a$

18. 1,3,4,6,7

三、计算题(40 分,10 分 / 题)

19. 由图,$\lambda = 2\text{m}$,又 $\because u = 0.5\text{m/s}$,

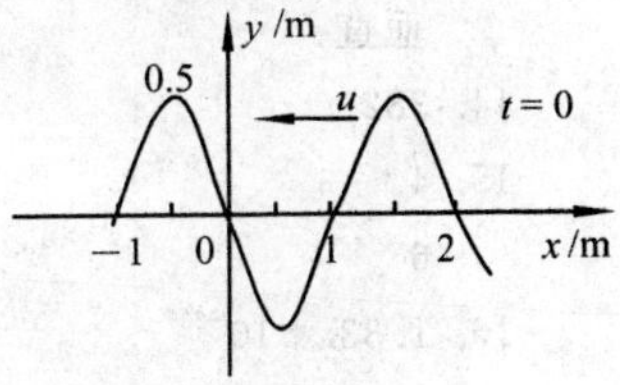

$\therefore v = 1/4\text{Hz}$,

$T = 4\text{s}$.

题图中 $t = 2\text{s} = \frac{1}{2}T$. $t = 0$ 时,波形比题图中的波形倒退 $\frac{1}{2}\lambda$,见图.

此时 O 点位移 $y_0 = 0$(过平衡位置)且朝 y 轴负方向运动,

$\therefore$
$$\phi = \frac{1}{2}\pi$$

$\therefore$
$$y = 0.5\cos\left(\frac{1}{2}\pi t + \frac{1}{2}\pi\right) \quad \text{(SI)}$$

20. 由光栅公式得

$$\sin\varphi = k_1\lambda_1/(a+b) = k_2\lambda_2/(a+b)$$

$$k_1\lambda_1 = k_2\lambda_2$$

$$k_2/k_1 = \lambda_1/\lambda_2 = 668/447$$

将 k_2/k_1 约化为整数比 $\quad k_2/k_1 = 3/2 = 6/4 = 12/8 \ldots\ldots$

取最小的 k_1 和 k_2, $\quad k_1 = 2, k_2 = 3$,

则对应的光栅常数 $\quad (a+b) = k_1\lambda_1/\sin\varphi = 2672\text{nm}$

21. 令 S′ 系与 S 系的相对速度为 v,有

$$\Delta t' = \frac{\Delta t}{\sqrt{1-(v/c)^2}}, \quad (\Delta t/\Delta t')^2 = 1-(v/c)^2$$

则
$$v = c \cdot (1-(\Delta t/\Delta t')^2)^{1/2} (= 2.24 \times 10^8 \text{m} \cdot \text{s}^{-1})$$

那么,在 S′ 系中测得两事件之间距离为

$\Delta x' = v \cdot \Delta t' = c(\Delta t'^2 - \Delta t^2)^{1/2} = 6.72 \times 10^8\text{m}$

22. 极限波数 $\tilde{v} = 1/\lambda_\infty = R/k^2$ 可求出该线系的共同终态.

$$k = \sqrt{R\lambda_\infty} = 2$$

$$\tilde{v} = \frac{1}{\lambda} = R\left(\frac{1}{k^2} - \frac{1}{n^2}\right)$$

由 $\lambda = 656.5\text{nm}$ 可得始态 $\quad n = \sqrt{\frac{R\lambda\lambda_\infty}{\lambda - \lambda_\infty}} = 3$

由 $\quad E_n = \frac{E_1}{n^2} = -\frac{13.6}{n^2}\text{eV}$

可知终态 $\quad n = 2, E_2 = -3.4\text{eV}$

始态 $\quad n = 3, E_3 = -1.51\text{eV}$

A2

一、选择题(27 分)

1. D 2. C 3. B 4. C 5. B 6. A 7. D 8. A 9. B

二、填空题(33 分)

10. $x_a = 6 \times 10^{-3}\cos(\pi t + \pi)$

$x_b = 6 \times 10^{-3}\cos(\pi t/2 + \pi/2)$

11. $y = 0.1\cos(4\pi t - \pi)$(SI)

$-1.26\text{m} \cdot \text{s}^{-1}$

12. 1.2 mm

3.6 mm

13. 完全(线)偏振光

垂直

14. 382

15. 4

6

16. 1.33×10^{-23}

17. 3.29×10^{-21} J

18. 8.0×10^{8} Hz

三、计算题(40 分,10 分 / 题)

19. 每一波传播的距离都是波长的整数倍,所以三个波在O点的振动方程可写成

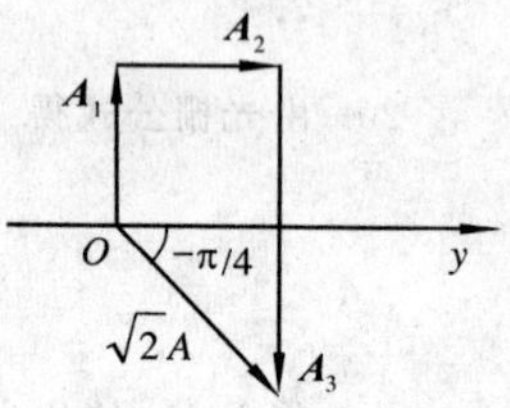

$y_1=A_1\cos\left(\omega t+\frac{1}{2}\pi\right)$

$y_2=A_2\cos\omega t$

$y_3=A_3\cos\left(\omega t-\frac{1}{2}\pi\right)$

其中,$A_1=A_2=A$, $A_3=2A$.

在O点,三个振动叠加. 利用振幅矢量图及多边形加法(如图)可得合振动方程

$$y=\sqrt{2}A\cos\left(\omega t-\frac{1}{4}\pi\right)$$

20. 原来 $\delta=r_2-r_1=0$

覆盖玻璃后,$\delta=(r_2+n_2d-d)-(r_1+n_1d-d)=5\lambda$

$\therefore \quad (n_2-n_1)d=5\lambda$

$\rightarrow d=\dfrac{5\lambda}{n_2-n_1}=8.0\times10^{-6}\,\text{m}$

21. 设两系的相对速度为 v ,根据洛仑兹变换,对于两事件,有

$$\Delta x=\frac{\Delta x'+v\Delta t'}{\sqrt{1-(v/c)^2}}$$

$$\Delta t=\frac{\Delta t'+(v/c^2)\Delta x'}{\sqrt{1-(v/c)^2}}$$

由题意: $\Delta x'=0$

可得 $\Delta x=v\Delta t$ 及 $\Delta t=\dfrac{\Delta t'}{\sqrt{1-(v/c)^2}}$,

由上两式可得 $\Delta t'=\Delta t\sqrt{1-(v/c)^2}=((\Delta t)^2-(\Delta x/c)^2)^{1/2}=4\text{s}$

22. (1) 散射 x' 射线的波长:

$$\lambda=\lambda_0+\Delta\lambda=\lambda_0+\frac{h}{m_0c}(1-\cos\theta)$$

$$=0.07+\frac{6.63\times10^{-34}}{9.1\times10^{-31}\times3\times10^{8}}(1-\cos90^\circ)=0.0724\,\text{nm}$$

由能量守恒 $\dfrac{hc}{\lambda_0}=\dfrac{hc}{\lambda}+E_k$ $\quad E_k=\dfrac{hc\Delta\lambda}{\lambda_0\lambda}=9.4\times10^{-17}\,\text{J}$

(2) $\tan\theta=\dfrac{h/\lambda}{h/\lambda_0}=\dfrac{\lambda_0}{\lambda}=\dfrac{0.7}{0.724}\Rightarrow\theta=44^\circ$

B1

一、填空题(每小题 3 分)

1. 1247；　2. 速率位于 0 到 v 之间的分子数；

3. 0.8s；　4. 24cm；　5. 30.

二、选择题(每小题 3 分)

1. C；2. C；3. B；4. A；5. A.

三、计算题(每小题 10 分)

1. $Q_{ab}=450\text{J}\quad W_{ab}=250\text{J}$

由热力学第一定律　$Q_{ab}=W_{ab}+\Delta E_{ab}$

$\Delta E_{ab}=200\text{J}$

(1) $W_{bda}=-100\text{J}\quad \Delta E_{ba}=-200\text{J}$

$Q_{bda}=W_{bda}+\Delta E_{ba}=-300\text{J}$

(2) $W_{ba}=-200\text{J}\quad \Delta E_{ba}=-200\text{J}$

$Q_{ba}=W_{ba}+\Delta E_{ba}=-400\text{J}$

(3) $\eta=1-\dfrac{Q_2}{Q_1}=1-\dfrac{300}{450}=33.3\%$

2. (1) 设振动表达式：$x=A\cos(wt+\varphi_0)$

$A=2\text{cm}$，$v=-Aw\sin(wt+\varphi_0)$

$v_{\max}=Aw=3\text{cm/s}$ 所以 $w=1.5\text{rad/s}$

可得 $T=2\pi/w=\dfrac{4}{3}\pi$

(2) $a=-Aw^2\cos(wt+\varphi_0)$

所以 $a_{\max}=Aw^2=4.5\text{cm/s}^2$

(3) $t=0$ 时，$V=V_{\max}$ 由旋转矢量法得

$\varphi_0=\dfrac{3}{2}\pi$

所以所求振动表达式为

$$x=2\cos\left(1.5t+\frac{3\pi}{2}\right)\text{cm}$$

3. (1) 设 O 点振动表达式

$$y=A\cos\left(\omega t+\frac{\pi}{6}\right)$$

由已知：$\omega=2\pi v=4\pi\times10^2\text{rad/s}$

波动表达式

$$y=A\cos\left[\omega\left(t-\frac{x}{\mu}\right)+\frac{\pi}{6}\right]$$

由已知：$\mu=4\pi\times10^{-2}\text{m/s}$

波函数　$y=A\cos\left[\omega\left(t-\dfrac{x}{4\times10^2}\right)+\dfrac{\pi}{5}\right]$

(2) $t=0.05\text{s}$，$x=4\text{m}$ 处

$$\phi=\omega\left(t-\frac{x}{4\times10^2}\right)+\frac{\pi}{6}=16\pi+\frac{\pi}{6}=\frac{97}{16}\pi$$

4. (1) 双缝干涉产生暗纹位置

$$x=(2k-1)\frac{D}{d}\frac{\lambda}{2}$$

$k=5$ 时,$x_5=\dfrac{19.8\text{mm}}{2}=9.9\text{mm}$

所以 $\lambda=550\text{nm}$.

(2) 放入云母片前 $\Delta=r_2-r_1=0$ ①

放入云母片后 $\Delta=r_2+(n-1)t-r_1=7\lambda$ ②

由式②式①得

$(n-1)t=7\lambda$ 可得 $t=7\lambda/(n-1)=6638\text{nm}$

5. (1) 单峰衍射产生暗纹位置

$$x=k\frac{f}{a}\lambda$$

中央明纹宽度:$\Delta x=2\dfrac{f}{a}\lambda$

所以 $a=\dfrac{2f}{\Delta x}\lambda=7\times10^{-4}\text{m}$

(2) 半波带的个数

$$N=\frac{a\sin\varphi}{\frac{\lambda}{2}}=\frac{a\frac{x}{f}}{\frac{\lambda}{2}}=280$$

半波带为偶数个,所以 P 点为暗条纹

(3) 半波带个数为 280

6. (1) 设自然光强度 I_0

则 $I_1=\dfrac{1}{2}I_0$

$I_2=\dfrac{1}{2}I_0\cos^2a$

角度转动后 $I_2'=\dfrac{1}{2}I_0\cos^2a_2$

即 $\dfrac{I_2'}{I_2}=\dfrac{\cos^2a_2}{\cos^2a_1}$

(2) $\tan i_0=\dfrac{n_2}{1}$

$n_2=\tan i_0=1.6$

7. (1) $A_0=h\nu_0=h\dfrac{c}{\lambda_0}=\dfrac{6.63\times10^{-34}\times3\times10^8}{230\times10^{-9}\times1.6\times10^{-19}}=5.4\text{eV}$

(2) $h\nu=\dfrac{1}{2}mv^2+A_0$

$E=\dfrac{1}{2}mv^2+h\nu-A_0=6.3\text{eV}$

(3) $eV_\varepsilon=E$

所以 $V_\varepsilon=E/e=6.3\text{V}$

B2

一、填空题(每小题 3 分)

1. 4155; 2. 小于; 3. 10, $\pi/6$; 4. 0.5; 5. D/N.

二、选择题(每小题 3 分)

1. A; 2. D; 3. C; 4. C; 5. A.

三、计算题(每小题 10 分)

1. (1) 1-2 为等温容过程

$$Q_{12} = \frac{m}{M}RT_1\ln\frac{V_2}{V_1} = 300R\ln2 > 0 \quad \text{吸热}$$

2-3 为等容过程

$$Q_{23} = \frac{m}{M}C_V(T_3 - T_2) = -250R < 0 \quad \text{放热}$$

3-4 为等温过程

$$Q_{12} = \frac{m}{M}RT_2\ln\frac{V_4}{V_3} = -200R\ln2 < 0 \quad \text{放热}$$

4-1 为等温容过程

$$Q_{41} = \frac{m}{M}C_V(T_1 - T_4) = 250R > 0 \quad \text{吸热}$$

(2) $Q_1 = Q_{12} + Q_{41} = 300R\ln2 + 250R$

$Q_2 = |Q_{23} + Q_{34}| = 200R\ln2 + 250R$

$W = Q_1 - Q_2 = 100R\ln2$

$$\eta = \frac{W}{Q_1} = 15\%$$

2. (1) 在平衡位置处弹簧的伸长量 x_0

$mg = kx_0$

在任意位置处弹簧的伸长量 x

由牛顿第二定律

$F = -k(x + x_0) = -kx$

由 $F = ma = m\dfrac{d^2x}{dt^2}$

即 $m\dfrac{d^2x}{dt^2} + kx = 0$,令 $w^2 = \dfrac{k}{m} = 100$

所以小球振动的微分方程为$\dfrac{d^2x}{dt^2} + 100x = 0$

(2) 由已知:$A = 10\text{cm}$

由旋转矢量法得 $\varphi_0 = \pi$

设振动表达式:$x = 10\cos(10t + \pi)\text{cm}$

3. (1) 入射波中 $x = 5\text{m}$ 处 振动表达式

波函数 $y = 0.01\cos\left(4t - 5\pi - \dfrac{\pi}{3}\right) = 0.01\cos\left(4t - \dfrac{4\pi}{3}\right)$

(2) 反射波中 $x = 5\text{m}$ 处振动表达式

振动表达式:

$$y = 0.01\cos\left(4t - \frac{4\pi}{3} + \pi\right) = 0.01\cos\left(4t - \frac{\pi}{3}\right)$$

(3) 反射波函数

$$y = 0.01\cos\left[4\left(t + \frac{x-5}{u}\right) - \frac{\pi}{3}\right] = 0.01\cos\left(4t + \pi x - \frac{16\pi}{3}\right)$$

4. (1) 由 $l \approx \dfrac{\lambda}{2n\theta}$ 得 $\lambda = 2nl\theta = 6\times10^{-5}\text{m}$

(2) 第 10 级亮纹对应的光程差 $\Delta = 2nH + \dfrac{\lambda}{2} = 10\lambda$

所以 $H = 9.5\times10^{-4}\text{m}$

(3) 最大厚度处光程差　$\Delta = 2nH + \frac{\lambda}{2} = k\lambda$

即 $\Delta = 2nL\theta + \frac{\lambda}{2} = k\lambda$

$k = \left(2nL\theta + \frac{\lambda}{2}\right)/\lambda = 3$

所以劈尖上共有 3 条明纹

5. (1) 由光栅方程$(a+b)\sin\theta = k\lambda$

$(a+b) \times 0.2 = 2 \times 600\text{nm}$

$(a+b) = 6000\text{nm}$

(2) $\frac{(a+b)}{a} = 4$

所以　$a = \frac{1}{4}(a+b) = 1500\text{nm}$

(3) 由光栅方程$(a+b)\sin\theta = k\lambda$

$\sin\theta = \frac{k\lambda}{a+b} < 1$

即　$k < \frac{a+b}{\lambda} = 10$

所以理论上能看到 0，±1，±2，±3，±5，±6，±7，±9，共 15 级主极大

6. (1) 设自然光强度 I_0

则　$I_1 = \frac{1}{2} I_0$

$I_2 = \frac{1}{2} I_0 \cos^2 60° = \frac{1}{8} I$

$\frac{I_2}{I_0} = \frac{1}{8}.$

(2) $I_1 = \frac{1}{2} I_0 (1 - 10\%) = 0.45 I_0$

$I_2 = I_1 \cos^2 60° (1 - 10\%) = 0.1 I_0$

$\frac{I_2}{I_0} = \frac{1}{10}$

(3) $I_1 = \frac{1}{2} I_0$

$I_2 = \frac{1}{2} I_0 \cos^2 30° = \frac{3}{8} I_0$

$I_3 = I_2 \cos^2 30° = \frac{9}{32} I_0$

$\frac{I_3}{I_0} = \frac{9}{32}$

7. (1) $E_k = \frac{1}{2} m v_m^2 = 1.7 \times 10^{-19}\text{J} = 1\text{eV}$

(2) $\lambda = h/p = \frac{h}{\sqrt{2mE_k}} = 1.19 \times 10^{-19}\text{m}$

(3) $h\nu = \frac{1}{2} m v^2 + A_0$

$A_0 = h\nu - \frac{1}{2} m v_m^2 = 2.3\text{eV}$

C1

一、填空题(每题 3 分,共 30 分)

1. $\frac{3}{2}kT, kT, \frac{p}{kT}$　　2. 表示在 $v_1 \sim v_2$ 速率区间内的分子总数

3. $2^{\frac{1}{3}}$　　4. 320K　　5. $x = A\cos\left(\omega t + \frac{\pi}{2}\right)$　或　$x = A\cos\left(\omega t - \frac{3\pi}{2}\right)$

6.

7. $y = A\cos\left(2\pi\nu t + \frac{\pi}{2}\right)$;　$y = A\cos\left[2\pi\nu\left(t - \frac{x}{u}\right) + \frac{\pi}{2}\right]$

8. 3; 1.27mm　　9. 3×10^{-3} m

10. 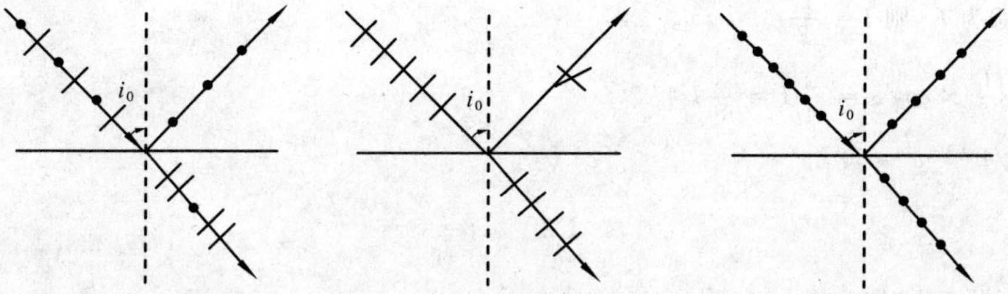

二、计算题(每题 10 分,共 70 分)

1. $Q_{ab} = \nu RT_a \ln 2$　　$Q_{ac} = \nu C_V(T_a - T_c)$

$Q_{bc} = \nu C_p(T_b - T_c)$　$T_a = T_b$　$\frac{V_1}{T_c} = \frac{V_2}{T_b}$

$$\eta = 1 - \frac{C_p(T_b - T_c)}{C_V(T_a - T_c) + RT_a \ln 2} = 1 - \frac{5}{3 + 4\ln 2}$$

2. (1) 取向下为正方向,在平衡位置时,设木块没入液体中的高度为 b,则 $mg = sb\rho g$

木块向下位移 x,则 $mg - kx - s(b + x)\rho g = m\frac{\mathrm{d}^2 x}{\mathrm{d}t^2}$

$-(k + s\rho g)x = m\frac{\mathrm{d}^2 x}{\mathrm{d}t^2}$　$\frac{\mathrm{d}^2 x}{\mathrm{d}t^2} + \frac{k + s\rho g}{m}x = 0$

∴ 木块作谐振动

(2) $\omega = \sqrt{\frac{k + s\rho g}{m}}$

∴ $\nu = \frac{\omega}{2\pi} = \frac{1}{2\pi}\sqrt{\frac{m}{k + s\rho g}}$

3. 设 AB 间 P 点离 A 点 x,则

$\Delta\varphi = \pi - 2\pi(30 - x - x)/4 = (2k + 1)\pi$

解得　$x = 2k + 15$　$k = -7, -6, \cdots, 6, 7$

∴ $x = 1, 3, 5, \cdots, 29$

4. (1) $\delta = \frac{\mathrm{d}x}{D} = \pm k\lambda$, $x = \frac{\pm kD\lambda}{d} = 6 \times 10^{-3}$

(2) $r_2 - r_1 = 5\lambda$, $r_2 - e + ne - r_1 = k'\lambda$

∴ $5\lambda + (n - 1)e = k'\lambda$,

∴ $x = \pm\frac{15 \times D\lambda}{d} = \pm 18 \times 10^{-3}$(m)

5. 反射加强　$\left[\varphi_2 - \varphi_1 - \frac{2\pi}{\lambda}(d - x_1 - x_1)\right] = (2k + 1)\pi$

$2ne + \frac{\lambda}{2} = k\lambda$　　$\lambda = \frac{4ne}{2k - 1}$

$k=3 \quad \lambda=480\text{nm}$

透射加强 $2ne=k\lambda \quad \lambda=\dfrac{2ne}{k}$

$k=2 \quad \lambda=600\text{nm}$

$k=3 \quad \lambda=400\text{nm}$

6. (1) $(a+b)\sin\varphi=\pm k\lambda \quad (a+b)=\dfrac{k\lambda}{\sin\varphi}=3.66\times10^{-6}\text{m}$

(2) $a=\dfrac{(a+b)}{4}=9\times10^{-7}\text{m}$

$k=\dfrac{a+b}{\lambda}\sin\varphi\leqslant6$ 全部级次：$k=0,\pm1,\pm2,\pm3,\pm5$

7. 设自然光强为 I_0，则 $I=\dfrac{I_0}{2}$

旋转后 $\dfrac{I_0}{2}\times\cos^2\alpha=\dfrac{3}{4}I=\dfrac{3}{8}I_0$

$\cos^2\alpha=3/4 \quad \alpha=30^\circ$

C2

一、填空题（每题3分，共30分）

1. $\int_{v_1}^{v_2}f(v)\mathrm{d}v$；在 v_1-v_2 速率区间内的分子数占总分子数的百分比

2. A/R；$7A/4$ 3. $\dfrac{3}{2}p_1V_1$；0 4. 0.0423 13° 5. 最大；最大

6. 0.5m 7. $3\lambda/2n\theta$ 8. 450nm 9. 1∶4

10. 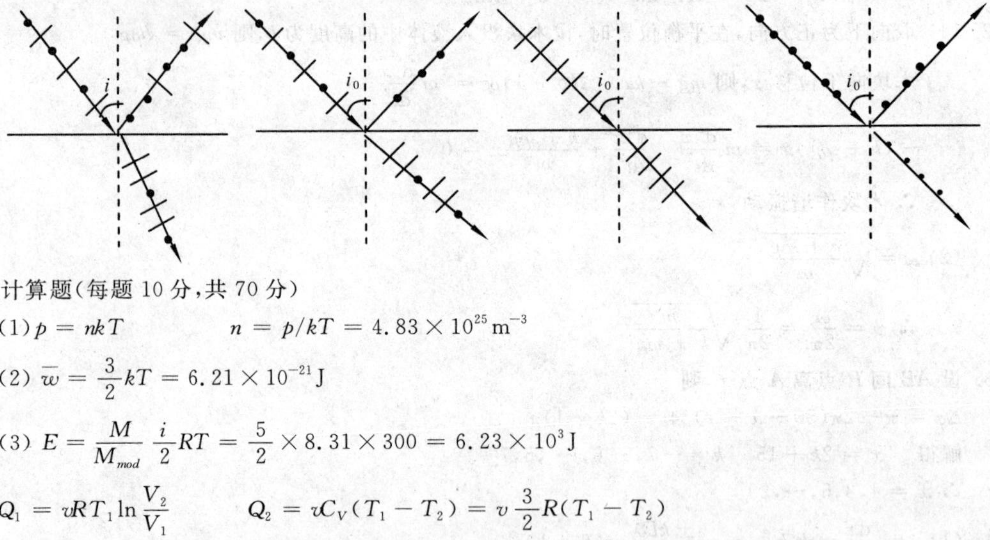

二、计算题（每题10分，共70分）

1. (1) $p=nkT \quad n=p/kT=4.83\times10^{25}\text{m}^{-3}$

(2) $\bar{w}=\dfrac{3}{2}kT=6.21\times10^{-21}\text{J}$

(3) $E=\dfrac{M}{M_{mod}}\dfrac{i}{2}RT=\dfrac{5}{2}\times8.31\times300=6.23\times10^3\text{J}$

2. $Q_1=\nu RT_1\ln\dfrac{V_2}{V_1} \quad Q_2=\nu C_V(T_1-T_2)=\nu\dfrac{3}{2}R(T_1-T_2)$

$V_1^{\gamma-1}T_1=V_2^{\gamma-1}T_2 \quad \dfrac{V_2}{V_1}=\left(\dfrac{T_1}{T_2}\right)^{\frac{1}{\gamma-1}}=\left(\dfrac{T_1}{T_2}\right)^{\frac{3}{2}}$

$\eta=1-\dfrac{Q_2}{Q_1}=1-\dfrac{T_1-T_2}{T_1\ln\dfrac{T_1}{T_2}}=1-\dfrac{1}{\ln2}$

3. (1) 由题意知，质点振动的初相为 $-\dfrac{\pi}{3}$，圆频率 $\omega=\dfrac{2\pi}{T}=\pi$

振动方程为 $x=0.10\cos\left(\pi t-\dfrac{\pi}{3}\right)$

(2) $E=\frac{1}{2}m\omega^2A^2=0.001\pi^2=9,87\times10^{-1}\,\mathrm{J}$

4. (1) 由题意，$\omega=\frac{2\pi}{T}=200\pi$，波源的振动初相为 $-\frac{\pi}{2}$，

∴ 波源的振动方程为 $y=0.02\cos\left(200\pi t-\frac{\pi}{2}\right)$

波动方程为 $y=0.02\cos\left[200\pi\left(t-\frac{x}{400}\right)-\frac{\pi}{2}\right]$

7m 处点的振动方程为

$y=0.02\cos\left[200\pi\left(t-\frac{7}{400}\right)-\frac{\pi}{2}\right]=0.02\cos(200\pi t-4\pi)$；初相为 -4π

(2) 9m 和 10m 处质点的振动位相差 $\Delta\varphi=\frac{2\pi}{\lambda}\Delta x=\frac{2\pi}{4}\times1=\frac{\pi}{2}$

5. 分别对上、下一条狭缝被盖住两种情况进行讨论

(1) 上面一条缝被盖住：

$r_2-r_1=k\lambda$　　$r_2-(r_1-d+nd)=3\lambda$

$k\lambda=d(n-1)+3\lambda$　　$k=3+\frac{(n-1)d}{\lambda}=8$

(2) 下面一条缝被盖住：

$r_2-r_1=k\lambda$　　$r_2-d+nd-r_1=3\lambda$

$k\lambda+d(n-1)+3\lambda$　　$k=3-\frac{(n-1)d}{\lambda}=-2$

6. $\delta=2ne+\frac{\lambda}{2}=k\lambda$　　$\lambda=\frac{4ne}{2k-1}$

$k=2$ 时　　$\lambda_1=474(\mathrm{nm})$

$k=3$ 时　　$\lambda_2=404(\mathrm{nm})$

7. $(a+b)\sin\theta=k\lambda$　　$a+b=\frac{3\lambda_1}{\sin\theta}=3.6\times10^{-6}(\mathrm{m})$

$\begin{cases}(a+b)\sin\varphi=4\lambda_2\\ a\sin\varphi=k'\lambda_2\end{cases}$　　$\frac{a+b}{a}=\frac{k}{k'}=4$　　$a=9\times10^{-7}(\mathrm{m})$

参考文献

[1] 王少杰，顾牡. 大学物理学[M]. 3 版. 上海：同济大学出版社，2006.
[2] 马文蔚. 物理学[M]. 4 版. 北京：高等教育出版社，1999.
[3] 程守洙，江之永. 普通物理学[M]. 5 版. 北京：高等教育出版社，1998.
[4] 吴百诗，大学物理[M]. 修订本. 西安：西安交通大学出版社，1994.
[5] 王正行. 近代物理学[M]. 北京：北京大学出版社，1995.
[6] 王少杰，顾牡. 新编基础物理学[M]. 北京：科学出版社，2009.
[7] 赵凯华. 光学[M]. 北京：高等教育出版社，2004.
[8] 陈中华. 大学物理解析与指导[M]. 北京：中国电力出版社，2004.
[9] 余虹，张殿凤. 大学物理知识点精析与能力训练[M]. 大连：大连理工大学出版社，2000.